香水瓶

浪漫插画

TELEPHONE
TELEPHONE

彩圈底纹

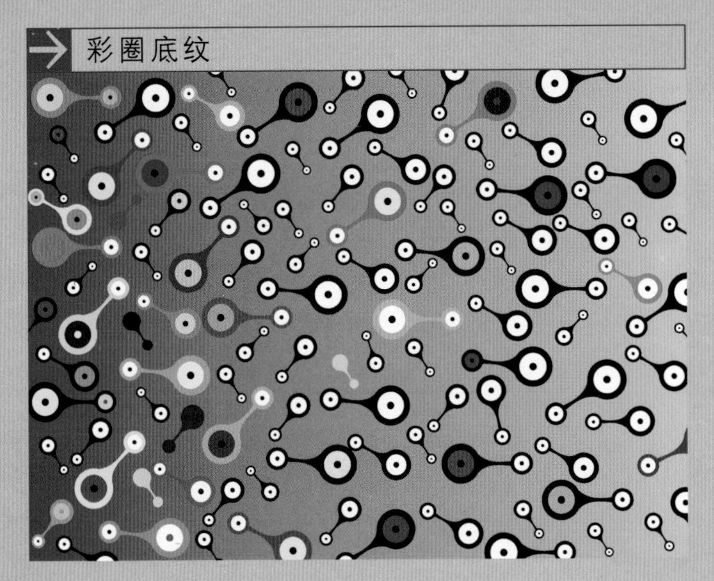

雪花纷飞底纹

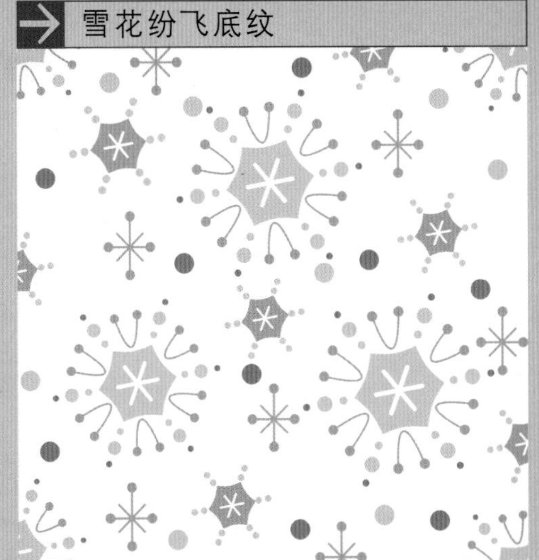

梅花图

品牌宣传画

浪漫情人节插画

周年庆海报

名片设计

风景插画效果

相框效果

舞蹈人物插画

饰品宣传海报

形象海报

装饰画效果

艺术插画

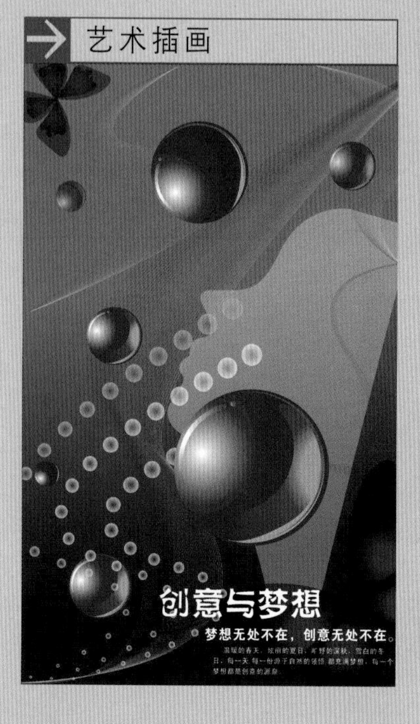

人物插画

活动宣传海报

艺术照片

活动海报

喜庆红包

艺术花纹效果

照片效果

新知互动 编著

CorelDRAW X4 从入门到精通

中国铁道出版社
CHINA RAILWAY PUBLISHING HOUSE

内 容 简 介

本书由浅入深地介绍了CorelDRAW X4软件的基础知识，帮助读者快速地掌握该软件的各种实用功能和应用技巧，包括文件管理与设置、绘制图形、对象的基本操作、颜色与填充、文字处理、交互式调和工具的使用、处理位图的方式、特殊效果与透镜等内容。通过对各种典型、精美实例的学习，读者可在短时间内掌握并熟练使用软件的各项功能和操作技巧，积累更多的图形绘制和设计制作经验。

本书内容全面，结构层次清晰，附赠的光盘中包含了大量的设计素材及基础知识的多媒体视频教程，适合初级和中级的CorelDRAW X4爱好者以及从事广告设计、平面创意的人员学习，也可作为相关培训机构的教材。

图书在版编目（CIP）数据

CorelDRAW X4从入门到精通/新知互动编著.—北京：中国铁道出版社，2009.10
（从入门到精通）
ISBN 978-7-113-10724-6

Ⅰ.C… Ⅱ.新… Ⅲ.CorelDRAW X4 Ⅳ.TP391.41

中国版本图书馆CIP数据核字（2009）第202822号

书 名：CorelDRAW X4从入门到精通
作 者：新知互动 编著

策划编辑：严晓舟 张雁芳
责任编辑：张雁芳 编辑部电话：(010)63583215
特邀编辑：王 惠 封面设计：新知互动
责任校对：王 宏 封面制作：白 雪
责任印制：李 佳

出版发行：中国铁道出版社（北京市宣武区右安门西街8号 邮政编码：100054）
印 刷：北京捷迅佳彩印刷有限公司
开 本：850mm×1092mm 1/16 印张：28 插页：4 字数：677千
版 次：2010年2月第1版 2010年2月第1次印刷
印 数：4 000册
书 号：ISBN 978-7-113-10724-6/TP·3625
定 价：79.00元（附赠光盘）

前言 Preface

CorelDRAW 是平面设计领域重要的设计类软件，广泛用于印前排版、图形绘画和广告设计等方面。它不但具有强大的矢量绘图功能，而且具有专业的位图处理能力。CorelDRAW X4 是 Corel 公司推出的最新版本，包括矢量绘图程序、CorelDRAW Photo Paint X4 数字图像处理程序等软件。

CorelDRAW X4 与 CorelDRAW X3 大同小异，两个版本之间的区别不大，对 CorelDRAW 不是相当了解的用户，发现不了两者之间的差异。不过，新版本比旧版本更便于用户进行图像方面的操作。目前使用 CorelDRAW 软件的领域，主要是图形绘画、文字处理、印前输出等平面设计与制作方面。本书以平面设计制作工作中的常用功能为出发点，详细介绍 CorelDRAW X4 在图形绘制和文字排版方面的应用。

全书共分 13 章，由浅入深地介绍了 CorelDRAW X4 的基本功能，包括文件管理与设置、绘制图形、对象的基本操作（选取、编辑、切割、涂抹及运算等）、颜色与填充、文字处理、交互式调和工具的使用、处理位图的方式、特殊效果与透镜、CorelDRAW X4的高级应用、对象管理、打印与导出等，逐步介绍了软件的使用方法、基本操作、制作过程及技巧，全面讲解了新版本的新功能，立足于基础操作，结合具体的实例和光盘提供的素材，带领读者了解并掌握 CorelDRAW X4。

本书的优点是以详细的教程形式讲解 CorelDRAW X4 的功能和应用。在操作性很强的章节后面，添加了与知识点相对应的案例，读者可以通过对这些案例的学习，进一步熟悉各种操作技巧和知识结构。

在最后一章，为读者提供了完整而丰富的实例，用于巩固全书的知识内容。读者在学习的同时，可以获得更多制作和设计经验，更好地将这些功能运用到具体的实例中。实例是从简单的底纹绘制到复杂的实物绘制，再到平面设计，不仅介绍了实例所运用的工具、命令，还融入了经典的设计理念，使读者进一步提高创作能力。

本书主要面向学习 CorelDRAW 的初级和中级读者，本书充分考虑了初学者可能遇到的困难，讲解全面深入，结构安排循序渐进，使读者掌握知识要点后能通过实例操作巩固所学知识，提高学习效率。本书赠送的光盘中提供了书中所涉及的实例原始文件夹、素材文件和最终的 CDR 文件，为了便于读者学习和使用，本书附赠 CorelDRAW X4 基础学习多媒体视频教程，让读者学习更轻松。

由于编者水平有限，书中难免有一些不足之处，敬请广大读者批评指正。祝愿读者朋友们早日成为驾驭 CorelDRAW X4 的高手。

01 Chapter 工作环境

02 Chapter 文件管理与设置

Spring Day

04 Chapter 对象的基本操作

05 Chapter 颜色与填充

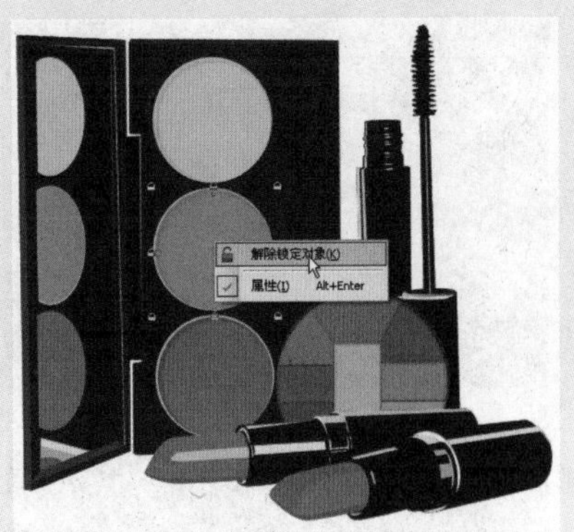

06 Chapter 文本处理

07 Chapter 交互式调和工具的使用

08 Chapter 处理位图的方式

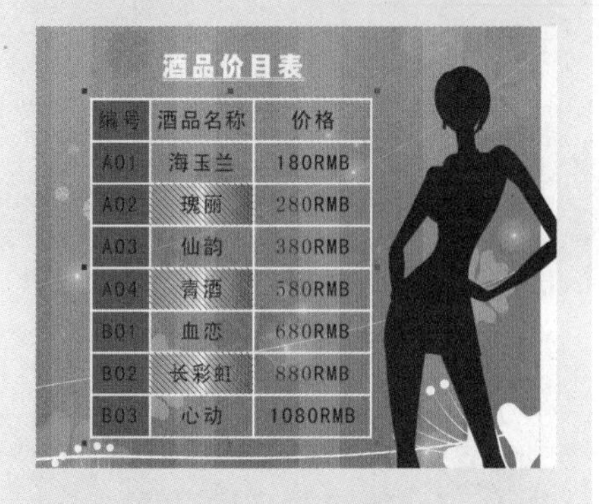

酒品价目表

编号	酒品名称	价格
A01	海玉兰	180RMB
A02	瑰丽	280RMB
A03	仙韵	380RMB
A04	青酒	580RMB
B01	血恋	680RMB
B02	长彩虹	880RMB
B03	心动	1080RMB

Contents 目录

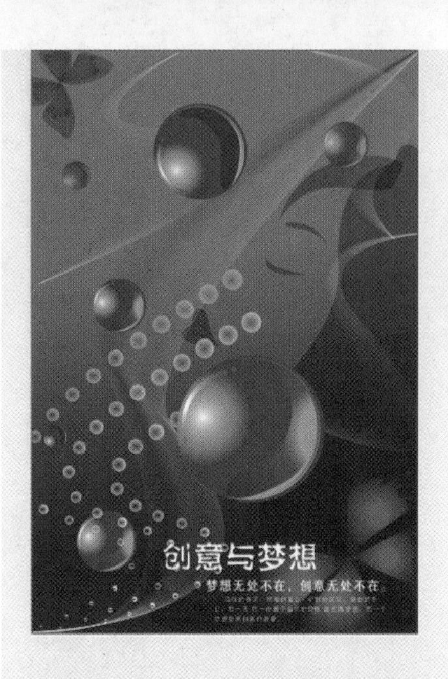
创意与梦想
梦想无处不在，创意无处不在。

SEADOO
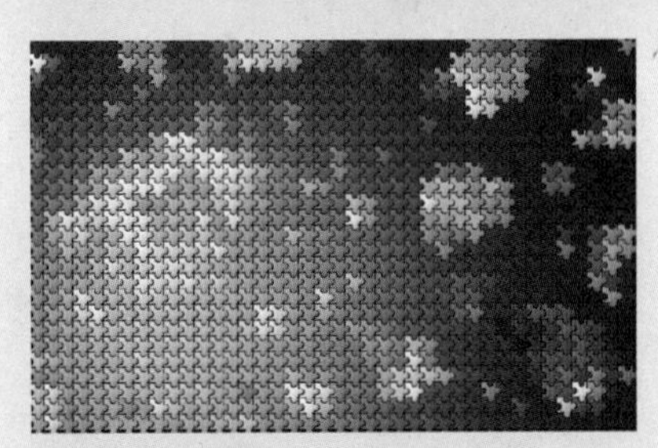

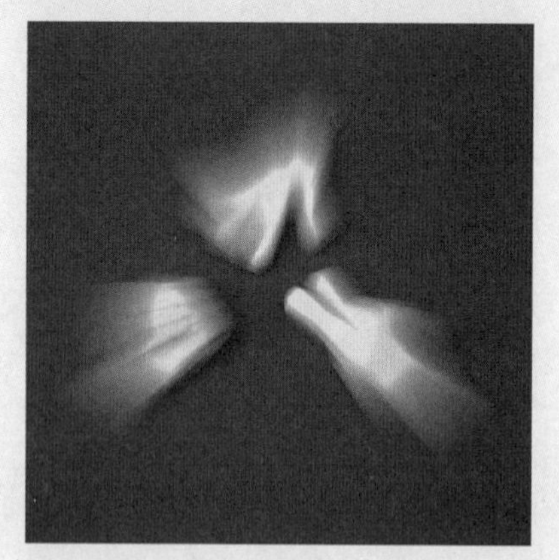

09 Chapter 特殊效果与透镜

10 Chapter CorelDRAW X4 的高级应用

11 Chapter 对象管理

12 Chapter 打印与导出

Contents 目录

13 Chapter 综合实例

CorelDRAW X4 ➔ 从入门到精通

01 Chapter

工作环境

CorelDRAW X4是一种高效的绘图和版面设计工具，是Corel公司开发的最新版本的图形设计软件，它针对Windows 2000、Windows XP和Windows Tablet PC Edition进行了全面的优化，同时也适用于最新发布的Windows 7 32位版本，这意味着它支持Microsoft的主题式用户界面、可视化的风格以及软件安装和部署的策略。

1-1 环境概述

CorelDRAW X4 是一种基于矢量图形的绘图软件，不仅可以用于广告、封面的制作和设计，还可以将矢量图形转化为位图，并应用各种效果，如调和、透视、交互式填充和立体化等，使作品更加灵活生动。用户不仅在创作过程中得心应手，还能从中得到启发，并激发创作的灵感。

不同版本的 CorelDRAW 对硬件的要求有所不同，版本越高，对硬件的要求也就越高。安装 CorelDRAW X4 的硬件最低建议配置如下：

- CPU：Intel Pentium II 200 MHz 或更高。
- 内存：128 MB，建议最好使用 256 MB 或者更大容量的内存。
- 显卡：16 位增强色或真彩色。
- 硬盘：250 MB，空间越大，图像处理的速度越快。
- 显示器：VGA，256 色，分辨率 1 024 像素 × 768 像素。
- 操作系统：Windows 9x/2000/XP/Me/2003/Windows 7 32 位版本操作系统或更高版本。

如果计算机的配置达不到以上要求，在运行 CorelDRAW X4 时有可能经常出现死机现象。所以用户最好配备更高的硬件，以确保 CorelDRAW X4 软件正常、高效地运行。

1-2 操作界面

1-2-1 CorelDRAW X4 欢迎屏幕

在计算机中安装了中文版 CorelDRAW X4 后，启动 CorelDRAW X4，方法是单击“开始”按钮，执行“所有程序”/ CorelDRAW Graphics Suite X4 / CorelDRAW X4 命令，此时会弹出“欢迎屏幕”对话框，如图 1-1 所示。

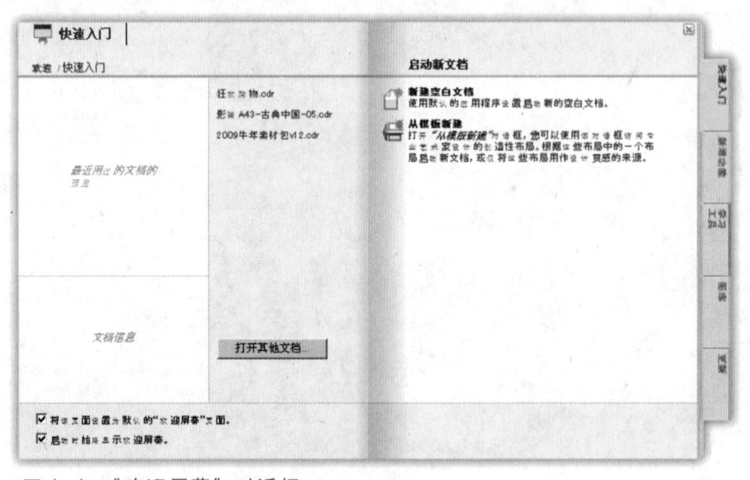

图 1-1 “欢迎屏幕”对话框

该对话框中有“快速入门”、“新增功能”、“学习工具”、“图库”、“更新”5 个选项卡，选择不同的选项卡，会显示出不同的屏幕选项，具有不同的功能。

1. “快速入门”选项卡

该选项卡中列出了启动设置选项。

- 新建空白文档：单击此链接，可以建立一个新的空白页面，如图 1-2 所示。
- 从模板新建：单击此链接，将弹出“从模板新建”对话框，可以选择文件中的模板来打开文件，如图 1-3 所示。

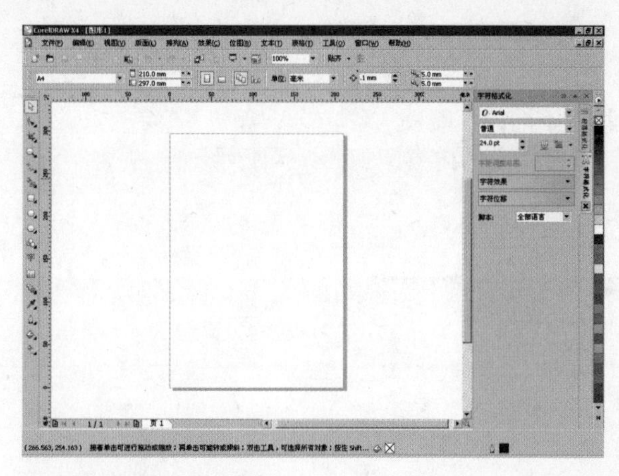
图1-2　新建空白文档

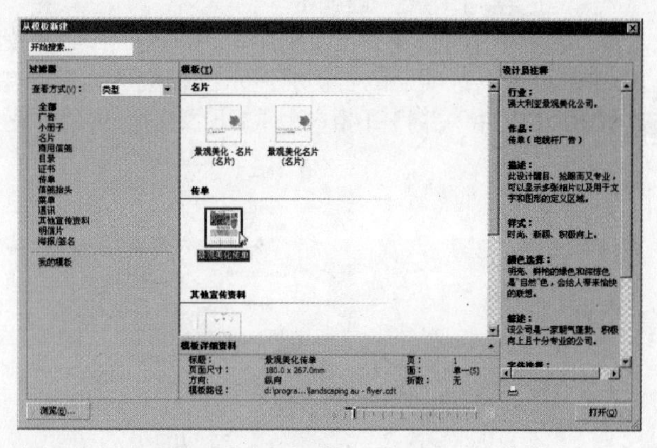
图1-3　“从模板新建”对话框

● 打开最近使用过的文档：“快速入门”选项卡的中部列出了最近使用过的文件列表，将光标移动到文件名称上，可以预览该文件的缩略图，单击名称，可以打开该文件，如图1-4所示。

● 打开其他文档：单击此按钮，打开“打开绘图”对话框，如图1-5所示，可以打开预先存储在计算机中的文件。

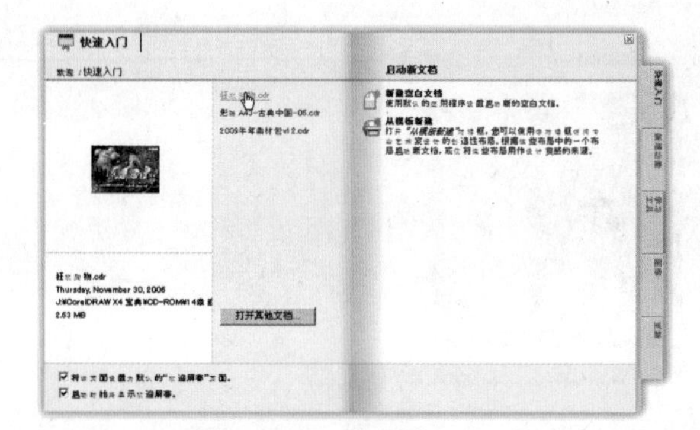
图1-4　打开最近使用过的文档

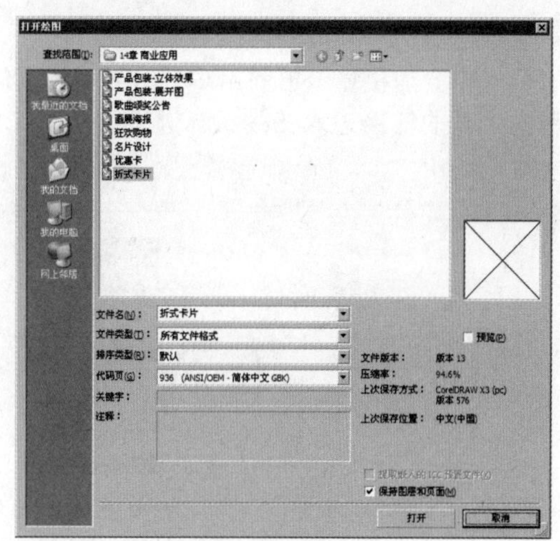
图1-5　“打开绘图”对话框

● 将该页面设置为默认的“欢迎屏幕”页面：选择此复选框，在打开CorelDRAW X4启动欢迎屏幕时，会自动显示“快速入门”欢迎屏幕。

● 启动时始终显示欢迎屏幕：选择此复选框后，在启动CorelDRAW X4时，总是弹出欢迎屏幕。

2. “新增功能”选项卡

该选项卡中列出了CorelDRAW X4相对于上一个版本新增的功能列表，如图1-6所示。单击相应的功能链接，即可显示相应的介绍页面；单击左侧的视频缩略图，则可以显示视频教程。新增功能的具体内容和使用将在后面的章节中进行详细的讲解。

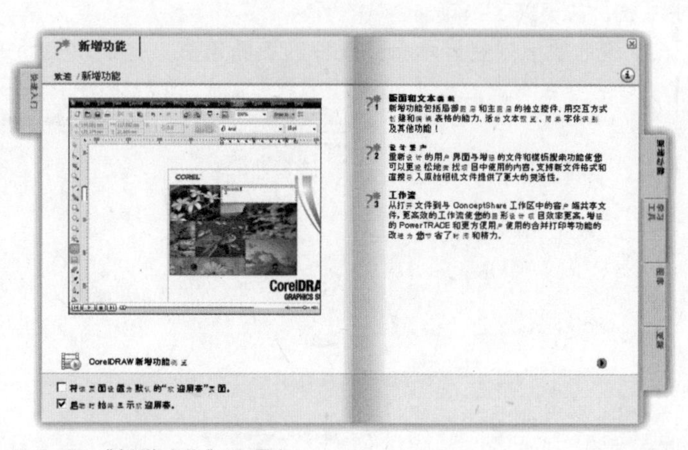
图1-6　“新增功能”选项卡

3. “学习工具”选项卡

该选项卡的左侧列出了CorelDRAW的视频教程、实用的与设计相关的操作知识和技巧等，单击左侧的链接后，选项卡的右侧会显示出相应的内容，单击其中不同的缩略图，CorelDRAW X4会自动启动Acrobat软件，并打开相应的PDF文档，供用户学习与查看相应的内容，如图1-7所示。

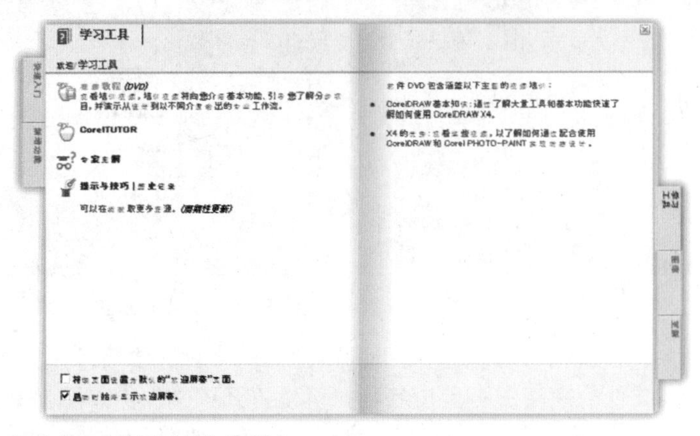

图1-7 “学习工具”选项卡

4. “图库”选项卡

该选项卡中会随机显示出利用CorelDRAW X4绘制的各种设计作品，供用户欣赏。同时，还可以单击屏幕右上角的链接进入在线画廊进行欣赏，如图1-8所示。

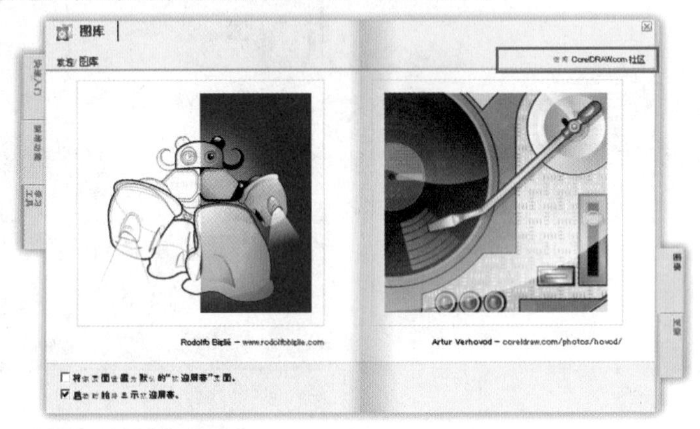

图1-8 “图库”选项卡

5. “更新”选项卡

该选项卡中会显示出该软件的更新信息，并提供更新的详细资料供用户参考，如图1-9所示。

图1-9 “更新”选项卡

1-2-2 CorelDRAW X4操作界面

初学者需要仔细了解CorelDRAW X4操作界面的12个工作区，如图1-10所示。特定的区域有其特定的功能，下面介绍几个常用的工作区。

标题栏
菜单栏
标准工具栏
属性栏
工具箱
标尺
页面
绘图窗口
文档导航器
泊坞窗
调色板
状态栏

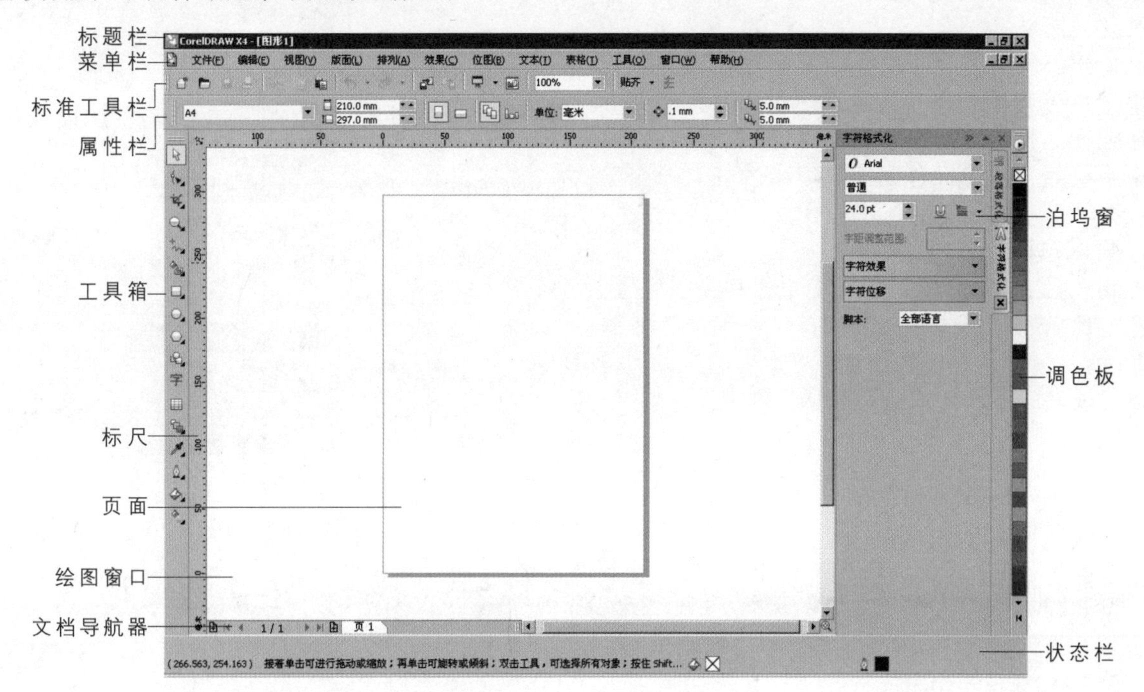

图1-10 CorelDRAW X4操作界面

1. 菜单栏

菜单栏中包括了CorelDRAW X4的12项菜单，几乎涵盖了此软件的所有功能，每一个菜单又包括了多个命令，有些命令下面还有子菜单，选择其中的一个命令即可完成一项操作，如图1-11所示。

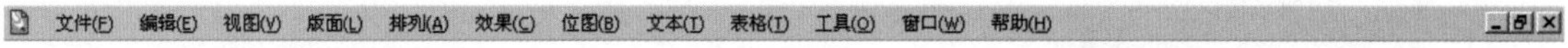

文件(F) 编辑(E) 视图(V) 版面(L) 排列(A) 效果(C) 位图(B) 文本(T) 表格(T) 工具(O) 窗口(W) 帮助(H)

图1-11 CorelDRAW X4 菜单栏

单击任意菜单按钮，在弹出的下拉菜单中选择所需的命令，当此命令显示为灰色时，表示命令正在执行中或此命令未被激活。命令右侧的英文字母是该命令的快捷键，使用快捷键有助于提高操作效率。此外，单击菜单栏右端的几个按钮，可最小化、最大化/恢复及关闭当前文件窗口。

2. 绘图窗口

每打开一个文件都会出现绘图窗口及状态栏，以供随时查看设计的进度与详细情况，如图1-12所示。

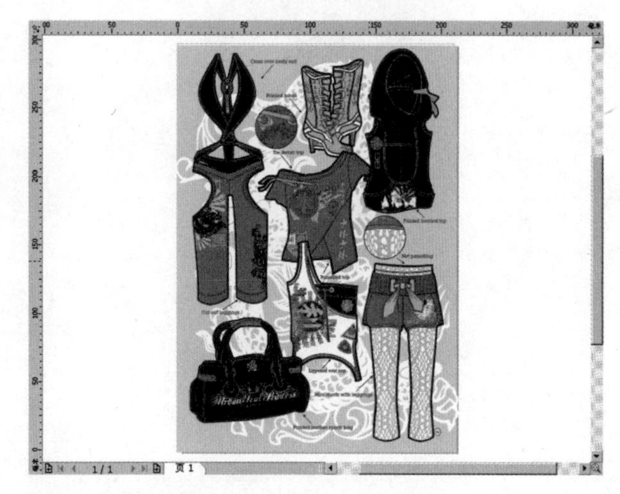

图1-12 绘图窗口

3. 工具箱

CorelDRAW X4提供了17组工具，如图1-13所示。工具箱中的每个按钮都代表一个工具，单击要选择的工具，其对应按钮会处于按下状态，表示该工具已被选取。

如果工具下方有一个黑色三角形按钮，则代表该工具带有弹出式工具组。单击此黑色三角形按钮或在工具按钮上按住鼠标左键不放，会弹出整个工具组，将光标移到工具组中的任意一个工具上并单击，即可切换到该工具。

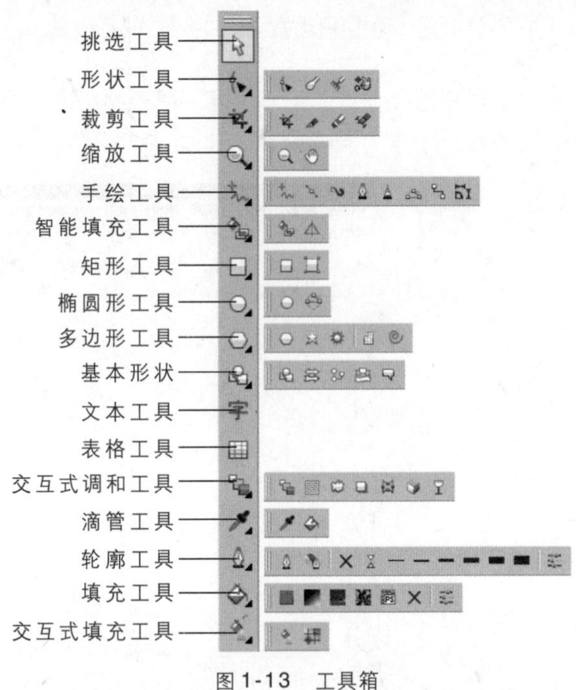

图1-13 工具箱

4. 状态栏

状态栏中会显示几种状态信息，包括坐标值，填充的颜色，图形的长、宽和单位等信息，如图1-14所示。用户可以根据状态栏提示的信息，调整自己设计的作品，以达到理想的效果。

(314.918, -33.646) 接着单击可进行拖动或缩放；再单击可旋转或倾斜；双击工具，可选择所有对象；按住 Shift...

图1-14 状态栏

5. 泊坞窗与浮动面板

CorelDRAW X4提供了各式各样的控制面板，分别用于不同的控制，建议在需要的时候再调出，以免占用太多的屏幕空间。在使用这些面板时，用户可以自由决定其显示或隐藏，可以将这些面板以泊坞窗的形式显示在窗口的右侧，将多个面板以标签的形式组合在泊坞窗中，也可以将其单独显示在工作窗口的任意位置。图1-15所示为泊坞窗的形式，图1-16所示为浮动面板形式。

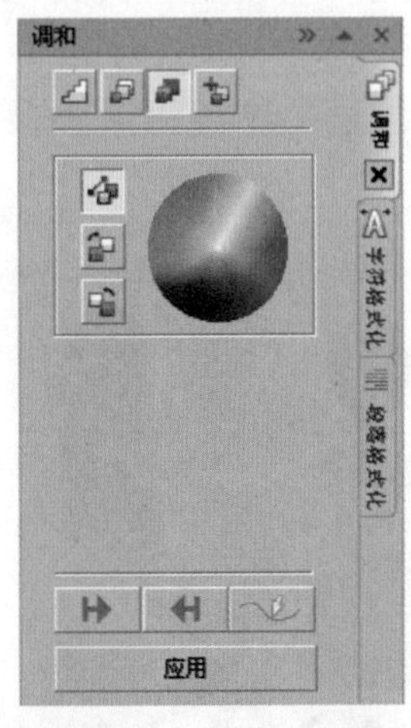

图1-15 “调和”泊坞窗

图1-16 “造形”面板

6. 文档导航器

文档导航器位于绘图窗口的左下角。当在设计作品中创建了多个页面时，该区域会显示总页数及当前页码等信息，可以通过单击相应的按钮切换到不同的页面，并查看不同页面中的内容，如图1-17所示。

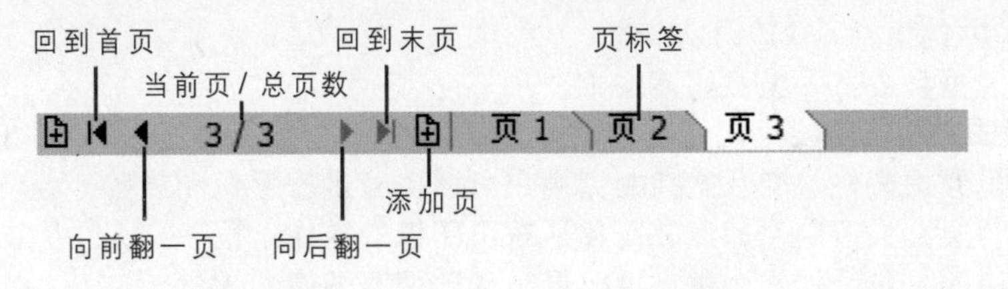

图1-17　文档导航器

如果没有特殊说明，书中有关新建图像的操作，所使用的分辨率单位均为pix/in（像素/英寸），如分辨率为500，是指500像素/英寸。分辨率是决定输出质量的重要因素，分辨率越高，图像就越清晰，相应的图像文件也就越大。图像的分辨率可以根据情况而定，若用于屏幕显示，则将分辨率设为72像素/英寸即可；若用于打印，则将分辨率设为150像素/英寸即可；若用于印刷，则分辨率不得低于300像素/英寸。

1-3　CorelDRAW X4的新增功能

CorelDRAW X4的新增功能和增强功能可以帮助用户更快、更轻松地完成许多设计任务，从而提高工作效率。

1．更加时尚和人性化的用户界面

新的用户界面更直观，重新设计了各功能图标、菜单和控件。

CorelDRAW ConceptShare功能：利用该功能可以与同事即时分享设计和构思，与客户进行实时协作。

Corel PowerTRACE X4：使用此增强的位图到矢量图的转换解决方案，可节省时间，并实现更简便直观的控制。

Windows色彩系统：精确地匹配Corel与Microsoft应用程序之间的颜色。

Adobe颜色管理模块：匹配Corel与Adobe应用程序之间的颜色。

2．更方便的设计资源查找

与Windows Vista的集成增强：增强了与Windows Vista系统平台的集成功能，可以更方便地进行项目整理和搜索文件。

新的附赠内容：包括10 000个剪贴画图像（其中40%是全新的）、1 000张高质量照片及更多专用字体。同时还包括75种Windows Glyph List 4 （WGL4） 字体，并且支持希腊、Cyrillic和其他国际字符集以及单行阴文字体和OpenType跨平台字体。

重新设计的“从模板新建”对话框：用户可以轻松地为任意设计工作找到合适的模板，并可按照关键字或行业进行浏览。

80个专业设计的模板：CorelDRAW X4为用户提供更多、更实用的设计模板，并对相关的模板选项进行说明和注释，以方便用户的使用。

3．提供更多的灵感和知识来源

欢迎屏幕：在同一位置访问最近使用的文档、模板、学习工具和富有创意的设计。

CorelDRAW手册——专家见解：可以查看令人印象深刻的项目，并向经验丰富的设计专家学习。

培训视频：CorelDRAW X4提供了新培训视频，可帮助用户快速掌握各种基础知识和新功能。

CorelTUTOR：通过新的教程访问基于项目的在线说明。

CorelDRAW.com：通过在线社区分享设计、构思和灵感。

4．更快的版面设计和文本编辑速度

交互式表格：为文本和图形创建和导入结构布局。

独立的页面图层：在多页面文档内部改变页面布局。

活动文本格式：在应用文本格式更改之前，可以先进行预览。

与 WhatTheFont 的集成：快速识别字体。

镜像段落文本：垂直或水平镜像段落文本。

5. 增强的高级图像编辑功能

支持数码照相机原始文件：交互式控制让用户可以实时进行预览和调整。

矫正图像：新的交互式控制，加速并简化了矫正图像的操作过程。

增强的“调合曲线”对话框：让用户可以更精确地调整图像。

简化页面大小：更好地反映用户所在的位置。

6. 更高级的 PDF 安全性选项

可以设置安全性选项，保护创建的 Adobe 可移植文档格式（PDF）文件。通过安全性选项，控制在 Adobe Acrobat 中查看时是否允许访问、编辑和复制 PDF 文件以及限制的程度。同时，还可以打开和导入受密码保护的 PDF 文件。

7. 改进的文件兼容性

CorelDRAW X4 改进了与许多行业标准文件格式之间的文件兼容性，如 EPS、AI、PDF 等格式。另外，RawShooter essentials 2005 是 CorelDRAW X4 附带的一个应用程序，可用于打开和编辑数码照相机拍摄的原始文件，并将它们保存为 TIFF 或 JPEG 文件。

CoreIDRAW X4 从入门到精通

02

Chapter

文件管理与设置

启动CorelDRAW X4后，第一步不是建立一个新的空白文件，就是打开原有文件。当设计操作告一段落时，需要保存文件，才能结束工作，这些看来简单的操作却很重要。本章重点探讨这些基本操作的设置与管理。了解这些内容，对于设计作品有很大的帮助。

2-1 文件管理

本节将介绍新建文件、打开原有文件、保存文件和关闭文件等一些有关文件管理的简单操作方法。特别值得注意的是：可以应用模板功能来处理自己的文件，既简单又方便。

2-1-1 新建文档

制作一幅作品的第一步操作就是新建一个空白文件。执行“文件”/“新建”命令，此时会弹出一个新的绘图窗口，如图2-1所示。

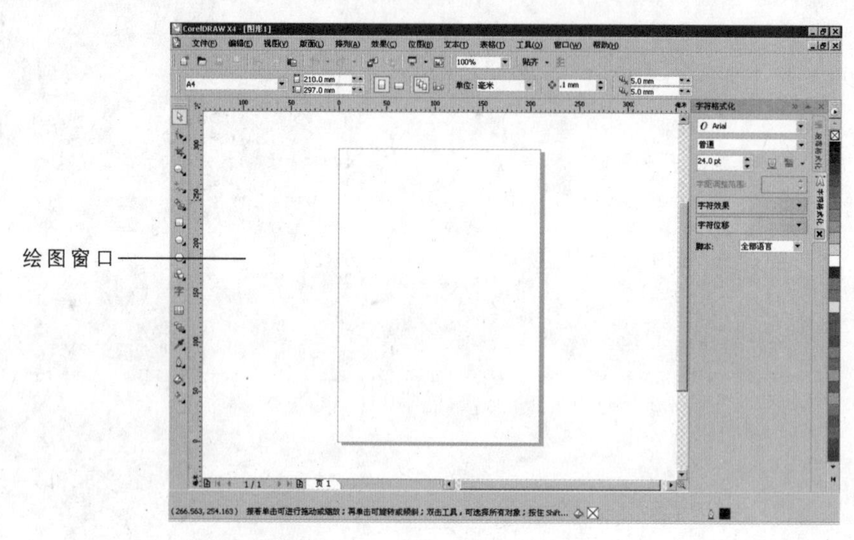

图2-1 绘图窗口

2-1-2 新建模板

CorelDRAW X4为用户提供了许多新的模板文件，可以直接应用模板新建文档。

执行菜单“文件”/“从模板新建”命令，将弹出“从模板新建”对话框，如图2-2所示。在对话框中选取所需的模板类型，并单击“打开”按钮，就能打开一个可以编辑的新模板文件，如图2-3所示。

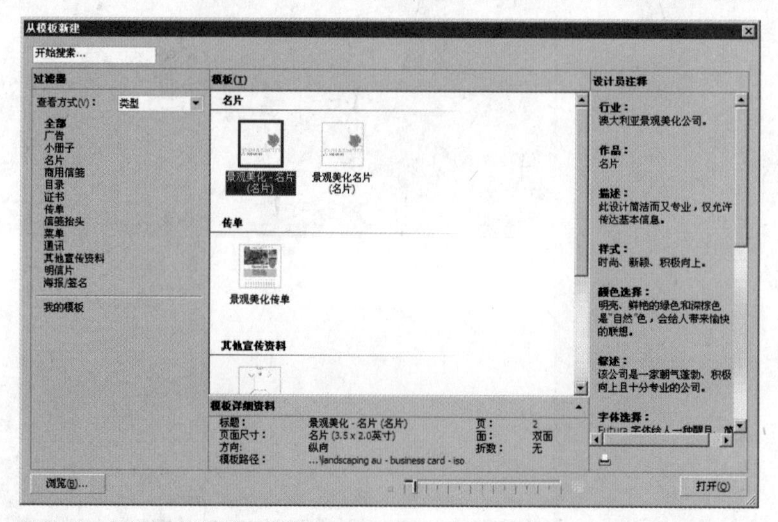

图2-2 “从模板新建”对话框

（a）模板文件 1

（b）模板文件 2

图 2-3　从模板新建文档

2-1-3　打开文件

当需要继续未完成的工作时，可以使用打开文件的命令来打开已有文件。CorelDRAW X4 支持的文件格式有很多种，如 CDR、PAT、CDT、CLK、DES、CSL、CMX、AI、PS、WPG、WMF、EMF、CGM、PDF、SVG、SVGZ、HTM、PCT、DSF、DRW、DXF、DWG、PLT、FMV、GEM、PIC、VSD、FH、MET、NAP、CMX、CPX、CDX、PPT、SHW 及不同的矢量、点阵图形等文件格式。

执行菜单“文件”/“打开”命令，弹出“打开绘图”对话框，在对话框中找到文件所在位置，选择要打开的文件，单击“打开”按钮即可。还可以在预览框中预览文件的内容，这样就可以检查打开的文件是否正确，如图 2-4 所示。

此外，在“文件”/“打开最近用过的文件”子菜单中选择最近打开过的文件，如图 2-5 所示。

图 2-4　“打开绘图”对话框

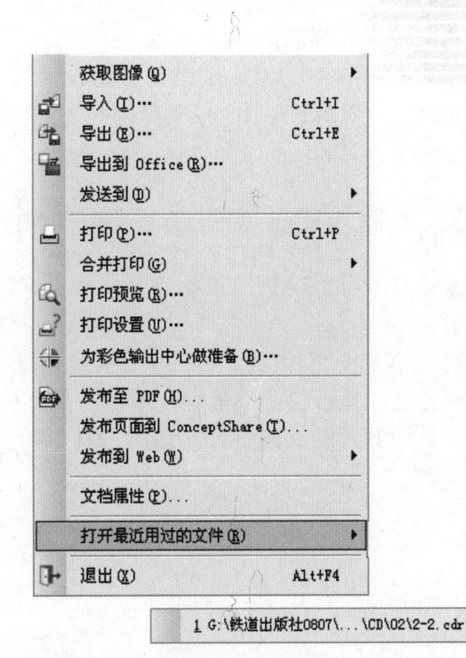

图 2-5　“打开最近用过的文件”菜单命令

2-1-4 保存文件

在结束工作前，如果当前文件以后还会用到，那么在关闭文件之前应先对其进行保存，以备以后使用。

执行菜单“文件”/“保存”命令，在弹出的“保存绘图”对话框中的“文件名”文本框中输入文件名称，在“保存类型”下拉列表框中选择需要保存的文件格式，如图2-6所示。然后选择要保存的位置，单击“保存”按钮即可。

保存有两种情况，一种是“保存”，另一种是“另存为”。如果此文件从来未保存过，就可以直接执行“保存”命令。倘若是已经保存过的文件，直接执行“保存”命令，会覆盖原有的文件。如果不想覆盖原有的文件，则可以执行菜单“文件”/“另存为”命令，将新文件保存在其他位置或换名保存。

图2-6 “保存绘图”对话框

2-1-5 关闭文件

整幅设计图绘制完成后，可以直接关闭文件。执行菜单“文件”/“关闭”命令，将弹出“是否保存图形”对话框，如果不想保存，单击“否”按钮即可；如果想保存图形，单击“是”按钮，弹出“保存绘图”对话框，在此对话框中选择要保存的位置，并为图形命名，然后单击“保存”按钮，即可将图形保存在指定位置，系统也将自动关闭图形文件。

2-1-6 还原文件

对文件进行编辑操作多步后，如果想恢复到打开时的状态，可执行菜单“文件”/“还原”命令。

在绘图工作中，无论是进行平面设计还是编排图文版面，都不可能仅仅使用矢量图形，还需要大量的位图图像来相互衬托。CorelDRAW X4是如何应用位图并进行编辑的呢？下面介绍CorelDRAW X4的导入、导出功能。

2-1-7 导入文件

使用CorelDRAW X4的导入功能，可以把一些位图图像或矢量图形导入到绘图窗口中，从而对其进行编辑。

执行菜单“文件”/“导入”命令，弹出如图2-7所示的“导入”对话框。选定所需的图片后，对话框中会自动显示图片的信息，单击“导入”按钮，光标会变成一个直角的形状，直角形状光标放置的位置就是要导入图片的位置，如图2-8所示。选定位置后，单击即可导入图片，如图2-9所示。

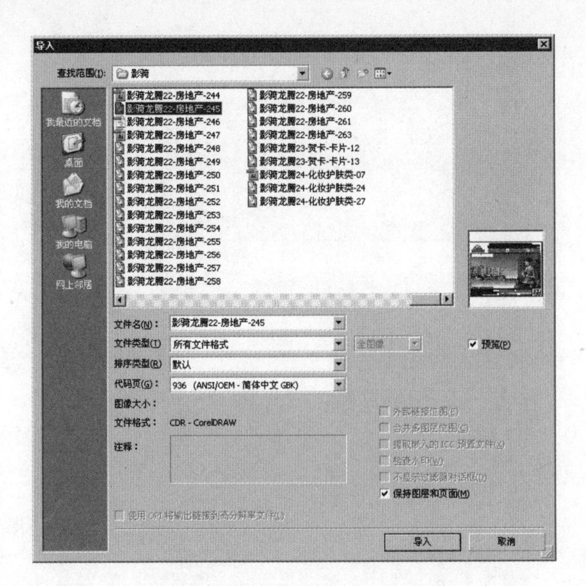

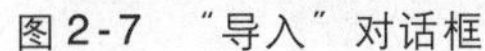
图 2-7 “导入”对话框

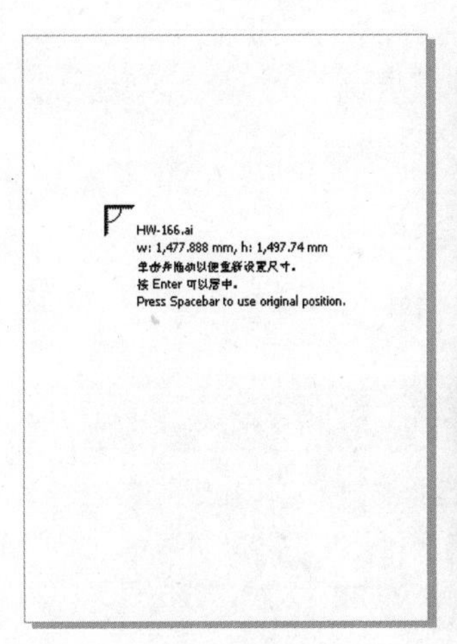

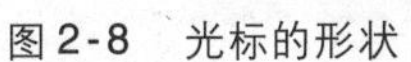
图 2-8 光标的形状

图 2-9 导入的图形

2-1-8 导出文件

与导入功能相对应，导出功能可以把在 CorelDRAW X4 中绘制好的图形导出，并保存为所需的格式。执行菜单“文件”/“导出”命令，弹出如图 2-10 所示的“导出”对话框。输入需要导出的“文件名”和“保存类型”，单击“导出”按钮，即可将图形保存在指定位置。

图 2-10 “导出”对话框

2-1-9 文档属性

执行菜单“文件”/“文档属性”命令，将弹出“文档属性”对话框，在其中可查看详细的文件信息，如文件名称、文件页面数、文件图层数、页面尺寸、页面方向、分辨率、图形对象数量及其他对应的信息，如图 2-11 所示。

该对话框下方的列表框中，按文件、文档、图形对象、文本统计、位图对象、样式、效果、填充和轮廓等类型列出了文件信息。

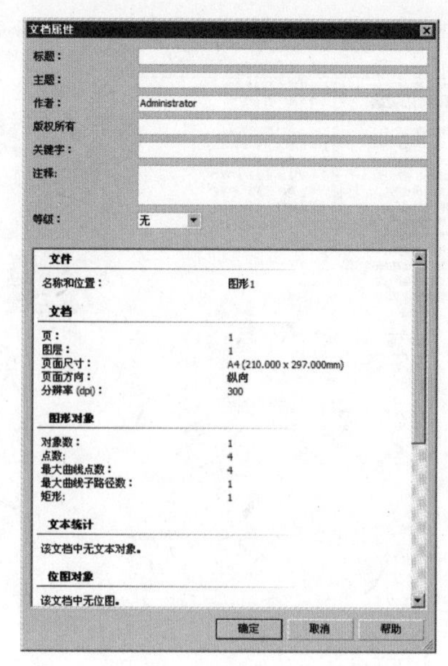

图 2-11 “文档信息”对话框

提示 · 技巧

此外，如果对文档属性有疑问，或不知如何操作，可单击“帮助”按钮，在打开的“CorelDRAW X4 帮助”窗口中可以查询相关的内容及操作方法。

2-1-10 退出

整幅图绘制完并保存后，如果想退出 CorelDRAW X4，执行菜单“文件”/“退出”命令，或直接按【Alt+F4】组合键即可。

2-2 页面设置

CorelDRAW X4 提供了设置页面大小的功能，可将页面设置成标准信纸、A4、B5 或明信片等样式，还可以自定义设置页面的大小，对版面进行调整，对页面进行增加、删除和重命名等设置。

CorelDRAW X4 绘图窗口中带有矩形边框的区域称为绘图页面，用户在绘图时可以根据实际需要设置绘图页面的尺寸、样式、背景颜色与图案。

2-2-1 插入页面

在绘图窗口中，有时需要插入多个工作页面。执行菜单“版面”/“插入页”命令，弹出“插入页面”对话框，如图 2-12 所示。在“插入”数值框中设置插入页面的数量，并通过选择“前面”或“后面”单选按钮来决定插入页面的位置。通过选择“横向”或“纵向”单选按钮，可设置插入页面的放置方向。单击“纸张”下拉按钮，在弹出的下拉列表中选择插入页面的纸张大小，如需特殊页面，可自定义设置纸张的高度与宽度。设置完成后，单击“确定”按钮，即可在文档中插入页面。

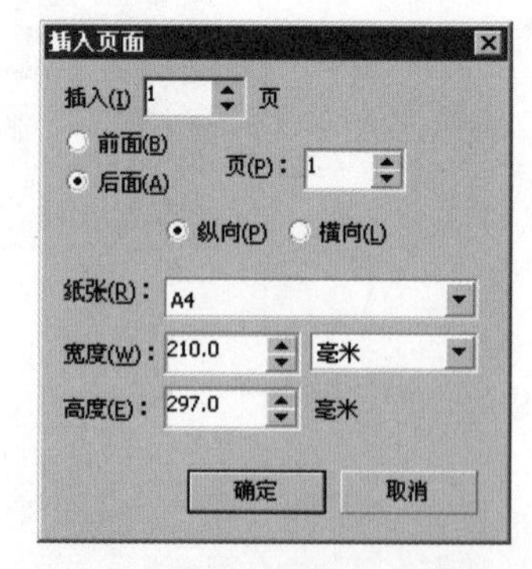

图 2-12 “插入页面”对话框

2-2-2 删除页面

在操作过程中，如果需要删除多余的页面，可执行菜单“版面”/“删除页面”命令，弹出如图2-13所示的“删除页面”对话框，在“删除页面”数字框中设置要删除的页数，也可以选择“通到页面”复选框来删除这一范围内（包括所设置页面）的所有页面。

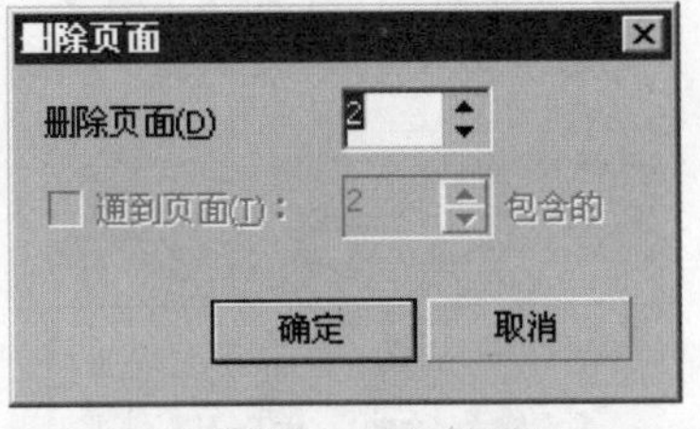

图2-13 “删除页面”对话框

2-2-3 重命名页面

要设置页面的名称，应首先选定要命名的页面，执行菜单“版面”/“重命名页面”命令，弹出“重命名页面”对话框，如图2-14所示。在“页名”文本框中输入名称，并单击“确定”按钮，新的页面名称即显示在页面指示区中。

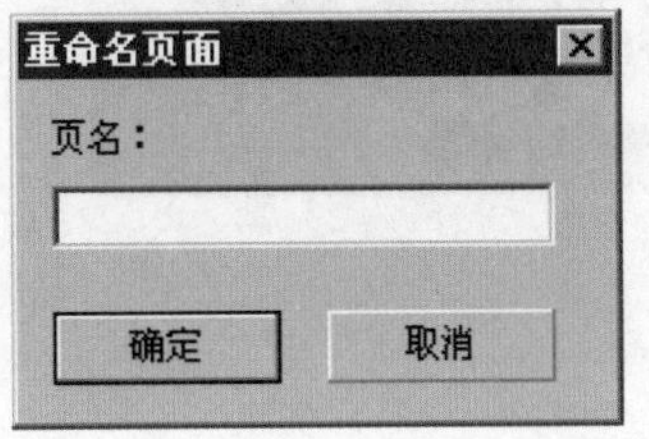

图2-14 “重命名页面”对话框

2-2-4 复制页面

如果要复制已有页面，可以选中页面标签后，执行菜单“版面”/“再制页面”命令，弹出“再制页面”对话框，如图2-15所示。在“插入新页面”选项组中选择“在选定的页面之前”单选按钮或“在选定的页面之后”单选按钮，然后再选择是“仅复制图层”还是“复制图层及其内容”单选按钮。例如，选择“在选定的页面之后”单选按钮，并选择“复制图层及其内容”单选按钮，单击“确定”按钮，会产生新的页面并复制选中页面中的内容，如图2-16所示。

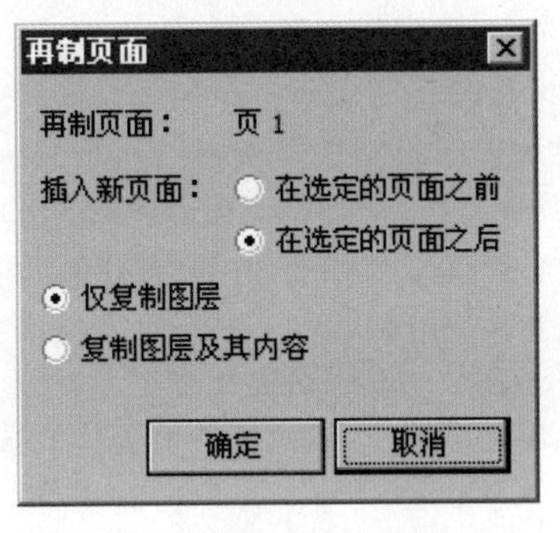

图2-15 “再制页面”对话框

2-2-5 设置页面大小

执行菜单“版面”/“页面设置”命令，弹出“选项”对话框，如图2-17所示。

在“选项”对话框中展开“文档”列表，选择“页面”/“大小”选项，在右侧可以设置页面的大小和纸张样式等。

图2-16 复制选中的页面内容

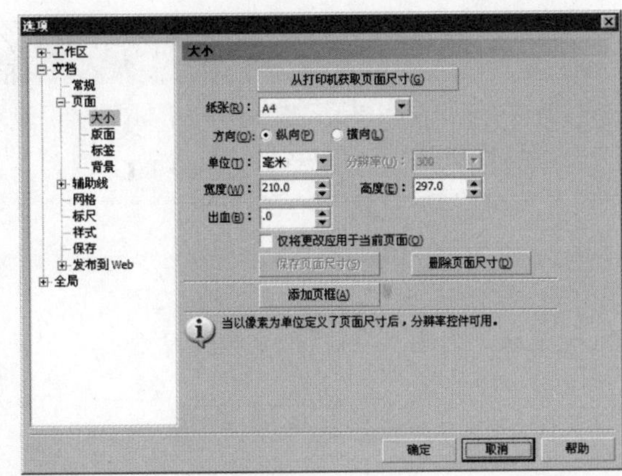

图2-17 “选项”对话框

单击“纸张”下拉按钮，在弹出的下拉列表中可以根据需要选择预设的纸张大小。如果没有所需的规格，可以选择“自定义”选项，自定义纸张的高度与宽度。在“方向”选项中，选择“纵向”单选按钮，页面将以垂直方向放置；选择“横向”单选按钮，页面将以水平方向放置，如图2-18所示。

(a) 纵向放置效果

(b) 横向放置效果

图2-18 转变页面方向

其他参数设置如下：

[从打印机获取页面尺寸]：单击此按钮，可使当前绘图页面的大小、方向与打印机设置相匹配。

[单位]：设置页面度量所使用的单位。

[分辨率]：单击此下拉按钮，可以设置图像的分辨率，分辨率越大作品越清晰。

[宽度]和[高度]：用于自定义设置页面的尺寸。

[出血]：设置页面出血的大小。

[仅将更改应用于当前页面]：选择该复选项后，所做的页面设置只对当前操作的页面起作用。

[保存页面尺寸]：单击此按钮，将弹出“自定义页面类型”对话框，可以在其中命名自定义的页面尺寸，该尺寸将被添加到“纸张”下拉列表框中。

[删除页面尺寸]：在“纸张”下拉列表中选择某个自定义页面类型后，单击此按钮，可以删除选中的页面尺寸。

[添加页框]：可以给页面添加一个外框。默认情况下，该外框与页面边界重合。用户可以自由调整其位置与尺寸。

提示·技巧

尽管可以在整个绘图窗口中绘制和编辑图形，但如果要将图形打印出来，图形必须在绘图页面中。绘图页面之外的图形不在打印区，但可以保存。

2-2-6 设置页面背景

执行菜单“版面”/“页面背景”命令，将弹出如图2-19所示的对话框，设置相关背景。其中有3个背景设置可供选择，即“无背景”、“纯色”和“位图”。前两个比较简单，这里不做说明，仅介绍一下将“位图”作为背景的具体操作步骤。

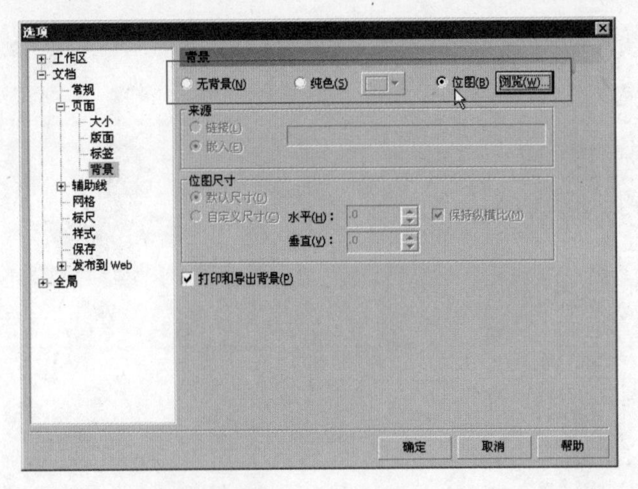

图2-19　“选项”对话框

01 打开一个素材文件，效果如图2-20所示。执行菜单“版面”/“页面背景”命令，在弹出的“选项”对话框中选择“位图”单选按钮，单击“浏览”按钮，弹出“导入”对话框，在该对话框中选择用做背景的图片，如图2-21所示。

图2-20　素材文件效果

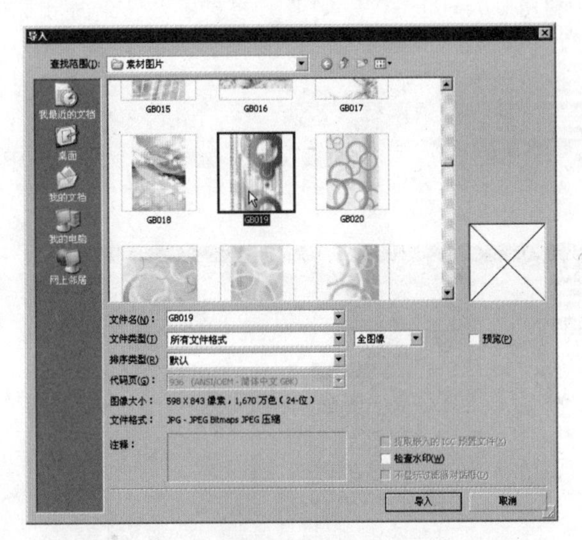

图2-21　“导入”对话框

02 单击“导入”按钮，返回“选项”对话框。在“来源”选项组中选择图片的使用方式，其中“链接”是将图片链接到页面中，“嵌入”是将图片嵌入到页面中。选择“链接”的优点在于图片仍独立存在，不仅可以减小图形文件的大小，还可以在编辑图片后，自动更新页面背景。这里建议选择“链接”。

03 在“位图尺寸”选项组中调整图片的尺寸。“默认尺寸”是将图片以默认尺寸导入到页面中，如果图片尺寸小于页面尺寸，图片将自动被平铺排列，如图2-22所示。

04 若打开“选项”对话框，选择“自定义尺寸”单选按钮，自行定义图片的尺寸，并通过选择“保持纵横比”复选框保持图像的长宽比例，如图2-23所示。

图2-22　默认尺寸

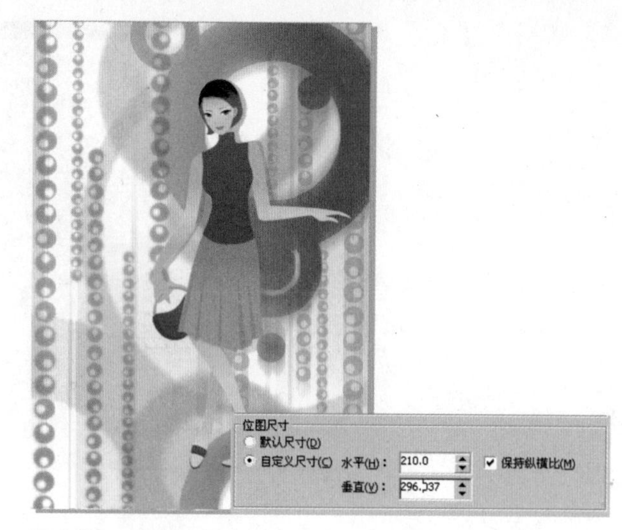

图2-23　自定义尺寸

2-2-7　设置标签

利用CorelDRAW X4制作各种名片、卡片和标签时，应首先设置标签的尺寸、页边距及各标签间的间距等参数。下面介绍一下标签的具体设置步骤。

执行菜单“版面”/“页面设置”命令，在弹出的“选项”对话框中选择“文档”/“页面”/“标签”选项，然后选择“标签”单选按钮，如图2-24所示。

一般情况下，可以直接在“标签类型”列表框中选择一种标签，并通过预览框观察选择的标签样式。单击“自定义标签”按钮，将弹出“自定义标签”对话框，如图2-25所示。

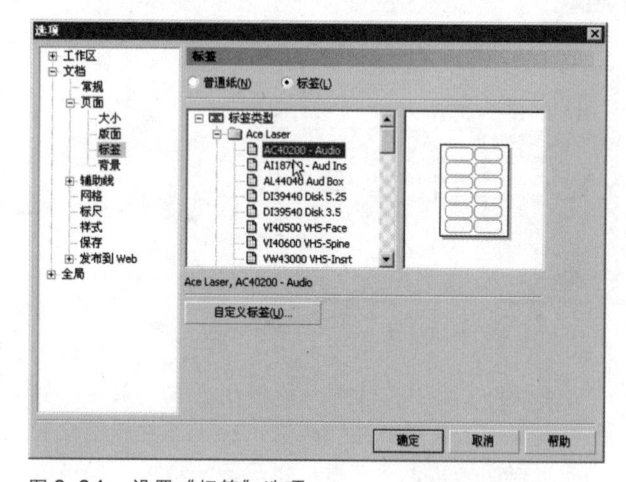

图2-24　设置“标签”选项

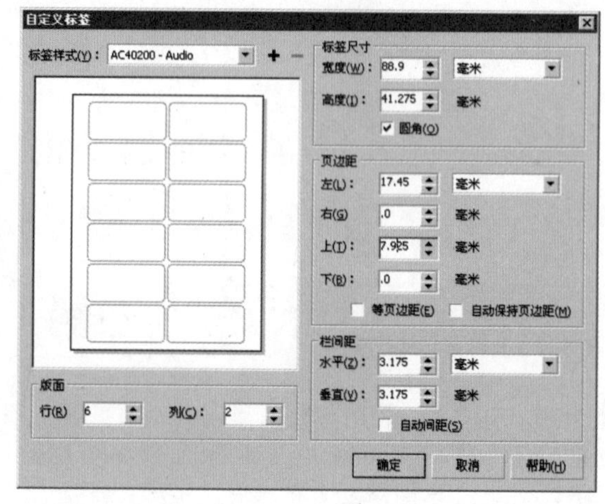

图2-25　“自定义标签”对话框

用户可以在该对话框中设置以下参数：

单击“标签样式”下拉列表框右侧的+或−按钮，可保存自定义标签或删除标签。

在“版面”选项组中设置“行”、“列”参数值，可调整标签的行数与列数。

在“标签尺寸”选项组中可设置标签的“宽度”、“高度”及单位。如果选择“圆角”复选框，可以创建圆角标签。

在“页边距”选项组中可以设置页面上、下、左、右页边距离。选择“等页边距”复选框，可以使页面中的上、下、左、右页边距相等；选择“自动保持页边距”复选框，可以使页面上的标签水平或垂直居中。

在“栏间距”选项组中可设置标签间的“水平”、“垂直”间距。选择“自动间距”复选框，可以让系统自动控制标签间距。

2-2-8　设置版面

执行菜单“版面”/“页面设置”命令，在弹出的“选项”对话框的左侧列表框中选择“文档”/“页面”/“版面”选项，可以设置版面的相关参数。单击“版面”下拉按钮，在弹出的下拉列表中可以选择版面的样式，默认有“全页面”、“活页”、“屏风卡”、“帐篷卡”、“侧折卡”和“顶折卡”几种样式，如图2-26所示。

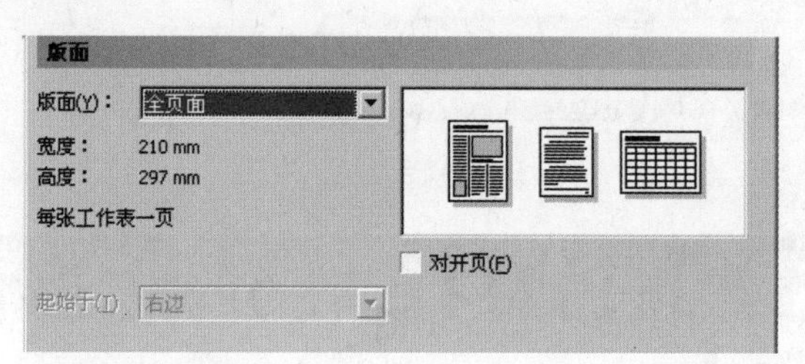

(a) 全页面

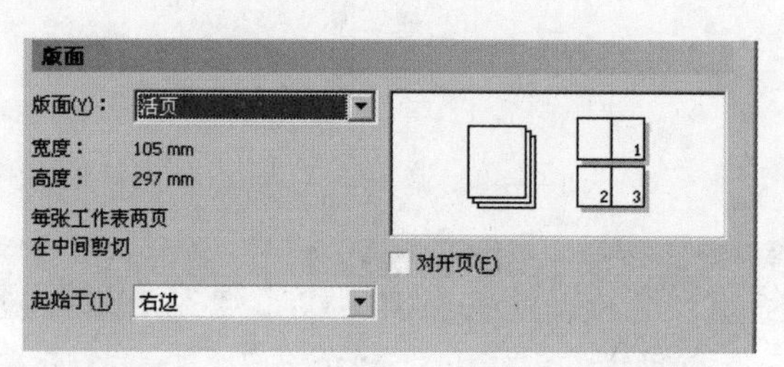

(b) 活页

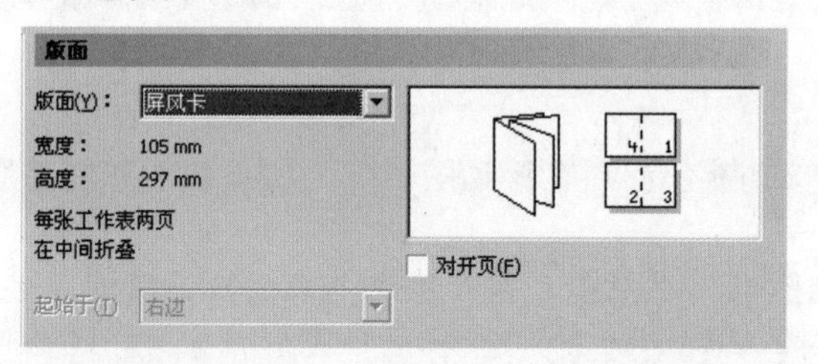

(c) 屏风卡

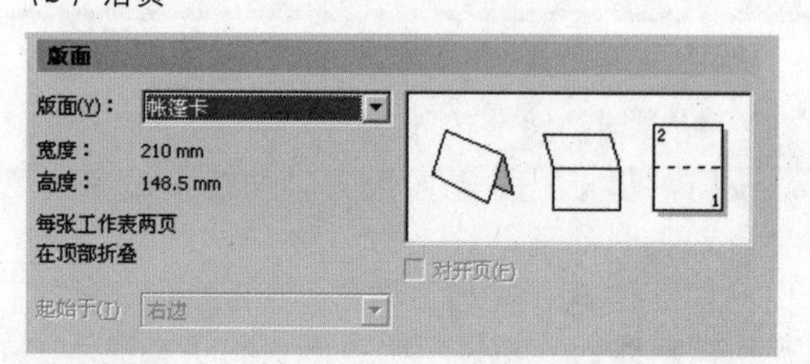

(d) 帐篷卡

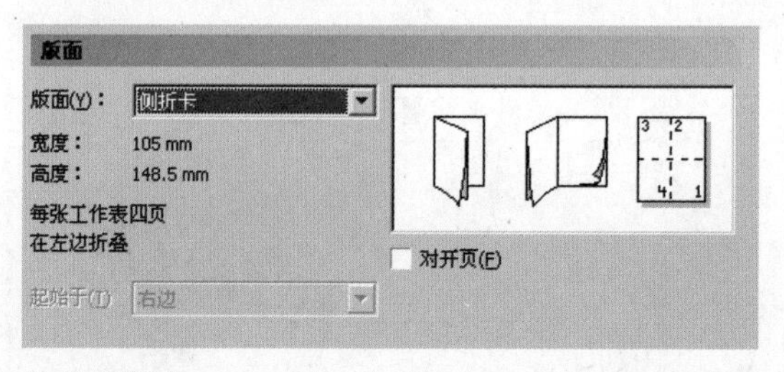

(e) 侧折卡

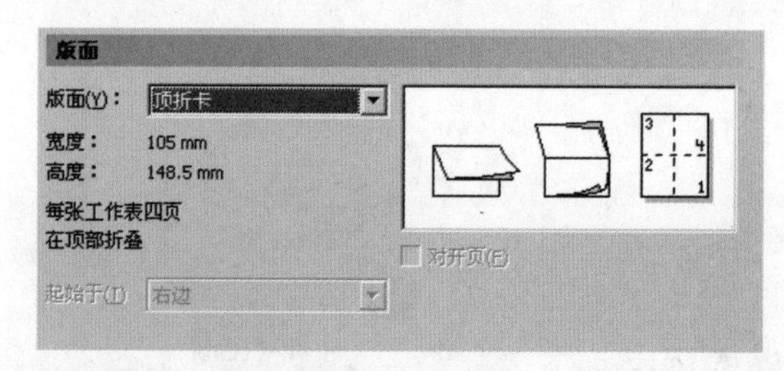

(f) 顶折卡

图2-26　版面样式

2-3　辅助设置

“辅助线”工具是绘图中最有效的辅助工具。在绘图窗口中，可以随意调节辅助线来辅助对齐绘制的图形。辅助线不会被打印出来。

2-3-1　辅助线的应用及设置

1. 添加辅助线

执行菜单“视图”/“辅助线”命令，使该命令前面显示“✓”符号。在绘图窗口中显示标尺，将光标移至标尺上，向绘图窗口拖动鼠标，即可产生辅助线，如图2-27所示。

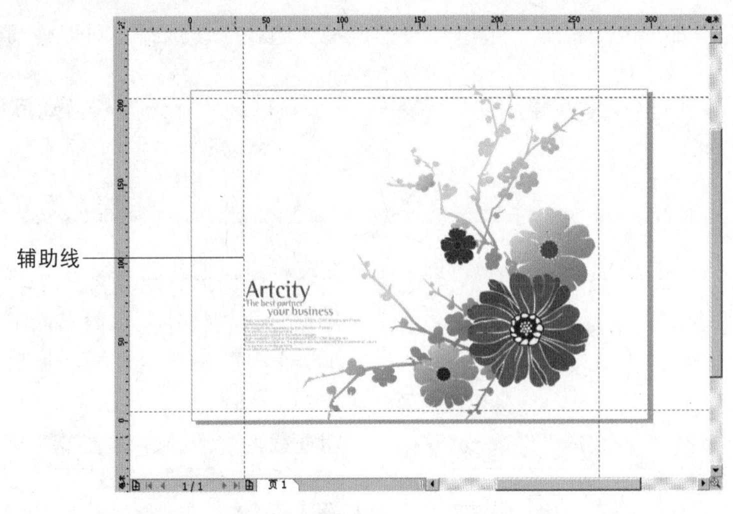

图2-27　显示辅助线绘图区

提示 · 技巧

辅助线必须在标尺显示的状态下才能通过标尺来创建

2. 贴齐辅助线

执行菜单“视图”/“贴齐辅助线”命令，启用该功能。此后在移动图形时，如果图形靠近辅助线，则会自动吸附到辅助线上。

例如，选择“挑选工具”，选中页面右侧的花朵图形，然后向右上角拖动，靠近辅助线时，会自动贴齐到辅助线上，并显示粗线形状的状态提示，如图2-28所示。释放鼠标后，图形就会被移动该位置，如图2-29所示。

图2-28　拖动图形到辅助线的附近

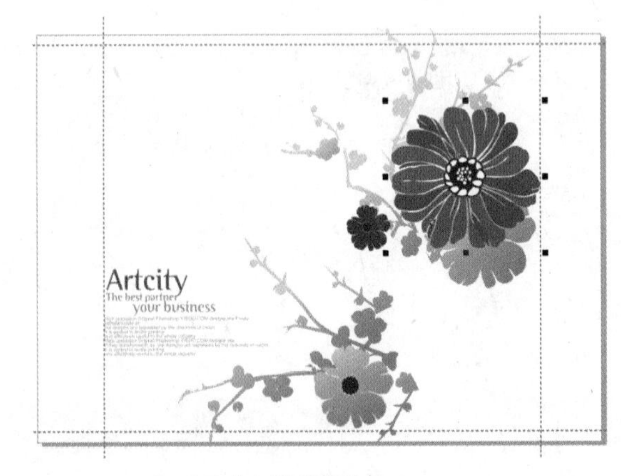

图2-29　将图形贴齐到辅助线上

3. 设置辅助线

执行菜单“视图”/“设置”/“辅助线设置”命令，打开“选项”对话框，在左侧列表框中选择“导线”选项，如图2-30所示。

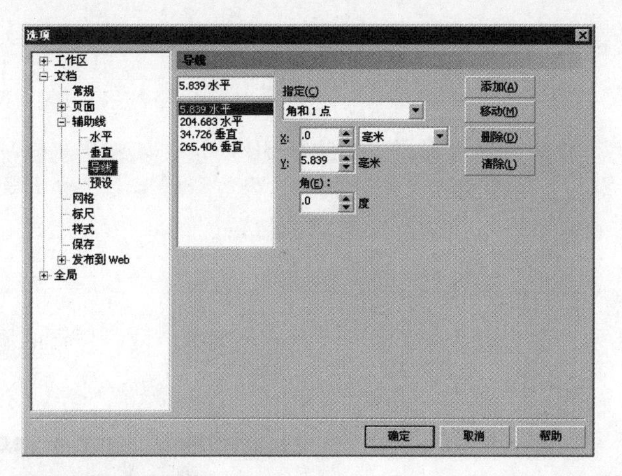

图 2-30　设置导线

提示 · 技巧

用户可以根据自己的需要，在右侧随意添加、移动、删除、清除水平和垂直等辅助线或更改设置。

2-3-2　动态导线的应用及设置

1. 应用动态导线

执行菜单“视图”/“动态导线”命令，启用该功能。该功能可以根据当前光标所在位置的对象信息来动态地捕捉一些关键位置，显示对应角度的辅助线，帮助用户进行定位。

例如，选择“挑选工具”，选中页面右侧的花朵图形，拖动图形到某个图形上时，就会显示出动态线，如图 2-31 所示。

2. 设置动态导线

执行菜单“视图”/“设置”/“动态导线设置”命令，打开“选项”对话框，如图 2-32 所示。在该对话框中，可以对动态导线可以捕捉的对象内容及捕捉角度等选项进行设置。

图 2-31　移动图形时产生的动态导线

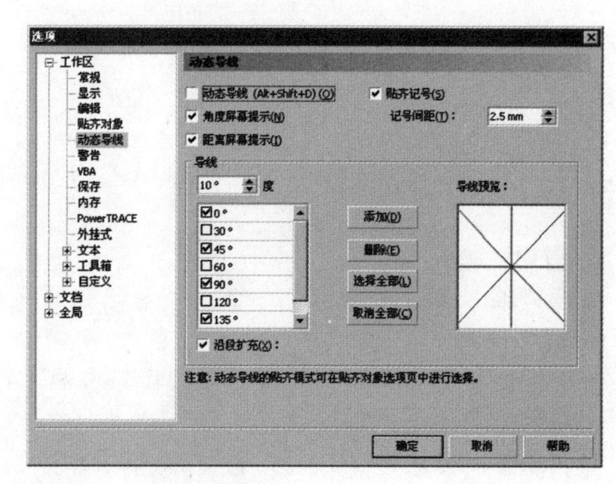

图 2-32　设置动态导线

2-3-3 标尺的应用及设置

1. 应用标尺

执行菜单“视图”/“标尺”命令，显示标尺，如图2-33所示。如果想测量一幅图的比例，只需将光标移至水平标尺与垂直标尺的左上角相交处，拖动鼠标，释放鼠标后，该处即为新的坐标原点。双击左上角位置，可以将改变后的坐标原点恢复到系统默认的位置。

2. 设置标尺

执行菜单“视图”/“设置”/“网格和标尺设置”命令，弹出“选项”对话框，在左侧列表框中选择“标尺”选项，如图2-34所示。在该对话框右侧可以对标尺度量单位、原点的位置和“刻度记号”等进行设置。

图2-33 显示标尺

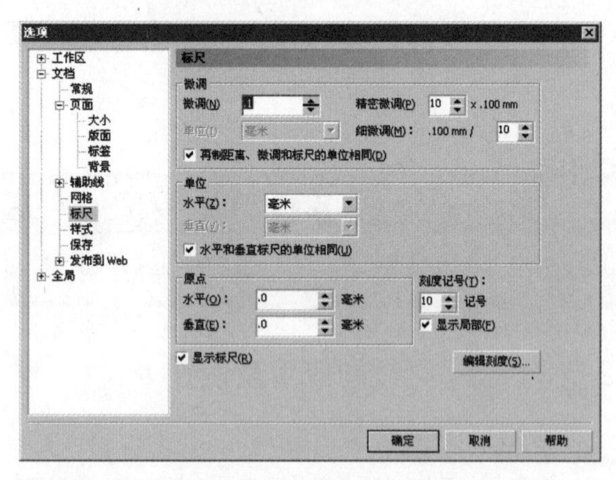

图2-34 设置标尺

在该对话框中单击“编辑刻度”按钮，弹出“绘图比例”对话框，可以根据实际需要设置比例，如图2-35所示。

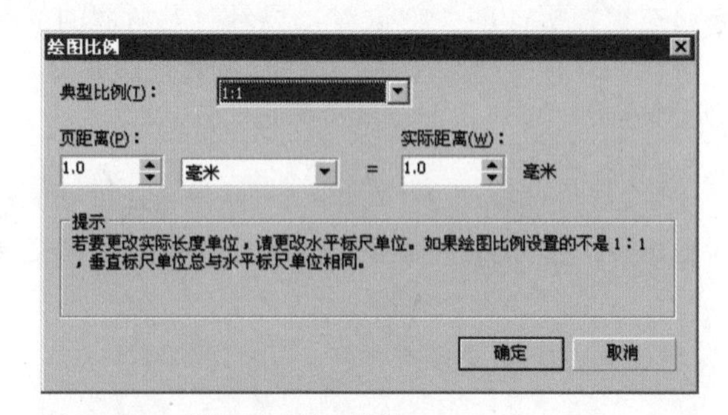

图2-35 “绘图比例”对话框

2-3-4 网格的应用及设置

1. 应用网格

执行菜单“视图”/“网格”命令，显示辅助网格，如图2-36所示。

2. 贴齐网格

如果希望在绘图时对齐网格，可以执行菜单“视图”/“贴齐网格”命令，启用该功能。该功能可以在光标靠近网格格点附近时，自动按格点对齐。

例如，执行菜单“视图”/“贴齐网格”命令，启动贴齐功能。选择“挑选工具”，选中页面右侧的花朵图形，然后向左侧拖动，其靠近网格线时，会自动贴齐到网格线上，并显示状态提示，如图2-37所示。释放鼠标后，图形就会被移动该位置，如图2-38所示。

3. 设置网格

执行菜单“视图”/“设置”/“网格和标尺设置”命令，弹出如图2-39所示的对话框。在左侧列表框中选择“网格”选项，在右侧选择“频率”或“间距”单选按钮，设置网格的频率或间距的大小。选择“显示网格”复选框，可以显示网格；选择“贴齐网格”复选框，可以在绘制图形时自动对齐网格。此外，选择“按线显示网格”或“按点显示网格”单选按钮，可以指定网格的显示方式。

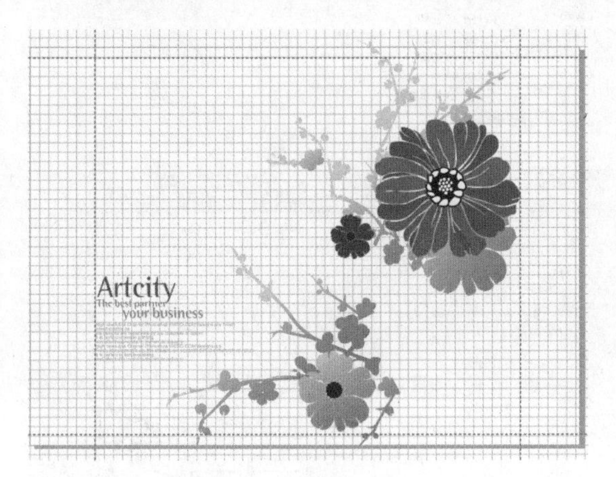

图2-36　显示网格

图2-37　向左侧拖动花朵图形

图2-38　图形贴齐到网格上

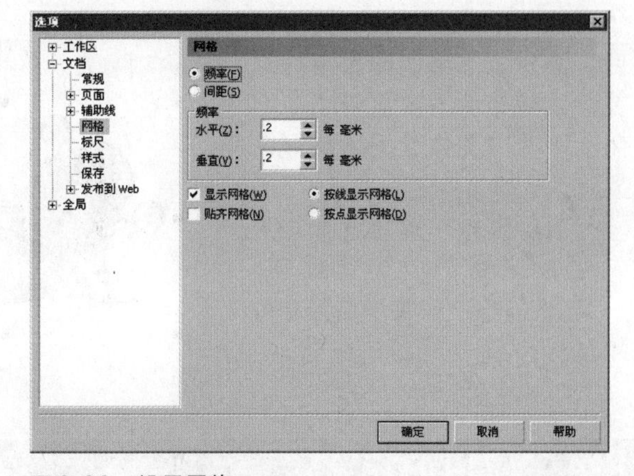

图2-39　设置网格

2-3-5　贴齐对象的应用及设置

1. 应用贴齐对象

执行菜单“视图”/“贴齐对象”命令，启用该功能。该功能可以在移动图形时，根据当前光标所在位置的对象信息来动态捕捉节点、中点和边缘等位置，帮助用户判断图形所在位置。

例如，选择“挑选工具”，选中页面中的花朵图形，拖动图形到某个图形上时，显示出中点提示，如图2-40所示。

2. 设置贴齐对象

执行菜单“视图”/“设置”/“贴齐对象设置”命令，打开“选项”对话框，如图2-41所示。在对话框中，可以对贴齐对象功能可以捕捉的对象具体属性等选项进行设置。

图 2-40　贴齐到对象的中点

选项

工作区
常规
显示
编辑
贴齐对象
动态导线
警告
VBA
保存
内存
PowerTRACE
外挂式
文本
工具箱
自定义
文档
全局

贴齐对象
贴齐对象 (Alt+Z)(O)　贴齐阈值(A)　中等
显示贴齐位置标记(M)
屏幕提示(R)
模式
节点
交集
中点
象限
正切
垂直
边缘
中心
文本基线
选择全部(L)
全部取消(C)
确定　取消　帮助

图 2-41　贴齐对象设置

2-3-6　封套对象

在设计一幅图形时，为了解决套色的问题，可以在选取一些重要的图形或文本后单击鼠标右键，在弹出的快捷菜单中选择“叠印填充”或“叠印轮廓”命令，如图 2-42 所示。

执行菜单“效果”/“封套”命令，页面右侧弹出如图 2-43 所示的“封套”泊坞窗，选择封套设置后，该对象下层的图形在打印时就会以封套的方式显示，从而避免上下两层图像之间出现漏白现象。

要显示文档中封套设置的对象，可以应用“添加新封套”或“添加预设”设置来调整整体效果。

图 2-42　“叠印填充”和“叠印轮廓”命令

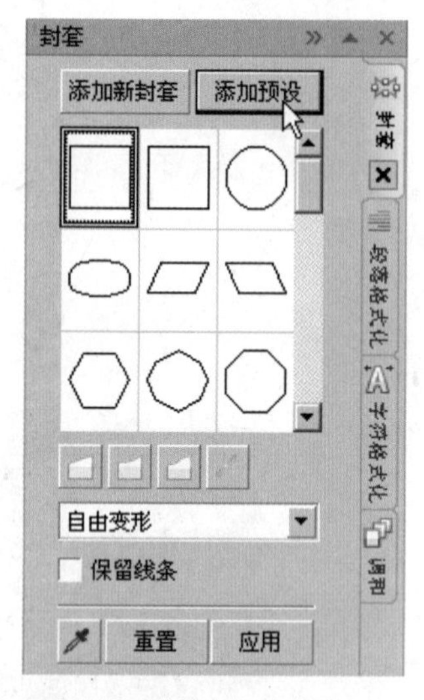

图 2-43　“封套”泊坞窗

2-4　应用泊坞窗

在设计一幅图形时，为了解决图形管理混乱的问题，CorelDRAW X4 设立了“泊坞窗”子菜单，它聚集了如图 2-44 所示的所有管理器设置，以便用户在作品中合理利用。下面介绍常用的管理器，以供参考和应用。

2-4-1　对象管理器

页面中所有的对象都可以在对象管理器中找到，同时，还可以利用对象管理器选定对象、合理组织与安排对象、改变对象的层次关系等。执行菜单“窗口”/“泊坞窗”/“对象管理器”命令，弹出“对象管理器”泊坞窗，如图 2-45 所示。

对象管理器通过页面、图层和对象的树形结构来显示对象的状态和属性。单击 按钮，可以看到所有对象的属性，选择其中的一个图标，相应的对象也会同时被选中。

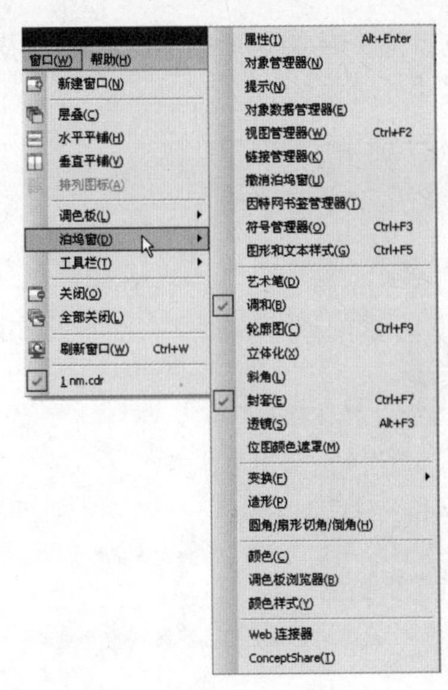

图2-44 “泊坞窗”子菜单

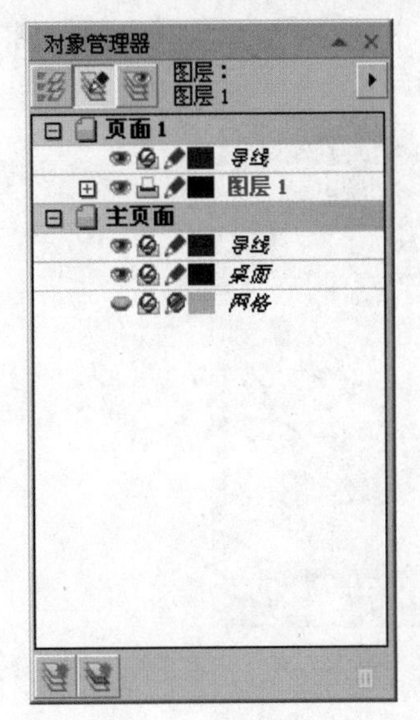

图2-45 “对象管理器”泊坞窗

2-4-2 对象数据管理器

对象数据管理器可以显示对象的编号、时间和日期等信息，也可以将特定的信息创建到一个新的数据库。数据库可以按类别来排列显示信息。

执行菜单“窗口”/“泊坞窗”/“对象数据管理器”命令，弹出“对象数据”泊坞窗，如图2-46所示。单击顶部的▲按钮，可以简化泊坞窗，如图2-47所示。

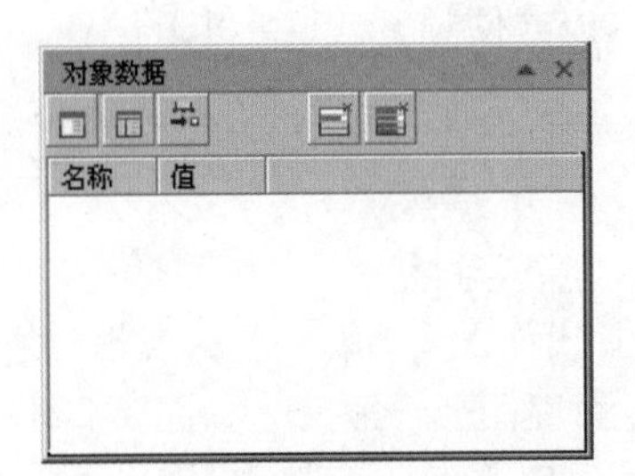

图2-46 “对象数据”泊坞窗

图2-47 简化后的“对象数据”泊坞窗

单击对象数据管理器中的按钮，弹出“对象数据域编辑器”对话框，如图2-48所示。

单击“新建域”按钮可以新建一个域，如果要更改域，则单击“更改”按钮，在弹出的“格式定义”对话框中为域重新设置参数，如图2-49所示。

图2-48 “对象数据域编辑器”对话框

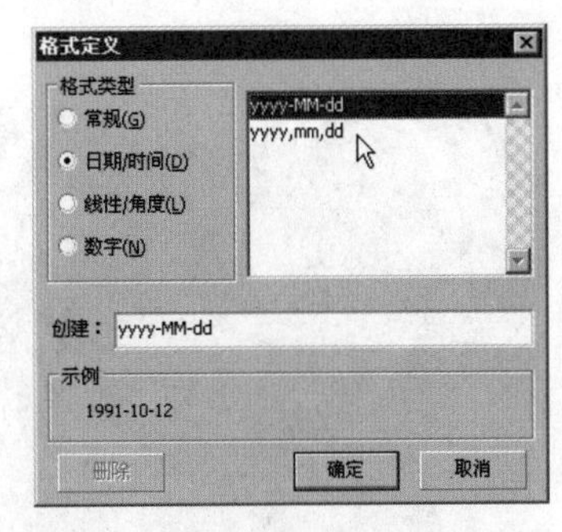

图2-49 “格式定义”对话框

如果要删除域，可单击“对象数据域编辑器”对话框中的“删除域”按钮。

2-4-3 对象属性

“属性”泊坞窗中可以显示对象属性设置，包括对象的填充、轮廓、常规、细节、因特网、文本等。执行菜单“窗口”/“泊坞窗”/“属性”命令，弹出“对象属性”泊坞窗，如图2-50所示。由于未选择任何对象，所以泊坞窗中只显示部分基本选项的设置。选中某个图形对象后，该泊坞窗中会自动根据所选对象的属性，更新选项卡及相关设置。例如，选中某个填充了渐变色的矩形图形，则可以看到“对象属性”泊坞窗的变化，同时还增加了“矩形”选项卡，如图2-51所示。

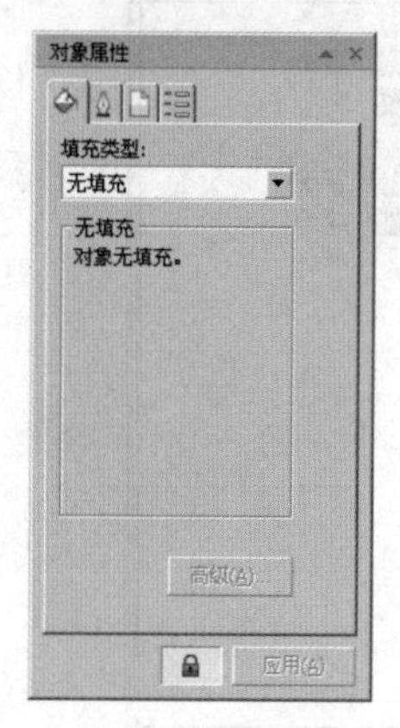

图2-50 默认的“对象属性”泊坞窗

图2-51 选中渐变矩形后的“对象属性”泊坞窗

2-5 查看对象

在设计一幅作品时，有时需要深入查看绘图中的细节或者更大范围地查看绘图，这就需要一个单独的查看工具来放大、缩小或移动画面，以方便预览。CorelDRAW X4为用户提供了两种查看工具，即“缩放工具”和“手形工具”。

2-5-1 缩放工具

单击工具箱中的缩放工具按钮，弹出如图2-52所示的属性栏。在属性栏中单击“放大”按钮，在绘图窗口中单击需要放大的图形，这时页面图形会放大，如图2-53所示；单击“缩小”按钮后，在绘图窗口中单击，这时页面图形会缩小，如图2-54所示。

图2-52 缩放工具的属性栏

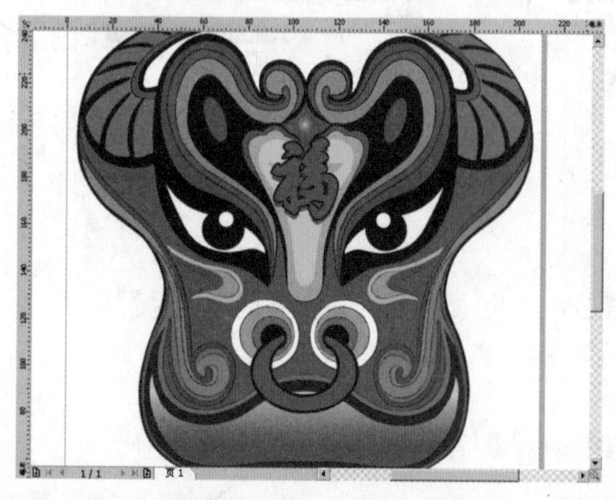

图2-53 放大图形

图2-54 缩小图形

选择“挑选工具”，选中画面中的“福”字图形，如图2-55所示。选择“缩放工具”，单击属性栏中的按钮，可以将选中的图形缩放至整个绘图窗口大小，如图2-56所示。

图2-55　选中要放大的图形

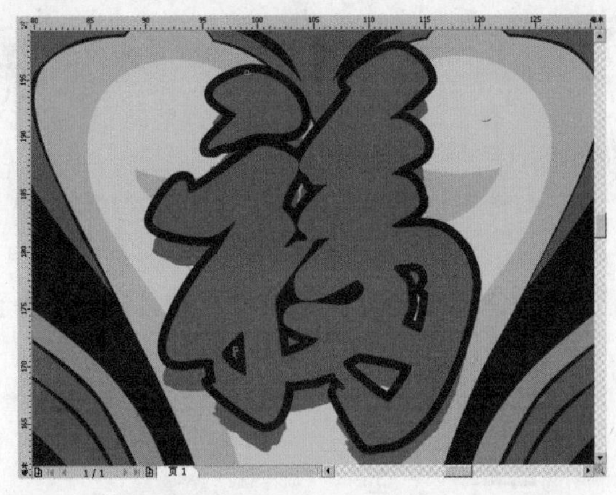

图2-56　放大选中的图形

单击属性栏中的按钮，可以将当前页面缩放至绘图窗口大小，如图2-57所示。单击属性栏中的按钮，可以将文档以页面大小为依据，缩放显示比例，使用整个页面在绘图窗口中显示出来，如图2-58所示。

图2-57　缩放全部对象

图2-58　显示整个页面

单击属性栏中的按钮，可以将画面以页面宽度为依据，缩放至绘图窗口宽度范围内显示出来，如图2-59所示。单击属性栏中的按钮，可以将画面以页面高度为依据，缩放至绘图窗口高度范围内显示出来，如图2-60所示。

图2-59　按页面宽度缩放图形

图2-60　按页面高度缩放图形

提示 · 技巧

选择“缩放工具”，按住【Shift】键单击图形，整个图形和工作页面同时成比例缩小；双击按钮，可查看整幅作品。

如果要精确地控制视图的显示比例，可以在选择“缩放工具”后，在其属性栏中的显示比例下拉列表框中输入精确的数值，或者在下拉列表中选择预设的显示比例，如图2-61所示。例如，输入显示比例为150%后，视图显示效果如图2-62所示。

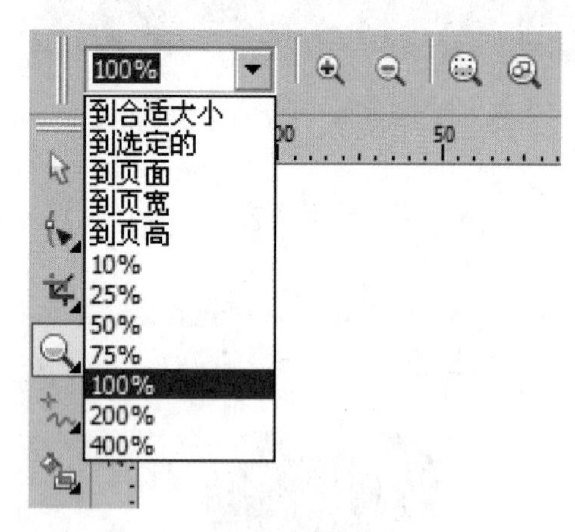

图2-61 “显示比例”下拉列表

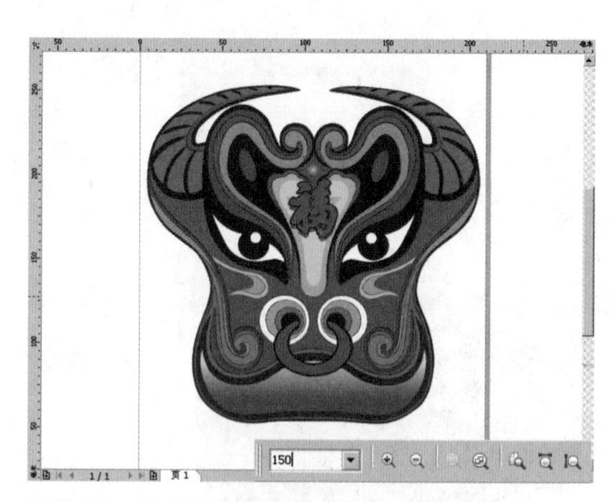

图2-62 显示比例为150%的视图显示效果

2-5-2 显示比例设置

执行菜单“工具”/“自定义”命令，弹出“选项”对话框，在左侧列表框中选择“工作区”/“工具箱”/“缩放，手形工具”选项，如图2-63所示。在此对话框的右侧可以对“缩放，手形工具”的各项参数进行设置。

单击“调校标尺”按钮，可以使屏幕显示的图形大小与图形打印时的实际大小一致，如图2-64所示。

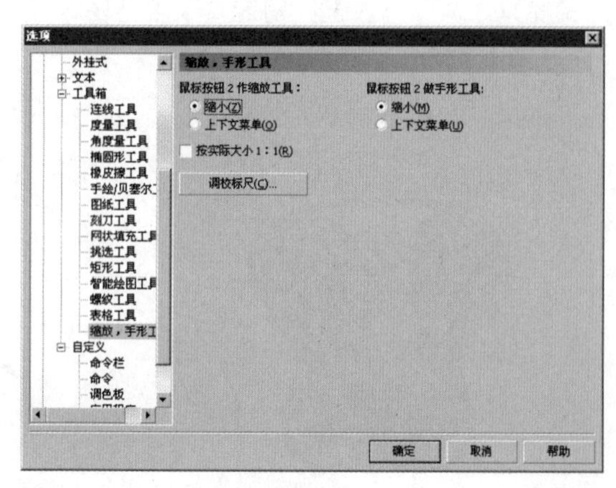

图2-63 “缩放，手形工具”选项

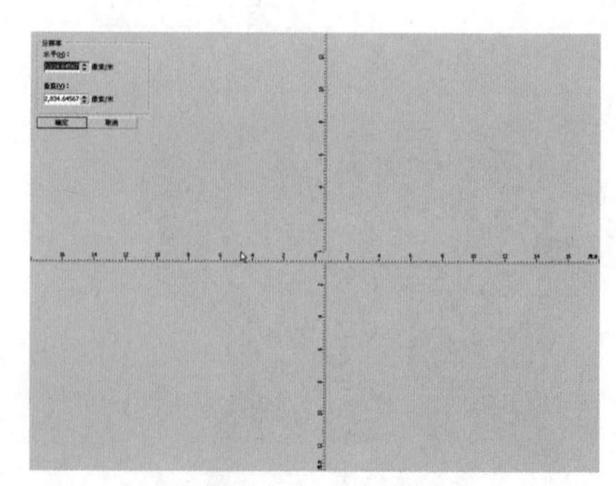

图2-64 使用调校标尺

2-5-3 手形工具

使用“手形工具”，可以移动整个页面。单击工具箱中的“手形工具”按钮，按住鼠标左键拖动画面中的图形，上下左右移动，即可查看图形的各部分。“手形工具”的属性栏与“缩放工具”的属性栏完全相同，这里就不再重复介绍了。

2-5-4 全屏显示

如果要将绘图页面中的图形全屏显示，可执行菜单“视图”/“全屏预览”命令，即可在全屏状态下显示绘图区中的作品，如图2-65所示。

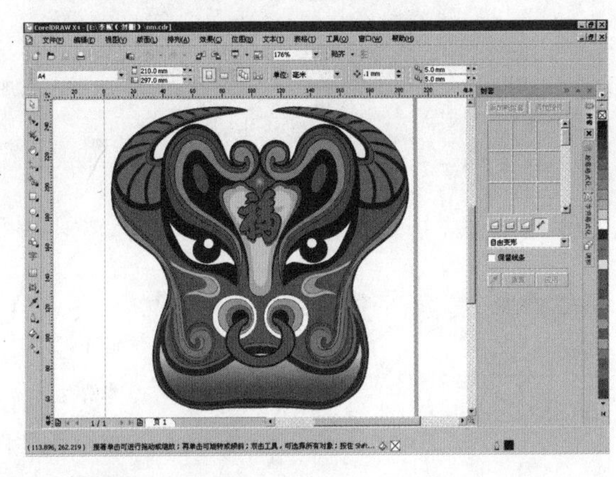

（a）原图

（b）全屏效果

图2-65 原图及显示全屏效果

2-5-5 只预览选中的对象

如果只想预览选中的图形对象，可以先选中要预览的图形对象，如图2-66所示。然后执行菜单“视图”/“只预览选定的对象”命令，即可在全屏状态显示出选中的图形对象，如图2-67所示。

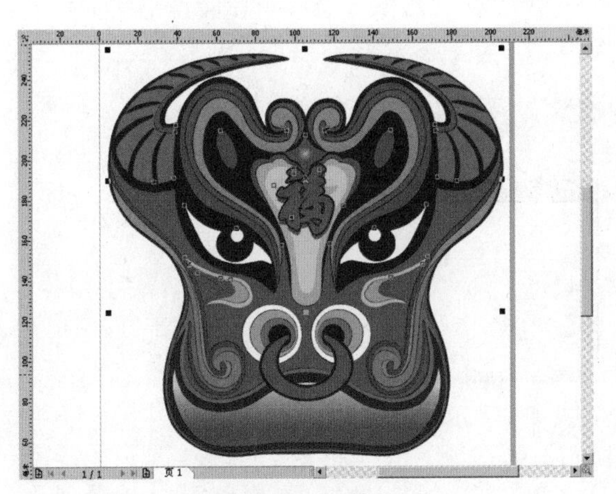

图2-66 选中要预览的图形对象

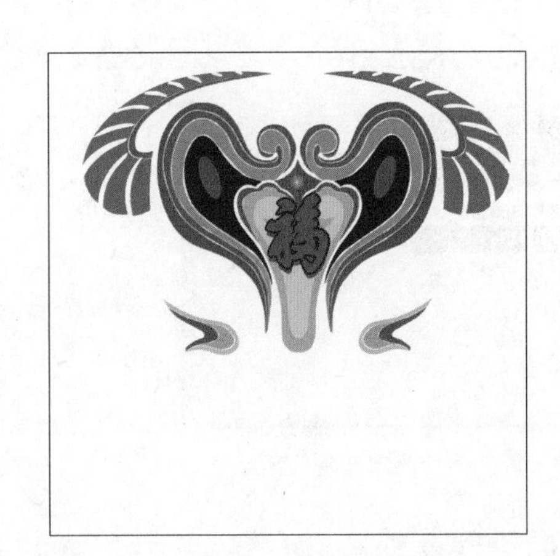

图2-67 只预览选中的对象

2-5-6 显示设置

执行菜单“工具”/“选项”命令，弹出“选项”对话框，在左侧列表框中选择“工作区”/“显示”选项，该选项提供了很多设置，以供用户选择，如图2-68所示。

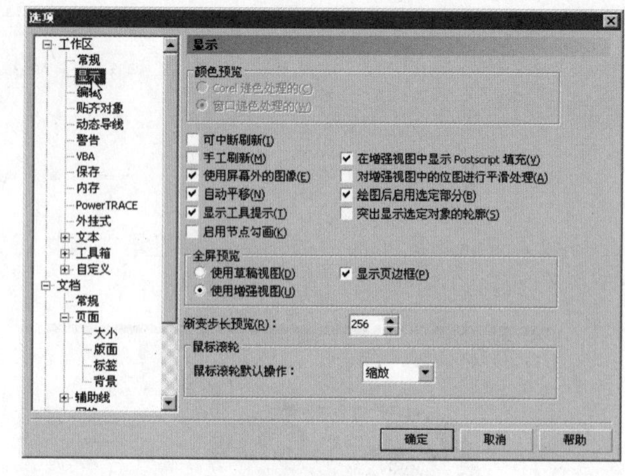

图2-68 显示设置

2-5-7 视图管理器

视图管理器可以帮助用户快速查看绘图中不同角度的图形，还可以将用户查看的视图进行保存，以备日后使用。

执行菜单“窗口”/“泊坞窗”/“视图管理器”命令，弹出如图2-69所示的“视图管理器”泊坞窗。单击“视图管理器”泊坞窗右上角的▸按钮，弹出快捷菜单。用户可以根据需要随意切换、新建、删除、重命名及缩放视图。

图2-69 “视图管理器”泊坞窗及弹出菜单

使用显示比例工具可以调整图像的显示比例。单击+按钮，可以将当前视图保存起来，以后不管当前显示比例是多少，只要单击保存的显示比例名称，就会立即切换到保存的显示比例视图，如图2-70所示。

选中一个视图后单击−按钮，可以删除视图，如图2-71所示。也可以单击“视图管理器”泊坞窗右上角的黑色三角形按钮，在弹出的快捷菜单中选择“删除”命令，来删除所选的视图。

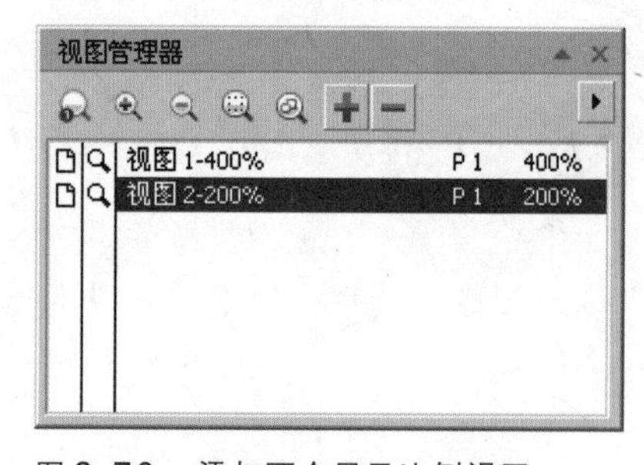

图2-70 添加两个显示比例视图

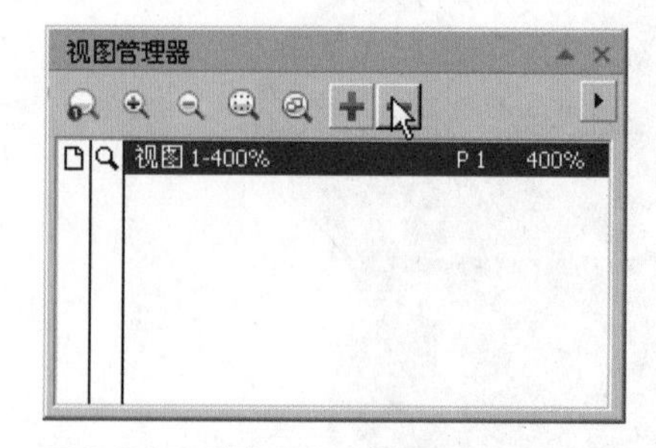

图2-71 删除显示比例视图

2-5-8 页面排序器视图

对于多页面的文档，可以使用页面排序器视图来管理文档中的页面内容，在进行页面整体管理和操作时，比起其他视图方式会更直观，容易把握整体内容。

例如，打开一个多页面的素材文件，文件中有4个页面，默认情况下只显示其中一个页面中的内容，如图2-72所示。执行菜单“视图”/“页面排序器视图”命令，工作界面被切换到页面排序器视图状态，窗口中列出了所有页面的缩略图，如图2-73所示。

图2-72　素材文件效果

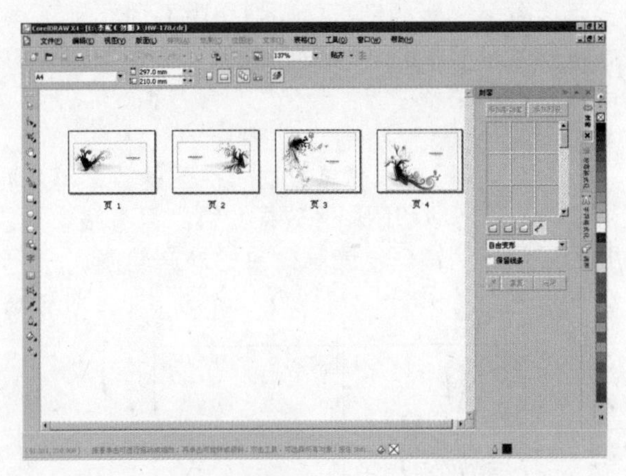

图2-73　页面排序器视图

在页面排序器视图状态，可以直接选中页面缩略图，并进行拖动，调整其在整个排列顺序中的位置，如图2-74所示。也可在页面缩略图上单击鼠标右键，在弹出的快捷菜单中选择不同的页面操作命令，对页面进行管理，如图2-75所示。

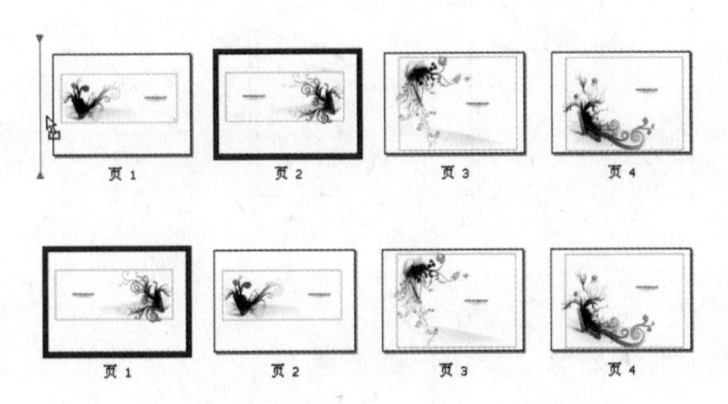

图2-74　拖动页面缩略图调整页面排列顺序

图2-75　页面操作的快捷菜单

2-6　视图控制

CorelDRAW X4从节省计算机硬件资源的角度出发，为用户提供了几种不同的视图方式，以便有效地提高工作效率。视图控制命令位于“视图”菜单中。

1. 增强

“增强”视图会显示绘图时的填充、高分辨率位图，CorelDRAW X4即以“增强”视图进行作业。例如，打开一个素材文件，默认的视图方式为“增强”，效果如图2-76所示。

图2-76　“增强”视图效果

2. 简单线框

“简单线框”视图只显示绘制图形的轮廓，隐藏填充、立体模型、轮廓线和中间调和状态，而位图会显示为单色，置入图框精确裁切中的内容则不再显示。

执行菜单“视图”/“简单线框”命令，即可切换到“简单线框”视图，对对象进行简单线框显示，效果如图2-77所示。

3. 线框

“线框”视图与“简单线框”视图的效果基本相同，都是对对象进行线框显示，隐藏填充的颜色、立体模型、轮廓线和阴影等效果，得到只有线条的效果。不同的是，相对于“简单线框”方式，“线框”视图会显示出阴影、发光等效果的外围轮廓。

执行菜单“视图”/“线框”命令，即可对对象进行线框显示，效果如图2-78所示。

图2-77　“简单线框”视图效果

图2-78　“线框”视图效果

4. 草稿

“草稿”视图以低分辨率显示绘图的填充和位图，清除某些细节，使用户的注意力集中在绘图的颜色平衡上。

执行菜单“视图”/“草稿”命令，即可对对象进行草稿显示，效果如图2-79所示。

5. 正常

“正常”视图会显示绘图时的填充或高分辨率的位图，其打开速度比“增强”视图稍快一些。

执行菜单“视图”/“正常”命令，即可对其对象进行正常显示，效果如图2-80所示。

图2-79　“草稿”视图效果

图2-80　“正常”视图效果

6. 叠印增强

“叠印增强”视图新增了叠印预览模式，即在原来的“增强”视图上，增加了一个叠印预览。通过该功能可以非常方便直观地预览叠印效果。

例如，在页面中绘制一个矩形并填充黄色，效果如图2-81所示。选中黄色矩形，单击鼠标右键，在弹出的快捷菜单中选择“叠印填充”命令，如图2-82所示。

图2-81　绘制一个矩形并填充黄色

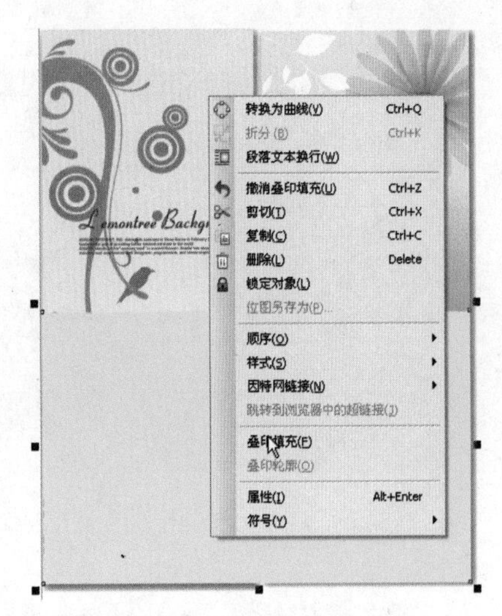

图2-82　选择“叠印填充”命令

执行菜单“视图”/“增强”命令，可以看到视图并没有发生变化，如图2-83所示。执行菜单“视图”/“使用叠印增强”命令，可以看到黄色矩形与其底部的图形发生了叠印混合，效果如图2-84所示。

图2-83　“增强”视图下的叠印效果

图2-84　“叠印增强”视图下的叠印效果

读书笔记

03

CorelDRAW X4 从入门到精通 Chapter

绘制图形

在任何软件中绘制矢量图形，都会用到椭圆、矩形和多边形这些最基本的几何元素。CorelDRAW X4为用户提供了几种既简单又方便的绘制方法，下面就详细讲解。

3-1 手绘工具

应用CorelDRAW X4中的手绘工具绘制的图形都是矢量图形，它是由一些基本的几何元素组成的。本章主要介绍这些元素的基本类型及使用和设置方法，为绘制一幅优秀的作品打下坚固的基础。

在介绍手绘工具之前，先来认识一下CorelDRAW X4手绘工具组。单击工具箱中的“手绘工具”按钮，弹出如图3-1所示的手绘工具组，其中包括了“手绘工具”、“贝塞尔工具”、“艺术笔工具”、“钢笔工具”、“折线工具”、“3点曲线工具”、“连接器工具”和“度量工具”。

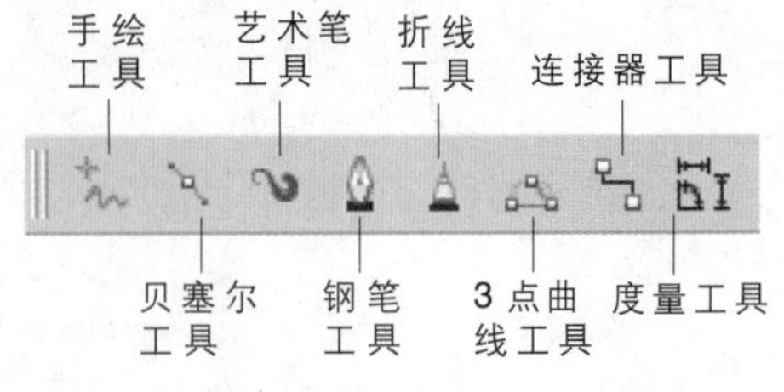

图3-1 手绘工具组

3-1-1 绘制直线和折线

“手绘工具”在CorelDRAW X4中属于一种比较灵活的绘制工具，应用“手绘工具”可以绘制直线与折线。

直线的绘制比较简单。单击工具箱中的手绘工具组中的“手绘工具”按钮，在页面中的任意两点上各单击一下，即可在两点之间画出一条直线。

例如，打开一个素材文件，效果如图3-2所示。选择“手绘工具”，在红色圆形的右上方单击并移动光标到蓝色圆形的左下方，如图3-3所示。单击鼠标左键，即可绘制一条直线，如图3-4所示。

图3-2 素材文件效果

图3-3 单击并移动光标

图3-4 绘制一条直线

利用同样的方法绘制另外一条直线，然后在黄色圆形的下方单击，按住【Ctrl】键，移动光标到红色圆形的上方，可以看到预览线条被强制成一条垂直方向的直线，如图3-5所示。单击鼠标左键，绘制一条垂直的直线，如图3-6所示。

图3-5 单击并移动光标

图3-6 绘制垂直直线

选择“挑选工具”，按住【Shift】键将绘制的直线全部选中，在工具箱中单击“轮廓”按钮，然后选择“轮廓笔”工具，打开“轮廓笔”对话框，设置轮廓颜色为黄色，并对轮廓宽度和样式进行设置，单击“确定”按钮，可以看到直线的效果如图3-7所示。

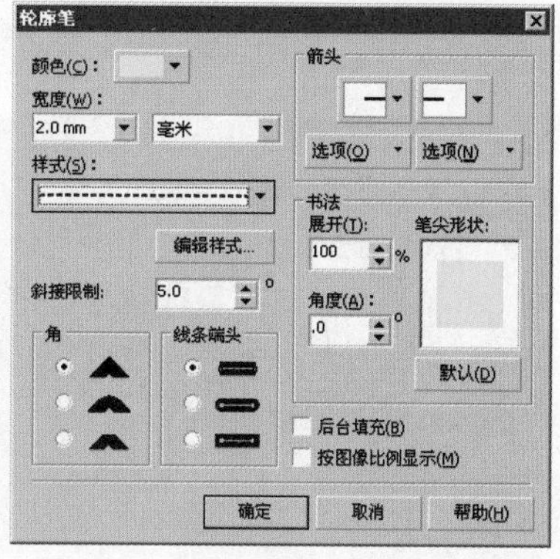

图3-7　将绘制的直线全部选中并设置轮廓

提示 · 技巧

在使用“手绘工具”绘制直线的过程中，按住【Ctrl】键，可以绘制出水平、垂直和15°角倍数的直线。

使用“手绘工具”还可以绘制连续折线或曲线，如起点与终点重合，即可绘制出封闭图形。也可以利用“对象属性”泊坞窗“曲线”选项卡中的“闭合曲线”复选项来闭合图形。

例如，选择“手绘工具”，在黄色圆形的右下方绘制一条直线。然后将光标放在直线的左下端点上并单击，连接直线，如图3-8所示。按住【Ctrl】键，移动光标到红色圆形的上方，如图3-9所示。单击鼠标左键，可以看到绘制的折线图形，如图3-10所示。

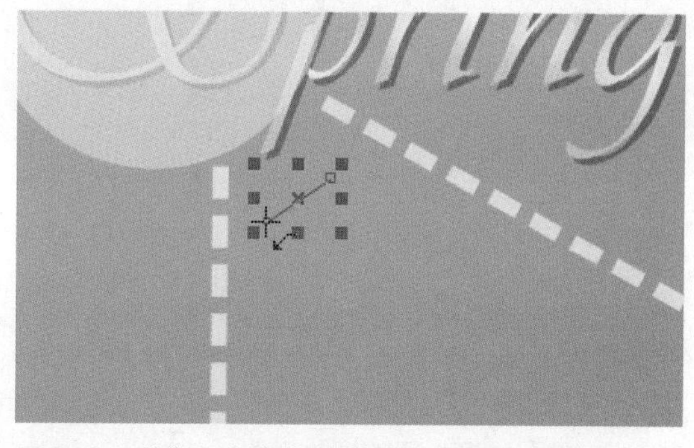

图3-8　绘制一条直线并单击左下端点连接直线

图3-9　按住【Ctrl】键并移动光标

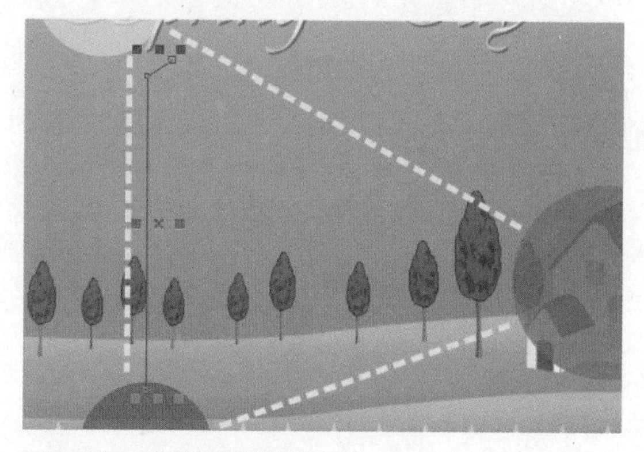

图3-10　绘制的折线图形

重复同样的步骤，绘制折线的其余线段，并设置折线为红色，调整轮廓的宽度为2.0 mm，效果如图3-11所示。

接下来可以分别用两种方法来闭合折线。一种方法是仍然选择“手绘工具”，在折线的一个端点上单击，然后移动光标到折线的另一个端点上，如图3-12所示。此时单击鼠标左键，即可得到封闭的图形，如图3-13所示。

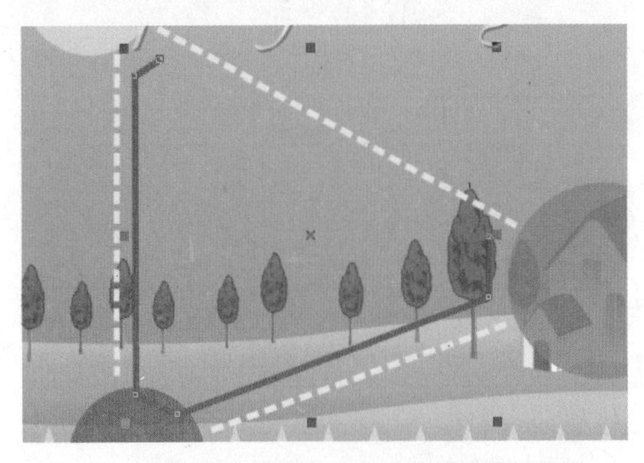

图3-11　绘制折线的其余线段并对折线进行设置

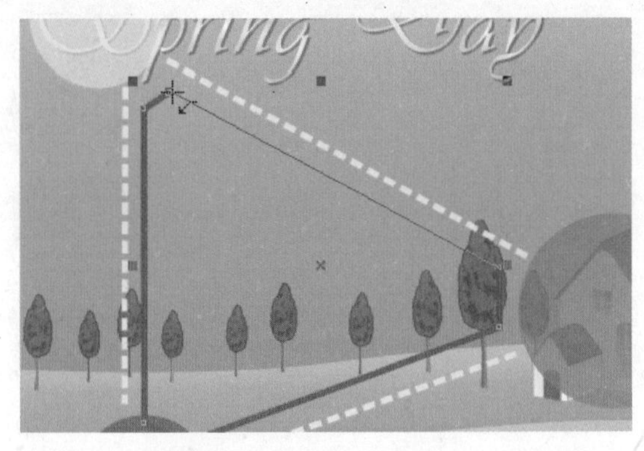

图3-12　用手绘工具闭合折线

另一种方法是在选中折线图形状态下，打开“对象属性”泊坞窗，选择“曲线”选项卡，选择“闭合曲线”复选项（见图3-14），也可将折线转换为一个封闭图形。

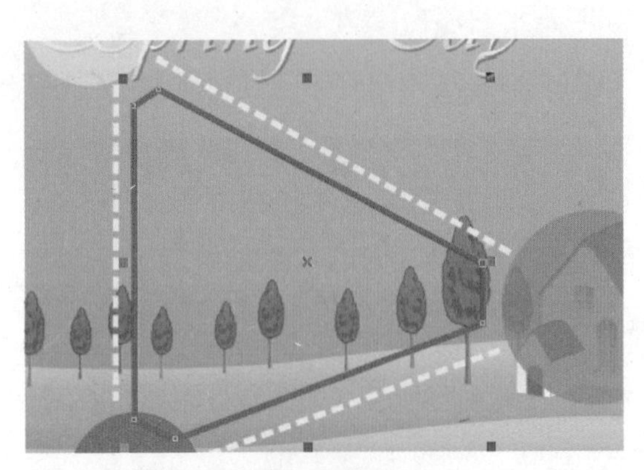

图3-13　用手绘工具闭合折线

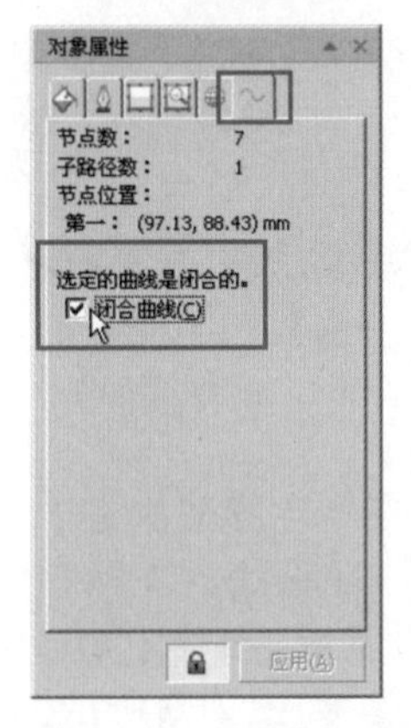

图3-14　“曲线”选项卡

3-1-2　绘制曲线

单击工具箱中的“手绘工具”按钮，在绘图区内按住鼠标左键随意拖动，释放鼠标后，绘图区上就会出现一条任意形状的曲线。在绘制曲线的同时，如果有不满意的地方，可以按住鼠标左键不放，同时按住【Shift】键，再沿之前所绘的曲线路径返回，就可以将绘制曲线时经过的路径清除。

例如，打开一个素材文件，效果如图3-15所示。选择“手绘工具”，在红色心形图形的上部中心位置单击并沿着红色心形的右侧轮廓拖动鼠标进行绘制，如图3-16所示。在曲线结束位置单击鼠标左键，即可得到一条曲线图形，效果如图3-17所示。

选中绘制的曲线图形，设置轮廓颜色为白色，轮廓宽度为1.5 mm，并选择一种虚线样式，调整后的曲线效果如图3-18所示。

图 3-15　素材文件效果

图 3-16　沿着红色心形的右侧轮廓绘制曲线

图 3-17　曲线图形效果

图 3-18　对曲线的颜色、宽度和样式进行设置

如果要绘制闭合的曲线图形，可以在绘制结束时将光标移动到起点位置上，然后单击鼠标左键即可。当然也可以使用“对象属性”泊坞窗“曲线”选项卡中的“闭合曲线”复选项来创建闭合的曲线图形。

例如，在画面的左下方拖动鼠标绘制一个心形，并将光标移动到心形的起始端点上，如图 3-19 所示。单击鼠标左键，即可得到一个封闭的心形图形，效果如图 3-20 所示。

图 3-19　绘制一条闭合曲线

图 3-20　闭合曲线图形效果

3-1-3　绘制箭头

执行菜单“窗口”/“泊坞窗”/“属性”命令，弹出“对象属性”泊坞窗，选择“轮廓”选项卡，如图 3-21 所示。单击开始箭头选择器和结束箭头选择器的下三角按钮，在弹出的样式列表中，选择线条起点与终点的箭头样式。

单击“高级”按钮，弹出如图 3-22 所示的“轮廓笔”对话框，在“箭头”选项组中执行“选项”/“编辑”命令，可自由编辑箭头。

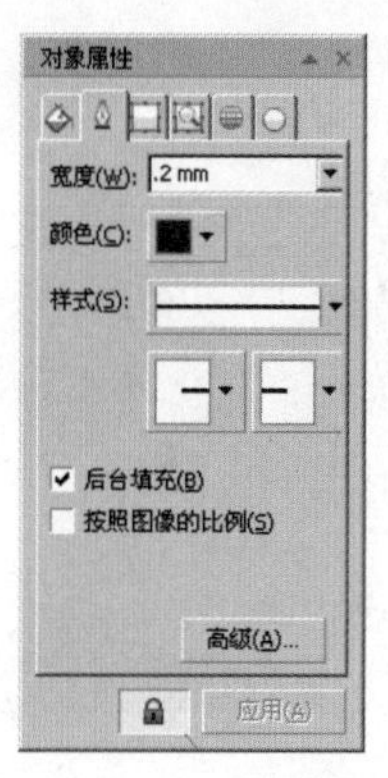

图 3-21 “轮廓”选项卡

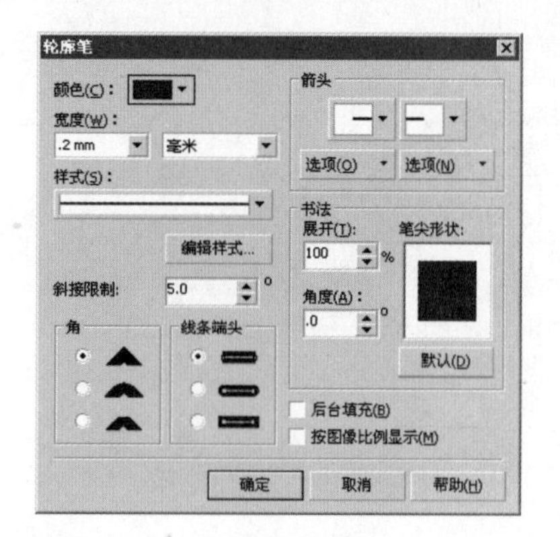

图 3-22 “轮廓笔”对话框

例如，选中白色曲线图形，在“对象属性”泊坞窗的“轮廓”选项卡中，单击开始箭头选择器，在弹出的样式列表中选择线条起点的箭头样式，可以看到曲线起始端点添加了选择的箭头样式，效果如图 3-23 所示。

同样，再单击结束箭头选择器，在弹出的样式列表中选择线条结束点的箭头样式，效果如图 3-24 所示。

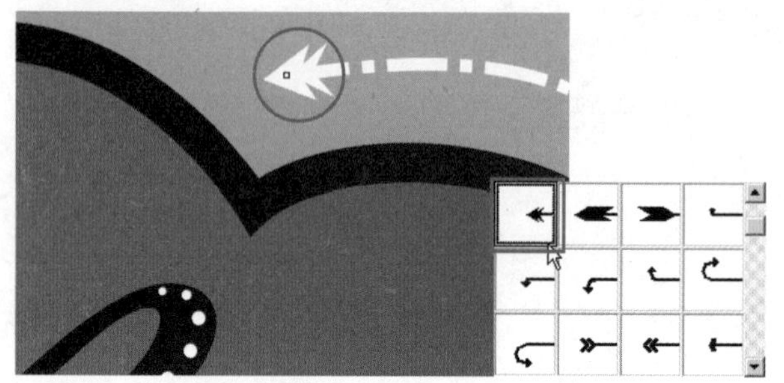

图 3-23 为曲线添加起点箭头

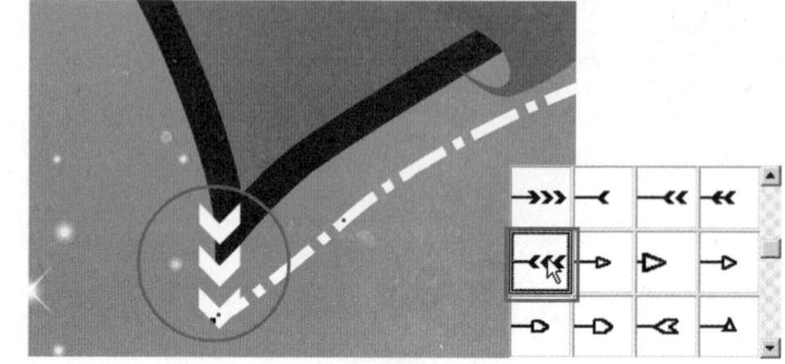

图 3-24 为曲线添加结束点箭头

观察结束点的箭头，可以看到箭头并没有沿着曲线的方向进行应用，而是与曲线产生了一定的角度，这是由端点的调节杆方向造成的。选择形状工具，单击结束点的节点，调整该点上调节杆的位置和角度，可以看到箭头的位置随之发生改变，调整后的箭头效果如图 3-25 所示。

将带箭头的曲线轮廓颜色设置为黄色，缩小视图，可以看到曲线的整体效果，如图 3-26 所示。

图 3-25 调整曲线结束点调节杆的位置和角度

图 3-26 添加箭头后的曲线效果

3-2 贝塞尔工具

选择工具箱手绘工具组中的“贝塞尔工具”，使用该工具绘制直线与曲线的方法与“手绘工具”类似，不同的是“贝塞尔工具”是一个专门用于绘制曲线、直线的工具，它是由节点连接而成的，每个节点都有控制点，可以通过双击、单击等方式来控制，灵活地绘制图形。

3-2-1 绘制直线和折线

使用“贝塞尔工具”绘制直线和折线与用“手绘工具”绘制直线和折线的方法相同，在绘图区单击起点与终点即可绘制出直线。同时，还可以通过不断单击形成一条首尾相连的折线或闭合图形。

例如，打开一个素材文件，效果如图 3-27 所示。选择“贝塞尔工具”，在右侧画面中，按住【Ctrl】键单击，绘制一条垂直的直线，效果如图 3-28 所示。设置直线为白色，轮廓宽度为 1.0 mm，选择一种虚线样式，然后将其复制 3 个，摆放到不同的位置，并调整为适当的长度，效果如图 3-29 所示。

图 3-27 素材文件效果

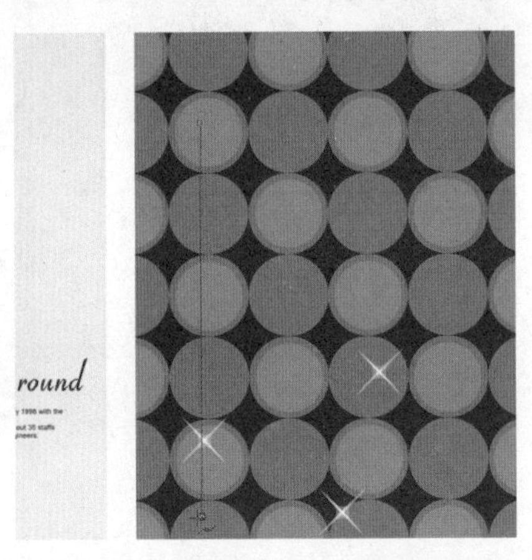

图 3-28 单击绘制一条垂直的直线

图 3-29 设置直线样式并复制

选择“贝塞尔工具”，在右侧画面的文字下方连续单击，绘制交叉的直线，产生一个五角星形状，并将光标放置在折线的起点上，效果如图 3-30 所示。单击鼠标左键，即可得到一个闭合的折线图形，如图 3-31 所示。

同样，选中折线图形，设置其轮廓颜色白色，轮廓宽度为 1.0 mm，并选择一种虚线样式，调整后的图形效果如图 3-32 所示。

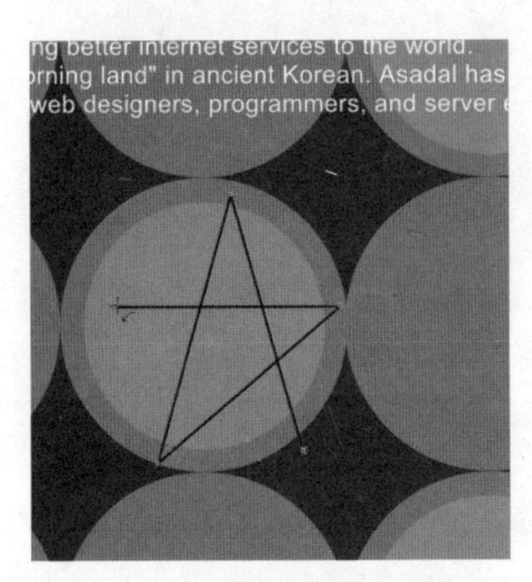

图 3-30 连续单击绘制五角星形状

图 3-31 创建一个闭合的折线图形

图 3-32 为五角星形设置轮廓效果

3-2-2 绘制曲线

使用“贝塞尔工具”绘制曲线的具体步骤如下：

01 打开一个素材文件，效果如图3-33所示。下面要利用“贝塞尔工具”在人物上绘制曲线，添加头发图形效果。

02 将人物头部区域放大，单击手绘工具组中的“贝塞尔工具”按钮，在人物头发上单击确定曲线的起点，然后移动光标到适当的位置单击并拖动鼠标，此时可以看到已经绘制了一段曲线，曲线的端点上显示出一条带有两个控制点和一个节点的蓝色虚线调节杆，如图3-34所示。释放鼠标，即可得到一条曲线段，如图3-35所示。

图3-33 素材文件效果

图3-34 绘制曲线

图3-35 曲线段效果

03 如果对绘制的曲线形状不满意，可以用“贝塞尔工具”再次单击曲线的端点，并拖动鼠标，可以看到该节点上调节杆的位置和角度随着拖动而发生变化，同时曲线的形状也随之变化，如图3-36所示。释放鼠标后，可以看到调整后的曲线形状，效果如图3-37所示。

图3-36 应用曲线调节杆调节弧度

图3-37 曲线绘制完成

提示 · 技巧

在绘制过程中，如果对所绘制曲线的形状不满意，可以直接按【Ctrl+Z】组合键返回，最后添加的节点会自动显示出调节杆，此时可以单击该节点并重新调整该曲线的形状。

04 继续添加新的节点和线段，如图 3-38 所示。用同样的方法添加一个曲线节点后，将光标移动到曲线的起点上，如图 3-39 所示。这里要将曲线闭合，以方便后面在曲线中填充渐变色。单击起点位置的节点，可以看到系统自动将最后绘制的节点与起点连接在一起，得到一个封闭的曲线图形，效果如图 3-40 所示。

图 3-38　继续添加曲线节点

图 3-39　将光标移到曲线的起点上

图 3-40　闭合后的曲线图形效果

提示 · 技巧

在使用“贝塞尔工具”绘制曲线的过程中，在单击并拖动节点时，按住【Alt】键，则可以移动该节点，而不是调整调节杆的位置。

当曲线绘制好后，如果要结束绘制状态，可以单击工具箱中的“挑选工具”按钮，即可退出曲线绘制状态，但曲线仍处于选取状态。如果要进一步修改曲线的形状，可以选择“形状工具”，对曲线进行编辑和调整。

例如，选择“形状工具”，按住【Shift】键，单击曲线上的节点，将 3 个节点同时选中，如图 3-41 所示。然后单击属性栏中的“使节点成为尖突”按钮，再用“形状工具”分别调整这 3 个节点的调节杆位置，并适当地移动节点，调整后的曲线形状如图 3-42 所示。

图 3-41　选中节点

图 3-42　曲线绘制完成

为绘制好的曲线图形填充与人物头发相同的渐变色，并设置轮廓颜色为“无”，设置好的图形效果如图3-43所示。

提示 · 技巧

在绘制曲线图形时，单击可添加一个直线节点，如果该节点与曲线段相邻，则会产生一半直线一半曲线的效果。而单击并拖动创建的节点都是对称节点，即节点两侧的调节杆是对称的。曲线绘制完成后，如果要修改曲线节点的属性或形状，则需要使用“形状工具”来进行编辑调整。

图3-43　为曲线图形填充渐变色

3-2-3　设置贝塞尔工具

双击工具箱中的“贝塞尔工具”按钮，弹出如图3-44所示的“选项”对话框，通过调整该对话框中的各项参数，自定义“手绘/贝塞尔工具”参数。各项参数的具体含义如下：

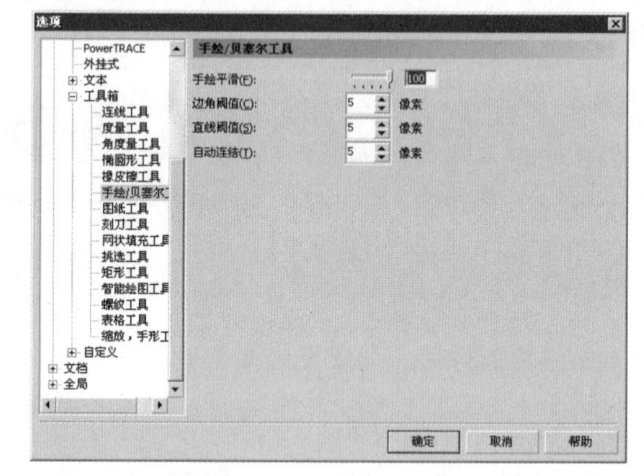

图3-44　“贝塞尔工具”选项

[手绘平滑]：用于调整绘制曲线的平滑度。数值越小，所绘曲线越接近鼠标拖动的路径；数值越小，所绘曲线越趋于平滑。

[边角阈值]：用于调整使用手绘工具绘制曲线时其转折距离的默认值。转折范围在默认值内，即为尖角节点，超出默认值即为圆滑节点，数值越小就越容易显示尖角节点。

[直线阈值]：用于调整使用手绘工具绘制曲线时，将鼠标拖动的路径看做直线的距离范围默认值。鼠标拖动的偏移量在默认值之内为直线，在默认值以外即为曲线。所以，参数值越小越容易显示曲线。

[自动连结]：用于设置使用手绘工具绘图时，自动连接的距离。如果两个节点之间的距离小于“自动连结”数值，CorelDRAW X4将自动连接两个节点。

3-3　艺术笔工具

应用“艺术笔工具”，可以绘制出类似钢笔、毛笔等笔触线条的封闭式路径。“艺术笔工具”绘制曲线的方法与“手绘工具”绘制曲线方法相同，不同之处在于“艺术笔工具”绘制的是一条封闭式的路径，可以对其填充色彩。

“艺术笔工具”属性栏中提供了5种艺术笔模式，如图3-45所示。另外，还有笔尖宽度、旋转角度、笔触类型等属性，可以通过应用这些模式，并通过设置相应的参数绘制出各种图形。

图3-45　“艺术笔工具”属性栏

3-3-1 预设模式

单击“艺术笔工具”属性栏中的“预设”按钮，将光标移到画面中的合适位置，按住鼠标左键并拖动，释放鼠标后即可得到所要的艺术图形。用户还可以根据需要在“预设笔触列表”下拉列表框中选择笔触类型，如图3-46所示。通过设置“手绘平滑”、“艺术笔工具宽度”等参数来调整艺术笔属性。

例如，打开一个素材文件，效果如图3-47所示。选择“艺术笔工具”，设置为“预设”模式，并适当调整属性栏中各选项的设置，然后在右侧的星形下边缘向左侧拖动绘制，可以看到黑色轨迹预览，如图3-48所示。释放鼠标后，可以看到创建的艺术画笔效果，如图3-49所示。

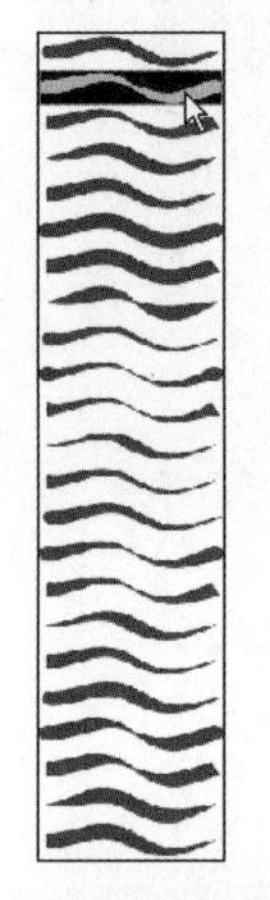

图3-46　预设笔触列表

图3-47　素材文件效果

图3-48　使用“预设”模式进行拖动绘制

图3-49　绘制的艺术画笔效果

保持艺术画笔图形的选中状态，单击右侧调色板中的白色色块，并应鼠标右键单击“无”色块，将艺术画笔图形设置为白色填充状态，效果如图3-50所示。

选择“挑选工具”，单击空白区域，取消艺术画笔对象的选中状态，然后选择“艺术笔工具”，设置为“预设”模式，在“预设笔触列表”下拉列表框中选择另外一种笔触类型，并对属性栏中的其他选项进行适当的调整，然后从星形上向外拖动绘制，得到一个新的艺术画笔图形，效果如图3-51所示。

此时，如果对绘制的艺术画笔图形效果不满意，可以在选中艺术画笔图形的状态下，在属性栏中对选

图3-50　将艺术画笔效果填充为白色

项设置进行修改，选中的艺术画笔图形会随着选项的变化而变化。例如，选中绘制的艺术画笔图形后，在属性栏中为其设置另外一种笔触类型，艺术画笔图形发生变化，效果如图 3-52 所示。

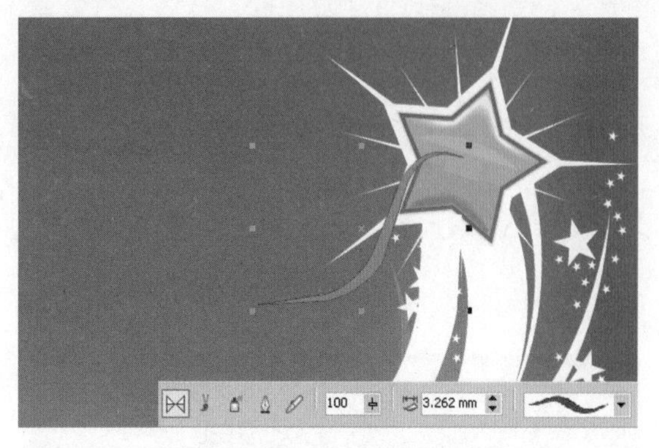

图 3-51　绘制另一种笔触类型的艺术画笔图形

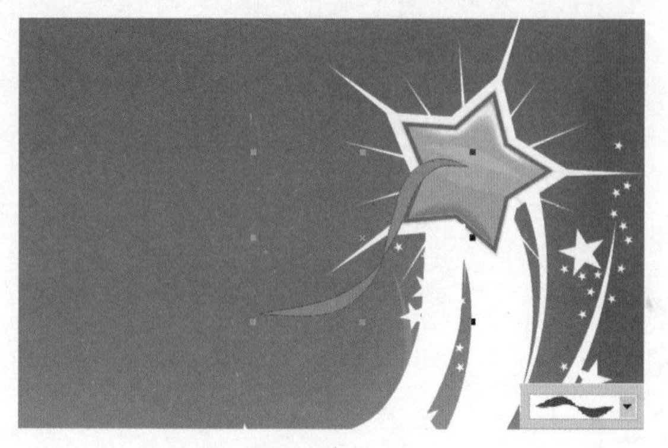

图 3-52　修改艺术画笔图形的笔触类型

3-3-2　笔刷模式

单击“艺术笔工具”属性栏中的“笔刷”按钮，在属性栏中设置画笔的宽度、平滑度及画笔笔触的类型。按住鼠标左键并拖动，松开鼠标后即可得到所要的艺术图形。用户也可以利用“手绘工具”，事先绘制出一条路径，在“艺术笔工具”属性栏中选择一种笔触，所选笔触将自动应用于所绘制的路径。

例如，打开一个素材文件，效果如图 3-53 所示。选择“艺术笔工具”，确认已设置为“笔刷”模式，在“笔触列表”下拉列表框中选择一种笔触类型，并适当调整属性栏中各选项的设置，然后从星形右侧向右边界拖动绘制，可以看到黑色轨迹预览，如图 3-54 所示。释放鼠标后，可以看到创建的艺术画笔效果，如图 3-55 所示。

图 3-53　素材文件效果

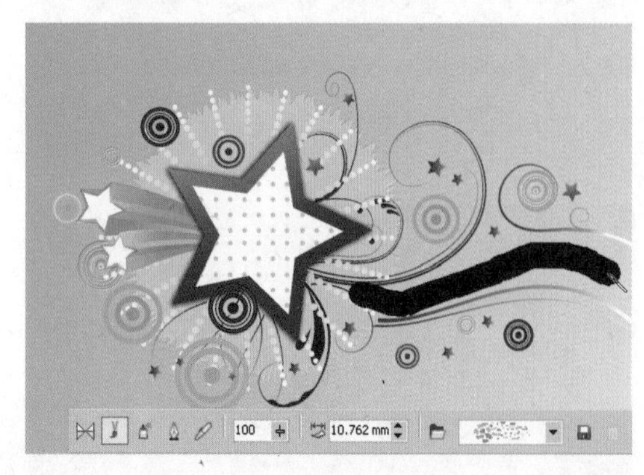

图 3-54　拖动绘制艺术画笔图形

图 3-55　艺术画笔图形效果

保持艺术画笔图形的选中状态，单击右侧调色板中的蓝色色块，将艺术画笔图形设置为蓝色填充，效果如图 3-56 所示。

选择“挑选工具”，选中星形右侧的黑色线条，如图3-57所示。然后选择“艺术笔工具”，确认已设置为“笔刷”模式，在“笔触列表”下拉列表框中选择另外一种笔触类型，并对属性栏中的其他选项进行适当的调整，可以看到选中的线条被应用了选择的笔刷效果，如图3-58所示。

图3-56　设置艺术画笔图形的填充颜色

图3-57　选中黑色线条

图3-58　为选中的线条应用艺术画笔效果

同样，如果对绘制的艺术画笔图形效果不满意，可以在选中艺术画笔图形的状态下，在属性栏中对选项设置进行修改，选中的艺术画笔图形会随着选项的变化而进行更改。

提示 · 技巧

如果对本次设置的画笔非常满意，下次可能用到，那么可以单击属性栏中的“保存艺术笔触”按钮，在弹出的“另存为”对话框中为所绘图形命名，然后单击“保存”按钮即可将其保存到“笔触列表”下拉列表框中。

要删除“笔触列表”中某个笔触，将其选中再单击属性栏中的“删除”按钮即可。

3-3-3　喷罐模式

单击“艺术笔工具”属性栏中的“喷罐”按钮，在属性栏中设置画笔的宽度、平滑度及喷涂类型。按住鼠标左键并拖动，松开鼠标后即可得到所要的艺术图形。

如果对喷涂出的图形不太满意，可以在属性栏中的喷涂列表中重新选择笔触类型，再进行绘制。

例如，打开一个素材文件，效果如图3-59所示。选择“艺术笔工具”，设置为“喷罐”模式，在“喷涂列表”下拉列表框中选择一种礼花笔触类型，

图3-59　素材文件效果

然后在画面的上部拖动绘制，可以看到拖动时光标经过的路径，如图 3-60 所示。释放鼠标后，可以看到绘制的艺术画笔效果，如图 3-61 所示。

图 3-60　拖动绘制喷涂画笔效果

图 3-61　绘制的礼花艺术画笔效果

如果想要自制喷涂图形，可自定义喷涂并将其添加到喷涂列表中。只需先绘制喷涂图形，并将其选中，单击属性栏中的按钮添加到喷涂列表中即可。添加自制喷涂后，可以单击属性栏中的按钮，打开“创建播放列表”对话框，对喷涂图形进行编辑和管理。

例如，选中素材文件中页面下方的礼花图形，如图 3-62 所示。选择“艺术笔工具”，单击属性栏中的“喷罐”按钮，然后单击属性栏中的按钮，即可将选中的图形对象添加到喷涂列表的底部，如图 3-63 所示。

单击属性栏中的“喷涂到表对话框”按钮，打开“创建播放列表”对话框，如图 3-64 所示。可以看到新添加的喷涂图形被添加到“喷涂列表”和“播放列表”中。

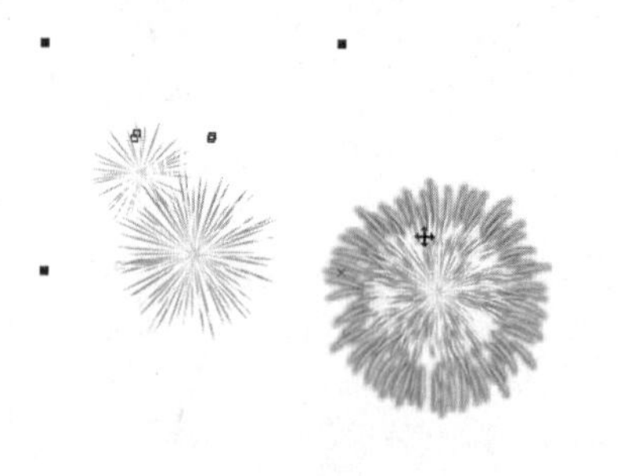
图 3-62　选中礼花图形

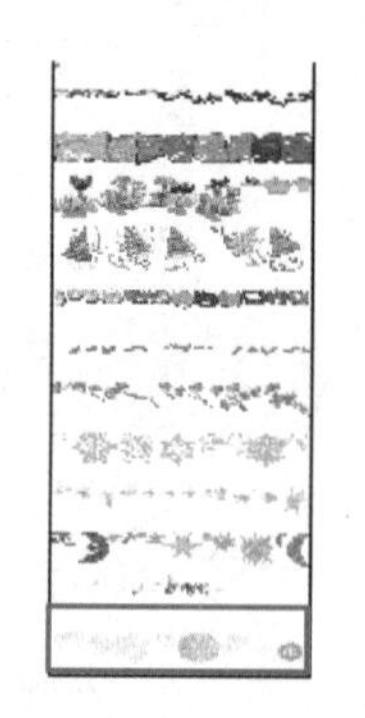
图 3-63　添加到喷涂列表中

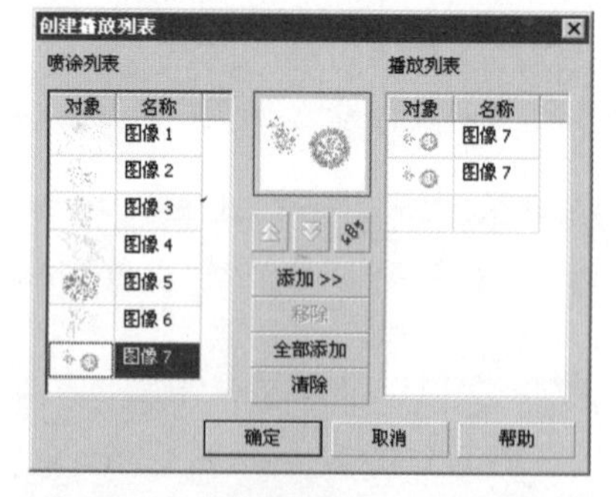

图 3-64　“创建播放列表”对话框

用“艺术画笔工具”选中之前绘制的礼花艺术画笔图形，为其应用新添加的喷涂列表，可以看到图形的效果发生变化，如图 3-65 所示。

如果要对刚刚添加到列表中的喷涂进行修改，可先将喷涂列表中的图形绘制到页面中，并对其进行修改，然后选择修改后的图形，单击属性栏中的按钮，弹出喷涂列表对话框，在对话框内单击“添加”按钮，即可将图形添加到喷涂列表中。

图 3-65　应用新添加的喷涂列表后的艺术画笔效果

例如，选中礼花图形中较大的图形，对其进行复制，填充黄色，适当缩小后移动到礼花图形的中间，如图 3-66 所示。单击属性栏中的按钮，弹出喷涂列表对话框，在其中单击“添加”按钮，即可将图形添加到喷涂列表中，同时属性栏中的喷涂列表会随之改变，如图 3-67 所示。

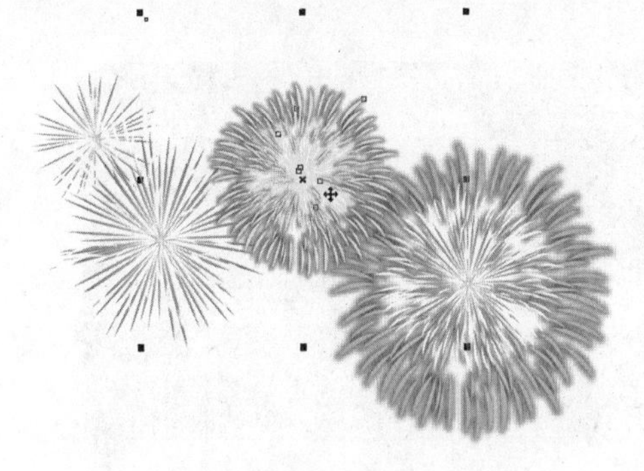

图 3-66　复制礼花并进行调整

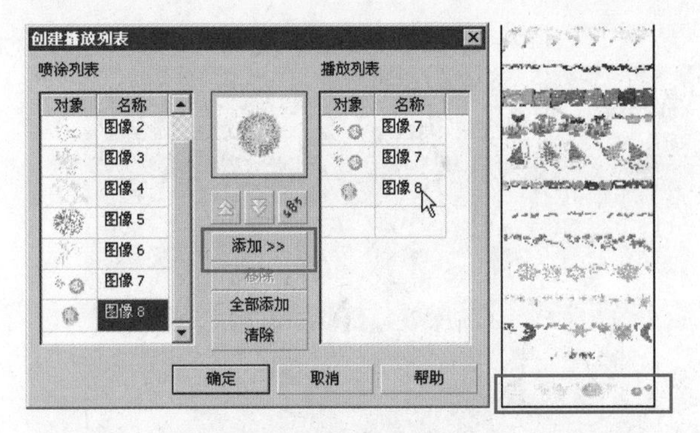

图 3-67　将图形添加到喷涂列表中

将画面中之前绘制的礼花画艺术画笔图形删除，选择新添加的喷涂，在画面上部拖动绘制，可以看到产生的画笔效果，如图 3-68 所示。

图 3-68　选择新添加喷涂绘制的艺术画笔图形

如果想删除播放列表中某个喷涂样式，只需在选中要删除的喷涂样式后，单击“移除”按钮即可；如果想删除整个播放列表，只需单击“清除”按钮，即可清除所有的喷涂样式。

在“喷罐”模式属性栏的数值框中可以对喷涂的间距进行调整，上面的选项用于调整喷涂垂直方向的间距，下面的选项用于调整喷涂水平方向的间距，可以调整喷涂和路径的偏移量；可以改变喷涂的旋转角度。

例如，选中画面中的艺术画笔图形，在属性栏中设置垂直方向的间距为 5，可以看到艺术画笔图形在垂直方向上变密，效果如图 3-69 所示。再将水平方向的间距设置为 15.0 mm，可以看到艺术画笔图形在水平方向上变得更密集，效果如图 3-70 所示。

图 3-69　调整垂直方向间距的效果

图 3-70　调整水平方向间距的效果

单击属性栏中的按钮，在弹出的选项面板中对喷涂图形的旋转角度进行设置，并适当地调整水平和垂直方向的间距，选项设置及调整后的效果如图 3-71 所示。

单击属性栏中的按钮，在弹出的选项面板中设置偏移量，并设置偏移方向为“随机”，这样可以产生更灵活的变化，选项设置及图形效果如图 3-72 所示。

另外，还可以对喷涂图形的大小、喷涂顺序等进行设置，可以产生不同的喷涂效果，如图 3-73 所示。

图 3-71　调整喷涂图形的旋转角度及间距设置

图 3-72　调整喷涂图形的偏移量及偏移方向

图 3-73　调整喷涂图形的大小和喷涂顺序选项

3-3-4　书法模式

使用书法模式可以绘制出书法笔画的图形效果。

单击“艺术笔工具”属性栏中的“书法”按钮，在属性栏中设置笔触的宽度、书法角度等。按住鼠标左键并拖动，松开鼠标后即可得到所要的艺术图形，如图 3-74 所示。也可以先绘制出一条路径，然后在“艺术笔工具”属性栏中单击按钮，所选图形将自动适合所绘制的路径。

属性栏中有一个可以设置所绘图形书法角度的数值框 19.262 mm，直接输入数值或单击右侧的微调按钮改变图形的角度，以显示不同的效果，如图 3-75 和图 3-76 所示。

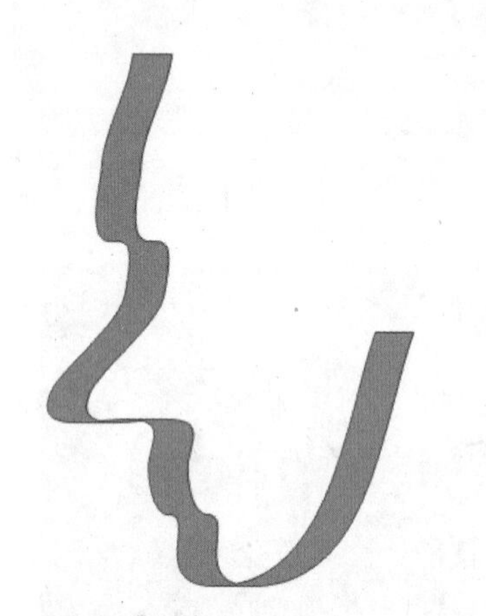

图 3-74　“书法”模式

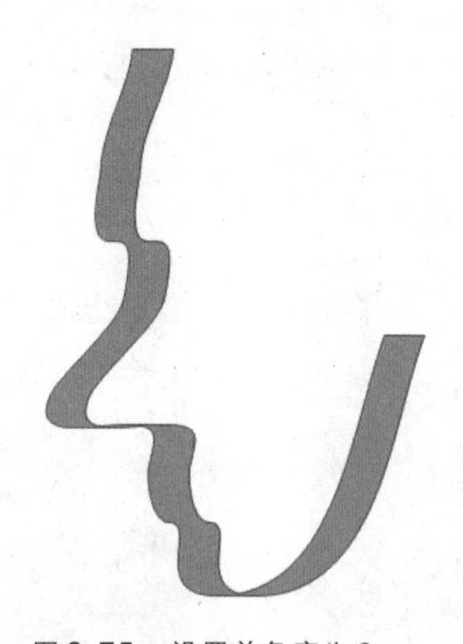

图 3-75　设置前角度为 0

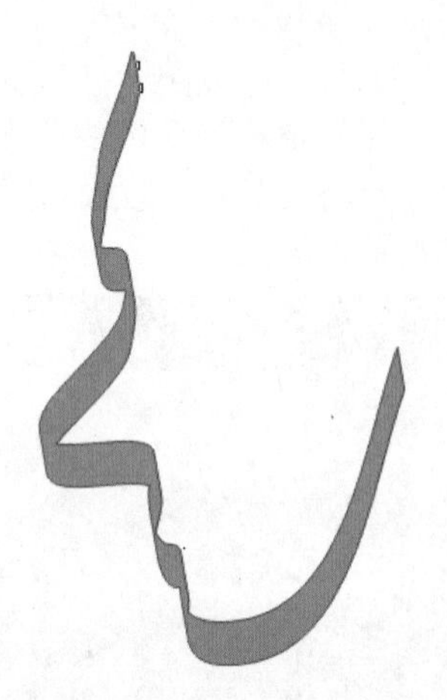

图 3-76　设置后角度为 100

3-3-5　压力模式

压力模式可以根据压感笔的压力大小产生粗细不同的变化，真实地模拟毛笔绘图的效果。如果计算机上未安装压感笔设备，该功能就无法实现了。

单击“艺术笔工具”属性栏中的“压力”按钮，并设置画笔的宽度。设置完毕后，在绘图页面中按住鼠标左键并拖动，松开鼠标后即可得到所要的感压模式图形，如图 3-77 所示。可以通过调节属性栏中的“艺术笔工具宽度”数字框右侧的微调按钮来调节画笔的宽度。

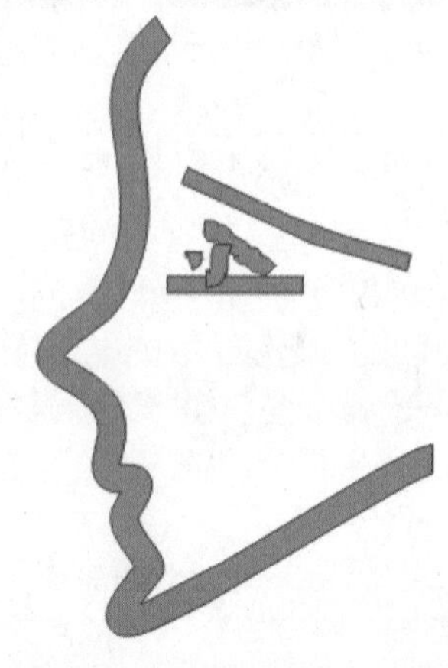

图 3-77　压力模式

3-4 编辑曲线与端点

3-4-1 编辑曲线

在CorelDRAW X4中绘制的图形一般都是矢量图形，矢量图形最重要的元素就是曲线，曲线的形状都是由节点控制的。下面详细讲解曲线节点的编辑及应用。

无论是使用“手绘工具”还是“贝塞尔工具”绘制曲线，都很难一次性绘制出需要的形状，在绘制过程中需要不断地修改，这就需要选取、移动节点来调整曲线。

1. 选取节点

在工具箱中选择“形状工具”，单击绘制的曲线，可以选择曲线上的任意一个节点进行调节，如图3-78所示。

2. 移动节点

在选中节点后，按住鼠标左键拖动到合适位置并松开鼠标，即可移动节点，如图3-79所示。

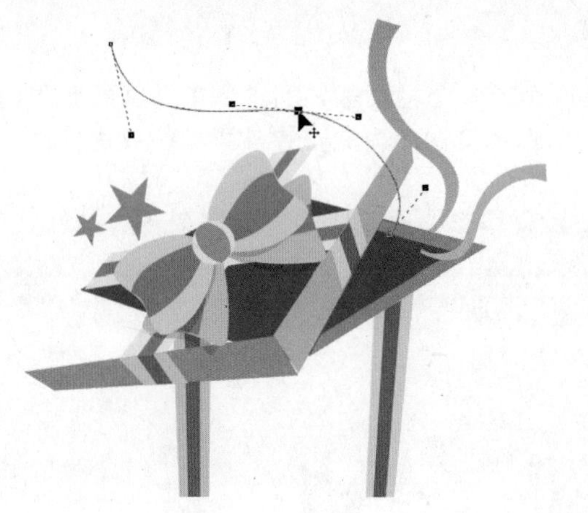

图3-78 选取节点

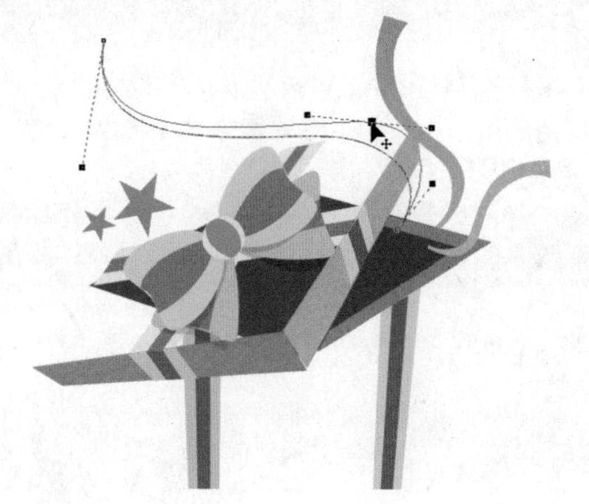

图3-79 移动节点

3-4-2 编辑端点

端点是指所绘曲线图形的起点与终点。曲线端点的编辑方法与节点类似，可以利用“形状工具”，通过鼠标选择、移动来进行调节，如图3-80所示。

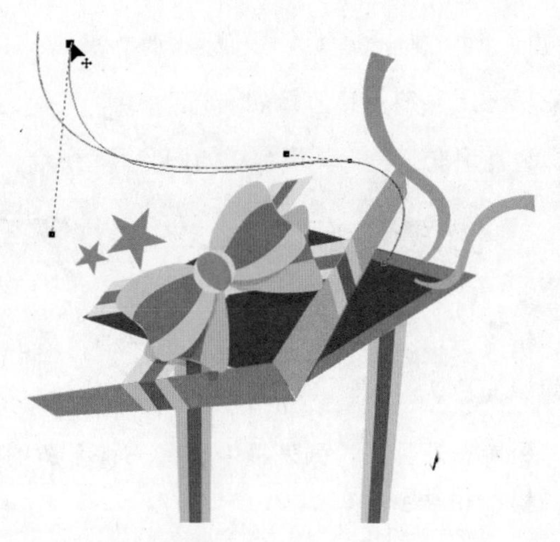

图3-80 移动端点

3-5 智能填充工具

“智能填充工具”在工具箱中和“智能绘图工具”处于一组，而和其他相关填充工具如填充、交互式填充和网状填充等工具分开，可见其特殊性。其“智能”主要体现在先自动推测由图形各边界线生成的独立封闭填色区域，然后对独立封闭的区域进行填色，如图3-81所示。

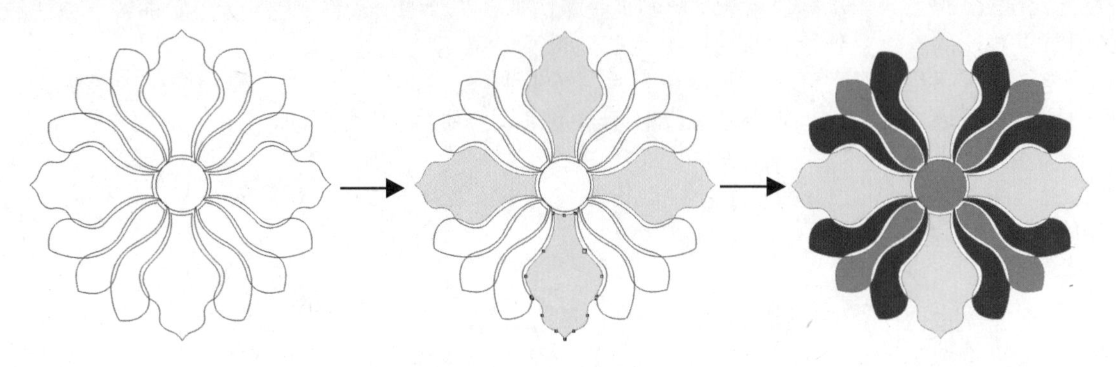

图3-81 使用“智能填充工具”填充颜色

“智能填充工具”除了可以实现填充以外，还可以快速在两个或多个相互重叠的对象中间创建新对象。在以前的版本中，如果想要使这两个形状相交，只能先同时选择这两个对象，再从菜单栏或者属性栏中选择“相交”命令。

而如今使用“智能填充工具”，就可以非常方便地将两个对象相交处的图形创建为一个新的对象，同时完成对象的填充，即通过填充创建新对象，如图3-82所示。

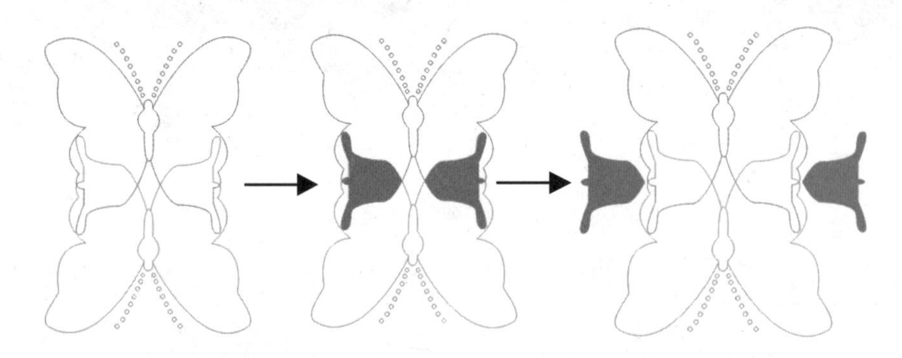

图3-82 使用智能填充工具创建新的填充对象

智能填充工具的操作方法如下：

01 选择智能填充工具，其属性栏如图3-83所示。

图3-83 “智能填充工具”属性栏

02 在“填充选项”下拉列表框中选择一种合适的填充选项，在填充颜色下拉列表框中选择一种颜色作为填充色。

03 在“轮廓选项”下拉列表框中选择一种合适的轮廓选项，在后面的两个下拉列表框中分别设置轮廓的粗细和颜色。

04 将光标移动到一个独立封闭区域内并单击，即可完成填充。

"智能填充工具"无论是对动漫创作、矢量绘画、服装设计人员还对VI设计工作者来说，都是十分便捷的功能，有效地节省了时间。

3-6 矩形、椭圆、多边形工具

使用CorelDRAW X4绘制矩形、多边形和椭圆的方法大致相同，首先选择工具，然后按住鼠标左键在绘图区域拖动鼠标，即可绘制出相应图形。

3-6-1 绘制矩形

绘制矩形时，首先要确定需要哪一种矩形，是正方形，还是长方形。心中有了确定的目标，绘制图形时就会既快又准。这里介绍几种绘制矩形的方法。

1. 矩形工具

单击工具箱中的"矩形工具"按钮 ，在绘图页面中按住鼠标左键并拖动，即可绘制出一个矩形。

例如，打开一个素材文件，效果如图3-84所示。选择矩形工具，在画面中从左上方向右下方那个拖动绘制，如图3-85所示。释放鼠标后，可以看到创建的矩形图形，如图3-86所示。在工具箱中单击"填充"按钮，选择"均匀填充"工具，打开"均匀填充"对话框，选择一种颜色，将其填充到矩形中，并设置轮廓颜色为"无"，效果如图3-87所示。

图3-84　素材文件效果

图3-85　拖动绘制矩形

图3-86　矩形图形效果

图3-87　为矩形填充颜色

选择"挑选工具"，选中矩形，将矩形适当拉宽一些，并移动位置，效果如图3-88所示。

再选择"矩形工具"，按住【Shift】键，从矩形下部的中心位置开始向右拖动，以起点为中心绘制一个矩形条，释放鼠标后，可以看到创建的矩形条，如图3-89所示。将矩形填充为白色，并设置轮廓颜色为"无"，效果如图3-90所示。

将绘制的白色矩形条复制一个，并放置在大矩形的上部，与底部的白色矩形对称，效果如图3-91所示。选择"文本工具"，输入英文字母，调整文字的颜色、字体和大小，将文字放置在矩形的中心位置，然后使用"交互式阴影工具"为大矩形添加投影效果，使画面层次更具有立体感，效果如图3-92所示。

图 3-88　调整矩形的大小和位置

图 3-89　绘制一个矩形条

图 3-90　为矩形条填充白色

图 3-91　复制矩形条

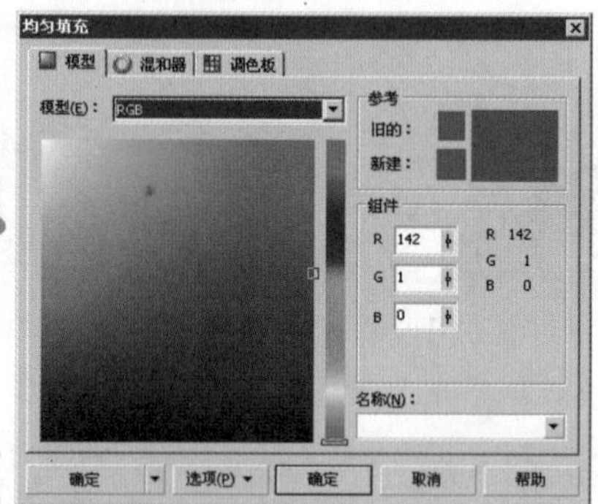

图 3-92　为矩形添加投影并输入文字

提示 · 技巧

在绘制矩形时，按住【Shift】键拖动鼠标，可以绘制出一个以起点为中心的矩形，按住【Ctrl】键拖动鼠标可以绘制出一个正方形。按住【Shift+Ctrl】组合键拖动鼠标，可以绘制出一个以起点为中心的正方形。

图形绘制完成后，还可以通过属性栏中的各项参数对所绘制图形进行设置。单击绘制的矩形图形，激活矩形属性栏，如图 3-93 所示。可以通过其中的各项参数来调整矩形的大小、位置、旋转角度等。下面介绍常用选项。

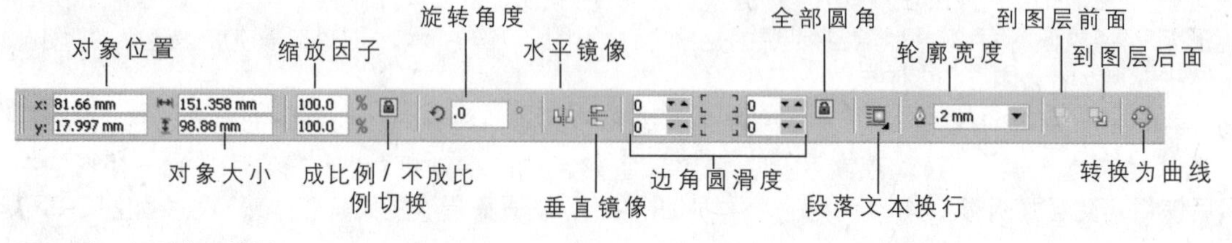

图 3-93　矩形的属性栏

[全部圆角]：该按钮按下时，输入数值后，矩形的 4 个角会同时变成所设置数值的圆角。该按钮弹起时，可以随意设置矩形 4 个角的圆角平滑数值，互相之间没有影响。

例如，打开一个素材文件，效果如图 3-94 所示。选择“矩形工具”，在画面下方绘制一个矩形，并填充橙色，效果如图 3-95 所示。

图 3-94　素材文件效果

图 3-95　将矩形填充橙色

在属性栏中将“全部圆角”按钮弹起，然后分别对左下角和右上角的圆角数值进行设置，效果如图 3-96 所示。撤销刚才的操作，将“全部圆角”按钮按下，然后设置 4 个角圆角的数值，效果如图 3-97 所示。

将得到的圆角矩形填充为黑色，然后复制并原位粘贴该圆角矩形，将上面的矩形适当缩小一些，填充黄橙色，并适当添加高光图形、文字内容等装饰图形，最终得到一个按钮图形，效果如图 3-98 所示。

图 3-96　为矩形设置圆角效果

图 3-97　为矩形设置全部圆角效果

图 3-98　按钮图形效果

[到图层前面]、[到图层后面]：使用这两个按钮可以调整图形对象的前后顺序关系。

[转换为曲线]：将任何实线转换成可以随意调节节点的曲线。

2. 3 点矩形工具

单击工具箱“矩形工具”按钮右下角的黑色三角形，弹出矩形工具组，选择其中的“3 点矩形工具”，使用此工具可以通过确定 3 点来绘制矩形。在绘图区内按住鼠标左键并拖动至另一点释放鼠标，使此直线段作为矩形的一条边；然后移至合适位置后单击确定第三点的位置，即可创建一个矩形图形。

例如，打开一个素材文件，效果如图 3-99 所示。选择“3 点矩形工具”，在画面中标签底图上，沿着底图的倾斜角度，从上部斜向左下方拖动，确定矩形的倾斜角度和高度，如图 3-100 所示。然后，向右侧移动光标，可以看到矩形的预览线条，如图 3-101 所示。

图 3-99　素材文件效果

图 3-100　拖动鼠标确定矩形的角度和高度

图 3-101　移动光标确定矩形的宽度

当矩形的大小满意后，单击鼠标左键创建矩形，如图 3-102 所示。将矩形填充为白色，并在属性栏中调整圆角的大小，效果如图 3-103 所示。在矩形上输入文字内容，并设置为黑色，旋转为与标签相同的角度，效果如图 3-104 所示。

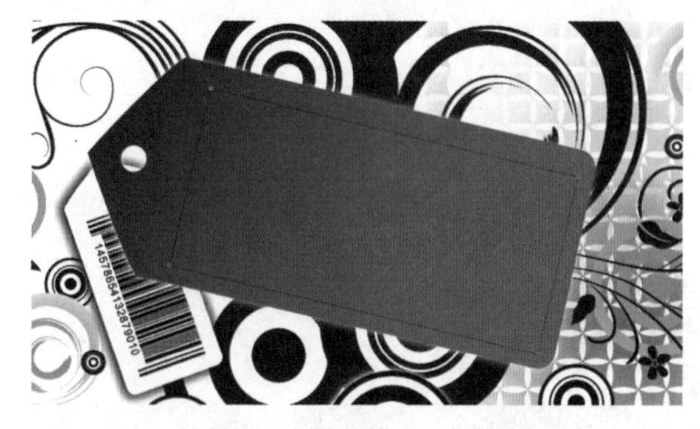

图 3-102　绘制的三点矩形效果

图 3-103　为矩形填充白色并设置圆角效果

图 3-104　标签图形效果

3-6-2 绘制椭圆

CorelDRAW X4 同样为用户提供了两种椭圆形绘制工具，一种是“椭圆形工具”，另一种是“3 点椭圆形工具”，也称任意椭圆形工具。

1. 椭圆形工具

单击工具箱中的“椭圆形工具”按钮，在绘图页面中按住鼠标左键并拖动，即可绘制出一个椭圆。与“矩形工具”相同，按住【Shift】键拖动鼠标可以绘制出一个以起点为中心的椭圆；按住【Ctrl】键拖动鼠标可以绘制出一个正圆；按住【Shift+Ctrl】组合键，则可以绘制一个以起点为圆点向外扩张的正圆。

例如，打开一个素材文件，效果如图 3-105 所示。选择“椭圆形工具”，在画面中从左上方向右下方绘制，如图 3-106 所示。释放鼠标后，即可绘制出一个椭圆图形，如图 3-107 所示。

将绘制的椭圆图形填充为白色，可以更清晰地看到椭圆形的效果，如图 3-108 所示。

撤销刚才的绘制操作，仍然选择“椭圆形工具”，按住【Shift+Ctrl】组合键，从页面中心位置向右下方拖动，绘制一个以起点为圆心的正圆形，如图 3-109 所示。大小满意后释放鼠标，即可得到一个正圆形，将其填充白色，可以看到绘制的效果，如图 3-110 所示。

图 3-105　素材文件效果

图 3-106　拖动绘制椭圆图形

图 3-107　绘制的椭圆图形效果

图 3-108　将椭圆形填充白色

图 3-109　绘制正圆形

图 3-110　将正圆形填充为白色

可以通过属性栏来调整椭圆的大小、位置、旋转角度，还可以镜像对象，如图 3-111 所示。

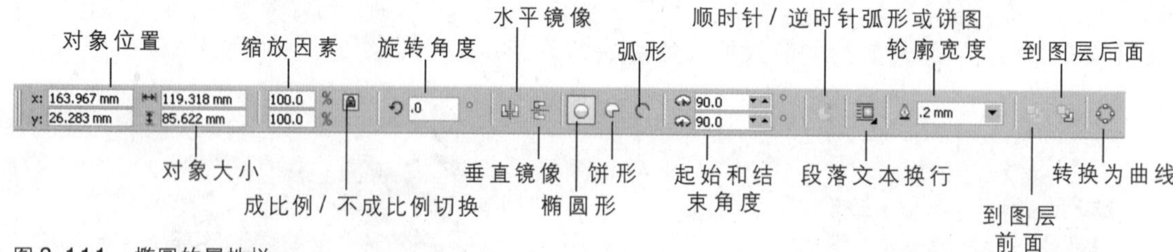

图 3-111　椭圆的属性栏

CorelDRAW X4 提供了两种镜像方法：垂直镜像与水平镜像。例如，执行“文件”/“导入”命令，在打开的对话框中选择人物照片素材，将其导入到当前文档中，并缩小到与正圆形宽度相近，如图 3-112 所示。

选中人物图片，执行“效果”/“图框精确剪裁”/“放置在容器中”命令，此时光标变为黑色箭头，如图 3-113 所示。在正圆形上单击，图片即被置入到正圆形中，效果如图 3-114 所示。

单击属性栏中的“水平镜像”按钮，将圆形水平镜像，效果如图 3-115 所示。再单击“垂直镜像”按钮，将圆形垂直镜像，效果如图 3-116 所示。

图 3-112　导入人物图片并调整到适当的大小

图 3-113　精确剪裁

图 3-114　精确剪裁后的图片效果

图 3-115　将圆形水平镜像

图 3-116　将圆形垂直镜像

[饼形]：在“椭圆形工具”属性栏中单击“饼形”按钮，可在页面中绘制饼形图形，并可在“起始和结束角度”数值框中输入数值，以调整其弧形角度。

例如，撤销之前的镜像翻转操作，选中圆形，单击属性栏中的“饼形”按钮，可以看到圆形被转换为默认设置的饼形，效果如图 3-117 所示。调整属性栏中的“起始和结束角度”选项的值，可以看到饼形的效果随之改变，如图 3-118 所示。

.2 mm [轮廓宽度]：设置所绘图形的边缘宽度。例如，选中饼图，设置轮廓宽度为 1 mm，并设置轮廓颜色为粉红色，效果如图 3-119 所示。

图 3-117　将圆形被转换为默认设置的饼形

图 3-118　调整饼形的起始和结束角度

图 3-119　设置饼形的轮廓宽度和颜色

[弧形]：使用“弧形”功能，可以绘制出不封闭的弧线图形。

例如，选择“椭圆形工具”，在饼图上再绘制一个正圆形，并设置轮廓宽度为 0.5 mm，轮廓颜色为黄色，效果如图 3-120 所示。单击属性栏中的“弧形”按钮，可以看到圆形被转换为默认设置的线条图形，效果如图 3-121 所示。复制并粘贴黄色弧形，将其适当地放大，并设置轮廓颜色为蓝色，再调整属性栏中的“起始和结束角度”选项的值，可以看到弧形的效果随之改变，如图 3-122 所示。

图 3-120　绘制正圆图形并设置轮廓颜色

图 3-121　默认的弧形起始和结束角度

图 3-122　调整弧形的起始和结束角度

[段落文本换行]：设置文本的排列方式。本章没有应用到文本排版，在“文本处理”一章中将对此做详细介绍。

[到图层前面]、[到图层后面]：指定图形的前后层次关系。

[转换为曲线]：将任何实线转换成可以随意调节节点的曲线。

2. 3点椭圆形工具

单击工具箱中的“椭圆形工具”按钮右下角的黑色三角形，在弹出的工具组中选择“3点椭圆形工具”，通过该工具可以确定3点来绘制椭圆图形。在绘图区先绘制一条直线，松开鼠标后移动鼠标直到出现满意的椭圆图形时单击，即可绘制出椭圆图形。

例如，打开一个素材文件，效果如图3-123所示。选择“3点椭圆形工具”，在画面中心位置，从左上方向右下方拖动，确定椭圆形的宽度，如图3-124所示。释放鼠标后，向右移动鼠标，随着移动，可以看到椭圆图形的大小，如图3-125所示。当椭圆形的大小满意后，单击鼠标左键，确定椭圆形的最终形状，如图3-126所示。

图 3-123　素材文件效果

图 3-124　确定椭圆形的宽度

图 3-125　确定椭圆形的长度

图 3-126　绘制的椭圆图形

选中椭圆形，将轮廓颜色设置为白色，打开“变换”泊坞窗，单击“旋转”按钮，设置角度为 10°，如图 3-127 所示。单击“应用到再制”按钮，可以看到椭圆形旋转了 10°，然后选择“挑选工具”，单击椭圆图形，出现变换手柄，如图 3-128 所示。

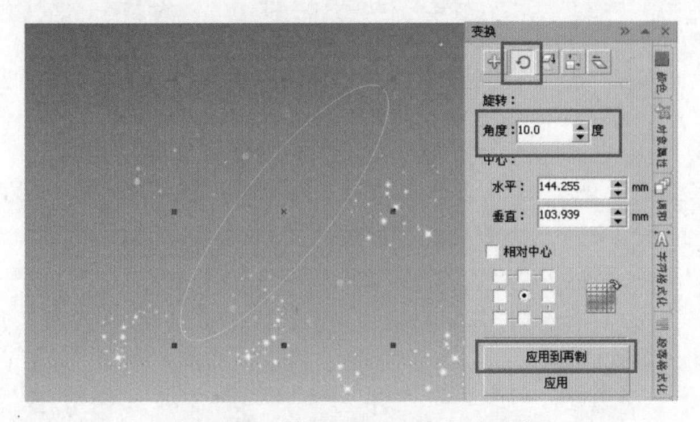

图 3-127　选中椭圆形并打开“变换”泊坞窗

图 3-128　旋转椭圆图形

再次单击“应用到再制”按钮，旋转并复制一个椭圆图形，如图 3-129 所示。再按【Ctrl+D】组合键进行重复旋转复制操作，直到得到一个圆环，效果如图 3-130 所示。将圆环中的所有椭圆图形都选中并按【Ctrl+G】组合键编组，然后复制多个，适当调整大小后，放置到画面中不同的位置，效果如图 3-131 所示。

图 3-129　复制并旋转椭圆图形

如果要调整椭圆形的形状，可以选择“3 点椭圆形工具”或“挑选工具”，然后在椭圆图形工具上单击，这时图形四周出现旋转手柄，用鼠标拖动旋转手柄，图形会以一定的角度进行旋转。还可以通过在椭圆属性栏或“对象属性”泊坞窗来进行设置和修改，其选项和操作方法与椭圆绘制的方法相同，这里不再重复介绍。

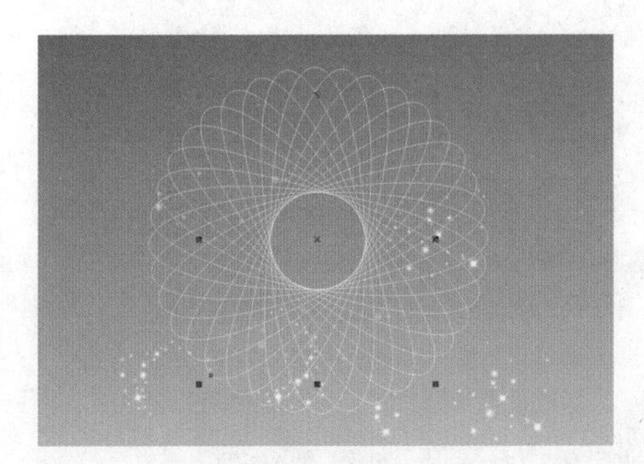
图 3-130　绘制的圆环图形

图 3-131　复制圆环图形并调整位置与大小

提示 · 技巧

按住【Shift】键可以绘制出一个以两个固定点之间的线段为对称轴的椭圆，按住【Ctrl】键可以绘制出一个正圆，按住【Shift+Ctrl】组合键可以绘制出一个以两个固定点之间的线段为对称轴和半径的正圆。

3-6-3 绘制多边形

在 CorelDRAW X4 之前的版本中，绘制星形对象都是通过“多边形工具”来完成的，新版本的 CorelDRAW X4 增加了“星形工具”和“复杂星形工具”，但利用“多边形工具”也可以绘制星形对象。

1. 多边形工具

绘制多边形的方法与绘制矩形、椭圆的方法相似。单击“多边形工具”按钮，在绘图区按住鼠标左键并拖动，即可绘制出多边形，还可以通过设置属性栏中的边数来绘制任意边数的多边形。“多边形工具”的属性栏如图 3-132 所示。

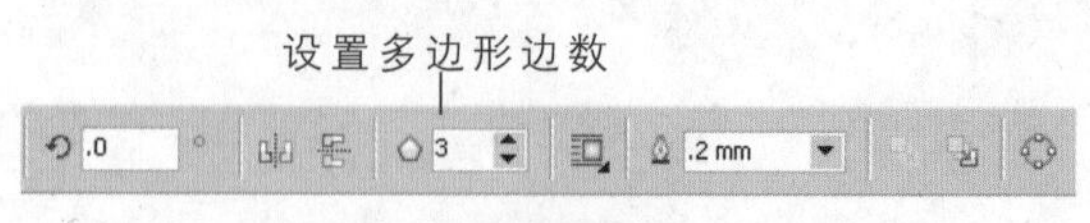

图 3-132 “多边形工具”属性栏

例如，打开一个素材文件，效果如图 3-133 所示。选择“多边形工具”，在属性栏中设置边数为 6，然后按住【Ctrl】键，在画面上部，从左向右位置拖动绘制一个正六边形，如图 3-134 所示。将正六边形填充为白色，设置轮廓颜色为“无”，然后复制两个正六边形，适当缩小并调整其相对位置，组成图案，如图 3-135 所示。再制作另外一组图案并复制，将这些图案摆放到画面中不同的位置，再为其添加黄色的投影效果，如图 3-136 所示。

图 3-133 素材文件效果

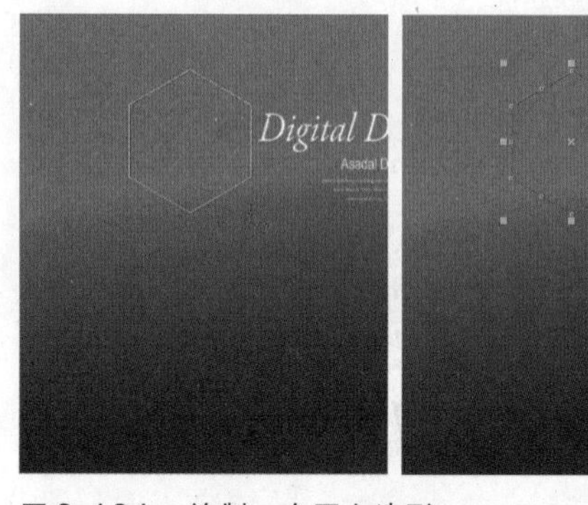

图 3-134 绘制一个正六边形

图 3-135 复制两个正六边形并组成图案

图 3-136 复制多个图案并添加黄色投影效果

2. 修改多边形为星形

对于多边形，可以使用“形状工具”拖动其节点，将其向多边形内部或外部拖动，对象即变为星形图形。

选择“多边形工具”，在画面中绘制一个六边形，然后选择“形状工具”，单击六边形上的一个节点，如图 3-137 所示。按住鼠标左键向多边形内部拖动，可以看到蓝色的预览线条变为星形状态，如图 3-138 所示。释放鼠标后，六边形为星形图形，效果如图 3-139 所示。

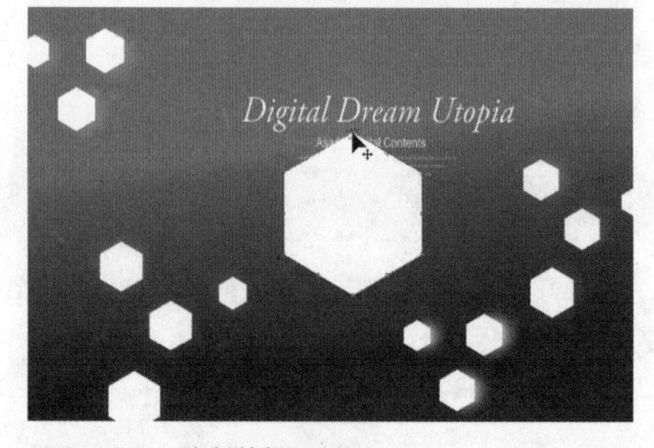

图 3-137 绘制的椭圆图形

图3-138　预览线条变为星形

图3-139　星形图形效果

3-6-4　绘制星形和复杂星形

“星形工具”和“复杂星形工具”都是CorelDRAW X4中新增的功能，可以用来绘制星形和复杂星形。

1. 绘制星形

星形对象和复杂星形对象的区别是：星形对象的内部可以填充颜色，而复杂星形的交互区域是无法填充颜色的。

[多边形、星形和复杂星形的点数或边数]：在数字框内输入数值或单击数字框后面的微调按钮，可以设置所绘星形的边数。

[星形和复杂星形的锐度]：用于设置星形边角的锐化度。

例如，打开一个素材文件，选择“星形工具”，在属性栏中设置边数为4，然后在画面中间，按住【Ctrl】键，拖动绘制一个四角星形，如图3-140所示。将正四角星形填充为白色，设置轮廓颜色为“无”，并使用“交互式透明工具”设置一定的透明度，效果如图3-141所示。

图3-140　绘制四角星形

图3-141　将星形填充为白色并设置透明度

提示 · 技巧

绘制星形和复杂星形时按住【Ctrl】键，便可以在绘图页面中绘图出正星形；按住【Shift】键便可以以起点为中心绘制星形；按住【Shift+Ctrl】组合键，便可以在绘图页面中以起点为中心绘制出正星形。

选中星形，在属性栏中调整“星形和复杂星形的锐度”选项的值，调整的星形效果及选项设置如图3-142所示。

2. 绘制复杂星形

绘制复杂星形的方法与绘制星形一样，在工具箱中选择“复杂星形工具”，在画面中进行拖动绘制，即可得到复杂星形对象。

例如，选择“复杂星形工具”，在属性栏中设置星形角数为8，然后在画面左上位置，按住【Ctrl】键拖动绘制，释放鼠标后得到一个八角复杂星形，如图3-143所示。将八角星形填为白色，设置轮廓颜色为“无”，并适当缩小，效果如图3-144所示。

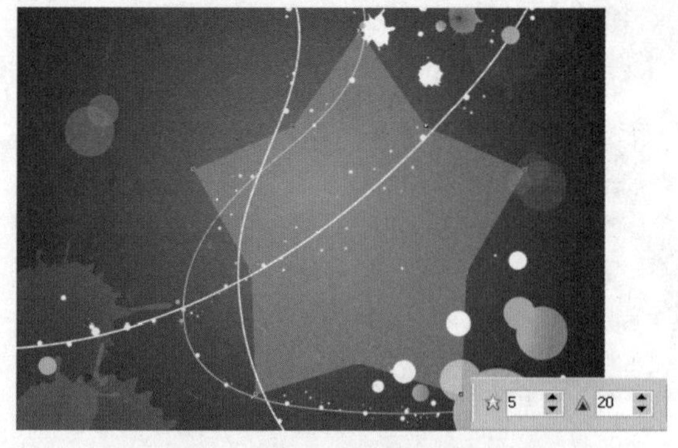

图3-142　调整“星形和复杂星形的锐度”选项的值

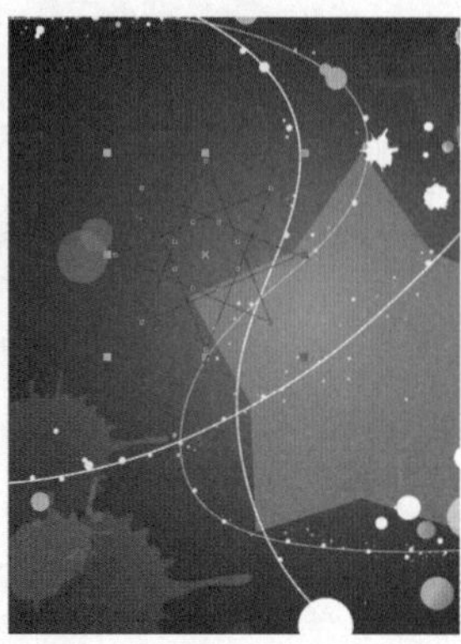

图3-143　绘制八角复杂星形

图3-144　将星形填充为白色并缩小

复制一个复杂星形，将其放置在画面的左下方，并在属性栏中对星形的角数和选项进行调整，星形效果如图3-145所示。再将制作好的两个复杂星形图形复制几个，缩放为不同的大小，并放置在不同的位置，得到装饰图形效果，如图3-146所示。

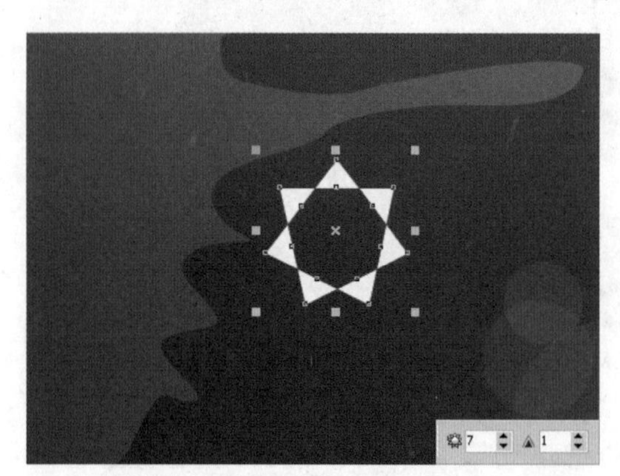

图3-145　调整复制的星形的属性选项

图3-146　装饰图形效果

3. 修饰星形和复杂星形

在多边形、星形和复杂星形等对象没有转换为曲线对象之前，都可以使用“形状工具”对其进行不同的变形操作。

例如，选择“形状工具”，单击星形的一个内角，然后向星形内部拖动，可以看到变形的预览线，如图3-147所示。释放鼠标后，星形的形状就会发生改变，效果如图3-148所示。

图3-147　用“形状工具”拖动星形的一个内角

图3-148　调整后的星形效果

同样，使用“形状工具”，选中画面左上方的复杂星形的一个尖角，然后向星形的外围拖动，可以看到变形的预览线，如图3-149所示。释放鼠标后，复杂星形的形状就会发生改变，效果如图3-150所示。

如果要做更加自由的变形操作，可以用“挑选工具”选择星形或复杂星形，单击属性栏中的“转换为曲线”按钮，然后选择“形状工具”，对星形进行调整，如图3-151所示。

图3-149　用形状工具拖动复杂星形的一个尖角

图3-150　调整后的复杂星形效果

图3-151　将星形转换为曲线并进行调整

3-6-5　绘制螺纹图形

螺纹图形是一种比较常见的图形，下面介绍如何绘制螺纹图形。单击工具箱中的“多边形工具”按钮右下角的黑色三角形，在弹出的工具组中的选择螺纹工具，在绘图区按住鼠标左键并拖动即可绘制。按住【Ctrl】键，则可以绘制出一个宽度与高度相等的正螺纹图形。

单击绘制的螺旋图形，激活属性栏，如图3-152所示。属性栏中各选项功能如下：

[对称式螺纹]：按下此按钮可以绘制出间距均匀且对称的螺纹图形，如图3-153所示。

[对数式螺纹]：按下此按钮可以绘制出圈与圈之间的距离由内向外逐渐增大的螺纹图形，如图3-154所示。

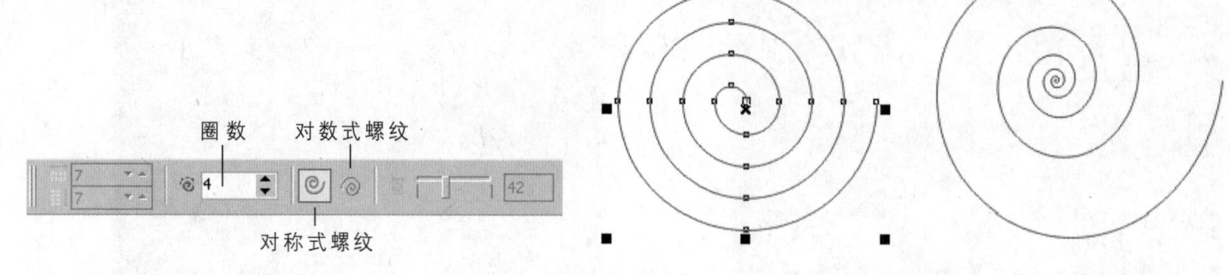

图3-152　螺纹图形属性栏　　图3-153　对称式螺纹　　图3-154　对数式螺纹

在默认情况下，螺纹形工具的圈数是4，且为对称式螺纹，圈与圈的间距相等。用户可以通过螺纹属性栏来调整圈数及对称或对数或螺纹的设置。

在实际应用中，螺纹图形经常用来制作各种装饰纹理图形。根据要绘制纹理形状时，绘制出最接近的螺纹线后，再对其进行调整，即可快速地制作出各种螺纹图形效果。

例如，打开一个素材文件，效果如图3-155所示。选择“螺纹工具”，在属性栏中设置圈数为2，对数式螺纹，然后在画面的右侧，按住【Ctrl】键从右向左拖动绘制，释放鼠标后即得到一个螺纹图形，如图3-156所示。

图3-155　素材文件效果

图3-156　绘制一个螺纹图形

选择“形状工具”，选中螺旋图形上的节点，对其进行调整，调整后的图形形状如图3-157所示。再选择“螺纹工具”，在属性栏中设置为对称式螺纹，然后在画面的右下方，按住【Ctrl】键从右向左拖动绘制，释放鼠标后即得到一个对称式螺纹图形，如图3-158所示。

图3-157　用“形状工具”调整螺纹线的形状

图3-158　绘制对称式螺纹图形

选择“挑选工具”，选中螺纹图形，将其旋转一定的角度，并调整大小，如图3-159所示。选择“形状工具”，选中螺纹图形上的节点，对其进行调整，将其与之前绘制的螺纹线组成一组花纹纹理，调整后的图形形状如图3-160所示。

选中绘制的两个花纹图形，选择“艺术笔工具”，选择“笔刷”模式，为其应用一种笔刷效果，并设置填充颜色为深褐色，效果如图3-161所示。

图3-159 旋转并缩放螺纹图形

图3-160 调整螺纹线的形状

图3-161 为花纹图形添加艺术笔刷效果

3-6-6 绘制图纸图形

单击工具箱中的“多边形工具”按钮右下角的黑色三角形，在弹出的工具组中选择“图纸工具”，在绘图区按住鼠标左键并拖动，即可绘制出网格图形。

单击绘制的图纸图形，激活属性栏，如图3-162所示。

图3-162 图纸图形属性栏

例如，打开一个素材文件，效果如图3-163所示。选择“图纸工具”，在属性栏中设置图纸的行列数，然后从画面的左上角向右下角拖动绘制，如图3-164所示。释放鼠标后即得到一个网格图形，如图3-165所示。

选中网格图形，打开“对象属性”泊坞窗，设置图形的轮廓颜色为青色、轮廓宽度为0.5 mm，并设置一种虚线样式，设置好的网格线效果如图3-166所示。

图3-163 素材文件效果

图3-164 从左上角向右下角拖动绘制图形

图3-165　绘制的网格图形效果

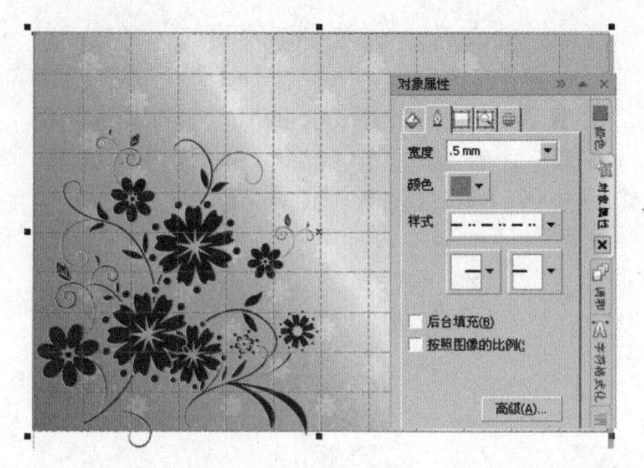

图3-166　为网格图形设置轮廓颜色、宽度和样式

再次选择“图纸工具”，在属性栏中调整行列的数值，然后在画面中绘制一个网格图形，如图3-167所示。选中网格图形，打开“对象属性”泊坞窗，设置图形的轮廓颜色为白色、轮廓宽度为0.5 mm，并设置另外一种虚线样式，设置好的网格线效果如图3-168所示。

图3-167　绘制一个新的网格图形

图3-168　设置网格图形的颜色、宽度和样式

提示 · 技巧

按住【Shift】键，可以绘制出一个以起点为中心的图纸图形。

按住【Ctrl】键，可以绘制出一个宽度与高度相等的图纸图形。

3-6-7　绘制基本形状

CorelDRAW X4提供的基本形状工具依次是“基本形状工具”、“箭头形状工具”、“流程图形状工具”、“标题形状工具”和“标注形状工具”，如图3-169所示。依次将其内含的图形展开，如图3-170所示。

单击工具箱中的“基本形状工具”按钮右下角的黑色三角形，弹出工具组，可看到CorelDRAW X4提供的基本形状工具。

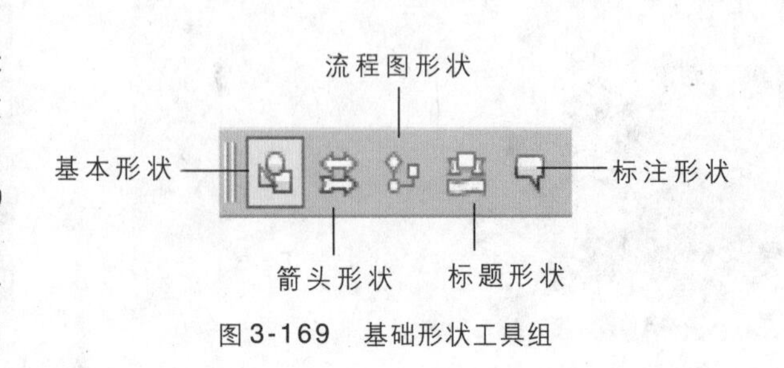

图3-169　基础形状工具组

这 5 种基本形状的应用方法是相同的。选择任意一种基本形状工具，打开“完美形状”面板，从中任意选择一种形状，在绘图页面中按住鼠标左键并拖动，即可绘制出各种不同的图形，如图 3-171 所示。

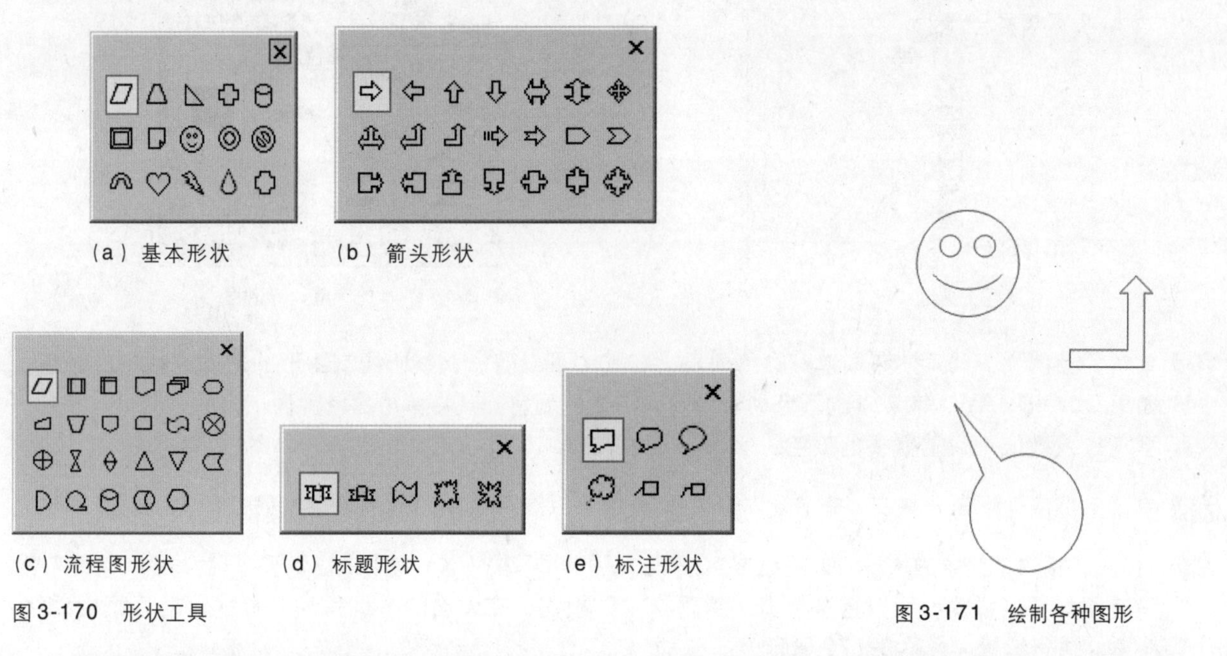

（a）基本形状　（b）箭头形状

（c）流程图形状　（d）标题形状　（e）标注形状

图 3-170　形状工具

图 3-171　绘制各种图形

单击绘制的图形，激活属性栏，如图 3-172 所示。可以通过属性栏来调整图形，所用方法与椭圆、矩形的应用方法类似。

图 3-172　“基本形状工具”属性栏

下面介绍如何在标注形状中输入文本。单击工具箱中的“文本工具”按钮字，将光标移到标注图形中并单击，即可输入文本，如图 3-173 所示。

图 3-173　输入标注文字

3-7　轮廓工具

轮廓线在 CorelDRAW X4 中起到了很重要的作用。它配合基本绘图工具。以设置图形轮廓线的宽度、颜色、样式和箭头形状。单击按钮右下角的黑色三角形，弹出如图 3-174 所示的工具组。

3-7-1　应用轮廓笔工具

选择“轮廓笔”命令，弹出“轮廓笔”对话框，如图 3-175 所示。可以在该对话框中设置线条或轮廓线的宽度、样式和箭头等属性。操作方法如下：

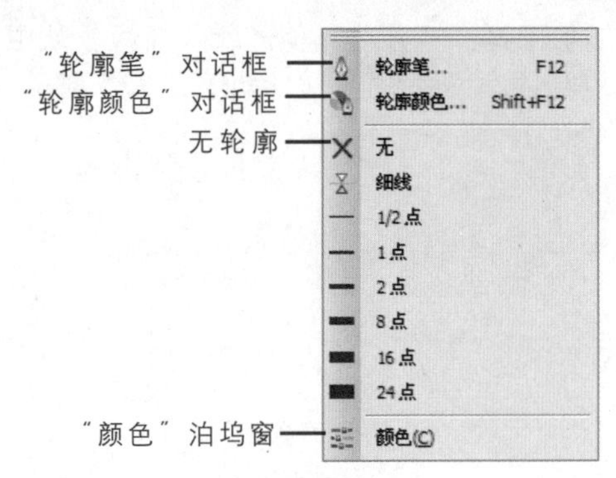

图3-174 轮廓线工具组

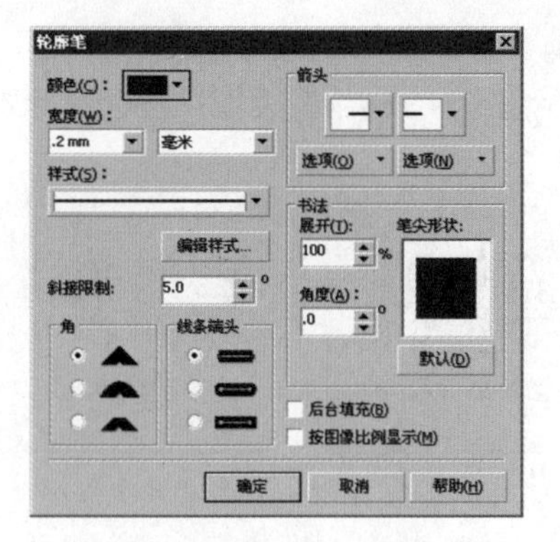

图3-175 “轮廓笔”对话框

01 单击“颜色”下三角按钮，弹出颜色列表，在其中可以随意调整所绘制图形的轮廓或线条的颜色。如果CorelDRAW X4默认的颜色列表中没有需要的颜色，直接单击颜色列表下方的“其他”按钮，手动输入数值，设置需要的颜色。

02 单击“宽度”下三角按钮，在弹出的下拉列表中可以选择绘制图形的轮廓或线条的宽度及其单位。

03 “样式”指的是线条的外观，如虚线或实线等，CorelDRAW X4为用户提供了多种样式。如果其中没有所需要的样式，可以直接单击“编辑样式”按钮，在弹出的“编辑线条样式”对话框中对线条样式进行编辑，如图3-176所示。

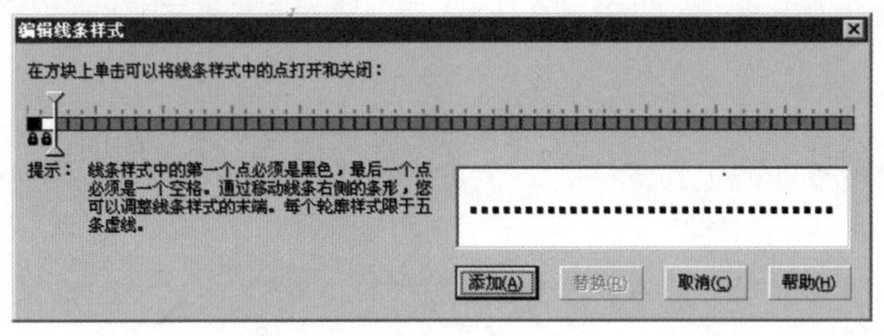

图3-176 “编辑线条样式”对话框

编辑线条样式的方法为：用鼠标拖动调节杆的滑块，可调整点与点之间的距离；单击白色小方格，可以打开或者关闭线条样式上的点。编辑完成后，单击“添加”按钮，即可将调整好的线条样式存储到样式列表中；单击“替换”按钮，可将更改应用到当前所选自定义样式。

04 选择“角”选项组中的单选按钮，可以设置线条的边角样式为直角、圆角或截角。

05 选择“线条端头”选项组中的单选按钮，可设置线条端头、端尾的样式为切齐、圆角或直角。

06 单击“箭头”选项组中的下三角按钮，可以为线条选择合适的箭头样式。CorelDRAW X4提供了多种默认箭头。单击▭或▭的下三角按钮弹出的箭头样式列表如图3-177所示。

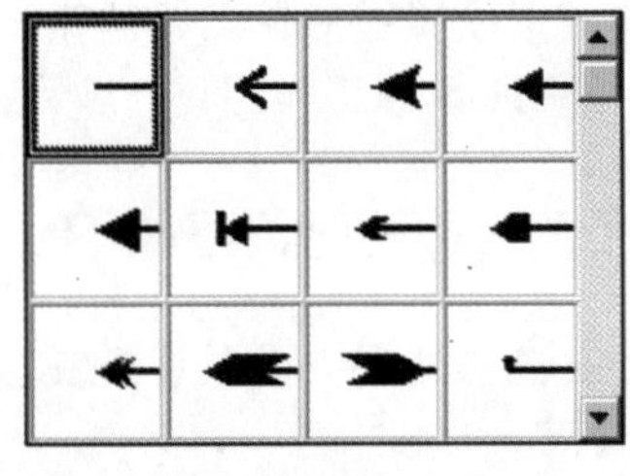

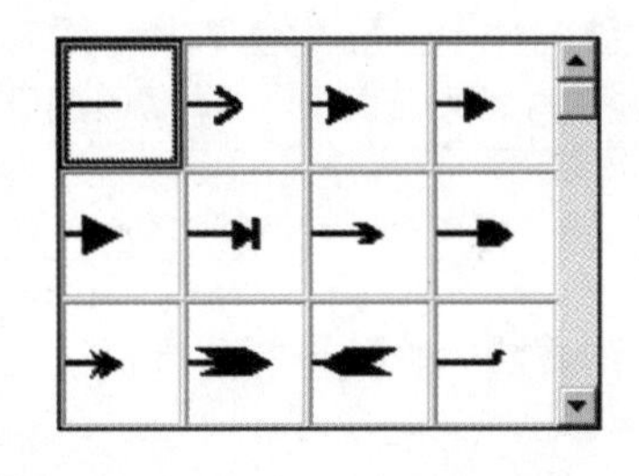

图3-177 箭头样式列表

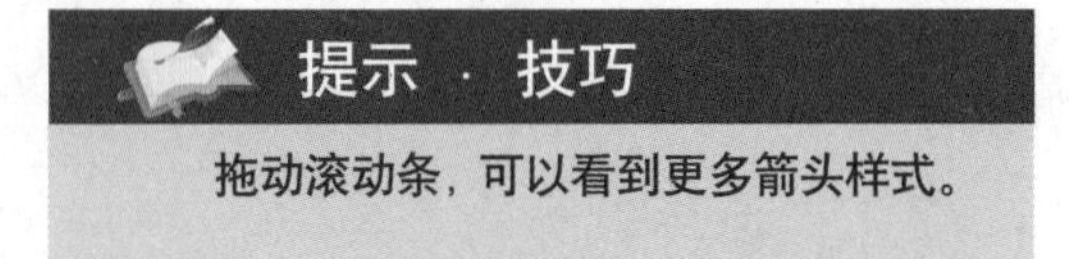

用户也可以自己编辑箭头样式。单击“轮廓笔”对话框中的“选项”按钮，弹出如图3-178所示的选项菜单，选择“新建”命令，弹出“编辑箭头尖”对话框，在该对话框中可以看到箭头周围有8个实心的大小控制点和3个空心的移动控制点，如图3-179所示。拖动大小控制点可以改变箭头的大小，拖动控制点可以改变箭头的位置，如图3-180所示。

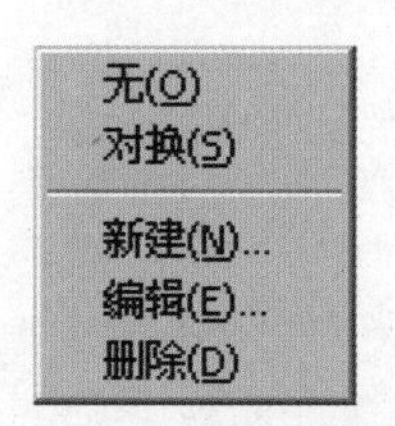

图3-178　选项菜单　图3-179　“编辑箭头尖”对话框

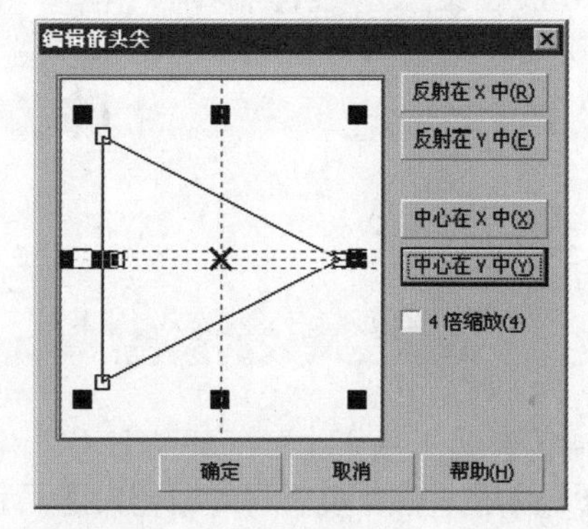

图3-180　编辑箭头

提示 · 技巧

单击“反射在X中”按钮，可以水平翻转箭头；单击“反射在Y中”按钮，可以垂直翻转箭头；单击“中心在X中”按钮，可以将箭头的中心置于X轴的原点；单击“中心在Y中”按钮，可以将箭头的中心置于Y轴的原点；选择“4倍缩放”复选框，可将箭头图形区放大4倍显示。

编辑完成后，单击“确定”按钮，即可在绘图区看到刚刚编辑的箭头。

07 “书法”选项组中的“展开”数值框用于调整笔尖形状的比例。“笔尖形状”预览框用于改变笔尖的形状。单击图形，可快速改变笔尖的形状，此时两个数值框中的数值也随之改变。“角度”数值框用于设置笔尖旋转的角度。单击“默认”按钮，可以恢复到CorelDRAW X4默认的笔尖形状。

08 当线条覆盖在一个内部填色的对象上时，取消选择“后台填充”复选框，结果如图3-181所示；选择“后台填充”复选框，可将线条置于对象的下方，此时会感觉所绘制的线条变细了，如图3-182所示。虽然它们的轮廓看起来不一样，其实属性设置是一样的。

图3-181　取消选择“后台填充”复选框效果

图3-182　选择“后台填充”复选框效果

09 对图形进行缩放时，线条的宽度也会随之按比例缩放。选择“按图像比例显示”复选框后，效果如图3-183所示。设置完毕后，单击“确定”按钮，即可将设置的属性应用到所选的线条或图形中。

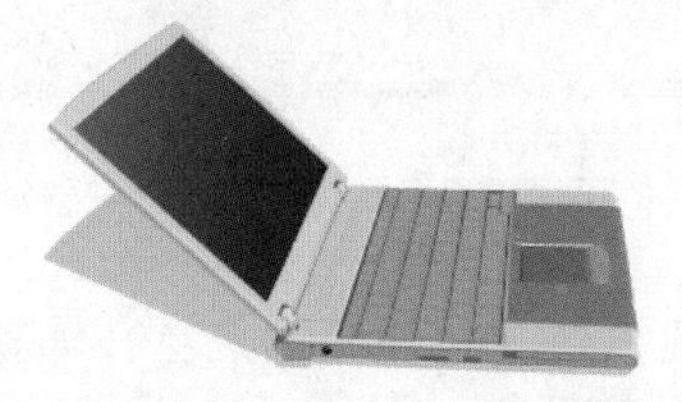

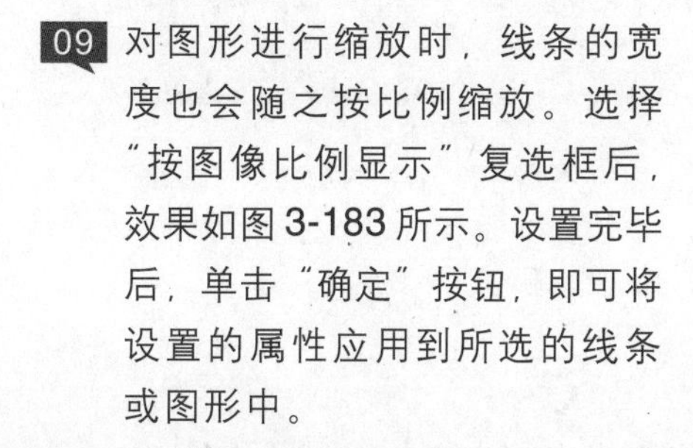

图3-183　选择“按图像比例显示”复选框的效果

3-7-2 设置轮廓线粗细

单击“轮廓”按钮，弹出其工具组，如图3-184所示。在其中可以设置轮廓线的粗细，点数越大，则轮廓线越粗，如图3-185所示。

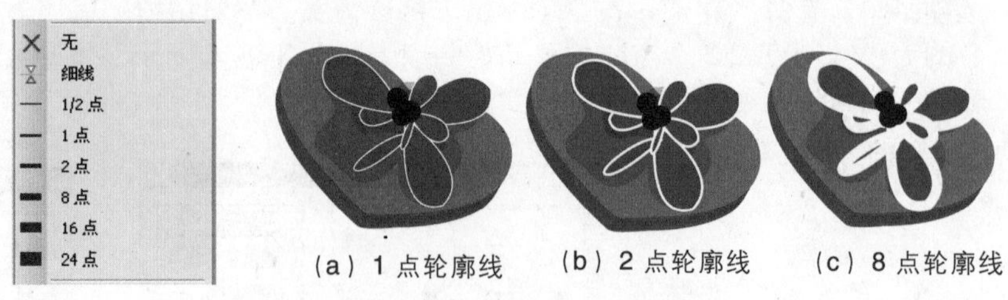

（a）1点轮廓线　（b）2点轮廓线　（c）8点轮廓线

图3-184　轮廓线的粗细设置　图3-185　设置不同粗细轮廓线的效果

3-7-3 设置轮廓线的颜色

使用轮廓工具组中的“轮廓颜色”工具和“颜色”工具可以设置线条与轮廓线的颜色。

1. 使用“轮廓颜色”对话框设置颜色

选择轮廓工具组中的“轮廓颜色”工具按钮，弹出如图3-186所示的“轮廓颜色”对话框，通过此对话框来填充轮廓颜色。选择“模型”、“混合器”和“调色板”选项卡，可在相应的选项中对线条的颜色做精确的设置。设置好后单击“确定”按钮，即可将设置的颜色应用到所选的线条或轮廓上。

2. 使用“颜色”泊坞窗设置颜色

选择轮廓工具组中的“颜色”工具，在绘图页面右侧会弹出如图3-187所示的“颜色”泊坞窗，在此泊坞窗中也可以设置轮廓线的颜色。设置好颜色后，单击“轮廓”按钮，即可将设置好的颜色应用到所选图形的轮廓线上，如图3-188所示。

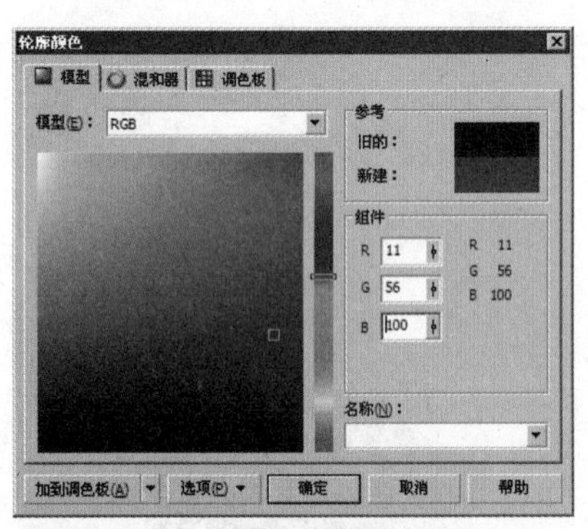

图3-186　“轮廓颜色”对话框

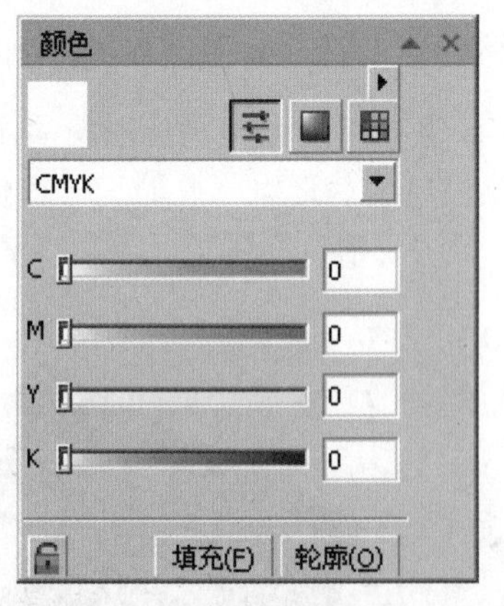

图3-187　“颜色”泊坞窗

图3-188　填充轮廓色的效果

提示 · 技巧

在没有选择任何对象的情况下使用轮廓工具组中的工具，系统将会弹出“轮廓笔”对话框，这时必须从对话框中选择新的默认属性所要应用的范围。单击“确定”按钮后，即可改变轮廓属性。修改后的属性将会应用到新建对象上。

3-7-4 使用滴管工具填充轮廓

单击工具箱中的“滴管”工具按钮右下角的黑色三角形，弹出工具组。

[滴管工具]：用于吸取对象的颜色。

[颜料桶工具]：用于将“滴管工具”吸取的颜色填充到其他对象中。

选择工具箱中的“滴管工具”，弹出相应的属性栏，如图3-189所示。通过设置相应的属性来应用“滴管工具”。

“滴管工具”的使用方法是直接单击按钮，吸取所需要的轮廓，按住【Shift】键，当光标变为时，在需要填充的图形对象轮廓上单击，即可完成填充，效果如图3-190所示。

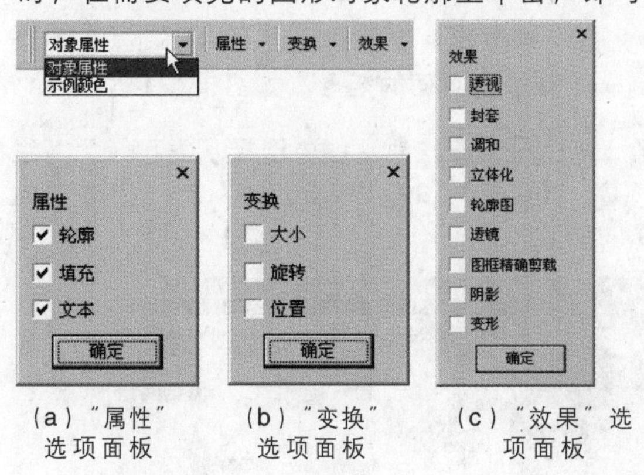

（a）“属性”选项面板　（b）“变换”选项面板　（c）“效果”选项面板

图3-189 “滴管工具”属性栏

（a）填充轮廓前　（b）填充轮廓后

图3-190 使用“滴管工具”填充轮廓

3-7-5 清除轮廓

选中要清除轮廓的图形（可以选择一个或者多个对象），然后在颜色调板中用鼠标右键单击图标，轮廓就会直接被清除掉，如图3-191所示。

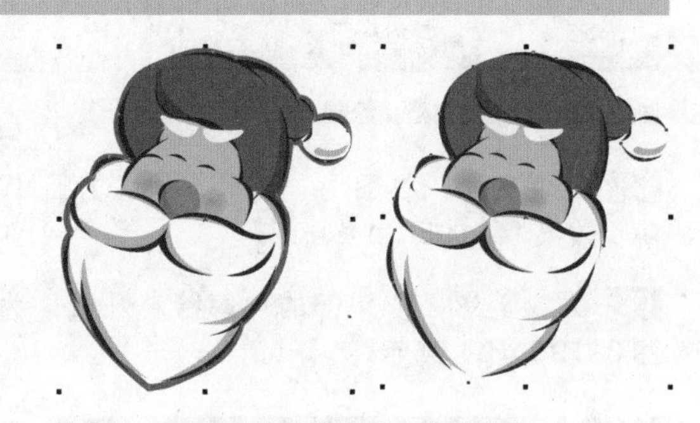

图3-191 原图及清除轮廓后的效果

3-7-6 设置默认轮廓

在CorelDRAW X4中，系统默认轮廓为黑色、直线样式、无箭头，轮廓宽度为“发丝”。如果想更改默认值，且在以后仍然使用该设置，可以在“选项”对话框中进行设置。

执行菜单“工具”/“选项”命令，在弹出的“选项”对话框的左侧列表区选择“文档”/“样式”选项，单击右下角“轮廓”选项右侧的“编辑”按钮，在弹出的“轮廓笔”对话框中设置各选项，设置完成后，单击“确定”按钮，即可将设置的轮廓属性作为默认的轮廓属性，在新建文档中绘制图形时，图形的轮廓将使用该默认值。

还可以在绘图区中设置当前默认的轮廓颜色属性。单击工具箱中的“挑选工具”按钮，然后单击绘图区的空白处，取消选择所有对象。再单击调色板中的任意一种颜色，弹出“均匀填充”对话框，如图3-192所示。选择“图形”复选框，可以将所选的颜色作为默认轮廓颜色。

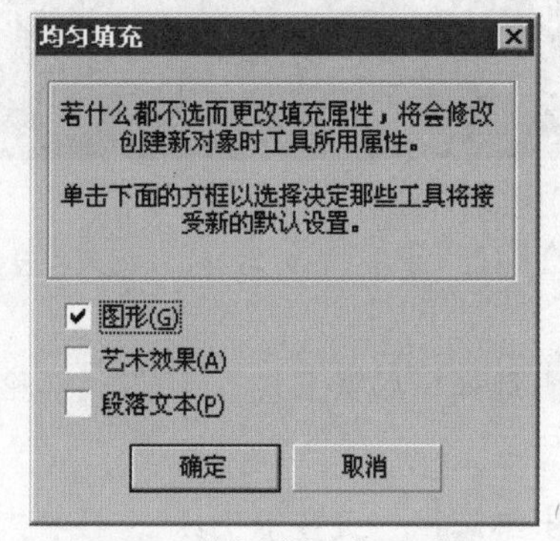

图3-192 “均匀填充”对话框

3-8 人物剪影插画

本例主要利用“贝塞尔工具”配合“形状工具”绘制人物剪影图形和装饰线条，同时利用“矩形工具”、“椭圆形工具”制作画面的背景和装饰图形，并添加适当的花朵素材，以及阴影、透明度等效果，最终绘制出人物剪影插画的整体效果。

01 执行菜单“文件”/“新建”命令，新建默认大小的文档。单击属性栏中的“横向”按钮，将页面的方向设置为横向。选择工具箱中的“矩形工具”，绘制一个稍小于页面的矩形，如图13-193所示。

02 选择工具箱中的“渐变填充”工具，打开“渐变填充”对话框，在该对话框中选择“类型”为“线性”，然后设置颜色从（C：52，M：21，Y：2，K：0）到（C：100，M：89，Y：36，K：2）的渐变，然后单击“确定”按钮，则矩形填充了渐变色，如图13-194所示。

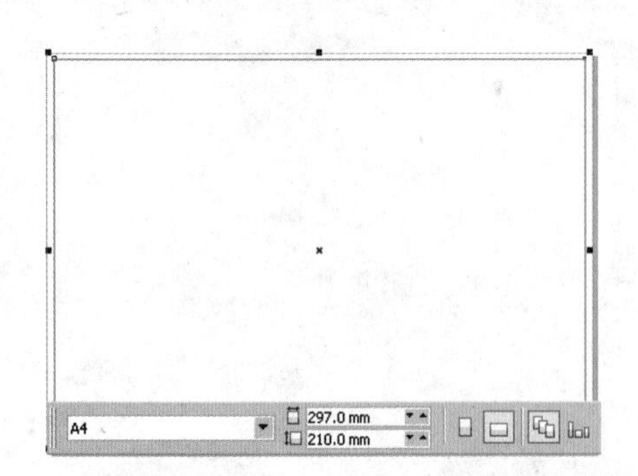

图3-193 新建文档并绘制矩形

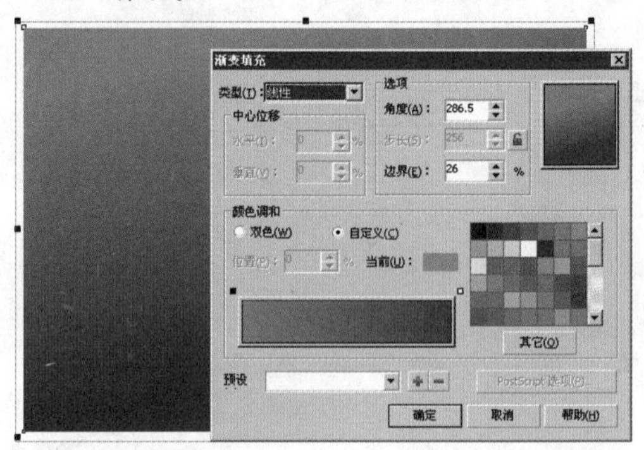

图3-194 填充渐变色

03 绘制剪影人物图形。选择“贝塞尔工具”画面的右侧单击并拖动绘制人物剪影图形头部的基本轮廓，效果13-195（a）所示。

04 人物剪影图形头部的轮廓绘制好后，为了看得更清晰，将图形轮廓的颜色设置为白色，效果如图3-195（b）所示。

（a）绘制轮廓

（b）设置轮廓为白色

图3-195 绘制人物剪影图形头部的基本轮廓

05 选择“形状工具”，选择头部轮廓图形上的节点，调整节点的位置，修改图形的形状，如图3-196所示。

06 继续用“贝塞尔工具”，接着人物头部图形绘制出人物身体部分的外轮廓图形，并调整为适当的形状，效果3-197所示。

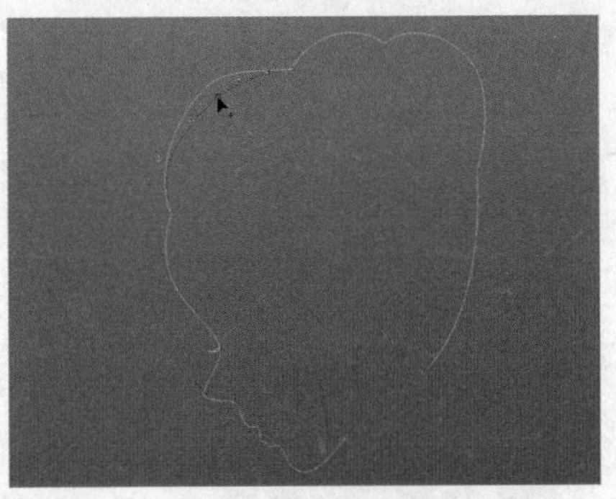
图 3-196　修改人物头部图形的轮廓

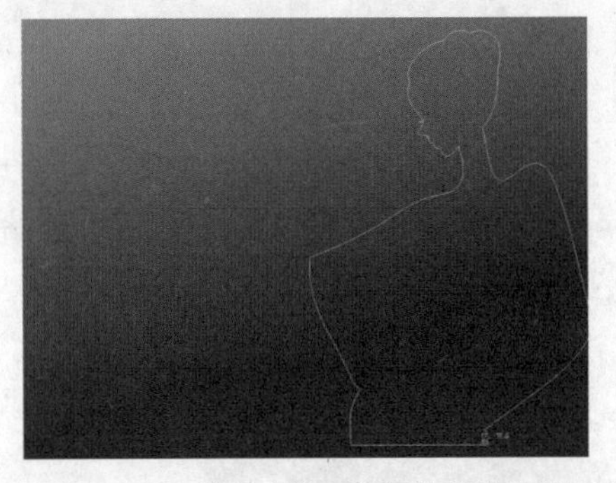
图 3-197　绘制人物身体部分的外轮廓图形

07 继续用“贝塞尔工具”，绘制出人物身体部分的内部轮廓图形，并调整为适当的形状，效果如图 3-198 所示。

08 将人物图形的所有轮廓图形同时选中，执行菜单“排列”/“造形”/“修剪”命令，将轮廓重叠区域镂空，效果如图 3-199 所示。

图 3-198　绘制人物身体部分的内轮廓图形

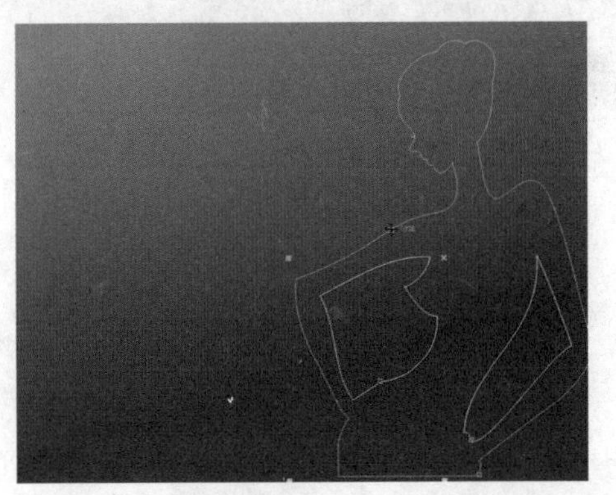
图 3-199　修剪轮廓图形

09 将多余的人物内部轮廓图形选中并删除，然后选择工具箱中的“均匀填充”工具，打开“均匀填充”对话框，设置填充颜色，单击“确定”按钮，再将图形的轮廓颜色设置为“无”，效果如图 3-200 所示。

10 选中人物图形，打开“变换”泊坞窗，单击“位置”按钮，设置水平位移为 -12mm，单击“应用到再制”按钮两次，移动并复制两个人物图形，并适当调整最左侧人物图形的位置。打开“颜色”泊坞窗，为复制得到的两个人物图形设置填充颜色，并填充到图形中，效果如图 3-201 所示。

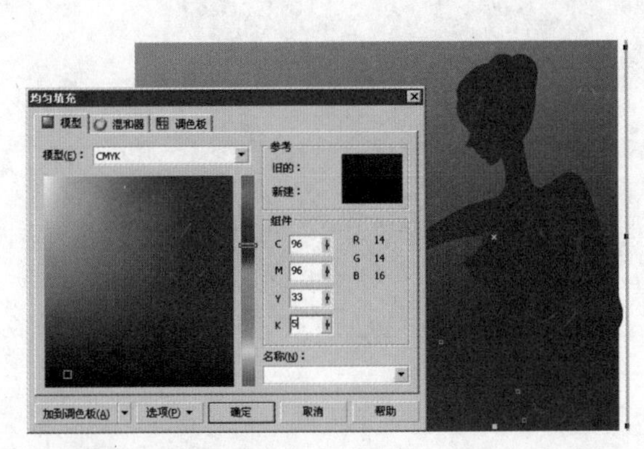

图 3-200　填充人物图形

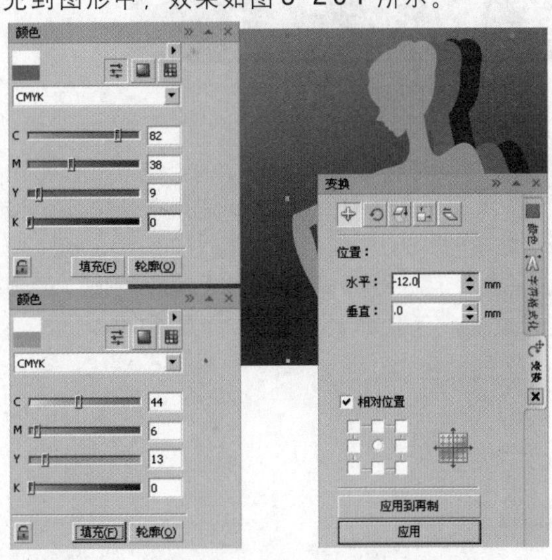

图 3-201　移动复制人物图形并填充不同的颜色

11 分别选中两个复制的人物图形，按【Ctrl+Page Down】组合键，将图形调整到右侧人物图形的下层，效果如图3-202所示。

12 分别选中两个复制的人物图形，选择工具箱中的“交互式透明工具”，在属性栏中设置“透明度类型”为“标准”，并对“透明度操作”和“开始透明度”等选项进行设置，产生人物重影效果，如图3-203所示。

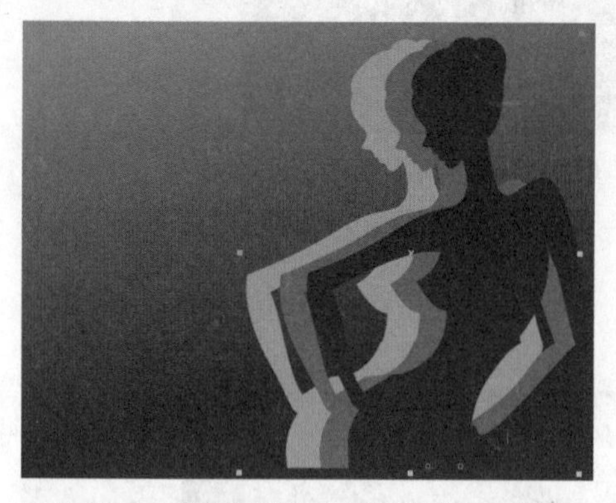

图3-202 将复制的人物图形调整到下层

图3-203 设置人物图形的透明效果

13 制作装饰线条和圆点图形。选择“贝塞尔工具”，在画面的上方绘制一条曲线，如图3-204所示。设置轮廓颜色为白色，并将白色线条调整到人物图形的下层。

14 选择“椭圆形工具”，按住【Ctrl】键，在人物头部右侧靠近画面边缘的位置，白色线条图形上，绘制一个小的正圆形，效果如图3-205所示。

图3-204 绘制白色线条

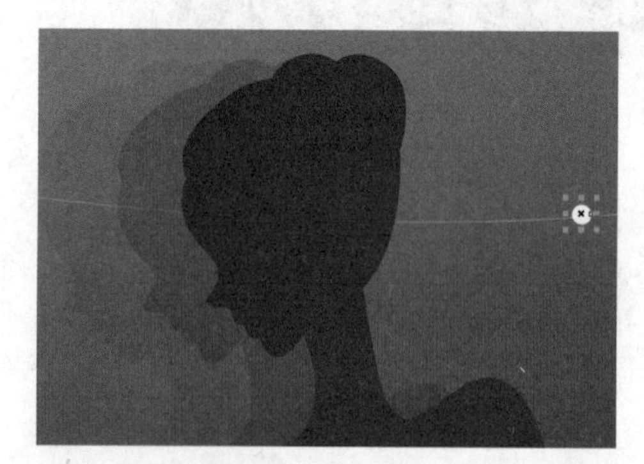

图3-205 绘制正圆形

15 选中小圆形，选择工具箱中的“交互式阴影工具”，在属性栏中选择“大型辉光”预设选项，设置“阴影颜色”为“白色”、“阴影羽化方向”为“向外”，并对“阴影的不透明”和“阴影羽化”等选项进行设置，产生光晕效果，如图3-206所示。

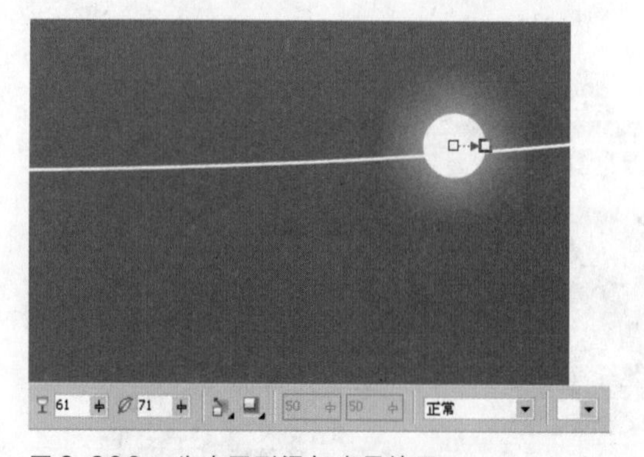

图3-206 为小圆形添加光晕效果

16 选择"椭圆形工具"，在白色曲线上绘制多个白色小圆点图形，并为其添加近似的光晕效果，得到一组装饰图形，效果如图3-207所示。

17 用类似的方法，在画面中绘制多条白色线条，并调整到人物图形的下层，在线条上添加白色圆点图形，效果如图3-208所示。

图3-207 绘制多个白色小圆点图形

图3-208 绘制多条白色条并添加白色圆点图形

18 添加花朵装饰图形。打开随书光盘"03\3-5 人物剪影插画\素材1.cdr"文件，如图3-209所示。选中其中的花朵图形和枝叶图形，按【Ctrl+C】组合键进行复制。

19 返回到之前的插画文档中，按【Ctrl+V】组合键粘贴图形。将花朵图形和枝叶图形放置到画面的右下角，并进行适当的调整，效果如图3-210所示。

图3-209 素材文件效果

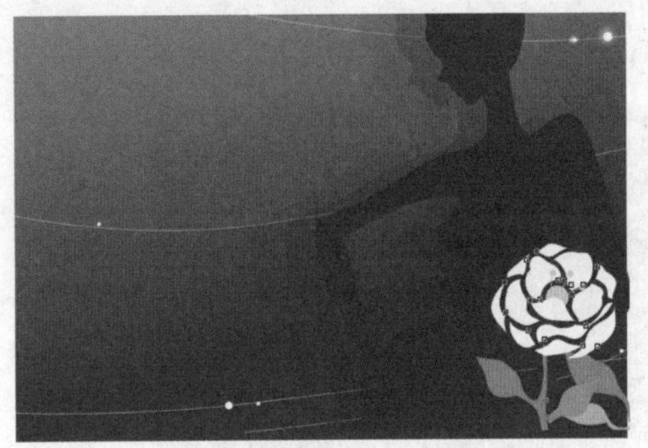

图3-210 粘贴花朵图形

20 用同样的方法，在画面中添加更多的花朵图形，并适当地调整大小和位置，再将多余的部分删除，得到需要的画面效果，如图3-211所示。

21 再复制一个花朵图形，调整好大小后，放置到画面的左侧，并设置其填充为白色，效果如图3-212所示。

图3-211 复制更多的花朵图形

图3-212 制作白色花朵图形

22 选中白色花朵图形，选择工具箱中的“交互式透明工具”，在属性栏中设置“透明度类型”为“标准”，并对“透明度操作”和“开始透明度”等选项进行设置，然后将其调整到下层，背景图形上面，产生透明底纹效果，如图3-213所示。

23 复制白色花朵图形，适当调整大小和角度后，放置到画面中，并分别对花朵图形的透明度进行设置，对图形组合进行调整，以得到不同的底纹层次及较为灵活的底纹效果，如图3-214所示。

图3-213　调整白色花朵图形的透明效果和顺序

图3-214　复制更多的透明白色花朵图形

24 为画面添加简单的文字效果。选择“文本工具”，在画面左上方单击，创建美术字，并输入文字内容，如图3-215所示。

25 选中文本对象，打开“字符格式化”泊坞窗，设置文字的字体和字号大小，文字效果及选项设置如图3-216所示。

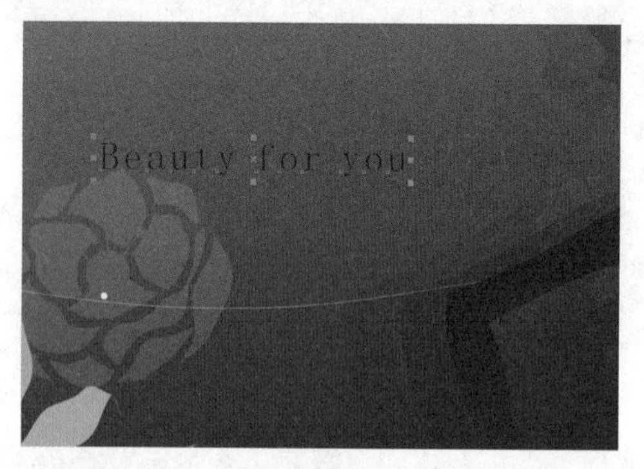

图3-215　创建美术字并输入文字内容

图3-216　设置文字的颜色和格式

26 对画面中不满意的地方进行调整，得到最终的画面效果，如图3-217所示。

图3-217　插画最终效果

在利用用鼠标绘制各种不规则的图形时，“贝塞尔工具”是首选的工具，相对于“手绘工具”，“贝塞尔工具”通过单击、拖动的绘制方式，操作更容易控制，而“手绘工具”则更适用于使用数字绘图板、具有一定的绘画基础的用户。

3-9　品牌宣传画

本例主要利用“艺术笔工具”配合“形状工具”绘制画面的背景装饰线条，同时利用“矩形工具”、“椭圆形工具”制作画面的装饰图形和边框效果，添加人物素材图形，并为图形添加透明和阴影等效果。

01 执行菜单“文件”/“新建”命令，新建默认大小的文档。选择工具箱中的“艺术笔工具”，在属性栏中设置为“笔刷”模式，同时设置“艺术笔工具宽度”选项并选择笔触样式，然后在画面上部拖动绘制一个S形笔触轨迹，如图3-218所示。

02 释放鼠标后，得到一个艺术笔刷效果，如图3-219所示。

图3-218　拖动绘制一个S形笔刷

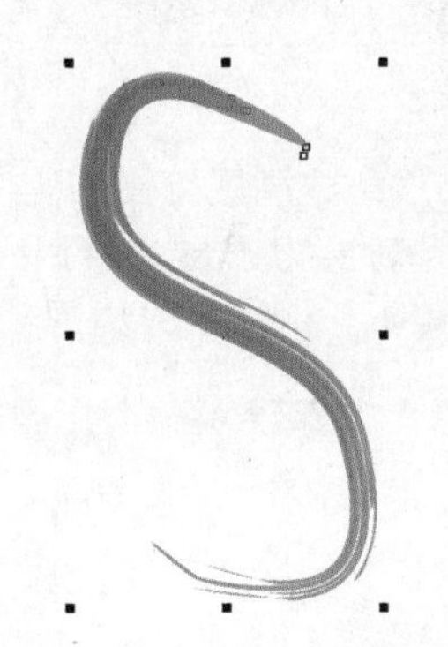

图3-219　绘制的笔刷效果

03 选择“形状工具”，选中笔触线条上的节点，调整节点的位置和曲线的形状，效果如图3-220所示。

04 用同样的方法，在画面中绘制更多的装饰线条，并适当调整“艺术笔工具宽度”选项的值，得到不同粗细的笔刷效果，如图3-221所示。

图3-220　调整笔刷线条的形状

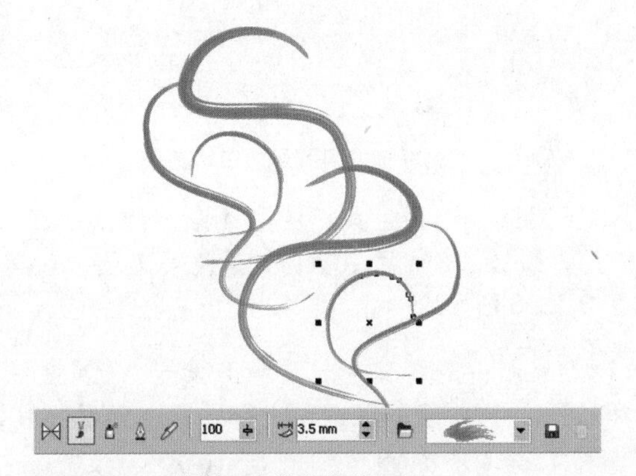

图3-221　绘制更多的装饰线条

05 选择最初绘制的笔刷线条，选择工具箱中的“渐变填充”工具，打开“渐变填充”对话框，在该对话框中选择“类型”为“线性”，然后设置颜色为蓝色和黄色，并调整“角度”选项的值，设置完成后，单击“确定”按钮，笔刷线条即被填充了渐变颜色，如图3-222所示。

06 用同样的方法，为其他笔刷线条填充渐变色和单色，得到彩色的背景装饰线条效果，如图3-223所示。

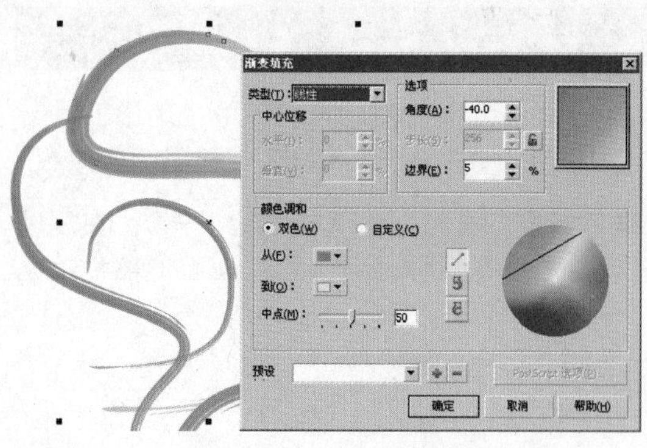

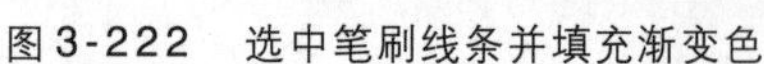

图 3-222　选中笔刷线条并填充渐变色

图 3-223　为其他的笔刷线条填充渐变色或单色

07 选择“手绘工具”，在笔刷线条的周围绘制一些曲线线条，设置轮廓宽度，再执行菜单“排列”/“将轮廓转换为对象”命令，将线条转换为图形，再用“形状工具”对线条的形状进行调整，然后为其填充渐变色。再复制多个，放置在其他笔刷线条的周围，并调整填充的渐变颜色，效果如图 3-224 所示。

08 选择“椭圆形工具”，在画面上部绘制一个正圆形，如图 3-225 所示。

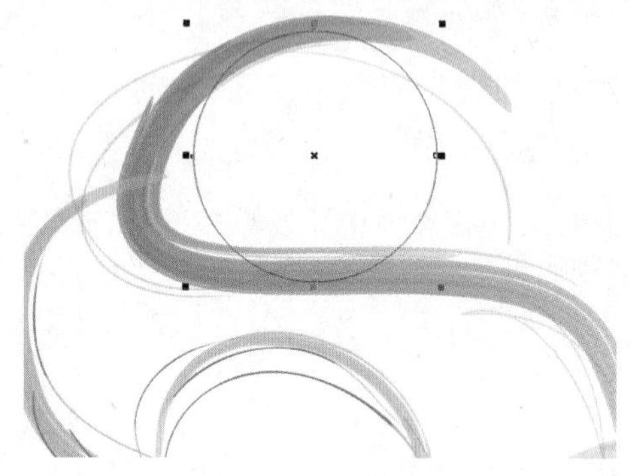

图 3-224　在画面中笔刷线条的周围添加装饰线条

图 3-225　绘制正圆形

09 选中正圆形，选择工具箱中的“渐变填充”工具，打开“渐变填充”对话框，在该对话框中选择“类型”为“射线”，然后设置渐变颜色等选项。设置完成后，单击“确定”按钮，为圆形填充渐变色，效果如图 3-226 所示。

10 选择工具箱中的“交互式透明工具”，在属性栏中设置“透明度类型”为“标准”，并对“透明度操作”和“开始透明度”等选项进行设置，然后将其调整到下层，在背景上添加色块，突出笔刷线条的效果，如图 3-227 所示。

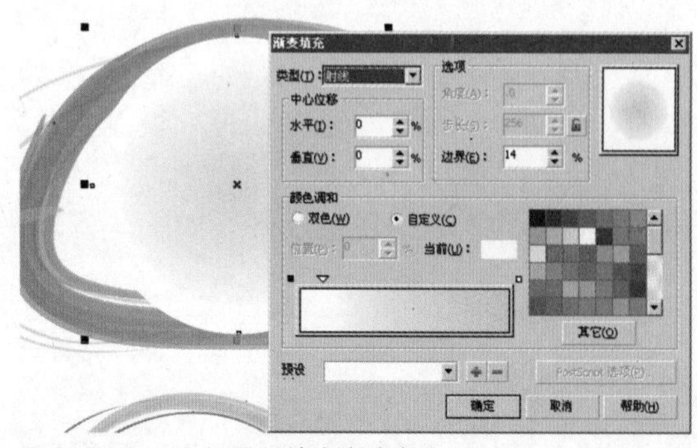

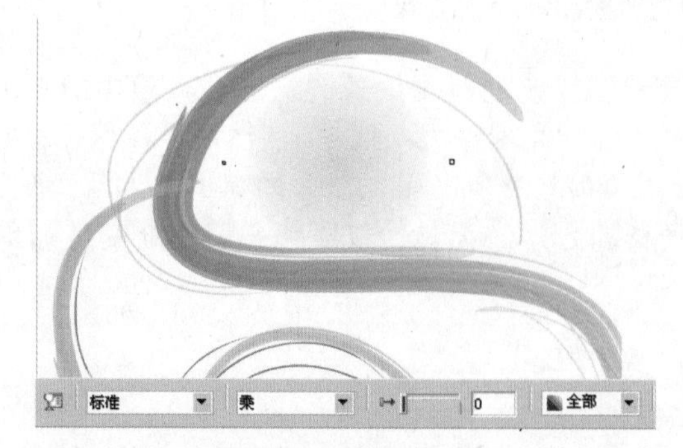

图 3-226　为正圆形填充渐变颜色

图 3-227　设置图形的透明度选项

11 用同样的方法，在画面中再绘制几个椭圆形，并填充不同的渐变色，并选择“交互式透明工具”，在属性栏中进行“透明度类型”等选项设置，效果如图3-228所示。

12 制作装饰图形。选择“椭圆形工具”，在画面右下方绘制两个同心圆，大圆形填充渐变色，小圆填形充白色，效果如图3-229所示。

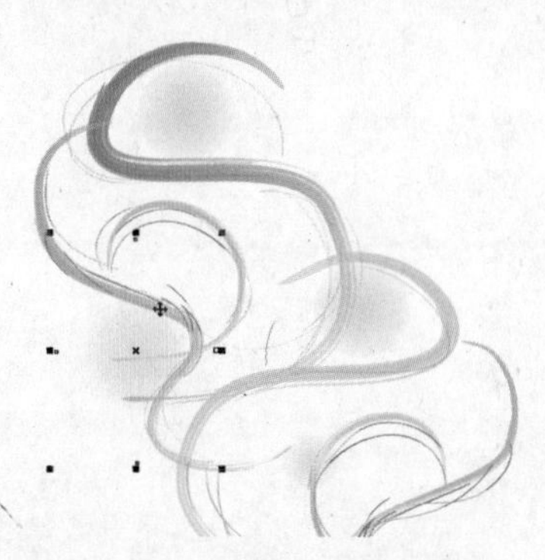

图3-228 添加多个椭圆图形

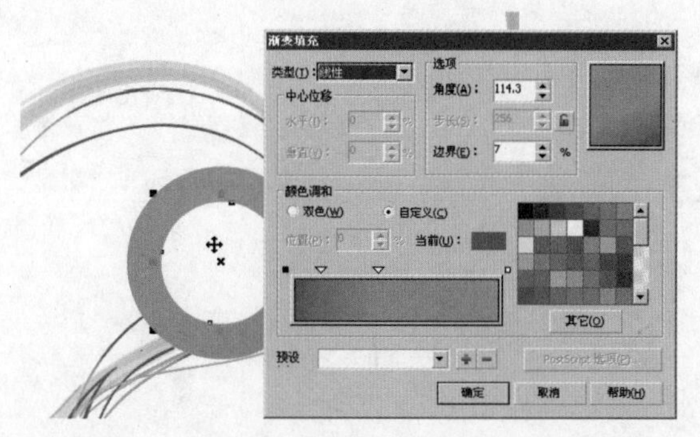

图3-229 绘制两个同心圆并填充渐变色

13 将两个同心圆同时选中，执行菜单“排列”/“造形”/“移除前面对象”命令，将重叠区域镂空，得到一个圆环图形，效果如图3-230所示。

14 用同样的方法制作另外一个同心圆图形，并填充渐变色，效果如图3-231所示。

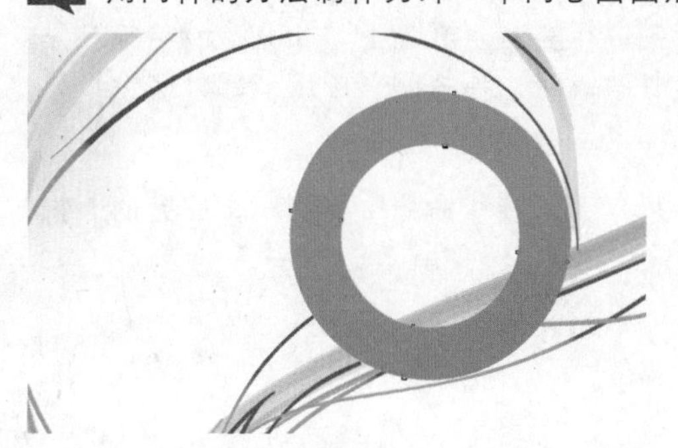

图3-230 制作圆环图形

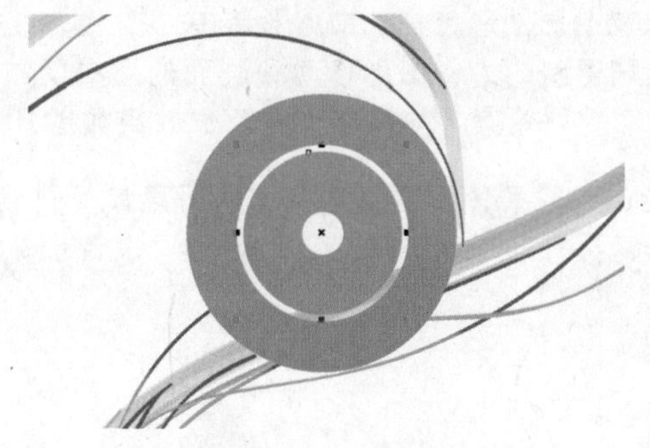

图3-231 制作另外一个圆环图形

15 在圆环的中心位置绘制一个小同心圆，然后将同心圆和小圆形同时选中，按【Ctrl+G】组合键将图形编组，然后选择工具箱中的“交互式填充工具”，调整圆环图形的渐变色填充效果，调整后的效果如图3-232所示。

16 将制作好的圆环图形复制一组，放置在画面的左侧，并打开“渐变填充”对话框，调整渐变色及选项设置，效果如图3-233所示。

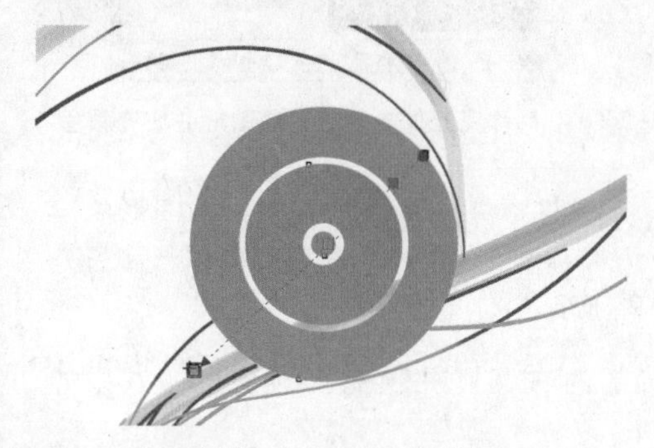

图3-232 绘制一个小同心圆并编组

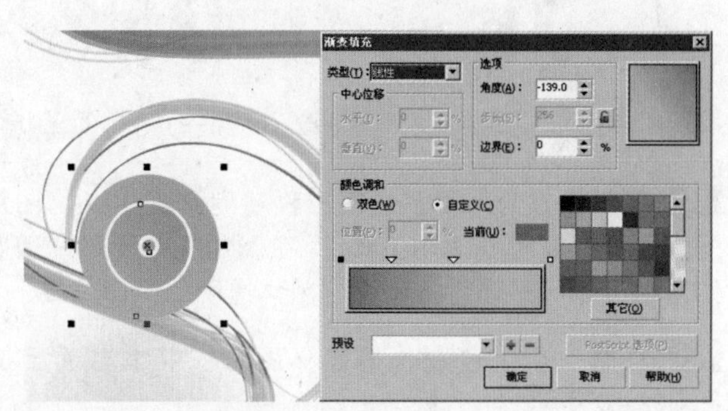

图3-233 复制圆环图形并调整渐变设置

17 选择“椭圆形工具”，在画面中绘制多个大小多不同的圆形，并为其填充不同的颜色或渐变色，并根据画面的整体效果进行位置和大小的调整，效果如图 3-234 所示。

18 添加人物图形。打开随书光盘“03\3-9 品牌宣传画\素材 1.cdr”素材文件，选中其中的人物图形，按【Ctrl+C】组合键进行复制，如图 3-235 所示。

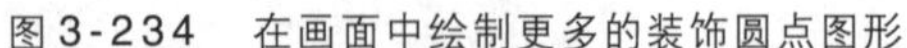

图 3-234　在画面中绘制更多的装饰圆点图形　　图 3-235　复制素材文件中的人物图形

19 返回到之前的插画文档中，按【Ctrl+V】组合键粘贴人物图形。将人物图形适当缩小，并放置到适当的位置，效果如图 3-236 所示。

20 制作人物阴影图形。将人物图形选中，按【Ctrl+C】组合键进行复制，再按【Ctrl+V】组合键粘贴图形。将粘贴得到的人物图形移动到画面的空白区域，将图形取消编组，再将图形中细节部分删除，只保留人物图形的外轮廓，并填充为纯色，效果如图 3-237 所示。

21 将人物的外轮廓图形全部选中，执行菜单“排列”/“造形”/“焊接”命令，得到一个完整的人物外轮廓图形，再打开“均匀填充”对话框，设置填充颜色，效果如图 3-238 所示。

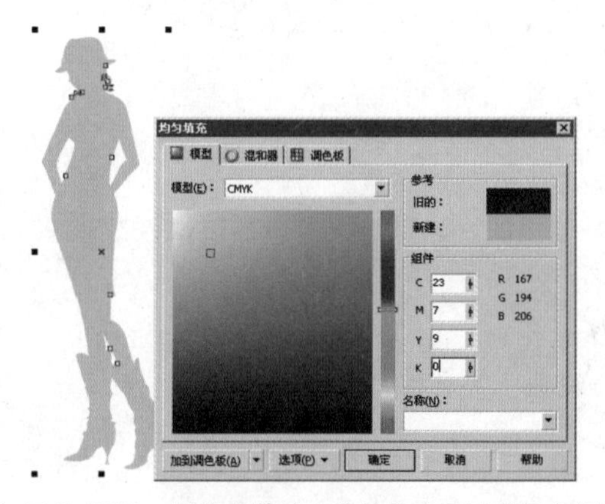

图 3-236　调整人物图形大小和位置　图 3-237　制作人物阴影图形　图 3-238　制作完整的人物外轮廓图形并填充颜色

22 将制作好的人物阴影图形移动到画面中人物图形的右侧，并调整顺序，将其放置到人物图形的下层。选择“交互式透明工具”，在属性栏中设置“透明度类型”为“标准”，并对“透明度操作”和“开始透明度”等选项进行设置，制作透明的阴影效果，如图 3-239 所示。

23 复制一个之前制作的圆环图形，将其放置到人物图形脚部的右侧，并填充为淡蓝色，效果如图 3-240 所示。

图3-239 制作人物阴影效果

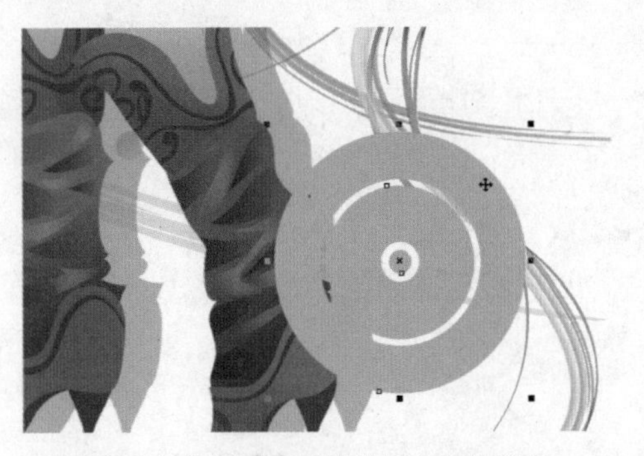

图3-240 复制圆环图形并填充为淡蓝色

24 选中圆环图形，按【Ctrl+Page Down】组合键，将图形调整到人物图形的下层。选择“交互式透明工具”，在属性栏中设置各选项，调整圆环图形的透明效果，如图3-241所示。

25 选择“艺术笔工具”，在属性栏中设置为“预设”模式，在“预设笔触列表”中选择一种笔触样式，并设置“艺术笔工具宽度”选项的值，然后在人物图形的右侧绘制一个反S形笔触轨迹，如图3-242所示。

图3-241 调整圆环图形的透明效果

图3-242 绘制一个反S形笔触轨迹

26 释放鼠标后，得到一个艺术笔刷效果，如图3-243所示。

27 选择“形状工具”，选择艺术笔刷线条上的节点，对线条的形状进行调整，效果如图3-244所示。

图3-243 艺术笔刷效果

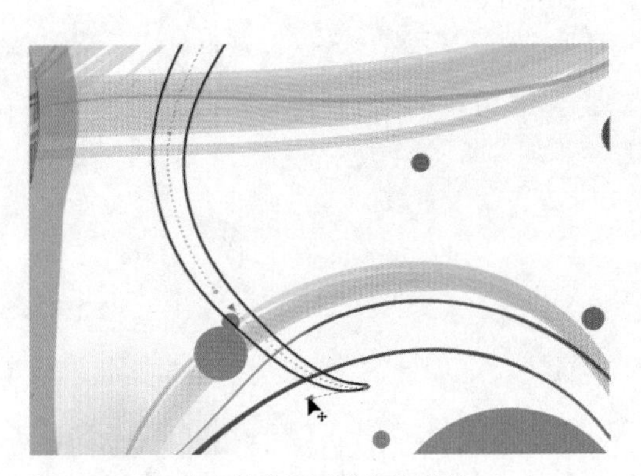

图3-244 修改艺术笔刷线条的形状

28 单击颜色调板中的青色，为艺术笔刷图形填充颜色，并设置轮廓颜色为“无”，效果如图 3-245 所示。

29 复制一个艺术笔刷图形，按住【Ctrl】键，将其向右移动一段距离，并填充颜橘红色，效果如图 3-246 所示。

图 3-245 为艺术笔刷图形填充青色

图 3-246 复制艺术笔刷图形并填充颜橘红色

30 选择“文本工具”，设置文本方向为垂直，在画面中输入文字内容，并打开“字符格式化”泊坞窗，设置文字的格式，同时设置文字的颜色，效果如图 3-247 所示。

31 制作边框效果。选择“矩形工具”，沿着页面的边缘绘制一个矩形，设置填充颜色为“无”。选择工具箱中的“轮廓笔”工具，打开“轮廓笔”对话框，设置轮廓的宽度，单击“确定”按钮，创建边框效果，如图 3-248 所示。

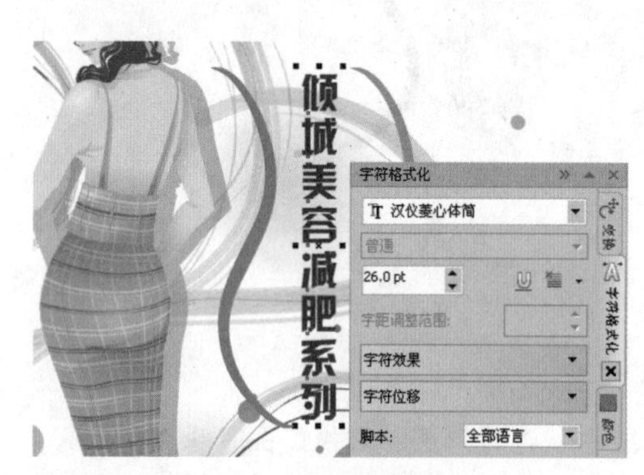

图 3-247 创建垂直方向的标题文本

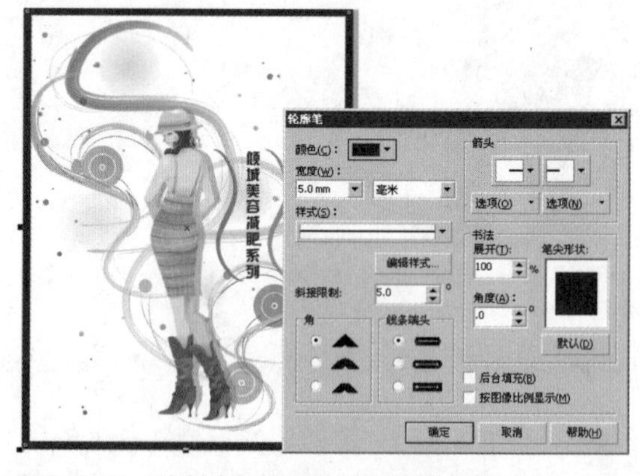

图 3-248 绘制边框矩形并设置轮廓宽度

32 选中矩形边框，执行菜单“排列”/“将轮廓转换为对象”命令，将轮廓转换为图形，为其填充渐变色，效果如图 3-249 所示。

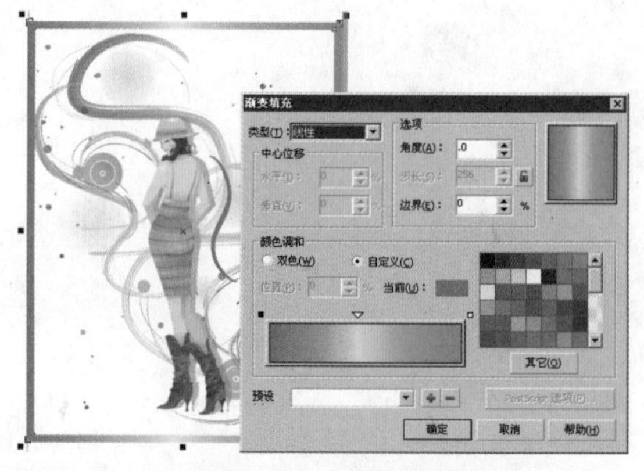

图 3-249 将轮廓转换为图形并填充渐变色

33 选中边框图形，选择“交互式阴影工具”，在属性栏中进行设置，为边框添加阴影效果。画面最终效果如图 3-250 所示。

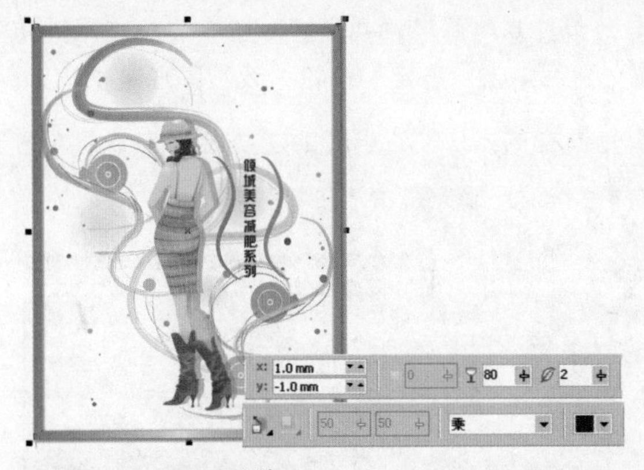

图 3-250　画面最终效果

3-10　浪漫情人节插画

本例将综合利用“椭圆形工具”、“钢笔工具”、“螺纹工具”、“多边形工具”、“星形工具”和“形状工具”等工具绘制画面的主体内容和各种装饰图形，同时还使用了“焊接”、“将轮廓转换为对象”等命令，以及设置透明和光晕等效果。

01 执行菜单“文件”/“新建”命令，新建默认大小的文档，选择“矩形工具”，在画面中绘制一个矩形，如图 3-251 所示。

02 选择工具箱中的“渐变填充”工具，打开“渐变填充”对话框，在该对话框中选择“类型”为“射线”，然后设置渐变颜色为（C：100，M：20，Y：0，K：0）和（C：40，M：0，Y：0，K：0），并调整各选项的值，设置完成后，单击“确定”按钮，矩形被填充渐变色，效果如图 3-252 所示。

图 3-251　新建文档并绘制矩形

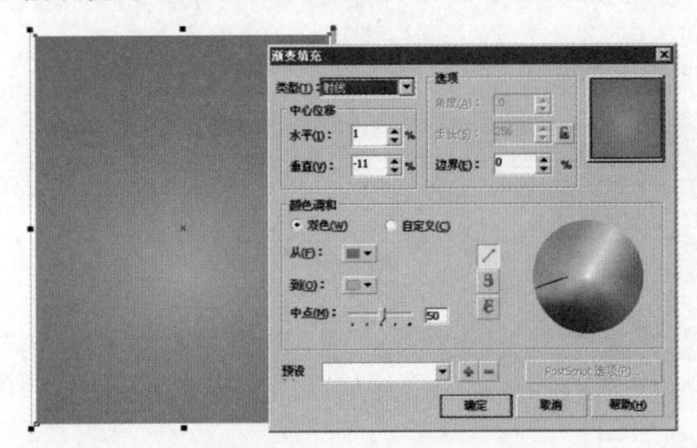

图 3-252　填充渐变色

03 制作云彩图形。选择“椭圆形工具”，在画面右侧绘制一些正圆形，堆叠出云彩的轮廓形状，效果如图 3-253 所示。

04 将这些圆形同时选中，执行菜单“排列”/“造形”/“焊接”命令，得到一个云彩图形轮廓，效果如图 3-254 所示。

图 3-253　绘制圆形堆叠出云彩的轮廓形状

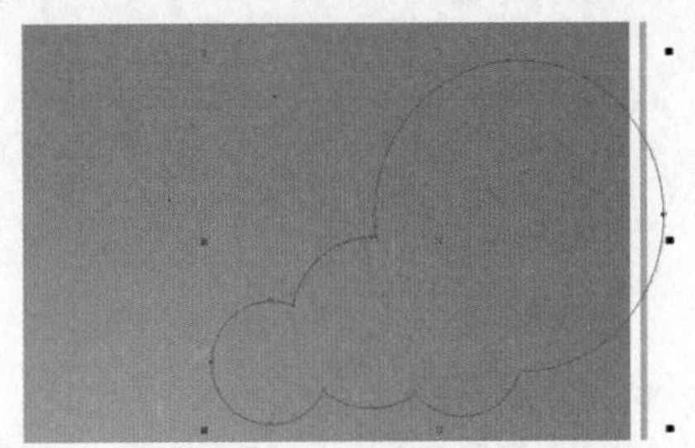

图 3-254　焊接图形

05 选中云彩图形，打开“渐变填充”对话框，设置“类型”为“射线”，然后设置渐变颜色及各选项的值，然后单击“确定”按钮，云彩图形被填充渐变色，效果如图3-255所示。

06 用同样的方法，在画面的左侧绘制一个云彩图形，并填充渐变色，效果如图3-256所示。

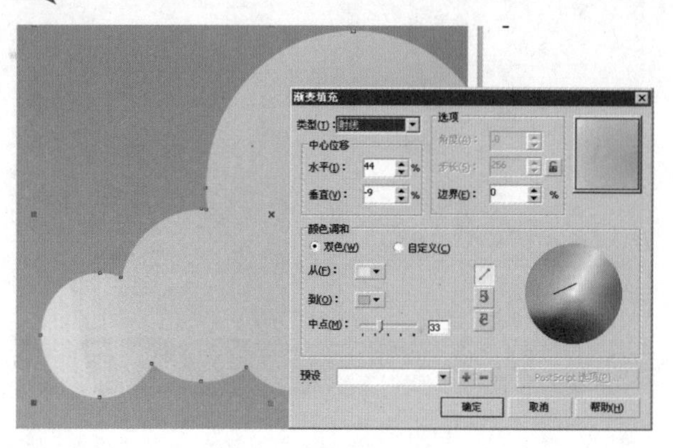

图3-255　为云彩图形填充渐变色

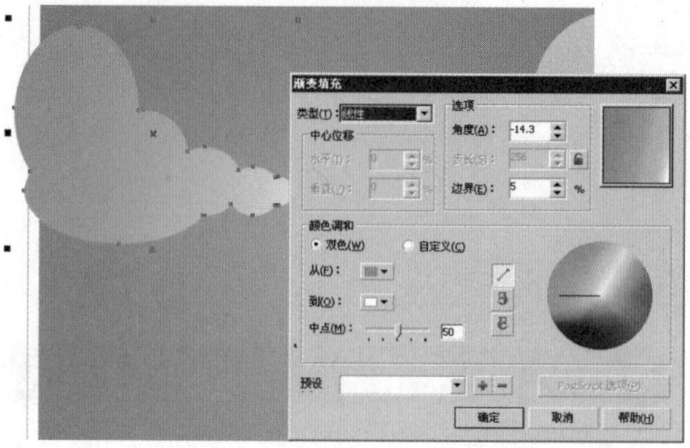

图3-256　制作另一个云彩图形并填充渐变色

07 使用“椭圆形工具”在画面中间位置绘制一些椭圆形，并用“钢笔工具”绘制出云彩图形的其余轮廓形状，效果如图3-257所示。

08 将这些圆形和轮廓形状同时选中，执行菜单“排列”/“造形”/“焊接”命令，得到一个云彩图形轮廓，并为其填充渐变色，效果如图3-258所示。

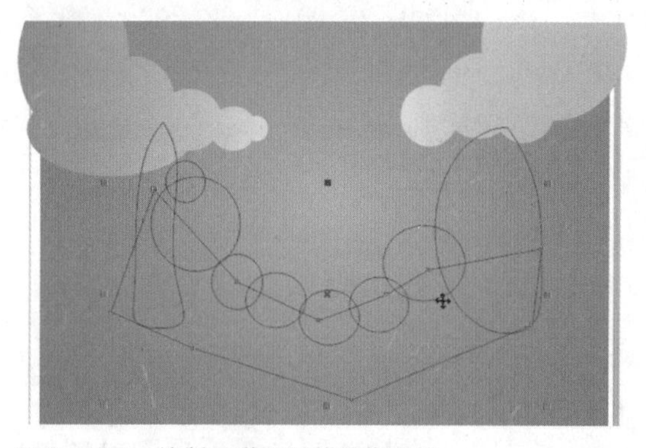

图3-257　绘制云彩图形的轮廓形状

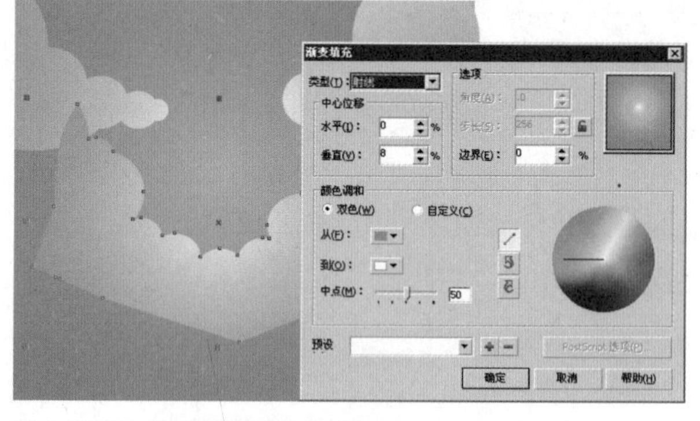

图3-258　为云彩图形填充渐变色

09 用同样的方法，再制作一个云彩图形形状，并填充渐变色，效果如图3-259所示。

10 用同样的方法，在画面的底部制作两个云彩图形，并填充渐变色，效果如图3-260所示。

图3-259　再制作一个云彩图形并填充渐变色

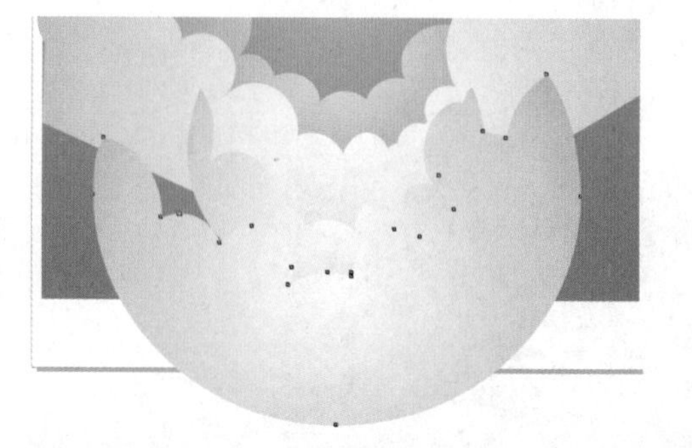

图3-260　在画面的底部制作两个云彩图形

11 选择“椭圆形工具”，在画面左上位置绘制一些正圆形，并填充浅蓝色，效果如图3-261所示。

12 选中圆形，选择“交互式透明工具”，在属性栏中设置“透明度类型”为“标准”，并对“开始透明度”选项进行设置。选择“交互式阴影工具”，在属性栏中对选项进行设置，为圆形添加黄色光晕效果，如图3-262所示。

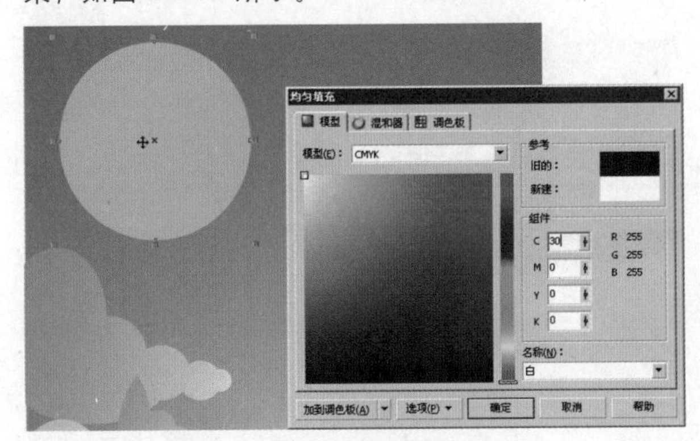

图3-261　绘制一些正圆形并填充浅蓝色

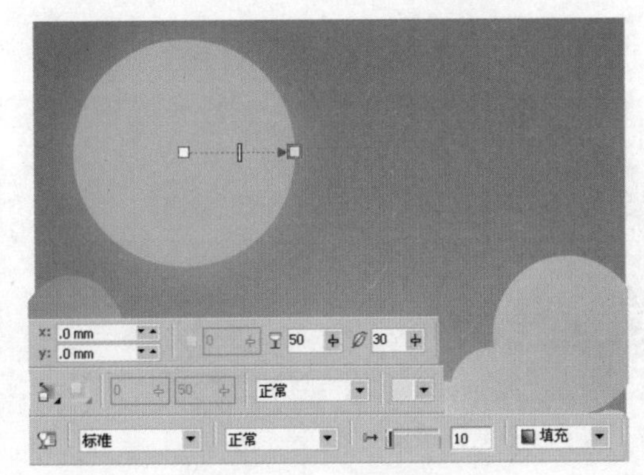

图3-262　为圆形添加黄色光晕效果

13 选择“钢笔工具”，在画面中间绘制一个类似于船形的图形。选择“形状工具”，对图形的形状进行调整，效果如图3-263所示。

14 选中图形，打开“渐变填充”对话框，在该对话框中选择“类型”为“线性”，然后设置渐变色，并调整“角度”等选项的值，然后单击“确定”按钮，图形即被填充渐变色，效果如图3-264所示。

图3-263　绘制一个类似于船形的图形

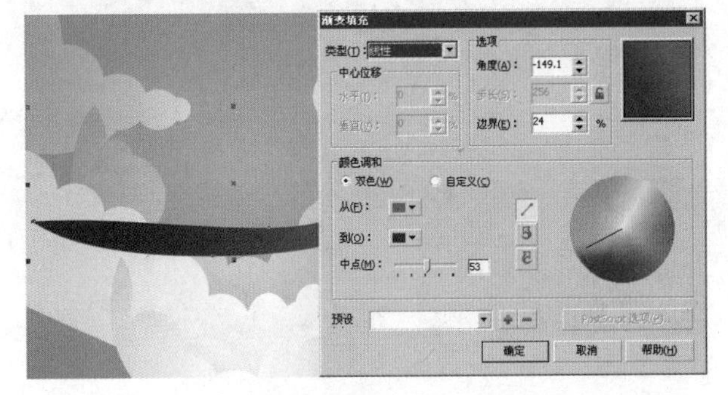

图3-264　为图形填充渐变色

15 在图形上添加装饰星形。选择“星形工具”，在船形图形上绘制一个五角星形，效果如图3-265所示。

16 设置星形的填充颜色为白色，轮廓颜色为“无”，然后选择“形状工具”，对星形的形状进行调整，效果如图3-266所示。

图3-265　绘制一个五角星形

图3-266　对星形的形状进行调整

17 选择“复杂星形工具”，在船形图形上绘制一个复杂八角星形，并将其填充为白色，效果如图3-267所示。

18 利用同样的方法，在船形图形上绘制多个白色的星形和复杂星形，并将这些星形全部选中，按【Ctrl+G】组合键将图形编组，效果如图3-268所示。

图3-267　绘制一个复杂八角星形

图3-268　绘制多个白色的星形和复杂星形

19 制作房子图形。选择“钢笔工具”，在船形图形上绘制一个梯形图形，并为其填充渐变色，效果如图3-269所示。

20 选择“多边形工具”，在梯形的上方绘制一个三角形，效果如图3-270所示。

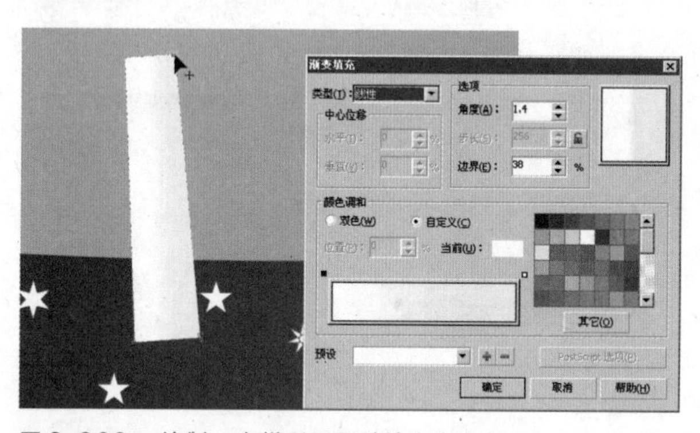

图3-269　绘制一个梯形图形并填充渐变颜色

图3-270　拖动绘制一个三角形

21 使用“挑选工具”选中三角形，适当调整三角形的大小和角度，将其放置在梯形的上方，并填充渐变色，效果如图3-271所示。

22 选择“钢笔工具”，在梯形图形上绘制一小的窗户图形，并为其填充渐变色，然后复制一个，放置到适当的位置，效果如图3-272所示。

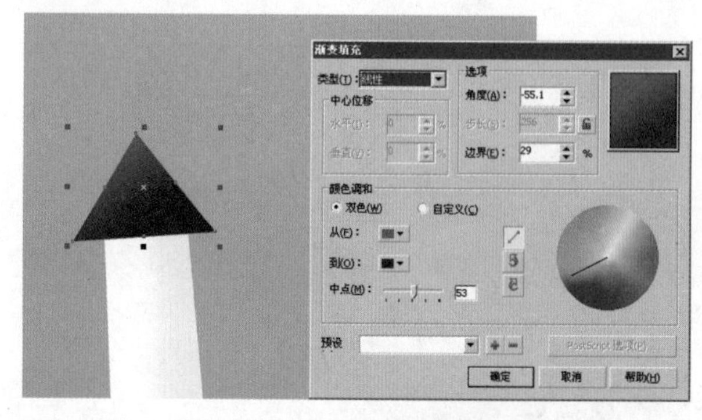

图3-271　调整三角形的大小和角度并填充渐变色

图3-272　绘制窗户图形并填充渐变色

23 将制作好的房子图形全部选中并编组，然后复制一个图形，放置在其右侧。取消编组，对图形的形状进行编辑，得到另外一个房子图形，并将其编组，效果如图 3-273 所示。

24 将两个房子图形选中，调整到船形图形的下层，效果如图 3-274 所示。

图 3-273　制作另外一个房子图形

图 3-274　将房子图形调整到船形图形的下层

25 用同样的方法，制作其他房子图形，并调整到船形图形的下层，效果如图 3-275 所示。

26 制作树木图形。选择“钢笔工具”，在画面空白区域绘制一个树干图形，并为其填充渐变色，效果如图 3-276 所示。

图 3-275　制作其他的房子图形

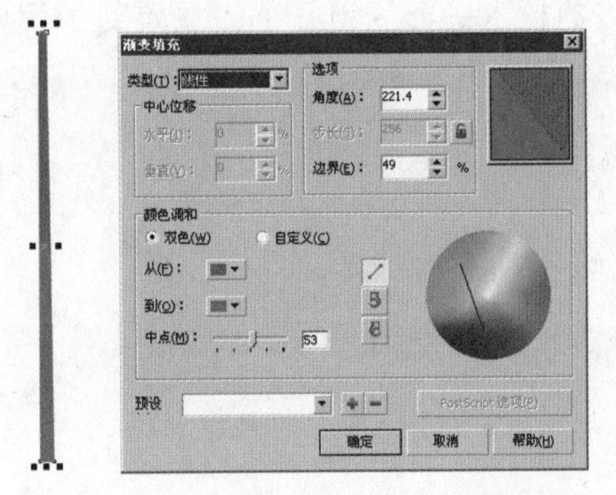

图 3-276　绘制树杆图形并填充渐变颜色

27 使用“钢笔工具”在树干图形上绘制一些树枝图形，并为其填充同样的渐变颜色或单色，效果如图 3-277 所示。

28 选择“椭圆形工具”，在树木图形上绘制一个椭圆形，然后单击鼠标右键，在弹出的快捷菜单中选择“转换为曲线”命令，再选择“形状工具”，对图形的形状进行修改，并为其填充渐变色，效果如图 3-278 所示。

图 3-277　绘制树枝图形并填充渐变色或单色

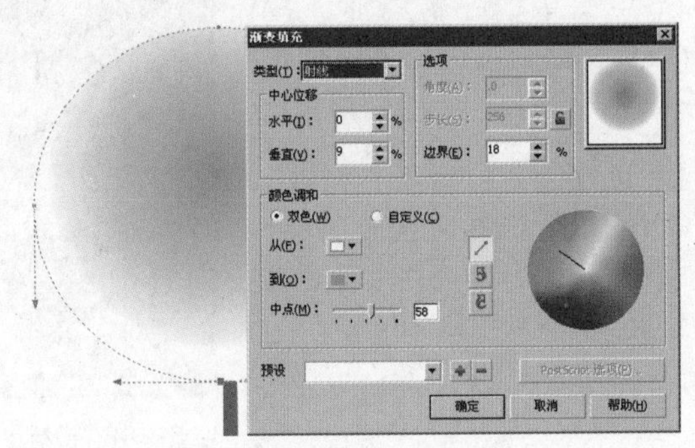

图 3-278　绘制圆形并填充渐变色

29 选中图形，选择“交互式透明工具”，在属性栏中设置“透明度类型”为“标准”，并对“透明度操作”和“开始透明度”等选项进行设置，制作树木的晕影效果，如图3-279所示。

30 用同样的方法制作另外一个稍小的树木晕影图形，并进行透明度设置，效果如图3-280所示。

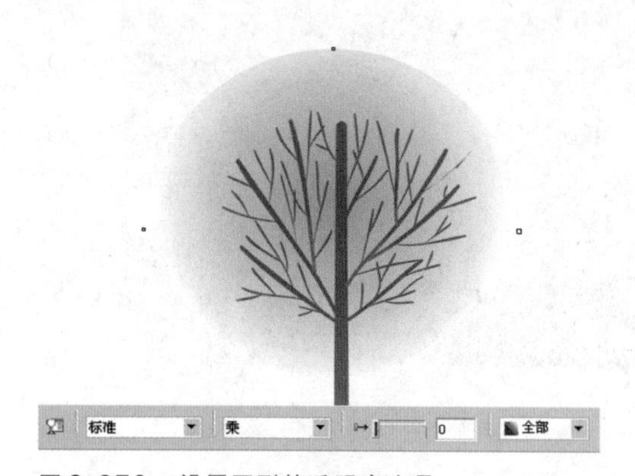

图3-279 设置图形的透明度选项

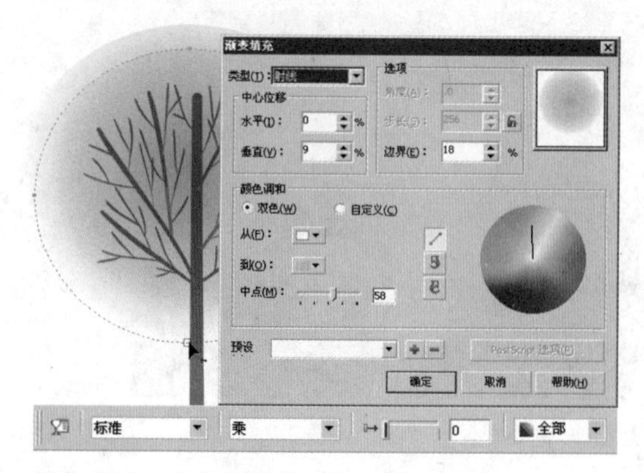

图3-280 绘制稍小的树木晕影图形

31 选择“椭圆形工具”，在树木图形上绘制一些小圆点图形。将所有树木图形选中并编组，效果如图3-281所示。

32 将制作好的树木图形复制几个，放置到画面中船形图形上面，并适当调整大小和位置，再对树木图形进行细节上的调整，效果如图3-282所示。

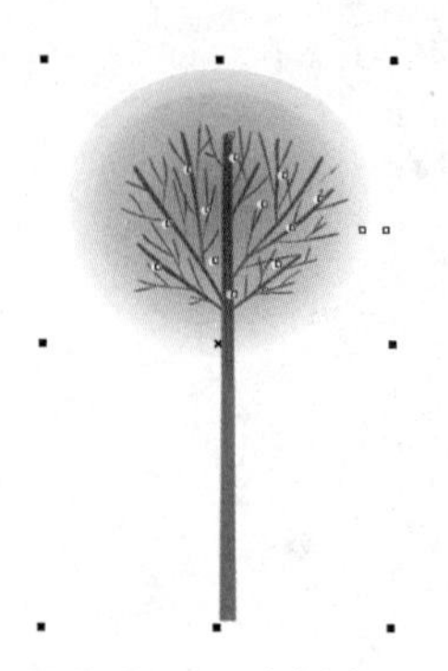

图3-281 在树木图形上绘制一些小圆点图形

图3-282 复制几个树木图形放置到画面中

33 打开随书光盘“03\3-7 浪漫情人节插画\素材1.cdr”素材文件，选中其中的礼物图形，按【Ctrl+C】组合键进行复制，如图3-283所示。

34 返回到之前的插画文档中，按【Ctrl+V】组合键粘贴图形。然后将礼物图形适当缩小，并放置到适当的位置，效果如图3-284所示。

图3-283 “素材1”文件效果

图3-284 将礼物图形适当缩小

35 制作其他装饰图形效果。选择“螺纹工具”，在属性栏中设置为“对数式螺纹”模式，然后按住【Ctrl】键，在画面左侧绘制一个螺纹线图形，效果如图3-285所示。

36 选中螺纹线图形，选择“轮廓笔”工具，打开“轮廓笔”对话框，对轮廓的颜色和宽度等选项进行设置，效果如图3-286所示。

图3-285　在画面左侧拖绘制一个螺纹线图形

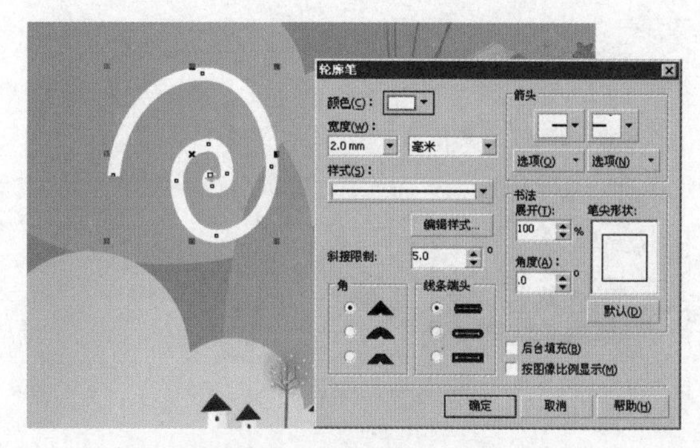

图3-286　设置螺纹线的颜色和宽度

37 选中螺纹线图形，执行菜单“排列”/“将轮廓转换为对象”命令，将线条转换为图形。选择“形状工具”对图形的形状进行调整，效果如图3-287所示。

38 选择“螺纹工具”，在属性栏中设置为“对称式螺纹”模式，并设置“螺纹回圈”选项为1，然后按住【Ctrl】键，在之前的螺纹图形右上方拖动绘制一个螺纹线图形，效果如图3-288所示。

图3-287　将轮廓转换为对象并调整图形形状

图3-288　再绘制一个螺纹线图形

39 将螺纹线的轮廓颜色设置为白色，并调整轮廓的宽度，效果如图3-289所示。

40 选中螺纹线图形，执行菜单“排列”/“将轮廓转换为对象”命令，将线条转换为图形。选择“形状工具”对图形的形状进行调整，并适当增加节点数量，效果如图3-290所示。

图3-289　设置轮廓为白色并调整轮廓的宽度

图3-290　将轮廓转换为对象并调整图形形状

41 用同样的方法制作出另外两个装饰图形效果，并将其放置到画面中适当的位置，效果如图3-291所示。

42 选择“钢笔工具”，在左侧螺纹图形绘制一个树叶图形，并为其填充颜色，效果如图3-292所示。

图3-291　制作出另外两个装饰图形效果

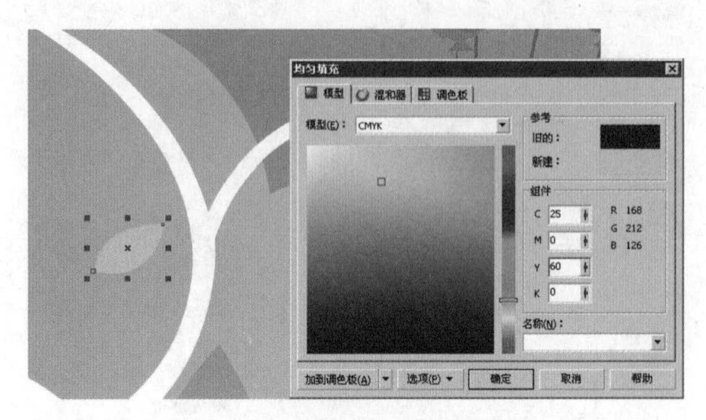
图3-292　绘制一个树叶图形并为其填充颜色

43 将绘制好的树叶图形复制多个，并分别放置到螺纹图形上，适当调整图形的颜色、大小和形状，效果如图3-293所示。

44 添加小鸟图形。打开随书光盘“03\3-10 浪漫情人节插画\素材2.cdr”文件，选中其中的图形，按【Ctrl+C】组合键进行复制，如图3-294所示。

图3-293　将绘制好的树叶图形复制多个

图3-294　“素材2”文件效果

45 返回到之前的插画文档中，按【Ctrl+V】组合键粘贴图形。适当调整图形大小，并填充为白色，放置到适当的位置，效果如图3-295所示。

46 使用“钢笔工具”在画面中绘制一些小的碎块图形，填充白色。将其复制多个，并调整为不同的大小和角度，效果如图3-296所示。

图3-295　将图形放置到适当的位置

图3-296　绘制小碎块图形并填充白色

47 将制作好的碎块图形全部选中，复制两次，放置在画面的底部，并适当调整图形的大小和位置，然后再用“椭圆形工具”绘制一些圆形，作为画面的装饰图形，效果3-297所示。

48 对画面中不满意的地方进行调整，然后利用矩形框，将画面中边界以外的图形内容裁剪掉，得到的最终效果如图3-298所示。

图3-297　添加更多的装饰图形

图3-298　画面的最终效果

》读书笔记

04

CoreIDRAW X4 从入门到精通 Chapter

对象的基本操作

本章将学习如何对绘制好的图形进行基本的编辑操作，包括对象的选取、旋转、倾斜、复制、群组与结合、切割与擦除等多种操作方法。只有学会这些基本操作，才能在日后的运用中得心应手。

4-1 选取对象

对任何一个对象进行编辑前，首先必须选取对象。被选取的对象周围会出现8个控制点，这时就可以对对象进行缩放、旋转、倾斜和变形等编辑操作。下面介绍几种选取对象的方法。

4-1-1 用鼠标直接选取

用鼠标选取是最简单、最直接的方法。在工具箱中选择"挑选工具"，在要选择的对象上单击，即可将对象选中。

提示 · 技巧

如果要选取多个对象，可以按住【Shift】键的同时单击要选取的对象。注意，如果被选取的多个对象是一个整体，可以同时进行编辑，如图4-1所示。

当多个对象群组后，要想选取一个对象，按住【Ctrl】键单击要选取的对象即可，如图4-2所示。

图4-1 选取对象状态

图4-2 选取群组中的单个对象

4-1-2 用鼠标拖动的方式选取

选择"挑选工具"后，在需要选取的对象外围按住鼠标左键并拖动，出现一个蓝色虚框。释放鼠标，虚框部分周围出现了控制点，表明图像已经被选取，如图4-3所示。

图4-3 拖动选取对象

提示 · 技巧

在选取对象的同时按住【Alt】键，蓝色虚框接触到的对象都将被选取，如图 4-4 所示。

（a）按住【Alt】键拖动

（b）释放鼠标后的效果

图 4-4　按住【Alt】键选取对象

4-1-3　用菜单命令选取

执行菜单“编辑”/“全选”命令，通过选择“全选”子菜单的各个命令来选取对象，如图 4-5 所示。

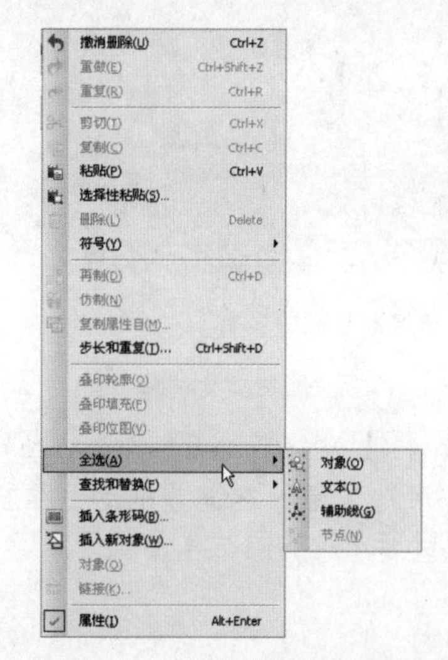

图 4-5　执行菜单命令选取对象

4-1-4　创建图形时选取

利用矩形、椭圆形、多边形、螺纹、图纸等工具都可以选取对象，方法也非常简单：当选择其中的一种工具后，在要选取的对象上单击即可。

4-1-5　利用键盘选取

当页面中有多个对象可供选择时，按【Space】键快速选择“挑选工具”，然后连续按【Tab】键，可以依次选择下一个对象。

选择工具箱中的“挑选工具”，按住【Shift】键的同时，连续按【Tab】键，可以依次选取上一个对象。如果想要取消已经被选取的对象，只需在页面空白处单击即可。

4-2 编辑对象

CorelDRAW X4 的作品中往往含有多个独立的对象，包括图形、图像和文本对象，用户在绘图中应对其进行有效地处理。可以将多个对象群组、结合或焊接，也可以移动对象、改变对象的对齐方式等，还可以进行一些其他处理。下面进行详细讲解。

4-2-1 复制对象

在编辑的过程中如果需要多个相同的图形，可以通过 CorelDRAW X4 提供的“复制”、“剪切”与“粘贴”功能实现，方法有如下几种：

1. 使用快捷键

- 使用【Ctrl+C】和【Ctrl+V】组合键来复制 / 粘贴对象，如图 4-6 所示。

（a）选取要复制的对象

（b）复制并粘贴后

图 4-6 使用快捷键复制对象

- 使用【Ctrl+X】和【Ctrl+V】组合键剪切 / 粘贴对象。
- 选择对象后按住鼠标左键并拖动到要放置复制对象的位置，在不释放鼠标左键的同时单击鼠标右键，释放鼠标后即可得到复制对象。
- 按数字键盘上的【+】键，可在初始对象的位置上创建一个所选对象的副本。

2. 使用“编辑”菜单命令

使用“编辑”菜单中的“复制”命令也可以达到复制的目的，如图 4-7 所示。

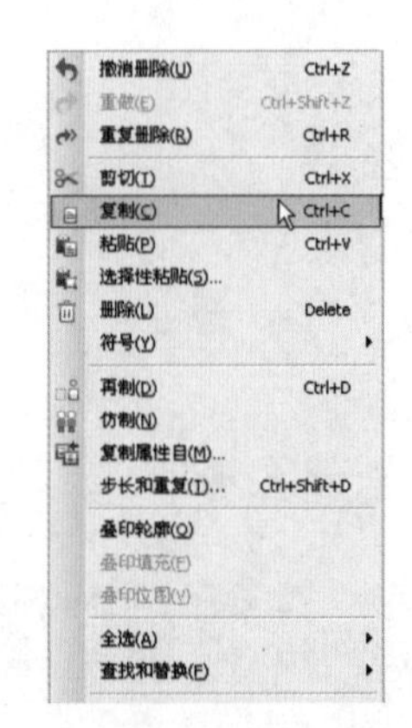

图 4-7 “编辑”菜单

（1） 多重复制功能

多重复制是非常方便实用的复制功能。在复制的同时，可以调整复制对象的水平与垂直偏移距离及复制数量。

先选取对象（见图 4-8），然后执行菜单“编辑” / “步长和重复”命令，在弹出的“步长和重复”泊坞窗中设置适当的复制份数和偏移量，如图 4-9 所示。单击“应用”按钮，即可完成复制，得到如图 4-10 所示的效果。

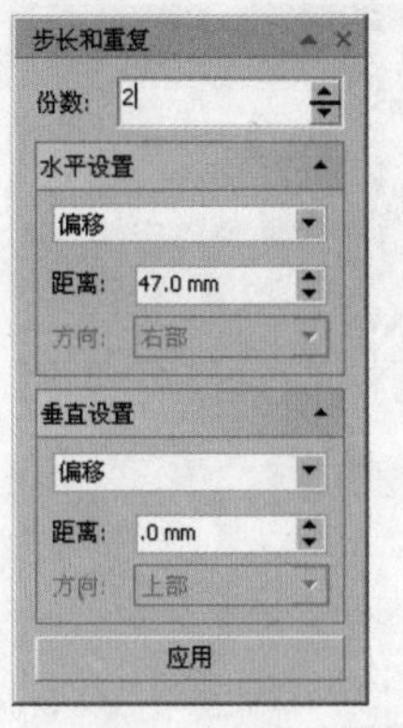

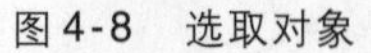

图 4-8　选取对象　　图 4-9　“步长和复制”泊坞窗　　图 4-10　更改主对象属性后的效果

(2) 仿制

仿制的本质是将对象副本动态地链接到初始主对象上，形成一种主从关系。仿制能够模仿链接主对象的所有属性更改，这样编辑主对象，就可以实现任意数量的链接仿制对象的属性更改。链接的仿制属性包括对象的位置、填充、轮廓、路径形状、变换和位图颜色遮罩。

仿制的具体操作步骤如下：

01 创建或选取某个对象，如图 4-11 所示。执行菜单“编辑”/“仿制”命令，创建对象的仿制品，初始对象则成为仿制品的主对象。

02 将两个对象分开，如图 4-12 所示。选择主对象，并更改其填充或轮廓颜色，注意到仿制品也在发生变化，如图 4-13 所示。尝试更改主对象的其他属性，所有更改都会反映到仿制品中。

03 选择主对象，再次执行菜单“编辑”/“仿制”命令，创建另一个仿制品。选择主对象，更改一个或多个属性，注意到主对象和两个仿制品都在发生变化。

图 4-11　选取某个对象　　图 4-12　将两个对象分开　　图 4-13　更改主对象属性后的仿制品

(3) 再制

再制与复制不同，复制先将对象放在剪贴板上，通过“粘贴”命令得到对象；而再制是直接得到复制对象。

再制的距离和位置是可以调整的，只需打开“选项”对话框，在左侧列表框中选择“文档”/“常规”选项，在右侧的“再制偏移”选项组中设置数值即可，如图 4-14 所示。

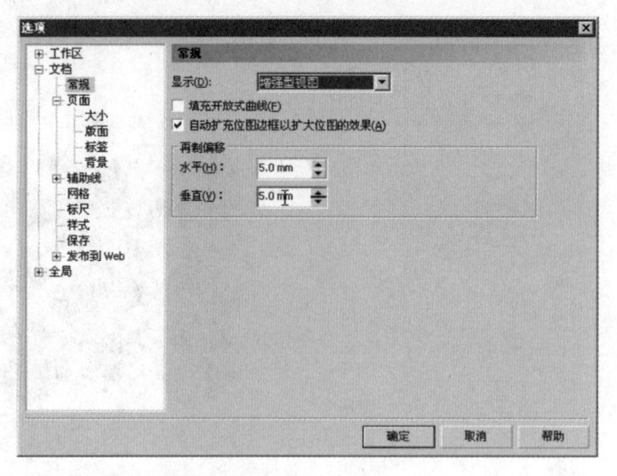

图 4-14 “选项”对话框

使用“再制”命令复制对象的操作步骤如下：

01 选取要复制的对象，如图 4-15 所示。

02 执行菜单“编辑”/“再制”命令，或者按【Ctrl+D】组合键。默认情况下，再制生成的对象位于原对象的上方，如图 4-16 所示。可以调整属性栏中的数值来改变再制对象与原对象的距离。

图 4-15 选取对象

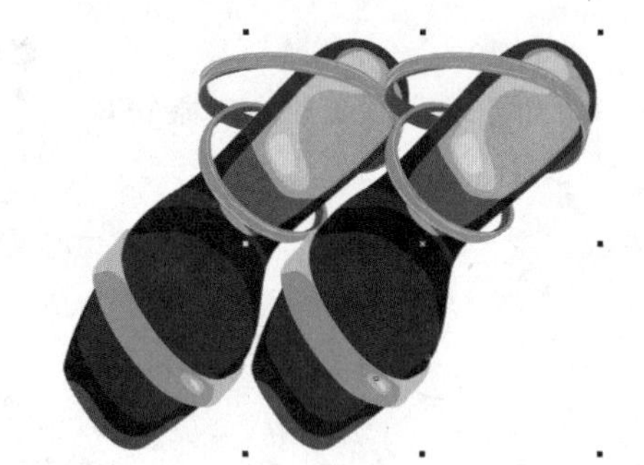

图 4-16 再制后的效果

（4）复制属性

使用复制属性命令不仅可以复制图形对象，还可以复制对象的属性（适合将一个对象的属性复制到其他对象上），其操作步骤如下：

01 选取要复制的对象，如图 4-17 所示。按【Ctrl+C】组合键。

02 执行菜单“编辑”/“复制属性自”命令，弹出如图 4-18 所示的“复制属性”对话框。

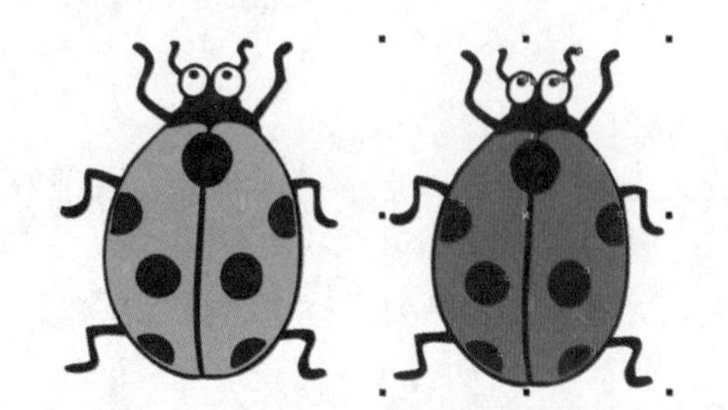

图 4-17 选取要复制的对象

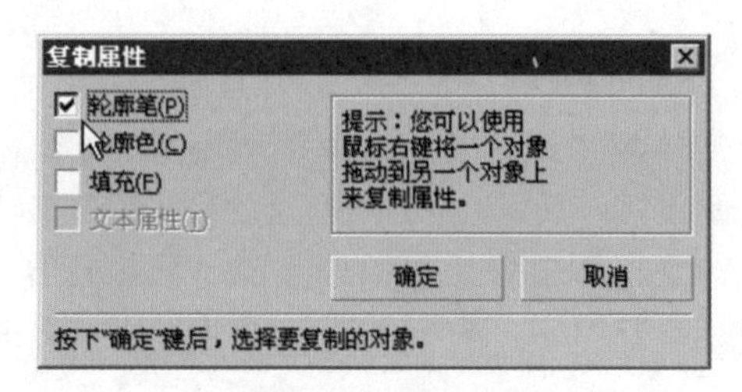

图 4-18 “复制属性”对话框

03 选择好要复制的属性后，单击“确定”按钮（此处以选择“填充”复选框为例）。

04 将光标移至另一个对象上，这时光标变成向右的箭头形状，如图4-19所示。单击即可复制属性，效果如图4-20所示。

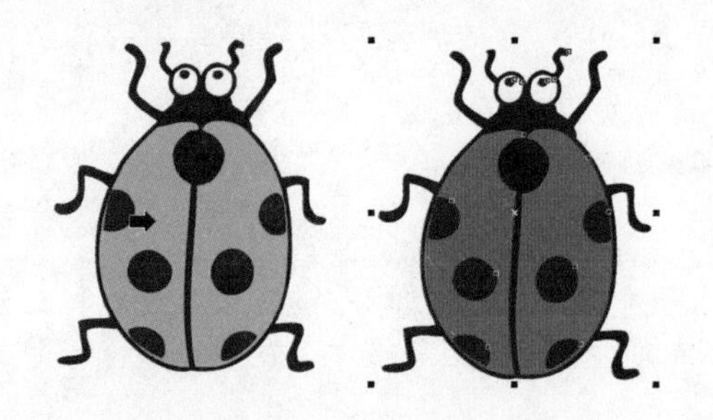

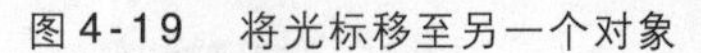

图4-19 将光标移至另一个对象

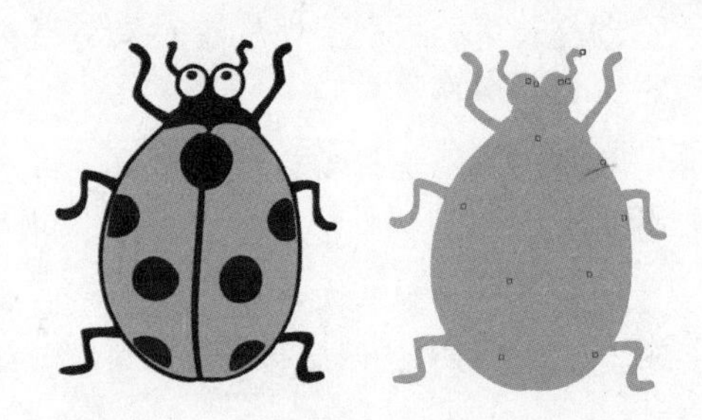

图4-20 复制属性后的效果

3. 使用“变换”命令

首先选中要复制的对象，然后执行菜单“窗口”/“泊坞窗”/“变换”/“位置”命令或者直接按【Alt+F7】组合键，在弹出的“变换”泊坞窗中可以设置再制的位置，如图4-21所示。设置完成后，单击“应用到再制”按钮即可，效果如图4-22所示。

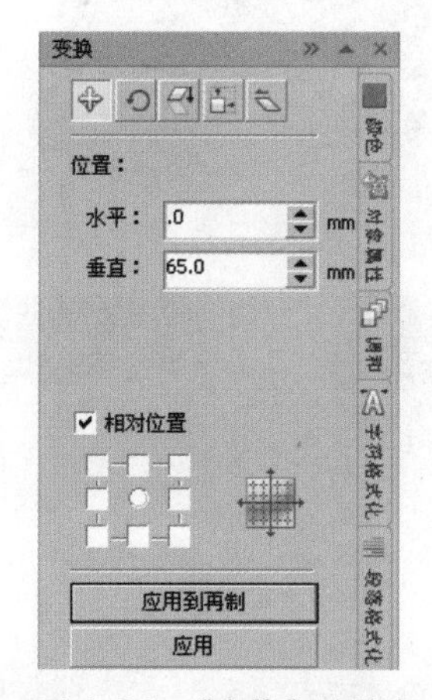

图4-21 “变换”泊坞窗

（a）选取再制对象

（b）再制对象

图4-22 使用“变换”泊坞窗复制的效果

提示 · 技巧

每单击一次“应用到再制”按钮，就会按指定的方向复制一个对象，这里单击了一次，所以只复制了一个对象。

4-2-2 删除对象

删除对象的方法很简单，首先选中要删除的对象，然后按【Delete】键，或者执行菜单“编辑”/“删除”命令，即可将对象删除。

4-2-3 移动对象

当选择了一个对象，并将光标移至中心控制点✖处时，鼠标指针就会自动变成✥形状，这时按住鼠标左键拖动，就可以随意移动被选中的对象了。

4-2-4 旋转对象

在 CorelDRAW X4 中，可以将对象以任意角度旋转，方法有 3 种。

1. 使用鼠标旋转

通过拖动旋转手柄可交互地旋转对象。当对象围绕旋转中心旋转时，可以将旋转中心移到绘图页面中的任意位置，操作步骤如下：

01 使用“挑选工具”选择要旋转的对象，当对象周围出现 8 个控制点时，再次单击对象，这时的状态如图 4-23 所示。

02 将光标移到旋转控制手柄 ↗ 上，这时光标变成旋转符号 ↻ ，按住鼠标左键拖动即可旋转对象，旋转时会出现蓝色的虚线框指示旋转方向和角度，如图 4-24 所示。旋转到需要的角度后释放鼠标即可，如图 4-25 所示。

图 4-23 再次单击对象时的状态

图 4-24 旋转时出现的蓝色虚线框

图 4-25 旋转后的对象

提示 · 技巧

对象是围绕中心点旋转的（默认中心点是对象中心），用户可以改变中心点⊙，将移到需要的地方，当再次旋转时，对象就围绕新的中心点旋转了。

2. 使用属性栏旋转

当对象处于选中状态时，在属性栏的“旋转角度”文本框中输入要旋转的度数值（见图 4-26），然后按【Enter】键，对象将按指定的角度进行旋转。

图 4-26 在属性栏中输入旋转角度数值

3. 使用“变换”泊坞窗旋转

01 使用工具箱中的”挑选工具“选择要旋转的对象。

02 执行菜单“窗口”/“泊坞窗”/“变换”/“旋转”命令或者直接按【Alt+F8】组合键，弹出如图 4-27 所示的“变换”泊坞窗。

03 在“角度”数值框中输入旋转的角度，在“水平”和“垂直”数值框中输入中心点的坐标，选择“相对中心”复选框表示对象围绕旋转中心旋转。

04 单击“应用”按钮，即可旋转对象。如果想复制一个旋转后的对象，只需单击“应用到再制”按钮即可。

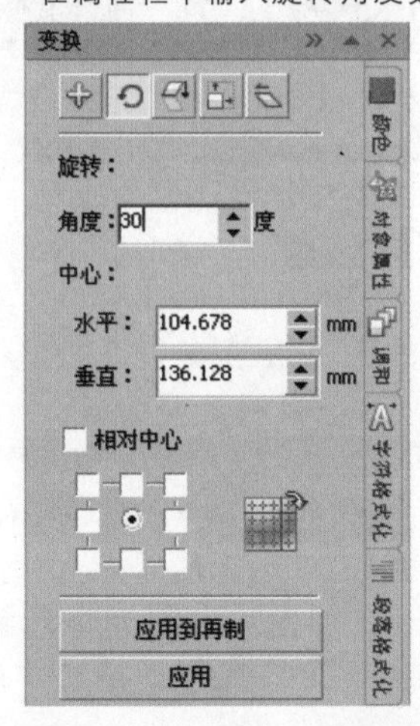

图 4-27 “变换”泊坞窗

4-2-5　倾斜对象

在绘图过程中，有时需要将对象倾斜。在CorelDRAW X4中，将对象倾斜有两种方法。

1. 使用鼠标倾斜

用鼠标拖动位于对象中心点的水平或垂直双向箭头，可交互地倾斜对象，在拖动时按住【Alt】键可以沿水平和垂直两个方向倾斜对象，也可以拖动时按住【Ctrl】键，以限制对象的移动。使用鼠标倾斜对象的操作步骤如下：

01 使用“挑选工具”选中要倾斜的对象，当对象周围出现8个控制点时，在对象内再次单击，8个控制点都变为双向箭头。

02 将光标移至↔处，光标变成倾斜手柄⇌，如图4-28所示。按住鼠标左键并拖动，即可倾斜对象。倾斜时，对象周围也会出现蓝色虚框，以提示倾斜后的效果，如图4-29所示。当达到需要的效果时释放鼠标即可，如图4-30所示。

图4-28　光标变成倾斜手柄

图4-29　倾斜时的蓝色虚线框

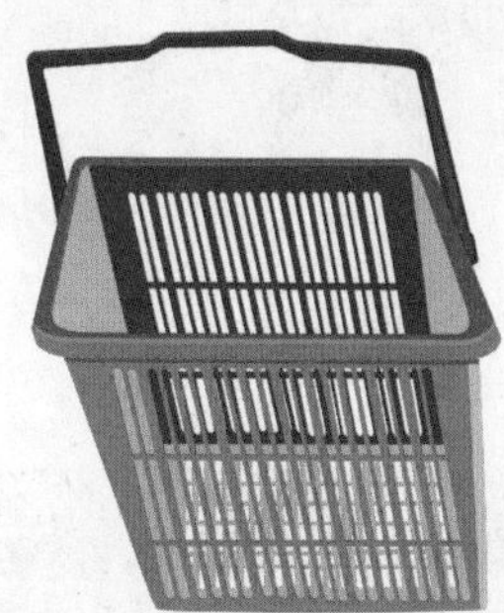

图4-30　倾斜后的对象

2. 使用“变换”泊坞窗倾斜

01 选择要倾斜的对象，如图4-31所示。

02 执行菜单“窗口”/“泊坞窗”/“变换”/“倾斜”命令，或者直接按【Alt+F8】组合键，弹出“变换”泊坞窗，单击“倾斜”按钮，如图4-32所示。

03 在“水平”和“垂直”数值框中输入要倾斜的角度值。

04 设置好后单击“应用”按钮。若单击“应用到再制”按钮，可以复制倾斜的对象。图4-33所示是“水平”值和“垂直”值均为30°的效果

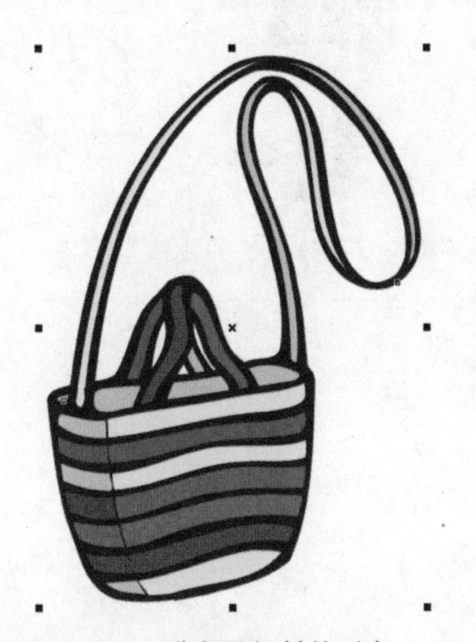

图4-31　选中要倾斜的对象

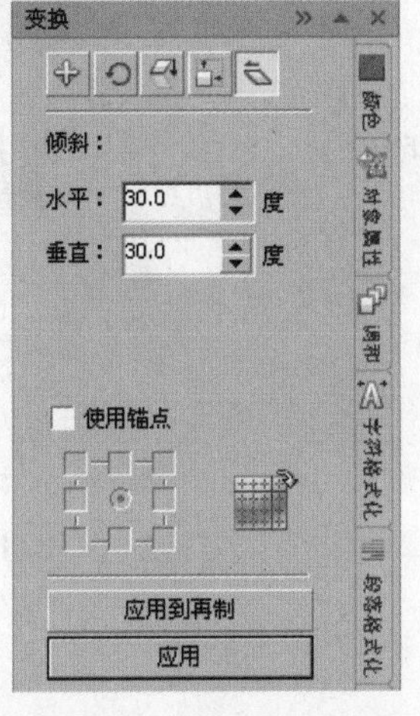

图4-32　“变换”泊坞窗

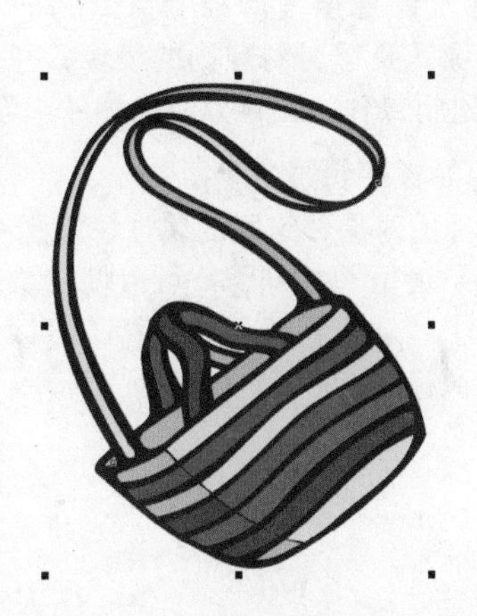

图4-33　“水平”和“垂直”值均为30°的倾斜效果

4-2-6 缩放对象和镜像对象

1. 缩放对象

放缩对象指放大或缩小页面的显示比例，以便能更全面地看到对象的整体效果。首先，在页面中绘制图形，如图 4-34 所示。

在工具箱单击“挑选工具”后，选中该图形，按住【Shift】键在页面中进行放大，这时光标会发生变化（见图 4-35），即可放大该图形，放大后的效果如图 4-36 所示。

图 4-34 绘制图形

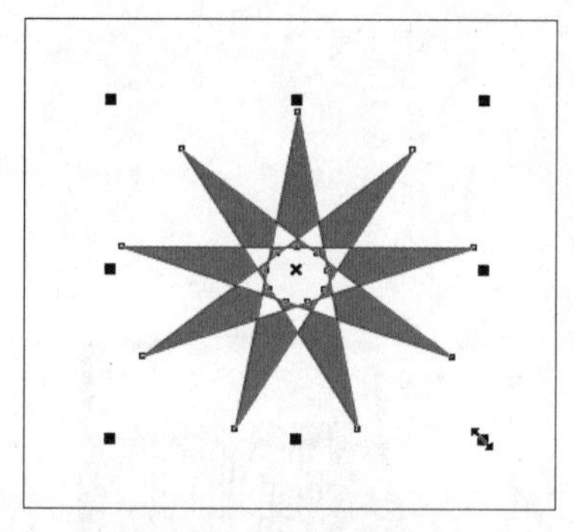

图 4-35 拖动出想要放大的区域

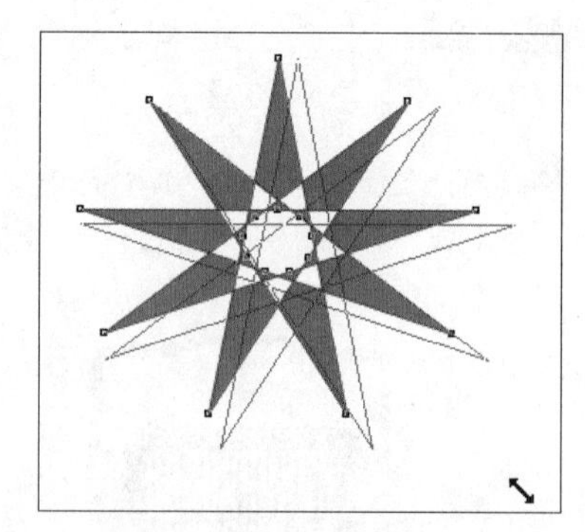

图 4-36 放大后的效果

提示 · 技巧

直接在工具栏内双击“缩放工具”，可以缩放至最适合对象的显示比例。

2. 镜像对象

镜像效果在设计中应用的频率很高，镜像变换可以使对象沿水平、垂直或对角线的方向翻转。实现这种效果的方法有 3 种。

（1）使用鼠标镜像

使用鼠标镜像的操作步骤如下：

01 单击要镜像的对象。

02 按住鼠标左键直接拖动控制点到另一边，得到不规则的镜像。要想得到规则的镜像，可以按住合【Ctrl】键进行操作，图像效果如图 4-37 所示。

图 4-37 原图及执行水平镜像后的效果

（2）使用属性栏镜像

选择要镜像的对象，这时的属性栏如图 4-38 所示。单击“水平镜像”按钮，可以使对象沿水平方向镜像；单击“垂直镜像”按钮，可以使对象沿垂直方向镜像，如图 4-39 所示。

(3) 使用“变换”泊坞窗镜像

使用“变换”泊坞窗镜像对象的方法是选中要镜像的对象后，执行菜单“窗口”/“泊坞窗”/“变换”/“比例”命令或按【Alt+F9】组合键，弹出“变换”泊坞窗，如图4-40所示。设置好各项数值后，单击“应用”按钮，即可完成镜像操作。

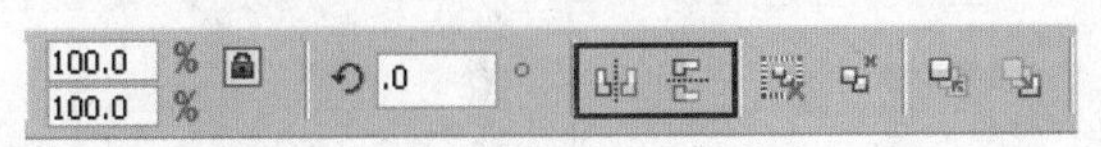

图4-38　镜像属性栏

图4-39　原图及执行垂直镜像后的效果

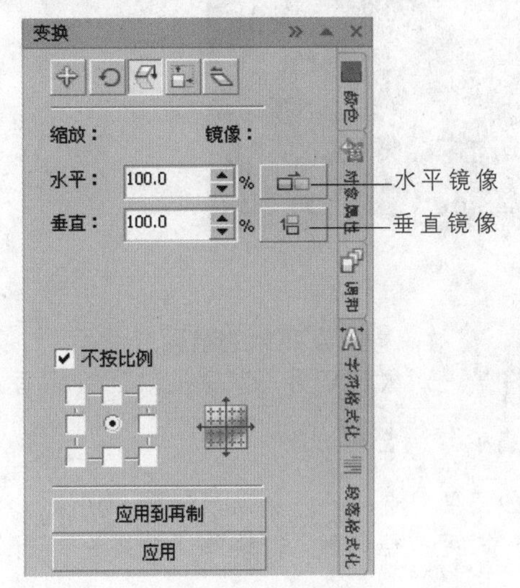

图4-40　“变换”泊坞窗

提示 · 技巧

镜像对象的同时可以进行水平或垂直缩放，也可以同时复制多个镜像，只需多次单击“应用到再制”按钮即可。如果想重新设置，只需按【Ctrl+Z】组合键即可恢复到原样。

4-3　排列对象

在绘制对象的过程中，CorelDRAW X4默认的对象排列顺序是先创建的对象在底层，后创建的对象在顶层。如果要改变顺序，就要用到“顺序”命令，本节就将详细介绍。

4-3-1　改变对象的顺序

CorelDRAW X4中的各个对象是有层次关系的，各对象的排列顺序决定了图像的美观程度。一般来讲，越先绘制的对象越靠后排列，后绘制的对象则排在上层。

1. 将对象移至最前或最后

将对象移至最前或最后的操作步骤如下：

01 选择要调整顺序的对象，如图4-41所示。

02 执行菜单“排列”/“顺序”/“到页面前面”命令或者按【Shift+Page Up】组合键，即可把对象移至最前，如图4-42所示。若要将选中的对象移至最后，执行菜单“排列”/“顺序”/“到页面后面”命令或者按【Shift+Page Down】组合键即可。图4-43所示是将选定对象移至最前的效果。

图4-41　选择对象

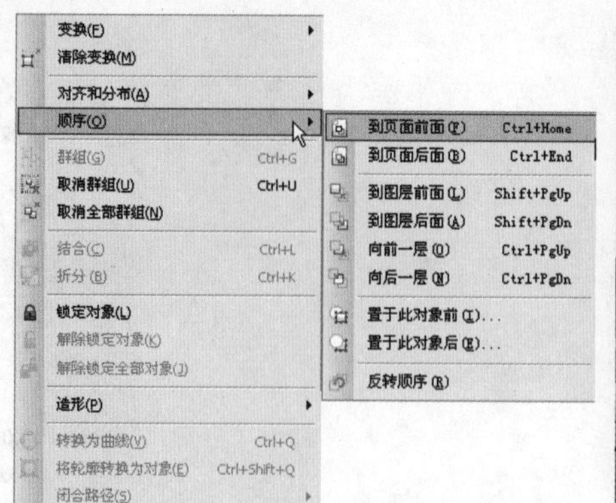

图4-42　“到页面前面”选项

图4-43　将选定对象移至最前

2. 将对象移至某对象的前面或后面

将某一对象移至另一对象的前面或后面，是相对于某个对象的位置来说的，其操作步骤如下：

01 选中要调整的对象。

02 如果要将选中的对象向前一层，则执行菜单“排列”/“顺序”/“向前一层”命令；如果要将选中的对象向后一层，则执行菜单“排列”/“顺序”/“向后一层”命令。

03 如果要将选中的对象移至另一对象的前面，则执行菜单“顺序”/“在图层前面”命令，当光标将变成➡形状时（见图4-44），指向另一个对象并单击，即可达到目的，效果如图4-45所示。

图4-44　鼠标指针变成➡形状

图4-45　“到图层前面”的效果

4-3-2　对齐与分布

为了让对象更严密和整齐，需要精确分布和对齐对象，CorelDRAW X4提供的”对齐和分布”功能可以轻松地做到这一点。执行菜单“排列”/“对齐和分布”命令，其子菜单如图4-46所示。

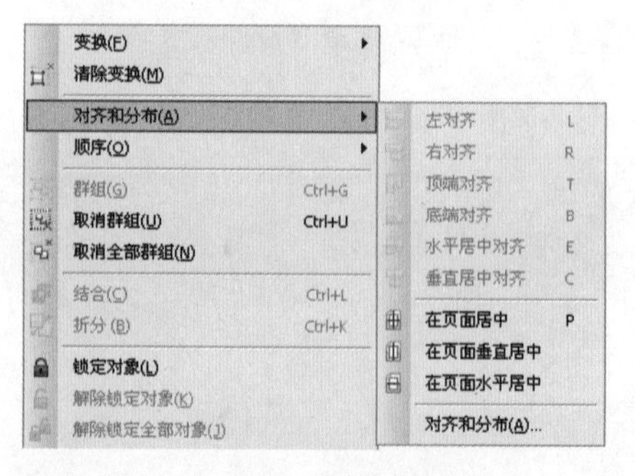

图4-46　“对齐和分布”子菜单

1. 对齐

通过对齐操作，可以使页面中的对象按照某个指定的规则对齐，包括水平、垂直、上或下等。对齐的操作步骤如下（此处以“底端对齐”为例）：

01 按住【Shift】键，用鼠标选择两个或者两个以上的对象，如图4-47所示。

02 执行菜单“排列”/“对齐和分布”/“底端对齐”命令，效果如图4-48所示。也可以执行菜单“排列”/“对齐和分布”/“对齐和分布”命令，弹出“对齐与分布”对话框，在对话框中选择“对齐”选项卡，设置对齐方式。

图4-47 选择对象

图4-48 底端对齐效果

2. 分布

分布功能主要用来控制多个对象之间的距离，有利于满足均匀间距的要求，可以在选定范围和页面范围内分布对象。其操作步骤如下：

01 选择要进行分布的对象，如图4-49所示。

02 执行菜单“排列”/“对齐与分布”/“对齐和分布”命令，弹出“对齐与分布”对话框，在对话框中选择“分布”选项卡，如图4-50所示。

03 设置好分布方式后，单击“应用”按钮即可。图4-51所示是选择“间距”复选框的效果。

图4-49 选择对象

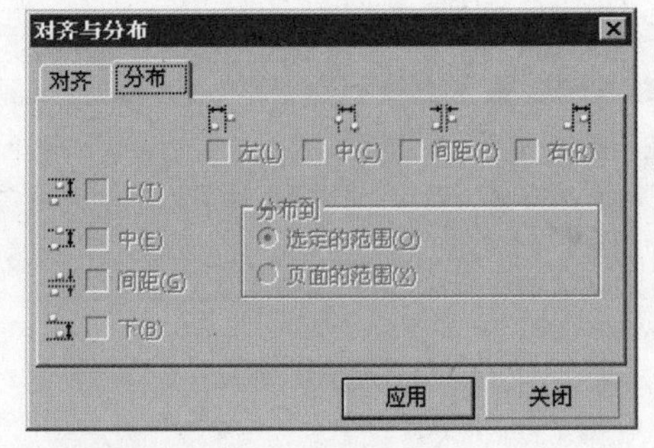

图4-50 “分布”选项卡

图4-51 选择“间距”复选框的效果

4-4 群组与结合对象

为了操作方便，可以将多个对象群组或合并为一个对象，进行整体操作。操作完成后将其拆分，使多个对象再次成为独立的对象。

4-4-1 群组对象

群组对象是将多个零散分布的对象绑定成一个整体，群组后进行的操作会作用于整体而非单个对象。选中要进行群组的多个对象后，有4种方法可以群组对象。

- 按【Ctrl+G】组合键。
- 执行菜单“排列”/“群组”命令。
- 在选择的对象上单击鼠标右键，在弹出的快捷菜单中选择“群组”命令。
- 在属性栏中单击按钮，如图4-52所示。

将多个对象群组的具体操作步骤如下：

图4-52 属性栏中的“群组”按钮

01 执行菜单“文件”/“导入”命令，导入要操作的对象，或者用CorelDRAW X4提供的绘图工具绘制对象。

02 选中要进行群组的多个对象，如图4-53所示。

03 执行菜单“排列”/“群组”命令，效果如图4-54所示。群组后节点消失，多个对象成了一个整体。

图4-53 选择要群组的多个对象

图4-54 群组后的效果

提示 · 技巧

群组对象只是将对象简单地组合在一起，其形状和样式等属性不会发生变化。群组后的对象可以和其他对象再次群组，这时的群组对象成为嵌套式的群组关系，可方便对多个对象进行统一管理。用户仍然可以选中群组中的单个对象并对其进行编辑，方法是按住【Ctrl】键单击要选择的对象。

4-4-2 解散群组

解散群组的方法同样有4种。

- 按【Ctrl+U】组合键。
- 执行菜单“排列”/“取消群组”或“取消全部群组”命令，即可解散群组的对象。
- 在群组的对象上单击鼠标右键，在弹出的快捷菜单中选择“取消群组”或“取消全部群组”命令。
- 在属性栏中单击“取消群组”或“取消全部群组”按钮。

4-4-3 结合对象

结合对象是将多个对象结合在一起。与群组不同，结合的多个对象变成了单一的个体，对象之间的重叠部分会被删除，形成一个新的对象。

结合对象的方法有 4 种。

- 按【Ctrl+L】组合键。
- 执行菜单“排列”/“结合”命令。
- 在选择的对象上单击鼠标右键，在弹出的快捷菜单中选择“结合”命令。
- 在属性栏中单击“结合”按钮。将图 4-53 中选中的多个对象结合后的效果如图 4-55 所示。

图 4-55　结合后的效果

4-4-4 拆分对象

可以对已经结合的多个对象进行拆分，但是无法还原成原来的填充颜色，而且对象的重叠顺序也与结合前相反，如图 4-56 所示。

拆分对象的方法也有 4 种。

- 按【Ctrl+K】组合键拆分对象。
- 执行菜单“排列”/“拆分曲线”命令。
- 在结合过的对象上单击鼠标右键，在弹出的快捷菜单中选择“拆分曲线”命令。
- 在属性中单击“拆分”按钮。

图 4-56　将结合对象拆分后的效果

4-5 锁定与解锁对象

有效地锁定对象可以让用户的操作更加简单快捷。下面具体介绍如何将对象锁定和解除锁定。

4-5-1 锁定对象

锁定对象主要是为了确保对象不被移动和修改。可以锁定一个对象，也可以同时锁定多个对象。锁定对象的方法如下：

- 执行菜单“排列”/“锁定对象”命令。
- 在选择的对象上单击鼠标右键，在弹出的快捷菜单中选择“锁定对象”命令。

提示 · 技巧

被锁定的对象（见图 4-57）上会有 8 个图标，这时不能对对象做任何编辑，但是可选择对象，如图 4-58 所示。

图4-57　被锁定的多个对象

图4-58　选择被锁定的单个对象

4-5-2　解锁对象

锁定的对象要解锁很简单，先选中要解锁的对象，然后单击鼠标右键，在弹出的快捷菜单中选择“解除锁定对象“命令”（见图4-59），或者执行菜单“排列”/“解除锁定对象”命令即可。

图4-59　解除单个对象的锁定

提示 · 技巧

如果要对多个对象进行解锁，只需执行菜单“排列”/“解除锁定全部对象”命令即可。

4-6　转换对象

在CorelDRAW X4中，输入的文本、绘制的曲线对象和填充的轮廓都是组成画面的因素，它们有着不同的特性，但是它们之间可以互相转换，下面将详细介绍。

4-6-1　对象转换为曲线

转换为曲线功能用于文本，是为了防止印刷时对方没有创建文件时用的字体而打不开文件；也可以用于将直线转换为曲线。将对象转换为曲线的方法如下：

- 按【Ctrl+Q】组合键。
- 在要转换为曲线的对象上单击鼠标右键，在弹出的快捷菜单中选择“转换为曲线”命令。
- 执行菜单“排列”/“转换为曲线”命令。

提示 · 技巧

文字转换为曲线后将不能选中单个文字，当然也不能修改字体、字号等属性，如图 4-60 所示。而直线转换为曲线后，可以借助“形状工具”任意编辑，如图 4-61 所示。

（a）转换前可选择单个文字　　（b）转换后不能选择单个文字

图 4-60　文本对象转换为曲线

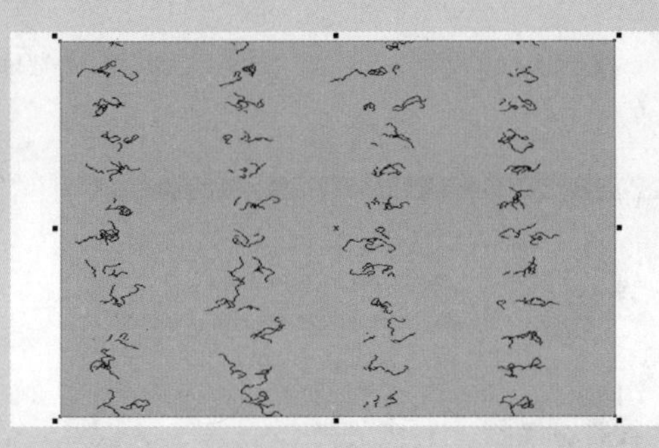

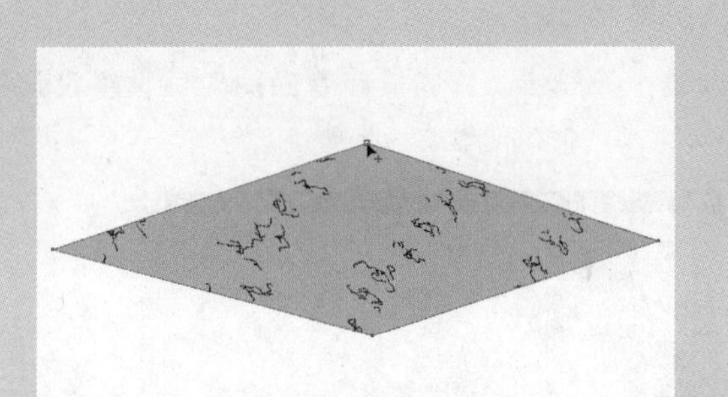

（a）转换前的对象　　（b）转换成曲线后借助“形状工具”编辑

图 4-61　直线对象转换为曲线

4-6-2　轮廓转换为对象

将轮廓转换为对象，可以将绘制的图形对象的填充区域和轮廓线分开，分别成为独立的对象，从而得到不同的效果。执行菜单“排列”/“将轮廓转换为对象”命令，即可将轮廓转换为对象。转换为对象后，可以用鼠标将分离出来的轮廓从原对象中移出，如图 4-62 所示。

（a）轮廓转换为对象　　（b）移动轮廓

图 4-62　将轮廓转换为对象

4-7 查找和替换

一幅完整的设计作品会涉及线条、颜色和轮廓等因素，如果要将相同的对象换成另一个属性，在其他软件中可能办不到，而在 CorelDRAW X4 中却可以轻松办到。下面将详细讲解这一强大的功能。

4-7-1 查找

“查看”功能用于查找符合一定条件的对象，操作步骤如下：

01 执行菜单“编辑”/“查找和替换”/“查找对象”命令，弹出“查找向导”对话框，如图 4-63 所示。该对话框中有 3 个备选项，其中第三个选项要在有对象被选中后才可以激活，这里选择“开始新的搜索”单选按钮。

02 单击“下一步”按钮，在弹出的对话框中设置要查找对象的属性。这里选择“填充”选项卡中的“标准色”复选框，如图 4-64 所示。

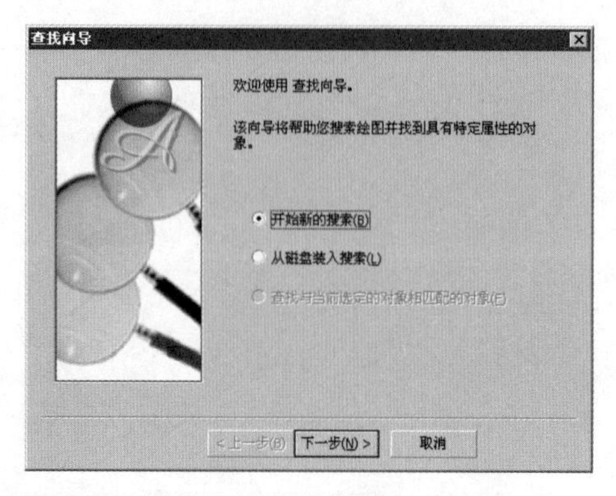

图 4-63 “查找向导”对话框

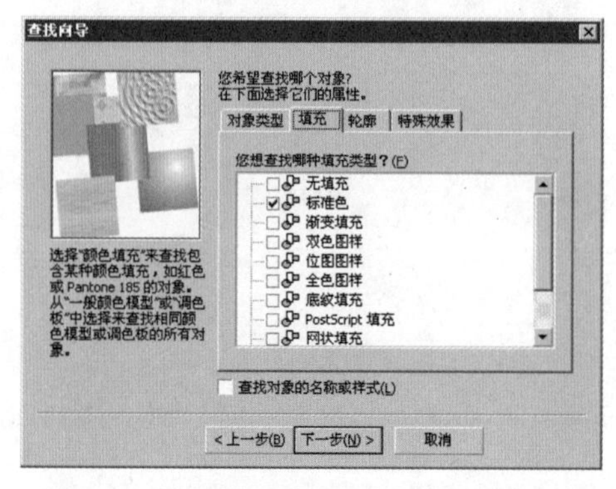

图 4-64 设置查找对象属性

03 单击“下一步”按钮，弹出如图 4-65 所示的对话框，继续设置，直到单击“完成”按钮，弹出“查找”对话框。这时，如果查找到满足条件的对象，该对象就会处于选中状态，如图 4-66 所示。每单击一次“查找下一个”按钮，系统就会自动搜索下一个符合条件的对象。

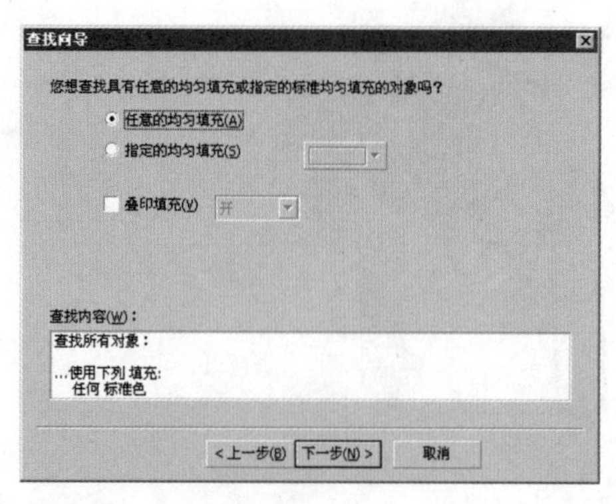

图 4-65 设置查找对象属性

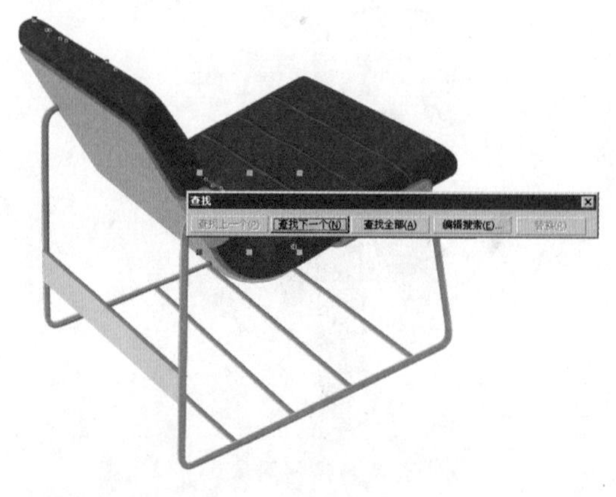

图 4-66 符合满足条件的对象

4-7-2 替换

要将多个属性相同的对象修改成其他属性，如果逐个修改，既耗费精力又浪费时间，在CorelDRAW X4中可以用“替换对象”命令来整体替换，省时又省力。替换对象的操作步骤如下：

01 执行菜单“编辑”/“查找和替换”/“替换对象”命令，弹出“替换向导”对话框，如图4-67所示。

02 该对话框中有4个选项，这里以选择“替换颜色”单选按钮为例。

03 单击“下一步”按钮，在弹出的对话框中，单击“查找”下拉按钮▾，在弹出的颜色列表中设置要替换的颜色，如图4-68所示。继续设置其他选项，如图4-69所示。

04 单击“完成”按钮，即可完成替换操作，效果如图4-70所示。

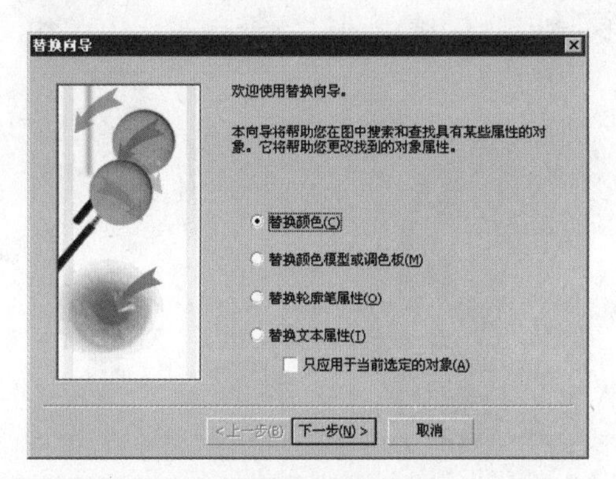

图4-67 “替换向导”对话框

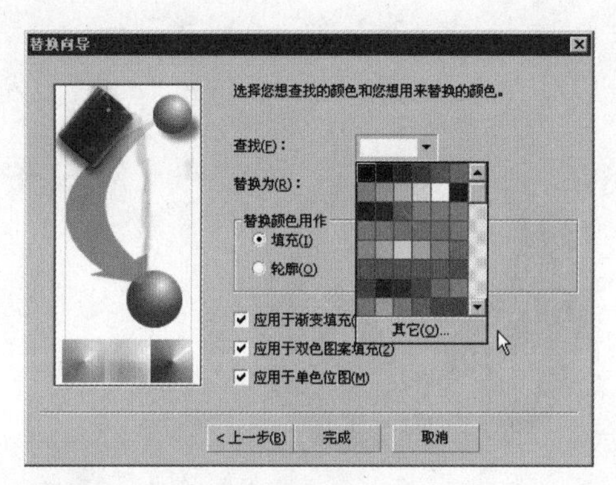

图4-68 显示填充颜色

图4-69 设置其他选项

图4-70 替换颜色后的效果

4-8 变形对象

在CorelDRAW X4中，绘制的曲线和图形如果没有达到理想的效果，可以进一步对其进行编辑和调整。

4-8-1 形状工具

1. 新的节点控制手柄

新设计的控制手柄能帮助用户选择并自如地调整节点，还可以更容易地移动曲线段，如图4-71所示。

2. 更丰富的节点选择模式

节点的选择分为“矩形”、“手绘”和“选择全部节点”3种模式，如图4-72所示。

图 4-71　新的节点控制手柄

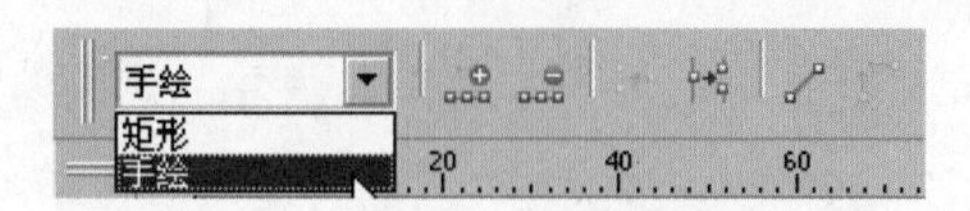

图 4-72　节点取模方式

[矩形]：就是用鼠标拖出一个矩形区域，从而选择区域内的节点，如图 4-73 所示。

[手绘]：就是用自由手绘的方式绘制一个不规则形状的区域，此区域内的节点全部被选中，如图 4-74 所示。

图 4-73　使用"矩形"方式选取

图 4-74　使用"手绘"方式选取

[选择全部节点]： 就是选择所有的节点。

具体的操作方法如下：

01 切换到"形状工具"。

02 在属性栏中选择要使用的节点选择方式。

03 单击要调整节点的矢量图形，然后利用上述方法进行节点选择。

04 如果要取消当前选择，在工作区空白处单击或者按【Esc】键。

05 选择节点后，可对所选多个节点同时进行调节，对曲线进行操作。

3. "减少节点"功能

"减少节点"功能值得一提，有时候能帮助用户大大简化节点方面的编辑操作，下面进行重点说明，并辅以实例。

有些复杂的曲线、图形等包含着大量不必要的节点，编辑起来很困难，并且影响输出或印前工作。CorelDRAW X4 提供的："减少节点"功能，能够较容易地让系统自动减少节点数，并且基本不影响曲线质量。在编辑曲线时，使用该功能并辅以适当的选取模式，在复杂曲线中能够方便地选择节点。

下面以一个示例来具体讲解。

01 打开一个图形，如图 4-75 所示。先用"形状工具"选中图形中的人物，此时状态栏上会显示被选择的对象所包含的节点数为 49 个，如图 4-76 所示。

02 在属性栏中的"减少节点"文本框中输入 20，得到如图 4-77 所示的效果，此时状态栏中会显示被选择对象所包含的节点数。图 4-78 所示为在"线框"视图模式下减少节点前后的对比效果。

图 4-75　原图像

图 4-76　显示所有节点

图 4-77　减少节点效果

图 4-78　减少节点前后的效果

4. 编辑文本块

“形状工具”除了可以编辑线段和封闭的路径对象外，还可以对文本间距进行编辑。

选择“形状工具”，单击调节间距的段落文本或美术文本，这时文本左下角和右下角会出现间距调整标记，拖动左下角的垂直间距调整符号或右下角水平间距调整符号，即可改变文本的间距，如图 4-79 所示。

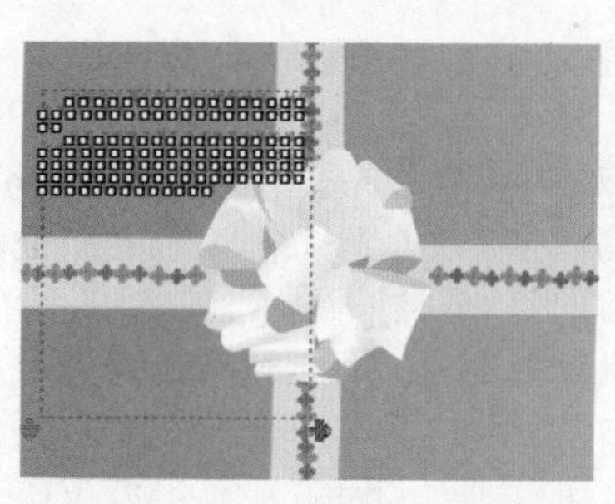

图 4-79　“形状工具”在文本块中

4-8-2　节点的编辑

曲线是由节点和线段组成的，节点是对象造型的关键。使用工具箱中的“形状工具”，可以很方便地改变图形对象的造型。“形状工具”属性栏如图 4-80 所示。

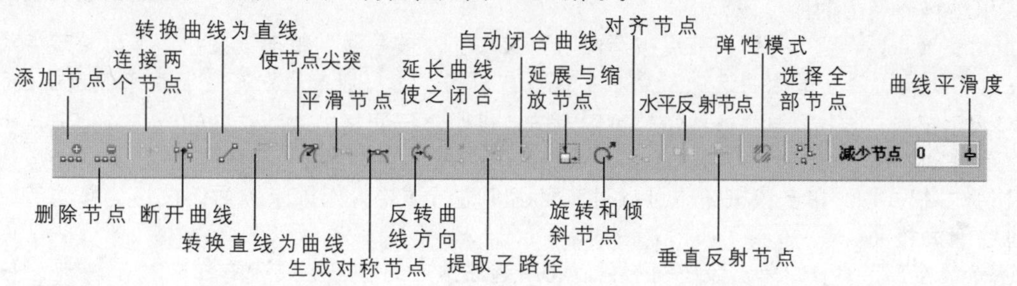

图 4-80　“形状工具”属性栏

[添加节点]：单击该按钮，可以添加节点，如图 4-81 所示。

[删除节点]：单击该按钮，可以删除选中的节点。如果选中的是起点和终点，将同时删除两个节点之间的线段。

[连接两个节点]：单击该按钮，可以将选中的两个节点合并。

[断开曲线]：单击该按钮，会在选中节点处中断曲线，需移动节点后才可看到效果。

[转换曲线为直线]：单击该按钮，可以将选中节点之间的曲线转换为直线。

[转换直线为曲线]：单击该按钮，可以将选中节点之间的直线转换为曲线。

图 4-81 添加节点

[使节点尖突]：单击该按钮，可以将选中节点转换为尖突节点，尖突节点的两个控制柄是独立的，移动其中一个时，另一个不移动，如图 4-82 所示。

（a）原图

（b）转换为尖突节点后拖动的效果

图 4-82 改变节点方向

[平滑节点]：单击该按钮，可以将选中节点转换为平滑节点，平滑节点的两个控制柄是相互关联的，移动其中一个时，另一个也会随之移动。

[生成对称节点]：单击该按钮，可以将选中节点转换为对称节点。对称节点两端的控制线是等长的，用它调整曲线，可以使节点两边的曲率相等。

[反转曲线方向]：单击该按钮，可以使起点和终点的位置对调，从而反转曲线的绘制方向。

[延长曲线使之闭合]：单击该按钮，可将未闭合的曲线闭合。

[提取子路径]：单击该按钮，可以将选中的路径分离出来，成为一条独立的路径。

[自动闭合曲线]：单击该按钮，可以将起点和终点用直线相连，成为一个封闭路径。

[延展与缩放节点]：选取曲线图形中的节点，单击该按钮，曲线周围出现 8 个控制，可以按比例调整节点间的连线。

[旋转和倾斜节点]：选取曲线图形中的节点，单击该按钮，曲线周围出现旋转和倾斜控制柄，可以旋转和倾斜节点上的曲线段。

[对齐节点]：至少有两个节点被选中时，该按钮才被激活。单击该按钮，弹出“节点对齐”对话框，在其中进行选择，可以将选中节点水平或垂直对齐，也可以选择对齐控制点来使选中的节点重合。

[水平反射节点]：单击该按钮，可以对节点逐个进行调整。激活该按钮时，其他节点也会随着移动节点而移动。

[弹性模式]：单击该按钮，可以对节点逐个进行调整。如果未激活该按钮，移动节点时，其他节点也会随之移动。

[选择全部节点]：单击该按钮，可以将所选曲线上的节点全部选中。

减少节点 0 [曲线平滑度]：在文本框中进行设置，可以调整选中节点之间曲线的平滑度。

4-8-3 裁剪工具

新的裁剪工具非常实用，它可以对画面中的任意对象进行裁剪。而不像以前的裁剪工具，对多个对象进行裁剪时，必须先群组。新的裁剪工具可以对画面中的混合对象进行一次性裁剪，如图4-83所示。

图4-83　裁剪前（左）与裁剪后（右）的效果对比

CorelDRAW X4中可裁剪的对象包括：矢量图形（包括应用了填充、调和透明等效果的图形）、导入的或者转化的位图、段落文本、美术字及上述对象的混合体。

裁剪工具广泛应用于网页图像制作、拼贴、花纹制作、图文混排及LOGO图案制作等。

裁剪工具的使用方法如下：

01 选择“裁剪工具”，在需要裁剪的对象上按住鼠标左键并拖动（此时需要保留的区域突出显示，而其余区域变暗），得到裁剪区域如图4-84所示。

02 移动：将光标移到裁剪区域中心，按住鼠标左键并拖动即可移动裁剪区域。

03 调节大小：在裁剪边框上的8个控制手柄上按住鼠标左键并拖动，可以调整区域大小，如图4-85所示。

04 旋转：在裁剪区域中心单击后，出现多个旋转控制手柄，拖动可进行自由旋转，如图4-86所示。

图4-84　选择裁剪区域

图4-85　调节裁剪区域大小

图4-86　旋转裁剪

05 精确调节：在旋转的同时，还可以在“裁剪工具”属性栏上的“旋转角度”数值框中输入精确的数值进行调节，如图4-87所示。

06 清除裁剪区域：按【Esc】键或单击“清除裁剪选取框”按钮。

07 编辑裁剪区域后，双击即可得到裁剪效果，如图4-88所示。

图4-87　精确调节裁剪

图4-88　裁剪后的效果

4-9 切割与擦除对象

切割与擦除对象不仅可以应用于路径和矢量图，还可以应用于位图。

4-9-1 切割对象

切割主要用“刻刀工具”来完成。单击“裁剪工具”按钮右下角的黑色三角形，在弹出的工具组中可以找到“刻刀工具”，如图4-89所示。“刻刀工具”属性栏如图4-90所示。

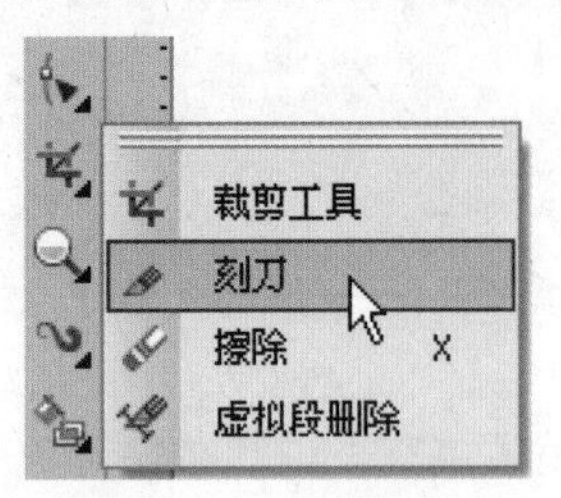

图4-89 “刻刀工具”位置

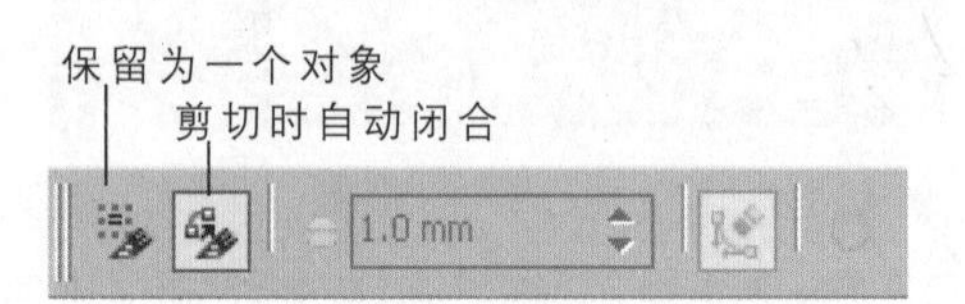

图4-90 “刻刀工具”属性栏

刻刀工具的使用很简单，其操作步骤如下：

01 用绘图工具绘制一个图形并选中，如图4-91所示：

02 选择“刻刀工具”，将光标移至要切割的起始点上，待光标变成形状时单击，如图4-92所示。

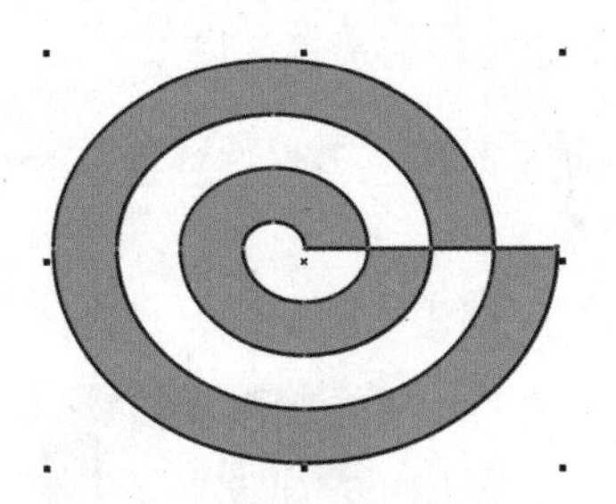
图4-91 选中要切割的对象

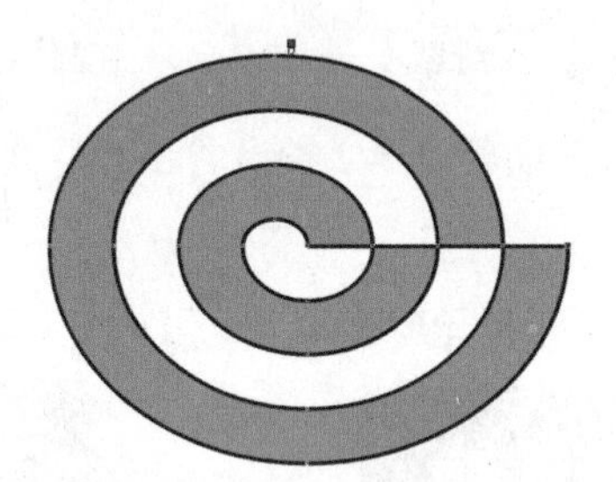
图4-92 光标变成形状

03 将光标移至要切割的终点上，待光标变成形状时单击，这时对象的状态如图4-93所示。选择工具箱中的“挑选工具”将其分开，如图4-94所示。

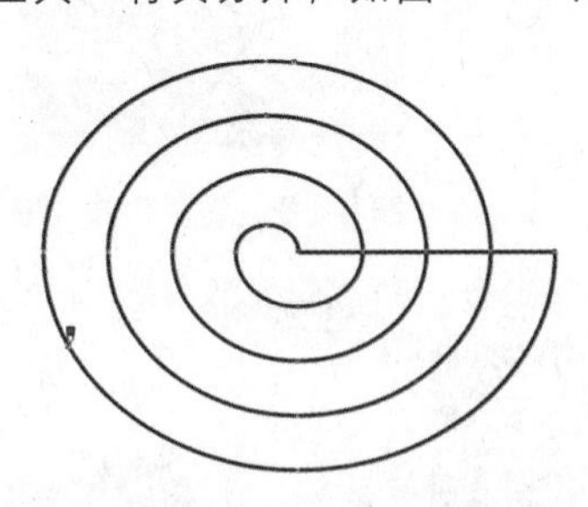
图4-93 切割后的对象

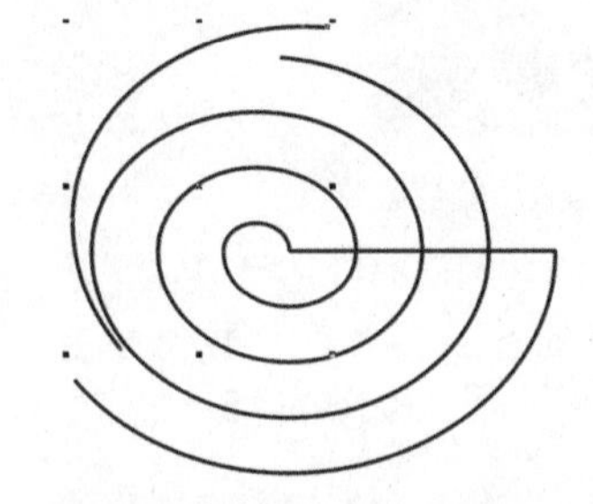
图4-94 分开被切割开的对象

按下属性栏上的按钮，对象上会产生一条线段，但对象并没有被切断。要想将已经被切割开的对象移开，可以在执行菜单“排列”/“拆分曲线”命令后，用“挑选工具”将其分开。

按下属性栏上的按钮进行切割时，会将对象切割成两个对象。

在操作过程中，第3步中的对象状态如图4-95所示，用“挑选工具”将其分开后的状态如图4-96所示。

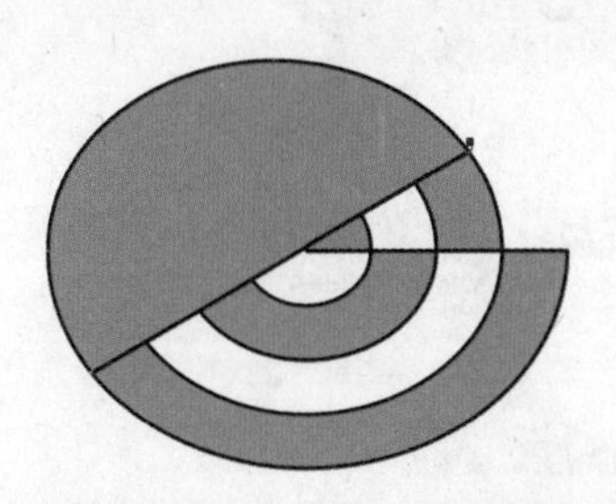

图4-95 单击按钮时切割后对象的状态

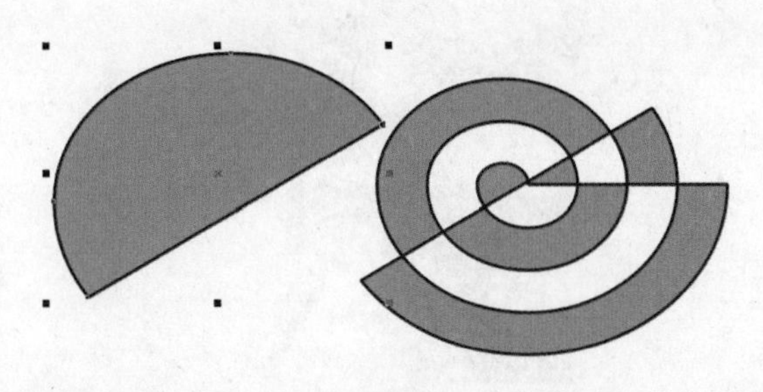

图4-96 将被切割开的对象分成两个对象

提示 · 技巧

按下“剪切时自动闭合”按钮切割对象时，还可以切割位图图像。

4-9-2 擦除对象

使用裁剪工具组中的“橡皮擦工具”，可以将图形对象中多余的部分擦除，此工具既适用于位图也适用于矢量图。

“橡皮擦工具”属性栏如图4-97所示。橡皮擦厚度是可以调节的，不同厚度的擦除效果不同，如图4-98所示。

1.0 mm

图4-97 “橡皮擦工具”属性栏

图4-98 不同厚度橡皮擦的效果

使用“橡皮擦工具”擦除对象多余部分的步骤如下：

01 选中要擦除的对象，然后选择“橡皮擦工具”。

02 将光标移至对象上，按住鼠标左键并拖动，释放鼠标后，光标移动过的地方就被擦除了，如图4-99所示。

（a）选择要擦除的对象　　（b）擦除效果

图 4-99　使用"橡皮擦工具"的方法及效果

4-10　涂抹和粗糙笔刷变形对象

工具箱形状工具组中的"涂抹笔刷工具"和"粗糙笔刷工具"都只适用于曲线对象，其属性栏如图 4-100 和图 4-101 所示。

图 4-100　"涂抹笔刷工具"属性栏

图 4-101　"粗糙笔刷工具"属性栏

4-10-1　涂抹笔刷工具

设置"涂抹笔刷工具"属性栏中的各项参数，如图 4-102 所示。数值不同效果也不同，如图 4-103 所示。

图 4-102　"涂抹笔刷工具"设置

（a）选择要涂抹的对象　（b）涂抹效果

图 4-103　使用"涂抹笔刷工具"的方法及效果

4-10-2　粗糙笔刷工具

设置"粗糙笔刷工具"属性栏中的各项参数，数值不同效果也不同，用于设置笔尖大小。图 4-104 所示是笔尖大小不同而其他参数设置相同所绘制出的效果。

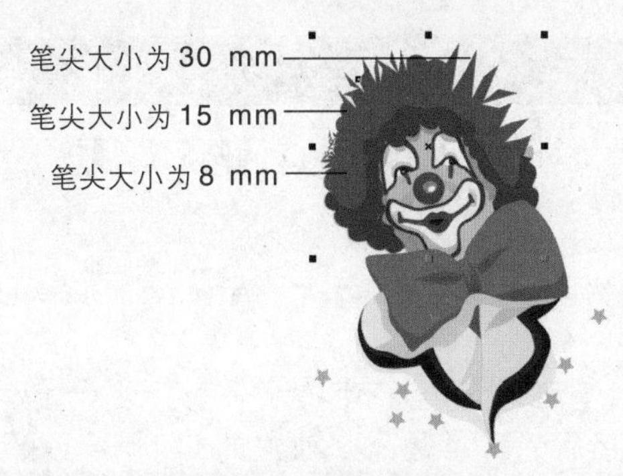

图4-104　不同笔尖大小绘制出效果

4-11　自由变换对象

“自由变换工具”也位于形状工具组中，包括自由旋转工具、自由角度镜像工具、自由调节工具和自由扭曲工具4种，其适用性很强。“自由变换工具”的属性栏如图4-105所示。

图4-105　“自由变换工具”属性栏

“自由变换工具”的使用方法也很简单。先选择要变形的对象，如图4-106所示。在自由变换属性栏中选择需要的工具，然后在对象上按住鼠标左键并拖动即可。图4-107所示是使用4种不同工具变形后的效果。

图4-106　选择要变形的对象

（a）自由旋转

（b）自由扭曲

（c）自由调节

（d）自由角度

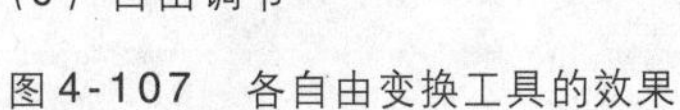

图4-107　各自由变换工具的效果

4-12　调整对象

绘制图形时，通常需要对图形进行调整，图形的调整包括焊接、修剪、相交、简化、移除后面对象和后移除前面对象。

4-12-1　焊接对象

“焊接”功能和“结合”功能有相似之处，不同的是焊接后重叠的部分不会被删除，焊接后的对象是一个独立的对象，具有单一轮廓。执行“焊接”命令的方法有两种。

- 执行菜单“排列”/“造形”/“焊接”命令。
- 执行菜单“窗口”/“泊坞窗”/“造形”命令，弹出如图4-108所示的“造形”泊坞窗，在其下拉列表框中选择“焊接”选项。

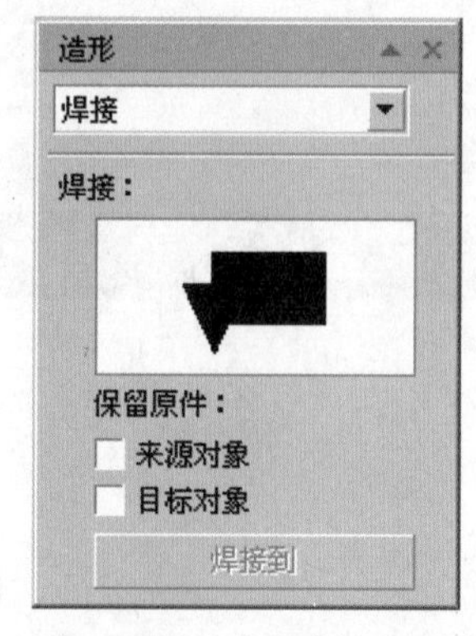

图4-108　“造形”泊坞窗中的“焊接”选项

焊接（以在泊坞窗中选择“焊接”选项为例）的操作步骤如下：

01 绘制两个准备焊接的对象，将两个对象群组。

02 选中其中一个准备焊接的对象，如图4-109所示。

03 选择“造形”泊坞窗中的“来源对象”复选框，即以刚才选择的对象为来源，单击“修剪”按钮，将光标移至另一对象时，光标变形为如图4-110所示的形状。单击即可焊接，效果如图4-111所示。

图4-109　选中准备焊接的对象

图4-110　将光标移至另一焊接对象

图4-111　焊接后的效果

提示 · 技巧

两个重叠或者不重叠的对象都可以焊接。焊接后的图形成为一个整体，可以对其进行移动、填色和加轮廓等操作。同时可以看到，焊接操作后，作为来源的对象并不会发生改变，如图4-112所示。

图4-112　焊接后的新对象

4-12-2 修剪对象

修剪对象，即将与目标对象相交的部分裁掉，目标对象的形状被更改。只有两个重叠的对象才能进行修剪操作。用绘图工具绘制两个不同的对象，并选中其中一个对象，如图4-113所示。具体操作方法如下：

图4-113 选中其中一个对象

01 执行菜单"窗口"/"泊坞窗"/"造形"命令，弹出"造形"泊坞窗，在其下拉列表框中选择"修剪"选项，并选择"来源对象"复选框，然后单击"修剪"按钮。

02 将光标移至另一个准备修剪的对象上，待光标变形后单击，如图4-114所示。修剪后的效果如图4-115所示。

图4-114 将光标移至另一对象

图4-115 修剪后的效果

4-12-3 对象相交

"相交"命令复制两个或多个对象相交的部分，生成一个新的对象，而原来的对象不变，如图4-116所示。此处是以选择"来源对象"和"目标对象"两个复选框为例进行操作的。

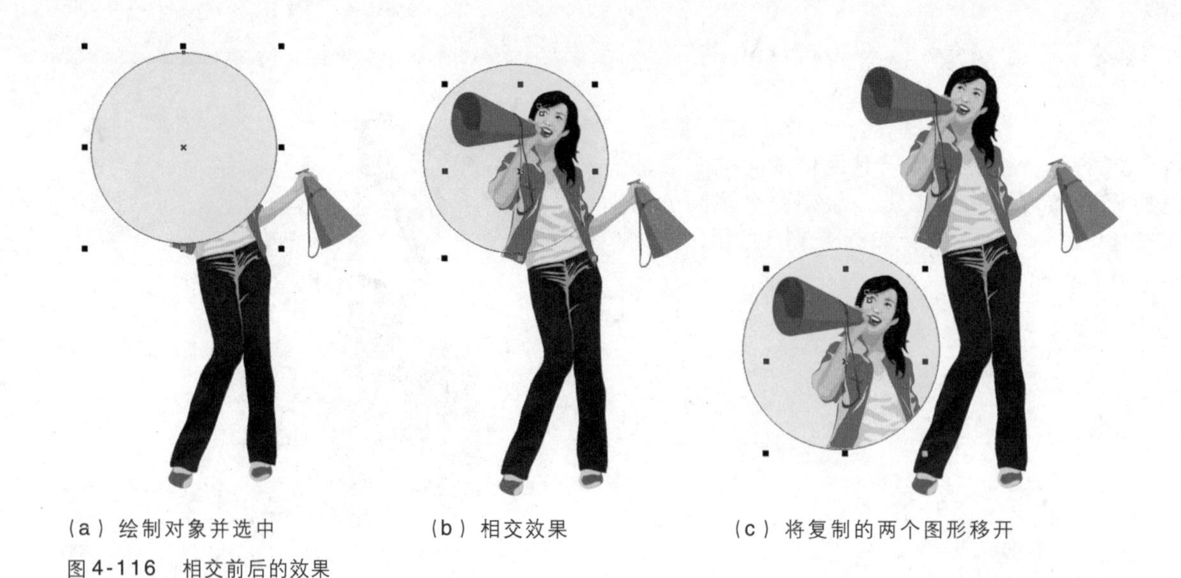

(a) 绘制对象并选中　　(b) 相交效果　　(c) 将复制的两个图形移开

图 4-116　相交前后的效果

4-12-4　简化对象

简化对象就是减去两个对象相交的部分，得到新对象，同时两个对象的状态均不发生变化。执行菜单"排列"/"造形"/"简化"命令，即可简化所选择的对象。注意，简化对象时需要同时选中一个或者多个对象，如图 4-117 所示。

(a) 原图形　　(b) 简化后的效果

图 4-117　原图形及简化后的效果

4-12-5　镂空对象

镂空运算包括"移除后面对象"（前面的对象减去后面的对象及重叠的部分，只保留前面对象剩余的部分）和"移除前面对象"（和"移除后面对象"相反）两种效果，如图 4-118 所示。

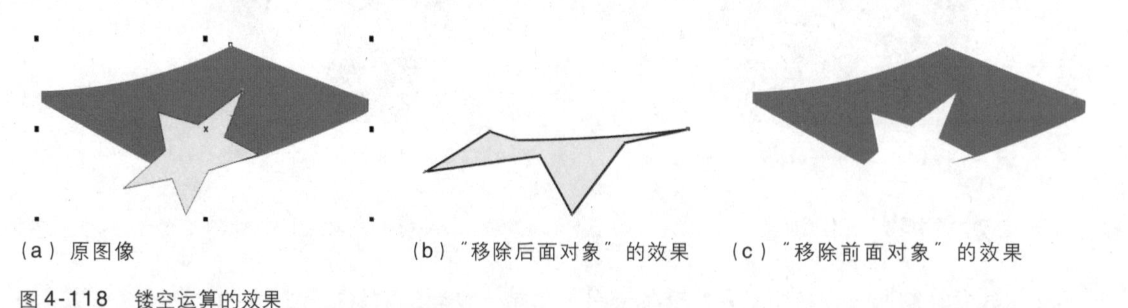

(a) 原图像　　(b)"移除后面对象"的效果　　(c)"移除前面对象"的效果

图 4-118　镂空运算的效果

4-13　标注对象

在 CorelDRAW X4 中，可以为绘制的对象标注尺寸，并显示对象的长、宽和对象之间的距离等信息。"度量工具"位于手绘工具组，如图 4-119 所示。选择"度量工具"后，其属性栏也会显示出来，如图 4-120 所示。这里提供了 6 种不同的度量工具，即自动度量工具、垂直度量工具、水平度量工具、倾斜度量工具、标注工具和角度量工具。

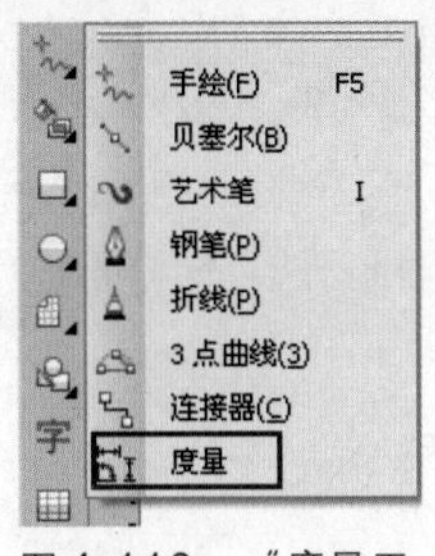

图4-119 “度量工具”的位置

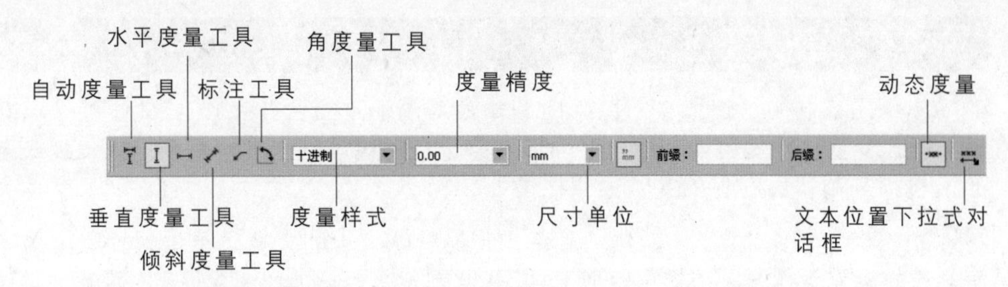

图4-120 “度量工具”属性栏

[自动度量工具]：使用此工具时，随着对象的改变，标注尺寸也会自动随之变化。

[垂直度量工具]：用来标注对象垂直方向的尺寸。

[水平度量工具]：用来标注对象水平方向的尺寸。

[倾斜度量工具]：用来标注对象的倾斜尺寸，如果按住【Ctrl】键，可以以15°的增量限制标注线的移动。

[标注工具]：可以为对象添加注释。使用此工具时，如果标注的起点和终点不在同水平线或者垂直线上，自动度量工具会选择相对较长的一侧标注；如果要标注在另一侧，可以配合【Tab】键操作。

[角度度量工具]：可以标注出对象的角度值。在标注角度时，如果按住【Ctrl】键，可以限制标注的位置和结束位置以15°、45°和90°的增量变化。

使用“度量工具”的操作步骤如下：

01 绘制一个图形对象，然后选择“度量工具”。

02 在属性栏中选择一种度量工具。

03 在要标注的对象上单击，显示标注的起点和终点，再移动光标确定标注文本放置的位置并单击，即可标注出尺寸，如图4-121所示。

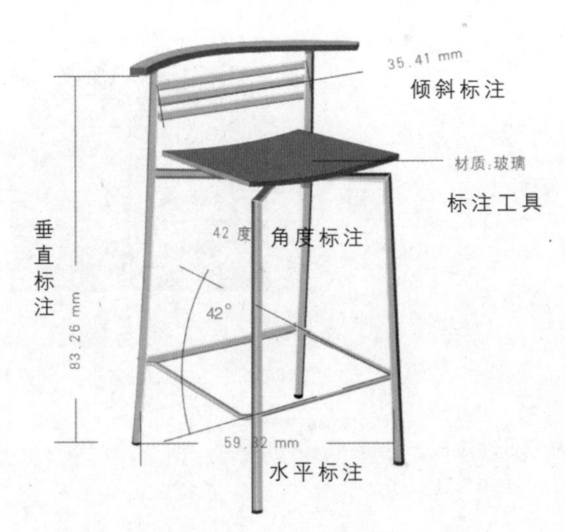

图4-121 5种度量工具的标注效果

4-14　喜庆红包

本例主要利用“造形”子菜单中的命令对图形进行合并操作，同时利用“镜像”、“位置”和“旋转”等“变换”泊坞窗的功能，对图形对象进行镜像复制、旋转复制等操作，配合“矩形工具”、“椭圆形工具”等制作出红包的整体效果。

01 执行菜单“文件”/“新建”命令，新建默认大小的文档。单击属性栏中的“横向”按钮，将页面的方向设置为横向。选择“矩形工具”，绘制一个矩形，如图4-122所示。

02 选择工具箱中的“渐变填充”工具，打开“渐变填充”对话框，在该对话框中选择“类型”为“线性”，并设置渐变色，单击“确定”按钮，为矩形填充渐变色，效果如图4-123所示。

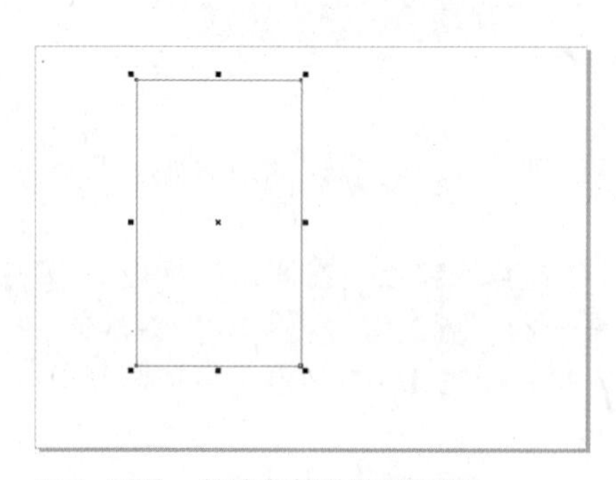

图4-122　新建文档并绘制矩形

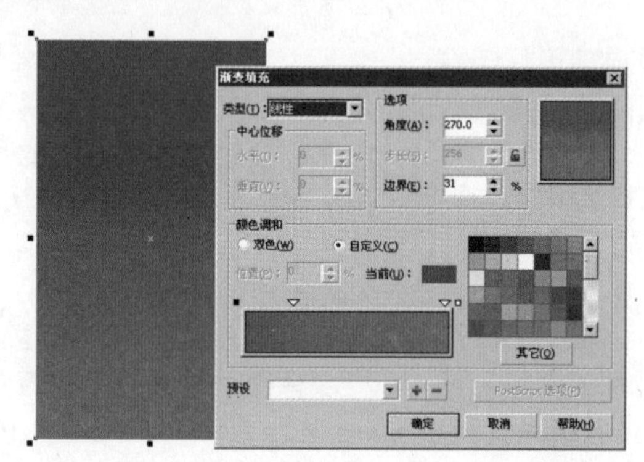

图4-123　填充渐变色

03 制作顶盖部分图形。选择“矩形工具”，在矩形的上部，按住【Ctrl】键拖动鼠标，绘制一个正方形，如图4-124所示。

04 按住【Ctrl】键，将正方形旋转45°，并将其适当压扁一些，然后在属性栏中设置圆角的滑度，增加圆角效果，如图4-125所示。

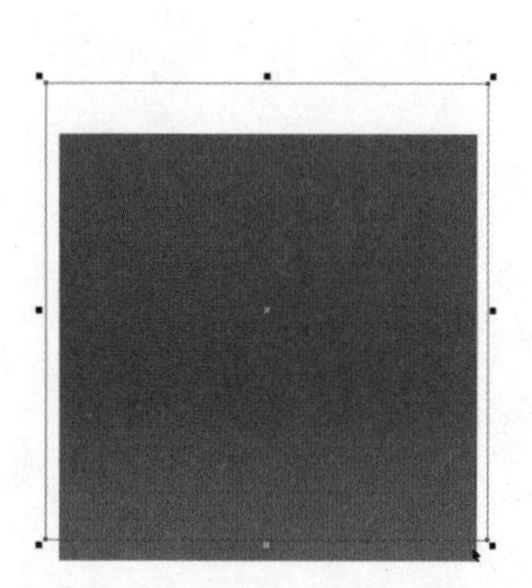

图4-124　绘制一个正方形

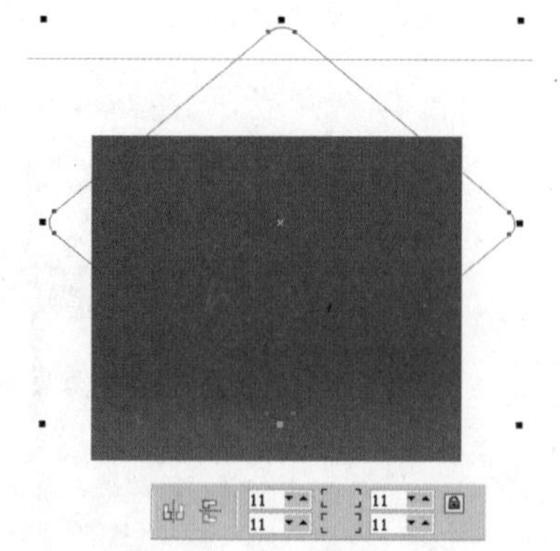

图4-125　旋转正方形并设置圆角效果

05 选中填充了渐变色的矩形，按【Ctrl+C】组合键进行复制，然后按【Ctrl+V】组合键粘图形，并将圆角矩形和渐变矩形同时选中，如图4-126所示。

06 执行菜单“排列”/“造形”/“相交”命令，将图形分割成不同的部分，效果如图4-127所示。

07 将四周的图形都删除，只保留中间相交的图形，效果如图4-128所示。

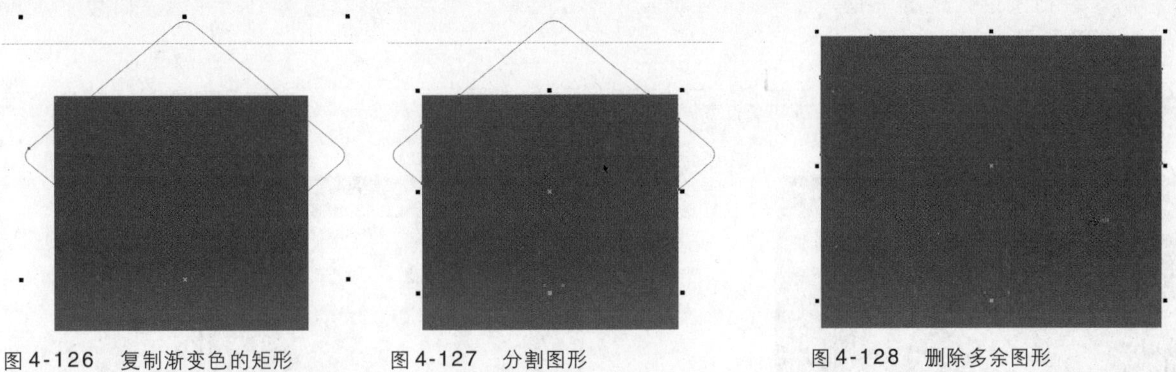

图 4-126　复制渐变色的矩形　　图 4-127　分割图形　　图 4-128　删除多余图形

08 再按【Ctrl+V】组合键粘一个矩形，将沿垂直方向缩小，将矩形与相交产生的图形同时选中，如图 4-129 所示。

09 执行菜单“排列”/“造形”/“焊接”命令，将两个图形合并在一起，得到顶盖的轮廓外形，效果如图 4-130 所示。

图 4-129　复制矩形并沿垂直方向缩小

图 4-130　焊接图形

10 选中制作好的顶盖图形，选择“渐变填充”工具，打开“渐变填充”对话框，在该对话框中选择“类型”为“线性”，然后设置渐变色，效果如图 4-131 所示。

11 复制顶盖图形并原位粘贴，然后为其填充颜色，按【Ctrl+Page Down】组合键调整到原顶盖图形的下层，适当移动并调整大小，产生阴影效果，效果如图 4-132 所示。

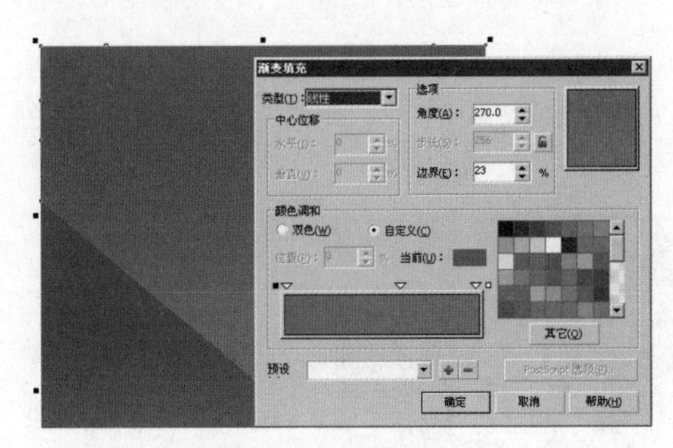

图 4-131　为图形填充渐变色

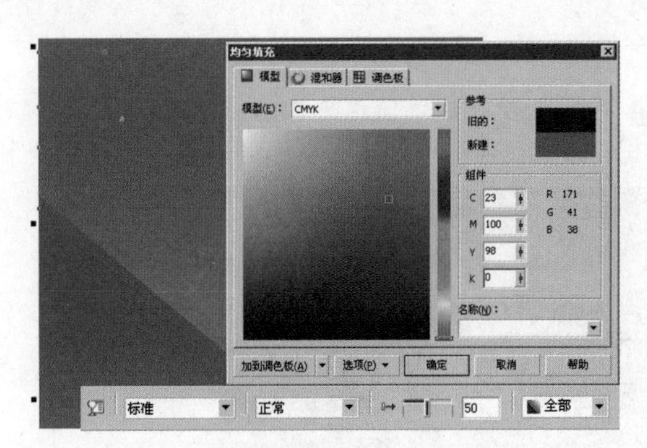

图 4-132　复制图形并填充颜色

12 制作装饰图形。选择“钢笔工具”，在顶盖图形上绘制一个水滴形状的图形，并填充白色，效果如图 4-133 所示。

13 用“钢笔工具”在水滴图形的左侧绘制出装饰图形的左侧图形形状，分别填充白色、土黄色，效果如图 4-134 所示。

图 4-133　绘制一个水滴形状的图形

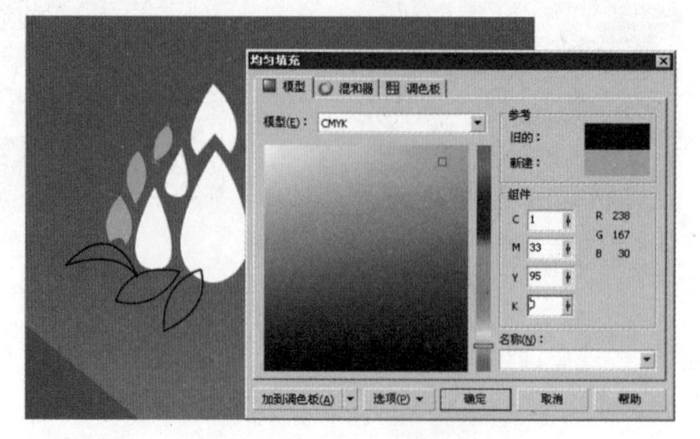

图 4-134　绘制装饰图形的左侧图形形状

14 选中左侧的装饰图形，打开“变换”泊坞窗，单击“缩放和镜像”按钮，单击“水平镜像”按钮，设置变换中心点，然后单击“应用到再制”按钮，将图形进行水平镜像复制，效果如图 4-135 所示。

15 调整镜像复制图形的位置，组成左右对称的装饰图形，效果如图 4-136 所示。

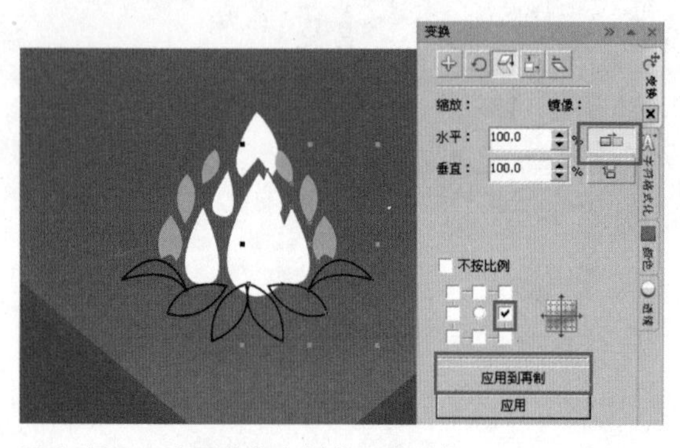

图 4-135　水平镜像左侧的图形形状

图 4-136　将水滴形状的图形调整到顶层

16 选择“钢笔工具”在装饰图形的左侧绘制装饰线条，再用“椭圆形工具”绘制一个小正圆图形。将线条和圆形同时选中，效果如图 4-137 所示。

17 在“变换”泊坞窗中单击“缩放和镜像”按钮，单击“水平镜像”按钮，设置变换中心点，然后单击“应用到再制”按钮，将图形进行水平镜像复制，效果如图 4-138 所示。

图 4-137　绘制装饰线条和圆点

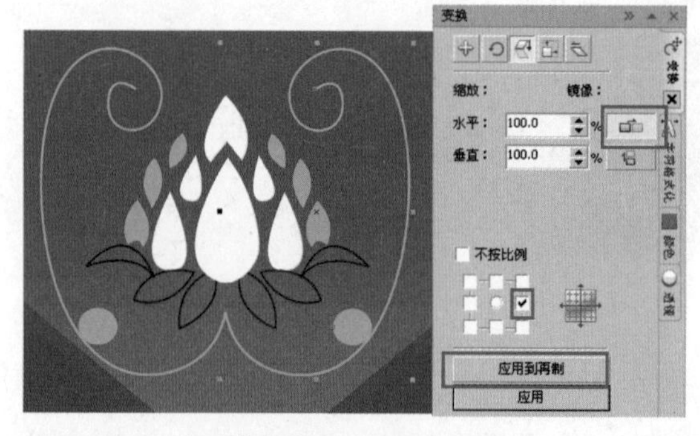

图 4-138　水平镜像复制装饰线条和圆点

18 选择“钢笔工具”，在矩形上绘制一个花朵线条图形，并设置轮廓颜色和宽度，效果如图4-139所示。

19 选中花朵线条图形，打开“变换”泊坞窗，单击“缩放和镜像”按钮，设置水平和垂直方向的缩放比例为70%，并设置变换中心点的位置，单击两次“应用到再制”按钮，缩小并复制两个花朵线条图形，效果如图4-140所示。

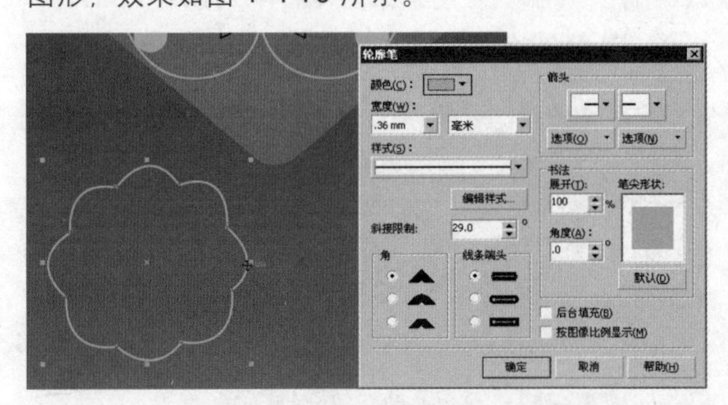

图4-139　绘制花朵图形并设置轮廓颜色和宽度

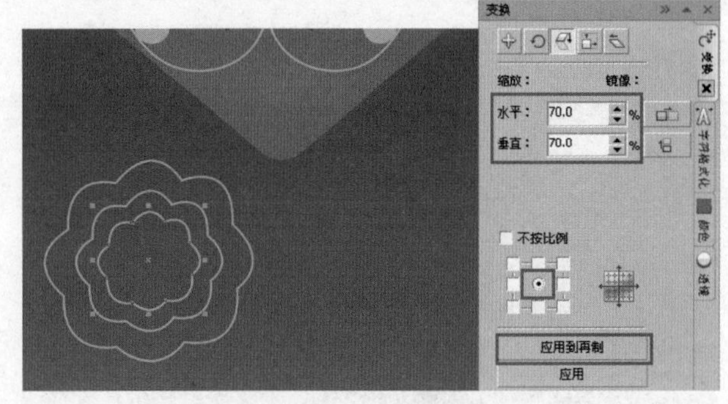

图4-140　缩小并复制两个花朵线条图形

20 选择“椭圆形工具”，在花朵线条图形上绘制一个小的正圆图形，然后复制3个，分别放在花朵线条图形的4个方向上，效果如图4-141所示。

21 将花朵线条图形和4个小正圆图形全部选中并编组，然后打开“变换”泊坞窗，单击“位置”按钮，设置水平方向的移动距离为40 mm，并选择“相对位置”复选项，单击“应用到再制”按钮，移动并复制一个花纹装饰图形，效果如图4-142所示。

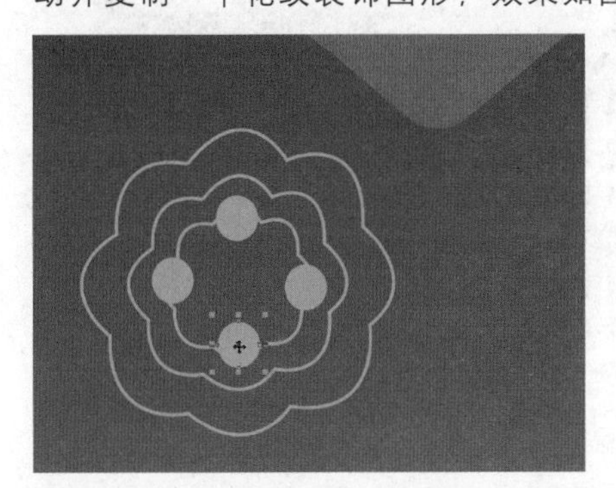

图4-141　绘制4个小的正圆图形

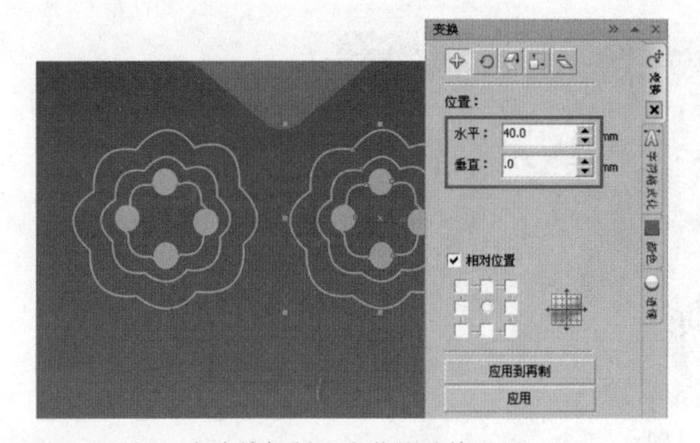

图4-142　移动并复制一个花纹装饰图形

22 选中两个花纹装饰图形，在“变换”泊坞窗中设置垂直方向的移动距离为-45 mm，并选择“相对位置”复选项，单击“应用到再制”按钮，移动并复制两个花纹装饰图形，效果如图4-143所示。

23 用“钢笔工具”在矩形的左下角绘制一个花纹图形，并设置同样的轮廓颜色和宽度，效果如图4-144所示。

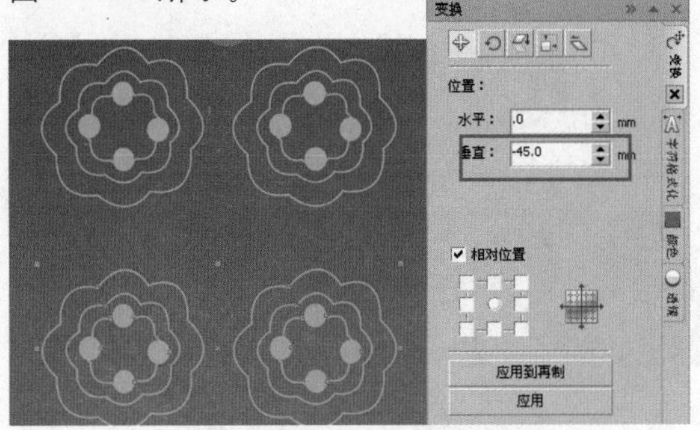

图4-143　移动并复制两个花纹装饰图形

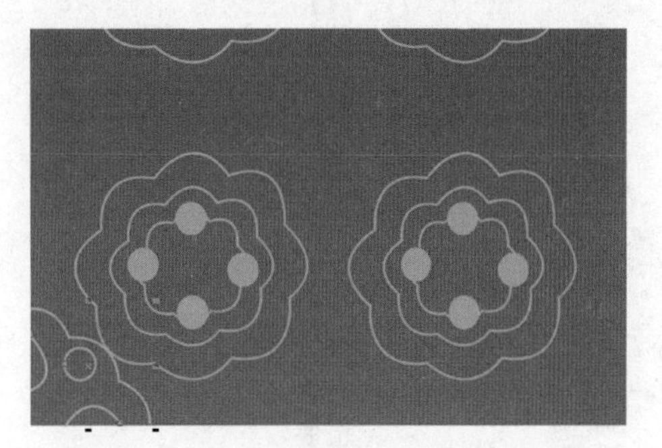

图4-144　绘制花纹图形

24 选中花纹图形，打开“变换”泊坞窗，单击“缩放和镜像”按钮，单击“水平镜像”按钮，设置变换中心点，然后单击“应用到再制”按钮，对图形进行水平镜像复制，效果如图 4-145 所示。

25 将镜像复制花纹图形移动到矩形的最右侧，并对齐到矩形的边缘位置。然后选择“矩形工具”，在画面中绘制多个矩形条，将其拼接在一起，组成“喜”字的左半部分，效果如图 4-146 所示。

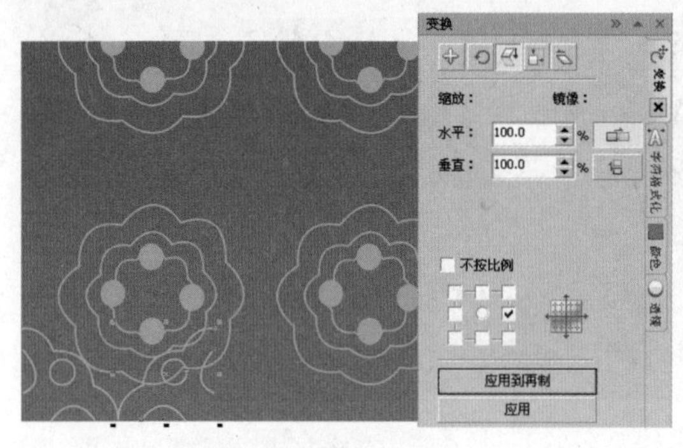

图 4-145　水平镜像复制花纹图形

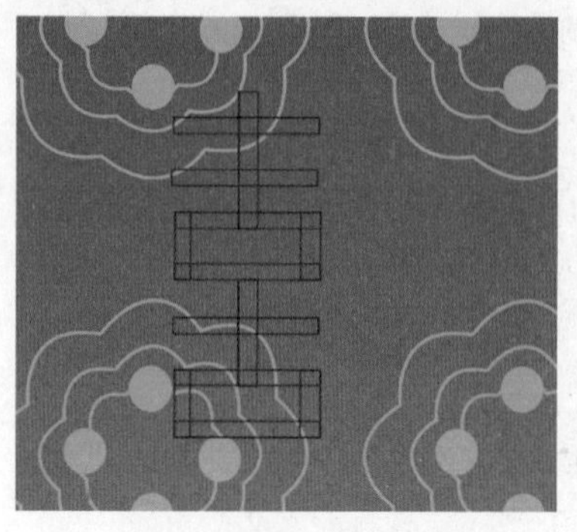

图 4-146　用矩形条拼成“喜”字的左半部分

26 将矩形条全部选中，执行菜单“排列”/“造形”/“焊接”命令，将其组合成一个图形，效果如图 4-147 所示。

27 将焊接后的图形填充为白色，在“变换”泊坞窗中单击“缩放和镜像”按钮，单击“水平镜像”按钮，设置变换中心点，然后单击“应用到再制”按钮，对图形进行水平镜像复制，效果如图 4-148 所示。

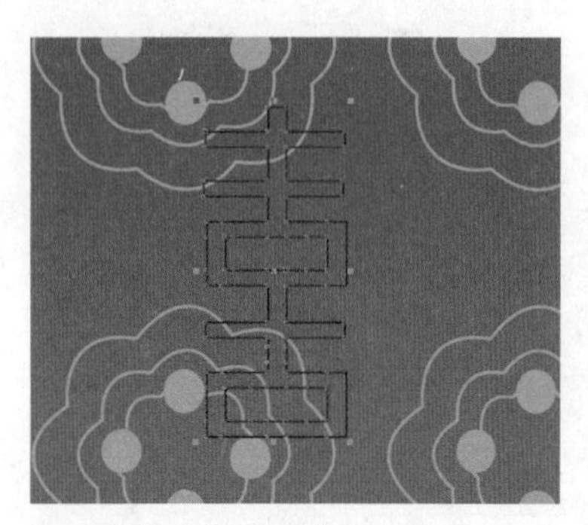

图 4-147　焊接图形

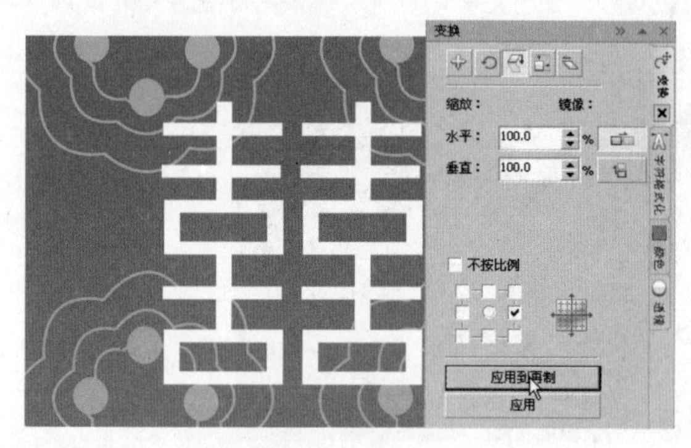

图 4-148　水平镜像复制图形

28 选择“钢笔工具”，在矩形的左侧绘制一个三角形。选择工具箱中的“渐变填充”工具，打开“渐变填充”对话框，在该对话框中选择“类型”为“线性”，并设置颜色和选项，单击“确定”按钮，为三角形填充渐变色，效果如图 4-149 所示。

29 选中之前制作的装饰图形，拖动图形，并按小键盘上的【+】号键复制一个，然后将其移动到三角图形上，适当缩小，并按【Ctrl】键逆时针旋转 90°，效果如图 4-150 所示。

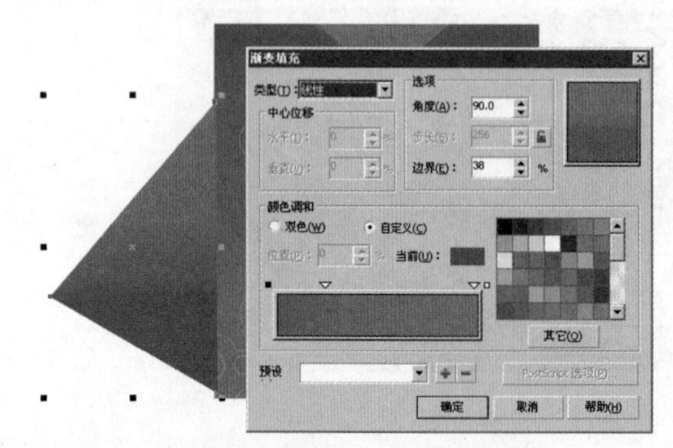

图 4-149　绘制三角形并填充渐变色

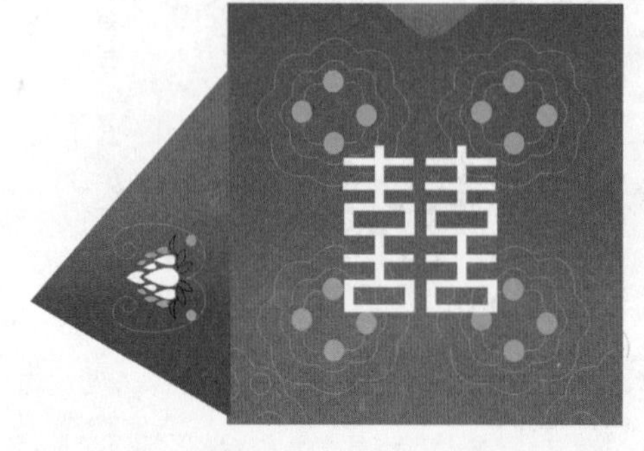

图 4-150　复制装饰图形并缩小和旋转

30 将左侧的三角形和装饰图形同时选中并编组。打开“变换”泊坞窗，单击“缩放和镜像”按钮，单击“水平镜像”按钮，然后单击“应用到再制”按钮，对图形进行水平镜像复制，效果如图4-151所示。

31 添加坠绳图形。用“钢笔工具”在矩形的右侧绘制坠绳图形的不同部分，并将其填充为不同的颜色和渐变色，然后将坠绳图形的各部分图形全部选中并编组，效果如图4-152所示。

图4-151　水平镜像复制装饰图形

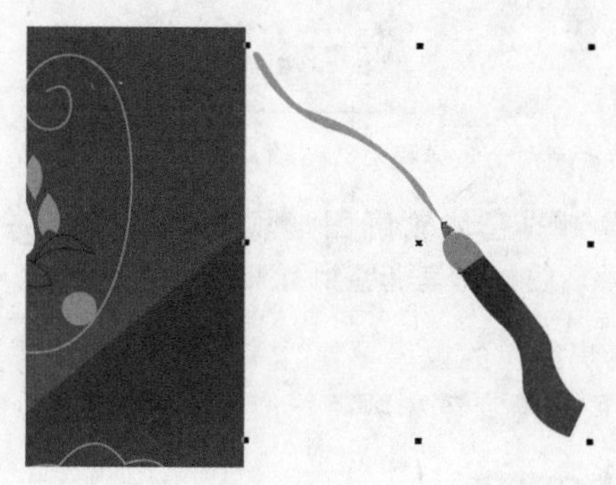

图4-152　绘制坠绳图形

32 选中坠绳图形，按【Ctrl+C】组合键复制，再按【Ctrl+V】原位粘贴图形，将粘贴的图形取消编组并保持选中状态，然后执行菜单“排列”/“造形”/“焊接”命令，将其合并为一个轮廓图形，再填充为黑色，然后将其适当拉长一些，效果如图4-153所示。

33 选中黑色坠绳轮廓图形，选择工具箱中的“交互式透明工具”，在属性栏中设置“透明度类型”为“标准”，并对“开始透明度”选项进行设置，制作阴影效果。然后按【Ctrl+Page Down】组合键，将阴影图形调整到坠绳图形的下层，效果如图4-154所示。

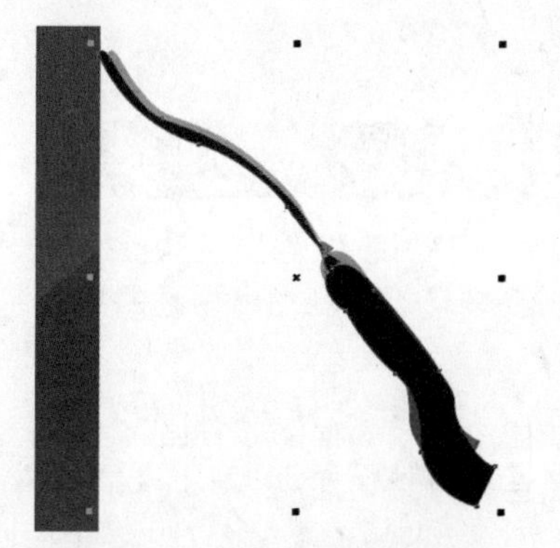

图4-153　制作坠绳轮廓图形

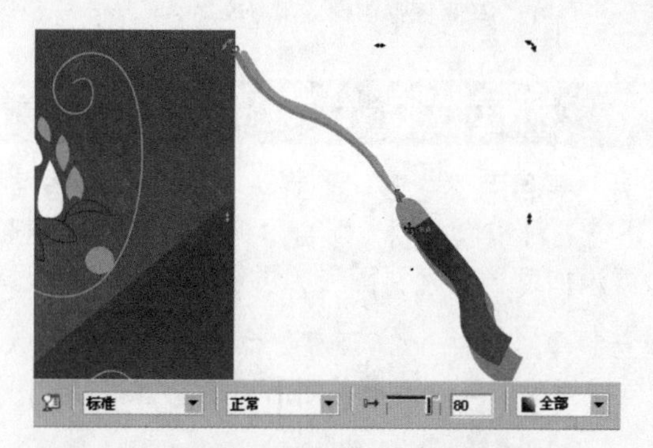

图4-154　将坠绳轮廓图形制作成阴影效果

34 将坠绳图形和阴影图形选中并编组，然后打开“变换”泊坞窗，单击“旋转”按钮，对“角度”和中心点位置进行设置，然后单击“应用到再制”按钮3次，旋转复制两个坠绳和阴影图形，效果如图4-155所示。

35 制作整体的投影效果。选中大矩形和左右两个三角形，按【Ctrl+C】组合键复制，再按【Ctrl+V】原位粘贴图形，保持选中状态，然后执行菜单“排列”/“造形”/“焊接”命令，将其合并为一个整体的轮廓图形，效果如图4-156所示。

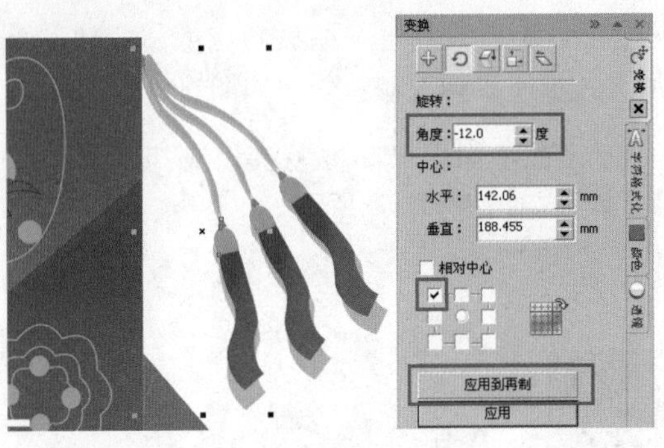

图 4-155　旋转复制两个坠绳和阴影图形

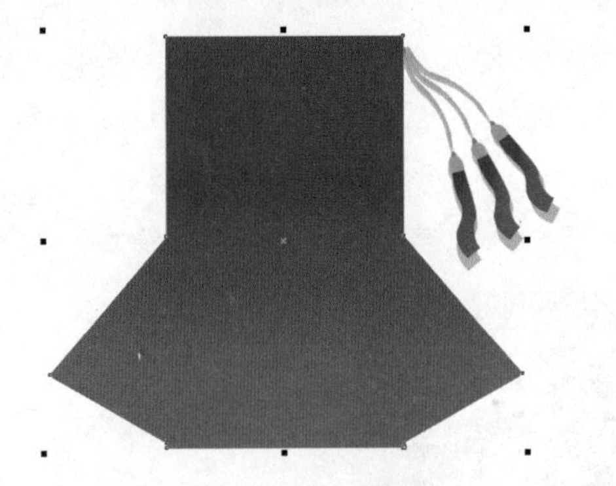

图 4-156　制作红包外轮廓图形

36 将焊接得到的整体轮廓图形填充为黑色，并为其设置与坠绳阴影图形相同的透明度，然后按【Ctrl+End】组合键，将其调整到所有图形的最下层，并适当地向右下方向移动一些，效果如图 4-157 所示。

37 至此，喜庆红包的效果就制作完成了。如果想要制其他颜色的红包图形，可以复制制作好的图形，再为其填充不同的渐变色和颜色，最终效果图如图 4-158 所示。

图 4-157　将红包外轮廓图形制作成阴影效果

图 4-158　红包最终效果图

4-15　相框效果

本例主要利用"造形"子菜单中的命令制作相框的框架和卡通猫图形，并利镜像等变换功能对图形对象进行各种镜像复制，配合"钢笔工具"、"矩形工具"和"粗糙笔刷工具"等，制作出相框的主体内容，再添加适当的素材图形，并为图形添加透明和阴影等效果。

01 执行菜单"文件"/"新建"命令，新建默认大小的文档。单击属性栏中的"横向"按钮，将页面的方向设置为横向。选择"矩形工具"，绘制一个矩形，并填充 10% 黑色，效果如图 4-159 所示。

02 打开随书光盘"04\4-15 相框效果\素材 1.cdr"素材文件，选中其中红色的文字图章图形，按【Ctrl+C】组合键进行复制，如图 4-160 所示。

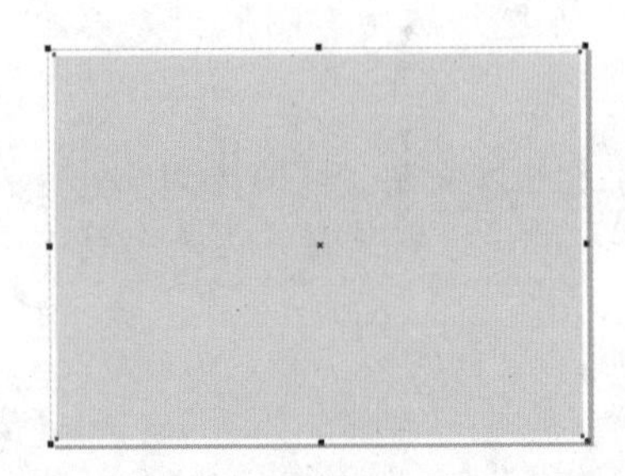

图 4-159　绘制矩形并填充 10% 黑色

图 4-160　文字图章素材文件效果

03 返回到当前文档中，按【Ctrl+V】组合键粘贴图形。将图形填充为白色，并旋转一定的角度，再复制多个，摆放到背景中，效果如图4-161所示。

04 将这些文字图章图形全部选中并编组，选择工具箱中的“交互式透明工具”，在属性栏中设置“透明度类型”为“线性”，并调整线性透明效果，如图4-162所示。

图4-161　将文字图章图形填充为白色并复制多个

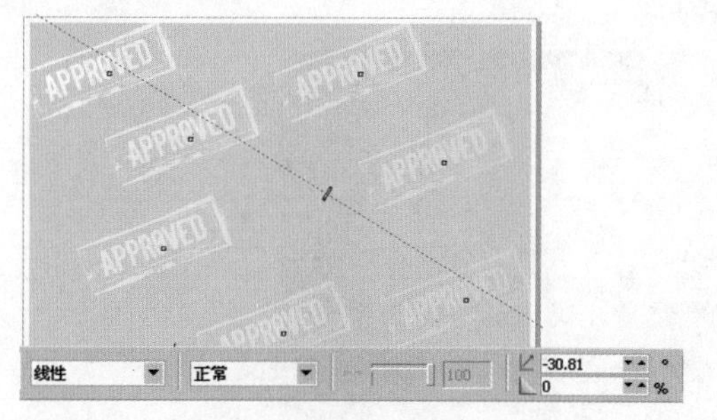

图4-162　应用透明效果

05 制作相框图形。选择“矩形工具”，沿着页面边框绘制一个矩形，作为相框的基本大小，效果如图4-163所示。

06 选中矩形，打开“变换”泊坞窗，单击“缩放和镜像”按钮，设置水平和垂直方向的缩放比例均为75%，并设置变换中心点的位置，单击“应用到再制”按钮，缩小并复制一个矩形，效果如图4-164所示。

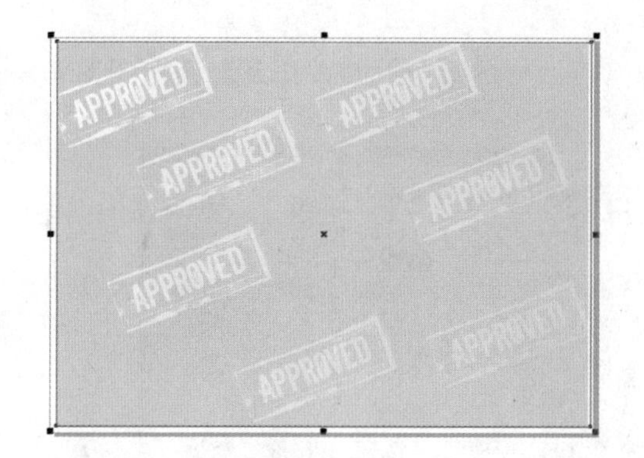

图4-163　绘制一个矩形

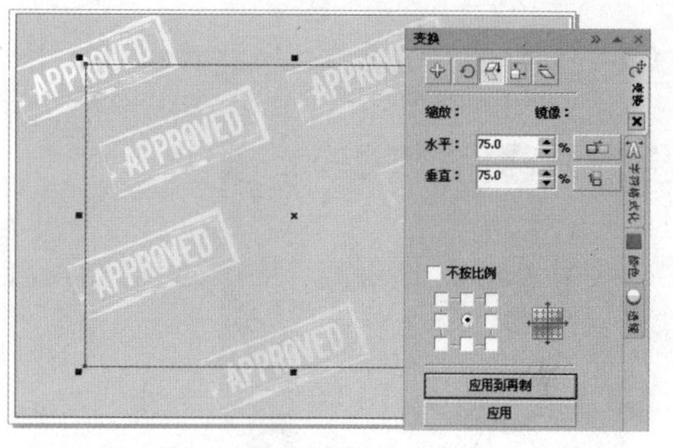

图4-164　缩小并复制一个矩形

07 将两个矩形同时选中，执行菜单“排列”/“造形”/“移除前面对象”命令，得到相框图形，并为填充棕色，效果如图4-165所示。

08 选择相框图形，按【Ctrl+C】组合键复制，再按【Ctrl+V】组合键原位粘贴图形，然后将粘贴的图形适当缩小，并填充另外一种颜色，再按【Ctrl+Page Down】组合键，将其调整到相框图形的下层，效果如图4-166所示。

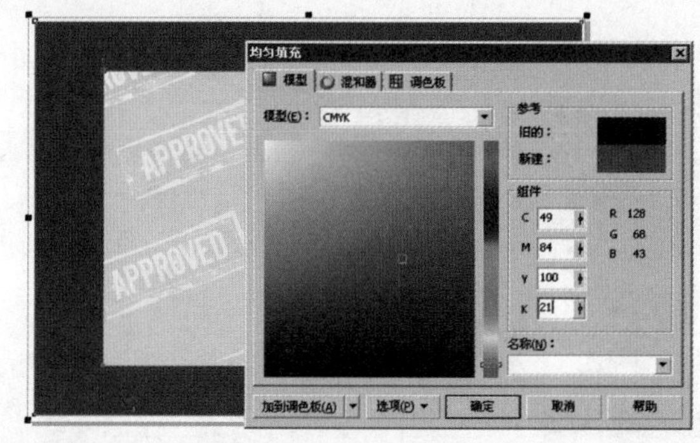

图4-165　相框图形

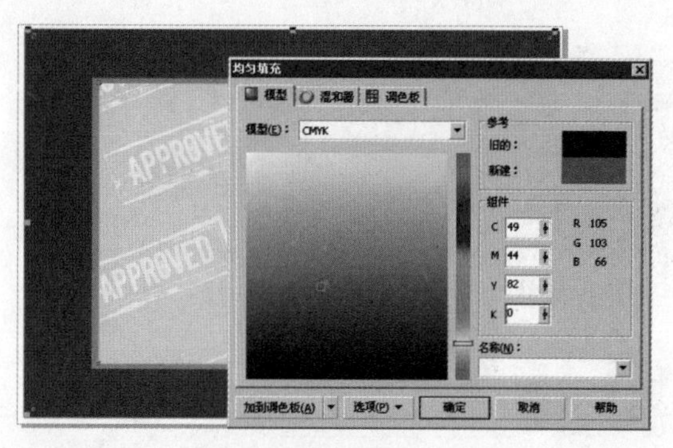

图4-166　填充并缩小相框图形

09 制作卡通猫的背影图形效果。选择“钢笔工具”在相框右侧内部绘制卡通猫的身体轮廓图形，以及左侧的耳朵和爪子图形，效果如图4-167所示。

10 选择左侧的耳朵和爪子图形，打开“变换”泊坞窗，单击“缩放和镜像”按钮，单击“水平镜像”按钮，然后单击“应用到再制”按钮，对图形进行水平镜像复制，并向右移动到适当的位置，效果如图4-168所示。

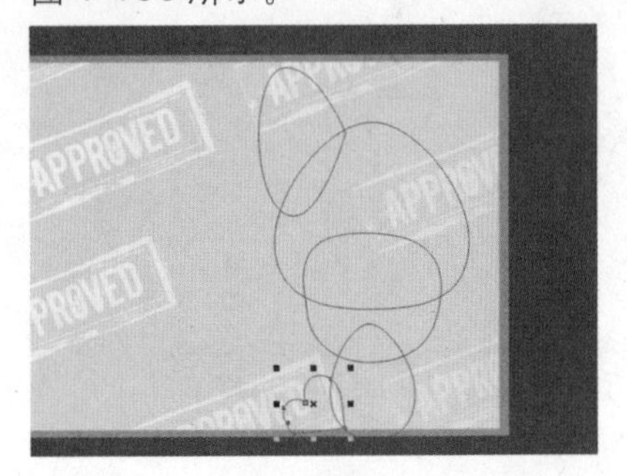
图4-167 绘制卡通猫的身体轮廓图形

图4-168 水平镜像复制耳朵和爪子图形

11 选中卡通猫的两个爪子图形，按【Ctrl+C】组合键复制，并按【Ctrl+V】组合键粘贴留到后面使用。将卡通猫的各部分的图形全部选中，执行菜单“排列”/“造形”/“焊接”命令，将其合并为一个整体的轮廓图形，效果如图4-169所示。

12 选中卡通猫轮廓图形，填充黑色。按【Ctrl+C】组合键复制，再按【Ctrl+V】组合键原位粘贴图形。将粘贴得到的图形填充为深蓝色，再择“形状工具”，修改深蓝色图形的形状，使其比底部黑色图形稍小一些，并调整出尾部形状，效果如图4-170所示。

图4-169 制作卡通猫的整体轮廓图形

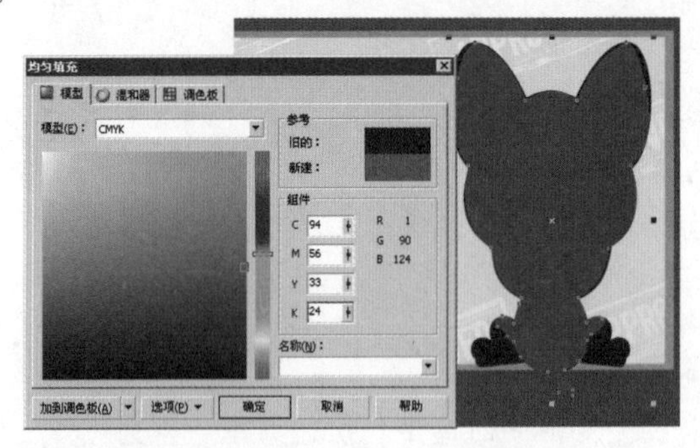
图4-170 复制并调整卡通猫的轮廓图形

13 制作立体效果。用“钢笔工具”和“椭圆形工具”，在卡通猫图形上绘制高光部分的图形形状，并填充稍浅一些的蓝色（相对于深蓝色），效果如图4-171所示。

14 用“钢笔工具”在卡通猫图形的右侧绘制阴影部分的图形形状，并填充更深一些的蓝色（相对于深蓝色），效果如图4-172所示。

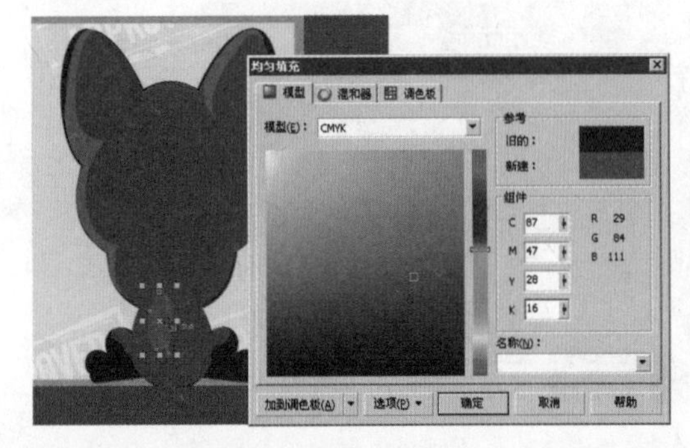
图4-171 制作高光区域的图形

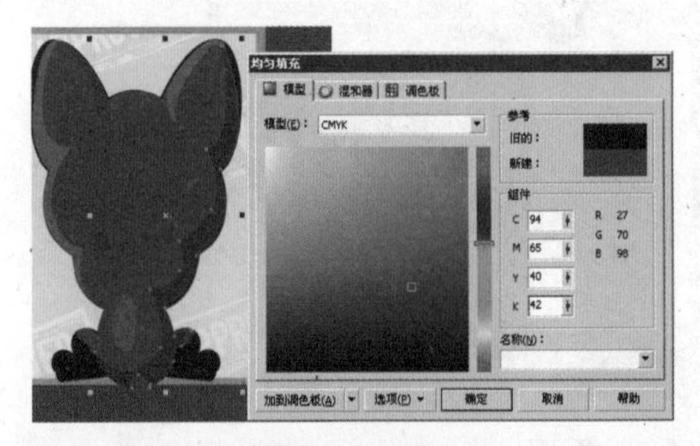
图4-172 制作阴影部分的图形

15 用“钢笔工具”在之前绘制的阴影图形的左侧绘制一个过渡颜色图形，并填充浅一些的蓝色（相对于最右侧的图形），效果如图 4-173 所示。

16 制作猫爪部分。将之前复制的猫爪图形原位粘贴，然后将粘贴的图形填充为白色。再选择“钢笔工具”，在左侧爪子图形上绘制一个阴影形状图形，并填充颜色，效果如图 4-174 所示。

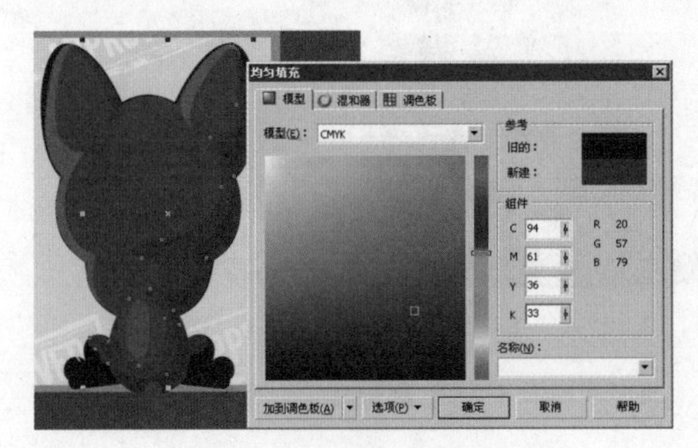

图 4-173　绘制另一个阴影部分的图形

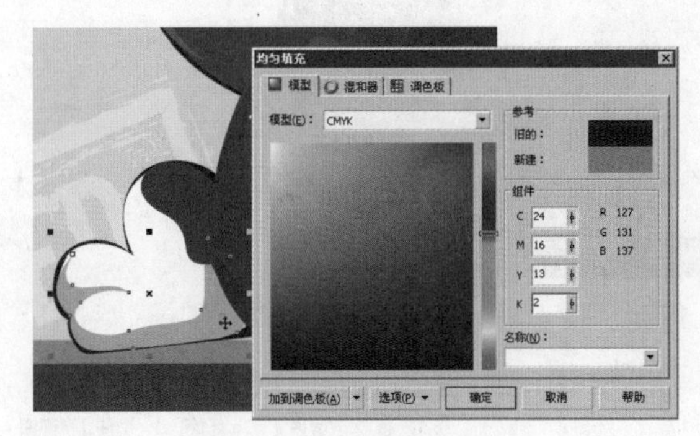

图 4-174　绘制爪子上的阴影图形

17 选中左侧爪子的阴影图形，将其复制后进行水平镜像，然后放置在右侧的爪子图形上。用“钢笔工具”绘制出尾部的装饰轮廓图形及高光区域图形，分别填充黑色和浅蓝色，效果如图 4-175 所示。

18 选择“椭圆形工具”，在卡通猫的下部绘制一个椭圆形，填充亮绿色，效果如图 4-176 所示。

图 4-175　绘制尾部的装饰轮廓图形及高光区域图形

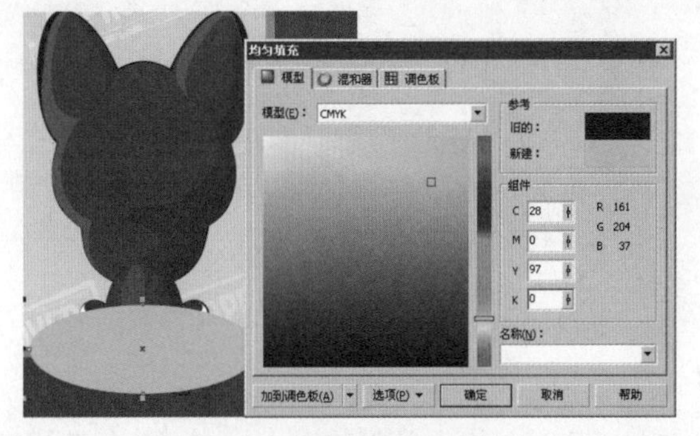

图 4-176　绘制一个椭圆形并填充亮绿色

19 按【Ctrl+Page Down】组合键，将亮绿色的椭圆形调整相框图形的下层。然后选择【椭圆形工具】，在卡通猫的左侧绘制一个椭圆形，效果如图 4-177 所示。

20 选中椭圆形，选择“粗糙笔刷工具”，在椭圆形上拖动，对椭圆形进行粗糙处理，如图 4-178 所示。

图 4-177　在卡通猫的左侧绘制一个椭圆形

图 4-178　将椭圆形进行粗糙处理

21 选择“形状工具”，对粗糙处理后的图形进行细节的调整，然后将其填充为洋红色，效果如图4-179所示。

22 选择“文本工具”，在粗糙图形上单击，输入文字内容。选中文本对象，打开“字符格式化”泊坞窗，对文字的格式进行设置，并将文本填充为白色，效果如图4-180所示。

图4-179　调整图形形状并后填充洋红色

图4-180　输入文字内容

23 添加相框的装饰图形。打开随书光盘“04\4-15相框效果\素材2.cdr”素材文件，选中其中花朵图形，按【Ctrl+C】组合键进行复制，如图4-181所示。

24 返回到当前文档中，按【Ctrl+V】组合键粘贴图形。然后将其复制多个，适当地调整大小和角度，摆放在相框的不同位置上，效果如图4-182所示。

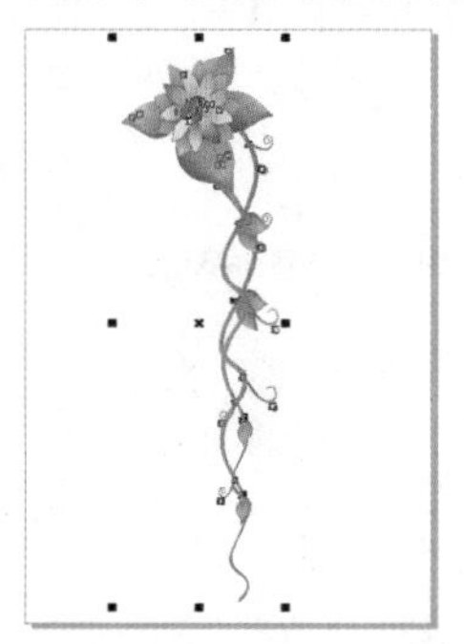

图4-181　边框花朵素材文件效果

图4-182　将边框花朵图形复制多个摆放到相框上

25 制作一个白色底纹效果。将卡通猫图形选中，按【Ctrl+C】组合键复制，再按【Ctrl+V】原位粘贴图形，然后取消群组，并保持选中状态，执行菜单“排列”/“造形”/“焊接”命令，将其合并为一个整体的轮廓图形，并填充白色，效果如图4-183所示。

26 将白色轮廓图形选中，选择工具箱中的“交互式透明工具”，在属性栏中设置“透明度类型”为“标准”，并对“开始透明度”选项进行设置，制作底纹效果。然后按【Ctrl+Page Down】组合键，将底纹图形调整卡通猫图形的下层，效果如图4-184所示。

图4-183　制作白色轮廓图形

图4-184　制作底纹效果

27 将卡通猫图形选中，按【Ctrl+C】组合键复制，再按【Ctrl+V】组合键两次，得到两个卡通猫图形。将图形移动到空白区域，将图形取消群组，再分别选中各组成部分，填充不同的颜色，制作出两个不同颜色效果的卡通猫图形，效果如图4-185所示。

28 对画面不满意的地方进行调整，相框的最终效果如图4-186所示。

图4-185　制作两个不同颜色效果的卡通猫图形

图4-186　相框的最终效果

4-16　艺术花纹效果

本例主要利用"步长和重复"泊坞窗及旋转"变换"泊坞窗的功能，制作出装饰纹理和花纹图形对象。同时，利用"结合"命令和"群组"命令对图形对象进管理和控制，再添加适当的花纹素材图形和透明变化效果。

01 执行菜单"文件"/"新建"命令，新建默认大小的文档，单击属性栏中的"横向"按钮，将页面的方向设置为横向。选择"矩形工具"，绘制一个矩形，效果如图4-187所示。

02 制作按钮效果。在属性栏中设置矩形的边角圆滑度选项，并将矩形填充为黑色，效果如图4-188所示。

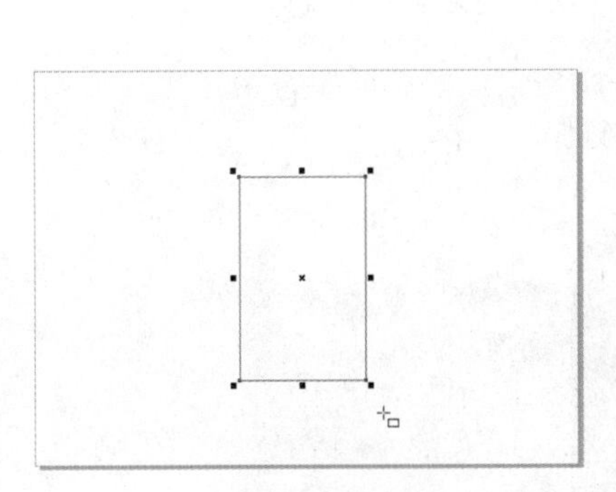

图4-187　新建文档并绘制矩形

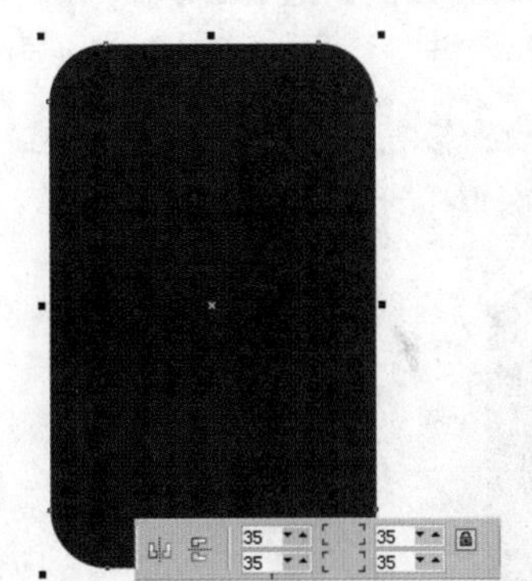

图4-188　设置圆角效果并填充黑色

03 选中圆角矩形，按【Ctrl+C】组合键复制，再按【Ctrl+V】粘贴图形，再将图形适当地缩小一些，然后填充土黄色，效果如图4-189所示。

04 选中土黄色的圆角矩形，选择工具箱中的"交互式网状填充工具"，为圆角矩形添加默认的网格节点，效果如图4-190所示。

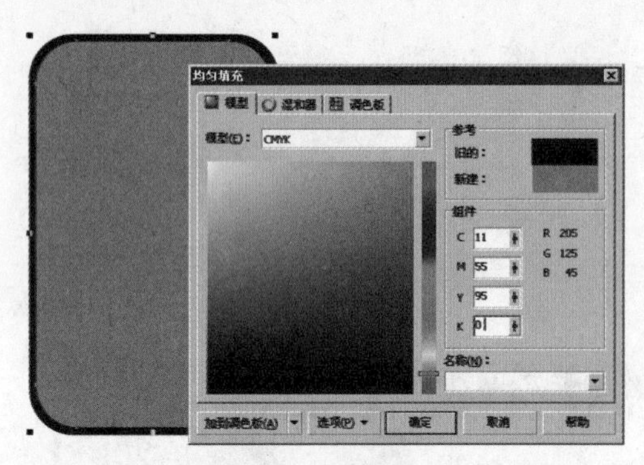

图4-189　复制并缩小圆角矩形并不同的颜色

图4-190　创建网状填充对象

05 选中网状图形上的不同节点，移动节点并调整节点的颜色，网状图形效果如图4-191所示。

06 选择“钢笔工具”，在圆角矩形上方绘制一个高光区域形状的图形，并填充渐变色，效果如图4-192所示。

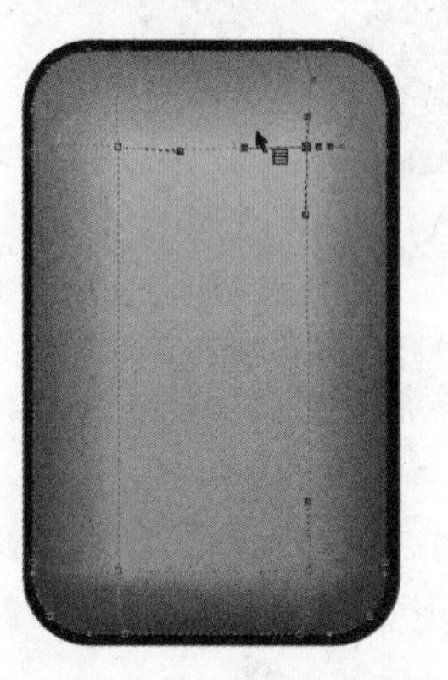

图4-191　调整节点的位置和颜色

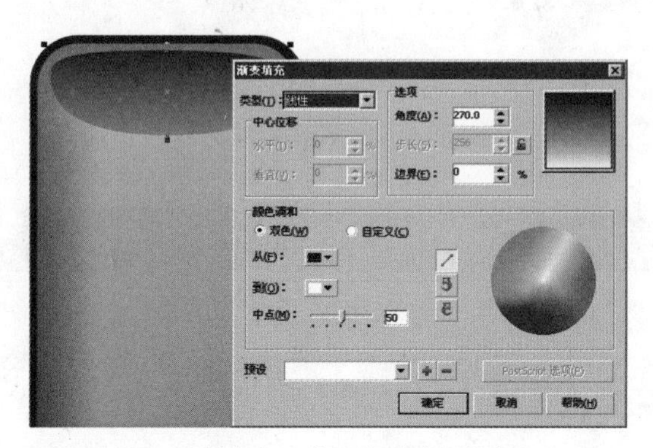

图4-192　绘制高光区域形状并填充渐变色

07 选中填充渐变色的高光图形，选择工具箱中的“交互式透明工具”，在属性栏中设置“透明度类型”为“标准”，并对“开始透明度”选项进行设置，制作出按钮的高光效果，如图4-193所示。

08 选择“文本工具”，在按钮图形上单击，输入文字内容。选中文本对象，打开“字符格式化”泊坞窗，对文字的格式进行设置，并将文本填充为黑色，效果如图4-194所示。

图4-193　制作出按钮的高光效果

图4-194　输入文字内容

09 制作背景装饰纹理。选择“矩形工具”，在页面的空白区域，按住【Ctrl】键拖动鼠标，绘制一个正方形，然后选择“交互式变形工具”，在矩形的中心位置单击并向外拖动，将图形变形，效果4-195所示。

10 选中变形后的图形，将其适当缩小些，执行菜单“编辑”/“步长和重复”命令，打开“步长和重复”泊坞窗，然后对“份数”和“水平设置”选项进行设置，单击“应用”按钮，得到11个变形图形，效果如图4-196所示。

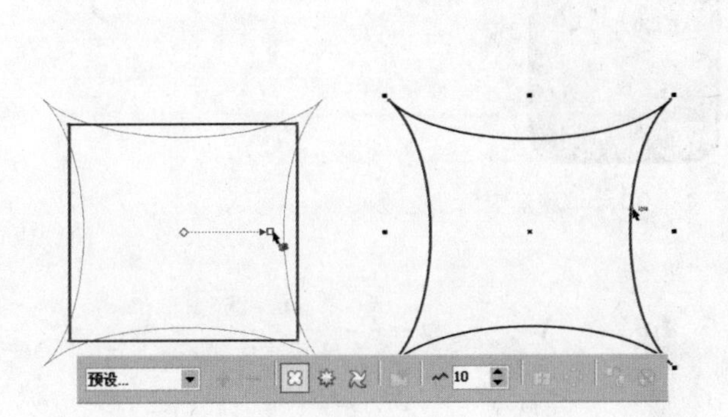

图4-195　绘制矩形并进行变形处理

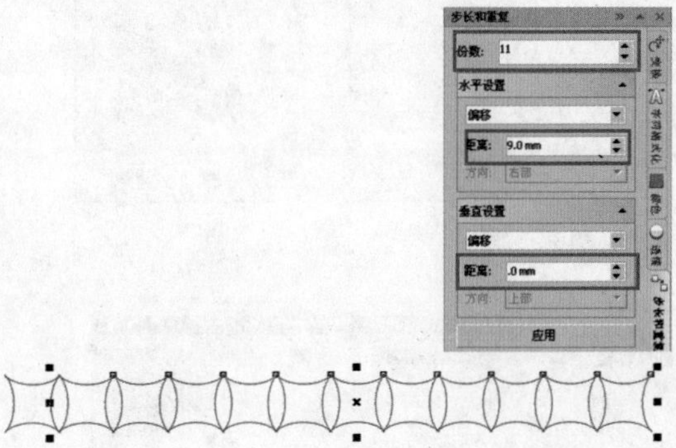

图4-196　沿水平方向重复复制多个变形图形

11 将这些图形同时选中，在“步长和重复”泊坞窗中对“份数”和“垂直设置”选项进行设置，单击“应用”按钮，得到15组变形图形，效果如图4-197所示。

12 将这些图形同时选中，执行菜单“排列”/“结合”命令，将这些图形结合成一个整体，效果如图4-198所示。

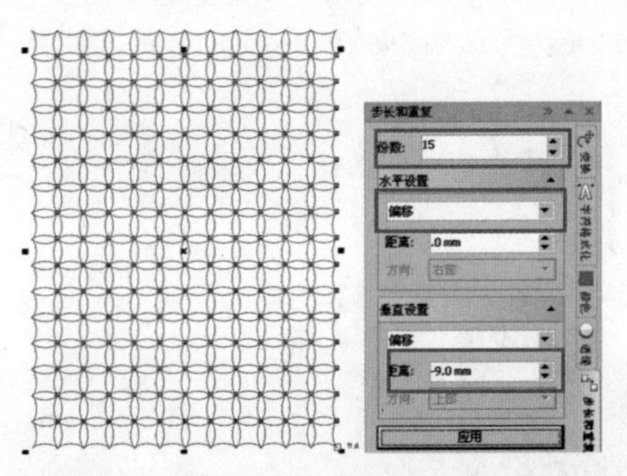

图4-197　沿垂直方向重复复制多组变形图形

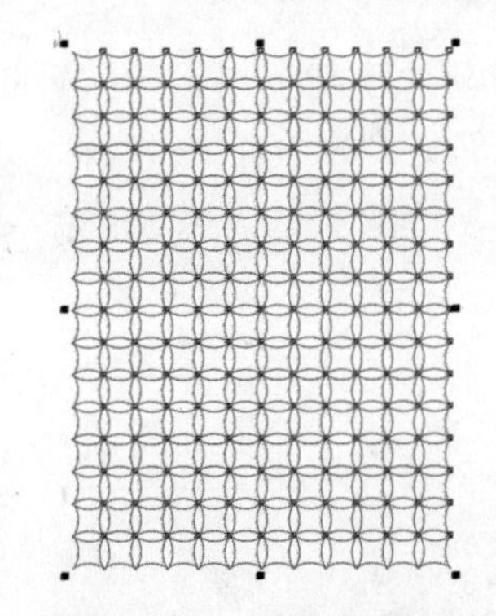
图4-198　将图形结合成一个整体

13 选中结合后的图形，选择工具箱中的“渐变填充”工具，打开“渐变填充”对话框，在该对话框中选择“类型”为“射线”，并设置颜色，单击“确定”按钮，为图形填充渐变色，效果如图4-199所示。

14 将装饰纹理图形移动到画面中按钮图形的右侧，按【Ctrl+Page Down】组合键，将其调整到按钮图形的下层，并调整渐变色填充效果，如图4-200所示。

15 制作装饰花瓣图形。选择“钢笔工具”，在页面空白区域绘制一个花瓣图形，并填充渐变色，效果如图4-201所示。

16 用“挑选工具”选中花瓣图形，设置旋转中心点的位置。打开“变换”泊坞窗，单击“旋转”按钮，对“角度”进行设置，然后单击“应用到再制”按钮两次，再按【Ctrl+D】组合键多次，旋转复制多个花瓣图形，直到得到一个围绕一圈的花瓣图形，效果如图4-202所示。

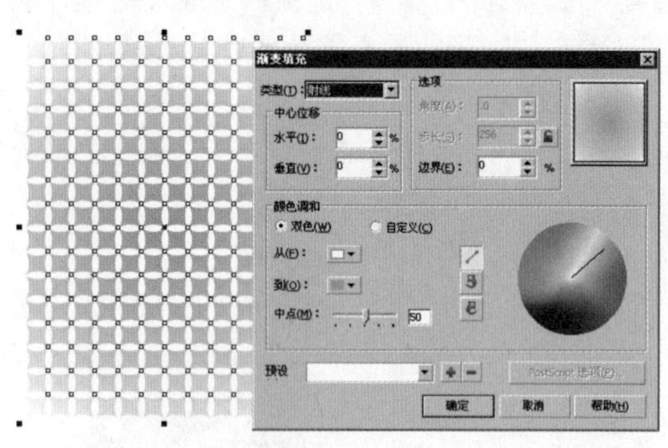

图4-199　填充“射线”类型的渐变色

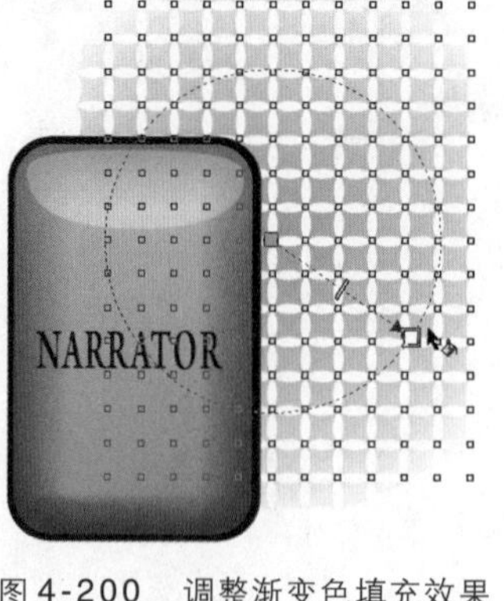

图4-200　调整渐变色填充效果

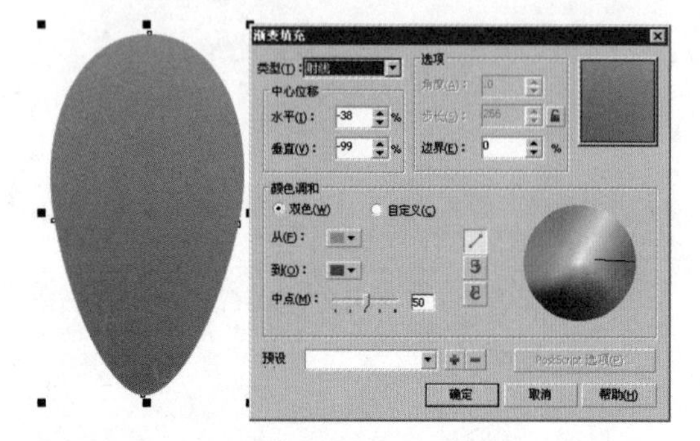

图4-201　绘制花瓣图形并填充渐变色

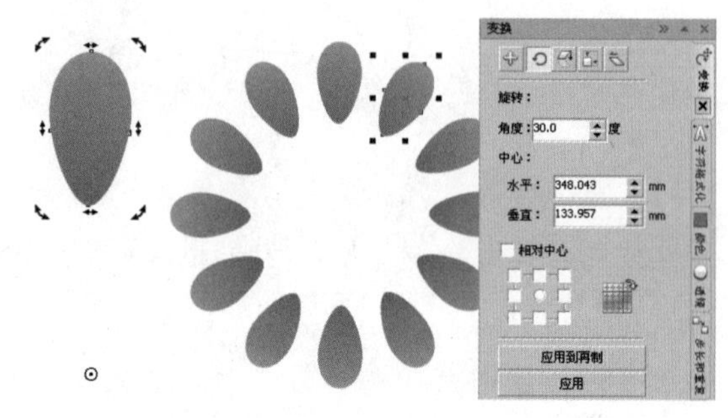

图4-202　旋转复制多个花瓣图形

17 将制作好的花瓣图形全部选中并群组，然后将其复制多个放置到画面中，并适当调整大小、位置和填充的渐变色，效果如图4-203所示。

18 选择“椭圆形工具”，在按钮图形的右下方绘制一组圆环图形，并填充不同的颜色，效果如图4-204所示。

图4-203　将花瓣图形复制多个放置到画面中

图4-204　绘制一组圆环图形

19 将圆环图形调整到按钮图形的下层，然后利用类似的方法，再绘制两组圆环图形，填充不同的颜色，并调整到适当的位置，效果如图4-205所示。

20 打开随书光盘“04\4-16艺术花纹效果\素材1.cdr”素材文件，选中其中的花纹图形，按【Ctrl+C】组合键进行复制，如图4-206所示。

图 4-205　绘制两组圆环图

图 4-206　装饰花纹素材文件效果

21 返回到当前文档中，按【Ctrl+V】组合键粘贴图形。将图形调整到适当的位置和大小，并放置到按钮图形的下层，效果如图 4-207 所示。

22 对画面不满意的地方进行调整，艺术花纹最终效果如图 4-208 所示。

图 4-207　粘贴图形图形并调整位置和大小

图 4-208　艺术花纹最终效果

提示 · 技巧

在为多个图形进行整体的渐变色填充控制时，可以先利用“结合”命令或“群组”命令将图形变成一个整体，然后再应用渐变色。不同的是，利用“群组”命令编组图形填充渐变色时，会默认将每个群组中的图形作为独立个体来应用渐变色，需要选择“交互式填充工具”进行整体的调整，而用“结合”命令制作的整体，则会默认将图形的整体作为渐变色应用的范围。

读书笔记

05

CorelDRAW X4 ➔ 从 入 门 到 精 通 Chapter

颜色与填充

一幅好的作品，离不开颜色的完美搭配。在平面设计中，颜色的搭配显得尤为重要。CorelDRAW X4 提供了多种色彩的设置与调整功能。本章介绍色彩的调整与变换、多种模式图形的颜色填充等内容。

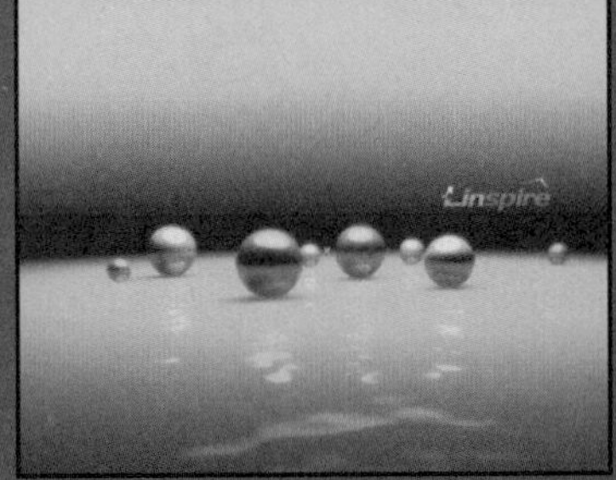

5-1 颜色模式

颜色模式是作品能够在屏幕上显示并成功印刷的保证。CorelDRAW X4 提供了多种颜色模式。经常用到的有 CMYK 模式、RGB 模式、Lab 模式、HSB 模式和灰度模式等。每种颜色模式都有不同的色域。用户可以根据需要选择合适的颜色模式，并且在各个模式之间转换。找到这些模式的方法是选择工具箱填充工具组中的"均匀填充"工具，如图 5-1 所示。系统会弹出"均匀填充"对话框，在该对话框中选择"模型"选项卡，单击"模型"下三角按钮，弹出颜色模式列表，如图 5-2 所示。

图 5-1 "均匀填充"工具

图 5-2 "均匀填充"对话框

5-1-1 RGB 模式

RGB 模式是使用最广泛的颜色模式之一。RGB 分别代表红色、绿色和蓝色，也就是三原色。RGB 模式是一种加色模式，通过将 3 种颜色叠加而形成更多的颜色。R、G、B 3 种颜色都有 256 个亮度水平级，其值在 0～255 之间。值越大，相应颜色的光越多，产生的效果越淡，如图 5-3 所示。

（a）原图

（b）用（R：57，G：179，B：154）颜色填充效果

图 5-3 不同 RGB 值的效果对比

5-1-2 CMYK 模式

CMYK 模式是以墨的颜色为基础的，所以其百分比越大，颜色越深，效果如图 5-4 所示。这是一种减色模式，CMYK 分别代表青色、品红、黄色和黑色。

(a) 原图

(b) 用（C：40，Y：100）颜色填充效果

图 5-4　不同 CMYK 值的效果对比

提示 · 技巧

RGB 模式和 CMYK 模式可以相互转换，但是这种转换不精确，会使颜色发生变化，所以在创建之前最好先确定是用于显示器显示还是用于印刷。

目前彩色印刷品用的就是 CMYK 模式，大多数打印机打印全色或者 4 色文档时都采用 CMYK 模式。

5-1-3　Lab 模式

Lab 模式是一种国际色彩标准，理论上包括了人眼可见的所有色彩，由透明度通道（L）和其他两个色彩通道（a、b）组成，a 通道包括的颜色值从深绿到灰，b 通道包括的颜色值从亮蓝色到灰再到焦黄色。如果将 RGB 模式转化为 CMYK 模式，实际上是先将 RGB 模式转化为 Lab 模式，再由 Lab 模式转化为 CMYK 模式。

5-1-4　灰度模式

灰度模式，即灰度图，也叫 8 位深度图，每个像素用 8 个二进制位来表示，能产生 2^8 即 256 级灰色调。当一个彩色文件转换为灰度模式文件时，所有的颜色信息都将从文件中丢失。

将彩色模式转换为双色调模式或位图模式时，必须先转化为灰度模式，再由灰度模式转换为双色调模式或者位图模式。

5-2　色彩调整与变换

CorelDRAW X4 允许将颜色和色调应用于位图并进行调整。可以将位图中的颜色替换，在不同的颜色模式之间改变颜色，也可以调整颜色的亮度、光度和暗度。通过应用颜色和色调效果，可以恢复在阴影或高光中丢失的细节，清除色块，校正曝光不足或曝光过度，并且能够全面提高位图质量。

5-2-1　色彩调整

调整对象（位图对象）的色调工具可以控制对象的阴影，色彩平衡，颜色的亮度、深度与浅度之间的关系等，利用这些工具还可以恢复阴影或高光中的缺失以及校正曝光不足或曝光过度的现象。执行菜单“效果”/“调整”命令，弹出如图 5-5 所示的子菜单，菜单中包括了多项色彩调整命令，下面逐一进行介绍。

1. 高反差

使用“高反差”命令，可以使图像的颜色达到平衡。操作步骤如下：

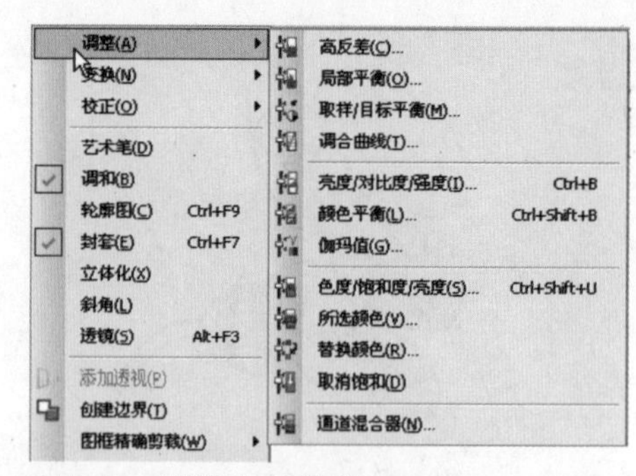

图5-5 “调整”子菜单

01 选择要进行“高反差”调整的对象，如图5-6所示。

02 执行菜单“效果”/“调整”/“高反差”命令，弹出如图5-7所示的“高反差”对话框，单击□按钮，此对话框将转换为预览模式，如图5-8所示（左边是原图，右边是执行命令后的预览图）。

图5-6 选择对象

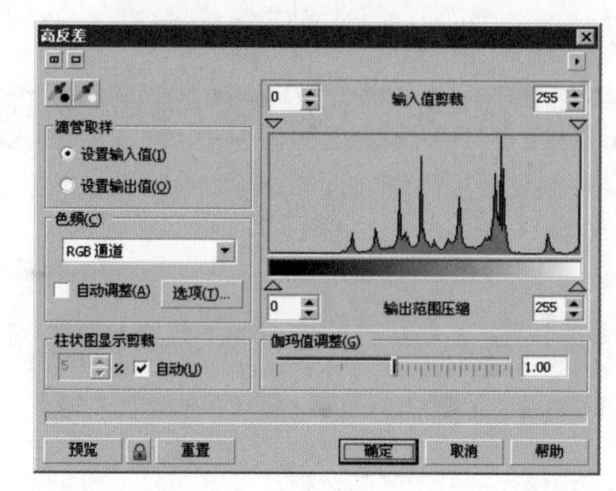

图5-7 “高反差”对话框

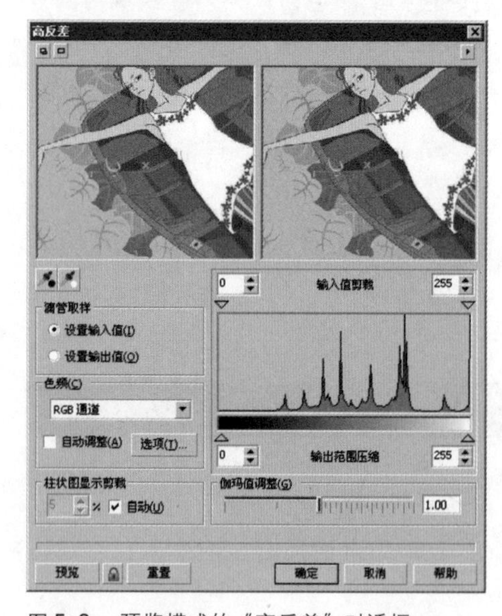

图5-8 预览模式的“高反差”对话框

提示 · 技巧

如果只想看预览图，直接单击□按钮即可。调整后，单击对话框底部的“预览”按钮，预览窗口才会刷新。如果单击🔒按钮，将无法对调节后的图像进行预览。

将光标移至预览图像上，当光标变成手形时，按住鼠标左键拖动，可预览到图像的其他部分；单击鼠标左键可放大预览图像，单击鼠标右键可缩小预览图像。

03 在“色频”下拉列表框中选择一种颜色类型。

04 单击“选项”按钮，弹出如图5-9所示的“自动调整范围”对话框，设置“黑色限定”和“白色限定”参数可以改变对象的边界颜色。

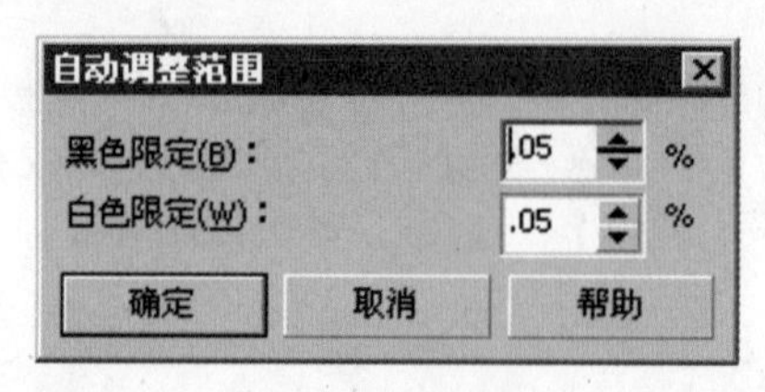

图5-9 “自动调整范围”对话框

05 在“输入值剪裁”选项组中，左边的滑块值越大，图像越暗；右边的滑块值越小，图像越亮。

提示 · 技巧

在调整图像的亮度时，可以使用吸管工具(吸取暗色，吸取亮色)，这时“输入值剪裁”选项组中的数值将会随着吸取颜色的改变而改变。

06 在“伽玛值调整”文本框中，通过调节其参数值的大小，可以改变图像的明暗效果。调整不同伽玛值的效果如图5-10所示。达到满意效果后，单击“确定”按钮。

图5-10 调整不同伽玛值的效果

2. 局部平衡

该命令用来调整图像边缘部分颜色的平衡。操作步骤如下：

01 新建一个空白文件，执行菜单“文件”/“导入”命令，在弹出的对话框中选择要导入的对象。

02 单击“导入”按钮，然后在空白页面上单击，被选中的对象就被导入了，如图5-11所示。

03 执行菜单“效果”/“调整”/“局部平衡”命令，弹出“局部平衡”对话框，单击其顶部的按钮，会转换成带有两个预览窗口的模式，如图5-12所示。

图5-11 导入对象

图5-12 预览模式的“局部平衡”对话框

04 调整“宽度”和“高度”值，单击“预览”按钮预览图像，满意后单击“确定”按钮即可，效果如图5-13所示。

图5-13 “局部平衡”调整效果

3. 取样/目标平衡

使用“取样/目标平衡”命令可以将选择的目标色应用到从图像中吸取的每一个样本色中，从而使目标色和样本色达到平衡效果。操作步骤如下：

01 选择要调整的对象。

02 执行菜单“效果”/“调整”/“取样/目标平衡”命令，弹出“样本/目标平衡”对话框，单击顶部的按钮，转换到预览模式，如图5-14所示。

03 利用吸管工具在图像中吸取颜色，吸取暗色，吸取中间色，吸取亮色。吸取颜色后，单击目标颜色，将弹出“选择颜色”对话框，在其中可以选择合适的颜色。设置完成后，单击“确定”按钮即可，效果如图5-15所示。

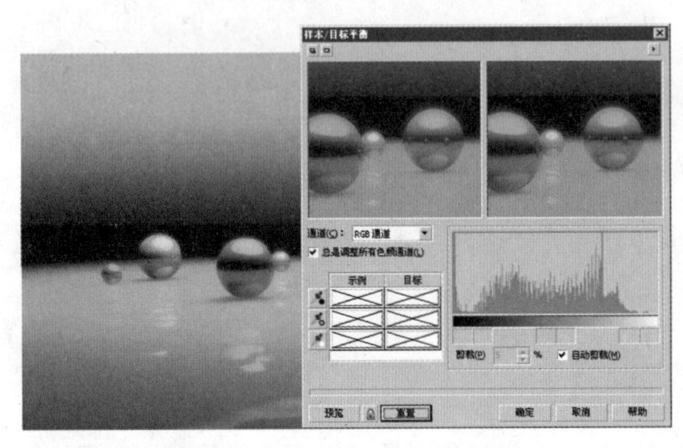
图5-14 原图及“样本/目标平衡”对话框

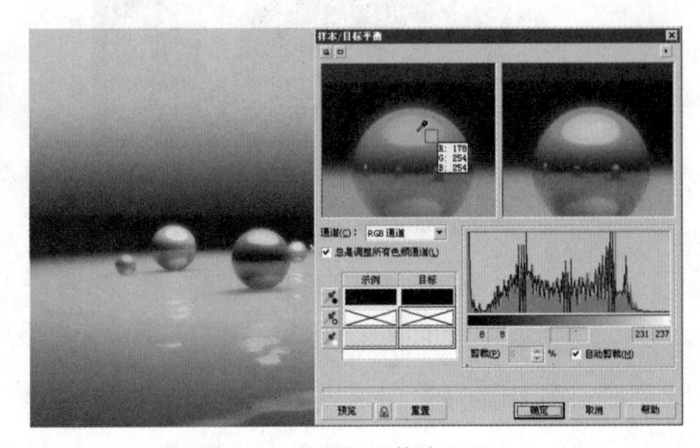
图5-15 “样本/目标平衡”调整效果

4. 调合曲线

使用“调合曲线”命令可以修改图像局部的颜色，操作步骤如下：

01 选择对象，如图5-16所示。执行菜单“效果”/“调整”/“调合曲线”命令，弹出“调合曲线”对话框，如图5-17所示。

图5-16 选择对象

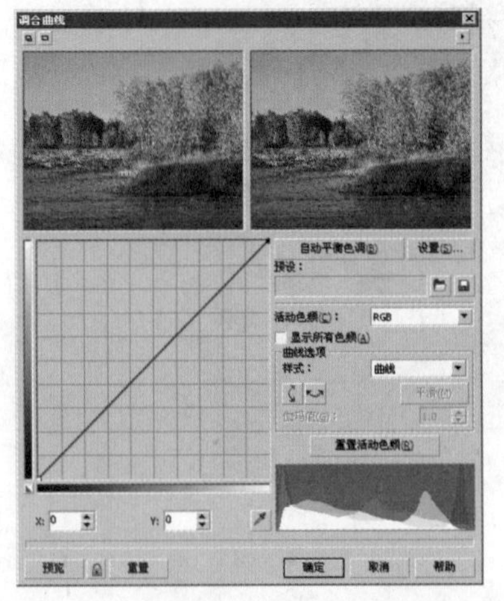
图5-17 “调合曲线”对话框

单击“活动色频”下拉按钮，在弹出的下拉列表中选择所需的颜色通道，以对图像的颜色做细节的调整。

“曲线选项”选项组的“样式”下拉列表框中提供了4种曲线样式：

曲线：此曲线样式可在调节窗口中以平滑曲线进行调节。

线性：此曲线样式可在调节窗口中以两节点间保持平直的折线进行调节。

手绘：此曲线样式可在调节窗口中以手绘曲线的方式进行调节。

伽玛值：此曲线样式可在调节窗口中仅以两节点间平滑曲线的方式进行调节。

02 选择RGB通道，然后在左侧的直线上单击添加两个节点，并拖动添加的节点以调整曲线的形状，调整后单击“预览”按钮，可以在上方的窗口中看到图像调整的效果，如图5-18所示。由于RGB混合通道调整的是图像整体的亮度，所以颜色并不会发生改变。

03 选择“红”通道，然后设置曲线样式为“线性”，在左侧的红色直线上单击添加两个点，并拖动添加的节点以调整折线的形状，调整后单击“预览”按钮，在上方的窗口中查看图像的效果，如图5-19所示。

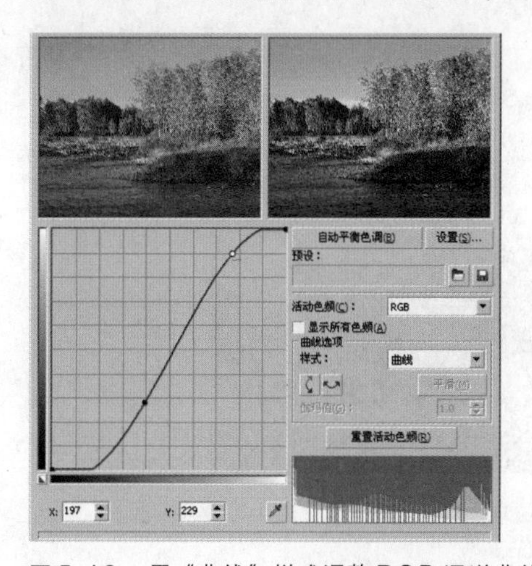

图5-18　用“曲线”样式调整RGB通道曲线形状

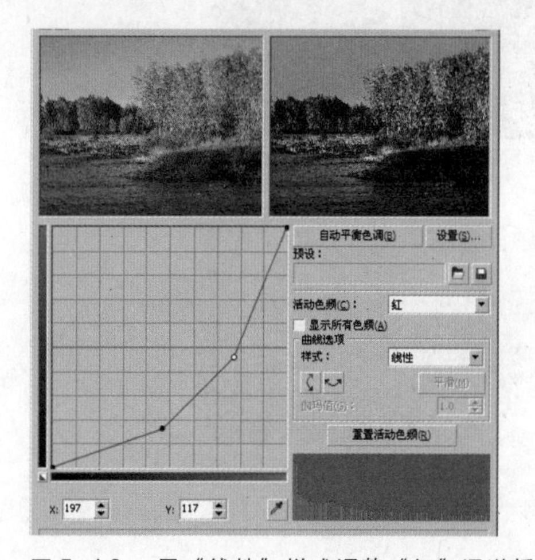

图5-19　用“线性”样式调整“红”通道折线形状

04 选择“绿”通道，然后设置曲线样式为“手绘”，在左侧的调节窗口中拖动绘制一条曲线，然后单击“预览”按钮，可以在上方的窗口中看到图像调整的效果，如图5-20所示。

05 单击“重置”按钮，将图像恢复到初始状态，选择“蓝”通道，然后设置曲线样式为“伽玛值”，在左侧的蓝色直线上单击并拖动曲线，调整曲线形状，然后单击“预览”按钮，查看图像调整的效果，如图5-21所示。

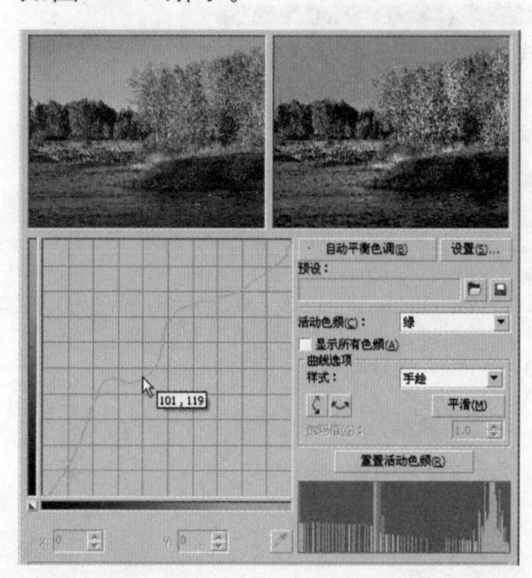

图5-20　用“手绘”样式绘制“绿”通道曲线形状

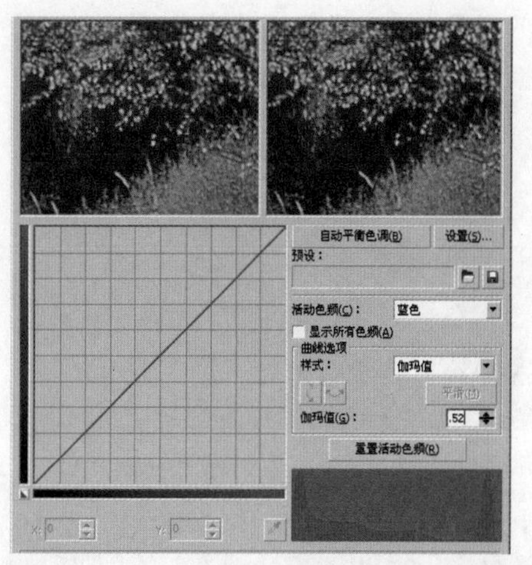

图5-21　用“伽玛值”样式调整“蓝”通道曲线形状

[水平翻转]：单击该按钮，可使色调曲线水平翻转。
[垂直翻转]：单击该按钮，可使色调曲线垂直翻转。
[打开]：单击该按钮，可以在弹出的对话框中选择并打开已有的色调曲线文件。
[保存]：单击该按钮，可以将当前的色调曲线保存在指定的文件夹中。
[重置活动色频]：单击该按钮，可以重新设置色调曲线。
[自动平衡色调]：单击该按钮，可以对相应曲线进行填补。
[显示所有色频]：选择该复选框后，可以在左侧的调节窗口中显示所有通道的色调曲线。

06 使用“自动平衡色调”按钮，可以自动调节对象的颜色平衡。为了更容易对比平衡自动调整的效果，在“调合曲线”对话框中单击“重置活动色频”按钮，将图像恢复为初始状态，然后单击“自动平衡色调”按钮，并单击“预览”按钮，可以看到左侧的曲线形状发生变化，如图5-22所示。单击“确定”按钮，可以看到图像的效果发生变化，如图5-23所示。

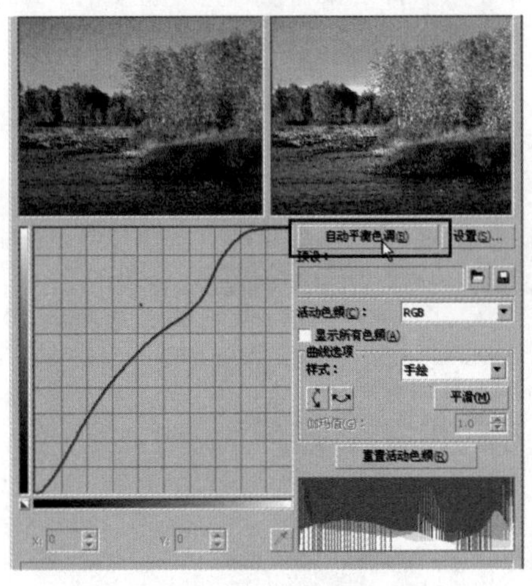

图5-22　使用“平衡”按钮

图5-23　图像调整效果

5. 亮度/对比度/强度

使用“亮度/对比度/强度”命令可以使对比度不强的图像变得比较明亮，操作步骤如下：

01 按【Ctrl+I】组合键导入一张位图并将其选中，如图5-24所示。

02 执行菜单“效果”/“调整”/“亮度/对比度/强度”命令，弹出“亮度/对比度/强度”对话框，如图5-25所示。

图5-24　导入位图

图5-25　“亮度/对比度/强度”对话框

03 在“亮度/对比度/强度”对话框中单击按钮，打开预览窗口；单击按钮，将调整后的效果自动应用到预览窗口中。向左拖动“亮度”滑块或者将“亮度”值设置为负数，可以降低图像亮度；向右拖动滑块或者将值设置为正值，则会增加图像亮度。

04 设置各项参数值后，单击“确定”按钮，效果如图5-26所示。

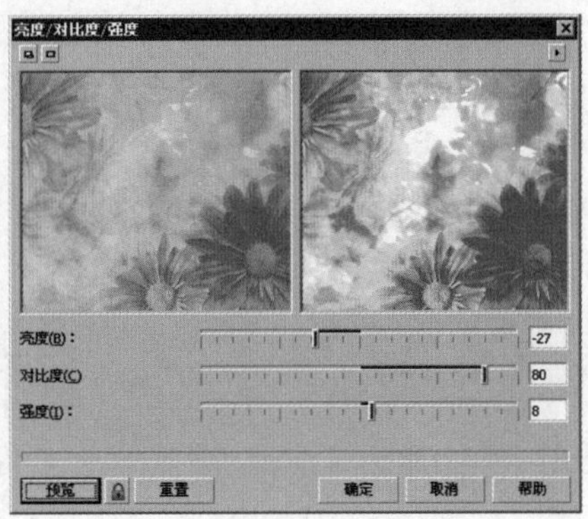

图5-26 “亮度/对比度/强度”调整效果

6. 颜色平衡

使用“颜色平衡”命令可以将青色或红色、品红或绿色、黄色或蓝色添加到位图中的选定色调中，以消除图像的偏色现象。此命令既可以应用到局部也可以应用到全部。具体操作步骤如下：

01 导入位图并将其选中，如图5-27所示。

02 执行菜单“效果”/“调整”/“颜色平衡”命令，弹出“颜色平衡”对话框，如图5-28所示。

图5-27 导入位图

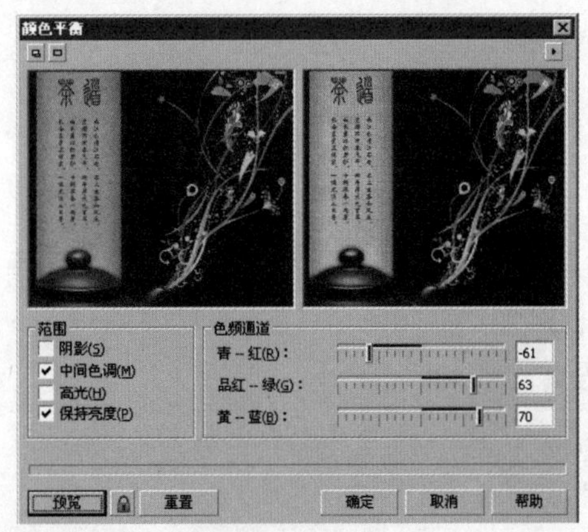

图5-28 “颜色平衡”对话框

03 在“颜色平衡”对话框中，选择“阴影”复选框，可以调整阴影区域的颜色平衡；选择“中间色调”复选框，可以调整中间色调区域的颜色平衡；选择“高光”复选框，可以调整高光区域的颜色平衡；选择“保持亮度”复选框，可以在调整颜色平衡时，保持图像原来的亮度。调整“青－红”滑块，可以在图像中添加青色或红色，以填补颜色的不平衡；调整“品红－绿”滑块，可以在图像中添加品红色或者绿色，以填补颜色的不平衡；调整“黄－蓝”滑块，可以在图像中添加黄色或者蓝色。

04 设置好各项参数后，单击“确定”按钮，效果如图5-29所示。

7. 伽玛值

使用“伽玛值”命令可以调整所选图像的明暗度。伽玛值越大，图像越亮；伽玛值越小，图像越暗。

01 选择要调整的对象，如图 5-30 所示。

02 执行菜单“效果”/“调整”/“伽玛值”命令，弹出“伽玛值”对话框，单击顶部的▣按钮，转换到预览模式，并调整伽玛值为 3.96，如图 5-31 所示。

03 单击“确定”按钮，可以看到图像整体变亮，效果如图 5-32 所示。

04 撤销刚才的操作，再次打开“伽玛值”对话框，设置其数值为 0.61，单击“确定”按钮，可以看到图像整体变暗，效果如图 5-33 所示。

图 5-29 “颜色平衡”调整效果

图 5-30 选中图像对象

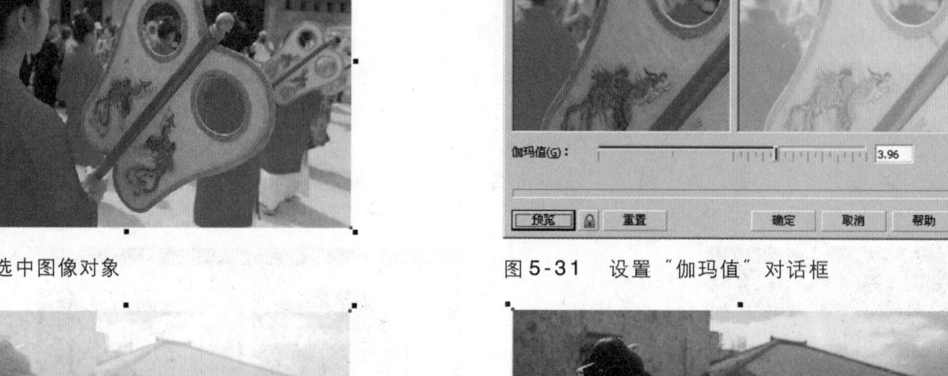

图 5-31 设置“伽玛值”对话框

图 5-32 图像变亮

图 5-33 图像变暗

8. 色度/饱和度/亮度

使用“色度/饱和度/亮度”命令可以调整所选图像的色度、饱和度和亮度，可以针对某一个色频通道进行调整，如选择“红”单选按钮，调整色相、饱和度和亮度的值后，只有红色发生变化。

01 选择要调整的对象，如图 5-34 所示。

02 执行菜单“效果”/“调整”/“色度/饱和度/亮度”命令，弹出“色度/饱和度/亮度”对话框，单击顶部的▣按钮，转换到预览模式，如图 5-35 所示。

图 5-34　选中图像对象

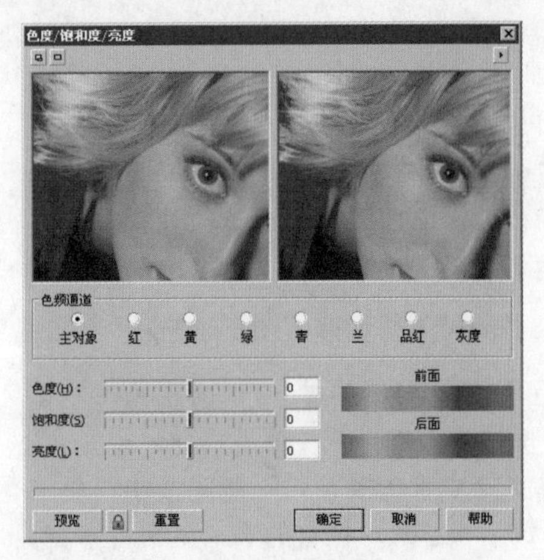

图 5-35　“色度 / 饱和度 / 亮度”对话框

03 在“色度 / 饱和度 / 亮度”对话框中，选择“主对象”单选按钮，然后调整“色度”和“饱和度”值，单击“确定”按钮，可以看到图像颜色的变化，效果如图 5-36 所示。

04 撤销刚才的操作，再次打开“色度 / 饱和度 / 亮度”对话框，选择“红”单选按钮，然后调整“色度”和“饱和度”值，单击“确定”按钮，可以看到图像颜色的变化，效果如图 5-37 所示。

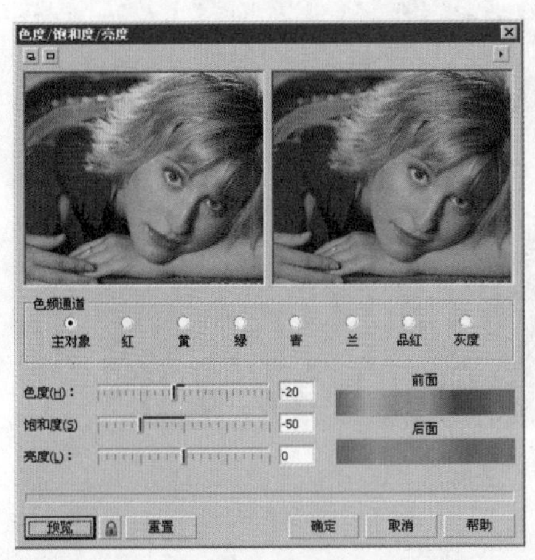

图 5-36　调整色度和饱和度后的效果

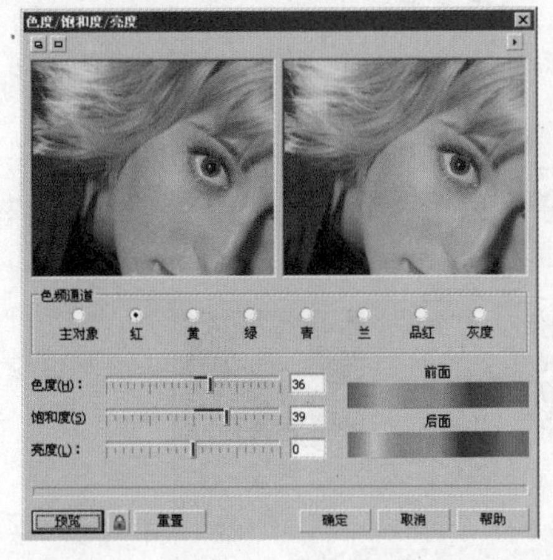

图 5-37　调整“红”通道后的效果

9. 所选颜色

使用“所选颜色”命令可以调整指定颜色中所增加或减少四色的程度。在调整过程中，只针对选择的颜色进行调整，而图像中的其他色调并不会改变。如选择“青”单选按钮，调整的效果就只应用于图像中有青色的部分。

01 选择要调整的对象，如图5-38所示。

02 执行菜单“效果”/“调整”/“所选颜色”命令，弹出“所选颜色”对话框，单击顶部的按钮，转换到预览模式，然后选择“红”单选按钮，并调整“品红”、“黄”和“黑”选项的值，单击“预览”按钮，如图5-39所示。

图5-38　选中图像对象

03 设置完成后，单击“确定”按钮，可以看到图像中红色色调的图像颜色发生变化，效果如图5-40所示。

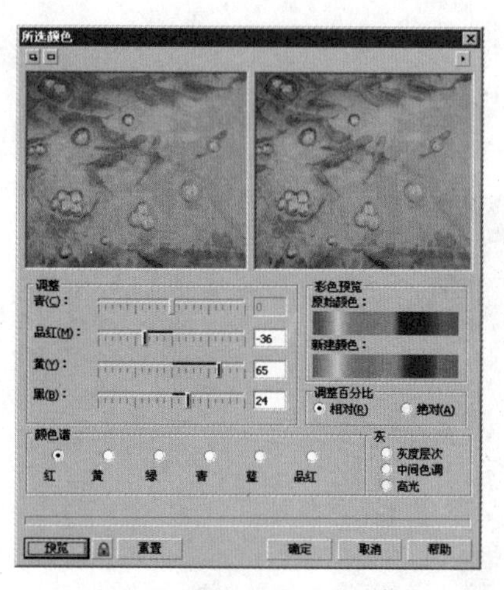

图5-39　设置“所选颜色”对话框

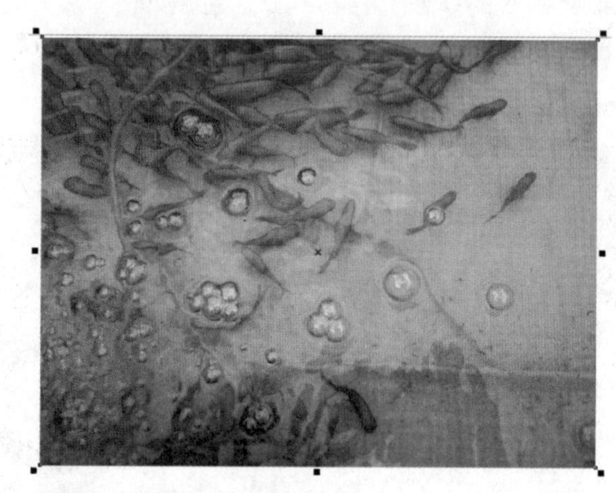

图5-40　调整后的图像效果

10. 替换颜色

使用“替换颜色”命令，可以替换位图图像中所选的颜色。根据所选范围的不同，可以替换图像中的一种颜色，也可以将一种颜色排序移动到另一种颜色排序上。操作步骤如下：

01 选中要替换颜色的图像，如图5-41所示。

02 执行菜单“效果”/“调整”/“替换颜色”命令，弹出“替换颜色”对话框，如图5-42所示。

图5-41　选中原图像

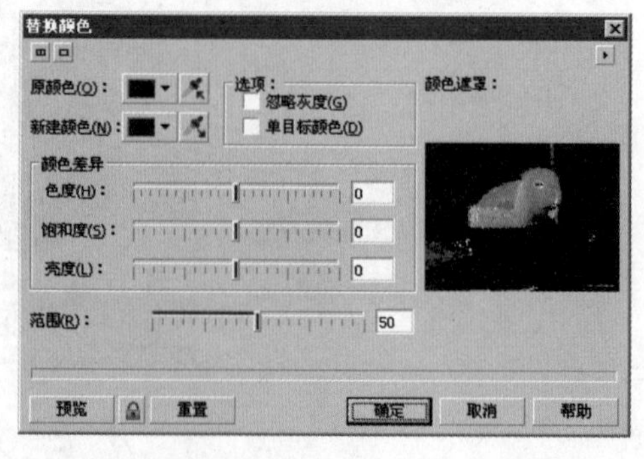

图5-42　“替换颜色”对话框

03 在“替换颜色”对话框中，单击“原颜色”选项右侧的吸管工具按钮，在左侧的预览窗口中单击，以提取要被替换的颜色，如图 5-43 所示。

04 单击“新建颜色”下拉按钮，在弹出的下拉列表中选择一种颜色。也可以单击吸管工具按钮，在页面或者预览窗口中吸取颜色。然后在“颜色差异”选项组中对“色度”、“饱和度”和“亮度”值进行设置，如图 5-44 所示。

05 设置完成后，单击“确定”按钮，可以看到图像中蓝色调整图像被替换为橙色，效果如图 5-45 所示。

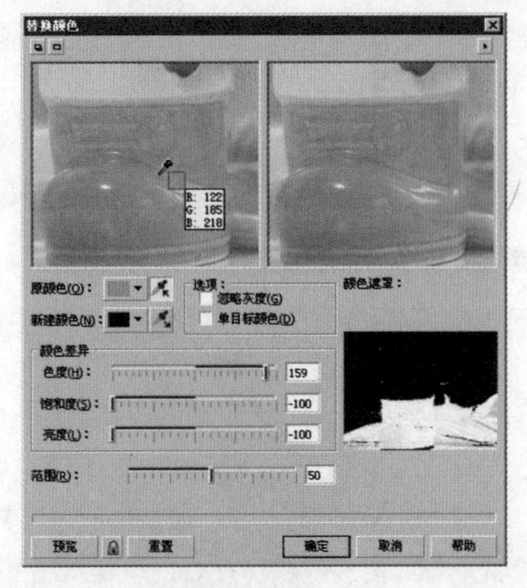

图 5-43 设置“原颜色”

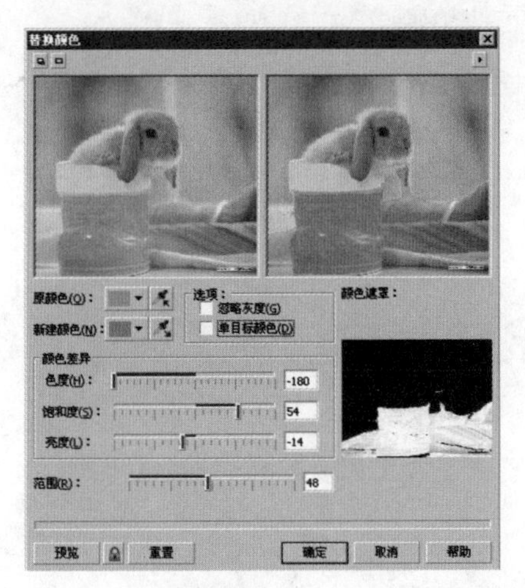

图 5-44 设置新建颜色

图 5-45 替换颜色效果

11. 取消饱和

选中图像后执行菜单“效果”/“调整”/“取消饱和”命令，可以将彩色图像转换为灰度图像。这里不能调整参数，只能按系统默认的参数进行转换，如图 5-46 所示。

图 5-46 原图及执行“取消饱和”命令后的效果

12. 通道混合器

使用“通道混合器”命令可以通过改变不同颜色通道的数值来改变图像的色调。对于灰度图像，用通道混合器可以制作各种单色图像效果；而对于彩色图像，则可以在图像中添加不同比例的各种原色。

01 选中图5-46中制作的灰度图像，执行菜单“效果”/“调整”/“通道混合器”命令，弹出“通道混合器”对话框，如图5-47所示。

02 在“通道混合器”对话框中，设置“输出通道”为“红”通道，然后拖动调整“绿”和“蓝”选项的值，并单击“预览”按钮，如图5-48所示。

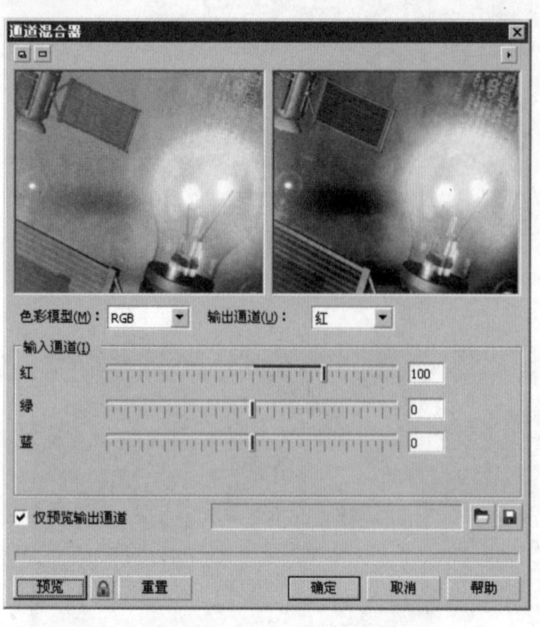

图5-47 “通道混合器”对话框

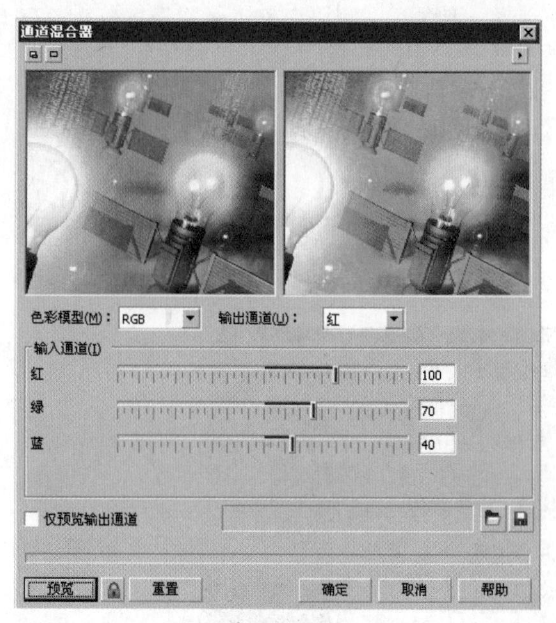

图5-48 设置“通道混合器”对话框

03 单击“确定”按钮，可以看到灰度图像被转换为红色调的单色图像，效果如图5-49所示。

04 新建文档并导入一幅图像，将图像选中，如图5-50所示。

图5-49 单色调图像效果

图5-50 选中导入的图像

05 执行菜单“效果”/“调整”/“通道混合器”命令，在打开的“通道混合器”对话框中进行设置，并单击“预览”按钮，如图5-51所示。

06 设置好后，单击“确定”按钮，可以看到图像的颜色发生变化，效果如图5-42所示。

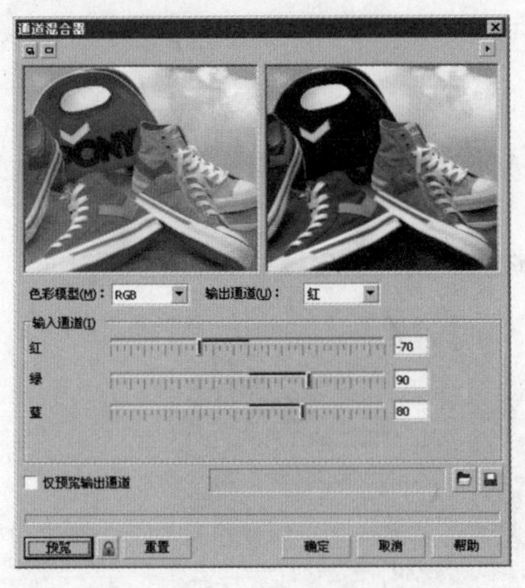

图5-51 设置“通道混合器”对话框

图5-52 调整后的图像效果

5-2-2 色彩变换

在CorelDRAW X4中，可以执行菜单“效果”/“变换”命令对位图进行变换，包括反显、消除网格和对位图颜色进行分级。执行“效果”/“变换”命令，弹出子菜单，如图5-53所示。

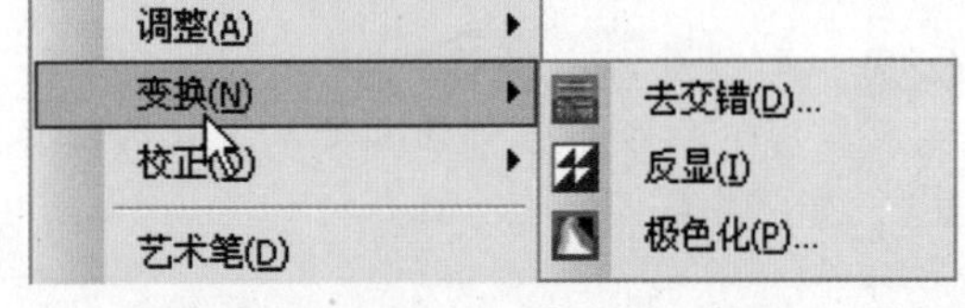

图5-53 “变换”子菜单

1. 去交错

执行菜单“效果”/“变换”/“去交错”命令，即可打开“去交错”对话框。设置其中的各项参数，可以消除扫描图像中的水平线，从而使图像更清晰。

选择“偶数行”单选按钮，可以移除双线。

选择“奇数行”单选按钮，可以移除单线。

选择“复制”单选按钮，可以使用相邻一行的像素填充扫描线。

选择“插补”单选按钮，可以使用扫描线周围像素的平均值填充扫描线。

01 新建文档并导入一幅图像，将图像选中，如图5-54所示。

02 执行菜单“效果”/“调整”/“去交错”命令，打开“去交错”对话框，转换到预览模式，并将图像放大到一定的比例，默认“扫描行”为“偶数行”、“替换方法”为“插补”，单击“预览”按钮，可以看到窗口中的图像效果对比，如图5-55所示。

图5-54 选中导入的图像

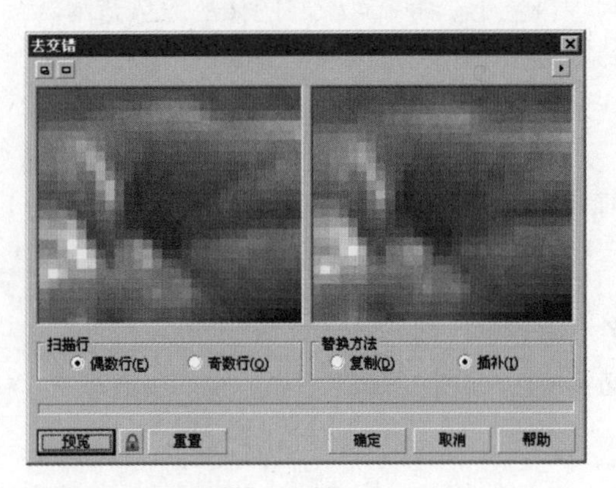

图5-55 “去交错”对话框

03 设置“扫描行”为“奇数行”、“替换方法”为“插值”，单击“预览”按钮，可以看到窗口中的图像效果对比，如图5-56所示。

04 设置“替换方法”为“复制”，单击“预览”按钮，可以看到窗口中的图像效果对比，如图5-57所示。

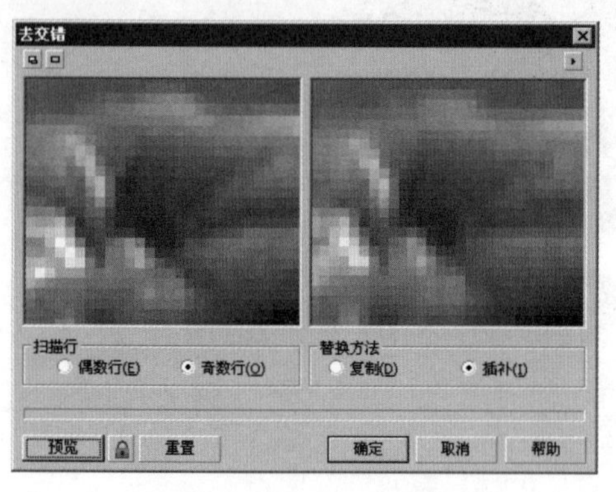

图5-56 设置“扫描行”为“奇数行”的效果

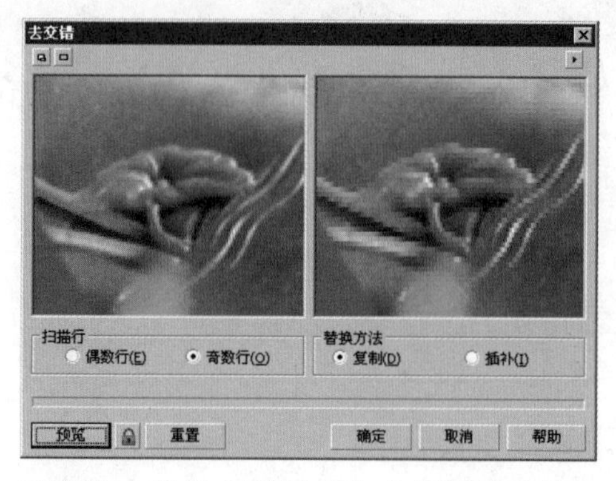

图5-57 设置“替换方法”为“复制”的效果

2. 反显

使用“反显”命令可以创建图像的负片效果，如将白色变成黑色，将蓝色变成黄色（位图和矢量图均适用），如图5-58所示。

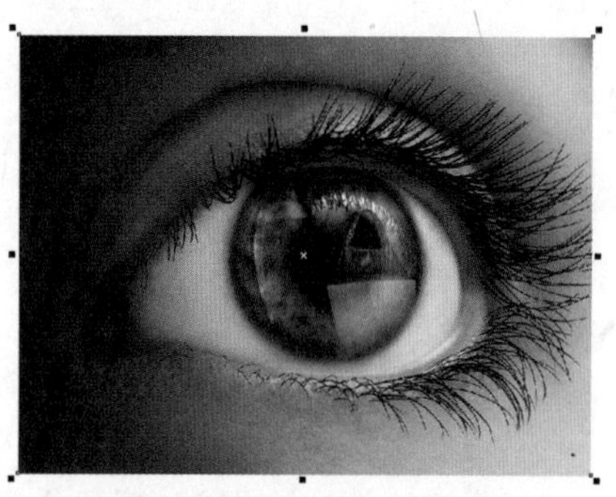

图5-58 原图及执行“反显”命令后的效果

3. 极色化

使用“极色化”命令可以将图像的颜色范围转化为纯色块。它通过移除色调中的颜色渐变使图像简单化，创建大的色块。使用“极色化”命令的步骤如下：

01 选择对象，如图5-59所示。

02 执行菜单“效果”/“变换”/“极色化”命令，弹出“极色化”对话框，如图5-60所示。

03 设置完成后，单击“确定”按钮，效果如图5-61所示。

图5-59 选择对象

图5-60 “极色化”对话框

图5-61 执行“极色化”命令后的效果

提示 · 技巧

“层次”滑块可用于设置颜色级别，数值越小，颜色级别越少。

5-2-3 图像校正

图像校正可以通过执行“尘埃与刮痕”命令来实现，此命令可以去除图像中影响图像质量的杂点或者污点。执行“效果”/“校正”命令，弹出“校正”子菜单，如图5-62所示。“尘埃与刮痕”对话框及执行该命令后的效果如图5-63和图5-64所示。

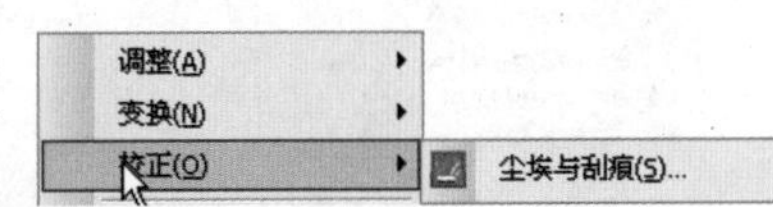

图5-62 校正菜单

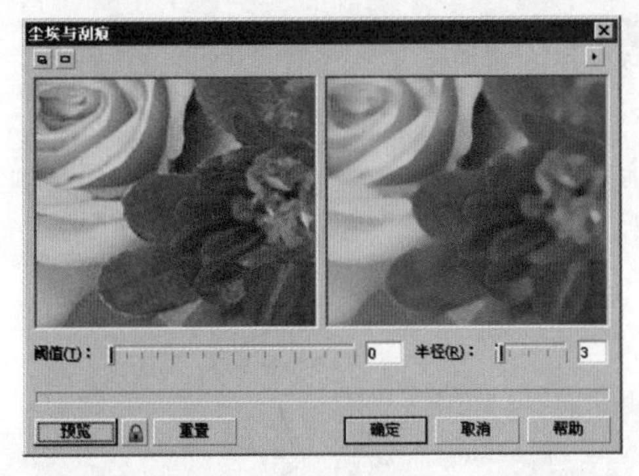

图5-63 “尘埃与刮痕”对话框

图5-64 执行“尘埃与刮痕”命令的效果

5-3 调色板设置

调色板是一组颜色的集合，使用调色板可为图形快速填色。在CorelDRAW X4中，可以同时显示多个调色板，也可以把调色板固定在窗口的任意一侧，或作为独立的窗口浮动在绘图窗口上方，还可以改变调色板的大小。图5-65所示是几种常用的调色板。

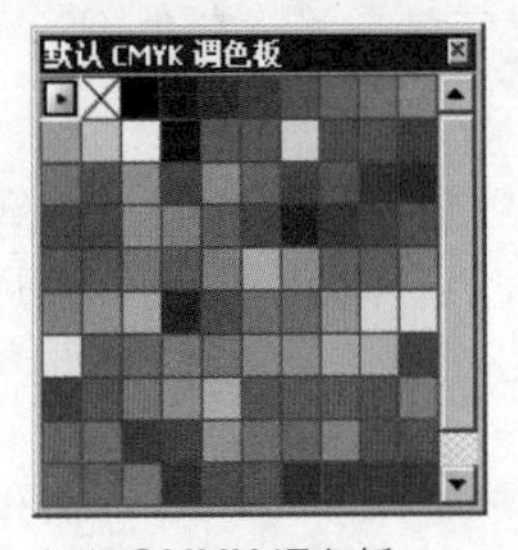

（a）CMYK 调色板

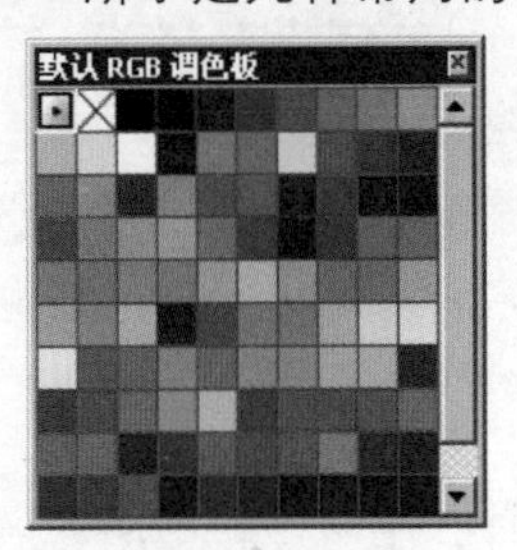

（b）RGB 调色板

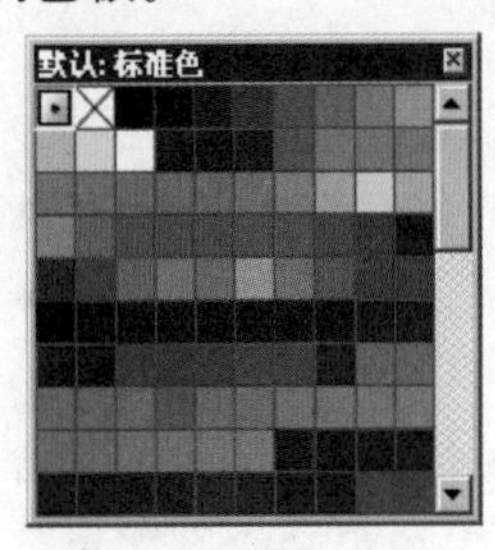

（c）标准色

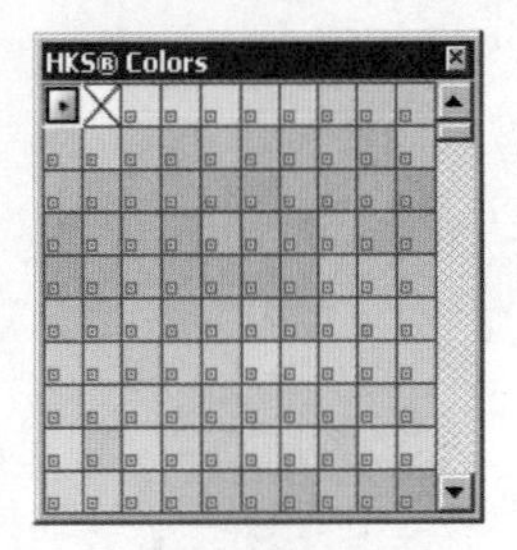

（d）HKS 调色板

图5-65 常用的调色板

5-3-1 选择调色板

选择调色板有如下两种方法。

- 执行菜单“窗口”/“调色板”命令（见图5-66），在弹出的“调色板”子菜单中，单击要显示的调色板名称，即可将其打开。
- 执行菜单“窗口”/“调色板”/“打开调色板”命令，在弹出的“打开调色板”对话框中选择要打开的调色板，然后单击“打开”按钮即可，如图5-67所示。

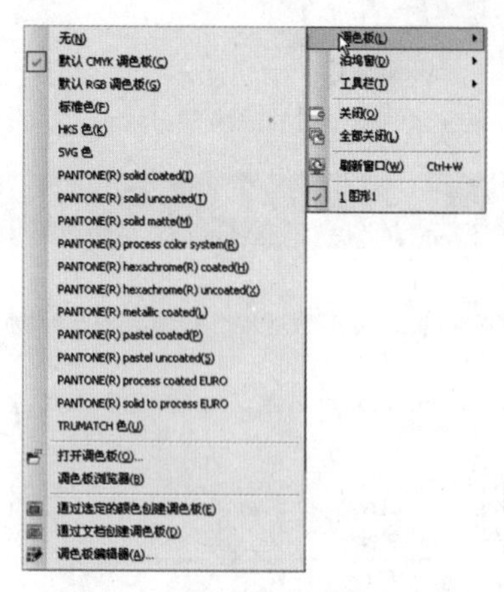

图5-66 “调色板”子菜单

图5-67 “打开调色板”对话框

提示 · 技巧

如果要隐藏或关闭调色板，可以再次执行菜单“窗口”/“调色板”命令，取消子菜单中调色板名称前的“✓”标记即可。

5-3-2 使用调色板浏览器

执行菜单“窗口”/“调色板”/“调色板浏览器”命令，即可弹出“调色板浏览器”泊坞窗，如图5-68所示。利用该泊坞窗可以打开、新建或编辑调色板。

图5-68 “调色板浏览器”泊坞窗

1. 打开调色板

在该泊坞窗中，选择要打开的调色板名称前的复选框，就可以打开该调色板。单击“打开调色板”按钮，将弹出“打开调色板”对话框，可以打开其他调色板。

2. 新建空白调色板

单击泊坞窗中的“创建一个新的空白调色板”按钮，将弹出“保存调色板为”对话框，如图5-69所示。在该对话框的“文件名”文本框中输入要创建的调色板名称，还可以添加说明文字，然后单击“保存”按钮，即可创建一个空白的调色板。

3. 使用选定的对象创建新调色板

如果要在创建调色板的同时，将需要的颜色作为色样保存到创建的调色板中，可以先选取填充有需要保存颜色的对象，如图5-70所示。

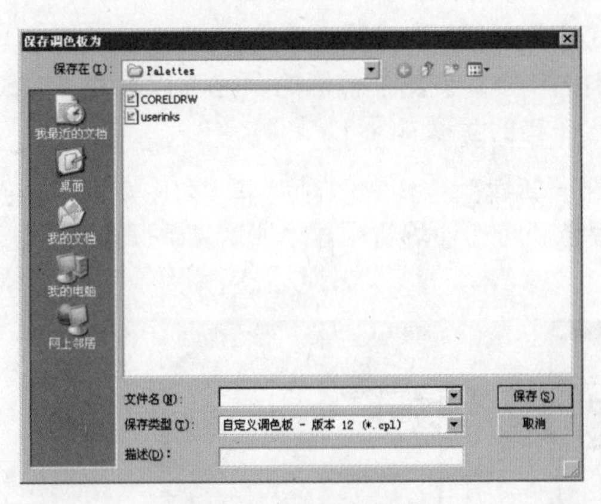

图 5-69 “保存调色板为”对话框

图 5-70 选中对象

然后，单击“使用选定的对象创建一个新调色板”按钮，在弹出的“保存调色板为”对话框中输入调色板名称，如图 5-71 所示。单击“保存”按钮，即可创建一个新的调色板，同时该调色板会自动出现在“调色板浏览器”泊坞窗中，如图 5-72 所示。

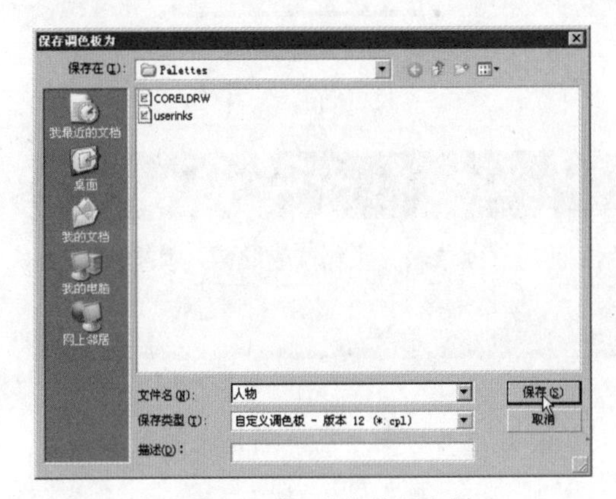

图 5-71 存储名为“人物”的调色板

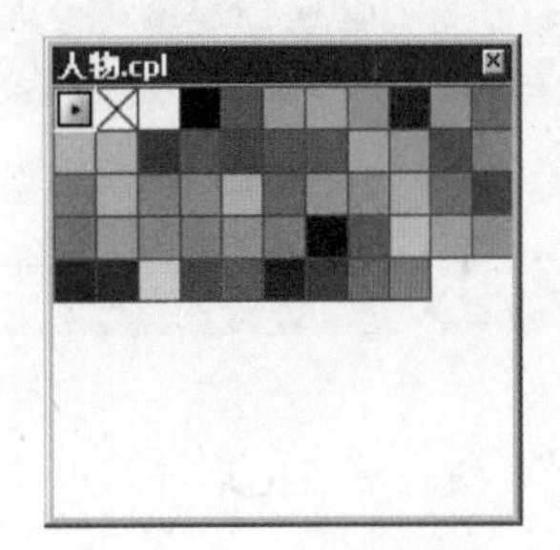

图 5-72 创建的调色板

4. 使用文档创建新调色板

如果想要将当前文档中所用到的颜色都定义到一个新的调色板中，可以直接单击“使用文档创建一个新调色板”按钮，在弹出的“保存调色板为”对话框中输入调色板名称，单击“保存”按钮，即可将当前文档中所有使用的颜色创建为一个新的调色板。同样，该调色板也会自动出现在“调色板浏览器”泊坞窗中。

5. 使用调色板编辑器

单击“调色板浏览器”泊坞窗中的“打开调色板编辑器”按钮，弹出“调色板编辑器”对话框，如图 5-73 所示。利用该对话框可以新建调色板，还可以为新建的调色板添加颜色。

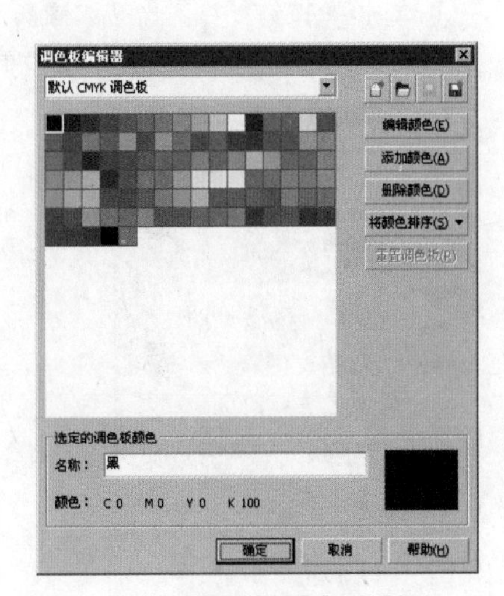

图 5-73 “调色板编辑器”对话框

[新建调色板]：单击此按钮可以新建调色板。

[打开调色板]：单击此按钮可以打开指定的调色板。

[保存调色板]：单击此按钮可以将新建的调色板保存。

[调色板另存为]：单击此按钮可以另存当前的调色板。

5-3-3 使用颜色样式

执行菜单“工具”/“颜色样式”命令或“窗口”/“泊坞窗”/“颜色样式”命令，都可以弹出如图5-74所示的“颜色样式”泊坞窗。使用颜色样式，可以链接的两个或多个相似的颜色，以建立“父子”关系（它们之间的链接以共同的色调为基础），使用颜色样式的步骤如下：

01 在“颜色样式”泊坞窗单击“新建颜色样式”按钮，弹出“新建颜色样式”对话框，如图5-75所示，在该对话框中可选择合适的父色，单击“确定”按钮，此颜色即可在泊坞窗中显示，如图5-76所示。

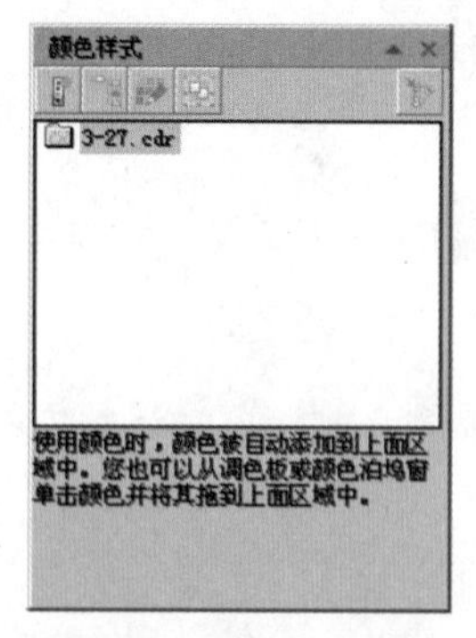

图5-74 “颜色样式”泊坞窗

图5-75 “新建颜色样式”对话框

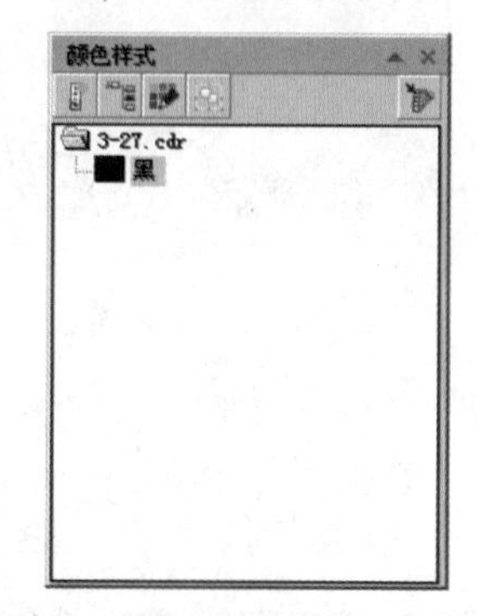

图5-76 新增颜色

提示·技巧

在“颜色样式”泊坞窗中，如果中间的两个按钮呈灰色则不可用，此时必须单击按钮产生父色，才能激活这两个按钮。

02 单击“新建子颜色”按钮，弹出“创建新的子颜色”对话框，如图5-73所示。新建子颜色后，可在泊坞窗中显示出来，如图5-77所示。

03 单击按钮，将弹出“编辑颜色样式”对话框，可以对创建的父色进行编辑。如果要编辑子颜色，就先选择子颜色（见图5-78），再单击此按钮，弹出如图5-79所示的“编辑子颜色”对话框。

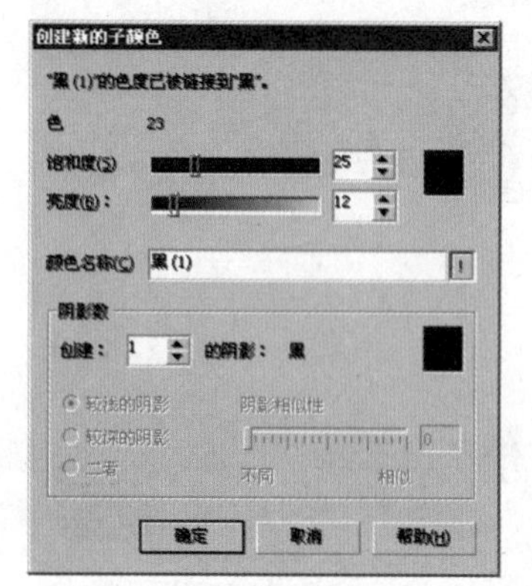

图5-77 “创建新的子颜色”对话框

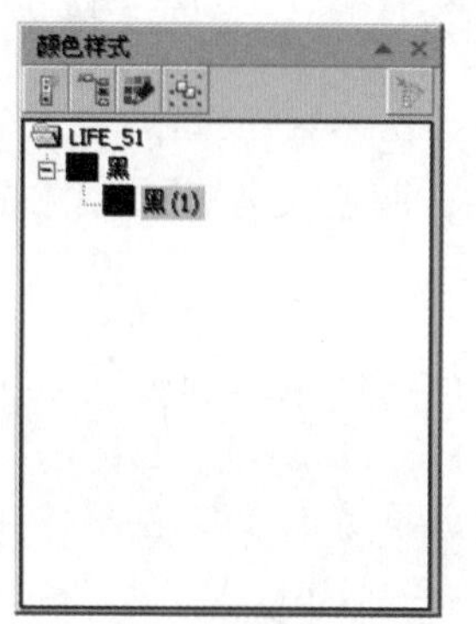

图5-78 泊坞窗中显示的子颜色

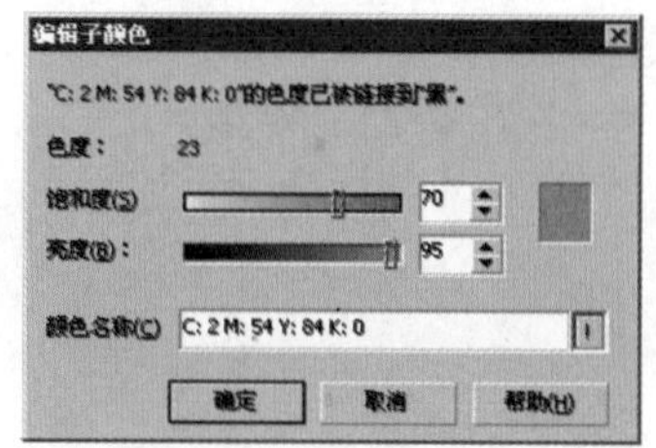

图5-79 “编辑子颜色”对话框

5-4 对象填充

通过给对象填充不同的颜色，可以产生不同的效果。在CorelDRAW X4中，可以对闭合的曲线对象进行填充，可以填充单一颜色、渐变颜色和图案等。单击工具箱中的“填充”按钮右下角的黑色三角形，会弹出填充工具组，如图5-80所示。

图5-80　填充工具组

5-4-1 单色填充

为选中的对象填充单色有两种方法：利用工具箱填充工具组中的“均匀填充”工具和“颜色”泊坞窗。

1. 使用“均匀填充”对话框填充颜色

使用“均匀填充”对话框可以为对象填充单一的颜色，具体操作步骤如下：

01 选择要填充的封闭曲线对象，如图5-81所示。

02 选择填充工具组中的“均匀填充”工具，弹出“均匀填充”对话框。此对话框中有“模型”、“混合器”和“调色板”共3个选项卡，选择任意一个都可以在其中选择颜色，图5-82所示是使用调色板选择颜色。

03 选择颜色后，单击“确定”按钮，选择的颜色即被填充到选中的对象上，如图5-83所示。

图5-81　选择填充对象

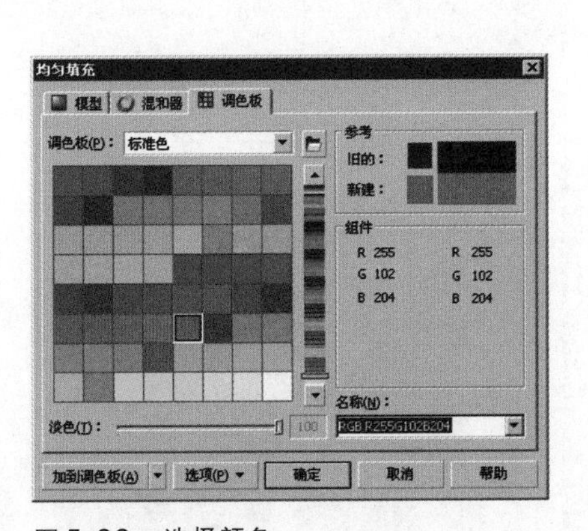

图5-82　选择颜色

图5-83　填充效果

2. 使用“颜色”泊坞窗填充颜色

使用“颜色”泊坞窗也可对选中的对象进行单色填充。选择填充工具组中的“颜色”工具或者执行菜单“窗口”/“泊坞窗”/“颜色”命令，均可弹出“颜色”泊坞窗，如图5-84所示。

“颜色”泊坞窗中有3种调节颜色的方式：单击按钮会显示颜色滑块；单击会显示颜色查看器，如图5-85所示；单击按钮会显示调色板，如图5-86所示。

设置颜色后，单击“填充”按钮，即可为选中的对象填充一种单色。如果要在设置颜色的同时看到填充到对象上的效果，只需单击按钮即可。

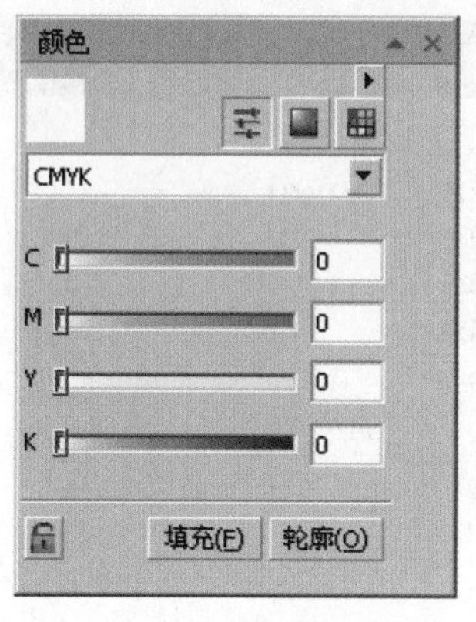

图5-84　显示颜色滑块

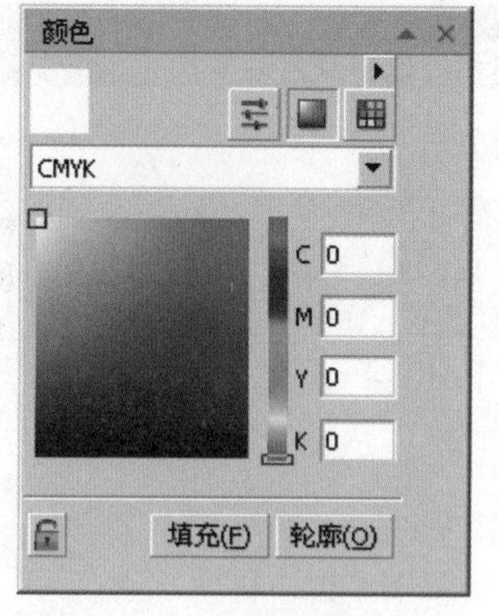

图5-85　显示颜色查看器

图5-86　显示调色板

5-4-2　渐变填充

渐变填充是指填充色由一种颜色过渡到另一种颜色，可以预置过渡方式和方向。选择填充工具组中的“渐变填充”工具，弹出“渐变填充”对话框，如图5-87所示。

在“类型”下拉列表框中，可以选择填充方式，如线性、射线、圆锥和方角等。各种填充方式的效果如图5-88所示。

（a）线性渐变填充

（b）射线渐变填充

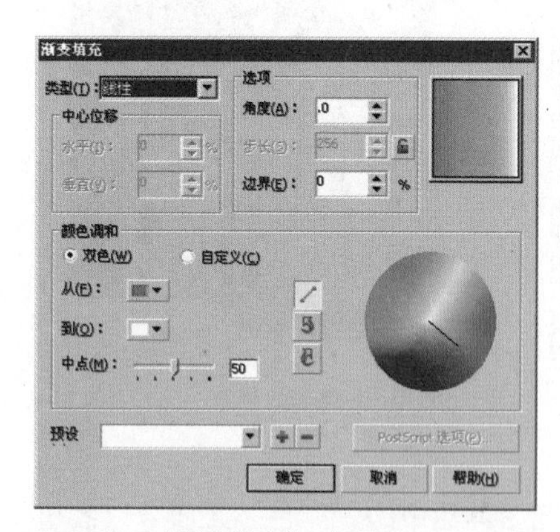

图5-87　“渐变填充”对话框

（c）圆锥渐变填充

（d）方角渐变填充

图5-88　不同渐变填充方式的效果

当选择射线、圆锥或者方角填充时，可以设置填充的中心位移值，值为正时，渐变填充的中心将向右或向上移动；值为负时，渐变填充的中心将向左或向下移动。这种位移效果在“渐变填充”对话框的预览框中可以看到，如图5-89所示。

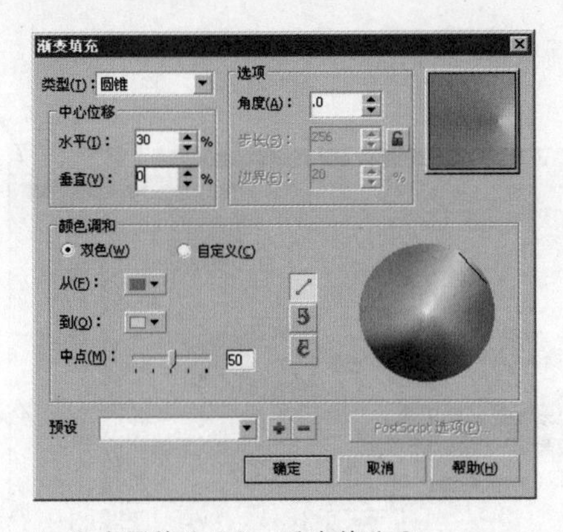

(a) 水平值为 30，垂直值为 0

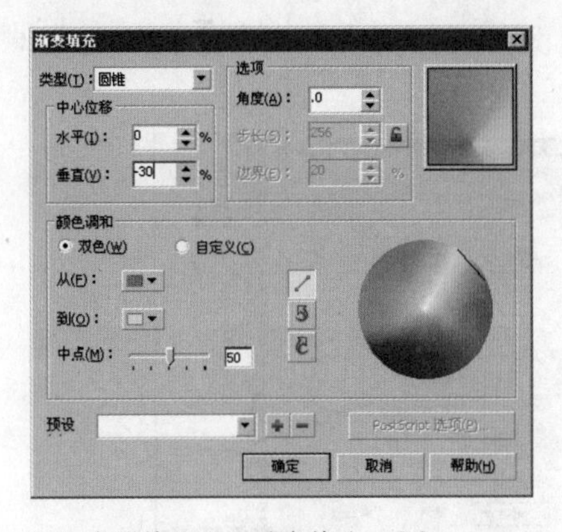

(b) 水平值为 0，垂直值为－30

图 5-89　设置中心位移值

在“渐变填充”对话框中还可以进行其他设置。

1. “双色”选项

选择“双色”单选按钮，可以设置两种颜色的渐变，并且“中点”的值不同，效果也不同，如图 5-90 所示。

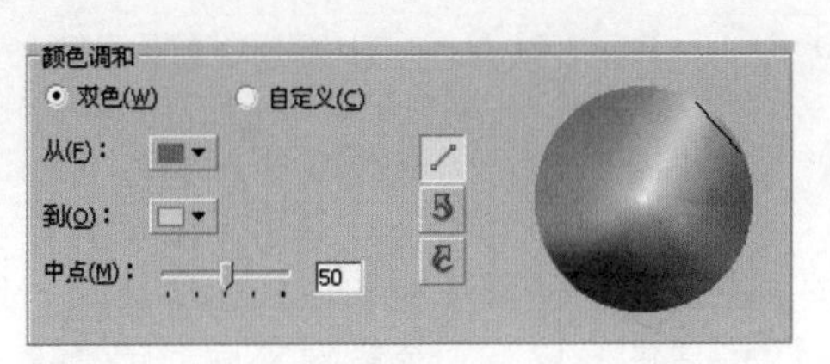

图 5-90　选择“双色”单选按钮

[直线路径]：单击该按钮，可根据色调和饱和度沿直线的变化来确定中间的填充颜色。

[逆时针路径]：单击该按钮，可围绕色轮按照逆时针路径变化的色相与饱和度来确定中间的填充颜色。

[顺时针路径]：单击该按钮，渐变填充由起始颜色沿色轮按顺时针方向变化到结束颜色。

2. “自定义”选项

选择“自定义”单选按钮，可以设置多个颜色之间的渐变，这时只需双击颜色编辑条上方虚框内的任意位置，就可以增加一个调节点，即增加一个向下的三角形，可以用滑动的方式调节渐变状态。双击三角形，可删除调节点。单击三角形，在右侧的颜色列表框中可以设置渐变的颜色。图 5-91 所示为 3 种颜色之间的渐变。

3. “预设”选项

[添加]与[删除]：单击按钮，可将当前的渐变设置命名并保存在“预设”下拉列表框中（一定要先对渐变效果进行命名，否则会将原有的渐变效果覆盖）；单击按钮，将当前选中的预设渐变效果删除。

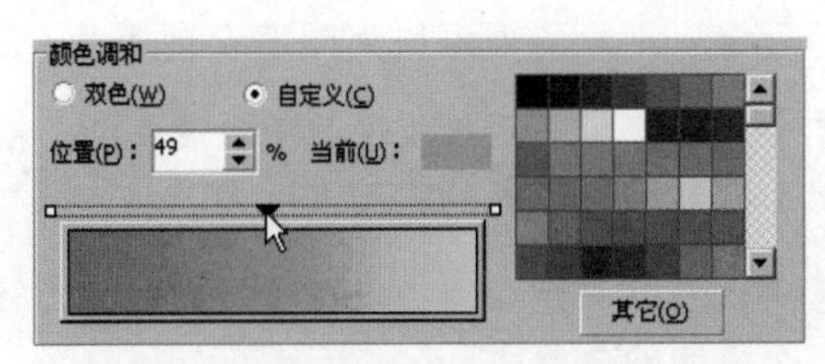

图 5-91　选择“自定义”单选按钮

“预设”下拉列表框中，有一些 CorelDRAW X4 预设的渐变样式可供选择，其中包括用户自定义的渐变样式。

编辑渐变样式的方法如下：

01 设置渐变颜色。在“预设”下拉列表框内为样式命名。

02 单击按钮，新建的渐变样式就在样式列表中了。图 5-92 所示为编辑名为“红色粉刷”的渐变样式。如果要删除渐变样式，单击按钮即可。

03 在“预设”下拉列表框中还包括一些能直接使用的渐变样式，图5-93所示为选择“04 - 柱面 - 蓝色 01”样式的效果。

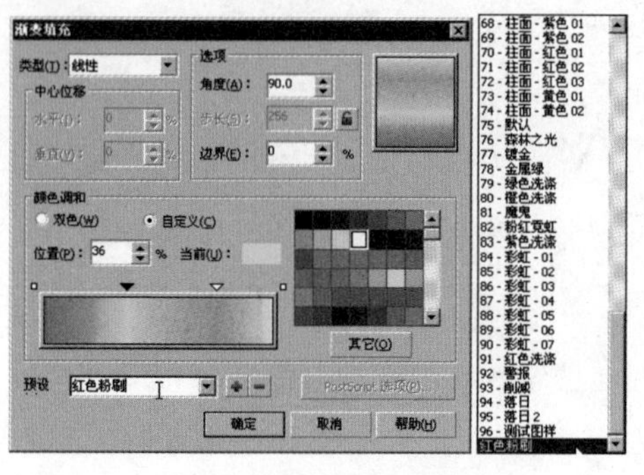

图5-92 添加“红色粉刷”样式

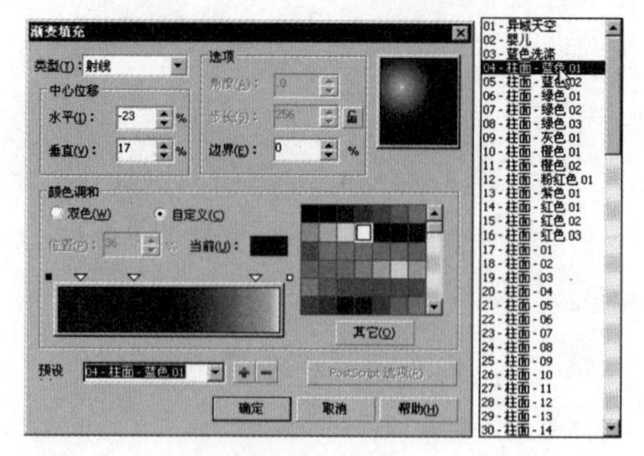

图5-93 选择预设样式

5-4-3 图样填充

图样填充是使用预先生成的图案填充所选中的对象，对于创建平铺对象十分有用。图案填充包括双色图样填充、全色图样填充和位图图样填充，用户也可以自己创建图案填充。选择对象后，选择填充工具组中的“图样填充”工具，即可弹出“图样填充”对话框，如图5-94所示。

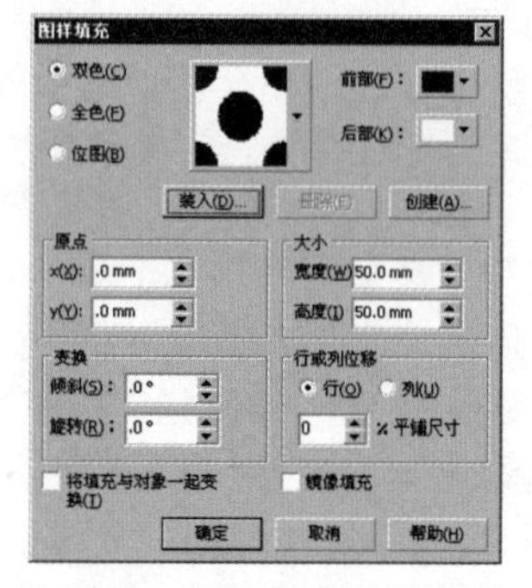

图5-94 “图样填充”对话框

1. 双色图样填充

双色图样填充是使用任意两种颜色和现有的图案样式搭配，平铺填充所选中的对象。

为对象填充双色图案的步骤如下：

01 选择填充对象。

02 打开“图样填充”对话框，选择“双色”单选按钮，在双色图案列表中选择填充图案。在“前部”和“后部”下拉列表框中为图案设置颜色，设置的效果可以在预览框中直接预览。

03 在“原点”选项组中设置图案填充中心相对于对象选择框左上角的水平和垂直距离，在“大小”选项组中设置图案填充的宽度和高度。

04 在“变换”选项组中设置图案倾斜和旋转的角度。在“行或列位移”选项组中设置填充图案沿行或列交错移动的百分比。

例如，选中素材文件中的背景图形，打开“图样填充”对话框，对各选项进行设置，如图5-95所示。单击“确定”按钮，背景图形的图样填充效果如图5-96所示。

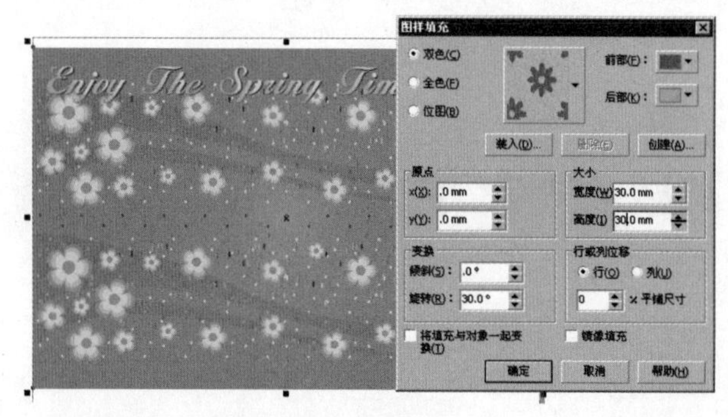

图5-95 选中素材文件中的背景图形

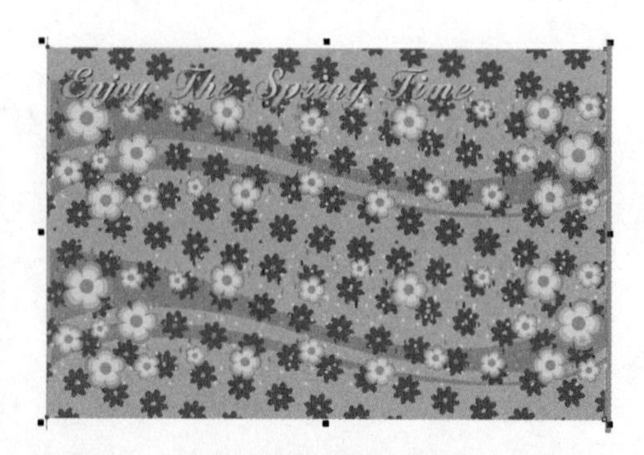

图5-96 填充图样后的图形效果

2. 创建双色图案填充

用户还可以自己载入图案创建双色图案填充，操作步骤如下：

01 选择要填充的对象，如图 5-97 所示。

02 打开“图样填充”对话框，选择“双色”单选按钮，单击“创建”按钮，弹出“双色图案编辑器”对话框，如图 5-98 所示。

图 5-97　选择填充对象

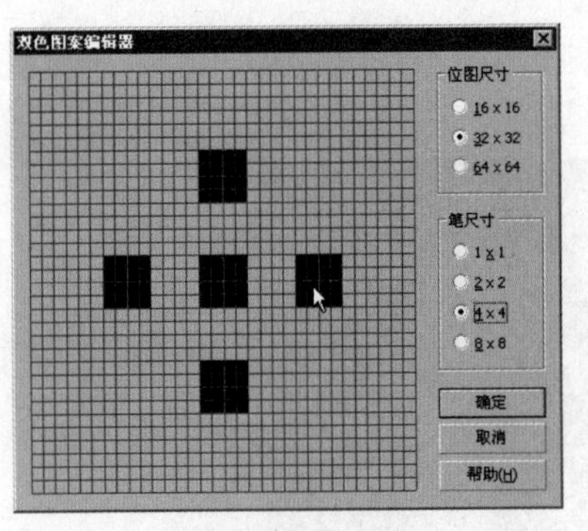

图 5-98　“双色图案编辑器”对话框

03 要设置好位图尺寸和笔尺寸后，在绘图区域内单击鼠标左键或按住鼠标左键拖动，即可填充方格，创建图案。创建好后，单击“确定”按钮，即可返回“图样填充”对话框，然后对图案的“前部”颜色、“后部”颜色、“大小”和“变换”选项进行设置，单击“确定”按钮，可以看到图案的填充效果，如图 5-99 所示。

04 如果对图案的样式不满意，可以选中填充图案的图形，再次打开“图样填充”对话框，单击“创建”按钮，弹出“双色图案编辑器”对话框，重新进行编辑。在编辑图案时，单击鼠标右键或按住鼠标右键拖动可以清除方格填充，如图 5-100 所示。

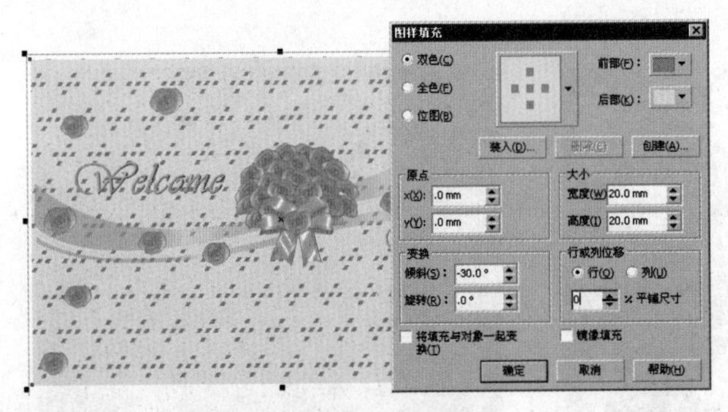

图 5-99　创建图案样式并填充到背景

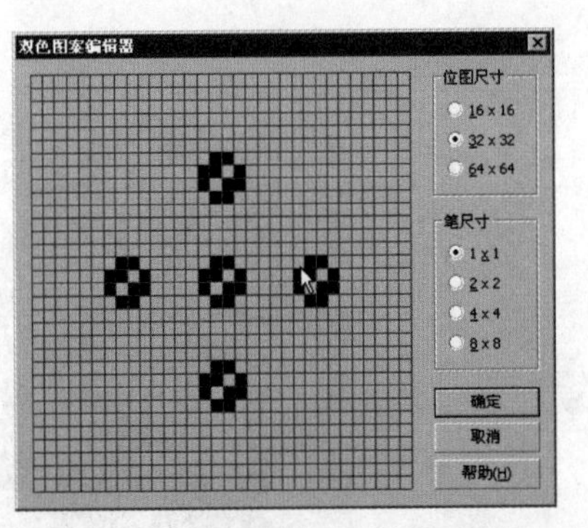

图 5-100　再次编辑创建的图案样式

05 编辑好后，单击“确定”按钮返回到“图样填充”对话框，单击“确定”按钮，填充效果如图 5-101 所示。

图 5-101　修改后的图样填充效果

3. 导入图像创建双色填充

导入图像创建双色填充的操作步骤如下：

01 打开一个文件，选择矩形工具，在画面中绘制一个与背景大小相同的矩形，并将其选中，如图5-102所示。

02 打开“图样填充”对话框，选择“双色”单选按钮，单击“装入”按钮，弹出“导入”对话框，如图5-103所示。选择一个图片文件后单击“导入”按钮，即可导入此图像。

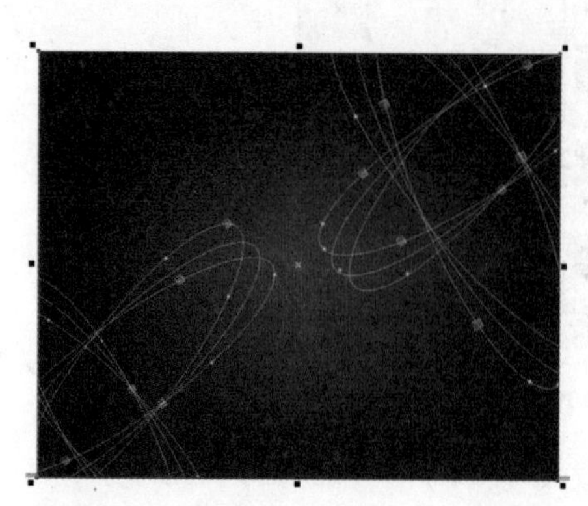

图5-102　绘制矩形并选中

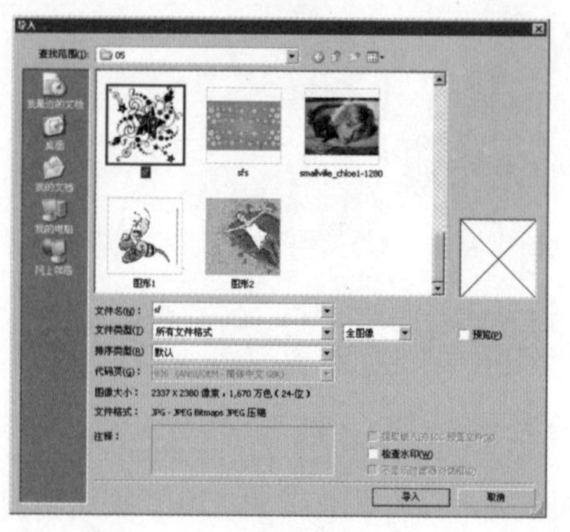

图5-103　“导入”对话框

03 在“图样填充”对话框中设置其他参数，如图5-104所示，设置好后单击“确定”按钮，图样效果如图5-105所示。

04 选择“交互式透明工具”，在属性栏中设置“透明度类型”为“标准”、“透明度操作”为“底纹化”，并适当调整“开始透明度”选项的值，将填充的图案制作成底纹效果，再调整矩形的前后顺序，将其移动到背景的上层，效果如图5-106所示。

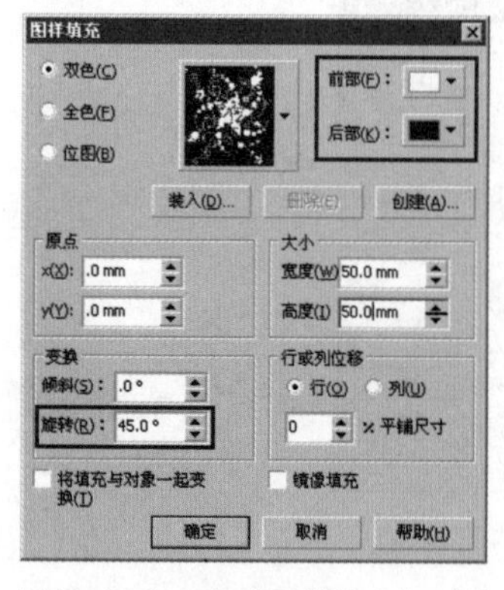

图5-104　在“图样填充”对话框中设置其他参数

图5-105　填充效果

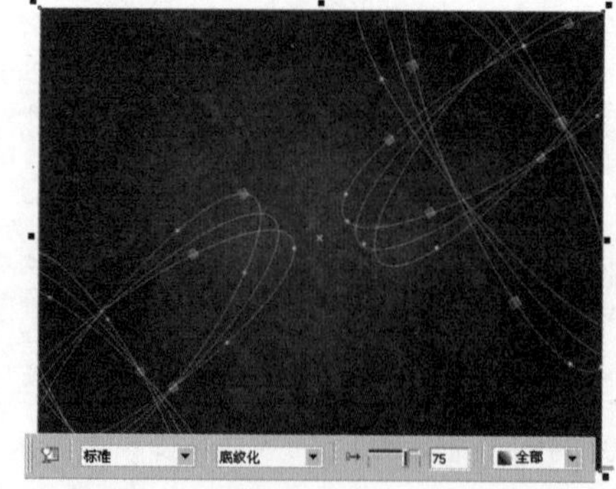

图5-106　制作成底纹效果

4. 全色填充

全色图案是由线条和填充组成的图片，而不是像位图一样的色点，这些矢量图形比位图更复杂，但很容易处理。

选择矩形工具，在画面中绘制两个交叉的矩形条，并将其同时选中，如图5-107所示。

打开“图样填充”对话框，选择“全色”单选按钮，单击图案下拉列表框右侧的下三角按钮，即可弹出图案列表，选择一个图案再设置其他参数，如图5-108所示。

图 5-107　在画面中绘制两个交叉的矩形条

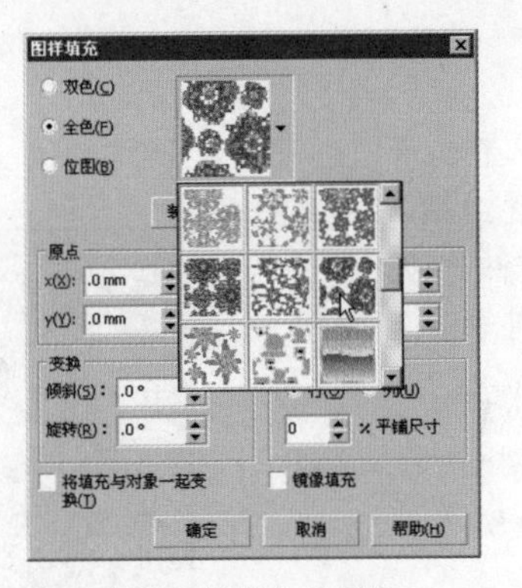

图 5-108　设置全色图案

单击“确定”按钮，可以看到图案的填充效果，如图 5-109 所示。

选择“交互式透明工具”，在属性栏中设置“透明度类型”为“标准”、“透明度操作”为“亮度”，并适当调整“开始透明度”选项的值，效果如图 5-110 所示。

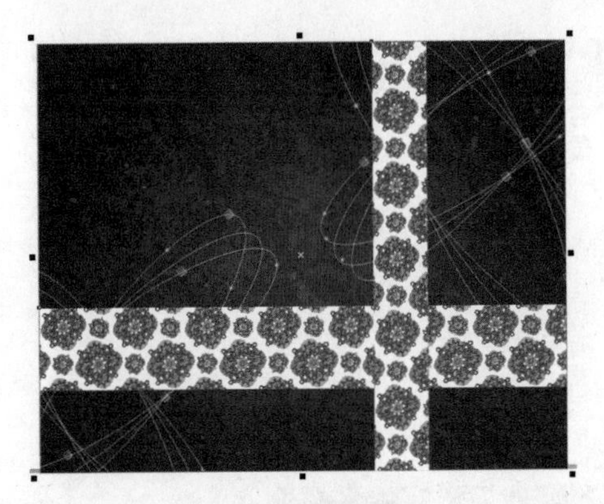

图 5-109　全色图案填充效果

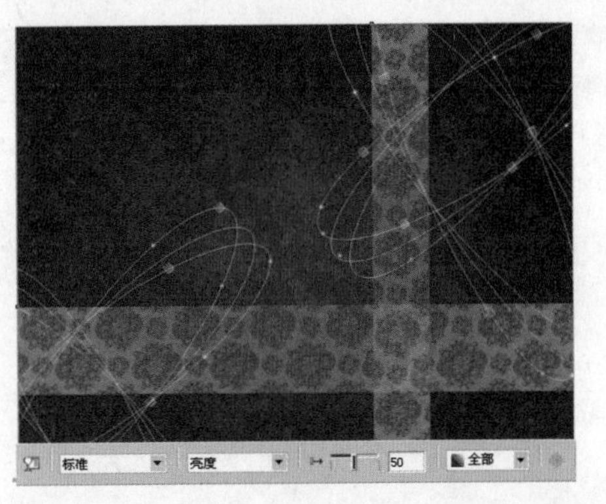

图 5-110　调整图案填充矩形与背景的混合效果

5. 位图填充

位图图案是常规的彩色图片。选中要填充图案的对象，如图 5-111 所示。选择“图样填充”对话框中的“位图”单选按钮，在图案下拉列表框中选择一个图案再设置好其他参数，如图 5-112 所示。单击“确定”按钮即可将设置的图案填充到选中的对象中，效果如图 5-113 所示。

图 5-111　选中要填充图案的对象

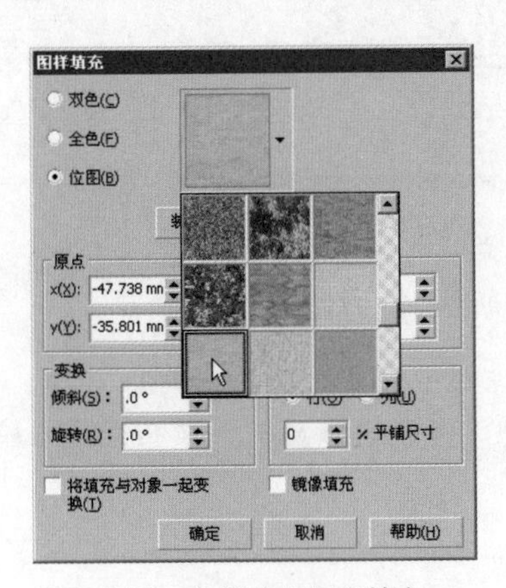

图 5-112　设置位图图案填充

图 5-113　位图图案填充效果

5-4-4 底纹填充

使用“底纹填充”工具可以创建多种特殊效果，如云彩、水、矿石等图案。这种填充是随机的、小块生成的填充。由于底纹填充只能保留RGB颜色，而且文件比较大，所以要有节制地应用这种填充。使用“底纹填充”工具的步骤如下：

01 使用绘图工具绘制一个图形对象并选中，如图5-114所示。

02 选择填充工具组中的“底纹填充”工具，弹出“底纹填充”对话框，如图5-115所示。

图5-114 选中一个图形对象

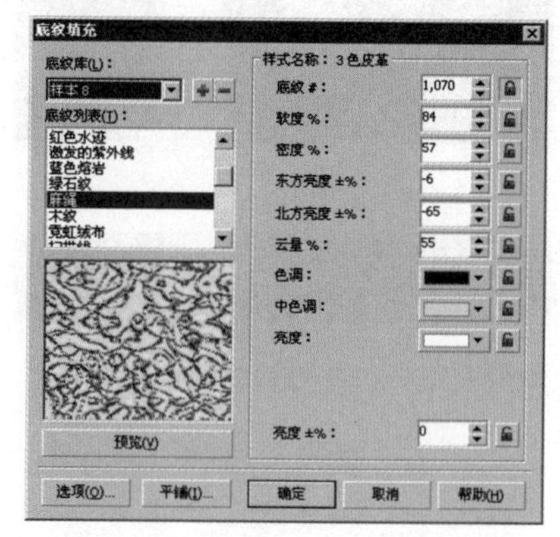

图5-115 “底纹填充”对话框

提示 · 技巧

在此对话框中可以自定义图案颜色，也可以应用先前已有的颜色配置。设置好后单击“预览”按钮，可以在预览窗口中看到效果。

单击“底纹填充”对话框中的“选项”按钮，弹出“底纹选项”对话框，如图5-116所示。在此对话框的“位图分辨率”下拉列表框中可以选择需要的分辨率。

单击“底纹填充”对话框中的“平铺”按钮，即可弹出“平铺”对话框，如图5-117所示。在此对话框中可以设置底纹填充的分布情况。

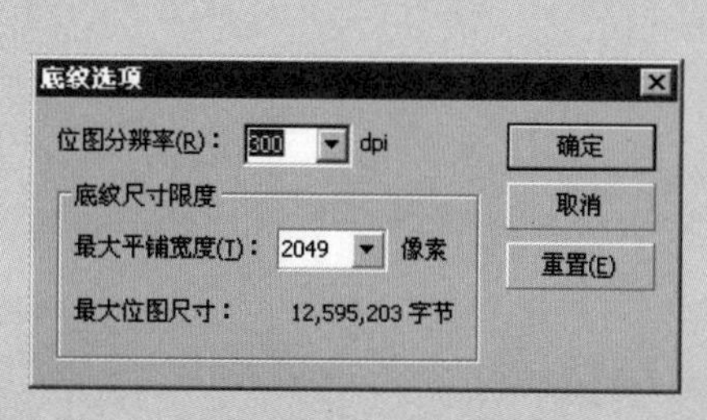

图5-116 “底纹选项”对话框

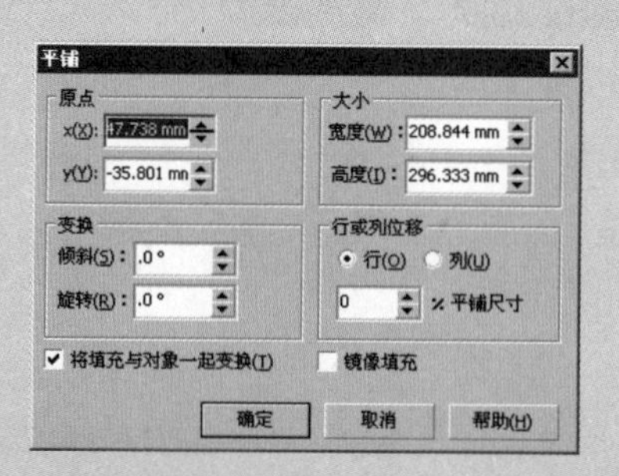

图5-117 “平铺”对话框

03 在该对话框中对底纹样式的具体选项进行设置，如图5-118所示。设置完成后单击“确定”按钮，即可完成底纹填充，效果如图5-119所示。

04 选择“交互式透明工具”，在属性栏中设置“透明度类型”为“标准”、“透明度操作”为“如果更亮”，并适当调整“开始透明度”选项的值，将填充的图案制作成底纹效果，效果如图5-120所示。

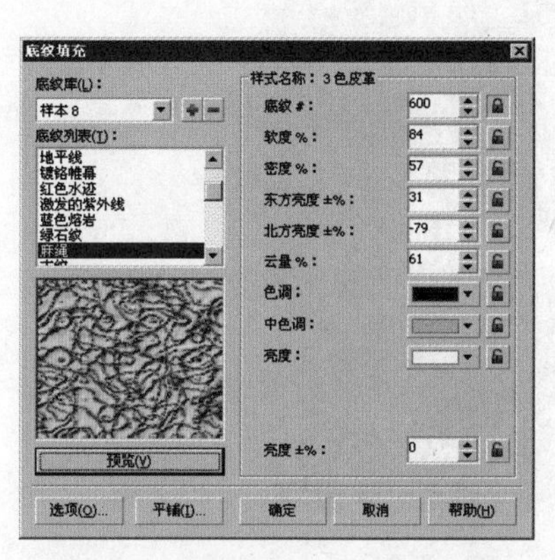

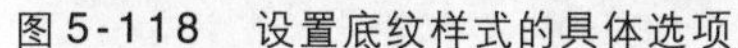
图 5-118　设置底纹样式的具体选项

图 5-119　底纹样式填充效果

图 5-120　设置图形的透明度效果

5-4-5　PostScript 填充

PostScript 底纹是使用 PostScript 语言设计出来的一种特殊的底纹填充类型，图案比较复杂。使用这种填充时，屏幕的更新时间和打印时间较长，所以不提倡使用这种填充方式。使用 PostScript 填充的步骤如下：

01 绘制图形对象并选中，如图 5-121 所示。

02 选择填充工具组中的 PostScript 工具按钮，弹出“PostScript 底纹”对话框，默认为 DNA 底纹，选择“预览填充”复选框，即可在预览窗口中看到底纹填充效果，如图 5-122 所示。

03 选择“彩色阴影”底纹样式，然后设置其具体的选项，单击“刷新”按钮，查看底纹效果，如图 5-123 所示。

04 达到满意效果后，单击“确定”按钮，即可在图形中填充设置的底纹，效果如图 5-124 所示。

图 5-121　选中对象

图 5-122　“PostScript 底纹”对话框

图 5-123　设置“彩色阴影”底纹选项

如果想取消填充效果，单击填充工具组中的无填充按钮⊠即可。

提示 · 技巧

每一种底纹都是可以设置的。选择某个底纹类型后，对话框中都会显示该底纹所对应的具体选项设置。调整这些选项，则可以使填充的底纹得到更多变化，以满足不同设计需要。设置完选项后，需要单击“刷新”按钮，预览窗口中才会显示新设置的图案效果。

图 5-124 “彩色阴影”底纹填充效果

5-4-6 使用“滴管工具”填充

使用“滴管工具”可以将一个对象的填充效果（如双色、单色、位图和 PostScript 底纹等效果）完全应用到另一个对象上，具体操作步骤如下：

01 打开一个素材文件，效果如图 5-125 所示。

02 选择工具箱中的“滴管工具”按钮，将光标移至一个对象上单击，如图 5-126 所示。

图 5-125 素材文件效果

图 5-126 将光标移至一个对象上

03 选择工具箱中的“颜料桶工具”，或者在选择“滴管工具”后按住【Shift】键切换到颜料桶工具，将光标移至另一个要应用的对象上，如图 5-127 所示。

04 单击即可填充与前面对象一样的效果，如图 5-128 所示。

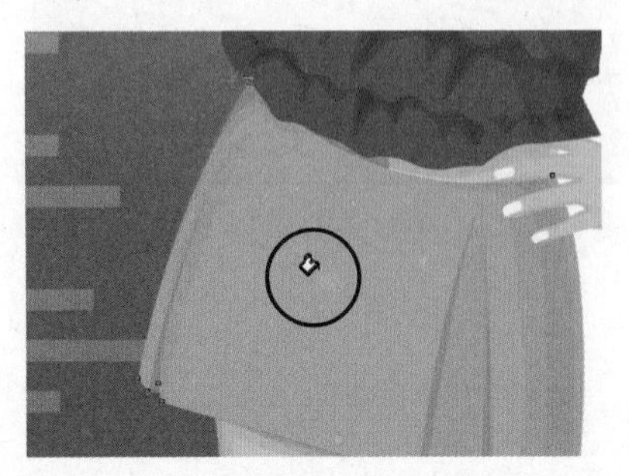

图 5-127 选择工具并将光标移至另一个对象

图 5-128 用吸管填充的效果

5-4-7 使用“交互式网状填充工具”填充

使用“交互式网状填充工具”可以为所选择的对象创建特殊的填充效果，可以为对象定义网格，并能调整网格的数量、网格交点的位置与类型，还可以在网格线上添加节点、设置节点的类型，也可以制作出变化丰富的网状填充效果。

选择工具箱中的交互式填充工具组中的“交互式网状填充工具”，弹出“交互式网状填充工具”属性栏，如图5-129所示。

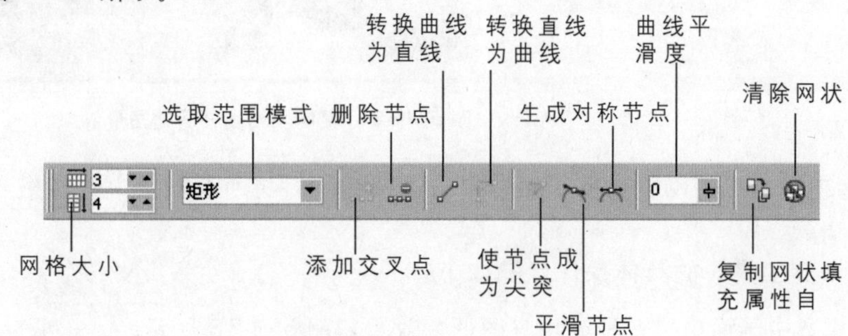

图5-129 “交互式网状填充工具”属性栏

[网格大小]：在该选项的数值框中可以设置网格水平和垂直的数目。

[添加交叉点]：单击该按钮，可以在图形中添加网格。

[删除节点]：单击该按钮，可以删除选定的网格。

[转换曲线为直线]：选择某个节点，单击该按钮，可以将与该节点或网格交点相连的线段转换为直线。

[转换直线为曲线]：选择某个节点，单击该按钮，可以将与该节点或网格交点相连的线段转换为曲线。

[使节点成为尖突]：单击该按钮，可以使所选的网格交点或节点变成尖点。

[平滑节点]：单击该按钮，可以使所选的网格交点或节点变成平滑节点。

[生成对称节点]：单击该按钮，可以使所选的网格交点或节点变成对称节点。

[复制网状填充属性自]：该按钮可以将一个对象的网格属性复制给另一个对象。首先选择一个目标对象，然后单击该按钮，此时光标变成黑色箭头，单击要从其上复制网格属性的对象，这时目标对象即被复制上源对象的网格属性。

01 打开一个素材文件，选中右侧画面的白色背景，如图5-130所示。

02 选择工具箱中的“交互式网状填充工具”，在“交互式网状填充工具”属性栏中单击“复制网状填充属性自”按钮，然后将光标移至左侧画面的背景网格对象上，光标变成黑色的箭头，如图5-131所示。

图5-130 选中要复制网格属性的图形

图5-131 将光标移至左侧画面的背景网格对象上

03 单击鼠标左键，可以看到右侧选中的白色矩形被填充与左侧背景矩形相同的网格效果，如图5-132所示。

图5-132 复制网格属性后的图形效果

[清除网状]：选中要清除的网格对象，然后单击该按钮，可将所选对象中的网格清除，同时对象中的填充效果也将被清除。

使用“交互式网状填充工具”的具体操作步骤如下：

01 打开一个素材文件，选中画面中绿色渐变填充图形，效果如图5-133所示。

02 选择工具箱中的“交互式网状填充工具”，可以看到选中的绿色渐变图形被创建为交互网格对象，在属性栏中可以看到当前的默认设置为3行3列，效果如图5-134所示。

图5-133 绘制的矩形

图5-134 图形对象的效果

03 在属性栏中调整网格的行列数值，可以看到对象中的网格数量也随之改变，效果如图5-135所示。

图5-135 调整网格数量

04 在网格对象的左侧边缘位置绘制出一个范围，如图5-136所示。释放鼠标后，即可将范围内的网格节点选中，如图5-137所示。

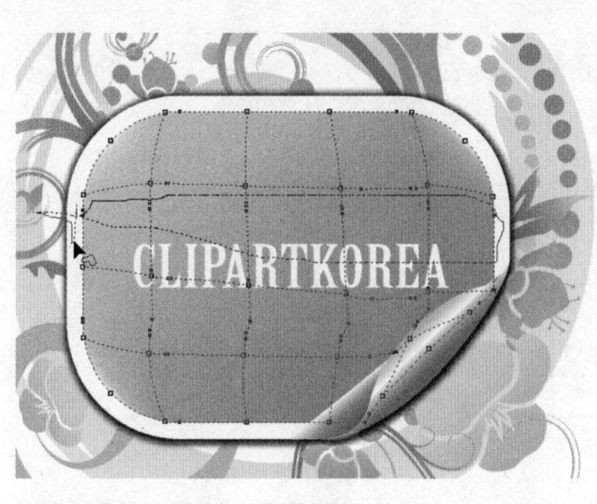

图 5-136　绘制一个范围

图 5-137　选中范围内的网格节点

05 单击属性栏中的"删除节点"按钮，或者按【Delete】键，将选中的节点删除，如图 5-138 所示。

06 用同样的方法，选中其他多余的网格节点，并将其删除，删除后的网格对象效果如图 5-139 所示。

图 5-138　删除选中的网格节点

图 5-139　删除多余的网格节点

07 将对象上边缘的网格节点全部选中，然后单击调色板中的黄色图标，将这些节点填充为黄色，效果如图 5-140 所示。

08 用同样的方法将网格对象上边缘的节点全部选中，单击调色板中的橘色图标，将这些节点填充为橘色，效果如图 5-141 所示。

图 5-140　将上边缘的网格节点填充为黄色

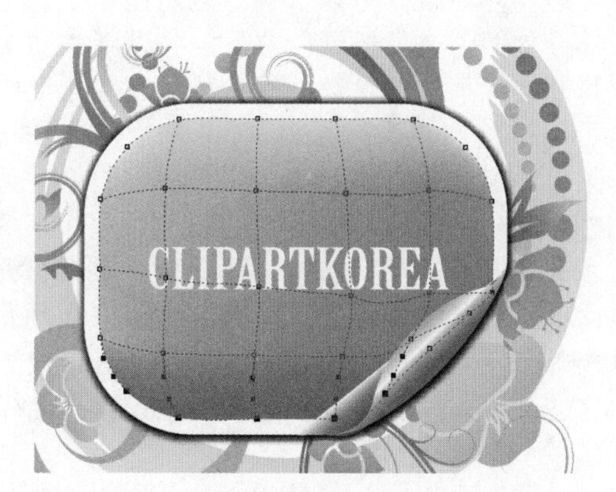

图 5-141　将下边缘的网格节点填充为橘色

09 用“交互式网状填充工具”将网格对象中的网格节点选中，可以看到节点四周有 4 个控制手柄，调整控制手柄和节点的位置，可以调整网格中颜色的过渡效果，如图 5-142 所示。

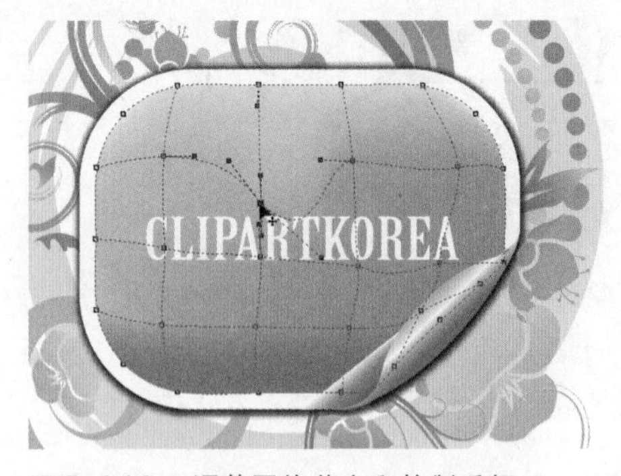

图 5-142　调整网格节点和控制手柄

10 用“交互式网状填充工具”在网格对象中的网格节点包围的区域上单击，可以选中该区域及其包围的 4 个网格节点，如图 5-143 所示。单击调色板中的冰蓝颜色，将选中的网格区域填充为冰蓝色，效果如图 5-144 所示。

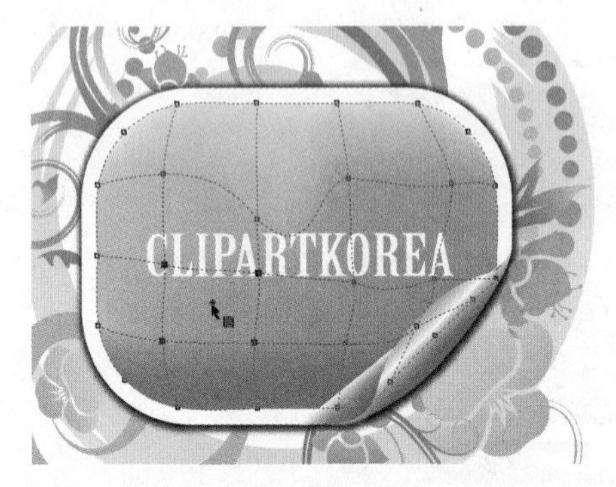

图 5-143　选中网格区域

图 5-144　为网格区域填充颜色

5-5　颜色管理

在 CorelDRAW X4 中，可以通过“颜色管理”对话框对系统的颜色空间、打印机、显示器、输入设备，以及导入 / 导出与颜色相关的设置进行高级控制。利用“颜色管理”对话框，可以很容易地对整个工作平台中不同部分的颜色进行控制，并且结构清晰，更方便用户理解和选择不同的参数，保证颜色在各个工作环节中的正确性。

执行菜单“工具”/“颜色管理”命令，打开“颜色管理”对话框，如图 5-145 所示。在该对话框中，每个图标代表一个设置选项，单击这些图标，可以打开相应的对话框进行参数的设置。同时，为了方便用户进行一些标准设置，每个选项都提供了一些预设方案，利用这些预设方案，可以快速准确地设置适合不同工作要求的参数配置。

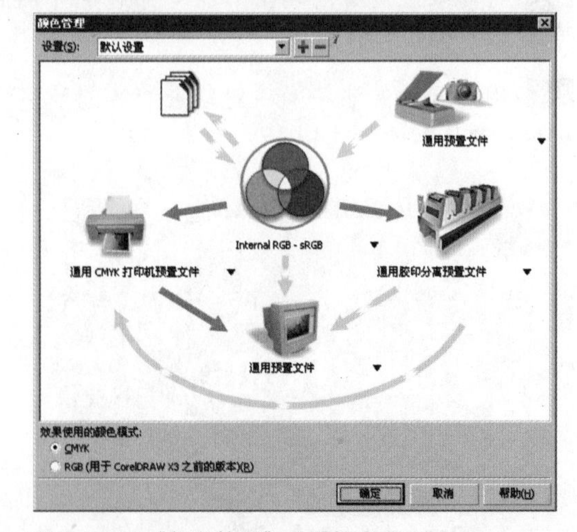

图 5-145　“颜色管理”对话框

单击对话框中间的 RGB 颜色图标，打开“高级设置”对话框，如图 5-146 所示。在该对话框中，可以对 ICC 配置文件中的“匹配类型”和“颜色引擎”选项进行设置。同时，还可以单击 RGB 颜色图标下面的预设选项下拉按钮，在弹出的下拉列表中选择各种已有的行业标准，以适应不同的工作环境要求，如图 5-147 所示。

单击“颜色管理”对话框左上角的“导入/导出”图标，打开“高级导入/导出设置”对话框，如图5-148所示。在该对话框中，可以确定将文件导入或导出时，是否使用嵌入的ICC预置文件来控制颜色的转换，以及使用哪些ICC预置文件来作为颜色转换时的选项设置。

图5-146 “高级设置”对话框

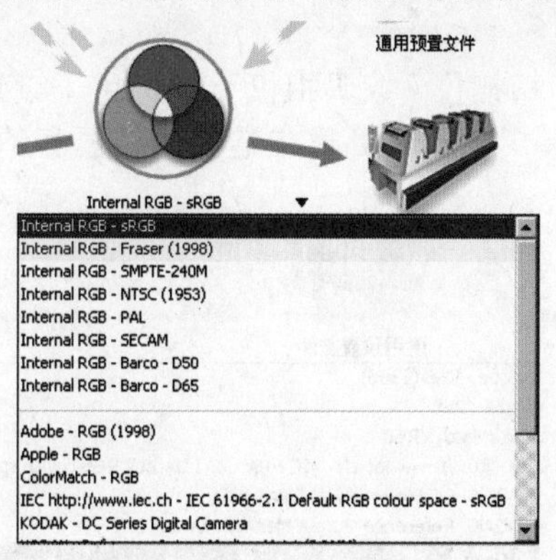

图5-147 预设选项列表

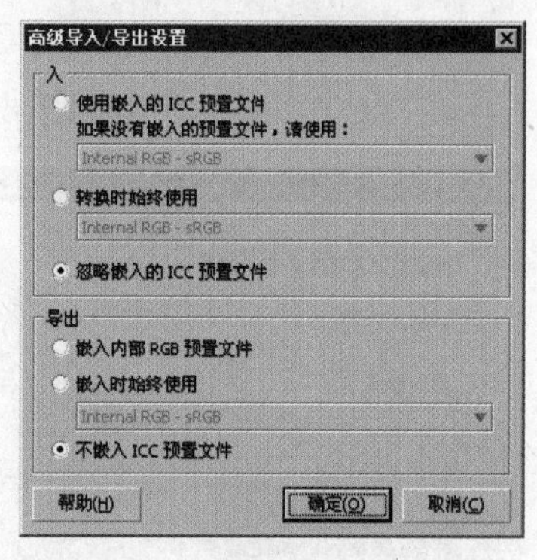

图5-148 “高级导入/导出设置”对话框

在“颜色管理”对话框中间的左右两侧，分别为复合打印机图标和分色打印机图标，单击这两个图标，都可以打开“高级打印机设置”对话框，如图5-149所示。该对话框中列出了当前系统添加的打印机名称，单击打印机名称右侧的颜色预置文件选项，在弹出的下拉列表中可以为打印机指定一个颜色预置文件作为打印时颜色转换的依据，如图5-150所示。

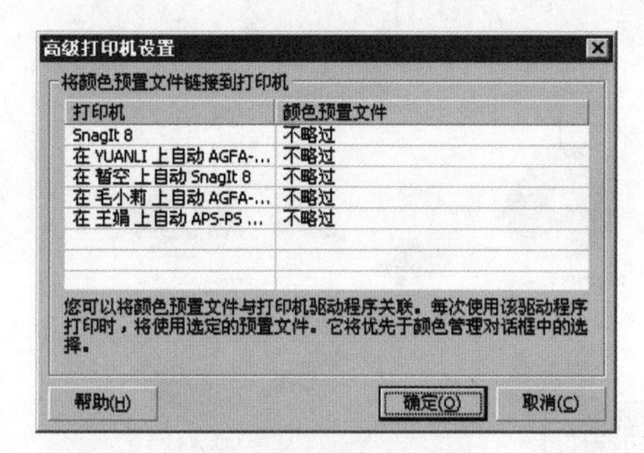

图5-149 “高级打印机设置”对话框

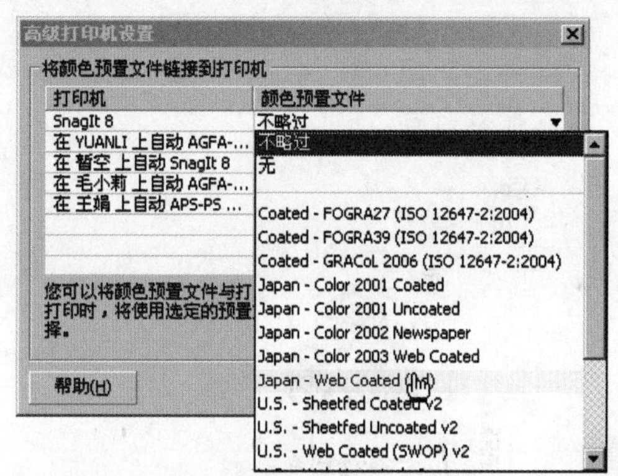

图5-150 “颜色预置文件”列表

同时，也可以单击复合打印机和分色打印机下面的预设选项下拉按钮，在弹出的下拉列表中选择各种已有的预置文件，如图5-151和图5-152所示。

图5-151 复合打印机的预置文件列表

图5-152 分色打印机的预置文件列表

单击“颜色管理”对话框下面的监视器图标，打开“高级显示设置”对话框，如图5-153所示。在该对话框中，可以设置一些特定的颜色状态。

同时，也可以单击监视器图标下方的预设选项下拉按钮，在弹出的下拉列表中选择各种已有的预置文件，如图5-154所示。

“颜色管理”对话框右上角的“扫描仪/数码相机”图标用于设置输入设备的颜色预置文件。单击图标下面的预设选项下拉按钮，在弹出的下拉列表中选择各种已有的预置文件，如图5-155所示。

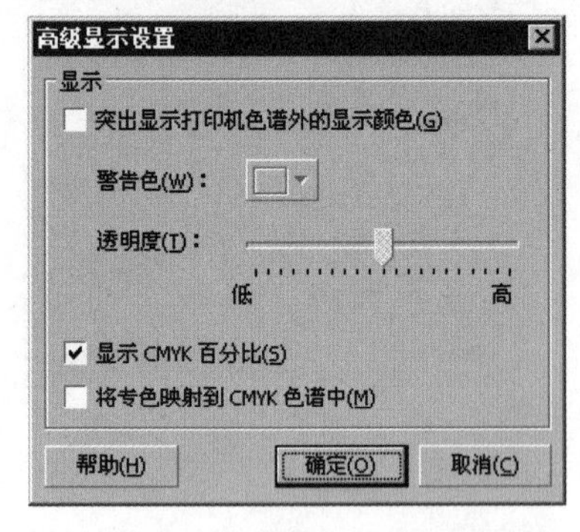

图5-153　“高级显示设置”对话框

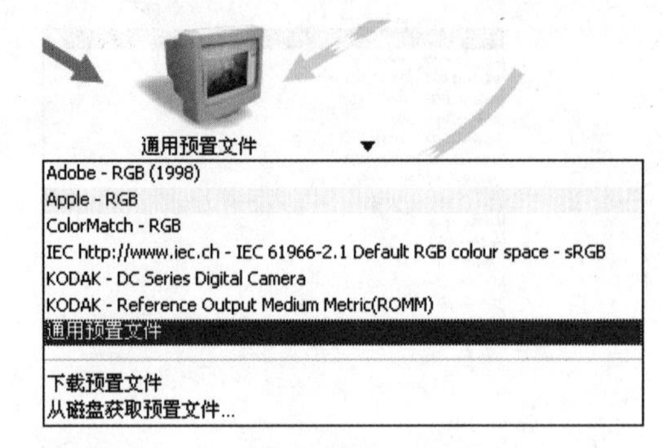

图5-154　显示设置预置文件列表

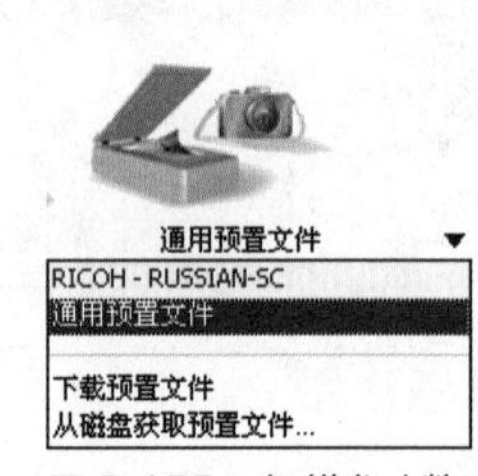

图5-155　扫描仪/数码相机预置文件

在“颜色管理”对话框中，各图标之间都由箭头连接，这些箭头可以控制不同的设置状态，将光标停留在不同位置的箭头上，可以看到相应的设置提示，如图5-156所示。

用户可以通过单击箭头图标来开启和关闭对应的选项控制，如图5-157所示。

在“颜色管理”对话框的底部，可以设置“效果使用的颜色模式”选项是CMYK还是RGB。

另外，软件还为用户提供了针对整个系统的整体配置方案。如果不需要特定的设置，可以直接选择软件预置的配置方案。

图5-156　为网格区域填充颜色

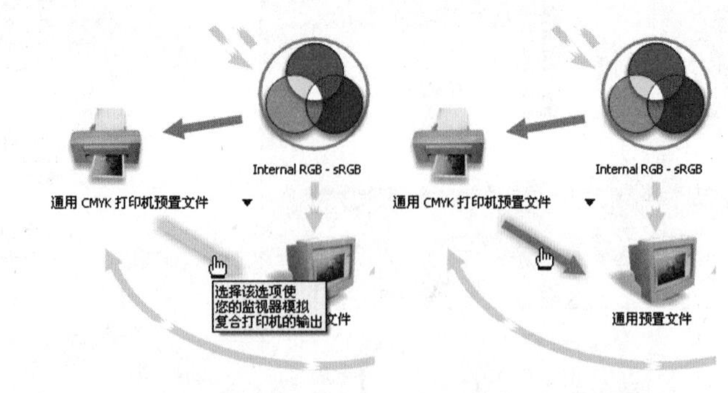

图5-157　单击箭头图标来开启或关闭对应的选项控制

单击“颜色管理”对话框顶部的“设置”下拉列表框，在弹出的下拉列表中可以选择已有的设置方案，如图5-158所示。分别选择“优化Web”、“优化专业输出”和“优化桌面打印”选项，可以看到对应箭头的变化，如图5-159、图5-160和图5-161所示。

如果用户希望自己定义的配置方案可以多次使用，可以在设置好各选项后，单击“设置”下拉列表框后面的“保存当前样式”按钮，打开“保存颜色管理样式”对话框，在其中输入样式名称，如图5-162所示。单击“确定”按钮，即可在“设置”下拉列表框中显示出自定义的方案。

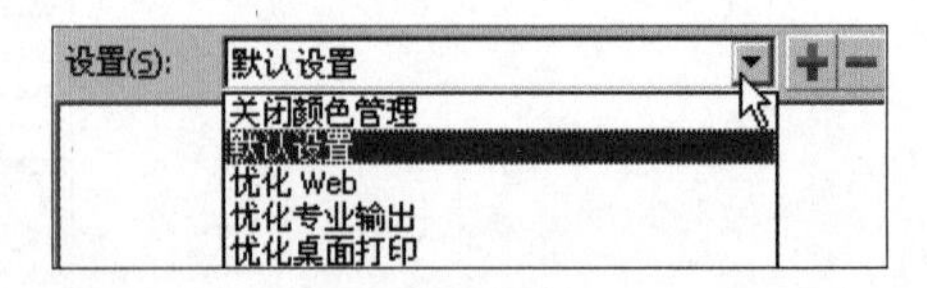

图5-158　“设置”下拉列表框

图 5-159 “优化 Web”选项设置

图 5-160 “优化专业输出”选项设置

图 5-161 “优化桌面打印”选项设置

图 5-162 “保存颜色管理样式”对话框

5-6 艺术照片

本例主要利用渐变色为画面添加背景效果，利用“调整”菜单中的命令对导入的图片进行色调处理，并配合不同的装饰素材图形以及适当的阴影、透明度等效果，制作出人物艺术照片的整体效果。

01 执行菜单“文件”/“新建”命令，新建默认大小的文档。单击属性栏中的“横向”按钮，将页面的方向设置为横向，如图 5-163 所示。

02 制作背景图形。打开随书光盘“05\5-6 艺术照片\素材 1.cdr”文件，选中其中的圆形纹理图形，按【Ctrl+C】组合键进行复制，如图 5-164 所示。

图 5-163 新建文档

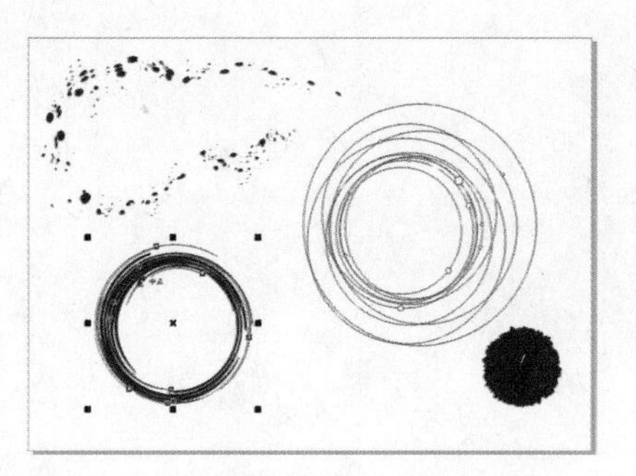

图 5-164 “素材 1.cdr”文件效果

03 返回到当前文档中，按【Ctrl+V】组合键粘贴图形。将图形复制多个，并适当调整为不同的大小，摆放到背景中，效果如图5-165所示。

04 分别选中各纹理图形，选择工具箱中的“渐变填充”工具，打开“渐变填充”对话框，在对话框中进行设置，为纹理图形填充渐变颜色，效果如图5-166所示。

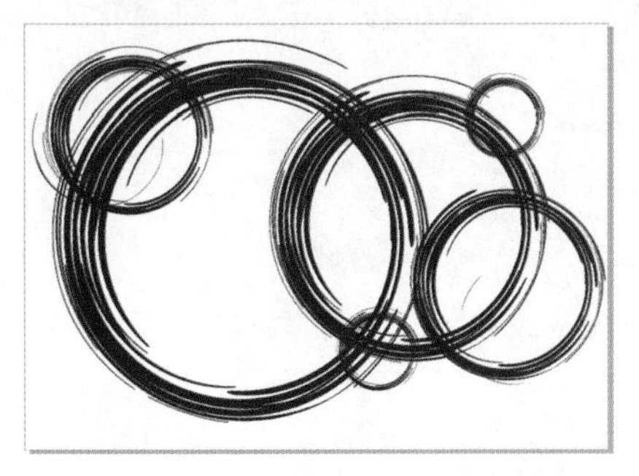

图5-165　复制多个图形并适当调整大小

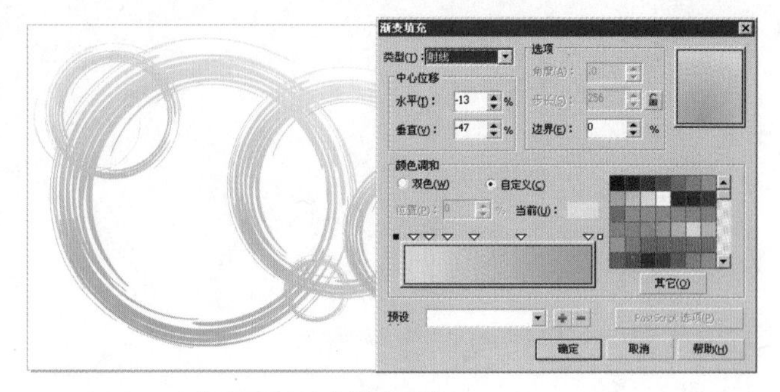

图5-166　为纹理图形填充渐变颜色

05 选择“椭圆形工具”，在纹理图形上绘制一个圆形，并为其填充与纹理相近的渐变颜色，效果如图5-167所示。

06 用同样的方法在其他纹理图形上绘制大小相近的椭圆图形，并填充相应的渐变颜色，效果如图5-168所示。

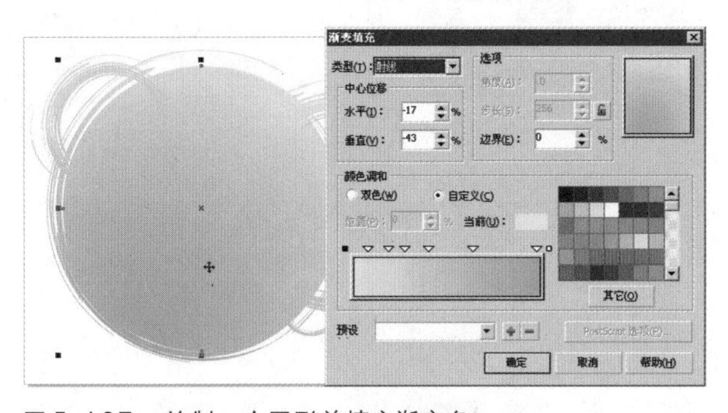

图5-167　绘制一个圆形并填充渐变色

图5-168　绘制大小相近的椭圆图形

07 将“素材1.cdr”文件中的圆点图形复制到当前文档中，适当调整大小后放置到背景纹理图形的边缘上，效果如图5-169所示。

08 将圆点图形填充为白色，然后将“素材1.cdr”文件中的墨点图形复制到当前文档中，适当调整大小和位置，效果如图5-170所示。

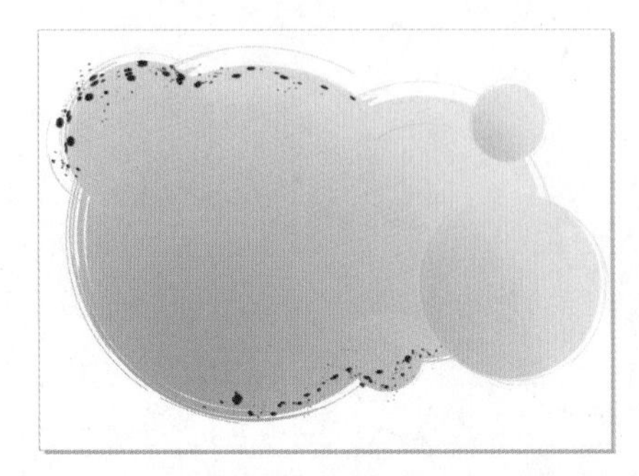

图5-169　将圆点图形复制到当前文档中

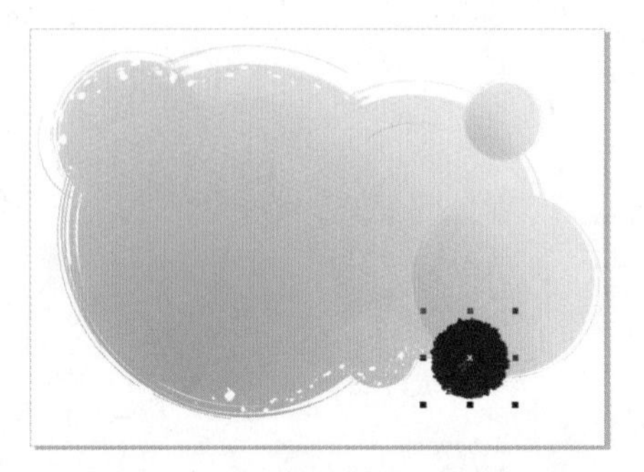

图5-170　将圆点图形填充为白色并复制墨点图形

09 为墨点图形填充渐变颜色，然后选择工具箱中的“交互式透明工具”，在属性栏中设置“透明度类型”为“标准”，并调整“开始透明度”值，效果如图 5-171 所示。

10 将调整好的墨点图形复制两个，并适当缩小，放置到背景图形的左侧，效果如图 5-172 所示。

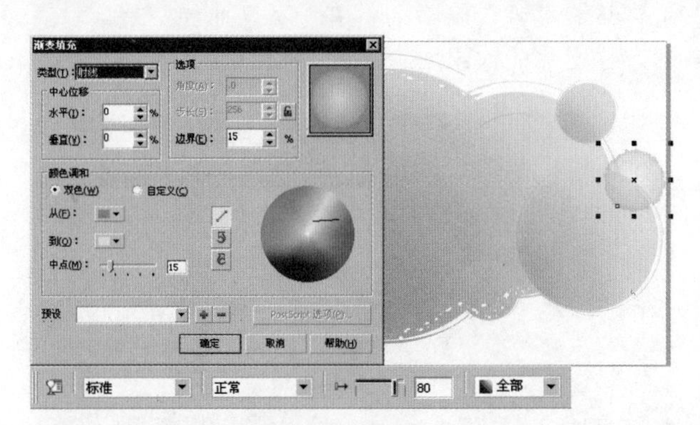

图 5-171　填充渐变色并设置透明度

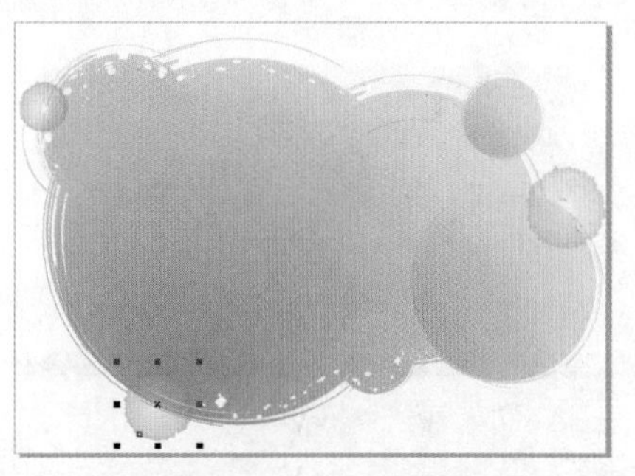

图 5-172　复制调整好的墨点图形

11 制作图片的外框图形。将背景中的图形全部选中，按【Ctrl+G】组合键编组，再按【Ctrl+C】组合键进行复制，然后按【Ctrl+V】组合键粘贴图形。将粘贴得到的图形适当缩小，取消群组后，删除一些不需要的图形，并将剩余的图形选中，如图 5-173 所示。

12 执行菜单“排列”/“造形”/“焊接”命令，将图形合并成一个整体。设置轮廓颜色为黑色，效果如图 5-174 所示。

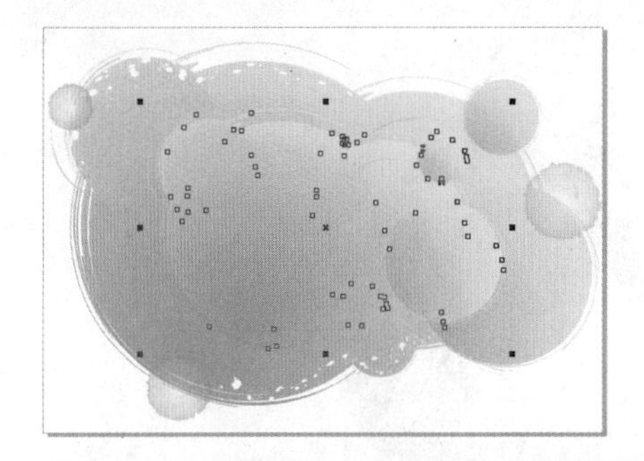

图 5-173　复制背景中的图形并删除多余的图形

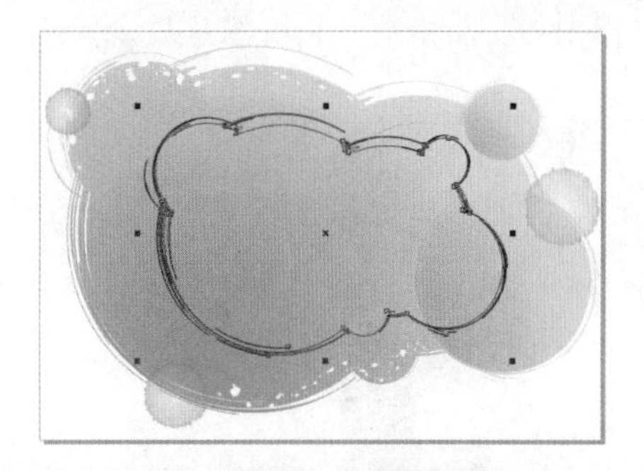

图 5-174　将图形合并成一个整体

13 将合并的图形选中，单击属性栏中的“水平镜像”按钮和“垂直镜像”按钮，将图形翻转，效果如图 5-175 所示。

14 执行菜单“文件”/“导入”命令，将随书光盘“05\5-6 艺术照片\素材 2.jpg”文件导入到当前文档中，并适当调整图片的大小，效果如图 5-176 所示。

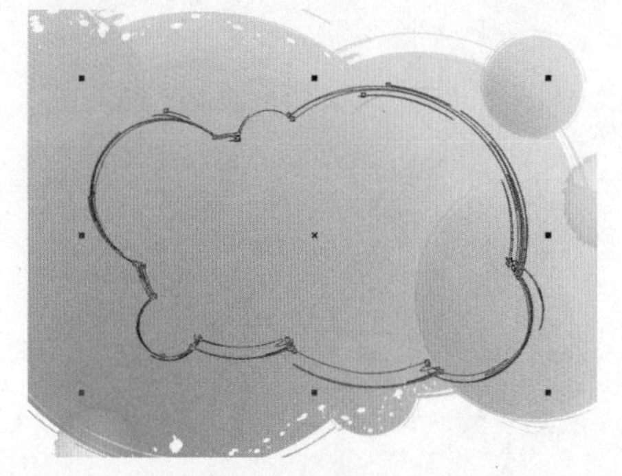

图 5-175　将图形水平镜像和垂直镜像

图 5-176　导入“素材 2.jpg”文件

15 选中人物图片，执行菜单“效果”/“调整”/“亮度/对比度/强度”命令，打开“亮度/对比度/强度”对话框进行参数设置，设置完成后单击“确定”按钮，可以看到人物图片的效果发生变化，如图5-177所示。

16 再次选中人物图片，执行菜单“效果”/“调整”/“调合曲线”命令，打开“调合曲线”对话框进行参数设置，设置完成后单击“确定”按钮，可以看到人物图片的效果发生变化，如图5-178所示。

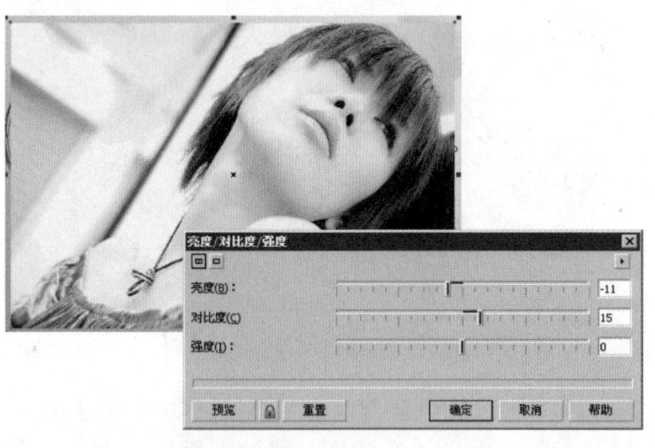

图5-177　调整图片的亮度和对比度

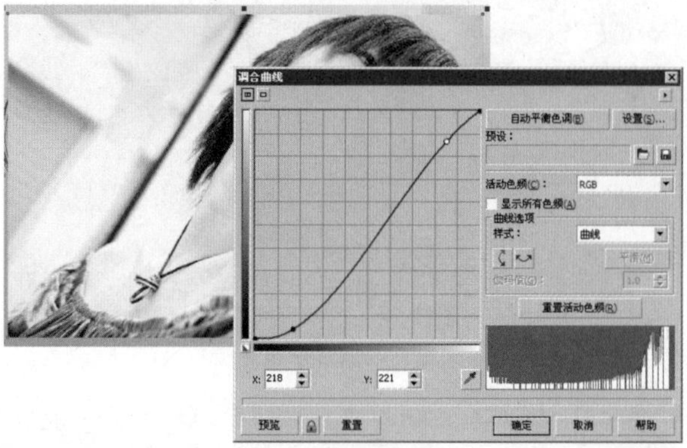

图5-178　应用“调合曲线”命令调整图片

17 选中人物图片，执行菜单“效果”/“图框精确剪裁”/“放置在容器中”命令，显示一个黑色的箭头，如图5-179所示。

18 在黑色轮廓图形上单击，将人物图片放入，效果5-180所示。

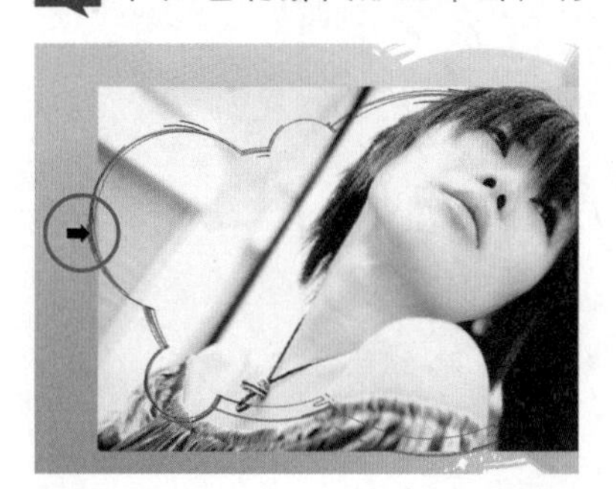

图5-179　利用图框精确剪裁图片

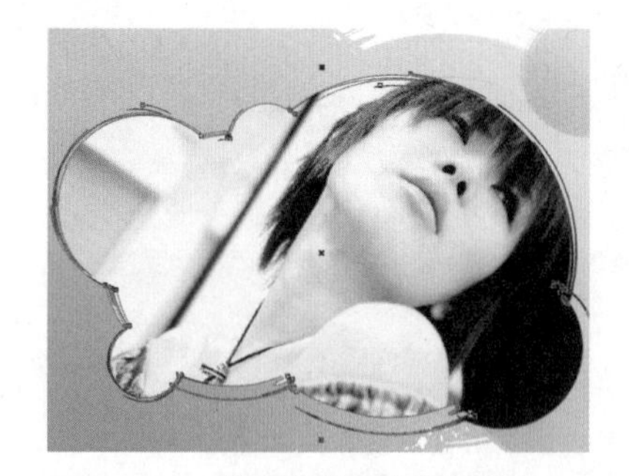

图5-180　精确剪裁后的图片效果

19 选中轮廓图形，选择工具箱中的“艺术笔工具”，为图形添加一个笔刷效果，并进行调整，效果如图5-181所示。

20 将“素材1.cdr”文件中的一个纹理图形复制到当前文档中，调整为适当的大小并调整位置，效果如图5-182所示。

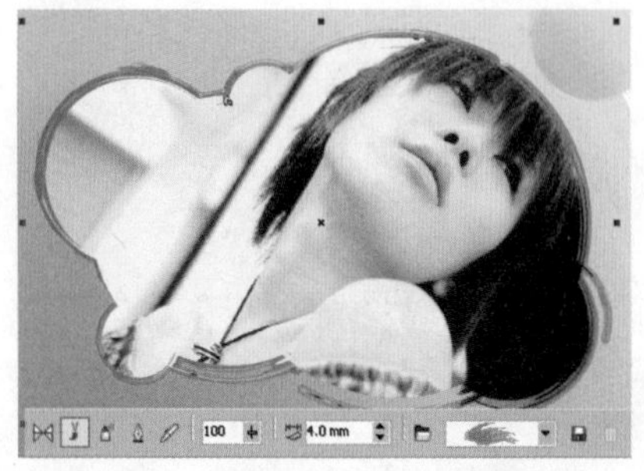

图5-181　为图框添加艺术笔刷效果

图5-182　将纹理图形复制到当前文档中

21 设置图形填充为“无”，轮廓颜色为白色，然后再复制一组，适当缩小后放置在右下方，效果如图5-183所示。

22 选中右侧较小的白色纹理图形，选择工具箱中的“交互式透明工具”，在属性栏中设置“透明度类型”为“标准”，并调整“开始透明度”值。再选择左侧较大的白色纹理图形，按【Ctrl+Page Down】组合键，将其调整到人物图片的下层，效果如图5-184所示。

图5-183　设置图形轮廓颜色为白色并复制一组

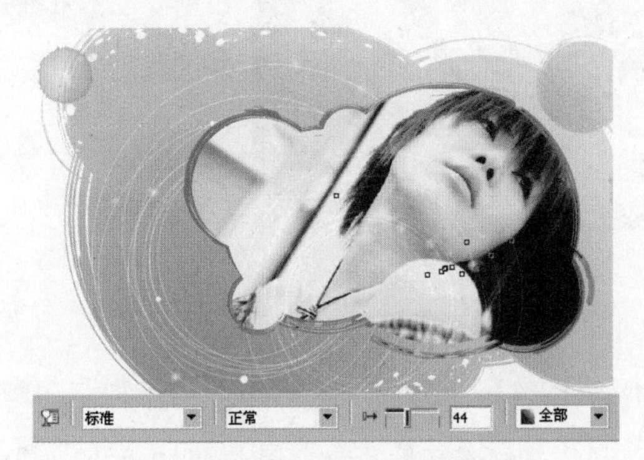

图5-184　为图形设置透明度并调整顺序

23 添加装饰图形。选择“椭圆形工具”，在画面中绘制一组圆环图形，并填充白色，效果如图5-185所示。

24 将圆环图形全部选中并编组，然后选择“交互式阴影工具”，在属性栏中选择一种预设，并设置阴影颜色为红色，效果如图5-186所示。

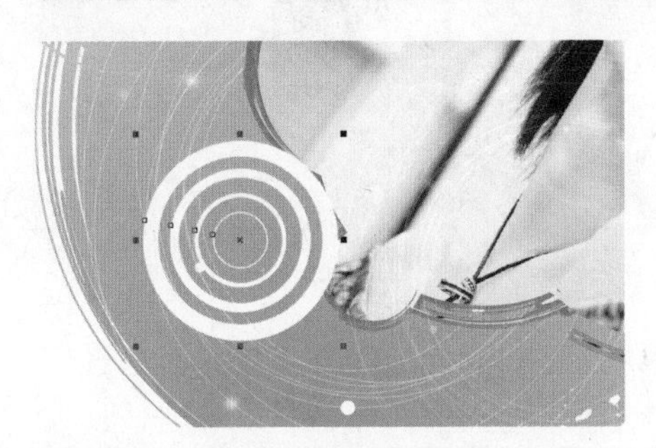

图5-185　绘制一组圆环图形并填充白色

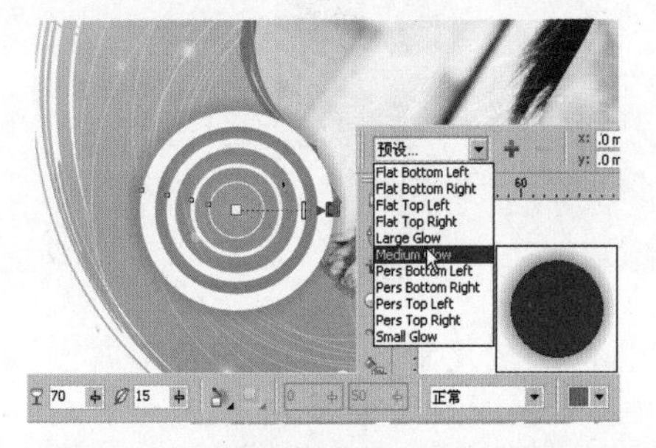

图5-186　为图形添加红色阴影效果

25 复制3组圆环图形，适当调整大小和位置后，为其添加同样的投影效果，如图5-187所示。

26 选择“椭圆形工具”，在画面中绘制另一组圆环图形，并填充不同的颜色，效果如图5-188所示。

图5-187　复制3组圆环图形并添加同样的效果

图5-188　绘制另一组圆环图形

27 在圆环图形下面绘制一个白色正圆图形，将所有图形都选中并编组，效果如图5-189所示。

28 选中群组的圆环图形，选择“交互式阴影工具”，在属性栏中单击“复制阴影的属性”按钮，然后将光标移动到之前制作的带阴影效果的圆环图形上，如图5-190所示。

图5-189　在圆环图形下面绘制白色圆形

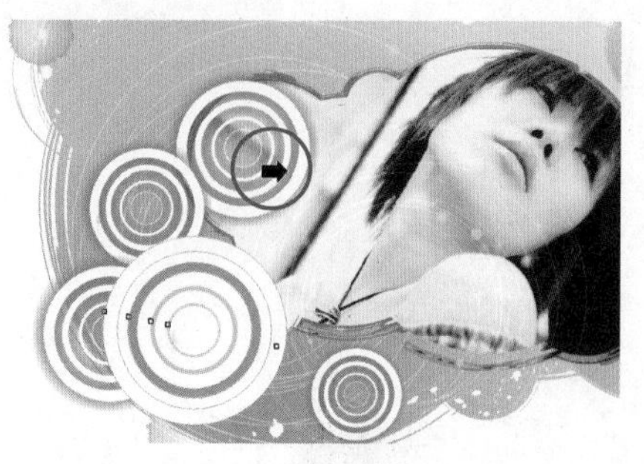

图5-190　为图形复制色阴影效果

29 单击鼠标左键，复制阴影的属性设置，效果如图5-191所示。

30 复制制作好的圆环图形，将其适当地缩小，并调整圆环填充的颜色，放置在画面的下方，效果如图5-192所示。

图5-191　复制阴影属性后的图形效果

图5-192　复制制作好的圆环图形，

31 同样，为圆环图形复制之前设置的阴影属性，然后在属性栏中设置个性化阴影的颜色，并适当调整其他选项的值，效果如图5-193所示。

32 打开随书光盘“05\5-6艺术照片\素材3.cdr”文件，选中其中的花朵图形，按【Ctrl+C】组合键进行复制，如图5-194所示。

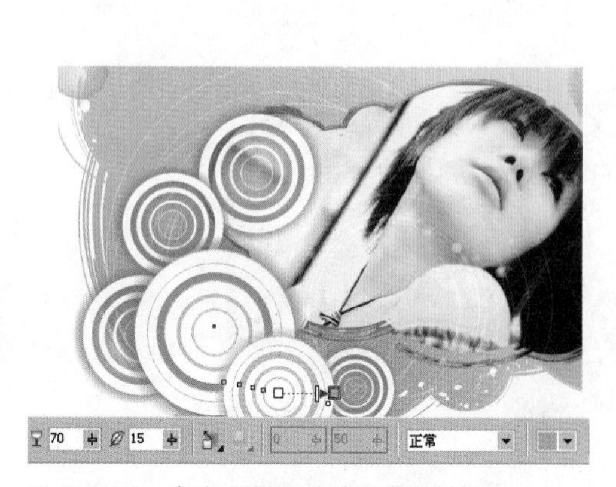

图5-193　复制阴影属性并设置阴影颜色

图5-194　“素材3.cdr”文件效果

33 返回到当前文档中，按【Ctrl+V】组合键粘贴图形，然后将图形调整到适当的大小，并放置在圆环图形上，效果如图5-195所示。

34 将花朵图形复制两个，摆放在圆环的另一侧，并适当调整花朵图形的前后顺序，产生层次感，效果如图5-196所示。

图5-195　将花朵图形放置在圆环图形上

图5-196　复制花朵图形

35 复制花朵图形，将其适当地放大后，放置在画面的右下方，并调整到人物图片的下层，效果如图5-197所示。

36 将"素材3.cdr"文件中的蝴蝶图形复制到当前文档中，分别放置在人物的左侧和右上方，并适当调整大小和位置，效果如图5-198所示。

图5-197　复制花朵图形并放大

图5-198　复制素材文件中的蝴蝶图形

37 选择"钢笔工具"，在人物的右侧绘制两个彩带图形，并填充白色，效果如图5-199所示。

38 将白色的彩带图形调整到人物图片的下层，对画面中不满意的地方进行调整，最终效果如图5-200所示。

图5-199　绘制两个彩带图形并填充白色

图5-200　画面最终效果

5-7 浪漫插画

本例主要利用“交互式网状填充工具”制作出颜色变化较为丰富的背景和纹理效果，同时利用渐变色为装饰素材添加不同的颜色效果，体现出不同的质感，还利用“交互式调合工具”制作线条纹理，并配合不同的装饰素材图形，以及适当的透明度等效果，制作出具有浪漫气息的插画效果。

01 执行菜单“文件”/“新建”命令，新建默认大小的文档，单击属性栏中的“横向”按钮，将页面的方向设置为横向。选择“矩形工具”，绘制一个矩形，并填充深褐色，效果如图5-201所示。

02 选中矩形，选择工具箱中的“交互式网状填充工具”，在矩形上单击，创建网状填充对象，效果如图5-202所示。

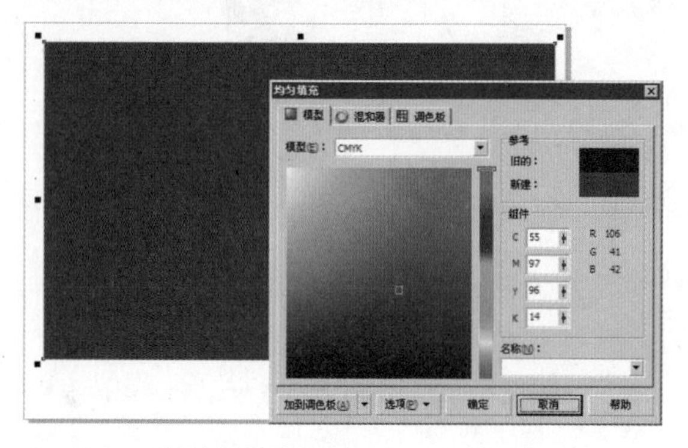

图5-201　新建文档并绘制矩形

图5-202　创建网状填充对象

03 在属性栏中调整网格的列数，网状填充对象中的网状节点数量发生变化，效果如图5-203所示。

04 选中左侧的一个网状节点，打开“颜色”泊坞窗，设置颜色，单击“填充”按钮，为选中的节点填充颜色，效果如图5-204所示。

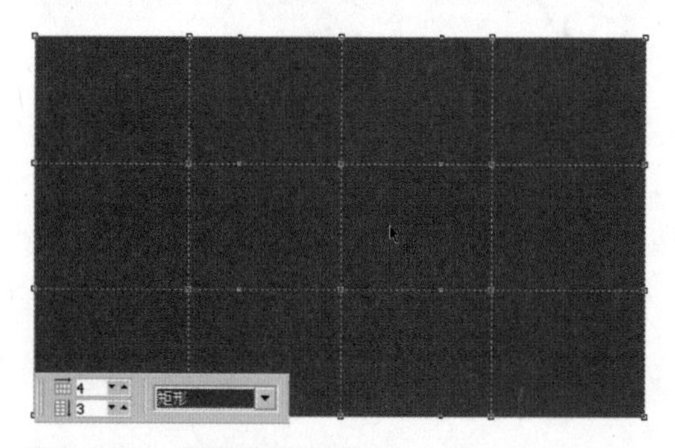

图5-203　调整网状节点数量

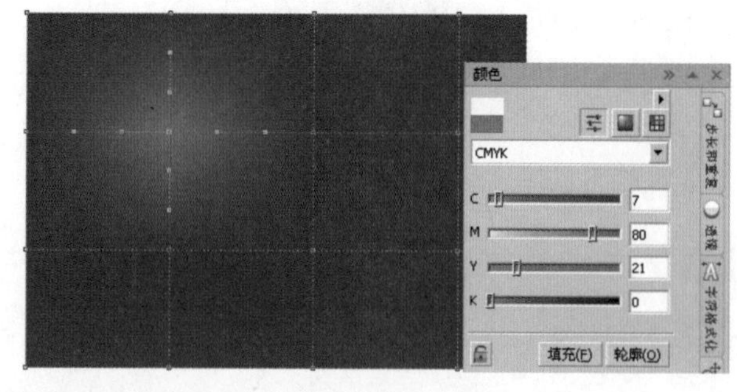

图5-204　设置网状节点的颜色

05 选中填色后的网状节点，将其向右拖动，并拖动节点上的4个控制手柄，效果如图5-205所示。

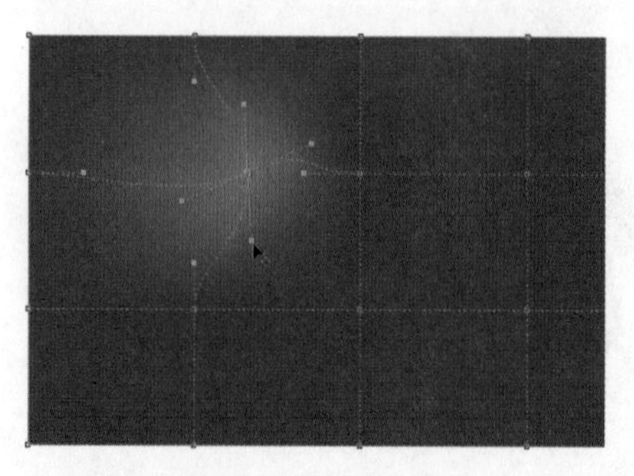

图5-205　调整网状节点的位置

06 用“交互式网状填充工具”选中左侧最上面的网状节点，在“颜色”泊坞窗中设置颜色，单击“填充”按钮，为选中的节点填充颜色，并调整节点的位置，效果如图5-206所示。

07 用同样的方法，调整其他网状节点的位置、颜色及控制手柄的状态，制作出背景的颜色效果，如图5-207所示。

图5-206 设置网状节点的颜色并调整位置

图5-207 背景网状对象效果

08 制作装饰纹理效果。选择“钢笔工具”，在画面中绘制纹理图形的基本轮廓，并填充颜色，效果如图5-208所示。

09 选中纹理轮廓图形，选择工具箱中的“交互式网状填充工具”，在图形上单击，创建网状填充对象，效果如图5-209所示。

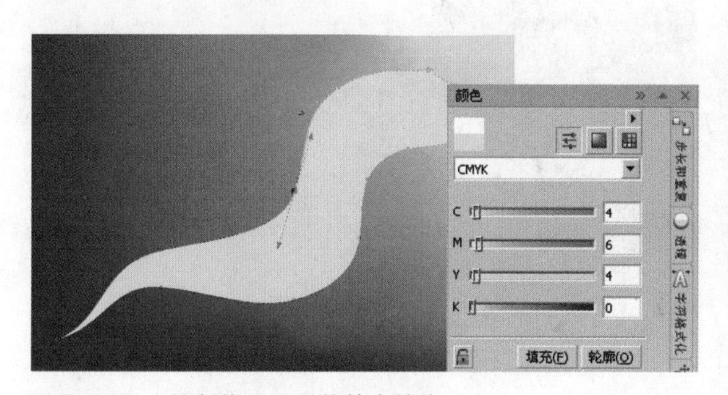

图5-208 绘制纹理图形的基本轮廓

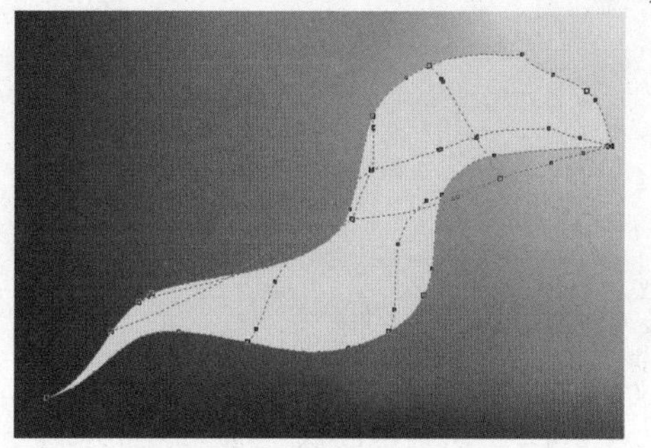
图5-209 创建网状填充对象

10 选中图形，选择工具箱中的“交互式网状填充工具”，在要添加网状节点位置双击鼠标左键，添加一个网状节点，效果如图5-210所示。

11 选中图形右上方的一个网状节点，在“颜色”泊坞窗中设置颜色，单击“填充”按钮，为选中的节点填充颜色，效果如图5-211所示。

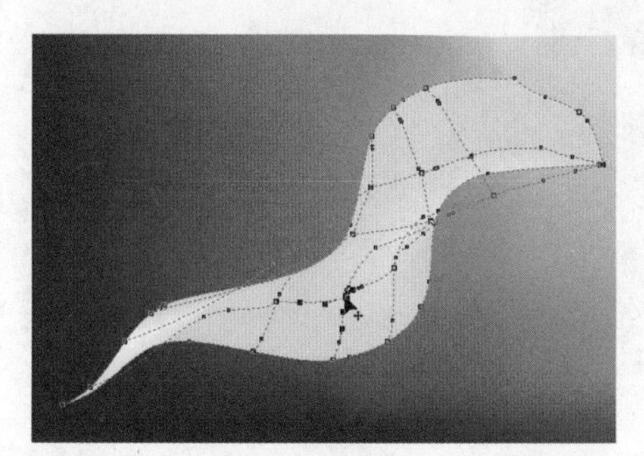
图5-210 添加一个网状节点

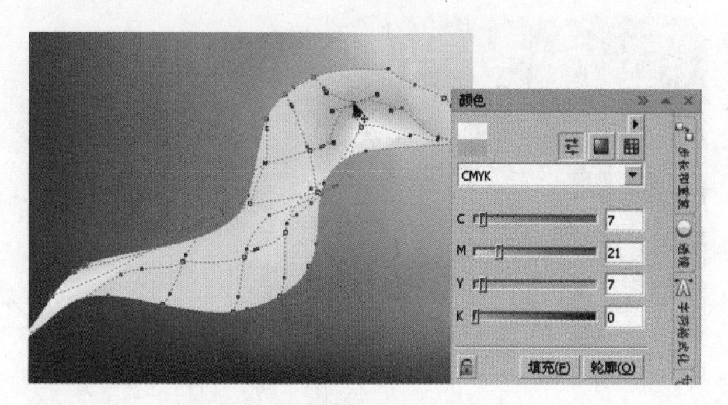

图5-211 设置网状节点的颜色

12 利用类似的方法，调整网状节点的位置，并填充不同的颜色，效果如图 5-212 所示。

13 利用同样的方法，制作出另外两个纹理图形效果，并将 3 个纹理图形选中编组，效果如图 5-213 所示。

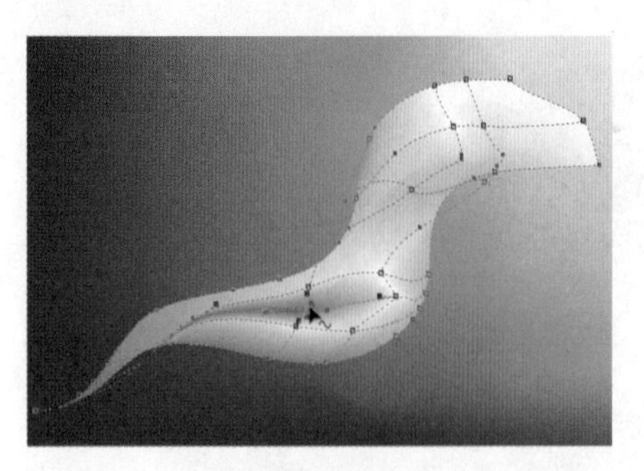

图 5-212　装饰纹理图形效果

图 5-213　制作出另外两个纹理图形效果

14 选中编组的纹理图形，选择工具箱中的“交互式透明工具”，在属性栏中进行设置，效果如图 5-214 所示。

15 制作纹理线条效果。选择“钢笔工具”，在画面中绘制两条开放的曲线，设置填充颜色为“无”，轮廓颜色为白色，轮廓宽度为“发丝”，效果如图 5-215 所示。

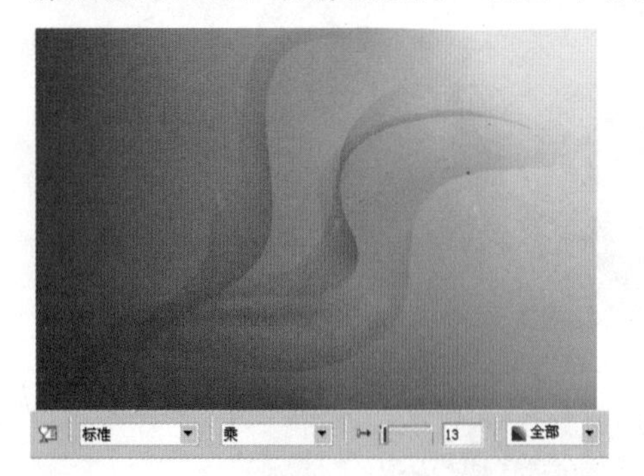

图 5-214　为纹理图形设置透明度效果

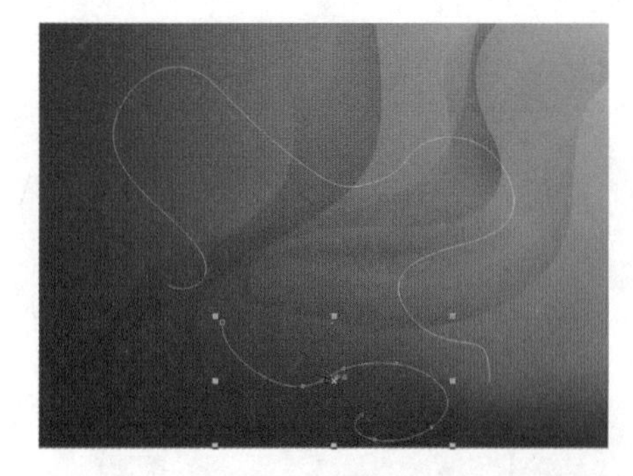

图 5-215　绘制两条开放的曲线

16 选择“交互式调合工具”，从下面的曲线开始向上面曲线拖动，创建调合效果，得到一组线条，效果如图 5-216 所示。

17 选中调合对象，在属性栏中调整“步长”值，增加调合对象中过渡线条的数量，效果如图 5-217 所示。

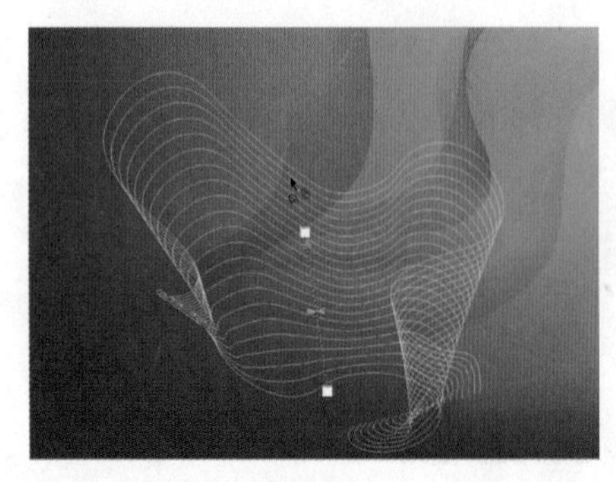

图 5-216　创建调合对象

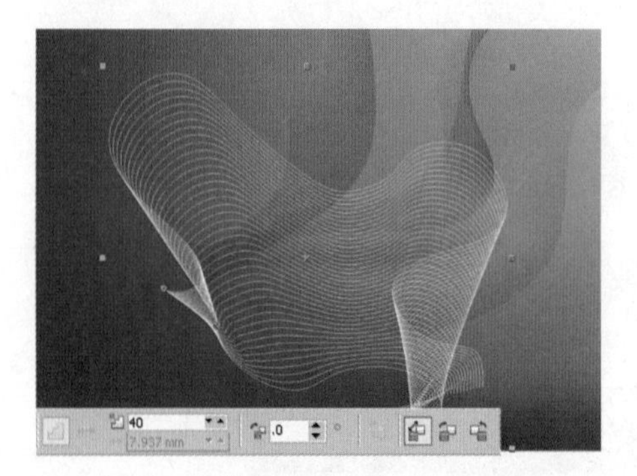

图 5-217　调整调合的“步长”值

18 选中调合对象，选择工具箱中的“交互式透明工具”，在属性栏中进行参数设置，增加线条的透明效果，如图5-218所示。

19 绘制圆环装饰图形。选择“椭圆形工具”，在画面中绘制一组圆环图形并编组，然后为其填充渐变颜色，效果如图5-219所示。

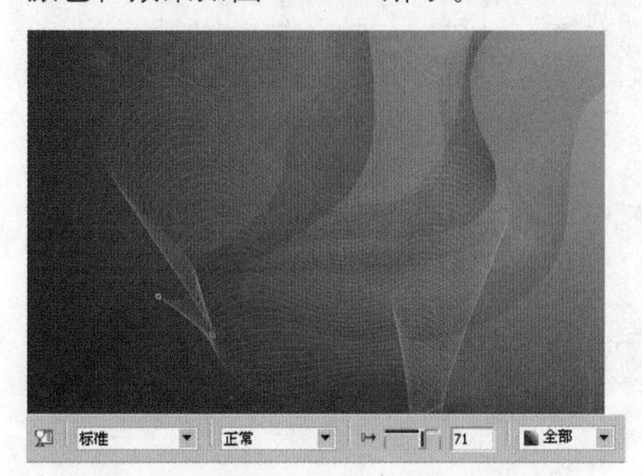

图5-218 设置调合对象的透明度效果

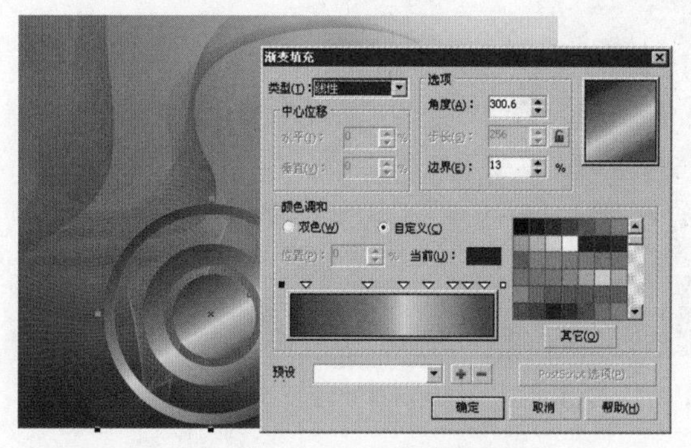

图5-219 绘制一组圆环图形并填充渐变色

20 复制制作好的圆环图形，调整成不同的大小后，放置到画面中不同的位置，并适当调整圆环图形的透明度，效果如图5-220所示。

21 打开随书光盘“05\5-7浪漫插画\素材1.cdr”文件，选中其中的各种装饰纹理图形，按【Ctrl+C】组合键复制，如图5-221所示。

图5-220 复制制作好的圆环图形

图5-221 “素材1.cdr”文件效果

22 返回到当前文档中，按【Ctrl+V】组合键粘贴图形。然后将图形放置在画面中不同的位置，并复制一些进行调整，效果如图5-222所示。

23 选中左侧的花朵图形，打开“渐变填充”对话框，为图形填充渐变色，然后按住【Ctrl】键，分别选中花朵图形中的不同部分，对渐变填充效果进行个别调整，效果如图5-223所示。

图5-222 复制素材图形到当前文档中

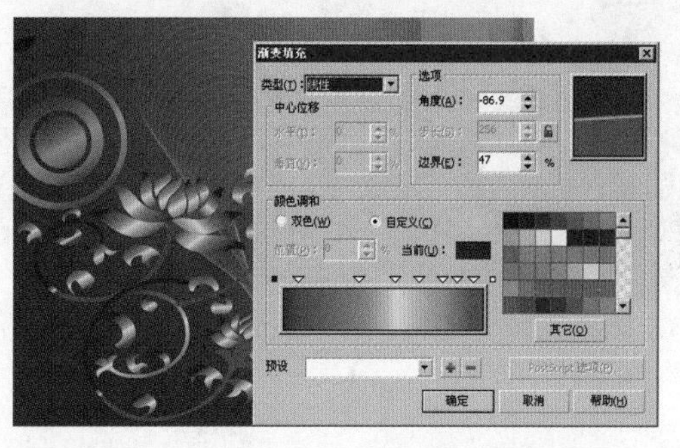

图5-223 选中左侧的花朵图形为其填充渐变色

24 用同样的方法为其他花朵图形和树叶图形填充渐变色，并进行适当的调整，效果如图5-224所示。

25 再复制一个树叶图形，为其填充另外一种渐变颜色，并对渐变填充效果进行细节的调整，效果如图5-225所示。

图5-224　为其他花朵图形和树叶图形填充渐变色

图5-225　复制一个树叶图形并填充另外一个渐变色

26 打开随书光盘“05\5-7浪漫插画\素材2.cdr”文件，选中其中的蝴蝶图形，按【Ctrl+C】组合键进行复制，如图5-226所示。

27 返回到当前文档中，按【Ctrl+V】组合键粘贴图形。然后复制多个，适当缩小后放置到画面中不同的位置，效果如图5-227所示。

图5-226　“素材2.cdr”文件效果

图5-227　复制多个蝴蝶图形

28 选择“椭圆形工具”，在画面中添加一些小圆点装饰图形，再用“钢笔工具”绘制几条装饰曲线，并填充为白色，设置透明度效果，再调整到蝴蝶图形的下层，效果如图5-228所示。

29 在画面中添加一些线闪光的光线效果。浪漫插画制作完成，最终效果如图5-229所示。

图5-228　添加小圆点和装饰曲线图形

图5-229　浪漫插画最终效果

5-8 装饰画效果

本例主要利用渐变色和线条为画面添加制作效果，再利用“调整”菜单中的命令对导入的图片进行色调处理，再配合不同的装饰素材图形，以及适当透明度、模糊等效果，制作出人物装饰画的整体效果。

01 执行菜单“文件”/“新建”命令，新建默认大小的文档。单击属性栏中的“横向”按钮，将页面的方向设置为横向。选择“矩形工具”，绘制一个矩形，并填充渐变色，效果如图5-230所示。

02 制作底纹效果。选择“钢笔工具”，在矩形顶部绘制一条直线，设置轮廓颜色为白色，轮廓宽度为“发丝”，效果如图5-231所示。

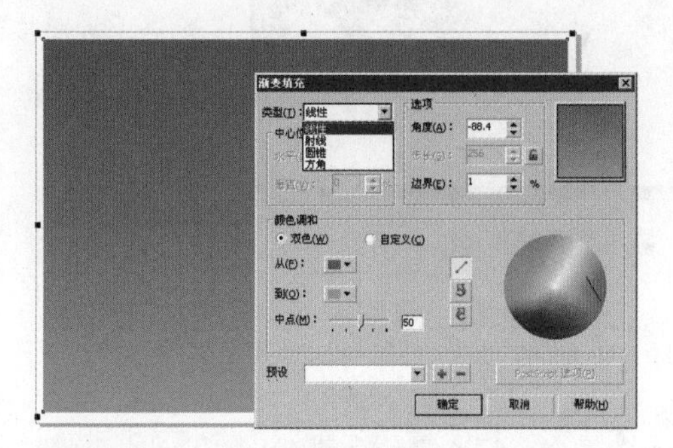

图5-230 新建文档并绘制矩形

图5-231 绘制一条直线设置轮廓颜色为白色

03 选中直线图形，执行菜单“编辑”/“步长和重复”命令，打开“步长和重复”泊坞窗，设置重复的份数和垂直距离，然后单击“应用”按钮，得到一组直线，效果如图5-232所示。

04 将直线图形全部选中并进行编组，然后选择工具箱中的“交互式透明工具”，在属性栏中进行参数设置，增加线条的透明效果，如图5-233所示。

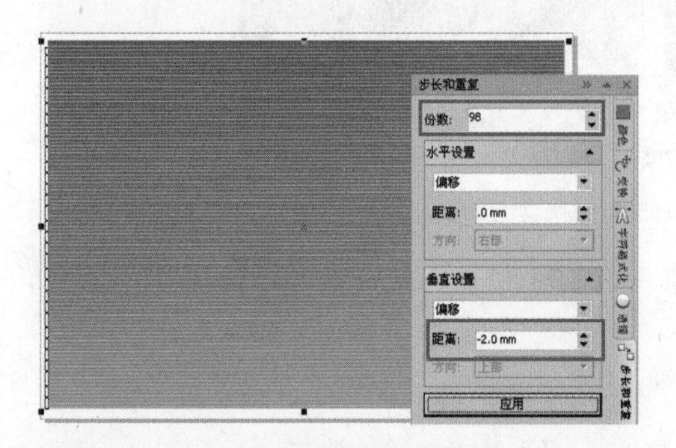

图5-232 沿垂直方向重复复制多条直线

图5-233 将斜线图形群组并设置透明度

05 打开随书光盘“05\5-8装饰画效果\素材1.cdr”文件，选中其中的边框图形，按【Ctrl+C】组合键进行复制，如图5-234所示。

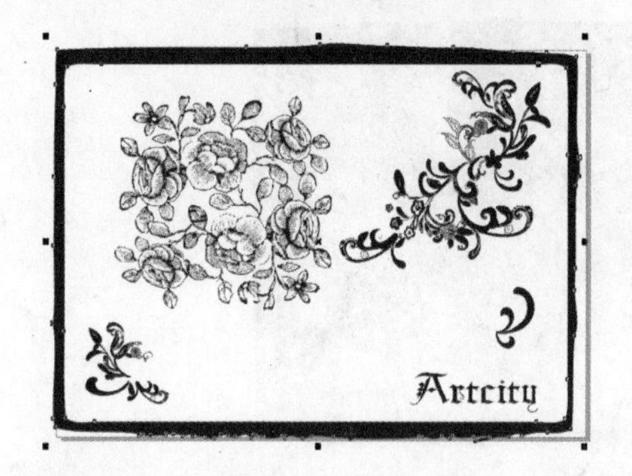

图5-234 “素材1.cdr”文件效果

06 返回到当前文档中，按【Ctrl+V】组合键粘贴图形。然后适当地调整边框图形的大小和位置，效果如图 5-235 所示。

07 执行菜单"文件"/"导入"命令，打开"导入"对话框，选择随书光盘"05\5-8 装饰画效果\素材 2.jpg"文件，将其导入到当前文档中，并调整到适当的大小，效果如图 5-236 所示。

图 5-235　将边框图形复制到当前文档中

图 5-236　导入"素材 2.jpg"文件

08 选中人物图片，选择工具箱中的"交互式透明工具"，在属性栏中设置"透明度类型"为"标准"，并对各选项进行设置，使人物融合到背景图形中，效果如图 5-237 所示。

09 将"素材 1.cdr"文件中的底纹图形复制到当前文档中，适当调整大小和位置，效果如图 5-238 所示。

图 5-237　对图片进行透明度选项设置

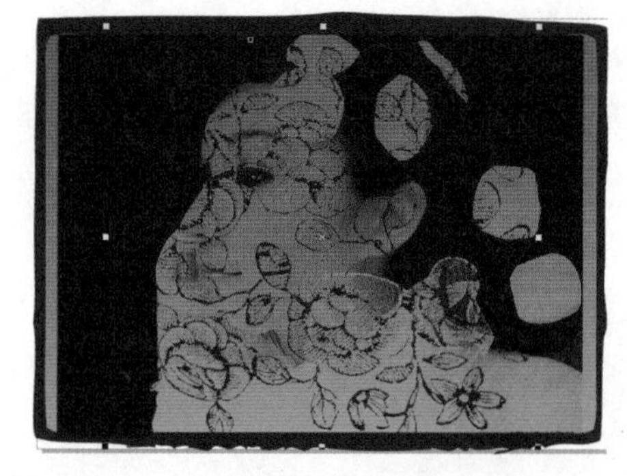

图 5-238　复制底纹图形到当前文档中

10 将底纹图形填充为橘红色，然后按【Ctrl+Page Down】组合键，将其调整到白色斜线图形的下层，效果如图 5-239 所示。

11 执行菜单"文件"/"导入"命令，打开"导入"对话框，选择随书光盘"05\5-8 装饰画效果\素材 3.jpg"文件，将其导入到当前文档中，并调整为适合的大小，效果如图 5-240 所示。

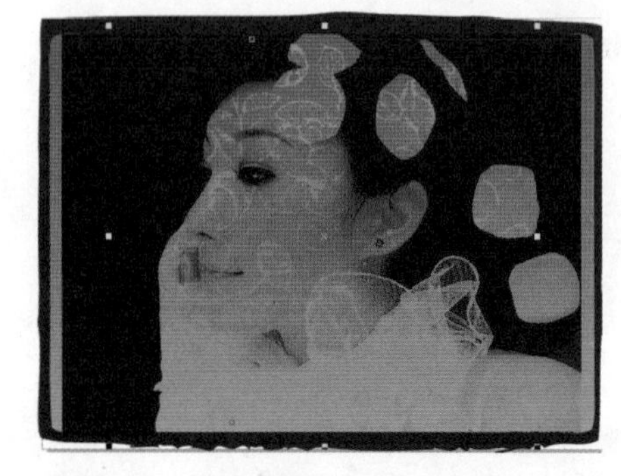

图 5-239　设置底纹图形的填充颜色

图 5-240　导入"素材 3.jpg"文件

12 选中图片，执行菜单“效果”/“调整”/“调合曲线”命令，打开“调合曲线”对话框进行参数设置，设置完成后单击“确定”按钮，可以看到图片的效果发生变化，如图5-241所示。

13 选中图片，执行菜单“效果”/“调整”/“色度/饱和度/亮度”命令，打开“色度/饱和度/亮度”对话框进行设置，设置完成后单击“确定”按钮，可以看到图片的效果发生变化，如图5-242所示。

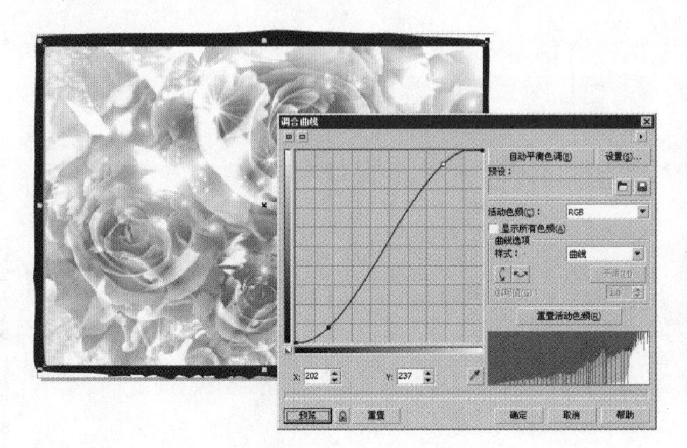

图5-241　利用“调合曲线”命令调整图片

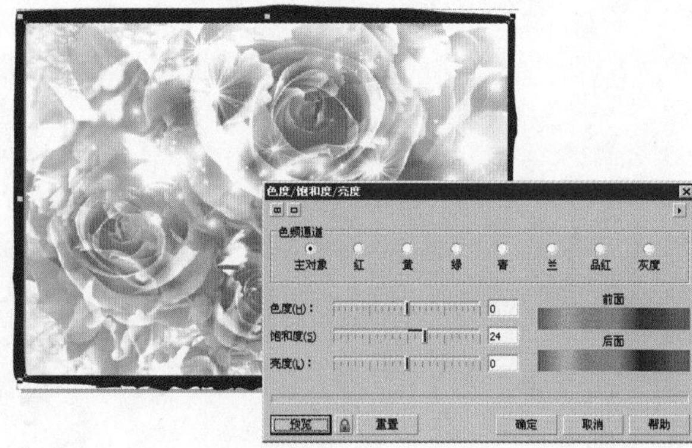

图5-242　利用“色度/饱和度/亮度”命令调整图片

14 选中图片，选择工具箱中的“交互式透明工具”，在属性栏中对各选项进行设置，使图片融入到背景中，效果如图5-243所示。

15 选中图片，按【Ctrl+C】组合键复制，再按【Ctrl+V】组合键进行原位粘贴。选中粘贴得到的图片，执行菜单“位图”/“模糊”/“缩放”命令，打开“缩放”对话框进行设置，设置完成后单击“确定”按钮，图片的效果发生变化。保持选中图片，选择工具箱中的“交互式透明工具”，在属性栏中调整“透明度操作”和“开始透明度”选项的设置，效果如图5-244所示。

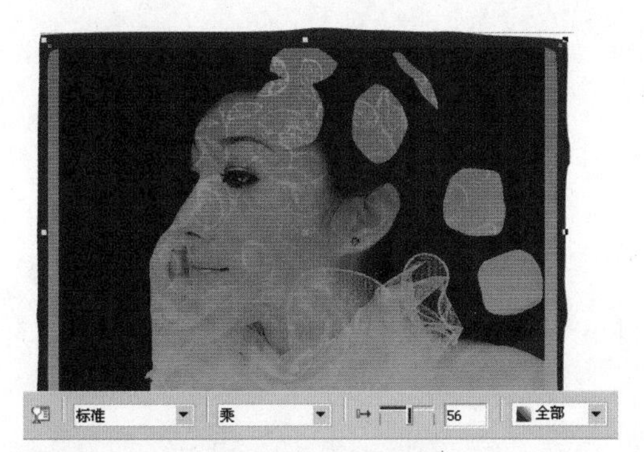

图5-243　设置图片的透明度选项

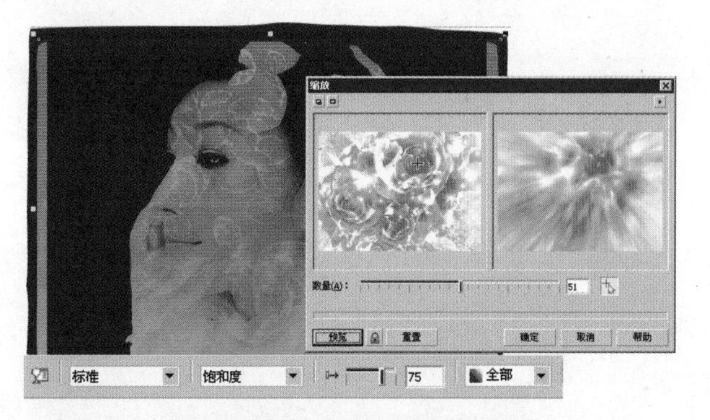

图5-244　为图片添加缩放模糊效果并设置透明度

16 将“素材1.cdr”文件中未使用的花纹图形和文字图形复制到当前文档中，适当调整花纹图形的大小和位置，将其放置在画面的3个角上，并填充为白色，再将文字填充为黑色，轮廓颜色为白色，调整好大小后放置在画面的右下角，画面的最终效果如图5-245所示。

图5-245　画面最终效果

» 读书笔记

CoreIDRAW X4 从入门到精通

06 Chapter

文本处理

作为图形及排版设计软件，除了具有超强的图形绘制和编辑功能外，CorelDRAW X4 还提供了强大的文本处理功能，新增和改进了很多文本处理方面的重要功能。如在文本格式化、文本适合路径、首字下沉、制表符、项目符号、文本适合文本框和分栏等方面都有改进。

6-1 创建文本

在CorelDRAW X4中，文本可以作为对象来处理。文本分为段落文本和美术文本两种类型，美术文本适合于添加各种效果，段落文本则适合于需要大量格式编排的大段文本。

6-1-1 创建美术文本

选择工具箱中的“文本工具”字，如果需要输入美术文本，只需在页面上单击，待出现输入光标后即可输入美术文本，如图6-1所示。

1．选择美术文本

选择美术文本有3种方法。

- 选择工具箱中的“挑选工具”，然后单击美术文本即可将其选中。注意，这样选择的文本是整个美术文本。
- 选择工具箱中的“形状工具”，单击美术文本，这时文本的每一个字的左下角都会出现白色的小方形。单击此方形，使之变成黑色，表示字已经被选中了。

注意，这样选择的文本是单个字。如果想要选中多个字，可以按住【Shift】键操作。

- 选择工具箱中的“文本工具”字，将鼠标指针移至文本中，按住鼠标左键并拖动，即可选中一个或多个文字。

图6-1 创建美术文本

2．改变文本的属性

美术文本的属性（如颜色、字体、字号和位置等）是可以随意改变的。由于美术文本是以字母为单位的，所以可以整体改变美术文本属性，也可以改变单个文字的属性。要改变美术文本的属性，只需选中文本，使用文本的属性栏改变即可，如图6-2所示。

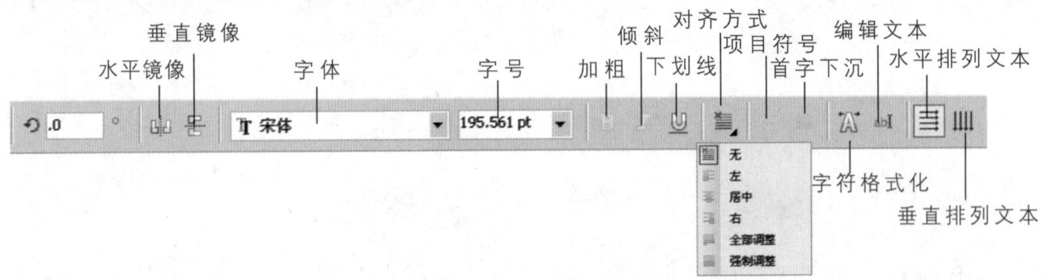

图6-2 文本属性栏

如果要改变文本间距，只需用工具箱中的形状工具选择文本，将鼠标指针移至手柄上，按住鼠标左键拖动，便可以均匀地缩小或增加字间距；将鼠标指针移至手柄上，按住鼠标左键拖动，便可以均匀地增加或减小行间距。图6-3所示是改变了文本行间距和字间距的效果。

（a）创建美术文本

（b）改变字间距

（c）改变行间距

图6-3 均匀改变文字间距

用“形状工具”选中文字时，除了可以利用属性栏改变其字体、字号等常规属性外，还可以改变字的位置、指定字间距和行间距，如图6-4所示。这时只需单击左下角的方格使其变成黑色，按键盘上的上、下、左、右方向键或按住鼠标左键拖动即可。图6-5所示是改变字的位置和距离的效果。

图6-4　改变其中几个字的属性效果

图6-5　改变字的位置和距离的效果

3. 将美术文本转化为曲线

选中文本后，执行菜单“排列”/“转换为曲线”命令，即可将美术文本转化为路径状态的曲线，这时只能利用工具箱中的“形状工具”移动节点来改变文本的形状。

6-1-2　创建段落文本

段落文本应用了排版系统的框架概念。以段落文本方式输入的文字都会包含到框架内，用户可以随意移动文本框架。创建段落文本的具体操作如下：

01 选择“文本工具”，在要输入文字的位置按住鼠标左键拖动出一个文本框，如图6-6所示。在文本框中单击即可输入文本，如图6-7所示。

图6-6　建立文本框

图6-7　创建段落文本

提示·技巧

当文本框不能容纳所输入的文字时，可使用“挑选工具”在文本框下方正中间的控制点上单击，当鼠标指针变成文本形状时，如图6-8所示，在页面的适当位置处按住鼠标左键拖动出一个新的文本框，或直接向下拖动文本框下的黑色小三角（即增大原文本框），文本框外的文字自动会在新的文本框内显示，如图6-9所示。

图6-8　鼠标指针变成文本形状

图6-9　剩余文本在新的文本框内显示

02 要想将文本框显示或者隐藏，只需执行菜单“文本”/“段落文本框”/“显示文本框”命令即可。如图6-10所示分别是启用“显示文本框”命令前后的效果。

03 改变段落文本属性的方法和改变美术文本属性的方法是一样的，只需选中文本框即可操作。

04 执行菜单“文本”/“段落文本框”/“使文本适合框架”命令，可以将文本两边对齐。对图6-9执行“使文本适合框架”命令的效果如图6-11所示。

（a）启用“显示文本框”命令前的效果

（b）启用“显示文本框”命令后的效果

图6-10 显示和隐藏段落文本框的效果

图6-11 执行“使文本适合框架”命令后的效果

6-1-3 转换文本

美术文本和段落文本虽然各有特色，但它们之间可以互相转换。只需选中美术文本或段落文本后，执行菜单“文本”/“转换到段落文本”或“文本”/“转换到美术字”命令即可。将段落文本转换到美术文本的效果如图6-12所示。

（a）原图

（b）转换后的效果

图6-12 将段落文本转换为美术文本

6-2 编辑文本

CorelDRAW X4的文本编辑功能与以前的版本相比有很大的区别，编辑文本的功能划分得非常详细，包括字符格式化、段落格式化、制表符、栏和项目符号等都单独有自己的泊坞窗或对话框。下面对CorelDRAW X4的文本编辑功能进行详细的讲解。

6-2-1 文本格式化

1. 字符格式化

单击属性栏上的按钮、执行菜单“文本”/“字符格式化”命令或者按【Ctrl+T】组合键，均可以弹出“字符格式化”泊坞窗，如图6-13所示。

“字符格式化”泊坞窗中各个选项功能如下：

[字体列表]：设置文本所要使用的字体。

[字体样式]：选择字体的格式，如“普通”、“斜体”、“粗体”和“斜体”。

[字号]：设置文字的大小。

[对齐方式]：可以设置文字的对齐方式，有“无”、“左”、“右”、“居中”、“全部调整”和“强制调整”6个选项。

选定的字符可应用各种装饰线条，包括“下划线”、“删除线”和“上划线”。如图6-14所示为原图像和设置不同装饰线条后的不同效果。3类装饰线条均有单细、单倍细体字、单粗、单粗字、双细、双细字等多种类型，如图6-15所示。

如果对上述类型仍不满意，可选择“编辑”选项，弹出如图6-16所示的对话框，在其中对装饰线条的样式进行编辑。

图6-13 “字符格式化”泊坞窗

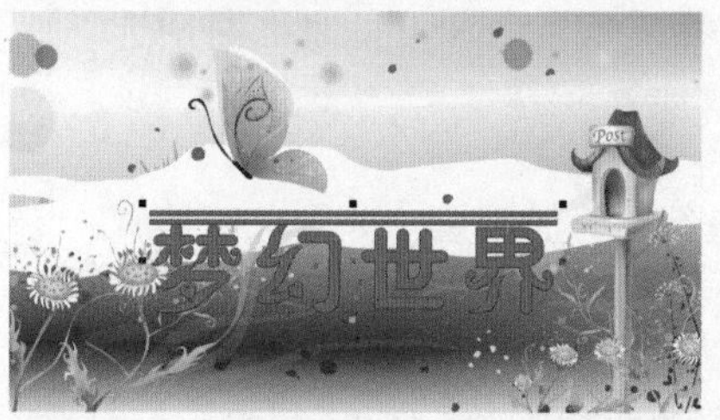

图6-14 原图像和设置不同装饰线条后的不同效果

[大写]：将选中的字符改为大写字符，共有“无”、“小型大写”和“全部大写”3个选项。

[位置]：调整选中字符和其他文本的位置，将文本作为上标或下标，共有“无”、“上标”和“下标”3个选项。

[角度]：设置字体的倾斜角度。以横排的文本为例，角度数值为正向左倾斜，数值为负向右倾斜。

[水平位移]：文本相对于文本块整体的水平偏移数值，单位为百分数。

[垂直位移]：文本相对于文本块整体的垂直偏移数值，单位为百分数。

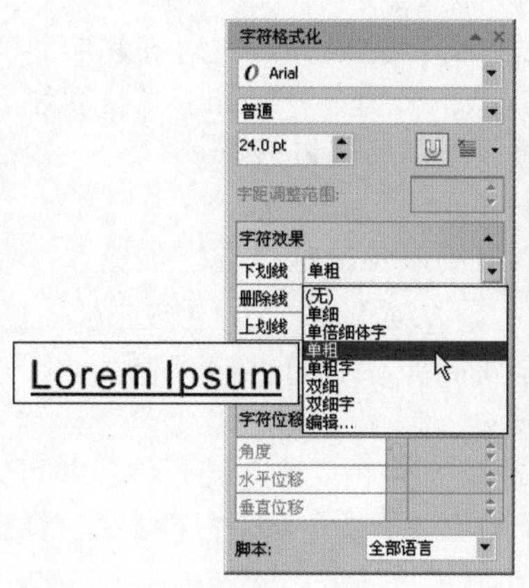

图6-15 装饰线条的多种类型

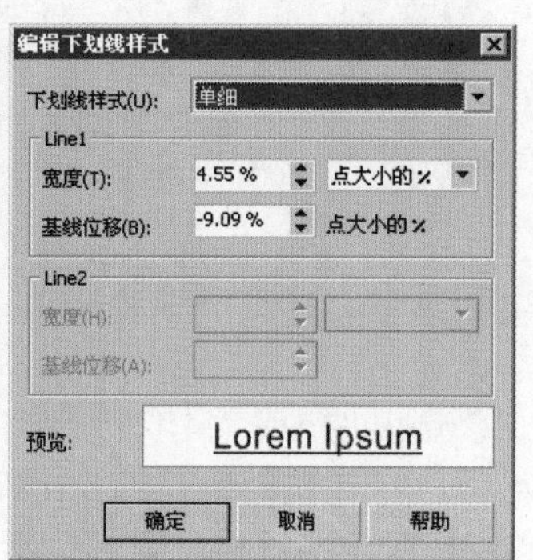

图6-16 “编辑装饰线条”对话框

2. 段落格式化

执行菜单“文本”/“段落格式化”命令，即可弹出“段落格式化”泊坞窗，如图6-17所示。

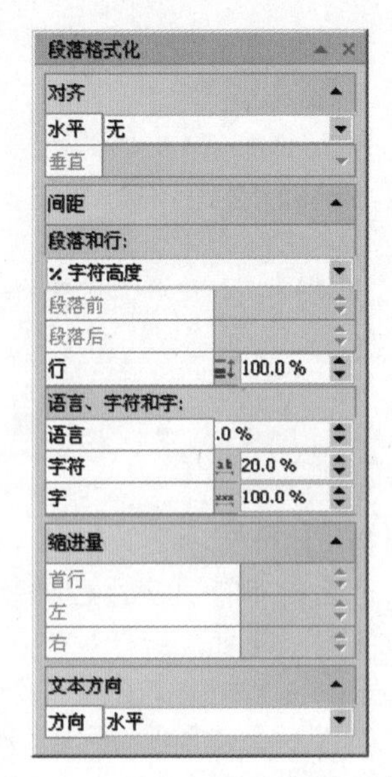

图6-17 “段落格式化”泊坞窗

“段落格式化”泊坞窗中各选项的功能如下：

[水平]：主要是进行段落水平对齐的设置，在其右侧的下拉列表框中可以选择“左”、“中”、“右”、“全部调整”、“强制调整”等多种对齐方式。如果对上述类型仍不满意，可选择“设置”选项，在弹出的“间距设置”对话框中对其进行具体的参数设置。

[垂直]：主要是进行段落垂直对齐的设置，在其右侧的下拉列表框中可以选择“上”、“中”、“下”和“全部”4种对齐方式。

[段落和行]：其中包括“% 字符高度”、“点”和“点大小的%”3个选项。

% 字符高度：用字符的高度百分比来设置段落和行间距。

点：采用点作为绝对距离来设置段落和行间距。

点大小的%：采用文本点的大小百分比来设置段落和行间距。

[段落前]、[段落后]和[行]：用来设置某个段落和下一段落之间的实际距离。

[语言]：用来设置文字语言间距。

[字符]：用来设置某个段落和下一段落之间的实际距离。

[字]：用来设置字和字之间的间距。

[首行]：在右侧数值框中输入数值，可以设置段落首行的缩进距离。

[左]：在右侧数值框中输入数值，可以设置段落左缩进的距离。

[右]：在右侧数值框中输入数值，可以设置段落右缩进的距离。

[方向]：右侧的下拉列表框中包括“水平”和“垂直”两个选项，用来设置段落文本的方向。

3. 制表位

CorelDRAW X4可以对制表位进行精确的设置，并可进行编辑和增减。执行菜单“文本”/“制表位”命令，弹出如图6-18所示的“制表位设置”对话框。

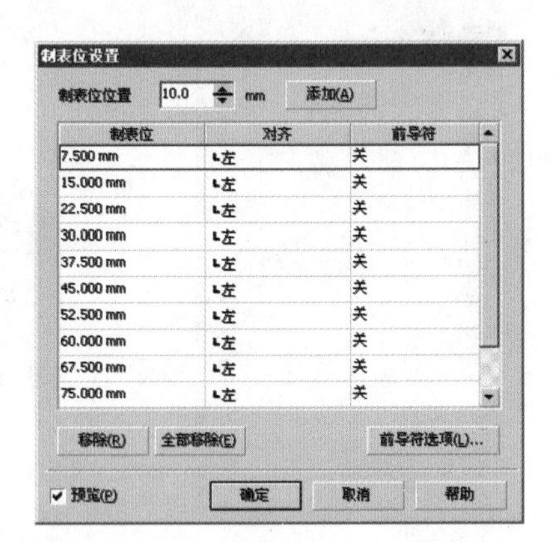

图6-18 “制表符设置”对话框

“制表位设置”对话框中各选项的功能如下：

[制表位位置]：指定新制表位的位置，单击“添加”按钮新增制表位。

[制表位]：指明制表位的确切位置。

[对齐]：制表位的对齐方式，分为左对齐、右对齐和中对齐等。

[前导符]：设置制表位的状态，分为“开”和“关”两种状态。

[移除]：单击该按钮，可移除当前所选制表符。

[全部移除]：移除所有制表位。

[预览]：单击该按钮，可以对制表位的状态进行预览。

[前导符选项]：单击该按钮，则会弹出如图6-19所示的对话框，设置制表符所使用的字符和各字符间距，并可进行预览。

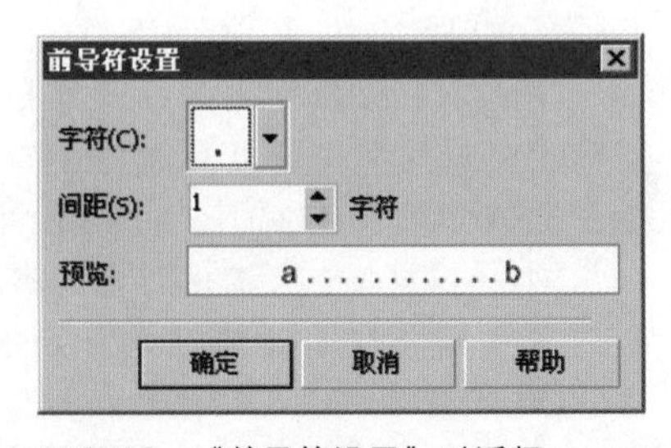

图6-19 “前导符设置”对话框

4. 栏

CorelDRAW X4可以对所选择的段落文本进行分栏，并可以指定栏数，栏宽和栏间距等。执行菜单“文本”/“栏”命令，弹出如图6-20所示的“栏设置”对话框。

“栏”对话框中各选项的功能如下：

[栏数]：在该数值框中输入数值可以指定分栏的栏数。

“栏数”数值框下面的信息列表框显示的是栏的相关状态信息。

栏：栏所在的位置编号。

宽度：单击可以设置栏的宽度。

栏间宽度：单击可以设置栏的间距。

[栏宽相等]：选择此复选框后，每栏的宽度都是相等的。

[保持当前图文框宽度]：保持当前框架的宽度进行分栏。

[自动调整图文框宽度]：使当前框架自动适合分栏的宽度。

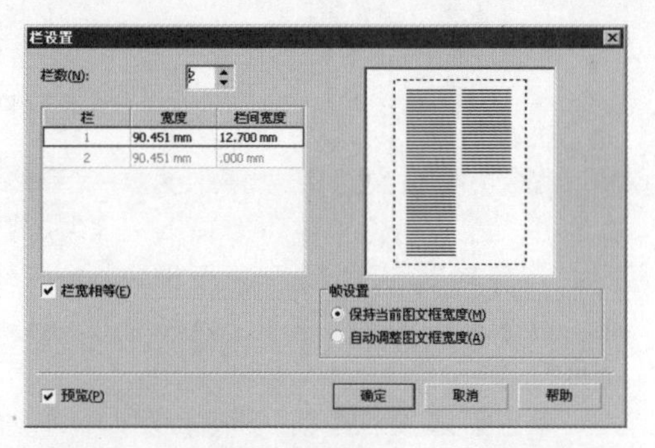

图 6-20 “栏设置”对话框

5. 首字下沉

CorelDRAW X4 可以添加首字下沉效果，并且可以进行具体的设置。选择“文本”/“首字下沉”命令，弹出如图 6-21 所示的对话框。

“首字下沉”对话框中各选项的功能如下：

[使用首字下沉]：选择此复选框，可显示首字下沉效果。

[下沉行数]：在此数值框中输入数值，可以确定下沉的首字字高所对应的行数。

[首字下沉后的空格]：在此数值框中输入数值，可以设置下沉的首字和后面文本的距离。

[首字下沉使用悬挂式缩进]：选择此复选框，首字下沉将具有悬挂缩进的属性。

[预览]：选此复选框，可以对首字下沉的效果进行预览。

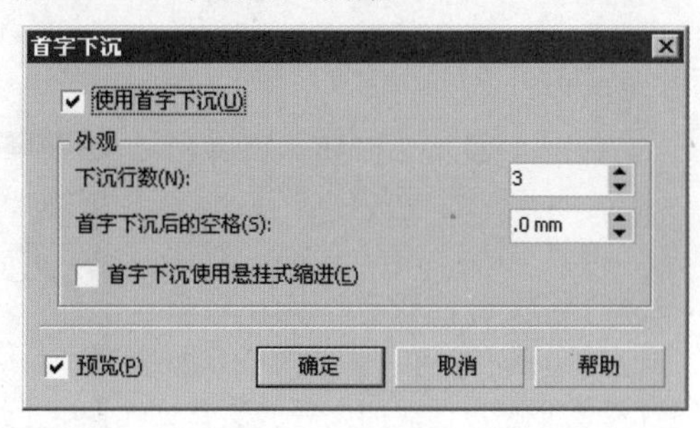

图 6-21 “首字下沉”对话框

6. 项目符号

CorelDRAW X4 允许在文本前加入项目符号，并且可设置其格式、大小、符号样式和文本的距离等。执行菜单“文本”/“项目符号”命令，弹出如图 6-22 所示的对话框。

“项目符号”对话框中各选项的功能如下：

[使用项目符号]：选择此复选框，可显示项目符号效果。

[字体]：单击其右侧的下三角按钮，在弹出的下拉列表设置字体。

[符号]：选择项目符号的样式。

[大小]：在此数值框中输入数值，可设置项目符号的大小。

[基线位移]：在此数值框中输入数值，可设置项目符号的基线偏移量。

[项目符号的列表使用悬挂式缩进]：选择此复选框，项目符号将具有悬挂缩进的属性。

[文本图文框到项目符号]：设置文本框和项目符号的距离。

[到文本的项目符号]：设置项目符号和文本的距离。

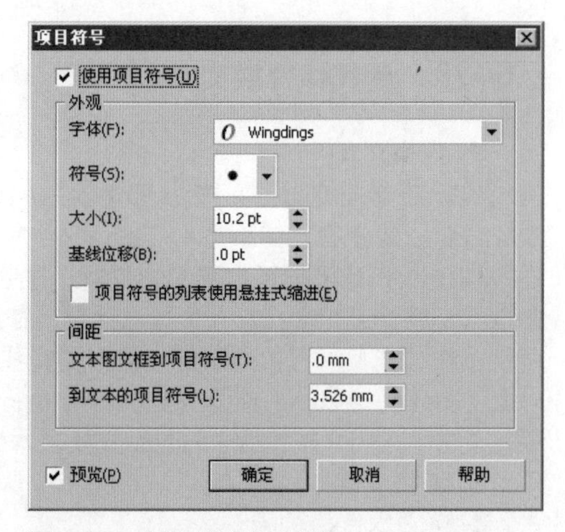

图 6-22 “项目符号”对话框

7. 断行规则

执行菜单“文本”/“断行规则”命令，在弹出的如图 6-22 所示的“亚洲断行规则”对话框中，可以对所选文本标点符号的前导字符、下随字符和溢出字符的断行规则进行更改。

图 6-23 “亚洲断行规则”对话框中

6-2-2 编辑文本

执行菜单“文本”/“编辑文本”命令，弹出如图6-24所示的对话框，在此对话框中可以输入文本，并对其基本属性进行设置，包括对齐方式、首字下沉和项目符号等。

单击“选项”按钮，将弹出选项菜单，如图6-25所示，可以对文字进行查找、替换和拼写检查等操作。

单击“导入”按钮，将弹出“导入”对话框，可以选择文本文件，将其导入“编辑文本”对话框进行编辑。设置完毕后，单击“确定”按钮即可。如图6-26和图6-27所示为设置前、后的文本。

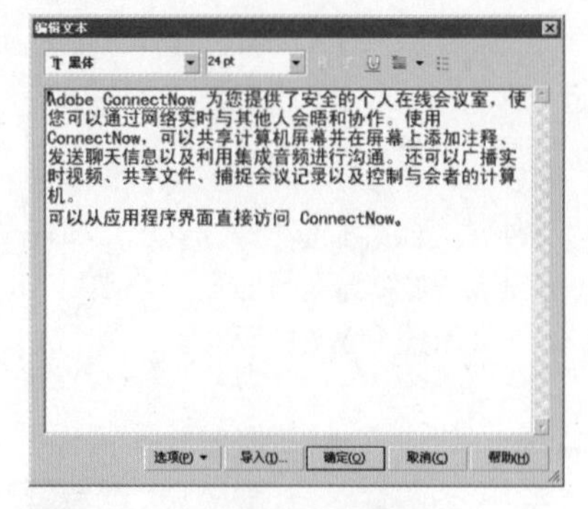

图6-24 “编辑文本”对话框

图6-25 “选项”下拉菜单

图6-26 文本设置前

图6-27 文本设置后

6-2-3 查找和替换文本

1. 查找文本

执行菜单“编辑”/“查找和替换”/“查找文本“命令，或者在”编辑文本”对话框中单击“选项”按钮，在弹出的下拉菜单中选择“查找文本”命令，都能弹出“查找下一个”对话框，如图6-28所示。在“查找”下拉列表框中输入要查找的文本对象，单击“查找下一个”按钮，即可执行查找命令，单击“关闭”按钮后，将显示查找文本的结果。

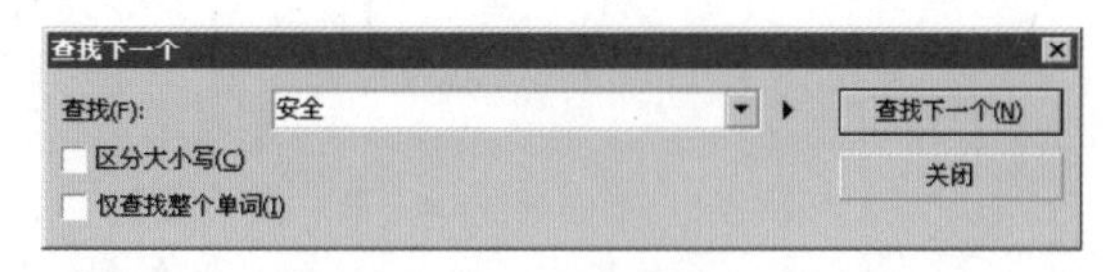

图6-28 “查找下一个”对话框

2. 替换文本

替换文本有两种方法。

- 执行菜单“编辑”/“查找和替换”/“替换文本”命令。
- 在“编辑文本”对话框中单击“选项”按钮，在弹出的下拉菜单中选择“替换文本”命令，弹出如图6-29所示的“替换文本”对话框，在“查找”下拉列表框中输入要查找的对象，在“替换为”下拉列表框中输入要替换的文本，然后单击“替换”或“全部替换”按钮，即可显示替换后的效果。

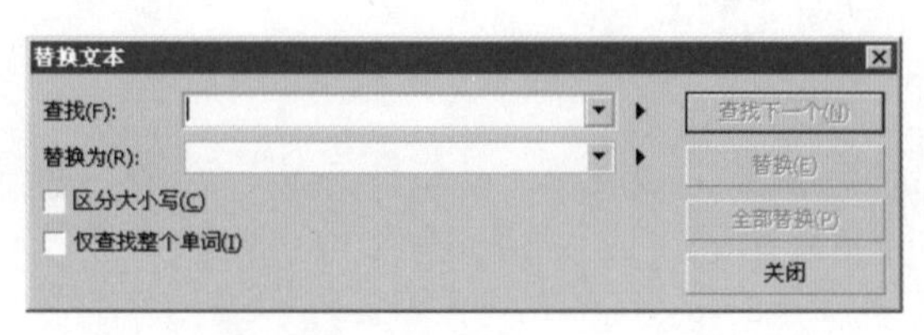

图6-29 “替换文本”对话框

3. 插入格式化代码

在 CorelDRAW X4 中，可以可视化地控制破折号、行间距、列间距、1/4 行间距、可选择的连字符、非断行连字符、非断行空格、栏和框架。执行菜单“文本”/“插入格式化代码”命令，弹出如图 6-30 所示的子菜单，在其中可以选择合适的格式化代码。

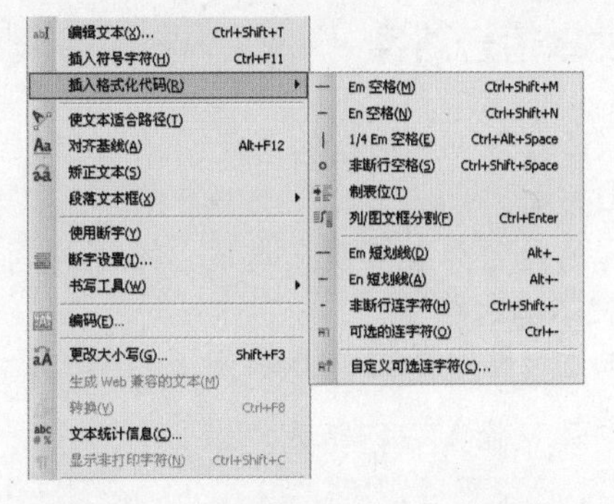

图 6-30 “插入格式化代码”子菜单

6-3 创建文本特殊效果

对文本除了可以设置基本属性外，还可以进行很多其他操作，如使文本绕图、文本适配路径、将文本填入框架等。

6-3-1 文本绕图

在 CorelDRAW X4 中可以进行简单的排版操作，其操作步骤如下：

01 执行菜单“文件”/“导入”命令或按【Ctrl+I】组合键均可弹出“导入”对话框，选择图片后单击“导入”按钮，将鼠标指针移至页面上，这时鼠标指针将会变成一个直角形状，如图 6-31 所示。单击即可导入图片，如图 6-32 所示。

02 使用“文本工具”字输入段落文本，如图 6-33 所示。

03 选择导入的图片，单击属性栏中的“段落文本换行”按钮，在弹出的下拉菜单中可以设置绕图属性，如图 6-34 所示。

04 在“文本换行偏移”数值框中可以设置绕文后文字与图片之间的距离，这里设置为 5 mm，再设置好其他各项，效果如图 6-35 所示。

图 6-32 导入图片

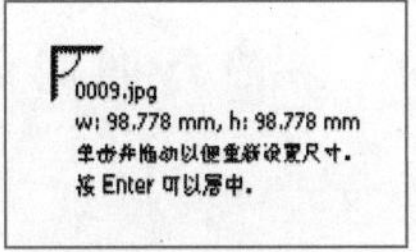

图 6-31 鼠标指针形状

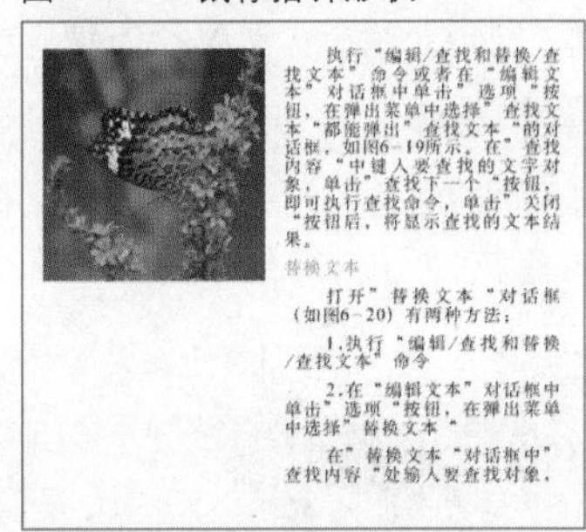

图 6-33 输入段落文本

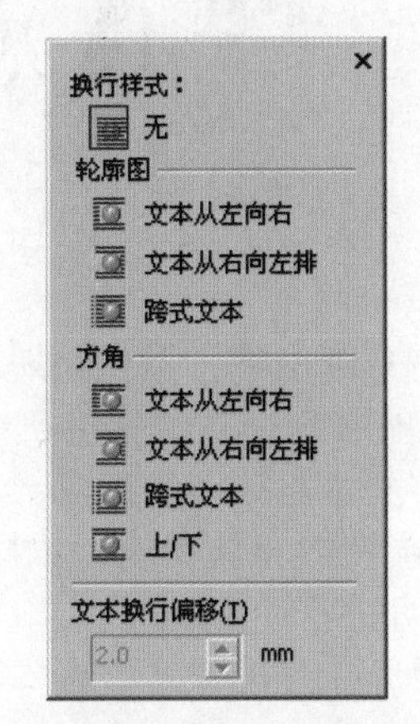

图 6-34 “段落文本换行”下拉菜单

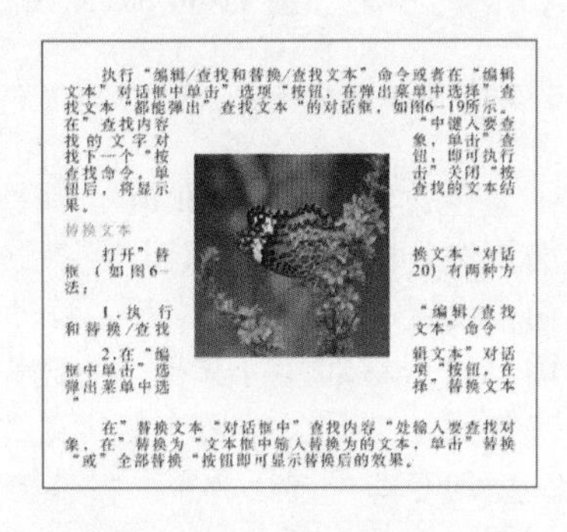

图 6-35 文本绕图效果

6-3-2 使文本适合路径

可以将文本适合于一个指定的路径对象（如曲线、线条、矩形等），还可以利用属性栏来调整嵌入后的文本形状和方向。

使文本适合路径分为直接使文本适合路径和间接使文本适合路径。

1. 直接使文本适合路径

直接使文本适合路径的操作步骤如下：

01 用“文本工具”输入一行美术文本。

02 用手绘工具组中的任意一个绘图工具绘制一条曲线路径，如图6-36所示。

03 选中美术文本，执行菜单“文本”/“使文本适合路径”命令，这时鼠标指针将变成向右的箭头形状，如图6-37所示。

图6-36 输入文本并绘制曲线

图6-37 执行命令后鼠标指针的状态

04 将鼠标指针移至路径处不要单击，试着移动鼠标指针，可以看出文本相对于路径的位置可手工调节，非常灵活、直观和方便，如图6-38所示。

05 预览此效果：蓝色的文本就是将来的位置，蓝色虚线就是文本的基线，文本沿此基线放置（可看做沿曲线运动），上下移动鼠标指针时，文本和路径的距离（相对位置）也在不断地变化。到合适位置时单击即可，得到如图6-39所示的效果。

图6-38 将鼠标指针移至路径处的效果

图6-39 使文本适合路径后的效果

蓝色数值（如20.0mm）则是文本相对于路径的距离。默认情况下，手工调整文本距离时，是按一定增量进行的， 此增量可以在属性栏上单击“贴齐标记”按钮进行设置。选择“打开贴齐记号”单选按钮，设置“记号间距”后。移动鼠标指针时，文本与路径的距离都按此增量变化。如果不需要按一定的增量进行移动，可选择“关闭贴齐记号”单选按钮将其关闭，这样就会随意移动了。

如果生成的文本适合路径效果不合适，仍可进行手工调整。单击文本，会显示一个红色的控制方块，拖动它即可进行调整，具体方法可参照上面第4步的操作。在本例中，文本可以在曲线路径上、下等位置。

对于初步定位好的文本，可进行水平和垂直镜像。选择已适合路径的文本，在属性栏中单击“水平镜像”（或“垂直镜像”）按钮，文本即以自身水平方向或垂直方向的中心线为对称轴进行镜像，如图 6-40 所示。

（a）水平镜像　　（b）垂直镜像

图 6-40　镜像效果

用“挑选工具”选取要嵌入路径的文本，显示“曲线 / 对象上的文字”属性栏，如图 6-41 所示。通过此属性栏也可以设置文本在路径上的方向、与路径的距离等参数。

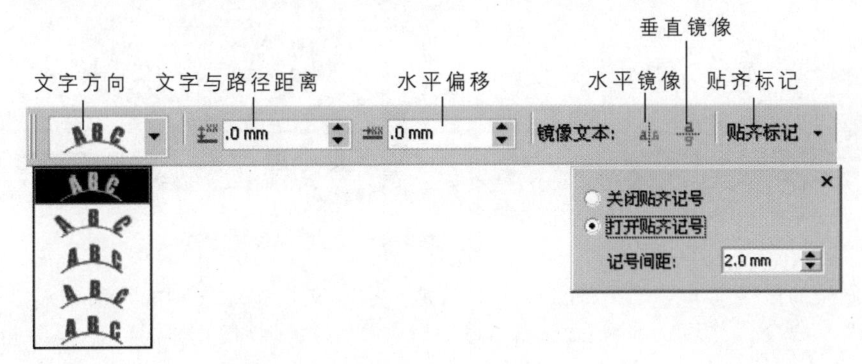

图 6-41　“曲线 / 对象上的文字”属性栏

2. 间接使文本适合路径

间接将文本嵌入路径时，文本和路径是单独存在的，经过操作后，才可以将文本嵌入路径。要想达到这个目的，其操作步骤如下：

01 输入美术文本并绘制曲线，如图 6-42 所示。

02 选中美术文本，按住鼠标右键将其拖动到曲线上，会出现蓝色虚框以显示状态，如图 6-43 所示。释放鼠标右键，弹出一个快捷菜单，在快捷菜单中选择“使文本适合路径”命令，即可将文本嵌入曲线，如图 6-44 所示。

图 6-42　输入美术文本并绘制曲线

图 6-43　将文本移至曲线上

图 6-44　将文本嵌入曲线

提示 · 技巧

不能将段落文字嵌入路径，如果想将段落文字嵌入路径，必须先执行菜单“文本”/“转换到美术字”命令或者按【Ctrl+F8】组合键将其转换为美术文本后才能嵌入路径。

6-3-3 将文本嵌入框架

将文本嵌入框架只能用于段落文本，这里的框架是指封闭的曲线对象，如矩形、椭圆和多边形对象等。将文本嵌入框架的方法如下：

01 利用绘图工具绘制一个封闭的图形对象。

02 在工具箱中选择“文本工具”字，将鼠标指针移至对象路径边上，当鼠标指针变形时（见图6-45）单击，路径上即出现闪动的光标，如图6-46所示。这时就可以输入文本了，如图6-47所示。

图6-45 鼠标指针变形

图6-46 出现闪动光标

03 嵌入图形对象后的段落文本可与框架分开，方法是：选择文本和对象，执行菜单“排列”/“打散路径内的段落文本”命令，此后文本可以移动，移动时文本仍然保持图形外形，这是在拆分前做不到的，如图6-48所示。

图6-47 输入文本

图6-48 拆分文本

如果发现拆分后的文本有位置偏移情况，只需执行菜单“文本”/“对齐基线”命令，即可将字符垂直对齐文本基线。

6-3-4 插入字符

CorelDRAW X4提供了多种特殊符号，可以根据需要插入各种类型的特殊符号。插入的字符有些可以作为图形对象使用。

将字符作为图形使用时，插入步骤如下：

01 执行菜单“文本”/“插入字符”命令或者按【Ctrl+F11】组合键，弹出“插入字符”泊坞窗，如图6-49所示。

02 在泊坞窗中设置好要插入符号的字体和代码页。

03 选择要插入的符号后，单击“插入”按钮或者直接将其拖动到绘图页面中，释放鼠标，符号就被插入到绘制页面中并变成图形了，如图6-50所示。

04 对插入的符号进行修饰，效果如图6-51所示。

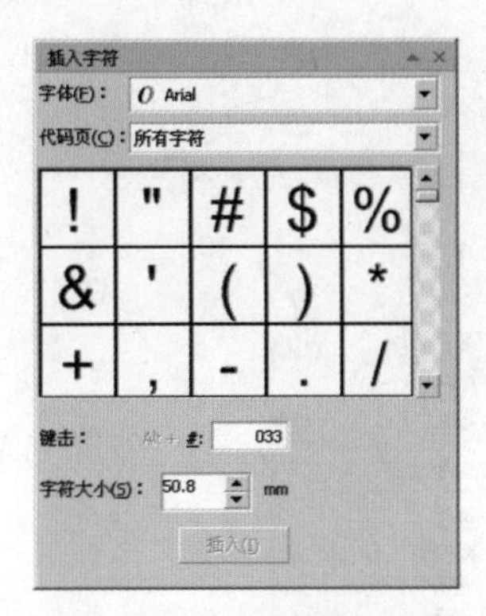

图6-49 “插入字符”泊坞窗

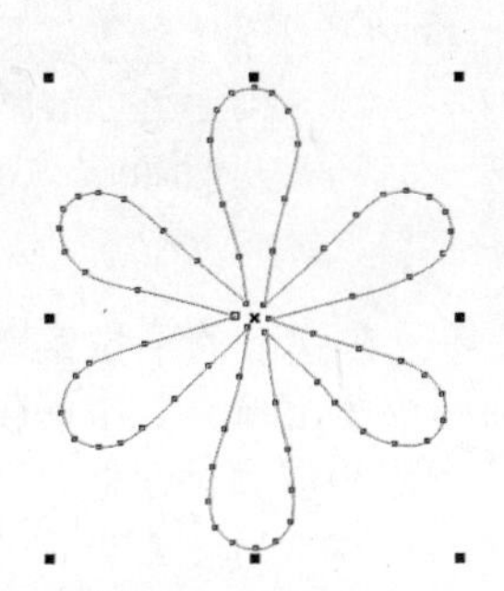

图6-50 插入字符

图6-51 对插入的字符进行修饰后的效果

提示 · 技巧

如果想将字符作为字符而不是作为图形使用，只需选择工具箱中的“文字工具”字，然后在页面中输入文字，在要插入字符的文本处单击，当出现闪动的光标时，在“插入字符”泊坞窗中双击需要的符号，即可将其作为字符插入到文本中。

此外，还可以创建计算机中没有的文字，方法如下：

01 输入具有文字所需偏旁的汉字，按【Ctrl+Q】组合键将文字转换为曲线，再按【Ctrl+K】组合键打散文字，如图6-52所示。

02 选择“挑选工具”，将创建文字的偏旁和部首放在一起再调整大小。

03 按【Ctrl+G】组合键将其组合在一起即可合成新的文字，如图6-53所示。

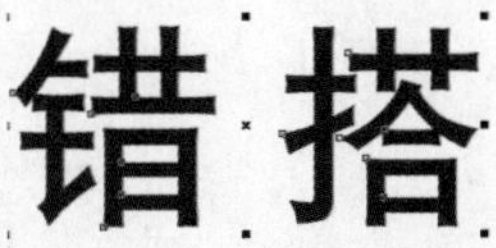

图6-52 输入文字并转换为曲线  图6-53 组合新字

6-3-5 图形和文本样式

将对象的属性保存起来就是样式，下次使用时不必再进行设置，就可以直接应用保存过的样式，还可以修改样式，包括名称和属性等。

1. 默认样式

执行菜单“窗口”/“泊坞窗”/“图形和文本样式”命令，弹出“图形和文本”泊坞窗，如图6-54所示。该泊坞窗中有几种类型的样式可供直接使用，也可以改变其属性，方法是单击“图形和文本”泊坞窗顶部的▶按钮，在弹出的下拉菜单中选择“属性”选项，在弹出的“选项”对话框中，可以对默认的样式进行编辑，如图6-55所示。

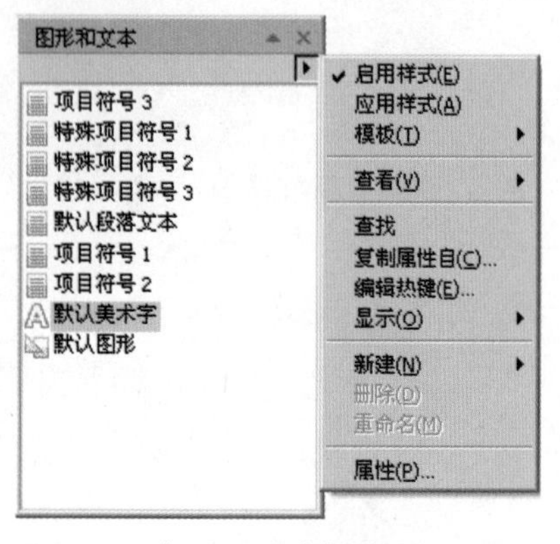

图6-54 “图形和文本”泊坞窗

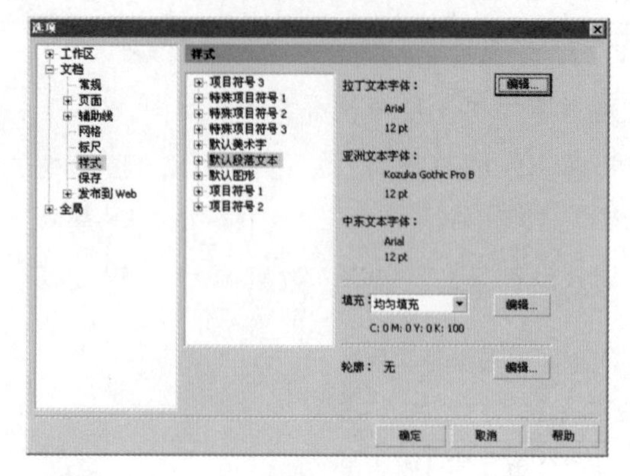

图6-55 “选项”对话框

2. 创建样式

单击“图形和文本”泊坞窗中的▶按钮，在弹出的下拉菜单中选择“新建”选项，会弹出如图6-56所示的子菜单，其中提供了3种可以创建的样式，单击任意一种都会弹出相应的对话框。下面以创建图形样式为例，说明创建方法。

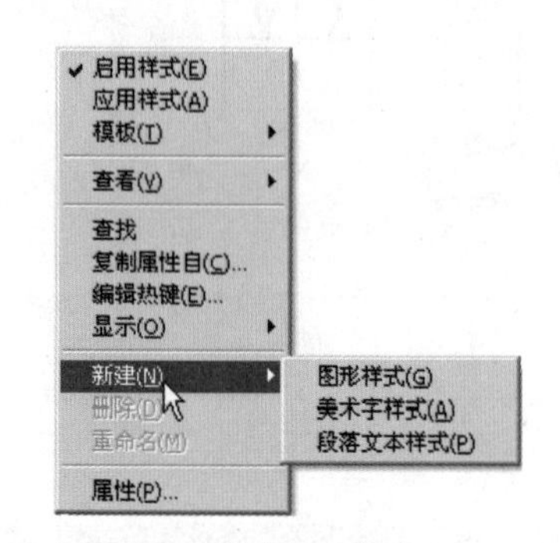

图6-56 新建图形样式

01 选择图6-56所示的“图形样式”命令，样式列表中就会自动生成一个名为“新图形”的样式。

02 为样式重新命名。单击样式名称，待出现闪动的光标时输入新的名称即可。

03 选择新图形样式，单击▶按钮，在弹出的下拉菜单中选择“属性”选项，弹出“选项”对话框，如图6-57所示。

04 在“填充”下拉列表框中选择“渐变填充”选项，再单击“编辑”按钮，弹出“渐变填充”对话框，如图6-58所示。设置完成后单击“确定”按钮，新图形样式就创建好了。

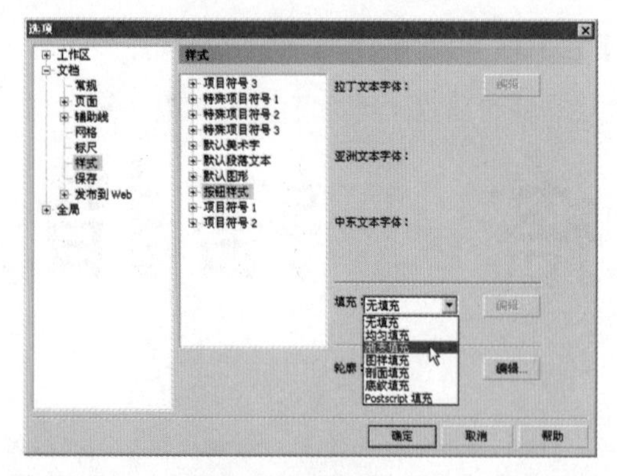

图6-57 设置图形样式属性

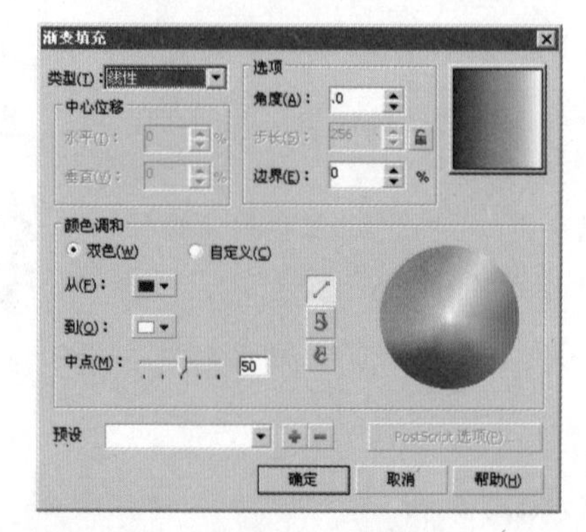

图6-58 “渐变填充”对话框

3. 应用样式

要将默认样式或自己创建的样式（包括文本和图形样式）应用于对象中，方法有两种。

● 选择要应用样式的对象，双击要应用的样式即可。

● 选择要应用样式的对象，单击“图形和文本”泊坞窗顶部的▶按钮，在弹出的下拉菜单中选择“应用样式”命令即可。

将上面新建的“渐变”样式应用于新建对象的效果如图6-59所示。

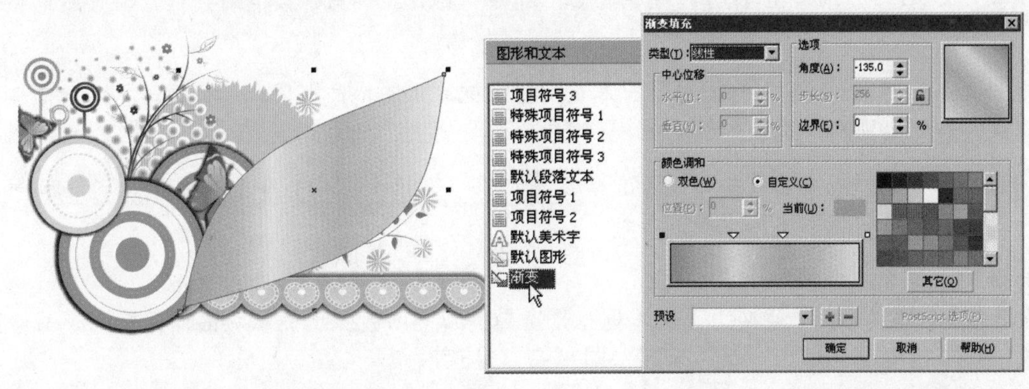

图6-59 应用“渐变”样式

6-4 使用书写工具

CorelDRAW X4还提供了书写工具，使用书写工具可以对文本进行拼写检查、语法检查、查找同义词和统计文本信息等操作，而且其中的“快速更正”工具代替了原来的输入辅助选项，能自动改正拼写和输入错误，还能显示缩写的全文。

6-4-1 拼写检查

在CorelDRAW X4的默认状态下，输入文本的同时能自动进行拼写检查，错误的文本下面会出现红色的波浪线。使用“拼写检查”工具也可以对所选的文本进行拼写检查。

执行菜单“文本”/“书写工具”/“拼写检查”命令，打开“书写工具”对话框，默认选择“拼写检查器”选项卡，如图6-60所示。

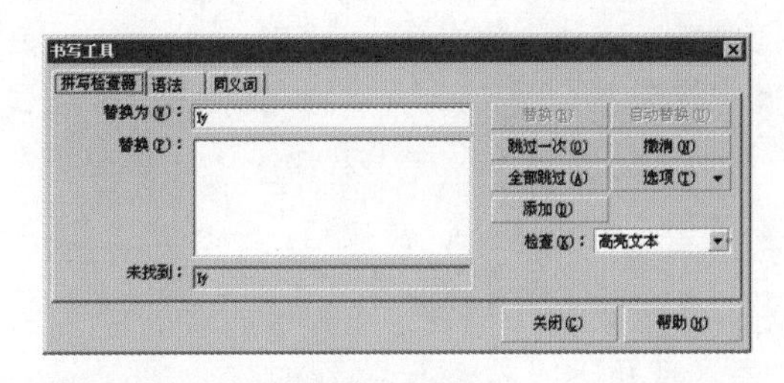

图6-60 “书写工具”对话框

[替换]：单击该按钮，“替换”列表框中高亮显示的单词即被“替换为”文本框中的单词替换。

[自动替换]：单击该按钮，文本中所有具有相同错误的单词均被“替换为”文本框中的单词替换。

[跳过一次]：单击该按钮，将忽略当前找到的有错误的单词，并移至下一个错误单词。

[全部跳过]：单击该按钮，会跳过找到的有相同错误的所有单词。

[撤销]：单击该按钮，将取消前面所做的检查。

[选项]：单击该按钮，弹出下拉菜单，可以选择检查方式，还可设置更多的拼写检查选项和操作。

使用拼写检查器可以在整个文档、段落、单词或指定的文本中检查拼写有错误的单词。在拼写检查器中可以输入更正以后的单词，可以中断拼写检查，也可以直接在绘图页面中输入正确的拼写。

提示 · 技巧

拼写检查器可以将不能识别的单词标记为错误的单词，可以将这些单词添加到用户词汇表中，以便在以后的检查中识别出来。但是，拼写检查器无法改正写法上正确但语法上有错误的单词。

若要对整个文档进行拼写检查，具体操作步骤如下：

01 选择工具箱中的“挑选工具”，然后在绘图窗口的空白区域处单击，取消对所有对象的选择。

02 执行菜单“文本”/“书写工具”/“拼写检查”命令，打开“书写工具”对话框，即开始进行拼写检查。

03 检查出错误的单词将出现在“未找到”文本框中，最先改正的单词出现在“替换为”文本框中，其他也可以替换的单词出现在“替换”列表框中。

04 如果“替换为”文本框中出现的单词不正确，可以在“替换”列表框中选择一个正确的单词，或者在“替换为”文本框中重新输入正确的单词。

05 找到正确的单词之后，就可以进行替换。

如果没有找到错误单词，“替换为”文本框将是空白的，同时会弹出提示对话框，询问拼写检查完成，是否关闭拼写检查器。单击“是”按钮，即可结束检查操作。

6-4-2 语法检查

使用语法检查工具，可以对文本中的拼写、语法和标点符号等进行检查。若需要对文本进行语法检查，具体操作步骤如下：

01 选择工具箱中的“挑选工具”，在绘图窗口中选中需要进行语法检查的文本。

02 执行菜单“文本”/“书写工具”/“语法检查”命令，弹出如图6-61所示的“书写工具”对话框，默认选择“语法”选项卡，“替换”文本框中显示可替换的文本，“新句子”文本框中显示替换后的句子，“规则名”文本框中会显示操作提示信息。

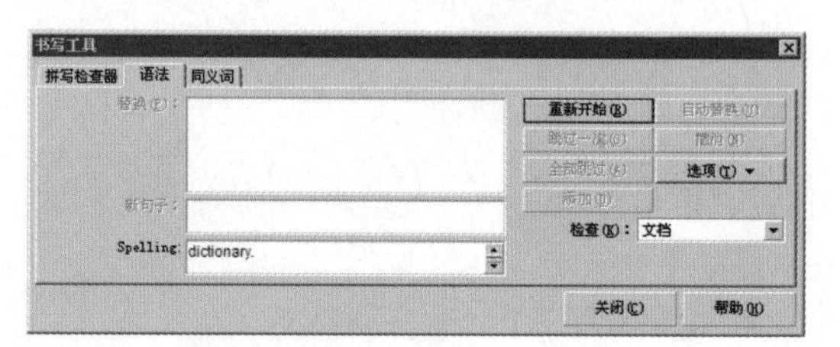

图6-61 “书写工具”对话框

03 单击“检查”下三角按钮，在弹出的下拉列表中选择要进行语法检查的范围。

04 单击“选项”按钮，在弹出的下拉菜单中选择检查方式，也可设置更多的检查选项和操作。单击“关闭”按钮，即可结束检查操作。

6-4-3 使用用户单词表

用户单词表是用户在进行拼写检查或语法检查时，创建并被CorelDRAW X4访问的单词或者短语列表。通常是将容易拼错的单词或短语添加到列表中，还可以将拼写检查器和语法检查器检测到的未知单词和短语添加到列表中，这样就不会将它们视为错误。使用用户单词表的具体步骤如下：

01 执行菜单“文本”/“书写工具”/“拼写检查”命令，在弹出的“书写工具”对话框中选择“拼写检查器”或者“语法”选项卡。

02 单击“选项”按钮，在弹出的下拉菜单中选择“用户单词表”选项，弹出“用户单词表”对话框，如图6-62所示。

03 单击对话框右侧的“添加列表”按钮，弹出“添加用户单词表”对话框，如图6-63所示。可以在该对话框中设置用户单词表保存的位置和文件名。

04 在“用户单词表内容”选择组中的“单词/短语”文本框中输入要添加的单词或短语，在“替换为”

文本框中输入要替换的单词或短语，若“替换为”文本框中不输入任何内容，那么在进行拼写检查和语法检查时会将其忽略。

05 单击“更改”按钮，弹出“选择语言”对话框，在其中可以改变拼写检查和语法检查的默认语言。若需要删除用户单词表中的某一项，只需选中该项，单击“删除”按钮即可。

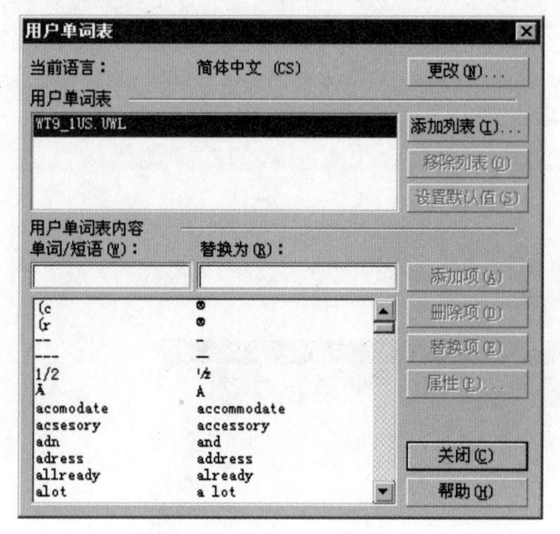

图 6-62 “用户单词表”对话框

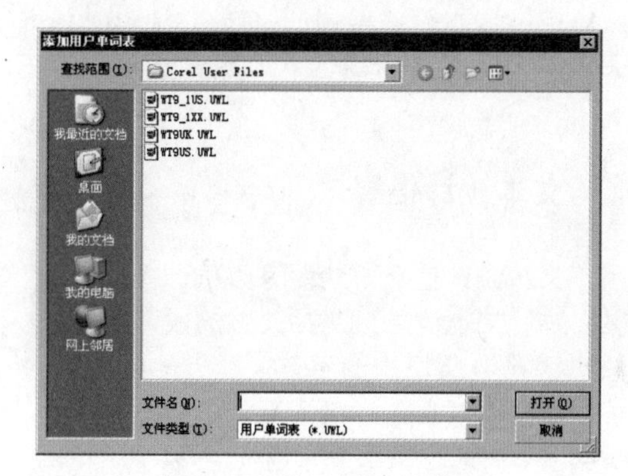

图 6-63 “添加用户单词表”对话框

6-4-4 使用辞典

在 CorelDRAW X4 中，辞典可以显示所选单词的解释和用法，也可以列出单词的同义词和反义词等。使用辞典的具体操作方法是：使用“文本工具”字选中需要设置的单词，然后执行菜单“文本”/“书写工具”/“同义词”命令，弹出“书写工具”对话框，默认选择“同义词”选项卡，如图 6-64 所示。

图 6-64 “同义词”选项卡

单击“查寻”按钮，下面的列表框中会显示出单词的同义词和解释，单击其中的一个同义词会出现该词的解释。选中该同义词，再单击“替换”按钮，该同义词即可替换文本中所选的单词。在“选项”下拉菜单中可以对同义词进行具体的设置。

6-4-5 设置快速更正

书写工具中的“快速更正”功能代替了原来的输入辅助选项，它能自动更正拼写和输入错误，并显示缩写的全文。利用该工具可以为常用的单词或短语建立快捷输入方式。在一定程度上提高了输入的速度。例如，可以将“CorelDRAW”定义为“CD”，那么当输入“CD”并按【Space】键时，“CD”会自动被“CorelDRAW”代替。

要设置快速更正，首先执行菜单“文本”/“书写工具”/“快速更正”命令，弹出如图 6-65 所示的“选项”对话框。

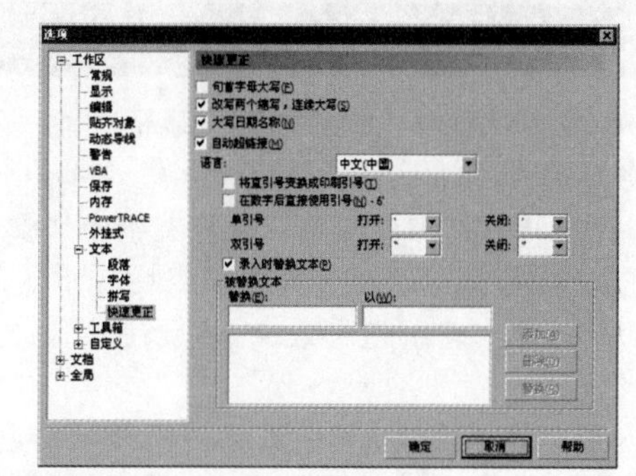

图 6-65 “选项”对话框

选择“句首字母大写”复选框，系统会自动将句首字母大写；选择“改写两个缩写，连续大写”复选框框，当一个单词中开始的两个字母都大写时，会把第二个字母改为小写，若大写字母后面是一个空格、句号或者一个含有其他大写字母的词，将不会更改；选择“大写日期名称”复选框，会将文本中的日期名称大写；选择“录入时替换文本”复选框，在输入文本时可以用快捷方式替换输入的文本。

在“被替换文本”选项组中，可以设置输入文本的快捷方式。例如，要将“CorelDRAW”定义为“CD”，可以在“替换”文本框中输入“CD”，在“以”文本框中输入“CorelDRAW”，然后单击“添加”按钮，即可将所做的设置添加到下面的列表中。此外，在该选项组中也可以设置经常拼错的单词，在“替换”文本框中输入易拼错的单词，在“以”文本框中输入正确的单词，然后单击“添加”按钮。在以后的操作中，输入错误单词后，按【Space】键，系统会自动使用正确的单词将其替换。

若要删除自定义的快捷输入方式，在列表框中选择该快捷输入方式，再单击右侧的“删除”按钮即可。

6-4-6 文本统计信息

使用“文本统计信息”功能可为所选择的文本或整个文档统计文本信息，包括文本的段落数、行数、字数、字符数及使用的字体等。

要使用该功能，首先在绘图窗口中取消对任何对象的选择，然后执行菜单“文本”/“文本统计信息”命令，弹出“统计”对话框，如图6-66所示。

该对话框中显示了当前文档中的文本信息。若选择“显示样式统计”复选框，可在“统计”列表框中显示文档中使用的文本样式的数目和名称。若要统计指定文本的信息，可先用工具箱中的“挑选工具”或“文本工具”选中文本，然后执行菜单“文本”/“文本统计信息”命令即可。

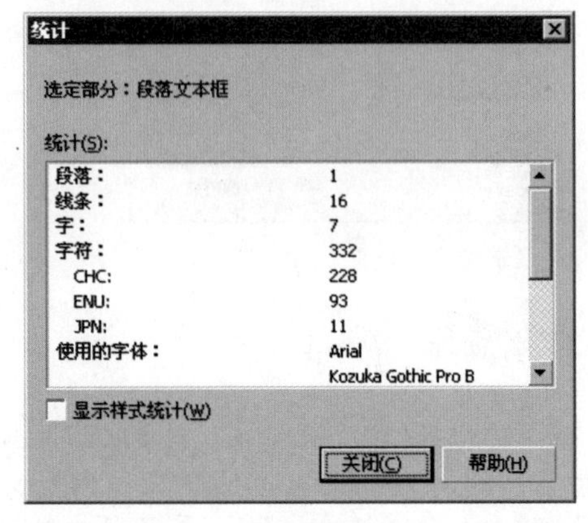

图6-66 “统计”对话框

6-4-7 更改大小写

如果文本中的英文字母居多，需要将其统一改成小写或者大写等，可执行菜单“文本”/“更改大小写”命令，弹出“改变大小写”对话框，如图6-67所示。在此对话框中可以设置要改变的属性，设置完成后单击“确定”按钮即可。

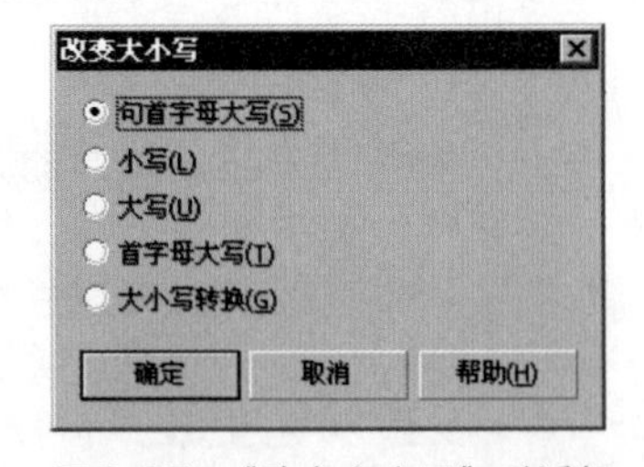

图6-67 “改变大小写”对话框

6-5 应用表格

CorelDRAW X4中新增加了表格功能，利用“表格工具”和“表格”菜单命令，可以制作各种样式的表格对象。

CorelDRAW中的表格对象与文字处理软件中的表格对象的操作方法相似，但是CorelDRAW中的表格更侧重于图形的编辑。创建表格后，除了输入各种数据信息外，还可以对表格的行、列和单元格形状、填充效果、轮廓边框效果，以及文字格式和对齐方式等属性进行设置，从而制作出各种个性、实用的表格效果。

选择“表格工具”，在页面中拖动鼠标创建表格后，其属性栏中会显示出表格的大小、行列数量、填充和轮廓及文字格式等选项，如图6-68所示。利用这些选项，可以快速修改表格的效果。

图6-68 “表格工具”属性栏

6-5-1 创建表格

使用“表格工具”和“创建新表格”命令都可以创建表格图形。

1. 使用“表格工具”命令

选择“表格工具”命令，在属性栏中设置表格的行、列数值，及填充、轮廓等选项，然后在要创建表格的位置拖动鼠标，释放鼠标后，即可得到需要的表格图形，如图6-69所示。

图6-69 用“表格工具”绘制表格

2. 使用“创建新表格”命令

执行“表格”/“创建新表格”命令，打开“创建新表格”对话框，如图6-70所示。在该对话框中可以设置表格的行、列数值，同时可以精确地设置表格整体的高度和宽度，如图6-71所示。

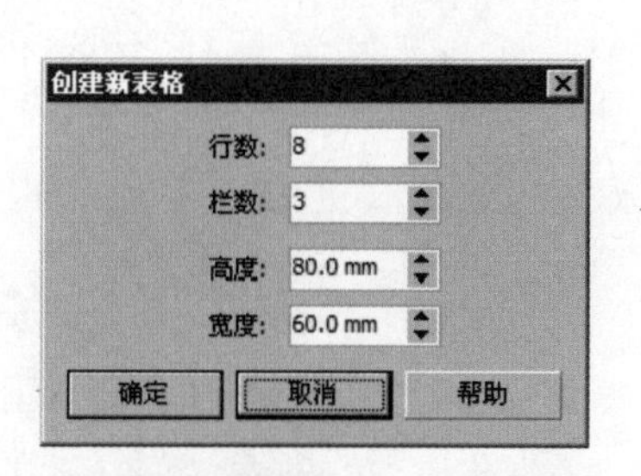

图6-70 “创建新表格”对话框

图6-71 创建的表格图形

6-5-2 编辑表格

在实际工作中，要绘制的表格结构并不是默认情况下创建的简单的规则表格，在行高、列宽及单元格大小上都会有一些特定的要求。这时需要对默认情况下创建的标准表格进行编辑修改，以满足不同的设计要求。

1. 选择表格

如果要对表格进行编辑处理，则需要先选中要编辑的表格，然后才能进行对应区域的编辑操作。选择时，可以根据不同的操作要求，选择一个或多个单元格，一行或多行，一列或多列，或者是整个表格。

（1）选择单元格

选择“表格工具”，在要选择的单元格中单击，出现光标后，按住鼠标左键拖动，单元格中出现蓝色的条纹线时释放鼠标，即可选中该单元格。也可以执行“表格”/“选择“/”单元格”命令，光标所在单元格即被选中，如图6-72所示。

如果要选中多个相邻单元格内容，可以在要选择的单元格区域起始位置的单元格中单击，然后按住鼠标左键拖动到需要的单元格范围（单元格中出现蓝色的条纹线），然后释放鼠标，这些相

项目名称	报名时间	上课地点
拉丁舞	2010年8月10日	2层203室
肚皮舞	2010年8月15日	2层204室
跆拳道	2010年8月20日	2层205室
空手道	2010年8月25日	2层206室
瑜伽	2010年8月30日	3层303室
健身操	2010年8月18日	3层304室
武术	2010年8月24日	3层305室

图6-72 选中单元格

邻的单元格即可被选中，如图6-73所示。

如果要选中多个不相邻的单元格，可在要选择的某个单元格中单击，并按住鼠标左键拖动到需要的单元格范围，单元格中出现蓝色的条纹线时释放鼠标，再按住【Ctrl】键，选择另外一部分不相邻的单元格，即可加选多个不相邻的单元格区域，如图6-74所示。

图6-73　选中多个相邻单元格

图6-74　选中多个不相邻的单元格

（2）选择行

选择“表格工具”，将光标放置在表格中，移动鼠标指针到要选择行的最左侧，鼠标指针变为一个指向右侧的黑色箭头，如图6-75所示。单击鼠标左键，即可选中该行，选中行中出现蓝色的条纹线，如图6-76所示。也可以在要选择的行中的任一个单元格中单击，然后执行“表格”/“选择”/“行”命令，即可将光标所在行选中。

图6-75　将鼠标指针放置在要选择行的最左侧

图6-76　选中一行

如果要选中多个连续的行，则可以在选中一行后，按住鼠标左键向上或向下拖动，当行中出现蓝色的条纹线时释放鼠标即可，如图6-77所示。

如果要选中多个不相邻的行，可在选中一行或连续的多行后，按住【Ctrl】键，再单击或拖动选中另外不相邻的行，这样即可加选多个不相邻的行，如图6-78所示。

图6-77　选中多个连续的行

图6-78　选中多个不相邻的行

（3）选择列

列的选择方法与行的选择方法类似。选择“表格工具”，将光标放置在表格中，移动鼠标指针到要选择列的最上端，鼠标指针变为一个指向下部的黑色箭头，如图6-79所示。单击鼠标左键，即可以选中的该列，选中列中出现蓝色的条纹线，如图6-80所示。也可以在要选择的列中的任一个单元格中单击，然后执行“表格”/“选择”/“列”命令，即可将光标所在列选中。

图6-79　将鼠标指针放置在要选择列的最上端

图6-80　选中一列

如果要选中多个连续的列，可以在选中一列后，按住鼠标左键向左或向右拖动，当列中出现蓝色的条纹线时释放鼠标即可，如图6-81所示。

如果要选中多个不相邻的列，可在选中一列或连续的多列后，按住【Ctrl】键，再单击或拖动选中另外不相邻的列，这样即可加选多个不相邻的列，如图6-82所示。

图6-81　选中多个连续的列

图6-82　选中多个不相邻的列

（4）选择整个表格

选择“表格工具”，将鼠标指针放置在整个表格的左上角，鼠标指针变为一个指向右下方的斜向黑色箭头，如图6-83所示。单击鼠标左键，即可以选中整个表格，如图6-84所示。也可以在表格中的任意单元格中单击，然后执行“表格”/“选择”/“表格”命令，即可将整个表格选中。

图6-83　将鼠标指针放置在整个表格左上角

图6-84　选中整个表格

2. 在表格中插入行、列

在制作表格的过程中，经常会根据需要在表格中添加不同数量的行、列。

（1）上方行

选择“表格工具”，选中表格中的一行，如图6-85所示。执行“表格”/“插入”/“行上方”命令，或单击鼠标右键，在弹出的快捷菜单中选择“插入”/“行上方”命令，则会在当前选中行的上方插入一个新的空白行，如图6-86所示。

图6-85　选中表格中的一行

图6-86　在上方插入空白行

（2）下方行

选择“表格工具”，选中表格中的一行，如图6-87所示。执行“表格”/“插入”/“行下方”命令，或单击鼠标右键，在弹出的快捷菜单中选择“插入”/“行下方”命令，则会在当前选中行的下方插入一个新的空白行，如图6-88所示。

图6-87　选中表格中的一行

图6-88　在下方插入空白行

（3）插入多行

选中表格中的多行，如图6-89所示。执行“表格”/“插入”/“行上方”命令，可在当前选中行的上方插入之前选中数量的新空白行，如图6-90所示。选中多行后，执行“表格”/“插入”/“行下方”命令，则会在当前选中行的下方插入之前选中数量的新空白行，如图6-91所示。

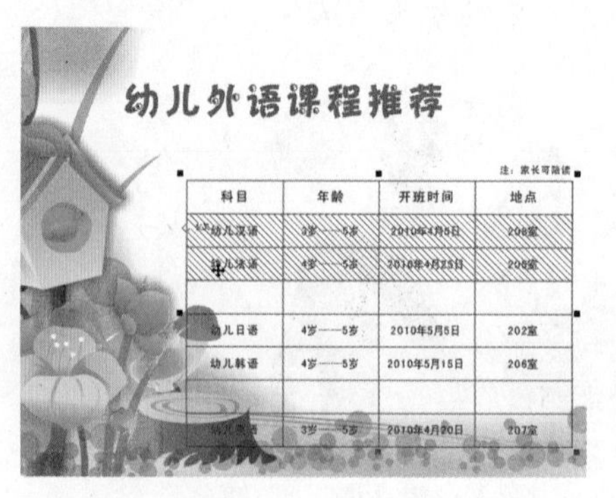

图6-89　选中多行

幼儿外语课程推荐

注：家长可陪读

科目	年龄	开班时间	地点
幼儿汉语	3岁——5岁	2010年4月5日	208室
幼儿法语	4岁——5岁	2010年4月25日	205室
幼儿日语	4岁——5岁	2010年5月5日	202室
幼儿韩语	4岁——5岁	2010年5月15日	206室
幼儿英语	3岁——5岁	2010年4月20日	207室

图6-90　在上方插入多个空白行

幼儿外语课程推荐

注：家长可陪读

科目	年龄	开班时间	地点
幼儿汉语	3岁——5岁	2010年4月5日	208室
幼儿法语	4岁——5岁	2010年4月25日	205室
幼儿日语	4岁——5岁	2010年5月5日	202室
幼儿韩语	4岁——5岁	2010年5月15日	206室
幼儿英语	3岁——5岁	2010年4月20日	207室

图6-91　在下方插入多个空白行

也可以在选中行后，执行“表格”/“插入”/“插入行”命令，或单击鼠标右键，在弹出的快捷菜单中选择“插入”/“插入行”命令，打开“插入行”对话框，如图6-92所示。在该对话框中可以设置要插入的行数，并可以通过“位置”选项组设置插入的位置。设置完成后单击“确定”按钮，即可在表格中插入指定数量的空白行，如图6-93所示。

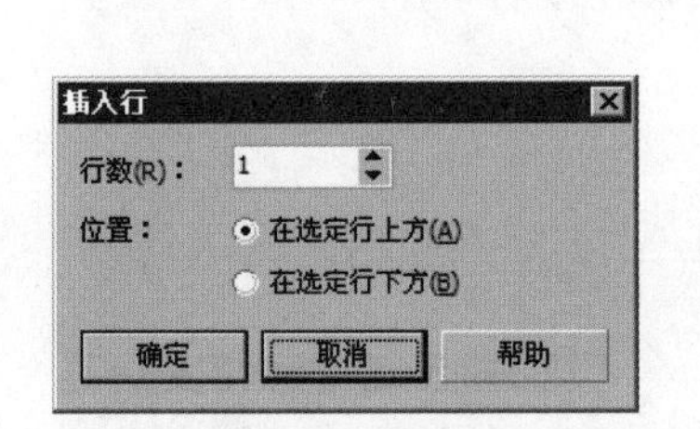

图6-92　“插入行”对话框

幼儿外语课程推荐

注：家长可陪读

科目	年龄	开班时间	地点
幼儿汉语	3岁——5岁	2010年4月5日	208室
幼儿法语	4岁——5岁	2010年4月25日	205室
幼儿日语	4岁——5岁	2010年5月5日	202室
幼儿韩语	4岁——5岁	2010年5月15日	206室
幼儿英语	3岁——5岁	2010年4月20日	207室

插入行
行数(R)： 3
位置： 在选定行上方(A) 在选定行下方(B)
确定 取消 帮助

图6-93　插入指定数量的空白行

（4）左侧列

选择“表格工具”，选中表格中的一列，如图6-94所示。执行“表格”/“插入”/“列左侧”命令，或单击鼠标右键，在弹出的快捷菜单中执行“插入”/“列左侧”命令，可在当前选中列的左侧插入一个新的空白列，如图6-95所示。

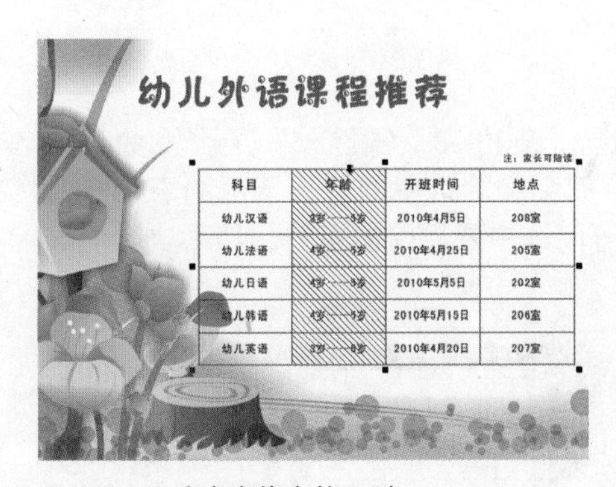

科目	年龄	开班时间	地点
幼儿汉语	3岁——5岁	2010年4月5日	208室
幼儿法语	4岁——5岁	2010年4月25日	205室
幼儿日语	4岁——5岁	2010年5月5日	202室
幼儿韩语	4岁——5岁	2010年5月15日	206室
幼儿英语	3岁——5岁	2010年4月20日	207室

图6-94　选中表格中的一列

幼儿外语课程推荐

注：家长可陪读

科目		年龄	开班时间	地点
幼儿汉语		3岁——5岁	2010年4月5日	208室
幼儿法语		4岁——5岁	2010年4月25日	205室
幼儿日语		4岁——5岁	2010年5月5日	202室
幼儿韩语		4岁——5岁	2010年5月15日	206室
幼儿英语		3岁——5岁	2010年4月20日	207室

图6-95　在选中列的左侧插入一个新的空白列

（5）右侧列

选择“表格工具”，选中表格中的一列，然后执行“表格”/“插入”/“列右侧”命令，或单击鼠标右键，在弹出的快捷菜单中执行“插入”/“列右侧”命令，可在当前选中列的右侧插入一个新的空白列，如图6-96所示。

（6）插入多列

选择“表格工具”，选中表格中的多列，执行“表格”/“插入”/“列左侧”命令，可在当前选中列的左侧插入之前选中数量的新空白列。如果选中多列后，执行“表格”/“插入”/“列右侧”命令，则会在当前选中列的右侧插入之前选中数量的新空白列，如图6-97所示。

图6-96　在选中列的右侧插入一个空白列

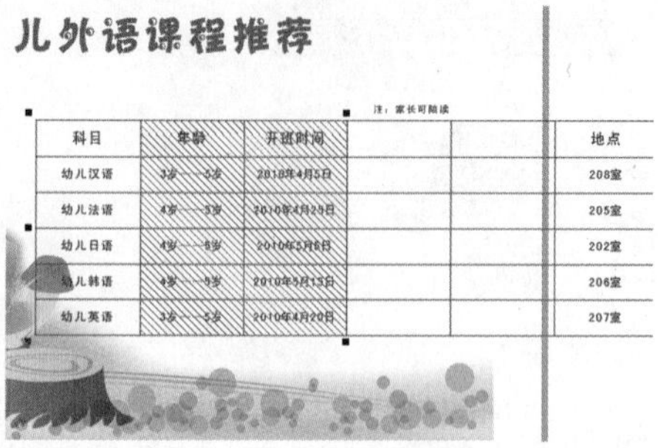

图6-97　在选中列的右侧插入空白列

也可以在选中列后，执行“表格”/“插入”/“插入列”命令，或单击鼠标右键，在弹出的快捷菜单中选择“插入”/“插入列”命令，打开“插入列”对话框，如图6-98所示。在该对话框中可以设置要插入的列数，并可以通过“位置”选项组选择插入到选中列的位置。设置完成后单击“确定”按钮，即可在表格中插入指定数量的空白列，如图6-99所示。

图6-98　“插入列”对话框

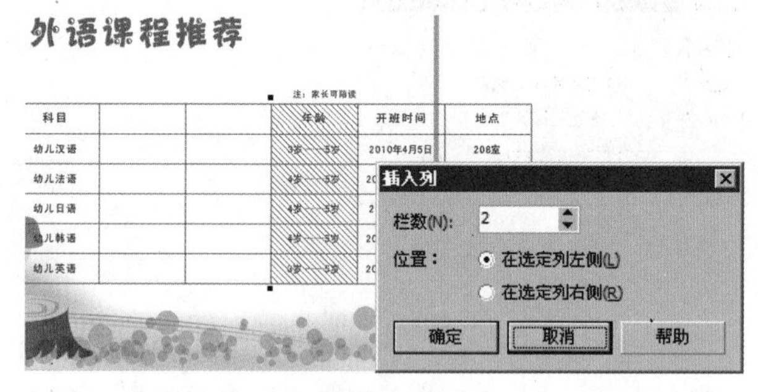

图6-99　表格中插入指定数量的空白列

3. 删除表格、行、列

表格中行、列以及整个表格可以根据需要随时删除。

（1）删除行

选择“表格工具”，选中表格中的一行，如图6-100所示。执行“表格”/“删除”/“行”命令，或单击鼠标右键，在弹出的快捷菜单中选择“删除”/“行”命令，就会删除选中的行，下面的表格行会自动连接到上面的表格行，保持表格完整，如图6-101所示。也可以选中要删除的多行，然后执行“表格”/“删除”/“行”命令，即可一次删除多个行。

图6-100　选中表格中的一行

图6-101　删除选中的行

（2）删除列

选择“表格工具”，选中表格中的一列，如图6-102所示。执行“表格”/“删除”/“列”命令，或单击鼠标右键，在弹出的快捷菜单中选择“删除”/“列”命令，则会将当前选中的列删除，右侧的表格列会自动连接到左侧的表格列，保持表格完整，如图6-103所示。当然，也可以选中要删除的多列，然后执行“表格”/“删除”/“列”命令，即可一次删除多个表格列。

图6-102　选中表格中的一列

图6-103　删除选中的列

（3）删除整个表格

在表格中设置光标，或者选择表格中某行、列或单元格后，执行“表格”/“删除”/“表格”命令，或单击鼠标右键，在弹出的快捷菜单中执行“删除”/“表格”命令，就可以将整个表格删除。也可以用“挑选工具”选中表格对象，按【Delete】键将其删除。

（4）删除表格中的内容

如果要删除的是表格中的文字内容，可在需要删除的文字位置上单击，然后根据文字内容按【Delete】或【Backspace】键删除。如果单元格中的文字内容较多，也可以选择多个文字（见图6-104）。然后再进行删除，其删除方法与普通文字对象的删除方法相同，如图6-105所示。

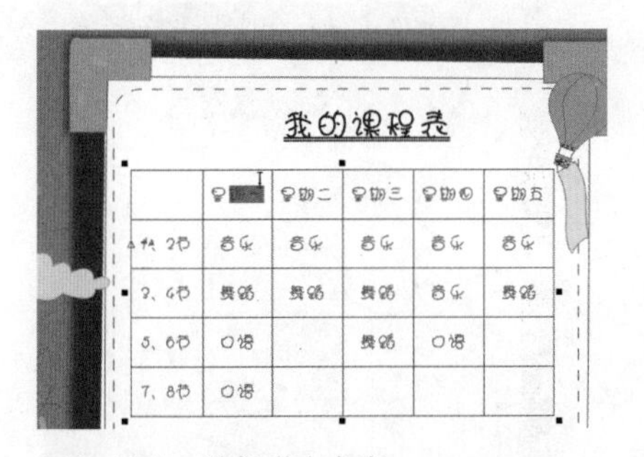

图6-104　选择多个文字

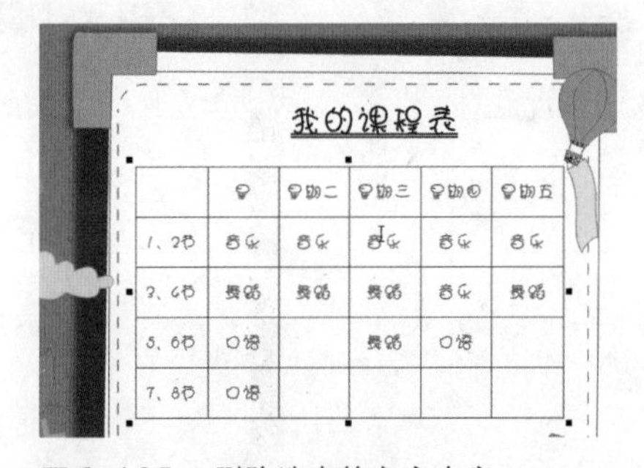

图6-105　删除选中的文字内容

在删除表格内容时，如果选中的是某个单元格而不是单元格中的文字时（见图6-106），按【Delete】键会将整个表格都删除，而不是只删除单元格中的文字内容。同样，如果选择了多个单元格，按【Delete】键也会将整个表格删除，如图6-107所示。

图6-106　选中整个单元格

图6-107　删除表格

4. 移动行、列

在编辑表格时，可以随时通过选中和拖动操作，对表格的行、列进行移动，在移动时，行、列中的文字内容也会随之一起移动。

（1）移动行

选择“表格工具”，选中表格中的一行，如图6-108所示。然后按住鼠标左键拖动到目标位置，如图6-109所示。释放鼠标后，选中的行即被移动到该位置，如图6-110所示。当然，也可以在选中多行后进行移动，这样就可以同时移动多行内容。

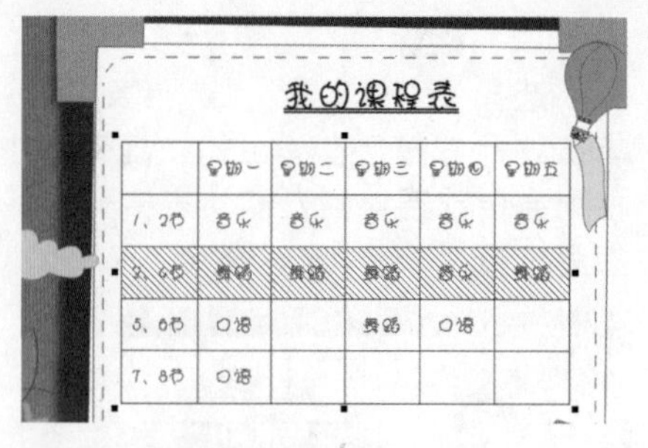

图6-108　选中表格中的一行

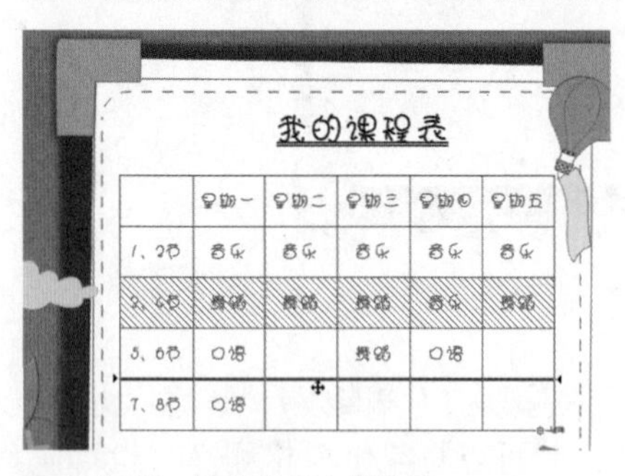

图6-109　按住鼠标左键拖动

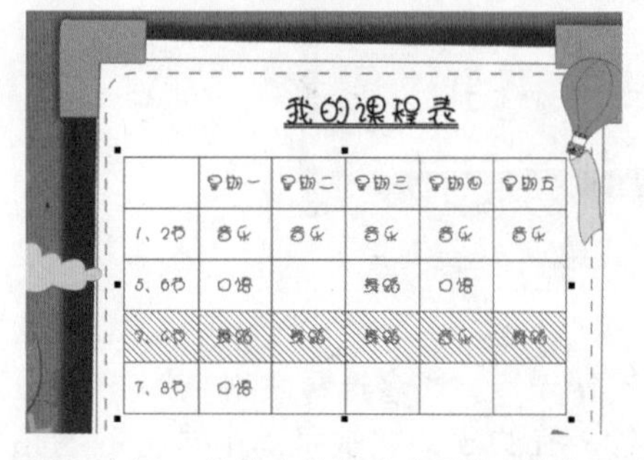

图6-110　将选中的行移动到指定的位置

（2）移动列

选择“表格工具”，选中表格中的一列，如图6-111所示。然后按住鼠标左键向左拖动到目标位置，如图6-112所示。释放鼠标后，选中的列即被移动到该位置，如图6-113所示。也可以同时选中多列后进行移动，其方法与移动多行相同。

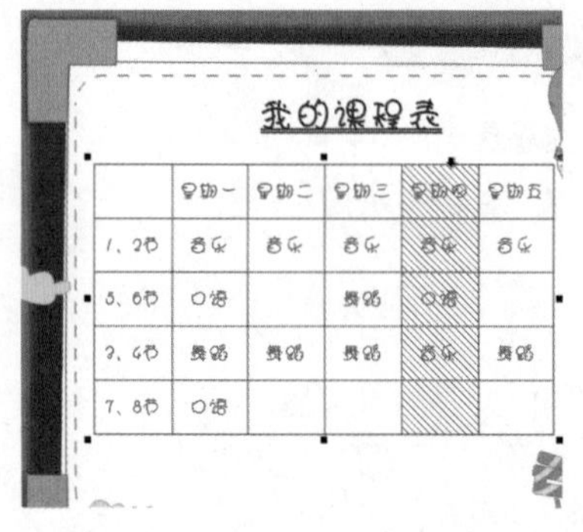

图6-111　选中表格中的一列

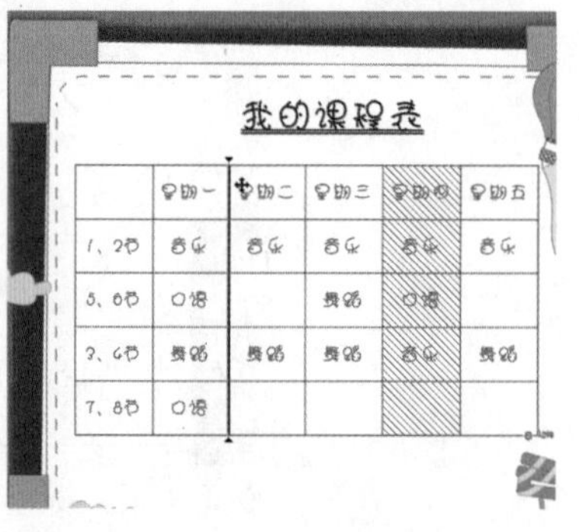

图6-112　拖动到要移动的位置

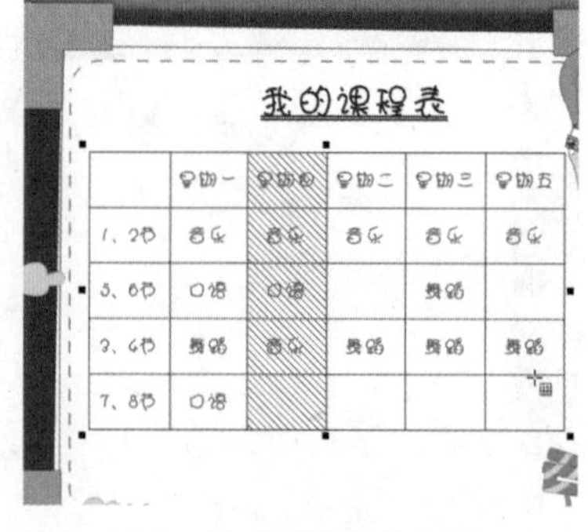

图6-113　移动到指定的位置

5. 合并单元格

很多表格样式中，经常需要将多个单元格，合并成一个单元格，来满足数据显示的需求。

选中表格中要合并的单元格区域，如图6-114所示。执行“表格”/“合并单元格”命令，或单击鼠标右键，在弹出的快捷菜单中选择“合并单元格”命令，或者单击属性栏中对应的功能图标，就可以将选中的多个单元格合并为一个单元格，如图6-115所示。

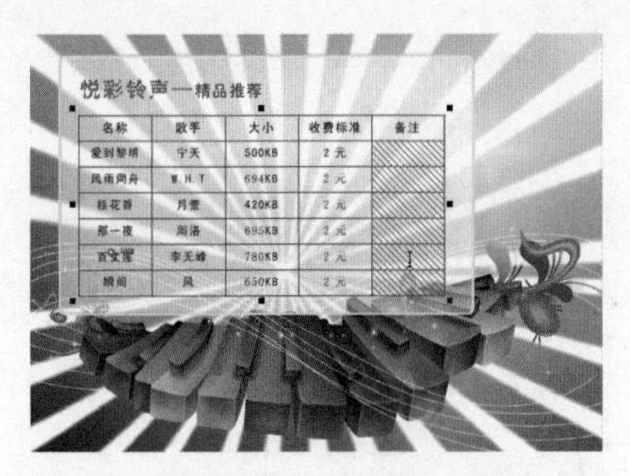

图6-114　选中要合并的单元格区域

图6-115　将选中的多个单元格合并成一个单元格

6. 拆分表格

除了将多个单元格并成一个单元格，还可以将一个单元格拆分成来多行或多列，快速地制作出不同的表格样式。

（1）拆分行

选中单元格，如图6-116所示。执行“表格”/“拆分为行”命令，或单击鼠标右键，在弹出的快捷菜单中选择“拆分为行”命令，或者单击属性栏中的相应功能按钮，打开“拆分单元格”对话框，在该对话框中设置要拆分的具体行数，单击“确定”按钮，即可将一个单元格拆分成多个单元格，如图6-117所示。拆分后，各单元格的大小相同。如果同时选中多个单元格，则会将每个单元格均拆分成设置的行数，如图6-118所示。

图6-116　选中要拆分的单元格

图6-117　将选中的单元格折分成3行

图6-118　同时选中多个单元格并拆分

（2）拆分列

同样，如果要将一个单元格拆分成多个水平方向的单元格，可以在选中该单元格后，执行“表格”/“拆分为列”命令，或单击鼠标右键，在弹出的快捷菜单中选择“拆分为列”命令，或者单击属性栏中的相应功能按钮，打开“拆分单元格”对话框，在对话框中设置要拆分的具体列数，如图6-119所示。

单击“确定”按钮即可，如图6-120所示。如果同时选中多个单元格，则会将每个单元格均拆分成设置的列数，如图6-121所示。

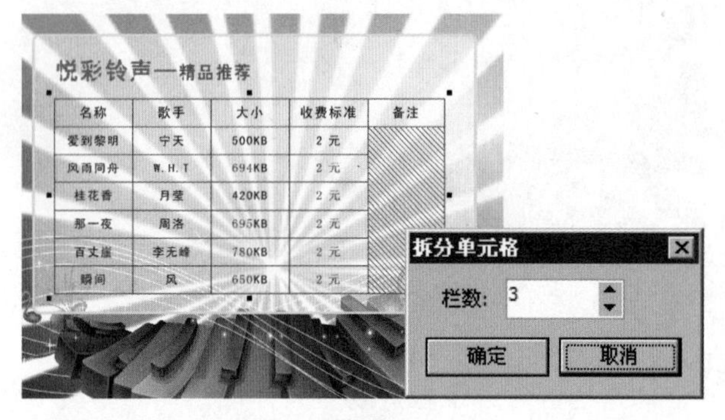

图6-119　选中单元格并设置拆分为3列

图6-120　将选中的单元格拆分成3列的效果

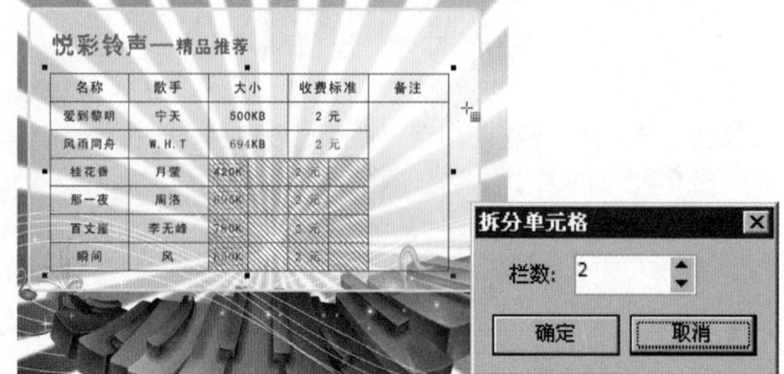

图6-121　选中多个单元格并将其折分为2列

（3）拆分单元格

对于利用“合并单元格”命令产生的单元格，可以选中该单元格后，执行“表格”/“拆分单元格”命令，或单击鼠标右键，在弹出的快捷菜单中选择“拆分单元格”命令，或者单击属性栏中的相应功能按钮，该单元格会按照当前行列分布设置，自动拆分为合适的单元格状态，如图6-122所示。

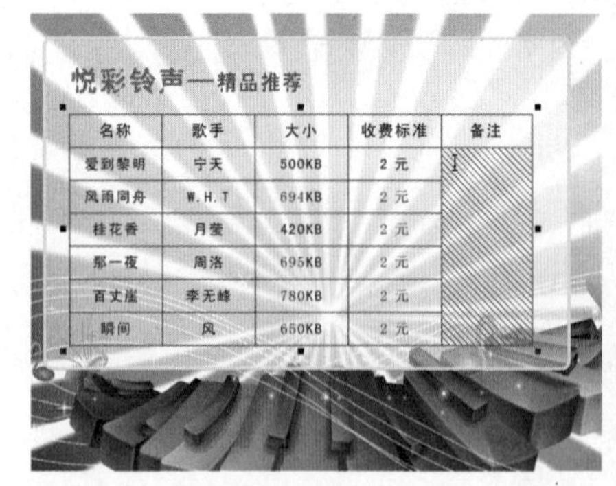

图6-122　将选中合并的单元将其折分单元格

7. 调整表格大小

默认情况下，初始表格的行高和列宽都是相等的，而实际应用中，往往需要的表格行列高度和宽度并不相等，这时要根据实际情况，对表格的行高、列宽进行调整，当然也可以对表格的整体进行调整，以得到需要的表格形状。

（1）调整行高

选择“表格工具”，将鼠标指针放置在表格的水平边框线上，鼠标指针变为上下的双向黑色箭头时，按住鼠标左键上下拖动（见图6-123），即可调整该表格边框线所在行的高度，如图6-124所示。

图6-123　将鼠标指针放置在水平边框线上并向下拖动

图6-124　调整后的表格效果（一）

（2）调整列宽

将鼠标指针放置在表格的垂直边框线上，鼠标指针变为左右的双向黑色箭头时，按住鼠标左键左右拖动（见图6-125），则可以调整该表格边框线所在列的宽度，如图6-126所示。

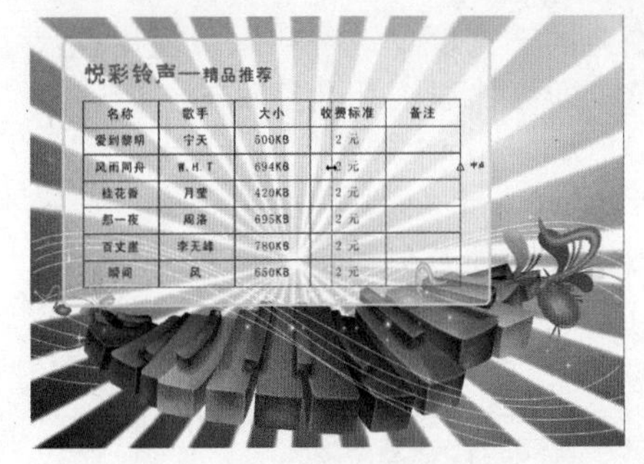

图6-125　将鼠标指针放置在垂直边框线上并向右拖动

图6-126　调整后的表格效果（二）

如果将鼠标指针放置在表格的水平和垂直边框线的交叉点上，则鼠标指针变为斜向的双向黑色箭头，如图6-127所示。此时按住鼠标左键拖动，则可以同时调整表格边框线所在行和列的高度和宽度，即该单元格的大小，如图6-128所示。

图6-127　向右下拖动同时调整行高和列宽

图6-128　调整后的表格效果（三）

需提醒读者注意的是，如果要精确地调整表格中行、列的大小，可以调整时观察预览线所对应的标尺刻度位置，在拖动表格边框线时，会在水平和垂直标尺上显示虚线的指示线，如图6-129所示。

同时，在默认情况下，移动表格的边框线时，不会对其非相邻的行或列有影响，如果想要在移动边框线的同时，表格右侧或下方的表格行列随之移动，可以按住【Shift】键进行拖动。

图6-129　调整时观察预览线所对应的标尺刻度位置

在同时调整行高和列宽时，也可将鼠标指针放置在表格边框线的一个交叉点上，按住【Shift】键向右下方拖动，可以看到预览线条中右侧和下方的表格图形随之进行移动，如图6-130所示。释放鼠标后，表格右侧和下方行列被整体移动，如图6-131所示。

名称	歌手	大小	收费标准	备注
爱到黎明	宁天	500KB	2元	
风雨同舟	W.H.T	694KB	2元	
桂花香	月莹	420KB	2元	
那一夜	周洛	695KB	2元	
百丈崖	李无峰	780KB	2元	
瞬间	风	650KB	2元	

图6-130　按住【Shift】键调整行高和列宽

图6-131　调整后的表格效果

（3）平均分布行、列

如果需要将几个相邻的行调整为同一高度，或将相邻的列调整为同一宽度，这种情况下使用标尺测量尺寸会比较麻烦，而执行“平均分布行”或“平均分布列”命令即可快速达到调整目的。

选择“表格工具”，选中表格中要调整的行（列），如图6-132所示。执行“表格”/“分布”/“行（列）均分”命令，或单击鼠标右键，在弹出的快捷菜单中选择“分布”/“行（列）均分”命令，选中行（列）的高度（宽度）会根据当前选中行（列）的整体高度（宽度）进行平均分布调整，如图6-133所示。

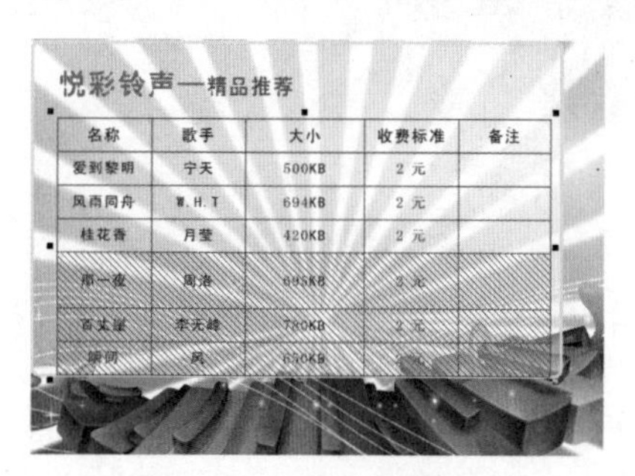

名称	歌手	大小	收费标准	备注
爱到黎明	宁天	500KB	2元	
风雨同舟	W.H.T	694KB	2元	
桂花香	月莹	420KB	2元	
那一夜	周洛	695KB	2元	
百丈崖	李无峰	780KB	2元	
瞬间	风	650KB	2元	

图6-132　选中表格中要调整的行

名称	歌手	大小	收费标准	备注
爱到黎明	宁天	500KB	2元	
风雨同舟	W.H.T	694KB	2元	
桂花香	月莹	420KB	2元	
那一夜	周洛	695KB	2元	
百丈崖	李无峰	780KB	2元	
瞬间	风	650KB	2元	

图6-133　平均分布行

（4）整体调整表格大小

在调整表格时，也可以对表格进行整体的调整，这样的调整会影响表格中每一行、列和每个单元格的大小，表格会根据用户的调整操作进行整体的放大或缩小。

选择“表格工具”，将鼠标指针放置在表格右下角的控制点上，当其变为斜向的双向箭头时，按住鼠标左键拖动，可以看到预览线条中，表格中所有行、列和单元格的大小都随之改变，如图6-134所示。释放鼠标后，表格被等比例缩放，如图6-135所示。同样，将鼠标指针放置在非对角的控制点上并拖动，也可以对表格进行缩放，如图6-136所示。

名称	歌手	大小	收费标准	备注
爱到黎明	宁天	500KB	2元	
风雨同舟	W.H.T	694KB	2元	
桂花香	月莹	420KB	2元	
那一夜	周洛	695KB	2元	
百丈崖	李无峰	780KB	2元	
瞬间	风	650KB	2元	

图6-134　整体调整表格的行高和列宽

图6-135　调整后的表格效果（二）

图6-136　向左拖动调整表格整体的列宽

如果要将表格调整到精确的大小，则可以在选中表格对象后，在属性栏中直接设置表格的宽度和高度，表格会随着数值的变化而进行相应的调整，如图6-137所示。

需要注意的是，选择“表格工具”后，将鼠标指针放置在表格最外围的边框线上时，鼠标指针也会显示为双向箭头，但是拖动后只调整外围边框线的位置。而只有控制点上显示的双向箭头，拖动调整时，才会对表格整体进行缩放操作。

图6-137　精确调整表格大小

6-5-3　设置表格样式

默认情况下，绘制的表格没有填充颜色，边框颜色为黑色，而在很多设计作品中，要求表格的效果要与整体的风格相适应，需要用户对表格的外观进行美化处理，以达到整体的统一。

表格对象可以像普通图形那样，进行填充内容及效果的设置，并且可以对表格边框的轮廓颜色、样式等效果进行设置。

1. 设置表格轮廓效果

表格的边框线与普通图形的轮廓线设置方法相同，在选中表格中的行、列、单元格或整个表格后，在属性栏中即可进行设置。同时，还可以利用轮廓工具组中的工具对边框线的样式进行设置。

（1）设置轮廓样式

选中要设置轮廓样式表格、行、列或单元格，如图6-138所示。在属性栏中单击“边框”按钮，在弹出的下拉菜单中选择一种边框添加方式，如图6-139所示。在“轮廓宽度”下拉列表框中选择一个预置的轮廓宽度数值，也可以直接输入数值，如图6-140所示。

图6-138　选中整个表格

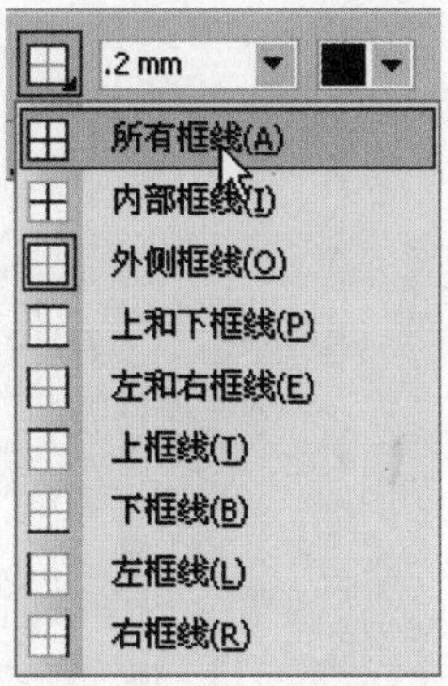

图6-139　设置边框添加方式

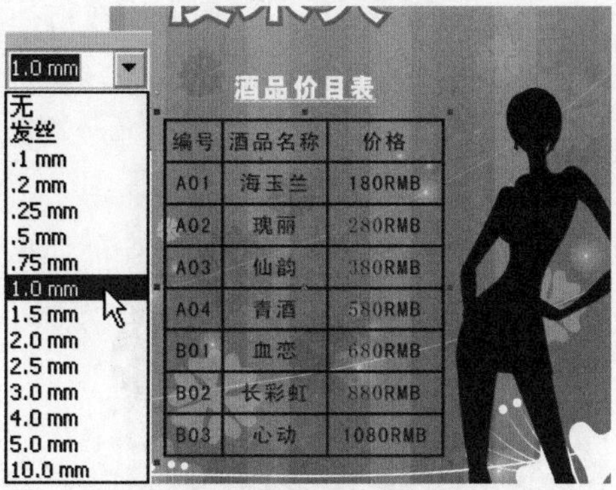

图6-140　设置轮廓宽度为1 mm

（2）设置轮廓颜色

在设置表格轮廓样式的同时，也可以对边框线的颜色进行设置。选中要设置轮廓颜色的表格、行、列或单元格后，在属性栏中单击轮廓颜色下拉按钮，在弹出的下拉列表中选择一种预置的颜色即可，如图6-141所示。也可以单击列表中的“其他”按钮，对轮廓的颜色进行自定义编辑。

需要注意的是，如果一次选择了多个行、列或单元格，则会根据所选择的范围，对表格边框线的样式和颜色进行设置，如图6-142所示。

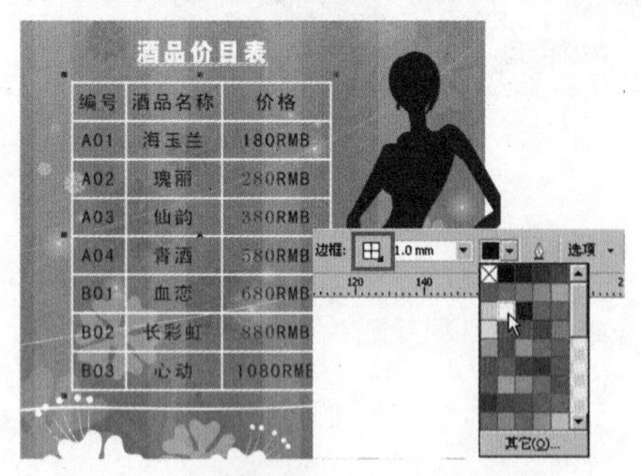

图6-141　设置整个表格轮廓颜色为白色

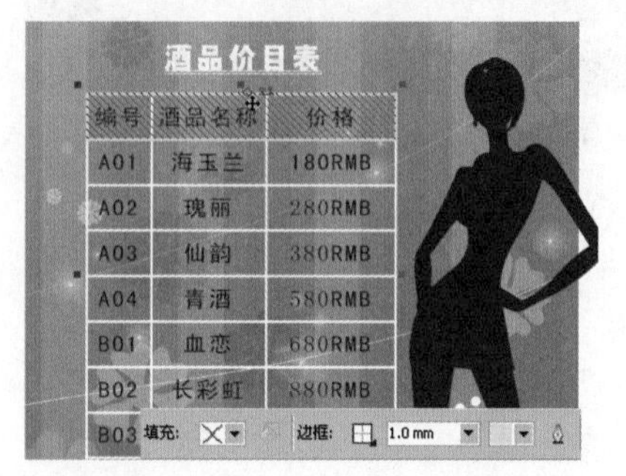

图6-142　设置选中行的轮廓颜色为黄色

如果希望表格不显示边框线，但具有表格的属性，则可以在选中某个行、列或单元格后，在属性栏中设置“边框”选项，然后将“轮廓宽度”设置为“无”，或者设置“轮廓颜色”为“无”，都可以达到隐藏边框线的效果，如图6-143所示。

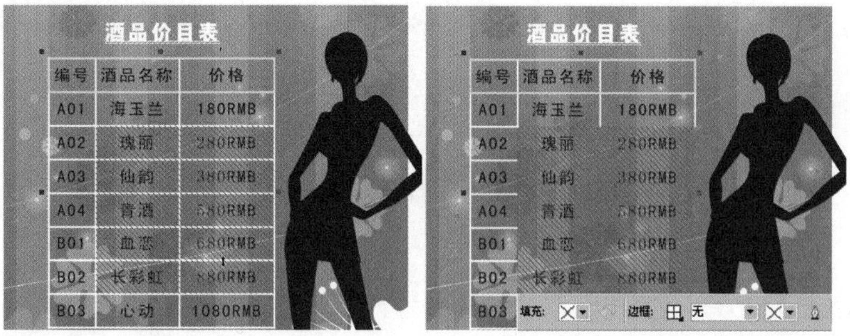

图6-143　选中单元格并设置“轮廓颜色”为“无”

2. 设置表格填充效果

表格填充的设置方法与普通图形的设置方法基本相同，在选中整个表格、行、列或单元格后，在属性栏中进行设置即可。同时，也可以利用填充工具组中的工具对其进行设置。

（1）填充均匀颜色

选中要设置填充效果的表格、行、列或单元格，在属性栏中可以看到表格的默认填充颜色是“无”，如图6-144所示。单击“填充”下拉按钮，在弹出的下拉列表中选择一种预置的颜色，选中的表格对象就会被填充选择的颜色，如图6-145所示。也可以单击列表中的“其他”按钮，或单击属性栏中的“编辑填充”按钮，打开“均匀填充”对话框进行自定义设置。

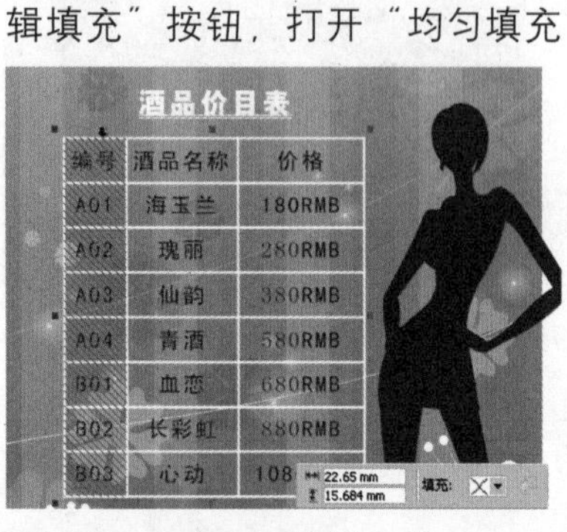

图6-144　选中最左侧的一列

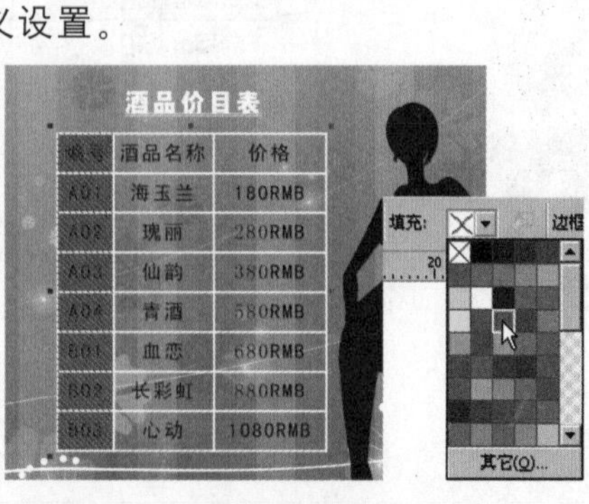

图6-145　设置该列的填充颜色

（2）填充渐变色

如果要在表格中填充渐变色，可以选中表格、行、列或单元格，如图6-146所示。选择工具栏中的“渐变填充”工具，打开“渐变填充”对话框进行设置，然后，单击“确定”按钮，即可将渐变色填充到选中的表格对象中，如图6-147所示。

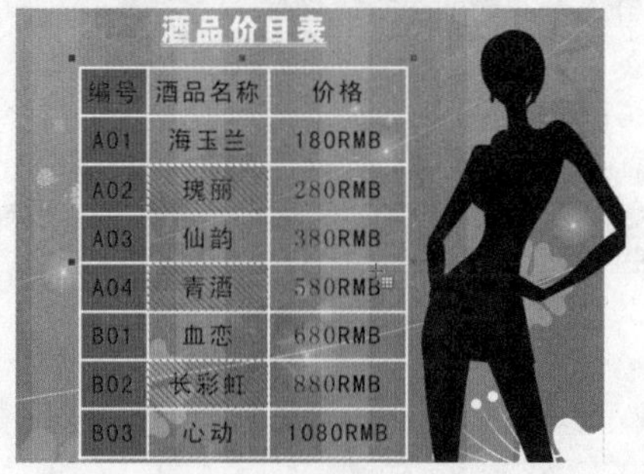

图6-146　选中部分单元格

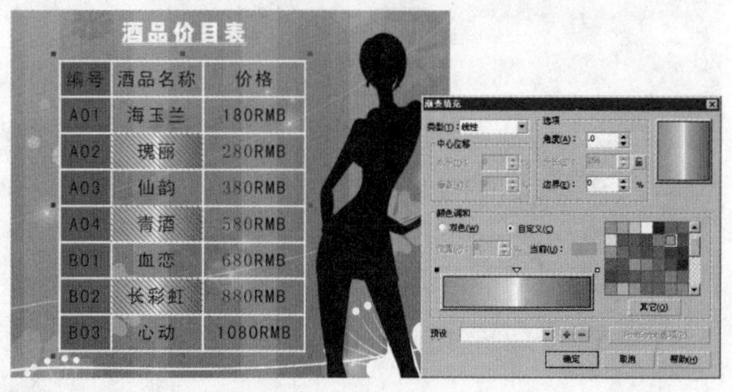

图6-147　填充渐变色

（3）填充图样、底纹和PostScript底纹

如果要在表格中填充图样、底纹和PostScript底纹，可以在选中要设置填充效果的表格、行、列或单元格后，选择工具箱中的对应工具，在打开的对话框中进行设置，即可为表格应用选中的填充图样或底纹效果，如图6-148所示。

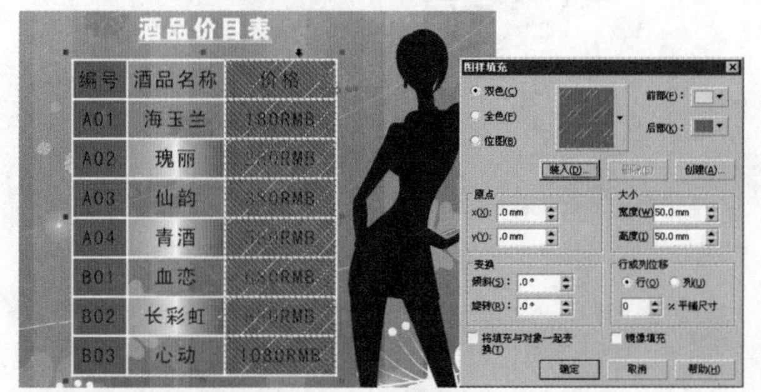

（a）填充双色图样

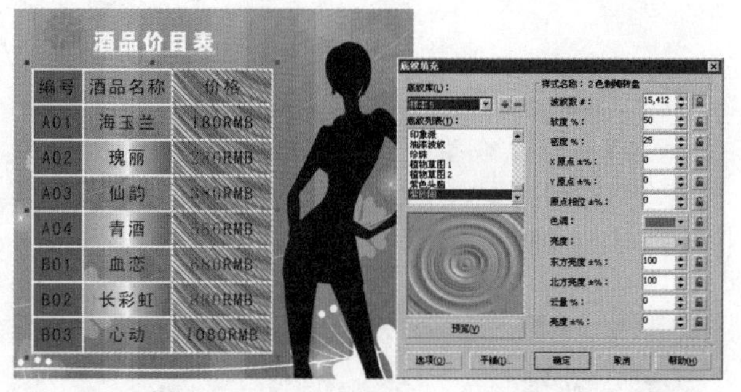

（b）填充底纹

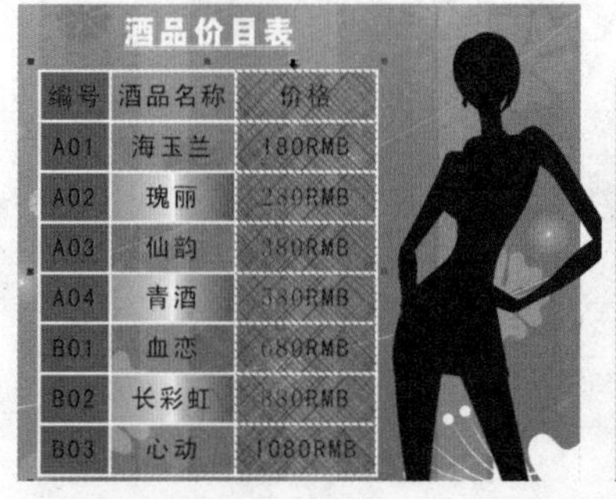

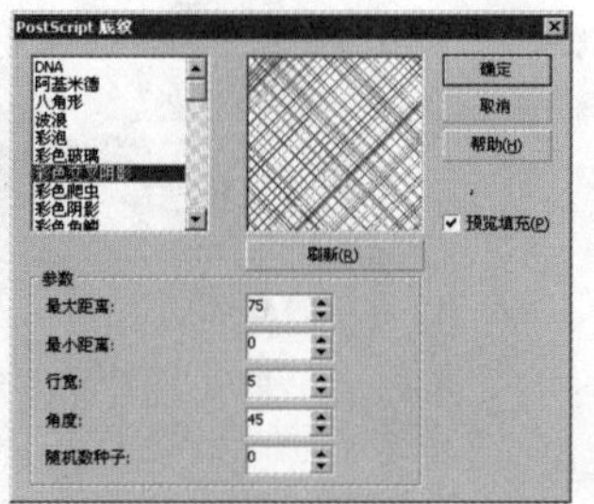

（c）填充PostScript底纹

图6-148　填充图样、底纹和PostScript底纹

3. 设置表格中的文字格式及对齐方式

对于表格中的文字内容，也可以像普通文字那样进行格式对齐方式的设置。用“表格工具”在要输入文字的单元格中单击，显示出光标后，即可输入文字内容。在输入文字之前和之后，都可以对表格中的文字进行字体、大小、字体样式、文字方向等格式进行设置。同时，还可以设置一些与表格相关的特定选项。

（1）表格文字对齐方式设置

选择“表格工具”，单击要设置文字对齐方式的单元格，然后单击属性栏中的“更改文本的垂直对齐”按钮，在弹出的下拉菜单中可以选择一种垂直对齐方式，如图6-149所示。设置完成后，光标所在单元格中的文字会自动对齐，如图6-150所示。

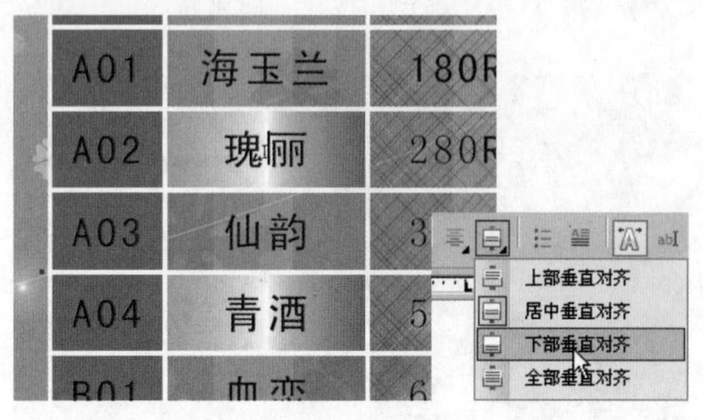

图6-149 设置单元格垂直对齐方式

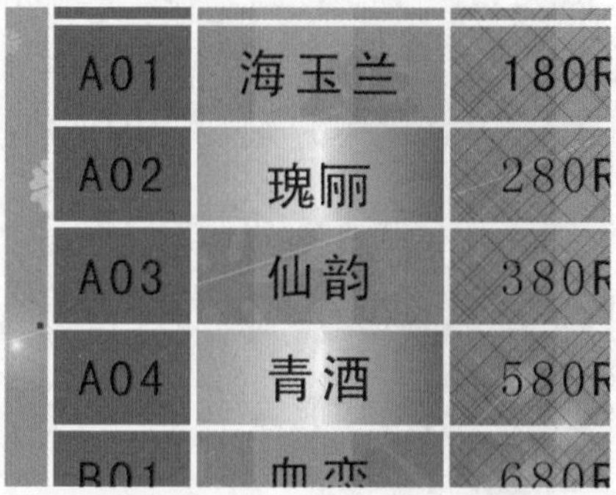

图6-150 文字在单元格中对齐的效果

也可以选中行、列、单元格或表格后，利用“段落格式化”泊坞窗进行设置，与前面的方法得到的效果是相同的，如图6-151所示。

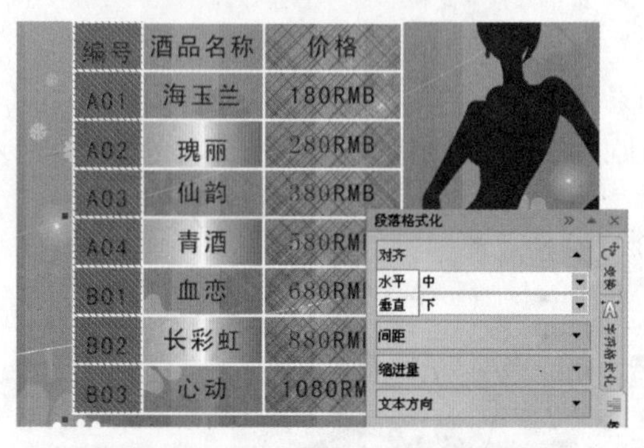

图6-151 选中左侧的一列单元格并设置对齐方式

（2）文字与表格边框的间距设置

选择“表格工具”，单击单元格，然后单击属性栏中的“文本边距”按钮，弹出选项面板，可以设置文字与上、下、左、右4个边框的距离，如图6-152所示。设置完成后，光标所在单元格中的文字会自动根据设置的数值进行位置调整，如图6-153所示。

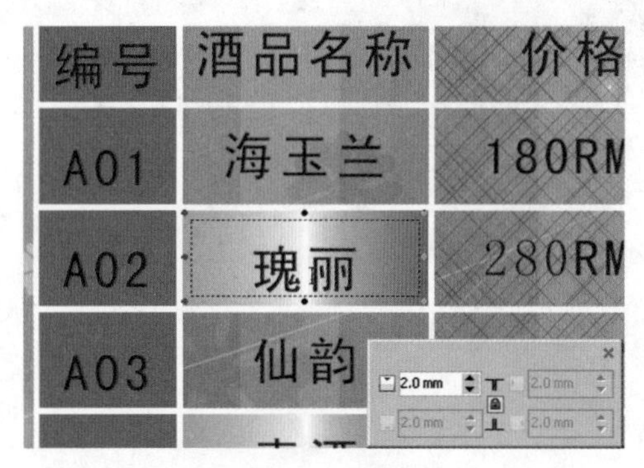

图6-152 设置文本边距为2 mm

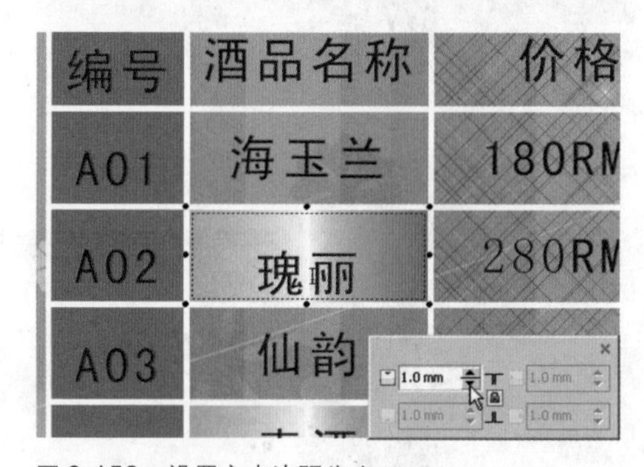

图6-153 设置文本边距为1 mm

6-5-4 表格与文本的相互转换

表格与文本之间可以相互转换，这样可以根据需要将表格转换为普通文本，又可以利用已有的文本内容轻松快捷地制作出简单的表格效果。

1. 将表格转换为文字

选中表格对象，执行“表格”/“将表格转换为文本”命令，打开“将表格转换为文本”对话框，如图6-154所示。在该对话框中可以选择一种表格分隔符，单击“确定”按钮，即可将表格转换为文本，如图6-155所示。

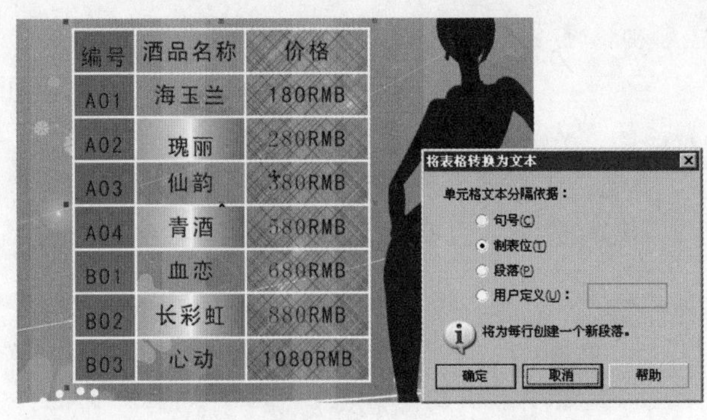

图6-154　打开“将表格转换为文本”对话框

图6-155　将表格转换为段落文本

2. 将文字转换为表格

选中段落文本框，执行“表格”/“将文本转换为表格”命令，打开“将文本转换为表格”对话框，如图6-156所示。选择一种表格分隔符后，单击“确定”按钮，即可将文本转换为表格，如图6-157所示。该对话框中的选项与“将表格转换为文本”对话框基本相同，当然功能也相同。

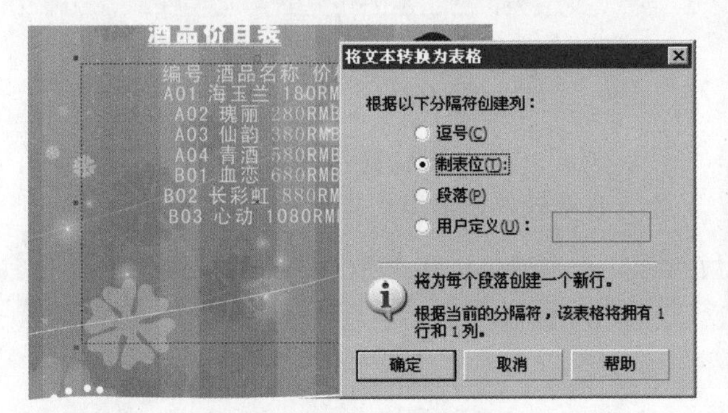

图6-156　打开“将文本转换为表格”对话框

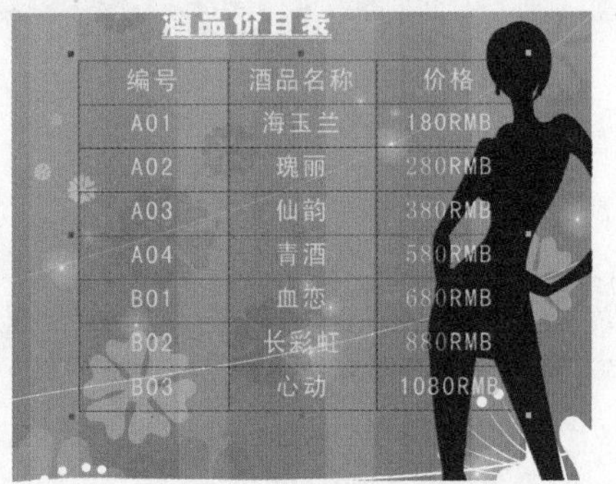

图6-157　将段落文本转换为表格

这里需要注意的是，表格与文本之间的转换并不是完全可逆的，将一个表格转换为文本后，再将其转换为表格，表格的效果是按默认设置进行处理的，所以两者可能会有很大的差别。

6-6　周年庆海报

本例主要利用“文本工具”创建美术字，再将美术字转换曲线，配合“形状工具”和“结合”命令对文字进行形状编辑和颜色填充，同时利用“矩形工具”、“钢笔工具”等制作画面的背景和装饰图形，并添加适当的彩带和星形素材，以及阴影、透明度等效果。

01 执行菜单“文件”/“新建”命令，新建默认大小的文档。单击属性栏中的“横向”按钮，将页面的方向设置为横向。选择“矩形工具”，在画面中绘制一个矩形，并填充渐变色，效果如图6-158所示。

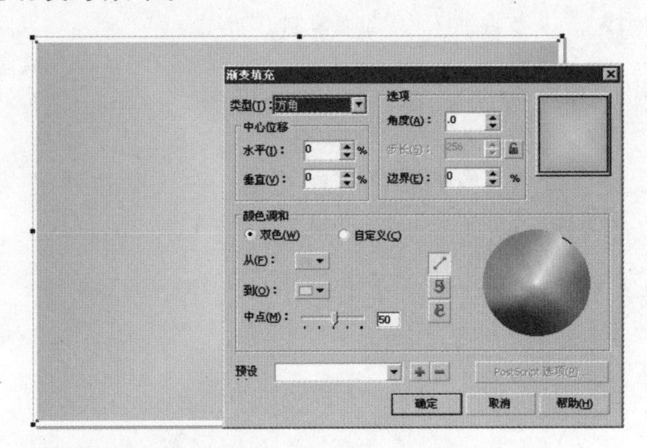

图6-158　绘制矩形并填充渐变色

02 制作背景装饰条纹图形。选择“钢笔工具”，按住【Shift】键，在画面中从上向下单击绘制一条直线，并设置直线的轮廓颜色和宽度，如图6-159所示。

03 选中直线，按住【Ctrl】键将其旋转45°，并调整位置，效果如图6-160所示。

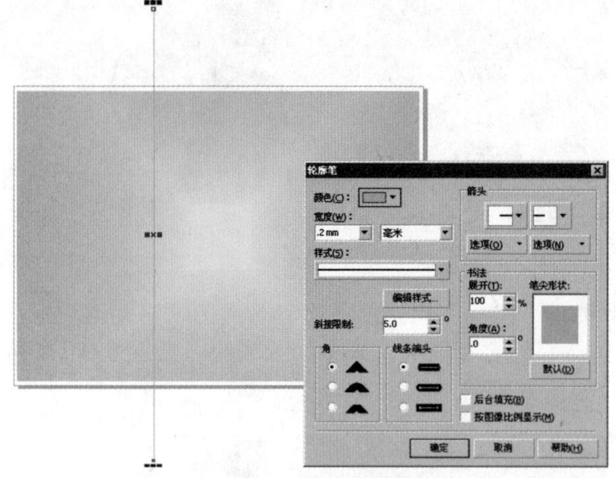

图6-159 绘制一条直线并设置轮廓颜色

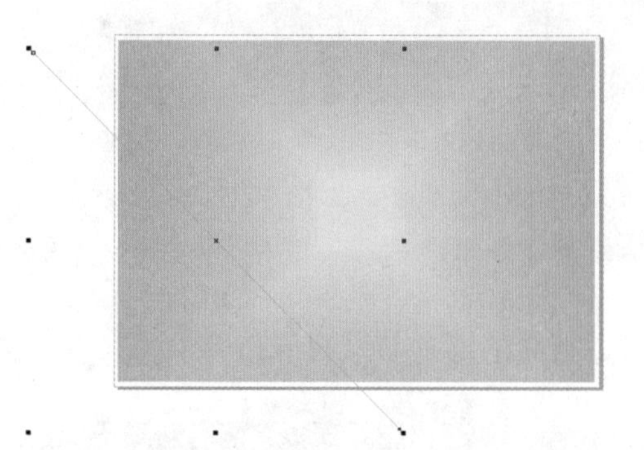

图6-160 将直线旋转45°

04 选中直线，执行菜单“编辑”/“步长和重复”命令，打开“步长和重复”泊坞窗，设置“份数”和水平偏移量，单击“应用”按钮，得到一组线条，并将所有的线条都选中，如图6-161所示。

05 执行菜单“排列”/“结合”命令，将这些直线结合成一个整体。然后选择“交互式透明工具”，在“预设”下拉列表框中选择“射线”选项，并分别调整两个控制点的“透明度中心点”数值，效果如图6-162所示。

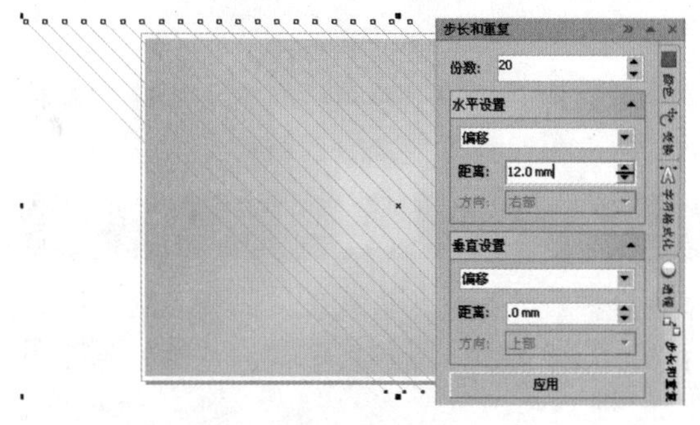

图6-161 对直线进行水平重复复制

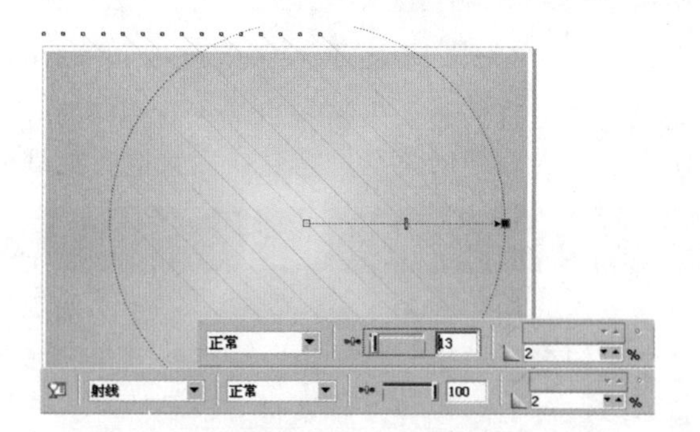

图6-162 将直线结合成一个整体并添加透明度效果

06 制作文字效果。选择“文本工具”，在画面的左上方输入字符“1”，执行菜单“文本”/“字符格式化”命令，打开“字符格式化”泊坞窗，调整文字的字体并设置大小，效果如图6-163所示。

图6-163 输入文字内容

07 选中文本对象，单击鼠标右键，在弹出的快捷菜单中选择“转换为曲线”命令，然后选择“形状工具”，对文字图形的形状进行调整，如图6-164所示。

08 将多余的节点删除，调整好的文字效果如图6-165所示。

图6-164　将文字转换为曲线

图6-165　调整文字图形的形状

09 选中调整好后的文字图形，按住鼠标右键向右拖动，复制一个图形，效果如图6-166所示。

10 将两个文字图形选中，执行菜单“排列”/“结合”命令，将图形结合成一个整体，然后选择工具箱中的“轮廓笔”工具，打开“轮廓笔”对话框，对轮廓的颜色和样式进行设置，效果如图6-167所示。

图6-166　复制调整好的文字图形

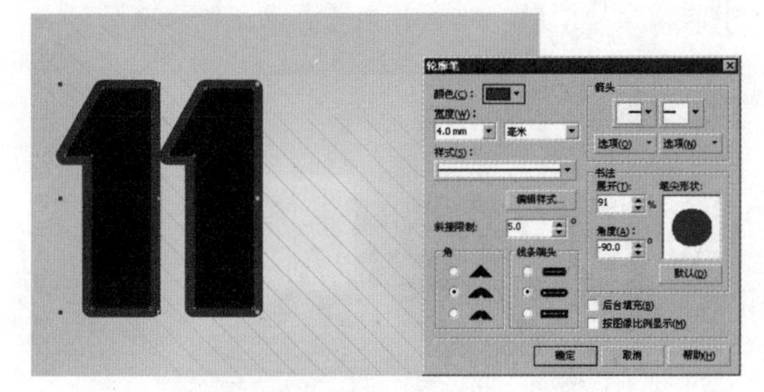

图6-167　将图形结合在一起并设置轮廓样式和颜色

11 选择工具箱中的“渐变填充”工具，打开“渐变填充”对话框，设置渐变颜色，效果如图6-168所示。

12 选择“文本工具”，在渐变文字的右侧单击输入文字内容，然后在“字符格式化”泊坞窗中调整文字的字体和大小，效果如图6-169所示。

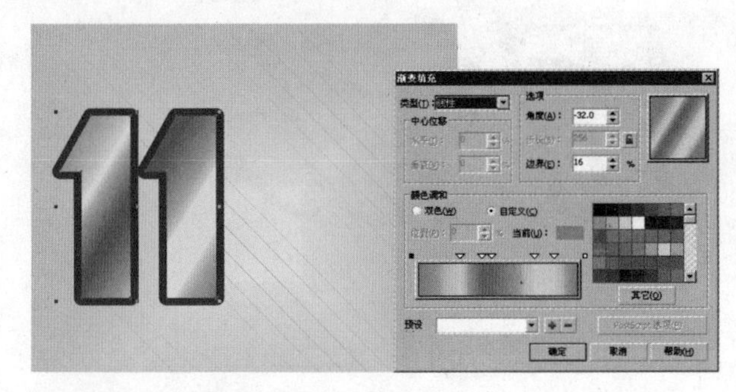

图6-168　为文字图形填充渐变色

图6-169　输入文字内容

13 选择“形状工具”，向右左侧拖动 控制柄减小文字的间距，效果如图 6-170 所示。

14 选择文本对象，打开“变换”泊坞窗，单击“倾斜”按钮，设置水平倾斜值，单击“应用”按钮，将文字倾斜，效果如图 6-171 所示。

图 6-170　减小文字的间距

图 6-171　将文本对象倾斜一定的角度

15 选中文本对象，单击鼠标右键，在弹出的快捷菜单中选择“转换为曲线”命令，再次单击鼠标右键，在弹出的快捷菜单中选择“打散曲线”命令，将文字图形打散，效果如图 6-172 所示。

16 选中文字图形，按【Ctrl+Page Down】组合键，将其向下调整一层，再选中“周”字和“年”字中间镂空的图形，为了看得更清楚，将其填充白色，如图 6-173 所示。

图 6-172　将文字转换为曲线并拆分曲线

图 6-173　将文字中间镂空的图形填充为白色

17 选中“周”字下部的“口”字图形，执行菜单“排列”/“造形”/“移除前面对象”命令，得到镂空的“口”字图形，效果如图 6-174 所示。

18 用同样的方法，将“年”字图形的镂空部分也制作出来，效果如图 6-175 所示。

图 6-174　制作文字的镂空效果

图 6-175　制作另外一个文字镂空效果

19 选择“形状工具”，调整“周”字的外形，添加卷边效果，效果如图6-176所示。

20 用同样的方法，用“形状工具”调整“年”字的外形，添加卷边效果，效果如图6-177所示。

图6-176　调整“周”字的图形形状

图6-177　调整“年”字的图形形状

21 用同样的方法，调整“庆”字的外形，添加卷边效果，效果如图6-178所示。

22 将编辑好的文字图形全部选中，执行菜单“排列”/“造形”/“焊接”命令，将文字图形结合成一个整体，效果如图6-179所示。

图6-178　调整“庆”字的图形形状

图6-179　将调整好的文字图形焊接在一起

23 选中文字图形，选择工具箱中的“均匀填充”工具，打开“均匀填充”对话框，设置文字的填充颜色为红色，效果如图6-180所示。

24 选中文字图形，按【Ctrl+C】组合键进行复制，按【Ctrl+V】组合键原位粘贴图形。设置轮廓颜色为白色，然后选择工具箱中的“轮廓笔”工具，打开“轮廓笔”对话框，设置轮廓宽度和样式，效果如图6-181所示。

图6-180　设置文字的填充颜色为红色

图6-181　复制文字图形并设置轮廓颜色和宽度

25 按【Ctrl+Page Down】组合键，将白色轮廓文字向下调整一层。用同样的方法再复制一个文字图形，用“滴管工具”吸取左侧文字的轮廓颜色，再打开“轮廓笔”对话框，设置轮廓的宽度和样式，并调整到下层，效果如图6-182所示。

26 添加其他文字内容。选择“文本工具”，在文字上方输入年份文字内容，然后打开“字符格式化”泊坞窗，调整文字的字体和大小，效果如图6-183所示

图6-182 制作另外一个文字轮廓效果

图6-183 输入年份文字内容

27 选中文字对象，选择工具箱中的“渐变填充”工具，打开“渐变填充”对话框，设置渐变颜色，效果如图6-184所示。

28 选择“文本工具”，在文字下方输入新的文字内容，然后打开“字符格式化”泊坞窗，调整文字的字体和大小，效果如图6-185所示。

图6-184 为文字填充渐变色

图6-185 输入文字内容

29 用“滴管工具”吸取画上方文字的填充颜色，将其填充为相同的红色。选中文字图形，按【Ctrl+C】组合键进行复制，再按【Ctrl+V】组合键原位粘贴图形。打开“轮廓笔”对话框，设置轮廓宽度和样式，并设置轮廓颜色为白色，然后将白色轮廓文字向下调整一层，效果如图6-186所示。

30 选择“文本工具”，在文字的下方输入一行英文文字内容，然后打开“字符格式化”泊坞窗，调整文字的字体和大小，效果如图6-187所示。

图6-186 为文字添加白色轮廓效果

图6-187 输入英文文字内容

31 选择“形状工具”，向右左侧拖动 控制柄减小文字的间距，效果如图6-188所示。

32 选中文字图形，用“滴管工具”吸取画上方文字的填充颜色，将其填充为相同的红色。选中文字图形，按【Ctrl+C】组合键进行复制，再按【Ctrl+V】组合键原位粘贴图形。打开“轮廓笔”对话框，设置轮廓宽度和样式，并设置轮廓颜色为白色，然后将白色轮廓文字向下调整一层，效果如图6-189所示。

图6-188　为文字添加白色轮廓效果

图6-189　为文字添加白色轮廓效果

33 选中渐变文字图形，选择工具箱中的“交互式阴影工具”，在属性栏中选择一种预设样式，并设置相关的选项，效果如图6-190所示。

34 添加装饰图形。打开随书光盘“06\6-6周年庆海报\素材1.cdr”文件，选中其中的彩带图形，按【Ctrl+C】组合键复制，如图6-191所示。

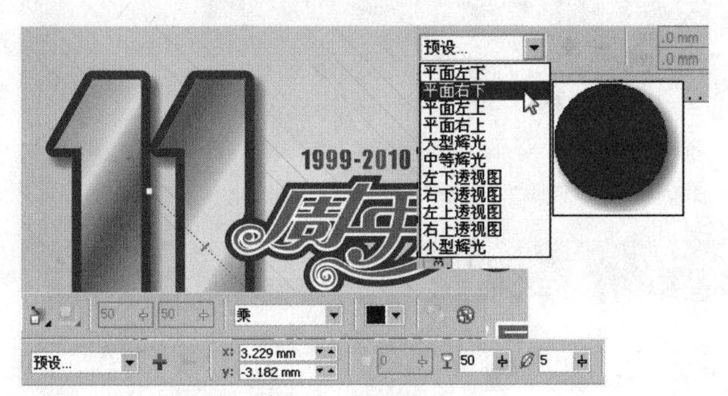

图6-190　为渐变文字添加投影效果

图6-191　“素材1.cdr”文件效果

35 返回当前文档中，按【Ctrl+V】组合键粘图形。适当调整粘贴得到的图形大小，放置在渐变文字图形上，效果如图6-192所示。

36 分别选中左右两部分的彩带图形，按【Ctrl+Page Down】组合键，调整到渐变文字图形的下层，效果如图6-193所示。

图6-192　复制彩带素材图形

图6-193　调整彩带的效果

37 复制一组彩带图形，将其适当缩小并旋转一定的角度，放置在画面右侧文字的右上角，效果如图6-194所示。

38 将“素材1.cdr”文件中的星形图形复制到当前文档中，适当调整大小，放置在渐变文字图形左上角，效果如图6-195所示。

图6-194　制作另外一个彩带图形效果

图6-195　复制星形图形

39 复制星形图形，并组合成不同的图形，适当调整大小和角度，放置在画面中不同的位置，并调整星形的前后顺序。对画面中不满意的地方进行细节调整。画面的最终效果如图6-196所示。

图6-196　画面最终效果

6-7　饰品宣传海报

本例主要利用已有的素材文件作为底图，利用“文本工具”制作标题文字和段落文本，再利用“表格工具”添加表格对象，制作出海报中的主体文字信息，再结合“字符格式化”、“段落格式化”泊坞窗，为文字设置格式和对齐方式，得到海报的整体效果。

01 打开随书光盘“06\6-7 饰品宣传海报\素材1.cdr”文件，效果如图6-197所示。 接下来将利用该文件中的图形作为整体海报的背景图形，在背景上添加文字和表格等信息。

02 制作标题文字。选择“文本工具”，在画面上方输入文字内容，如图6-198所示。

图6-197　“素材1.cdr”文件效果

图6-198　输入文字内容

03 打开“字符格式化”泊坞窗，调整文字的字体和大小，并设置文字的填充颜色为白色，效果如图6-199所示

04 选择“形状工具”，选中文字右侧的标记，向右左侧拖动以减小文字的间距，效果如图6-200所示。

图6-199　设置文字的填充颜色和格式

图6-200　减小文字的间距

05 选中文字对象，按【Ctrl+C】组合键进行复制，按【Ctrl+V】组合键原位粘贴图形。选择工具箱中的“轮廓笔”工具，在打开的“轮廓笔”对话框中设置轮廓颜色和样式，效果如图6-201所示。

06 按【Ctrl+Page Down】组合键，将添加轮廓效果后的文字调整到下层，效果如图6-202所示。

图6-201　设置轮廓颜色和样式

图6-202　描边文字效果

07 利用同样的方法，再制作一组日期文字对象，效果如图6-203所示。

08 输入活动信息文字。选择“文本工具”，在日期文字下面创建一个段落文本框，如图6-204所示。

图6-203　制作一组日期文字对象

图6-204　创建一个段落文本框

09 在段落文本框中输入活动信息文字内容，如图6-205所示。

10 选中段落文本框，设置文字的填充颜色为白色，然后打开“字符格式化”泊坞窗和“段落格式化”泊坞窗，对文字的字体、大小及对齐方式进行设置，效果如图6-206所示。

图6-205　输入活动信息文字内容

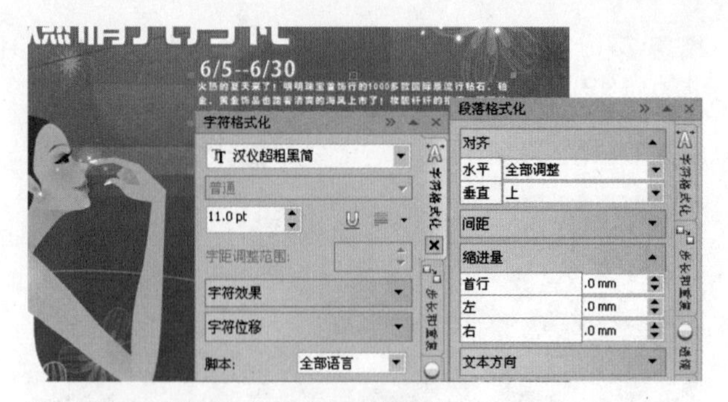

图6-206　设置文字格式和对齐方式

11 选择“文本工具”，在活动信息文字下面，输入小标题文字内容，设置文字的颜色为洋红色，并打开“字符格式化”泊坞窗，对文字的字体、大小进行设置，效果如图6-207所示。

12 选中文本对象，将其复制并原位粘贴。将粘贴得到的文本对象的轮廓颜色设置为白色，并打开“轮廓笔”对话框，对轮廓的样式和宽度进行设置，然后将其调整到下层，得到一组白色描边文字的效果，如图6-208所示。

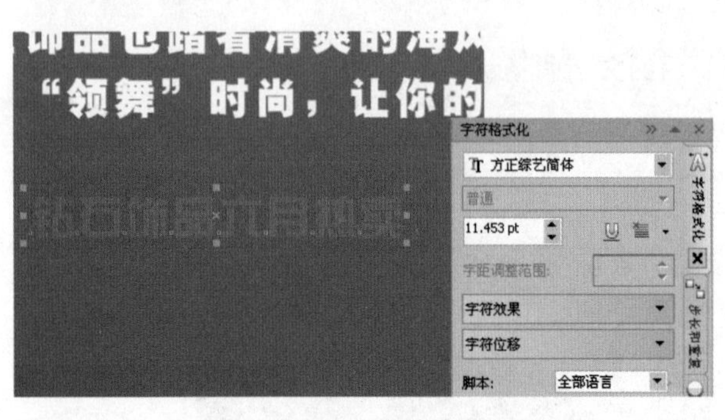

图6-207　输入小标题文字内容并填充为洋红色

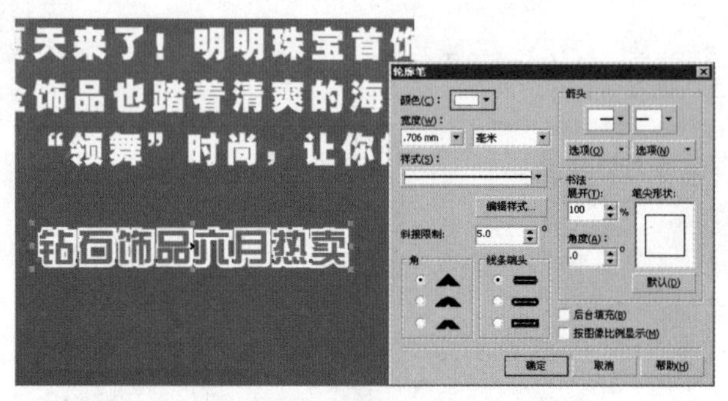

图6-208　制作白色描边文字的效果

13 打开随书光盘“06\6-7饰品宣传海报\素材2.cdr”文件，选中其中的礼物图形，按【Ctrl+C】组合键将其复制，效果如图6-209所示。

14 返回到当前文档，按【Ctrl+V】组合键粘贴图形，然后将图形适当缩小并放置到文字的前面，效果如图6-210所示。

图6-209　“素材2.cdr”文件效果

图6-210　将图形复制到当前文档中并调整大小

15 制作表格效果。选择“表格工具”，在小标题文字的下方拖动画框，创建一个表格对象，然后在属性栏中对表格的行、列数量进行调整，并适当地调整表格的整体大小，效果如图6-211所示。

16 选中表格对象，设置表格的轮廓颜色为白色，然后在属性栏中设置“边框”为“所有框线”，并设置框线的宽度，效果如图6-212所示。

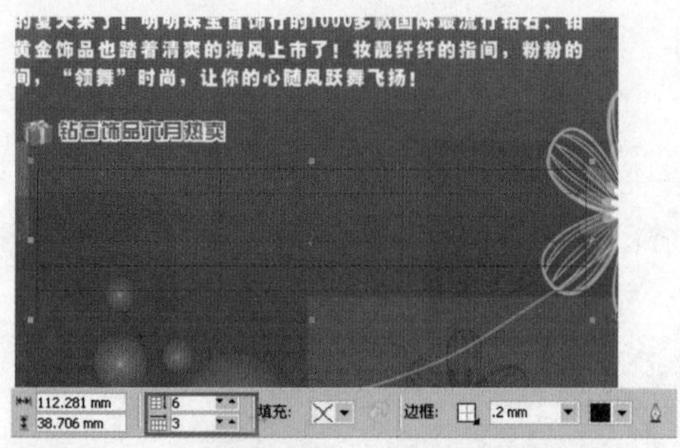

图6-211　创建表格对象

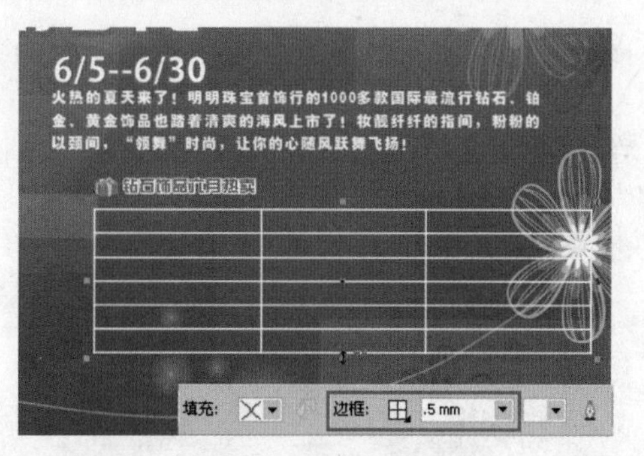

图6-212　设置表格的颜色和宽度

17 选择“表格工具”，在表格左上角的单元格中单击，然后在属性栏中对“文本边距”选项进行设置，再输入文字内容，效果如图6-213所示。

18 在单元格中选中文字内容，然后打开“字符格式化”泊坞窗和“段落格式化”泊坞窗，调整文字的字体、大小及对齐方式，并设置文字的填充颜色为白色，效果如图6-214所示

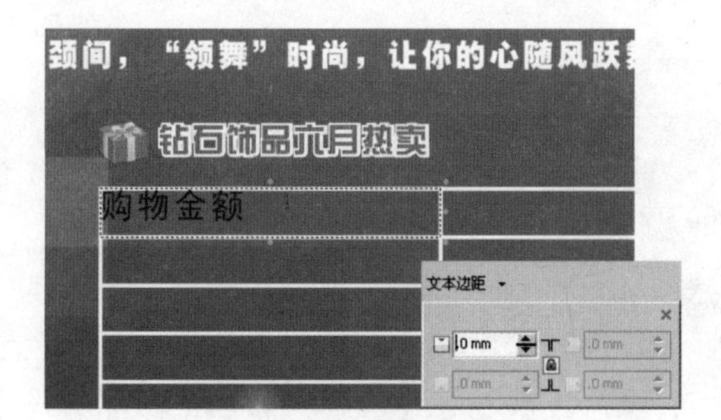

图6-213　在单元格中输入文字内容，

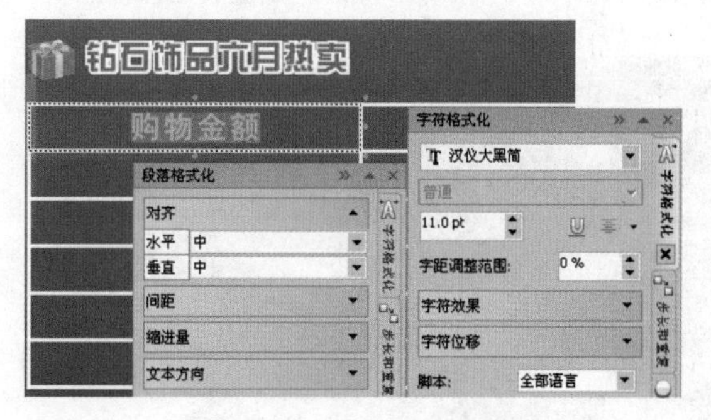

图6-214　设置单元格中文字内容的格式

19 在表格的其他单元格中输入文字内容，并利用前面的方法对其进行设置和调整，效果如图6-215所示。

20 选中之前制作的小标题文字和礼物图形，将其复制一份，放置在表格的左下方。选择“文本工具”，修改文字的内容，效果如图6-216所示。

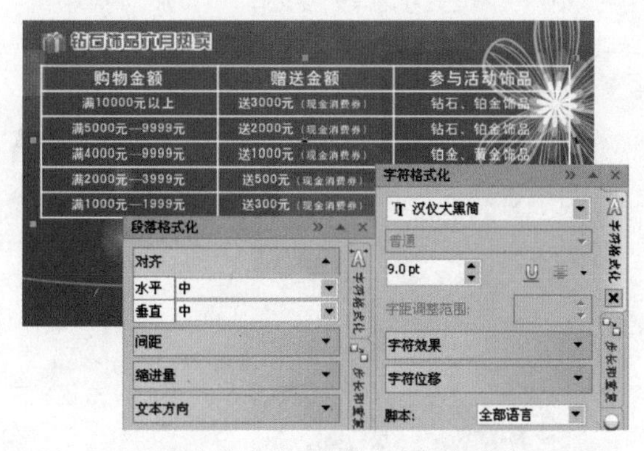

图6-215　在表格中输入其他文字内容并进行设置

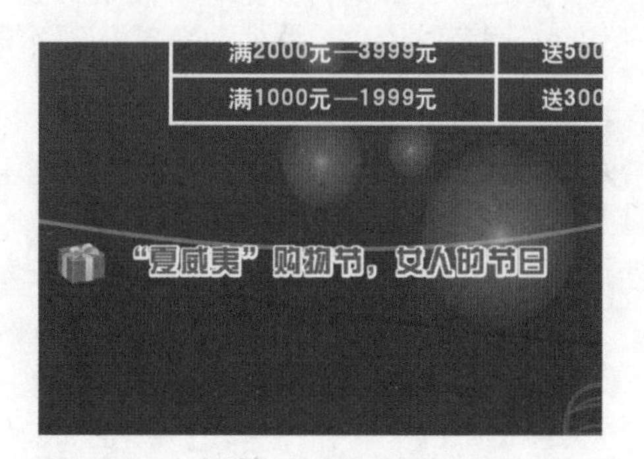

图6-216　制作一个小标题文字内容

21 选择“文本工具”，在小标题文字的下方创建一个段落文本框，然后中输入活动信息内容。设置文字的填充颜色为白色，并对文字的字体、大小和对齐方式进行设置，效果如图6-217所示。

22 用同样的方法，制作画面右侧的小标题文字和活动信息内容，效果如图6-218所示。

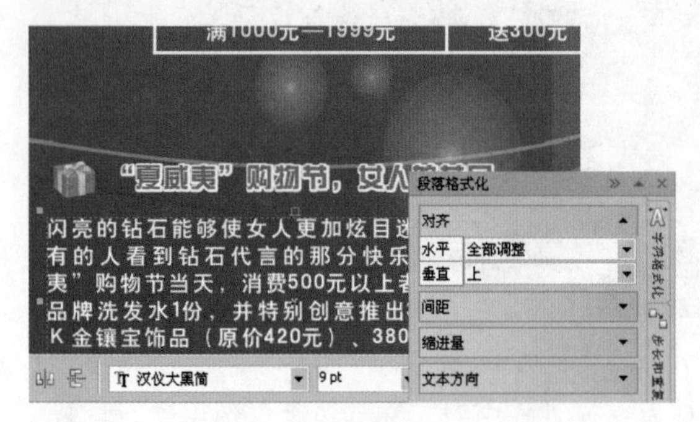

图6-217　创建段落文本并设置格式

图6-218　创建另外一个标题文字和段落文字

23 选择“文本工具”，在表格和段落文字下方输入注释文字内容，设置文字填充颜色为白色，并设置文字的格式，效果如图6-219所示。

24 对画面中不满意的地方进行调整，画面最终效果如图6-220所示。

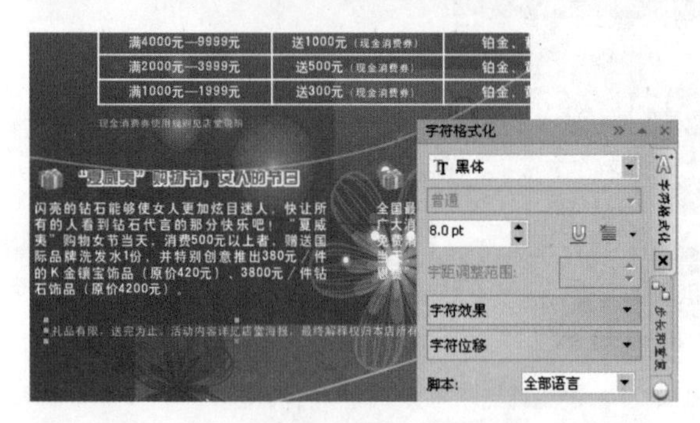

图6-219　输入注释文字内容并进行设置

图6-220　画面最终效果

6-8　活动宣传海报

本例主要利用已有的素材文件作为底图，用“文本工具”制作标题文字和段落文本，添加海报中的主体文字信息，再结合“字符格式化”、“段落格式化”泊坞窗，为文字设置格式和对齐方式，并利用“圆角/扇形切角/倒角”泊坞窗制作斜角等，制作出海报的整体效果。

01 打开随书光盘“06\6-8活动宣传海报\素材1.cdr”文件，效果如图6-221所示。接下来将利用该文件中的图形作为整体海报的背景图形，然后在背景上添加文字和图形等内容。

图6-221　“素材1.cdr”文件效果

02 添加人物图形。打开随书光盘"06\6-8 活动宣传海报\素材2.cdr"文件，选中其中的人物图形，将其复制到"素材1"文件中，适当调整大小，放置在画面的左侧，效果如图6-222所示。

03 制作标题文字。选择"文本工具"，在画面的左上角输入大标题文字内容，设置文字的填充颜色为白色。选择工具箱中的"轮廓笔"工具，在打开的"轮廓笔"对话框中设置轮廓颜色和样式，文字效果如图6-223所示。

图6-222 复制人物图形到当前文档中

图6-223 输入大标题文字并设置轮廓样式和颜色

04 选中大标题文字，按【Ctrl+C】组合键进行复制，再按【Ctrl+V】组合键原位粘贴文字，将粘贴文字的轮廓颜色设置为"无"，得到一组描边文字的效果，如图6-224所示。

05 利用同样的方法，在大标题文字的右下方制作一组副标题描边文字效果，如图6-225所示。

图6-224 复制文字并去掉轮廓颜色

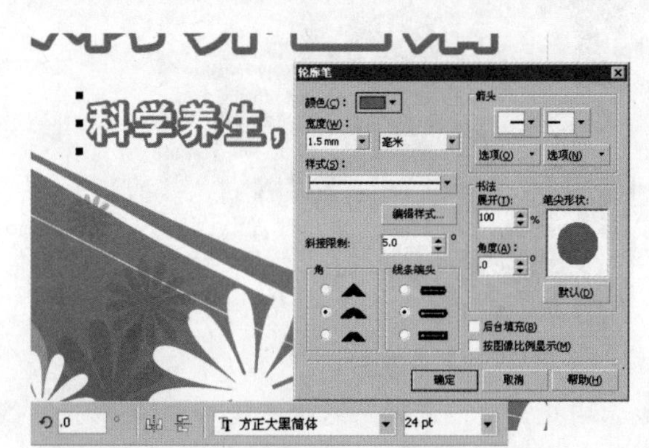

图6-225 制作副标题描边文字效果

06 选择"文本工具"，在人物图形的右侧创建一个段落文本框，并输入文字内容，如图6-226所示。

图6-226 创建段落文本框并输入文字内容

07 选中段落文本框，设置文字的填充颜色为白色，然后在属性栏中设置文字的字体、大小，并打开"段落格式化"泊坞窗设置文字对齐方式，效果如图6-227所示。

08 选择"矩形工具"，在段落文字的下方绘制一个矩形，设置填充颜色为"无"，设置轮廓颜色为白色，并设置轮廓宽度为1 mm，效果如图6-228所示。

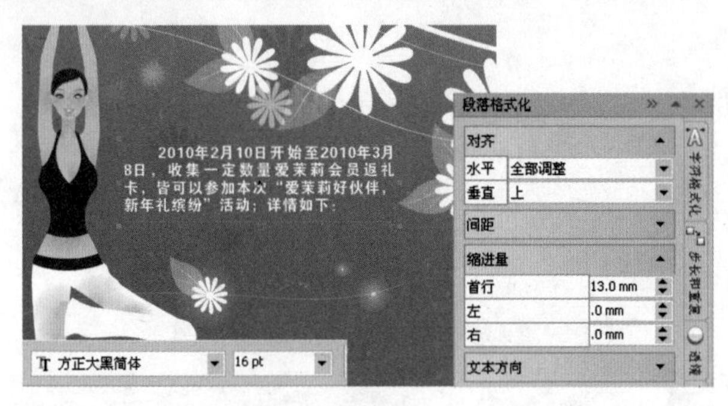

图6-227 设置段落文本的格式

图6-228 绘制矩形框并设置轮廓颜色和宽度

09 选中矩形框，单击鼠标右键，在弹出的快捷菜单中选择"转换为曲线"命令，将矩形转换为曲线图形。执行菜单"窗口"/"泊坞窗"/"圆角/扇形切角/倒角"命令，打开"圆角/扇形切角/倒角"泊坞窗，设置"操作"和"半径"选项，并单击"应用"按钮，为图形添加扇形切角效果，如图6-229所示。

10 选择"文本工具"，在矩形的上边缘位置输入文字内容，设置文字的填充颜色为白色，并在属性栏中设置文字的格式，效果如图6-230所示。

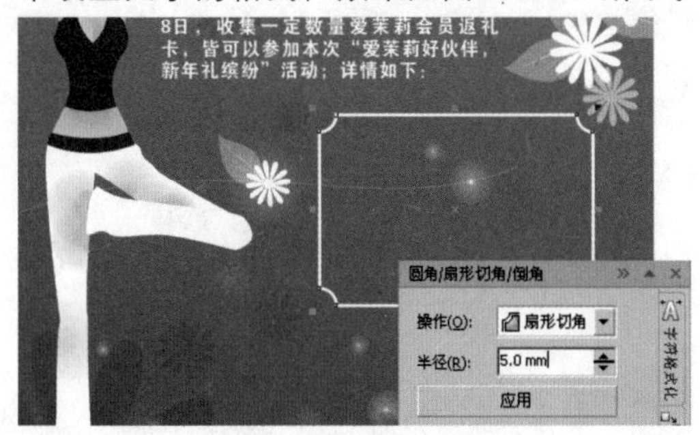

图6-229 为矩形添加扇形切角效果

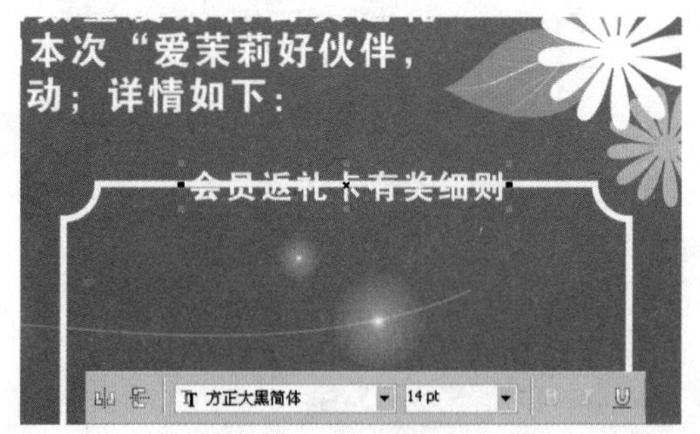

图6-230 在矩形的上边缘输入文字并设置格式

11 选中矩形框，选择"形状工具"，在矩形上边缘左右两侧分别双击，添加节点。将两个节点选中，单击属性栏中的"断开曲线"按钮，将曲线断开，效果如图6-231所示。

12 选中矩形框，单击鼠标右键，在弹出的快捷菜单中选择"打散曲线"命令，将曲线打散，然后选中断开线段图形，将其删除，效果如图6-232所示。

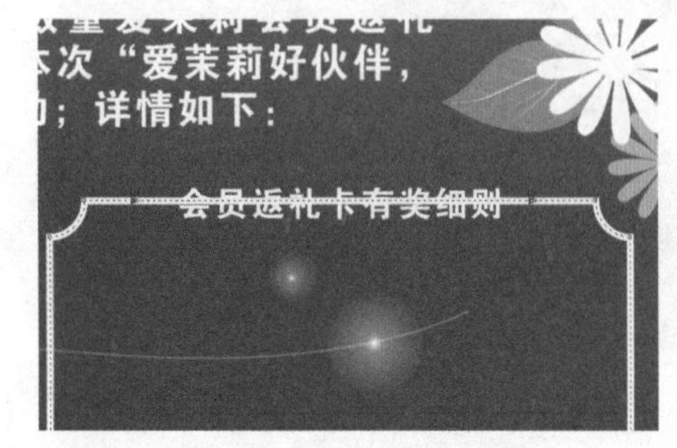

图6-231 添加节点并断开路径

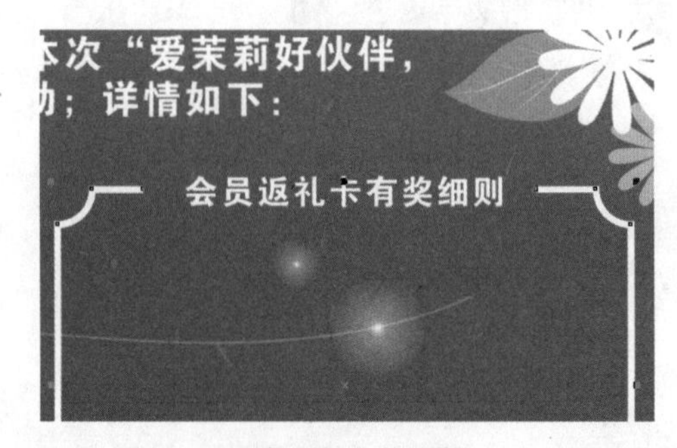

图6-232 删除断开部分的线段

13 选择"文本工具"，在矩形框内创建段落文本框并输入文字内容，文字的每项之间用【Tab】键进行分隔。设置文字的填充颜色为白色，并对文字的格式进行设置，效果如图6-233所示。

14 选中段落文本框，执行菜单"文本"/"制表位"命令，打开"制表位设置"对话框，在对话框中设置"制表位位置"选项并添加制表位，效果如图6-234所示。

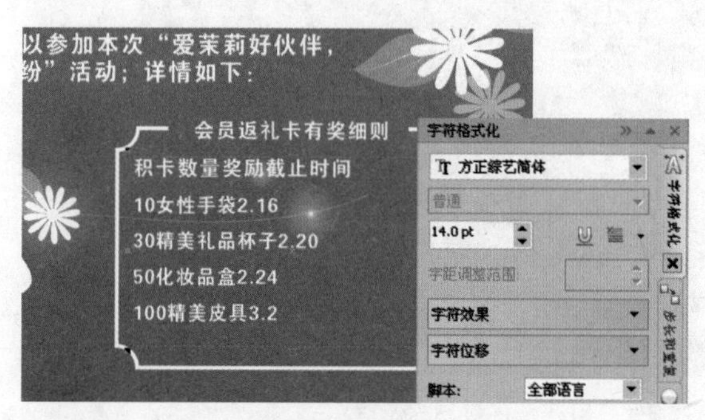

图6-233 创建段落文本并输入文字内容

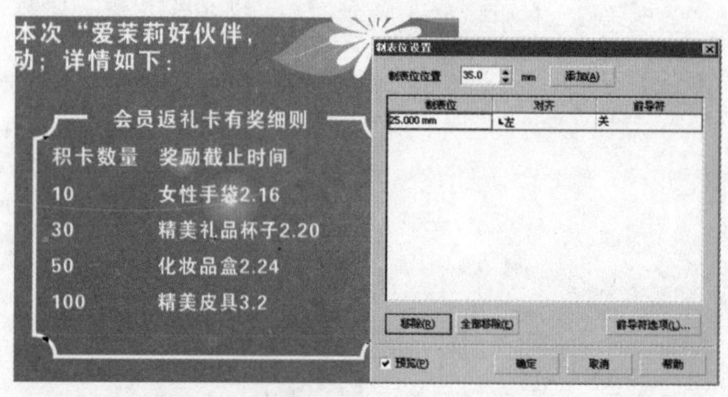

图6-234 添加一个制表位

15 在"制表位"对话框中再次设置"制表位位置"选项并添加制表位，效果如图6-235所示。

16 复制制作好的文字和边框，将其放置在画面的最底部，再修改段落文本框中的文字内容，同样，文字的每项之间用【Tab】键进行分隔，效果如图6-236所示。

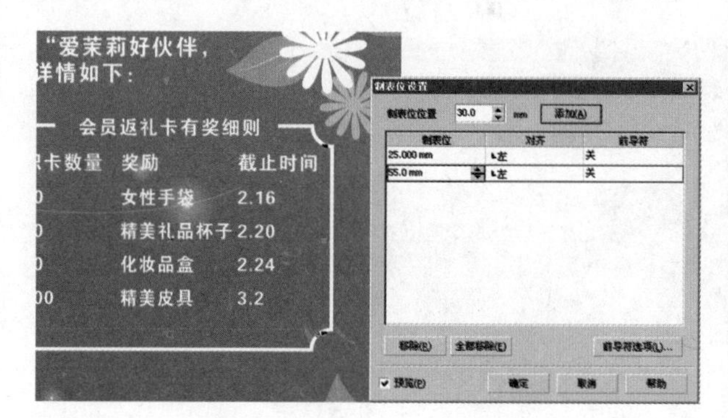

图6-235 再添加一个制表位

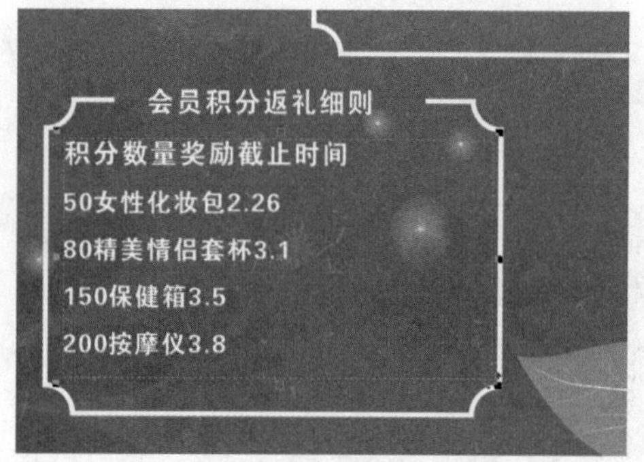

图6-236 制作另外一组文字内容

17 选中段落文本框，执行菜单"文本"/"制表位"命令，打开"制表位设置"对话框，在该对话框中设置"制表位位置"选项，添加制表位，并打开"前导符"。然后单击"前导符选项"按钮，打开"前导符设置"对话框进行设置，为段落文字添加前导符，效果如图6-237所示。

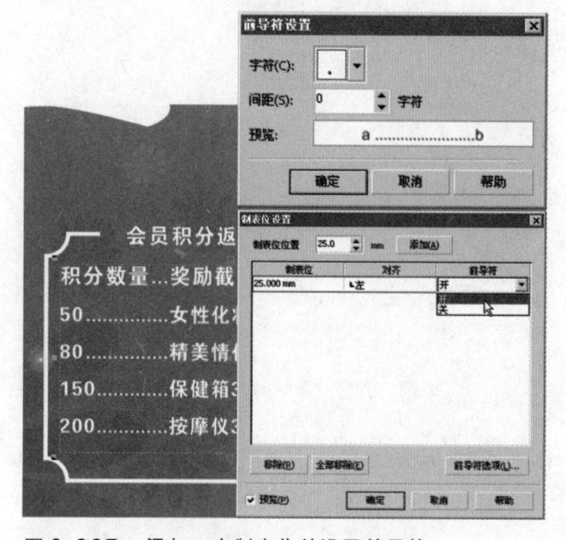

图6-237 添加一个制表位并设置前导符

18 在“制表位”对话框中再次设置“制表位位置”选项，并添加制表位，效果如图 6-238 所示。

19 由于“积分数量”和“奖励”文字项之间不需要加前导符，所在用“文字工具”将该部分的【Tab】键制表符删除，用空格代替，效果如图 6-239 所示。

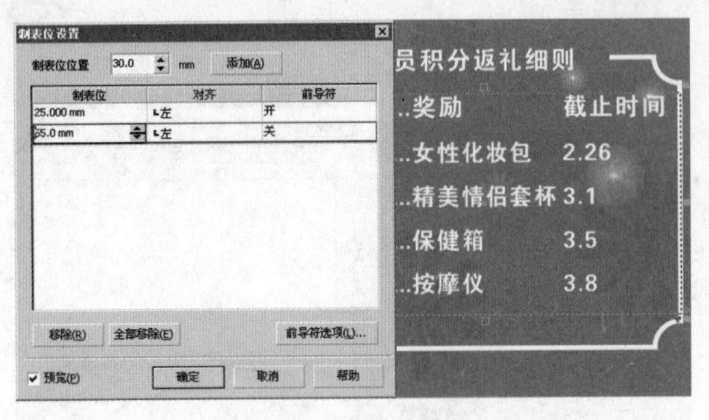

图 6-238　添加一个制表位

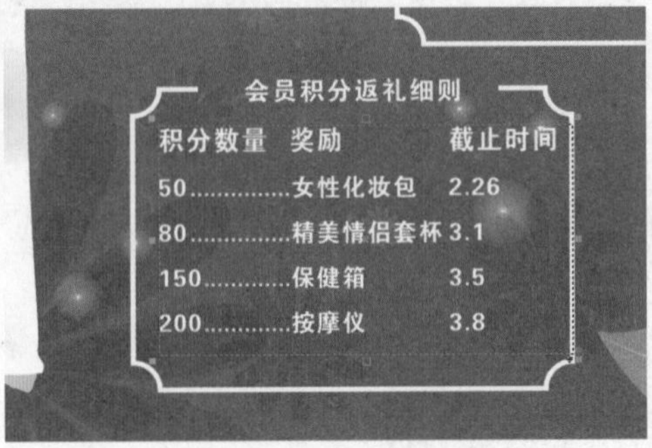

图 6-239　用空格代替制表符的位置

20 选择“文本工具”，在画面底部输入注释文字内容，并进行格式设置，效果如图 6-240 所示。

21 对画面中效果不满意的地方进行调整，画面的最终效果如图 6-241 所示。

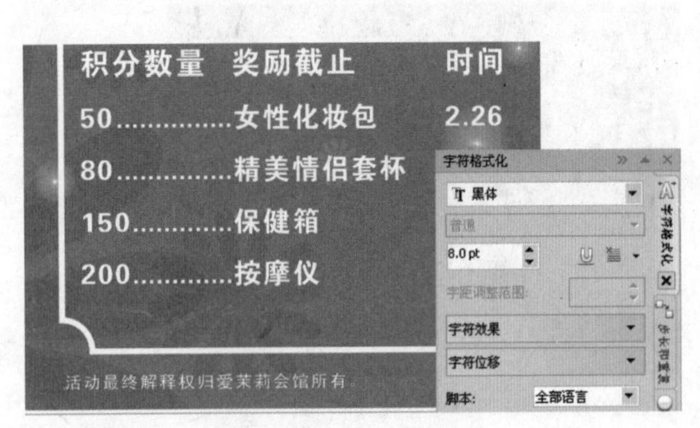

图 6-240　在画面底部输入注释文字内容

图 6-241　画面最终效果

07

CoreIDRAW X4 从入门到精通 Chapter

交互式调和工具的使用

充分利用CorelDRAW X4提供的各种工具，可以为对象创建丰富的效果。用户可以使用交互式调和、交互式轮廓图、交互式变形、交互式封套、交互式阴影及交互式透明等工具，制作出更精美生动的作品。

7-1 交互式调和工具

“交互式调和工具”的功能就是在创建的两个对象之间产生过渡效果，包括3种基本形式：直线调和、路径调和和复合调和。

7-1-1 直线调和

直线调和是最基本的调和，也就是两个物体之间的过渡，具体操作步骤如下：

01 使用工具箱中的基本绘图工具，在页面中绘制出两个茶杯图形，并为其填充不同的颜色，如图7-1所示。

02 选择工具栏箱中的“交互式调和工具”，选中其中一个对象，按住鼠标左键拖向另一个对象，释放鼠标后即可得到调和效果，如图7-2所示。

图7-1 绘制茶杯

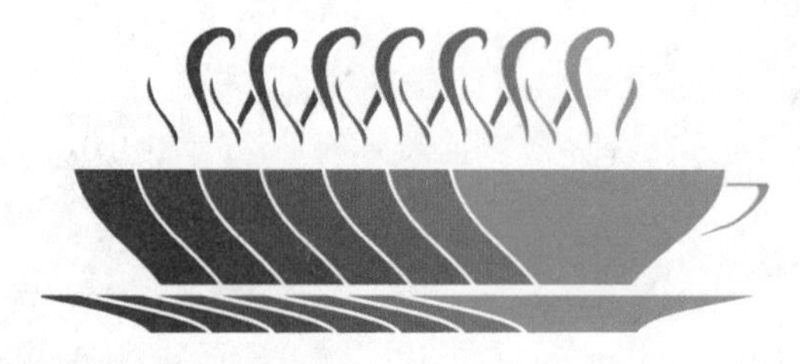

图7-2 直线调和效果

7-1-2 编辑调和对象

编辑调和是将多种对象调和成不同的效果，包括调和旋转角度、增删调和中的过渡对象、改变过渡对象的颜色和改变调和对象的形状等一些调和方式。

1. 调整调和旋转角度

在属性栏中的“调和方向”数值框 中输入相应的角度数值，对象会在调和的过程中按一定的方向进行旋转，如图7-3所示。

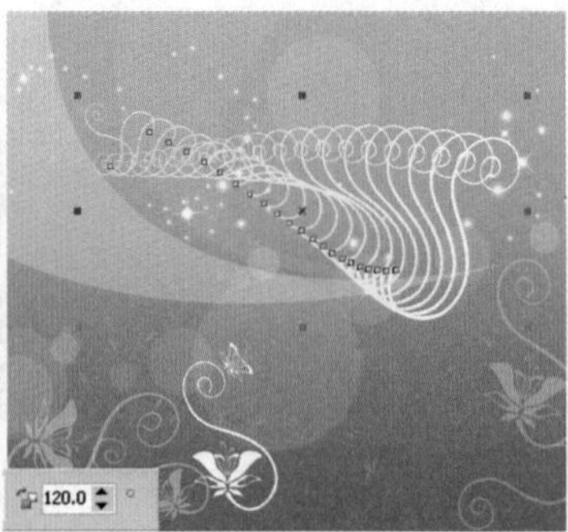

图7-3 设置不同角度的调和效果

2. 增删调和中的过渡对象

“步长或调和形状之间的偏移量”选项可用于增加或减少调和之间的对象数值，使用“交互式调和工具”进行调和后，除了原始的两个对象外，中间产生20步和5步的效果如图7-4所示。

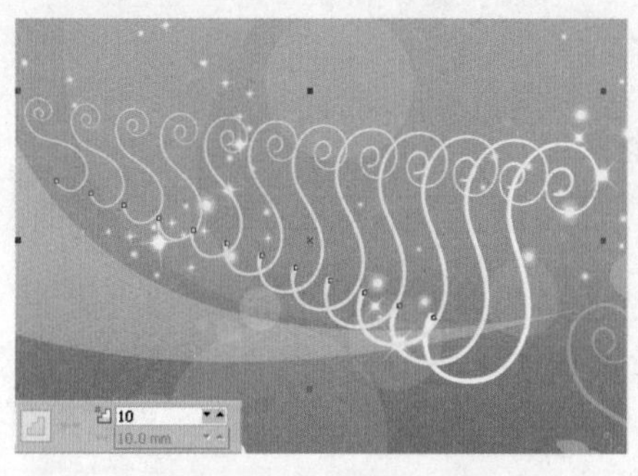

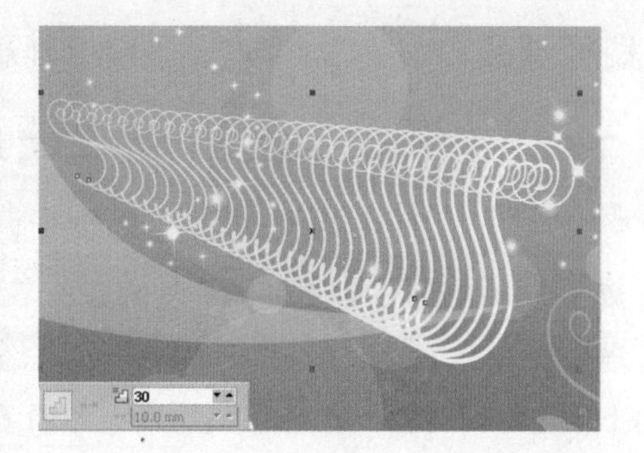

图 7-4　调整过渡对象数量的调和效果

3. 改变过渡对象的颜色

调和中间的过渡对象的颜色取决于两个原始对象的填充颜色。如果要改变中间调和的颜色，可以在属性栏中单击相应的调和按钮来进行调和，如图 7-5 所示。

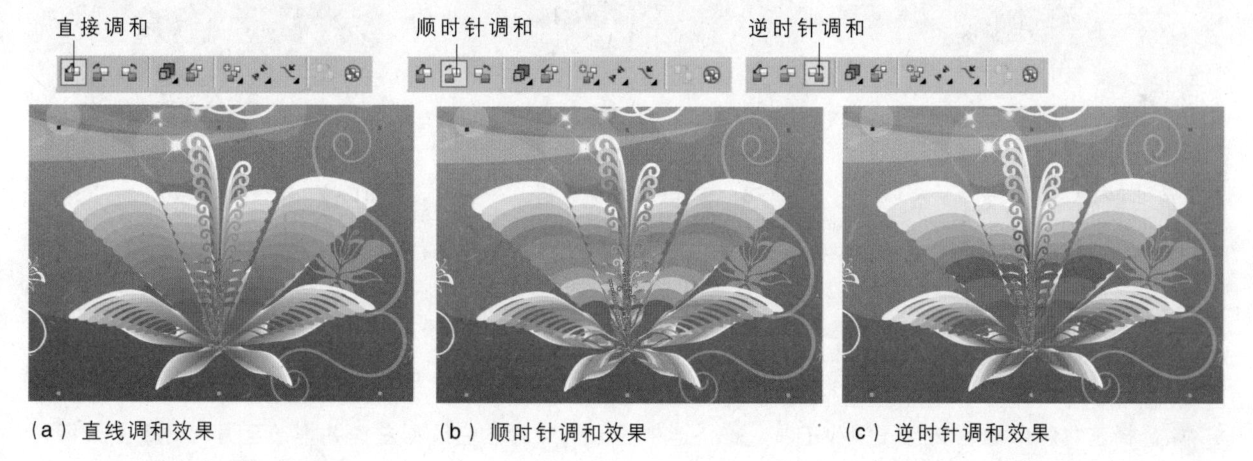

（a）直线调和效果　（b）顺时针调和效果　（c）逆时针调和效果

图 7-5　各种不同旋转调和效果

4. 改变调和对象的形状

调和之间的对象群的过渡呈群组状态，原始对象则为独立的对象，可以改变中间过渡对象的形状，得到的调和效果如图 7-6 所示。

（a）一般直接调和改变调和速度的效果

（b）旋转调和对象的效果

图 7-6　各种不同大小的调和效果

7-1-3 路径调和

路径调和就是在过渡时要先建立一个基本的过渡路径，具体操作步骤如下：

01 在工具箱中选择“手绘工具”，绘制一条曲线，如图7-7所示。

02 选择“交互式调和工具”，选择调和的对象，单击交互式调和属性栏中的“路径属性”按钮，在弹出的下拉菜单中选择“新路径”命令，当光标变成形状时，将光标移动到曲线上，如图7-8所示。

03 在曲线上单击，即可得到路径调和效果，如图7-9所示。

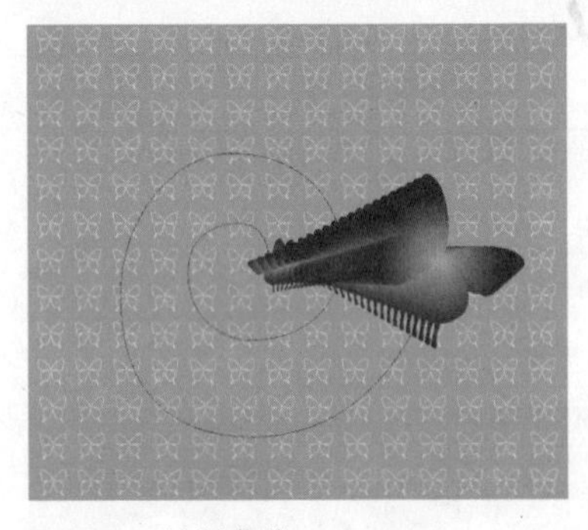

图7-7 绘制曲线

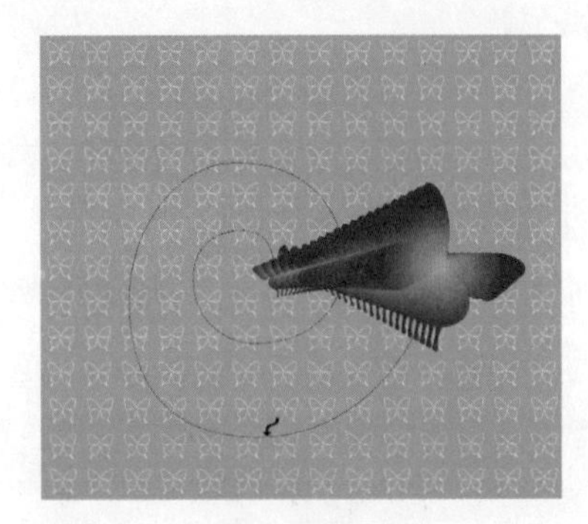

图7-8 光标移动到曲线上

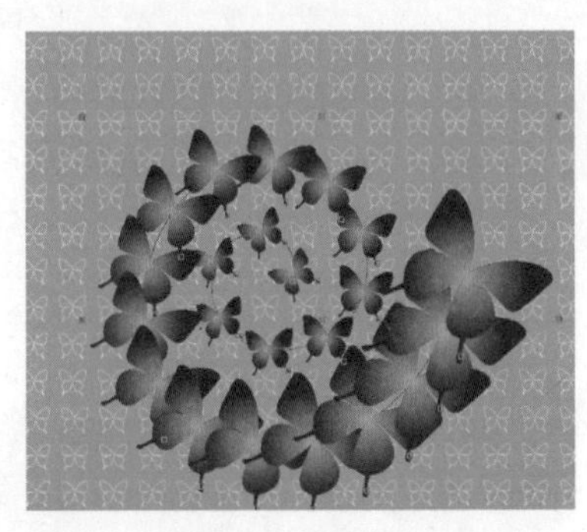

图7-9 路径调和效果

7-1-4 复合调和

复合调和是对两个以上的对象进行直线调和，如要调和3个对象，具体操作步骤如下：

01 在页面上绘制一个方形，并为图形填充不同的颜色，如图7-10所示。

02 选择工具箱中的“交互式调和工具”，选中对象，然后按住鼠标左键并拖动至另一对象上，即可产生调和效果，效果如图7-11所示。

03 在绘图页面空白处单击，然后用鼠标选中对象，按住鼠标左键并拖动至另一对象上，即可产生复合调和效果，如图7-12所示。

图7-10 绘制图形

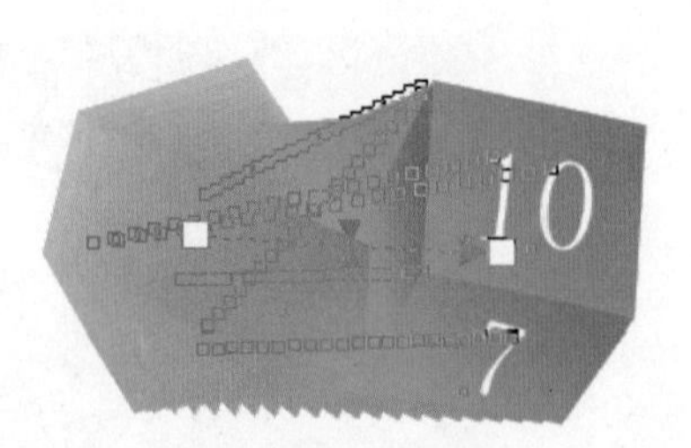

图7-11 调和效果

图7-12 复合调和效果

提示 · 技巧

在属性栏中的“步长或调和形状之间的偏移量”数值框中调整步数，通过设置“调和方向”选项来改变旋转度数，通过按钮选择颜色的渐变方式。

7-2 交互式轮廓图工具

轮廓图的效果与调和相似，主要应用于单个图形的中心轮廓线，形成以图形为中心渐变朦胧的边缘效果，包括“到中心”、“向内”和“向外”3种方向。

7-2-1 选择轮廓图方向

除了拖动轮廓图可设置它的方向外，还可以使用属性栏设置轮廓图的方向，如图7-13所示。选择“到中心”、“向外”或“向内”方式可以相对于对象轮廓的路径方向应用轮廓图。选择“向内”或“向外”方式时，可以在属性栏中设置“轮廓图步长”或“轮廓图偏移”选项来调整交互轮廓图的效果。

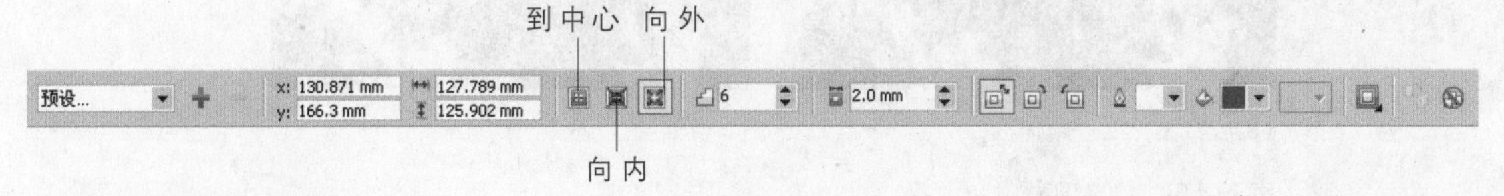

图7-13 轮廓图属性栏

1. 向内

选择“向内”方向，可在对象内部创建轮廓图群组。单击属性栏中的“向内”按钮，并设置“轮廓图步长”值，可以得到轮廓图向内偏移的不同效果，如图7-14所示。

（a）原图

（b）步长为2的向内效果

（c）步长为5的向内效果

图7-14 不同轮廓图向内效果

2. 向外

选择“向外”方向，可在对象四周创建轮廓图。在属性栏中单击“向外”按钮，并设置“轮廓图步长”数值，会得到不同的轮廓图向外效果，如图7-15所示。

（a）原图

（b）步长为3的向外效果

（c）步长为6的向外效果

图7-15 不同轮廓图向外效果

3. 到中心

选择“到中心”方向，可使轮廓图自动填满对象。在属性栏中单击“到中心”按钮，选择对象，图像中会自动生成轮廓图效果，如图7-16所示。

(a) 原图

(b) 自动生成轮廓

图7-16 轮廓图到中心效果

7-2-2 设置轮廓图的颜色

控制原始对象之间的颜色渐变（轮廓图效果颜色）是一个效果成功的关键。在属性栏中单击“填充色”下拉按钮，选择好颜色后在对象中应用轮廓图交互效果。

1. 向内

具体操作步骤如下：

01 使用工具箱中的绘图工具绘制图形并选中填充颜色，选择工具箱中的“交互式轮廓图工具”。

02 在其属性栏中单击“向内”按钮，设置向内渐变，设置步长为19，数值越大层越多；轮廓图偏移为0.5mm，数值越大效果越明显。其他设置如图7-17所示，效果如图7-18所示。

向内

图7-17 属性栏

(a) 原图

(b) 设置参数

(c) 更换参数

图7-18 “向内”效果

2. 到中心

以上例图形为例，在属性栏中单击“到中心”按钮，设置“到中心”渐变，属性栏参数设置及效果如图 7-19 所示。

（a）原图

（b）自动生成轮廓

图 7-19 “到中心”效果

3. 向外

仍是以上例图形为例，在属性栏中单击“向外”按钮，设置“向外”渐变，属性栏设置及效果如图 7-20 所示。

（1）原图

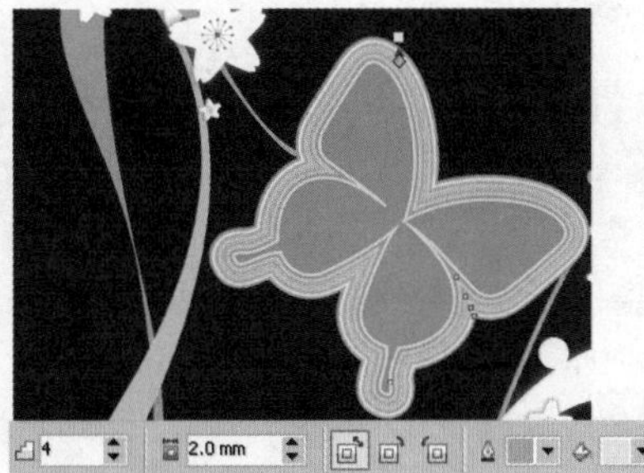

（b）步长为 4 的向外效果

（c）步长为 9 的向外效果

图 7-20 “向外”效果

7-3 交互式变形工具

“交互式变形工具”包括推拉变形、拉链变形和扭曲变形 3 种模式。它们可以快速改变对象的外观，使简单的对象变得复杂，以产生更加丰富的效果。这 3 种模式适用于图形、直线、曲线、文本和文本框等对象。

7-3-1 推拉变形

该模式通过推和拉的操作，使图形对象产生特殊的效果，具体操作步骤如下：

01 选择工具箱中的“星形工具”，在页面中绘制一个星形，如图 7-21 所示。

02 选中此图形，在工具箱中选择“交互式变形工具”，在其属性栏中单击“推拉变形”按钮。

03 将光标移动到星形的中心，按住鼠标左键向左拖动，节点向内，效果如图 7-22 所示。

04 按住鼠标左键向右拖动，节点向外，得到的效果如图 7-23 所示。

图7-21　绘制星形

图7-22　节点向内效果

图7-23　节点向外效果

7-3-2　拉链变形

该模式用于创建锯齿形的效果，具体操作步骤如下：

01 选择工具箱中的“贝塞尔工具”，在页面中绘制一个图形，并将其选中，如图7-24所示。

02 选择“交互式变形工具”，在属性栏中单击“拉链变形”按钮，将光标移动到图形上，然后按住鼠标左键并拖动，即得到如图7-25所示的效果。

图7-24　绘制图形

（a）顺时针扭曲图形及效果

（b）逆时针扭曲图形及效果

图7-25　“拉链变形”效果

7-3-3　扭曲变形

该模式通过扭曲的操作，使图形对象产生特殊的效果，具体操作步骤如下：

01 单击工具箱中的“星形工具”，在页面中绘制一个星形，如图7-26所示。

02 选中此图像，在工具箱中选择“交互式变形工具”，在其属性栏中单击“推拉变形工具”。

图7-26　绘制星形

03 将光标移动到星形的中心，按住鼠标左键向左拖动，节点向内，拖动节点效果如图7-27所示。

（a）顺时针扭曲图形及效果

（b）逆时针扭曲图形及效果

图7-27　扭曲变形效果对比

7-4　交互式立体化工具

使用该工具可以使二维图形转变为三维立体化图形，操作步骤如下：

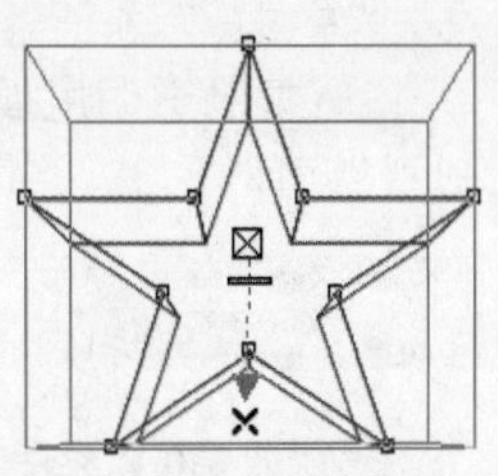

图7-28　立体化效果

01 在页面中绘制一个星形并将其选中，在工具箱中选择“交互式立体化工具”，光标在工作区中变为。

02 在选中的图形上按住鼠标左键并向想要的立体化方向拖动，拖动时星形的周围会出现一个立体化框架，同时还有指示延伸的箭头，如图7-28所示。

“交互式立体化工具”属性栏如图7-29所示。

[立体化类型]：主要有两种类型，分别是透视立体模型和平行立体模型，如图7-30所示。

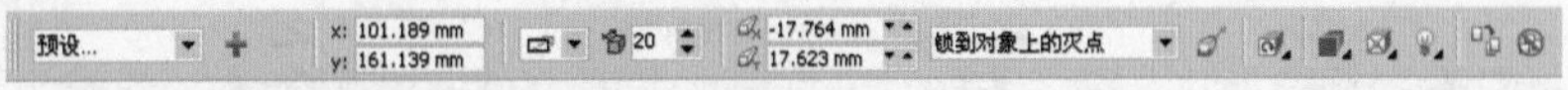

图7-29　“交互式立体化工具”属性栏

[深度]：数值越大，立体效果越强。

[立体化方向]：单击此按钮，弹出视图面板，将光标移动到面板中，当光标变为小手时，按住鼠标左键拖动，即可改变立体化的方向，如图7-31所示。

[斜角修饰边]：单击此按钮，可以在弹出的面板中设置斜面的斜角，如图7-32所示。

[照明]：单击此按钮，可以在弹出的面板中为立体化的对象设置照明的强度，如图7-33所示。

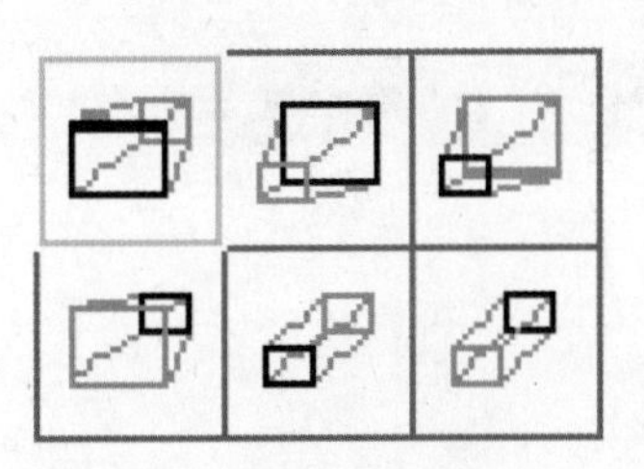

图7-30　立体化类型

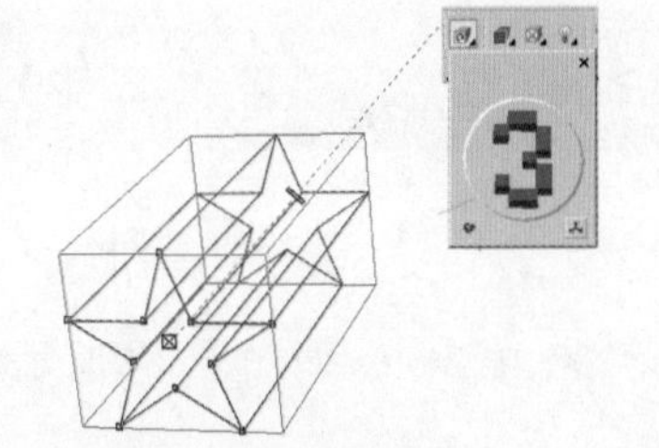

图7-31　立体化方向

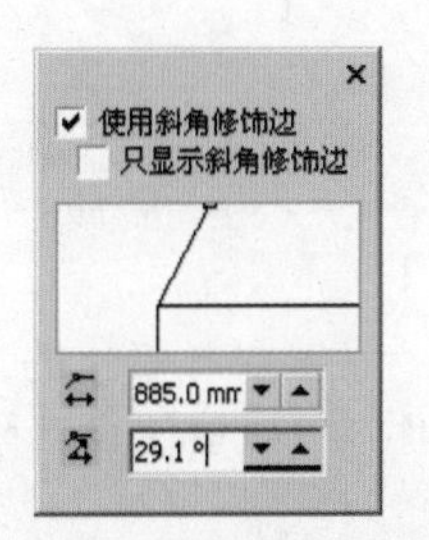

图7-32　斜角修饰边

图7-33　照明

提示 · 技巧

单击属性栏中的按钮，可以根据需要设置立体化及斜角面的颜色。如果想撤销立体化效果，只要单击属性栏中的“清除立体化”按钮即可。

7-5　交互式透明工具

选择工具箱中的“交互式透明工具”，如图7-34所示。工具的属性栏如图7-35所示。

[透明中心点]：控制透明度起点及终点的透明度，0为不透明，100为透明。

[渐变透明角度和边界]：设置参数，控制透明效果的角度和边缘的大小。

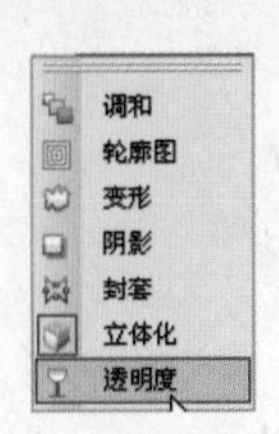

图7-34　选择“交互式透明工具”

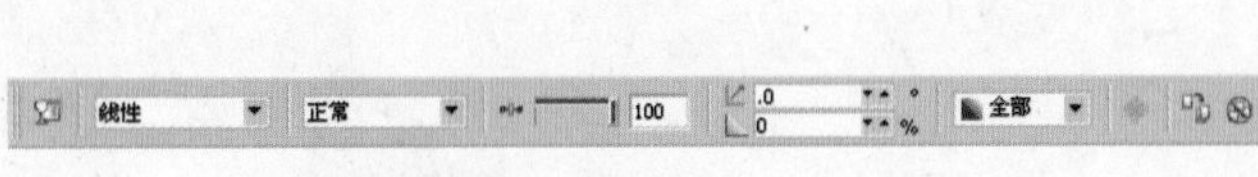

图7-35　“交互式透明工具”属性栏

[透明度目标]：其下拉列表中有“填充”、“轮廓”和“全部”3个选项，可以对对象进行单独处理。

[冻结]：冻结透明度效果，冻结后可以单独作为一组对象进行处理。

[复制透明度属性] 和[清除透明度]：单击“复制透明度属性”按钮，可以将另一个透明属性复制到当前对象上；当不想要透明效果时，只需单击“清除透明度”按钮即可。

提示 · 技巧

透明效果可以应用于任何手绘图形，也可以应用于曲线、文本或位图；但不能应用于立体化、轮廓线和调和对象上。

7-6 交互式阴影工具

使用“交互式阴影工具”可以为图形添加阴影效果，加强图形的可视性以及立体感。

在工具箱中选择“交互式阴影工具”，如图7-36所示。这时会弹出“交互式阴影工具”的属性栏，如图7-37所示。

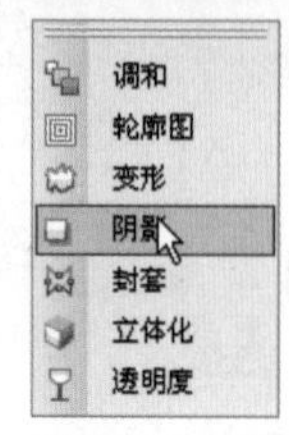

图7-36 选择交互式阴影工具

图7-37 “交互式阴影工具”属性栏

[阴影角度]：设置阴影变化的角度。

[阴影的不透明]：数值越大，阴影效果就越强，如图7-38所示。

（a）数值较小的阴影效果

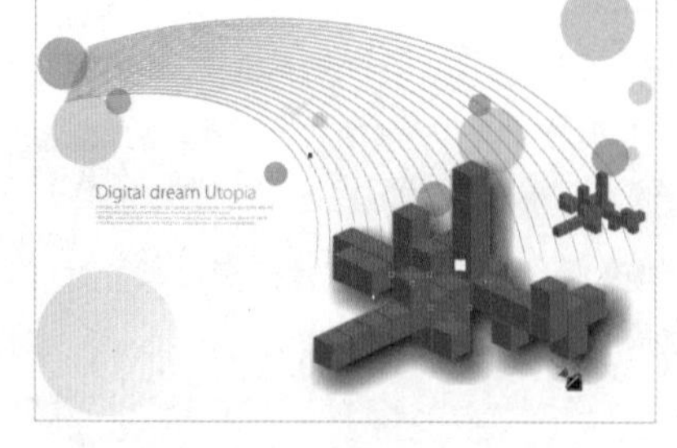

（a）数值较大的阴影效果

图7-38 不同透明度效果

[阴影羽化]：可以使阴影的边缘虚化，如图7-39所示。

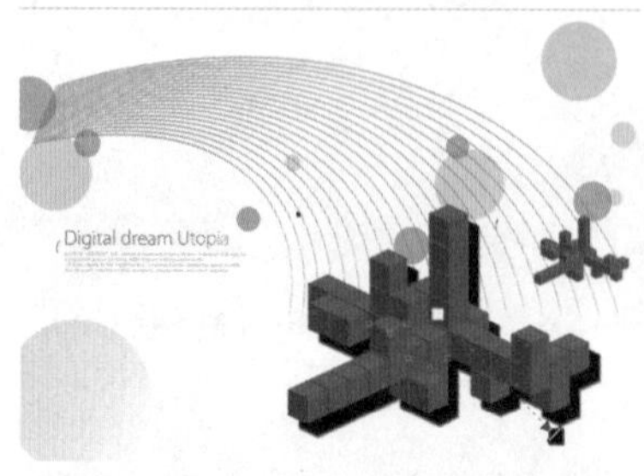

(a) 羽化值为1

(b) 羽化值为50

图7-39 不同羽化效果

[阴影羽化方向]和[阴影羽化边缘]：可以选择阴影羽化的方向，从弹出的面板中选择不同的阴影羽化类型来羽化所选对象的阴影边缘。

[复制阴影的属性]和[清除阴影]：单击"复制阴影的属性"按钮，可以将另一个阴影效果复制到当前的阴影对象上。如果不想要阴影效果了，单击"清除阴影"按钮即可。

7-7 交互式封套工具

封套效果就是使用工具箱中的"交互式封套工具"快速地对图形、文本和位图进行变形的一种操作。CorelDRAW X4提供了很多封套的编辑模式和类型，用户可以充分利用这些设置来创建各种形状的图形。选择工具箱中的"交互式封套工具"，将光标移至一个对象上，当光标变为形状时单击对象，被选中的对象四周会出现带有8个节点的边框。"交互式封套工具"的属性栏如图7-40所示。

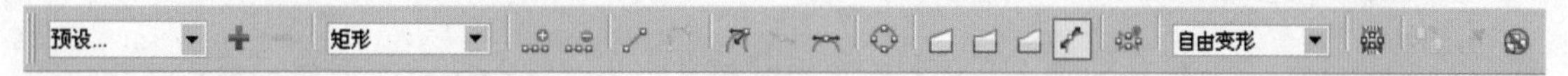

图7-40 "交互式套封工具"属性栏

[预置列表]：此下拉列表框中提供了6种封套效果，可以根据需要进行选择，如图7-41所示。

（a）原图

（b）"封套1"的效果

（c）"封套5"的效果

图7-41 选择不同选项时的封套效果

[添加节点]和删除节点]：在虚线框上需要添加节点的位置单击，出现一个黑点，单击按钮，即可将黑点转换成可以编辑的节点；选中要删除的节点，单击"删除节点"按钮，即可将该节点删除。

[封套的直线模式]：单击此按钮，可以创建出直线形式的封套，调整出的图形形状类似于使用透视调整出的形状，如图7-42所示。

[封套的单弧模式]：单击此按钮，可以创建出单圆弧形式的封套，如图7-43所示。

[封套的双弧模式]：单击此按钮，可以创建出双弧线形式的封套，如图7-44所示。

图7-42 封套的直线模式的效果

图7-43 封套的单弧模式的效果

图7-44 封套的双弧模式的效果

[封套的非强制模式]：单击此按钮，可以任意调整节点和控制手柄，创建出不受任何限制的封套，如图7-45所示。

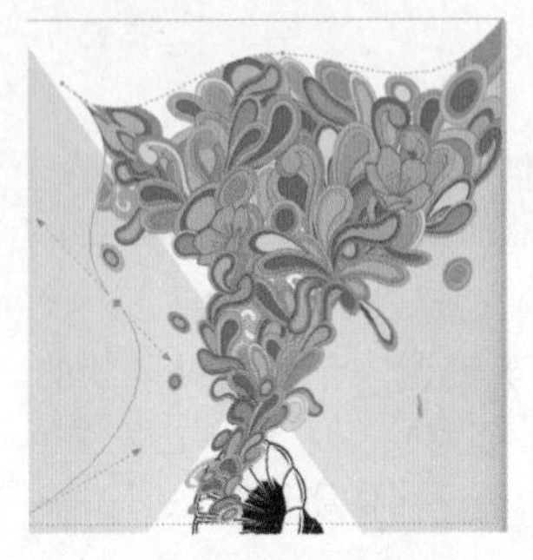

图7-45　封套的非强制模式的效果

提示 · 技巧

在选择"封套的直线模式"、"封套的单弧模式"和"封套的双弧模式"选项编辑图形时，按住【Shift】键可以使图形中相对的节点同时进行反方向调整；按住【Ctrl】键，可以使图形中相对的节点同时进行相同方向的调整。

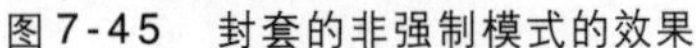：只有在选择了"封套的非强制模式"后，这些按钮才可用。单击这些按钮，可以对图形进行直线和曲线之间的转换、节点的平滑度和生成对称节点等操作。

[添加新封套]：单击此按钮，可以添加新的封套样式，对图形进行变形。

[映射模式]：此选项包括4种模式，分别是"水平"、"原始"、"自由变形"和"垂直"。选择不同的模式，可以不同的方式控制封套中图形的形状，创建出多种多样的变形效果。

使用封套效果的具体操作步骤如下：

01 绘制矢量图并将所有对象群组，然后选中该对象，如图7-46所示。

02 执行菜单"窗口"/"泊坞窗"/"封套"命令，弹出"封套"泊坞窗，如图7-47所示。

03 单击"添加新封套"按钮，调整节点以编辑封套的形状，如图7-48所示。单击"添加预设"按钮，可以显示系统预设的一些形状，如图7-49所示。

图7-46　选中要执行封套的对象

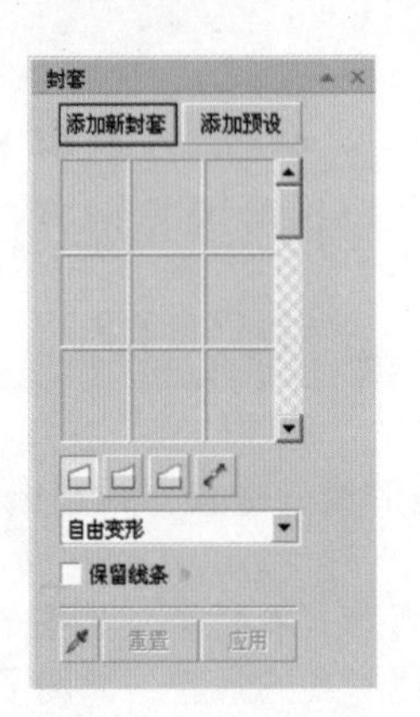

图7-47　"封套"泊坞窗

图7-48　编辑节点

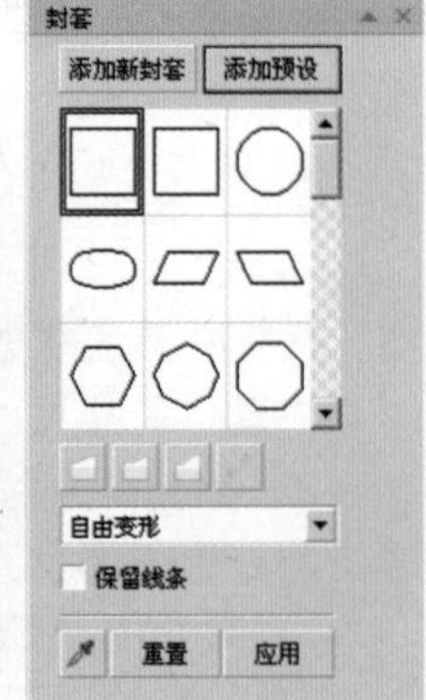

图7-49　预置形状

04 任意选择一种预设的形状，单击"应用"按钮，即可将此形状应用于对象，如图7-50所示。调节节点可以改变预设形状，如图7-51所示。

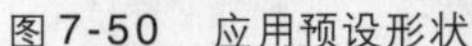
图7-50　应用预设形状

图7-51　改变预设形状

7-8　角效果

角效果共分为3种类型：圆角、倒角和反向圆角。

对于一般手绘的贝塞尔曲线、矩形、椭圆、多边形和星形等基本图形，是可以直接应用角效果的。对于其他对象，如果还没有转换成曲线，在应用角效果时，系统会弹出一个对话框，提供一个自动转换成曲线的选项。

文本对象也不能直接应用角效果，需要手动转换成曲线后方可。默认情况下，角效果会应用到图形对象上所有的角点，除非单独选择某个角点。

角效果不能应用于直线、光滑曲线或者对称曲线。应用角效果的图形角点需由两个以上的直线段或曲线段生成，并且其夹角必须小于180°。当倒角数值太大时，将无法生成角效果，因为倒角数值超过了曲线本身的长度或距离，所以设置倒角数值时应先从较小的值开始尝试。

01 选择要应用角效果的对象（如果没有转换成曲线要先转换成曲线），如图7-52所示。

02 执行菜单“窗口”/“泊坞窗”/“圆角/扇形切角/倒角”命令，弹出“圆角/扇形切角/倒角”泊坞窗，如图7-53所示。

03 选择需要的角类型，然后设置具体参数（一般是圆角半径或倒角距离），单击“应用”按钮，得到角的不同效果，如图7-54所示。

图7-52　原图形

图7-53　“圆角/扇形切角/倒角”泊坞窗

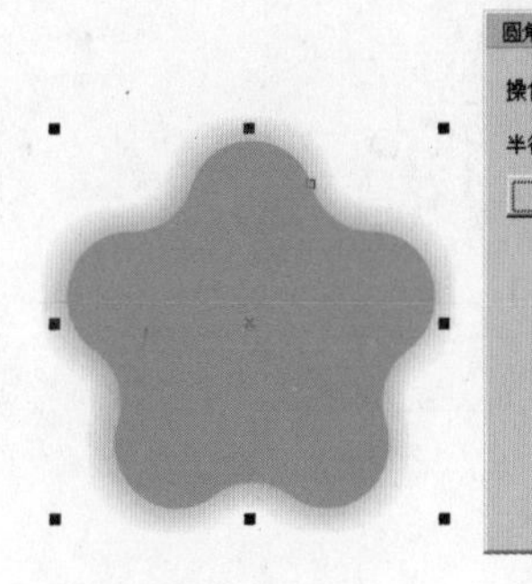

（a）圆角效果

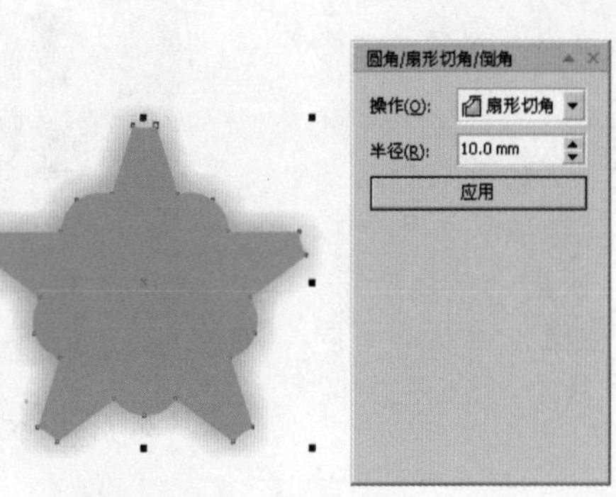

（b）扇形切角效果

图7-54　不同角的效果

角效果主要用于制作装饰性的边框和花纹图案。对转换成曲线后文字的进行操作，可制作一些艺术字效果等。

此外，还可以对转换生成的位图、导入的位图进行倒角。具体操作与上面的叙述类似，如图7-55所示。

（a）圆角效果

（b）扇形切角效果

图7-55 位图的不同角效果

7-9 斜角效果

CorelDRAW X4的斜角工具可以为普通的图形和文本等对象添加"平面上的"立体效果。

斜角包含两种类型，一种是"柔和边缘"，一种是"浮雕"，如果感觉功能还是很弱，有"斜角偏移"、"阴影颜色"和"光源控件"3组参数可以调节。使用该工具的前提是，图形必须填充颜色，只有边框是无法使用此工具的。图形应用斜角效果后，还可以叠加使用"交互式封套工具"与"交互式变形工具"，不能叠加使用"交互式阴影工具"、"交互式透明工具"等。

提示 · 技巧

必须是填充后的对象才可以应用斜角。对文本进行各种填充后，只有转换成美术文本后才能应用斜角，而段落文本则不能。填充后的文本转换成曲线后，也可以应用斜角。对于位图图形，不能使用此工具，也无法实现斜角效果。

应用斜角效果的具体操作步骤如下：

01 绘制矢量图形并选中，如图7-56所示。

02 执行菜单"窗口"/"泊坞窗"/"斜角"命令，弹出"斜角"泊坞窗，如图7-57所示。

03 在"样式"下拉列表框中选择"柔和边缘"选项，分别选择"到中心"和"距离"单选按钮，并设置其他参数值，得到的不同效果如图7-58所示。

图7-56 选中矢量对象

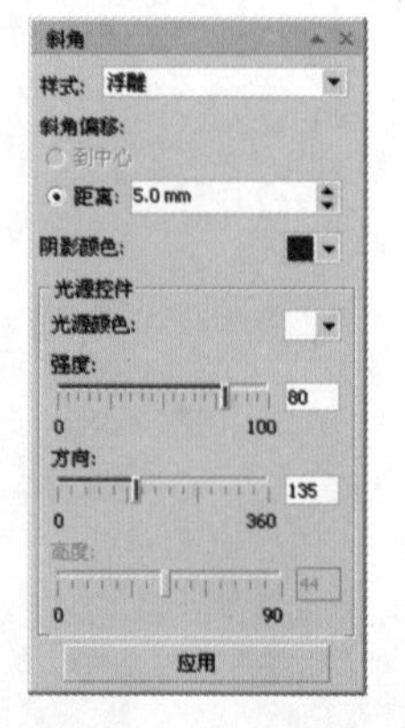

图7-57 "斜角"泊坞窗

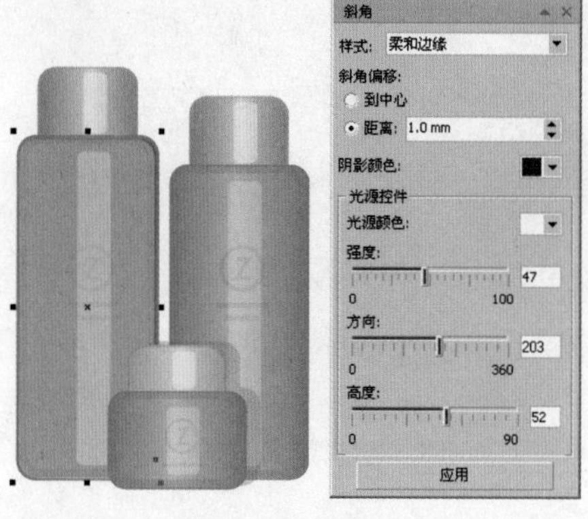

（a）选择“距离”单选按钮

（b）选择“到中心”单选按钮

图7-58　选择不同单选按钮后的效果

在“样式”下拉列表框中选择“浮雕”选项，选择“距离”单选按钮，并设置参数值，得到的效果如图7-59所示。

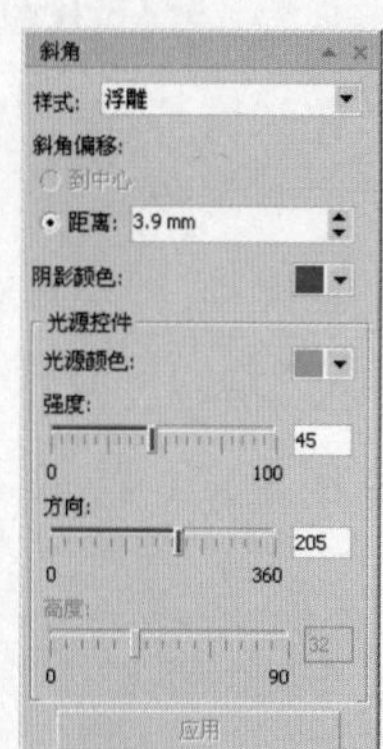

图7-59　“浮雕”效果

下面对“斜角”泊坞窗中的各个选项进行说明。

[样式]：斜角的样式，按照达到的效果来衡量，主要分属于平面和立体两种样式。

柔和边缘：在表面建立斜角效果并具有阴影。

浮雕：呈现浮雕样式的外观。

[到中心]：斜角方向从最外向中心。

[距离]：设置斜角曲面的宽度。

[阴影颜色]：设置斜角阴影的颜色。

[光源颜色]：设置高光的颜色。

对于光照而言有3组参数，可以通过滑动条进行调节。

[强度]：光照的强度，从0～100逐渐增强。

[方向]：范围为0°～360°，可以认为是环绕对象的一个圆周。

[高度]：0～90°照射的光照效果。

7-10　创建边界

“创建边界”命令在CorelDRAW X4菜单中的位置是：“效果”/“创建边界”。选择多个封闭图形后，在属性栏中单击“创建一个选择对象的边界”按钮，即可创建边界。

生成边界的基本原理是：自动创建所选取多个对象的最大边界的路径。当然，此操作仅对封闭的路径有效。它很容易让我们想起焊接工具，但同焊接工具的不同之处是，其自动将最大边界的路径描绘一遍，复制生成新的边界路径，而不会修改或破坏原对象。

下面进行创建边界的简单操作。

01 选择对象，如图7-60所示。

02 执行菜单“效果”/“创建边界”命令，对象会自动生成描边的效果，如图7-61所示。

图7-60　原图形

图7-61　创建边界后的效果

7-11　舞蹈人物插画

本例主要利用“交互式调和工具”、“交互式透明工具”、“交互式轮廓图工具”和“交互式阴影工具”创建舞台、光线及各种装饰图形，同时添加适当的人物素材，制作出舞蹈人物插画的整体效果。

01 执行菜单“文件”/“新建”命令，新建默认大小的文档。单击属性栏中的“横向”按钮，将页面的方向设置为横向。选择“矩形工具”，在画面中绘制一个矩形，并填充渐变色，效果如图7-62所示。

02 制作光线效果。选择“钢笔工具”，在画面左侧绘制一个光线图形，并填充白色，效果如图7-63所示。

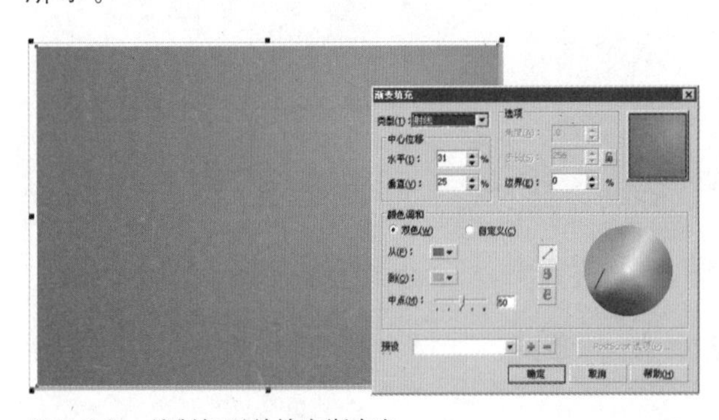

图7-62　绘制矩形并填充渐变色

图7-63　绘制光线图形并填充白色

03 选中光线图形，选择工具箱中的“交互式透明工具”，添加线性透明度效果，并适当调整控制标记的位置，效果如图7-64所示。

04 选择“钢笔工具”，在画面左侧再绘制两个光线图形，并填充白色，效果如图7-65所示。

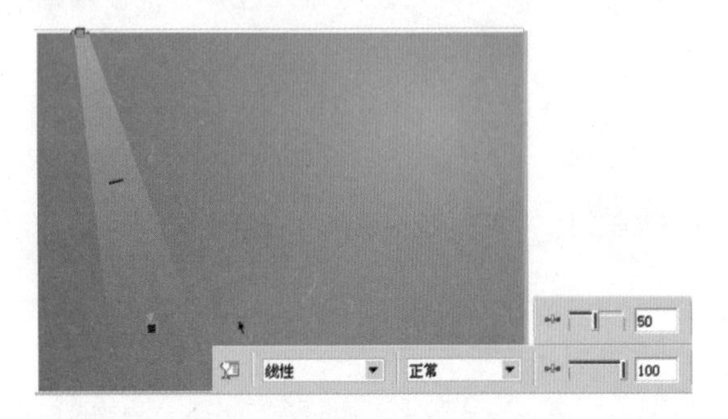

图7-64　添加线性透明度效果

图7-65　绘制两个光线图形并填充白色

05 同样，分别选中光线图形，选择工具箱中的“交互式透明工具”，添加线性透明度效果，并适当调整控制标记的位置，效果如图 7-66 所示。

06 选择“矩形工具”，在画面底部绘制两个高度不同的矩形条，并填充不同的颜色，效果如图 7-67 所示。

图 7-66　为两个光线图形添加线性透明度效果

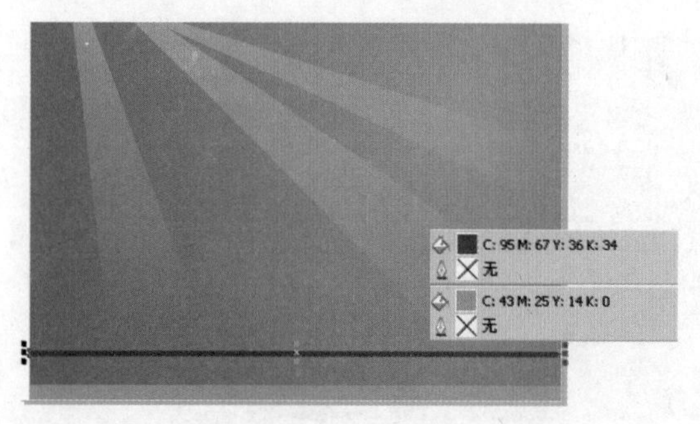

图 7-67　绘制两个矩形条并填充不同的颜色

07 选择工具箱中的“交互式调和工具”，从上部矩形条上拖动到底部的矩形条上，创建调和对象，效果如图 7-68 所示。

08 选中调和对象，在属性栏中对调和对象的步长进行调整，效果如图 7-69 所示。

图 7-68　为两个矩形条创建调和对象

图 7-69　调整调和对象的步长

09 打开随书光盘“07\7-11 舞蹈人物插画\素材 1.cdr”文件，选中其中的人物图形，按【Ctrl+C】组合键进行复制，如图 7-70 所示。

10 返回到当前文档中，按【Ctrl+V】组合键粘贴人物图形，再将其调整到适合的大小和位置，效果如图 7-71 所示。

图 7-70　“素材 1.cdr”文件效果

图 7-71　将人物图形复制到画面中并调整大小和位置

11 为裙子图形添加透明度效果。按住【Ctrl】键单击，选中左侧人物图形中的裙子图形，效果如图7-72所示。

12 选择工具箱中的“交互式透明工具”，添加射线方式的透明度效果，并适当调整控制标记的位置和“透明中心点”值，效果如图7-73所示。

图7-72　选中左侧人物图形中的裙子图形

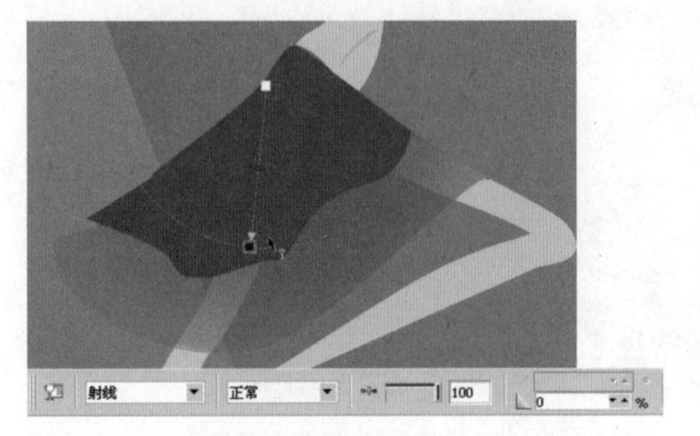

图7-73　为裙子图形添加射线方式的透明度效果

13 按住【Ctrl】键单击，选中人物图形中第二层的裙子图形，然后用“交互式透明工具”添加射线方式的透明度效果，并适当调整控制标记的位置和“透明中心点”值，效果如图7-74所示。

14 按住【Ctrl】键单击，选中人物图形中第三层的裙子图形，然后用“交互式透明工具”添加射线方式的透明度效果，如图7-75所示。

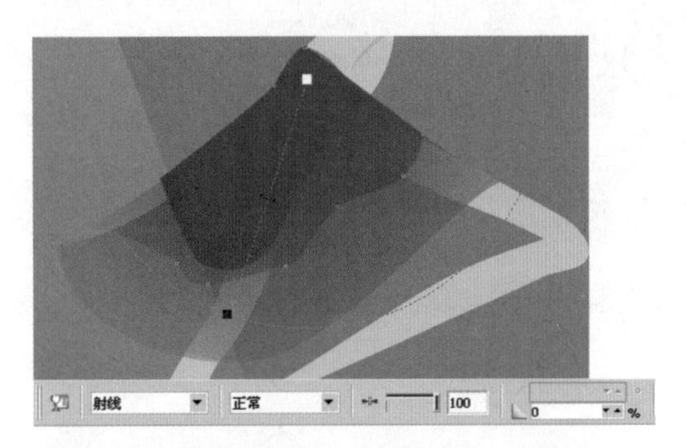

图7-74　为第二层裙子图形添加透明度效果

图7-75　为第三层裙子图形添加透明度效果

15 用同样的方法，按住【Ctrl】键单击选中右侧人物图形中的裙子图形，然后用“交互式透明工具”添加射线方式的透明度效果，如图7-76所示。

16 按住【Ctrl】键单击，选中人物图形中第二层的裙子图形，然后用“交互式透明工具”添加射线方式的透明度效果，如图7-77所示。

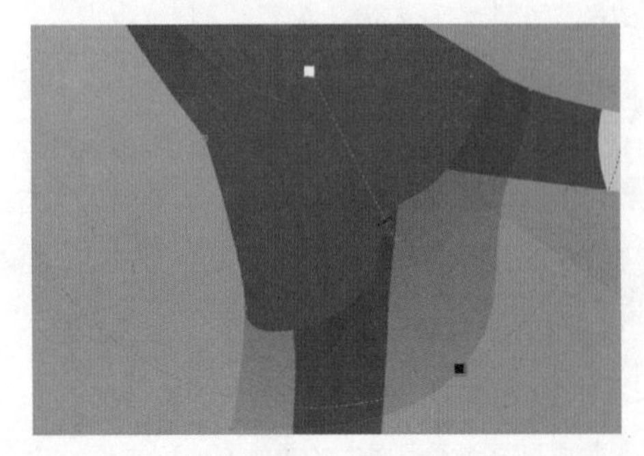

图7-76　为右侧人物的裙子图形添加透明度效果

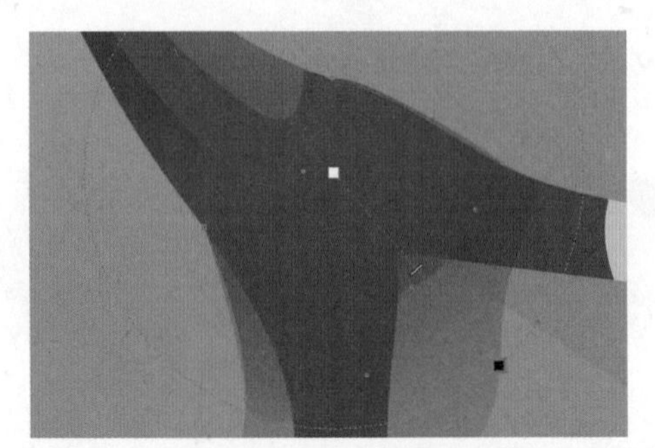

图7-77　为第二层裙子图形添加透明度效果

17 添加装饰线条效果。选择“钢笔工具”，在画面下方绘制两条曲线，设置曲线的轮廓颜色为白色，并调整曲线的相对位置，效果如图7-78所示。

18 选择工具箱中的“交互式调和工具”，从上部的白色线条上拖动到下部的白色线条上，创建调和对象，效果如图7-79所示。

图7-78 绘制两条曲线并设置轮廓颜色为白色

图7-79 创建调和对象

19 选中调和对象，在属性栏中对调和对象的步长进行调整，效果如图7-80所示。

20 添加光晕装饰图形。选择“椭圆形工具”，在画面中绘制一个正圆形，并填充白色，效果如图7-81所示。

图7-80 调整调和对象的步长

图7-81 绘制一个白色正圆形

21 选中白色正圆形，选择“交互式透明工具”，添加射线透明度效果，并适当调整控制标记的位置，效果如图7-82所示。

22 选中半透明的圆形，按【Ctrl+C】组合键进行复制，再按【Ctrl+V】组合键粘贴圆形，然后将粘贴的圆形等比例缩小，效果如图7-83所示。

图7-82 添加射线透明度效果

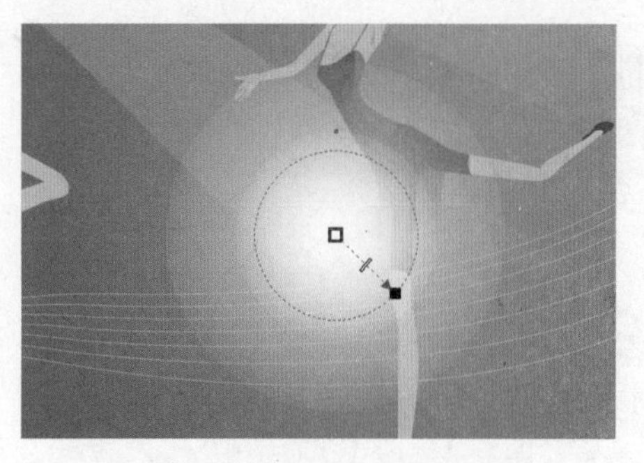

图7-83 复制并缩小白色圆形

23 选择“交互式透明工具”，调整控制标记的“透明中心点”值，效果如图7-84所示。

24 将两个圆形同时选中，并进行群组，然后复制几个光晕图形，适当调整大小后，放置在画面中不同的位置，调整图形的前后顺序，效果如图7-85所示。

图7-84　复制多个光晕图形

图7-85　绘制一个白色正圆形

25 制作装饰花纹效果。选择“椭圆形工具”，在画面中绘制一个正圆形，并填充白色，效果如图7-86所示。

26 选中白色圆形，选择工具箱中的“交互式变形工具”，从圆形的中心位置向左侧拖动，将圆形变形成花瓣图形，效果如图7-87所示。

图7-86　绘制一个白色正圆形

图7-87　将圆形变形成花瓣图形

27 选中花瓣图形，按【Ctrl+C】组合键进行复制，再按【Ctrl+V】组合键粘贴圆形，然后将粘贴的圆形旋转45°，效果如图7-88所示。

28 将两个白色花瓣图形全部选中，执行菜单“排列”/“造形”/“焊接”命令，将花瓣图形结合成一个整体。设置图形的填充颜色为“无”，轮廓颜色为白色，效果如图7-89所示。

图7-88　复制并旋转花瓣图形

图7-89　将两个花瓣图形焊接在一起

29 选择“交互式轮廓图工具”，从花瓣图形上向外拖动创建轮廓调和对象，效果如图7-90所示。

30 选中轮廓调和对象，在属性栏中调整“轮廓图步长”和“轮廓图偏移”选项的值，设置“轮廓颜色”为白色，效果如图7-91所示。

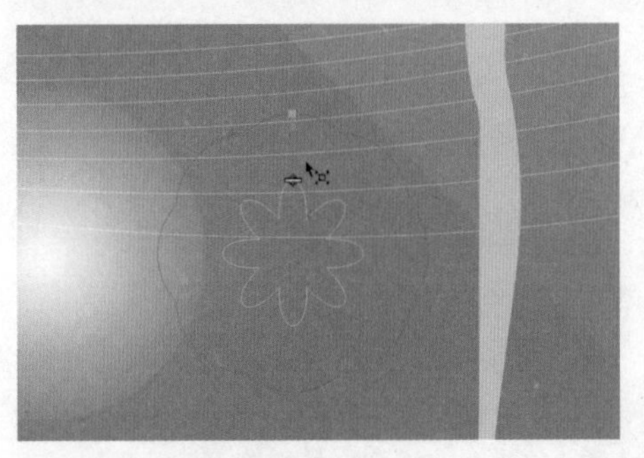
图7-90 创建轮廓对象

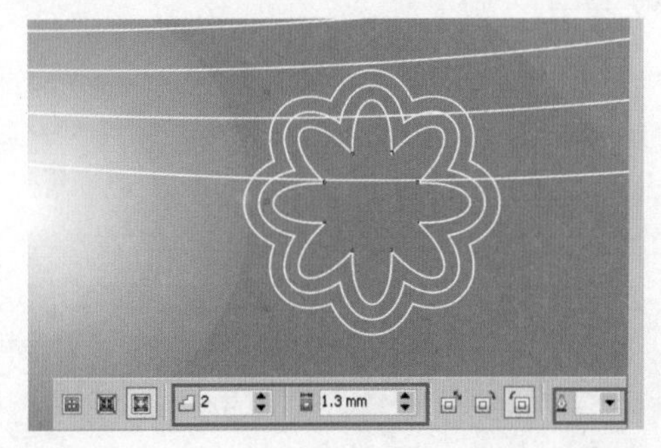

图7-91 设置轮廓对象的步长、偏移量和轮廓颜色

31 将调整好的花瓣轮廓图形复制几个，适当调整大小后，放置在画面中不同的位置，并适当调整轮廓图形的步长和轮廓色，以及轮廓图形在画面中的前后顺序，效果如图7-92所示。

32 制作另一组装饰图形。选择“椭圆形工具”，在画面中绘制两个同心正圆，分别填充白色和冰蓝色，效果如图7-93所示。

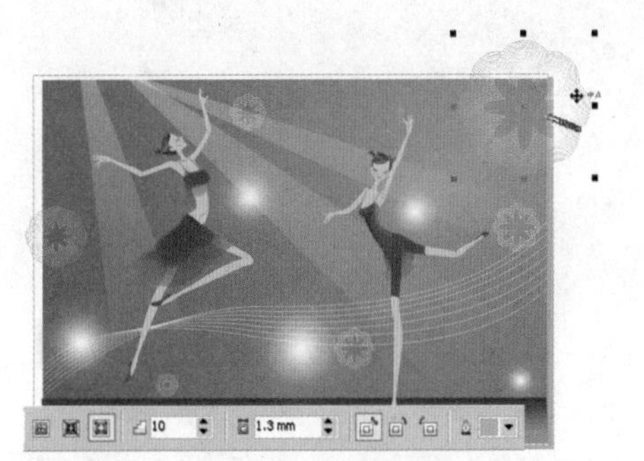

图7-92 复制多个花瓣轮廓图形并做适当的调整

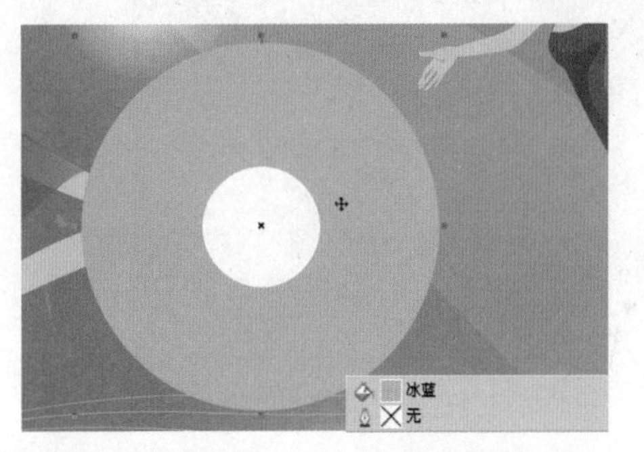

图7-93 绘制两个同心正圆并填充白色和冰蓝色

33 选择工具箱中的“交互式调和工具”，从白色圆形拖动到蓝色圆形上，创建调和对象，效果如图7-94所示。

34 选中调和对象，在属性栏中对调和对象的步长进行调整，效果如图7-95所示。

图7-94 创建调和对象

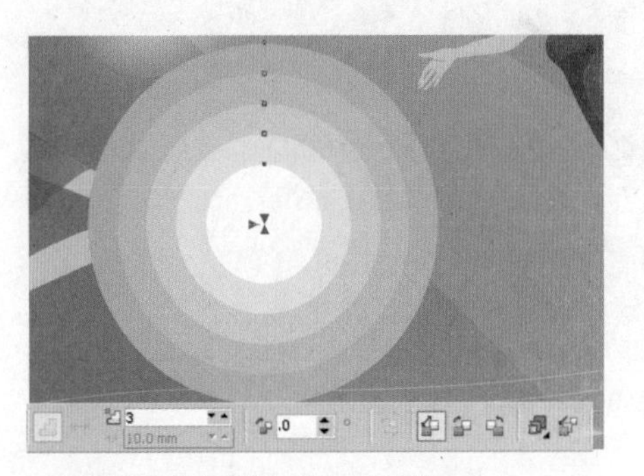

图7-95 设置调和对象的步长

35 选中调和对象，选择“交互式透明工具”，为其添加一个“标准”方式的透明度效果，并适当调整“开始透明度”值，效果如图7-96所示。

36 将调整好的装饰圆形复制几个，适当调整大小后，放置在画面中不同的位置，并调整前后顺序，效果如图7-97所示。

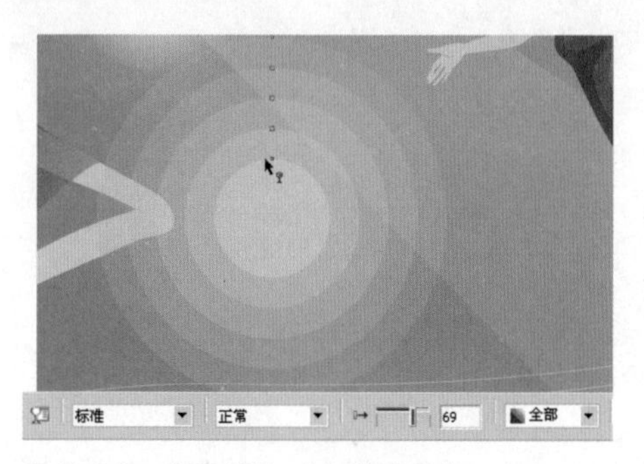

图7-96 设置调和对象的透明度

图7-97 复制多个调和对象放置在画面中

37 制作星形装饰图形。选择“椭圆形工具”，在画面中绘制一个正圆，并填充白色，效果如图7-98所示。

38 选中白色圆形，选择工具箱中的“交互式变形工具”，从圆形的中心位置向右侧拖动，将圆形变形为星形，效果如图7-99所示。

图7-98 绘制一个白色的正圆形

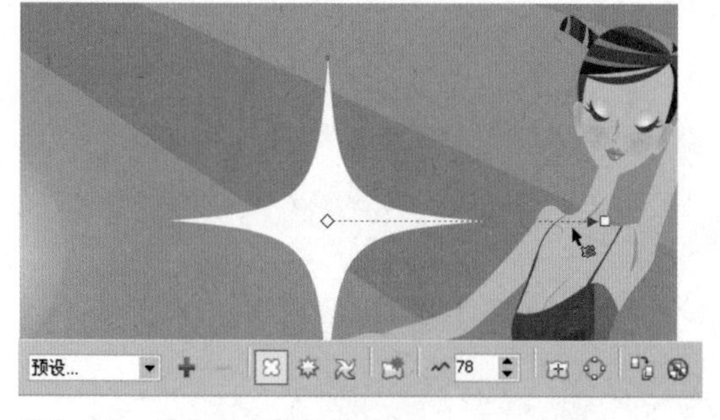

图7-99 将圆形变形为星形

39 将调整好的星形复制几个，适当调整大小后，放置在画面中不同的位置，并调整前后顺序，效果如图7-100所示。

40 选择“矩形工具”，在画面中绘制一个矩形并填充白色，效果如图7-101所示。

图7-100 复制多个星形放置到画面中

图7-101 绘制一个白色矩形

41 选中白色矩形对象，选择“交互式透明工具”，为其添加一个“标准”方式的透明度效果，并适当调整“开始透明度”值，效果如图7-102所示。

42 按【Ctrl+Page Down】组合键多次，将白色矩形调整到光线图形的上层。对画面中不满意的地方进行细节调整，画面的最终效果如图7-103所示。

图7-102 为矩形添加透明度效果

图7-103 画面最终效果

7-12 形象海报

本例主要利用“交互式调和工具”、“交互式透明工具”、“交互式封套工具”、“交互式立体化工具”创建背景线条、变形效果，以及立体文字等效果，同时添加适当的人物素材，制作出海报的整体效果。

01 执行菜单“文件”/“新建”命令，新建默认大小的文档。单击属性栏中的“横向”按钮，将页面的方向设置为横向。选择“矩形工具”，在画面中绘制一个矩形，并填充渐变色，效果如图7-104所示。

02 制作装饰线条。选择“钢笔工具”，在画面底部绘制一条曲线，并设置轮廓颜色为白色，效果如图7-105所示。

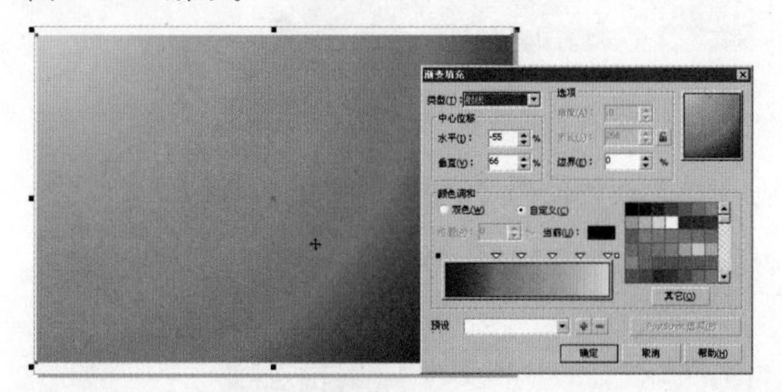
图7-104 绘制矩形并填充渐变色

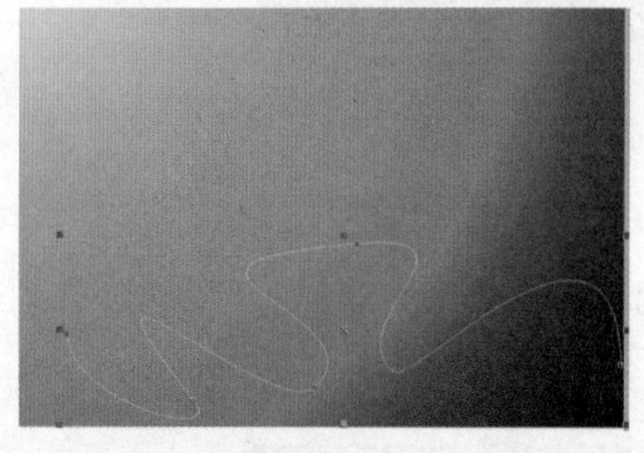
图7-105 绘制一条曲线

03 选中白色曲线图形，将其复制一个，并等比例缩小，移动到画面的左上方，效果如图7-106所示。

04 选择工具箱中的“交互式调和工具”，从画面左上角小曲线图形拖动到底部的大曲线图形上，创建调和对象，效果如图7-107所示。

图7-106 复制并等比例缩小白色曲线图形

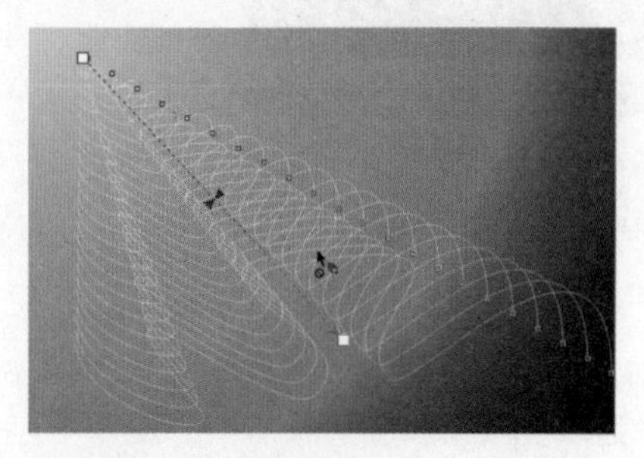
图7-107 创建调和对象

05 选中调和对象，在属性栏中对调和对象的步长进行调整，效果如图 7-108 所示。

06 选中调和对象，选择“交互式透明工具”，添加“标准”透明度效果，效果如图 7-109 所示。

图 7-108 调整调和对象的步长

图 7-109 添加“标准”透明度效果

07 制作另外一组装饰线条。选择“钢笔工具”，在画面中绘制两条曲线，效果如图 7-110 所示。

08 设置两条曲线的轮廓颜色为白色，然后选择“交互式调和工具”，从上方的曲线拖动到下方的曲线上，创建调和对象，效果如图 7-111 所示。

图 7-110 绘制两条曲线

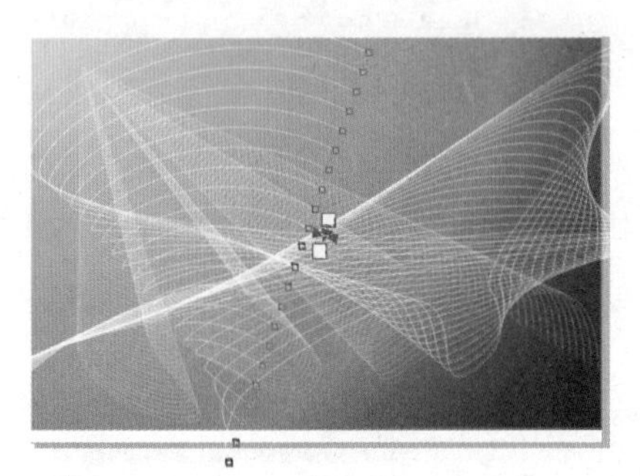

图 7-111 创建调和对象

09 选中调和对象，在属性栏中对调和对象的步长进行调整，效果如图 7-112 所示。

10 选中调和对象，选择“交互式透明工具”，添加“标准”透明度效果，并调整“开始透明度”选项的值，效果如图 7-113 所示。

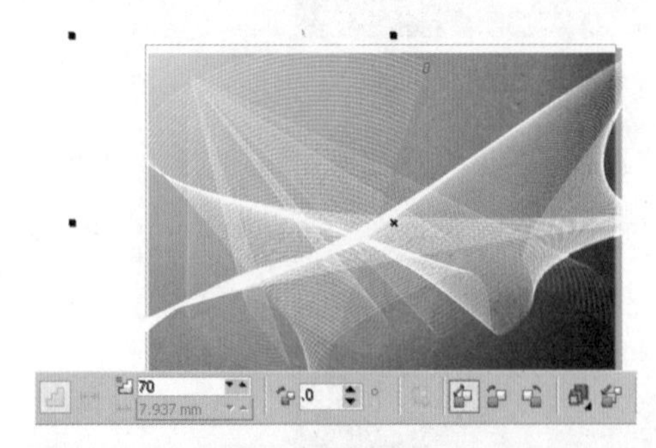

图 7-112 调整调和对象的步长

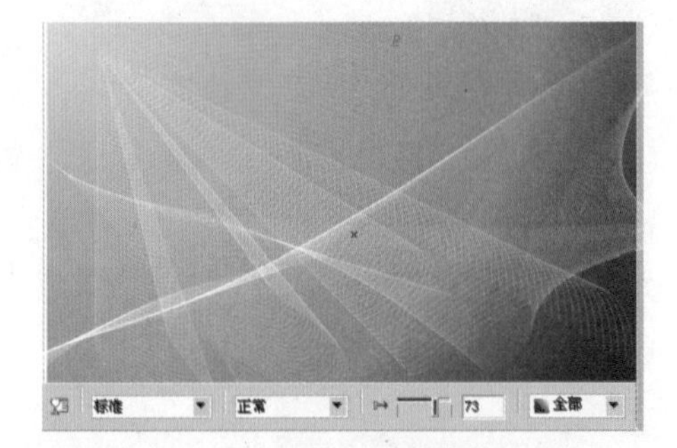

图 7-113 添加“标准”透明度效果

11 添加人物图形。打开随书光盘“07\7-12 形象海报\素材 1.cdr”文件，选中其中的人物图形，按【Ctrl+C】组合键进行复制，效果如图 7-114 所示。

12 返回到当前文档中， 按【Ctrl+V】组合键粘贴人物图形，将其填充为白色，调整到合适的大小和位置，并进行水平翻转，效果如图 7-115 所示。

图7-114　复制人物图形

图7-115　粘贴人物图形并填充白色

13 选中人物图形，选择“交互式透明工具”，添加“线性”方式的透明度效果，并适当调整控制标记的位置，效果如图7-116所示。

14 选中人物图形，选择工具箱中的“交互式封套工具”，在人物图形上添加封套变形框，效果如图7-117所示。

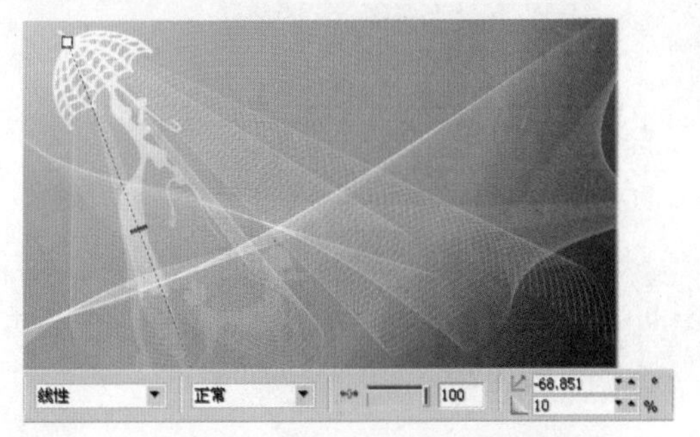

图7-116　添加“线性”方式的透明度效果

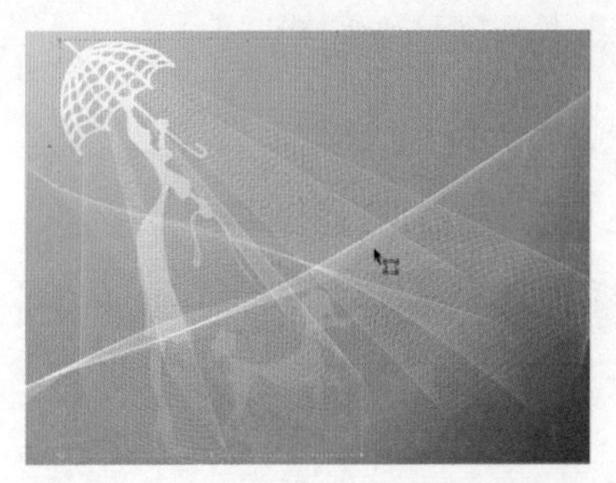

图7-117　在人物图形上添加封套变形框

15 单击属性栏中的“封套的非强制模式”按钮，然后选中封套变形框左侧中间的控制点，拖动调整控制点和控制句柄的位置。调整后的封套形状和图形效果如图7-118所示。

16 将“素材1.cdr”文件中的一个树木图形复制到当前文档中，填充白色，放置在画面底部，并适当调整大小，效果如图7-119所示。

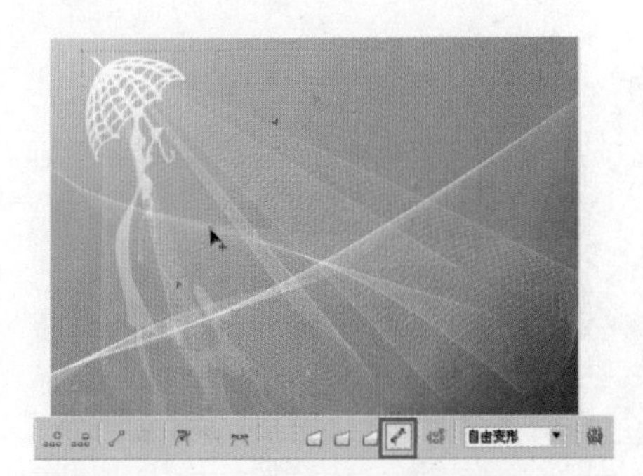

图7-118　调整后的封套形状和图形效果

图7-119　将树木图形填充为白色

17 将树木图形向下移动一些并旋转一定的角度，然后选择“交互式透明工具”，添加“标准”方式的透明度效果，如图7-120所示。

18 选中树木图形，选择工具箱中的“交互式封套工具”，在树木图形上添加封套变形框，如图7-121所示。

图 7-120　添加标准透明度效果

图 7-121　在树木图形上添加封套变形框

19 分别选中封套变形框上的控制点，调整位置。调整后的封套形状和图形效果如图 7-122 所示。

20 将"素材 1.cdr"文件中剩余的树木图形复制到当前文档中，填充为白色，放置在画面的右下角，并适当调整大小，效果如图 7-123 所示。

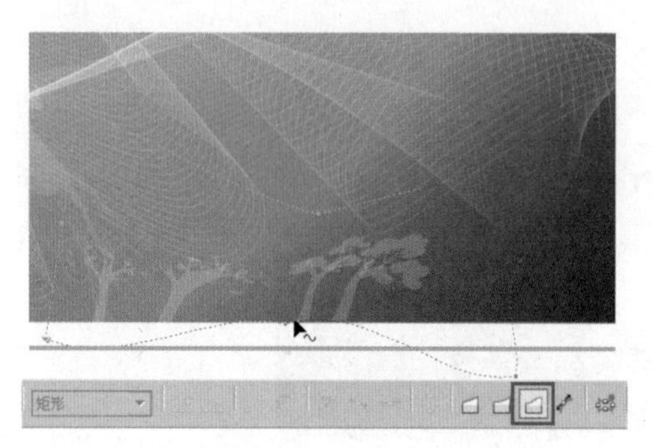

图 7-122　调整后的封套形状和图形效果

图 7-123　将另一个树木图形复制到当前文档中

21 选中树木图形，选择"交互式透明工具"，添加"标准"方式的透明度效果，并调整"开始透明度"选项的值，效果如图 7-124 所示。

22 制作立体文字效果。选择工具箱中的"文本工具"，在画面输入字符"A"，并设置文字的填充颜色和格式，效果如图 7-125 所示。

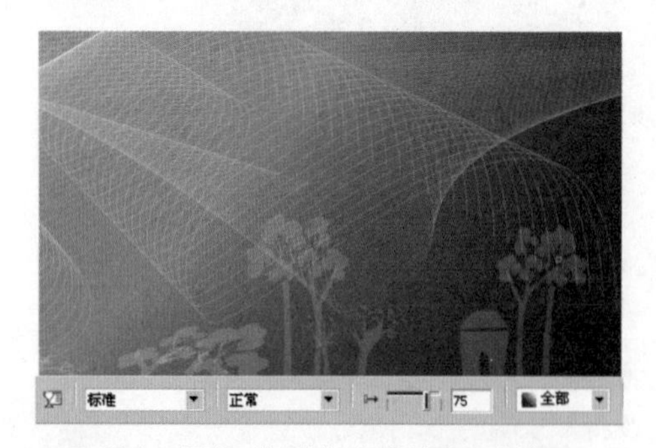

图 7-124　添加"标准"方式的透明度效果

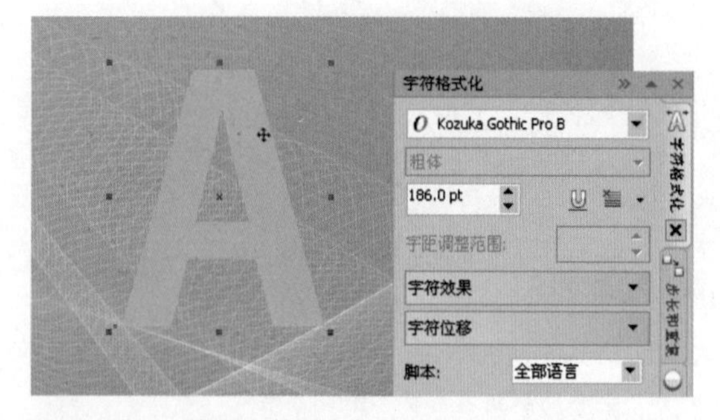

图 7-125　输入字符"A"并设置文字颜色和格式

23 选中文字对象，选择"交互式立体化工具"，在属性栏中选择一种预设样式，文字被添加预设计样式的立体效果，如图 7-126 所示。

24 用"交互式立体化工具"选中立体文字，然后拖动灭点的位置，并在属性栏中调整"深度"选项的值，调整后的效果如图 7-127 所示。

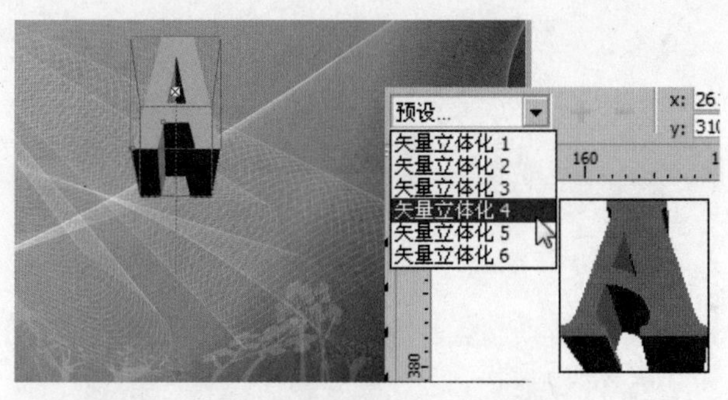

图7-126　为文字添加预设样式的立体效果

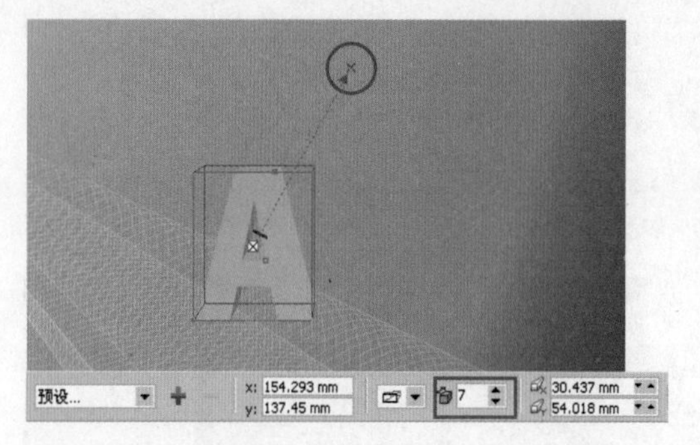

图7-127　调整灭点的位置和“深度”选项值

25 用“交互式立体化工具”选中立体文字，在属性栏中单击“立体的方向”按钮，在弹出的选项面板中设置各轴向的旋转角度值，旋转后的立体文字效果如图7-128所示。

26 保持选中立体文字，在属性栏中单击“颜色”按钮，在弹出的选项面板中单击“合作递减的颜色”按钮，再对具体的选项进行设置，效果如图7-129所示。

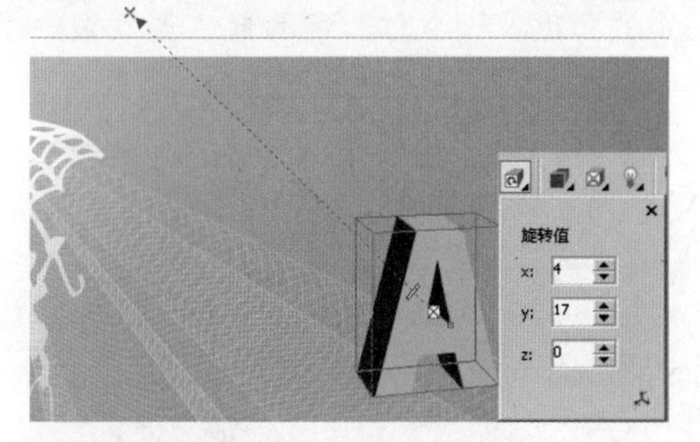

图7-128　旋转立体文字

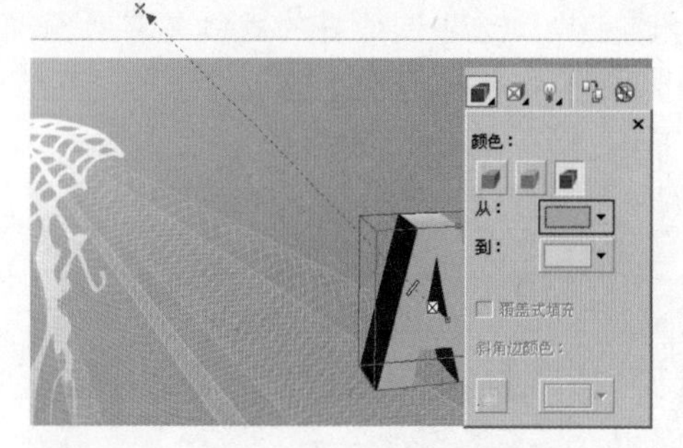

图7-129　设置立体文字的颜色效果

27 文字的立体效果制作好后，用“挑选工具”将其选中，再适当旋转一定的角度，效果如图7-130所示。

28 利用类似的方法再制作一个立体文字。将制作好的立体文字调整到装饰线条的下层。选择“文本工具”，在画面输入字符“R”，并设置文字的填充颜色和格式，效果如图7-131所示。

图7-130　将立体文字旋转一定的角度

图7-131　输入字符“R”并设置填充颜色和格式

29 选中文字对象，选择“交互式立体化工具”，在文字上创建立体文字效果，并调整灭点的位置。在属性栏中设置“深度”、“颜色”、“立体的方向”和“照明”等选项的值，调整好的立体文字效果如图7-132所示。

30 制作另一个立体文字。将制作好的立体文字调整到装饰线条的下层。选择“文本工具”，在画面右侧输入字符“T”，并设置文字的填充颜色和格式，效果如图7-133所示。

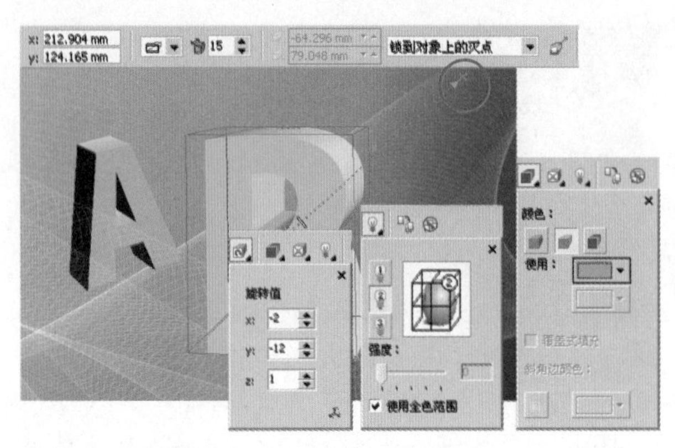

图 7-132　调整灭点和各选项设置（一）

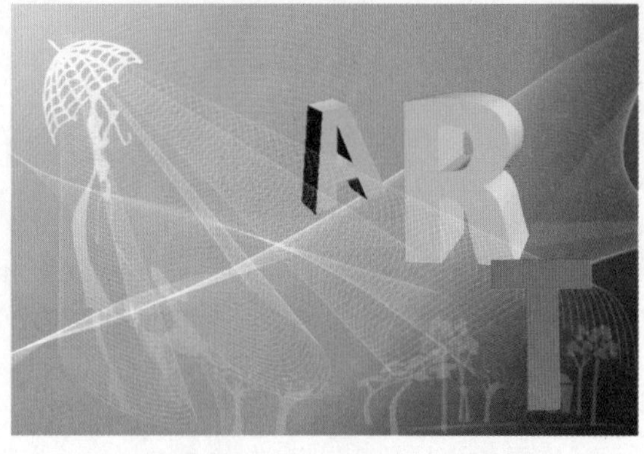

图 7-133　输入字符“T”并设置填充颜色和格式

31 选中文字对象，选择“交互式立体化工具”，在属性栏中选择一种预设样式，并拖动灭点的位置。在属性栏中调整“深度”、“颜色”、“立体的方向”和“照明”等选项的值，调整好的立体文字效果如图 7-134 所示。

32 用“挑选工具”选中制作好的立体文字对象，将其旋转一定的角度，使立体文字看起来更活泼一些，效果如图 7-135 所示。

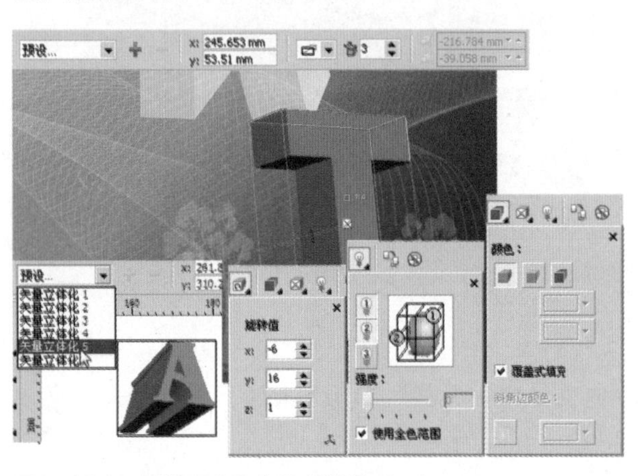

图 7-134　调整灭点和各选项设置（二）

图 7-135　将立体文字旋转一定的角度

33 选择“文本工具”，在画面右上角创建一个段落文本框并输入文字内容。设置文字的填充颜色为白色，并打开“字符格式化”和“段落格式化”泊坞窗，调整文字的格式、对齐方式和间距等选项，效果如图 7-136 所示。

34 对画面中不满意的地方进行调整，画面最终效果如图 7-137 所示。

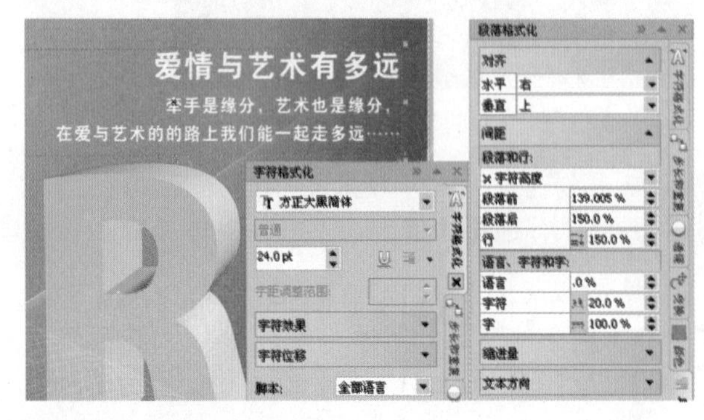

图 7-136　添加文字内容并进行设置

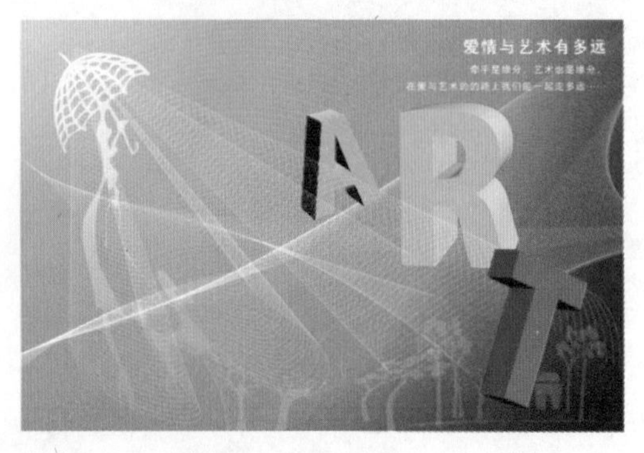

图 7-137　画面最终效果

7-13　艺术插画

本例主要利用“交互式调和工具”、“交互式透明工具”制作画面中的装饰线条，同时利用调和对象的各种调和效果，添加适当的人物素材，使用精确剪裁等操作，制作出艺术插画的整体效果。

01 执行菜单“文件”/“新建”命令，新建默认大小的文档。选择“矩形工具”在画面中绘制一个矩形，并填充渐变色，效果如图7-138所示。

02 添加人物图形。打开随书光盘“07\7-13艺术插画\素材1.cdr”文件，选中人物图形，按【Ctrl+C】组合键进行复制，效果如图7-139所示。

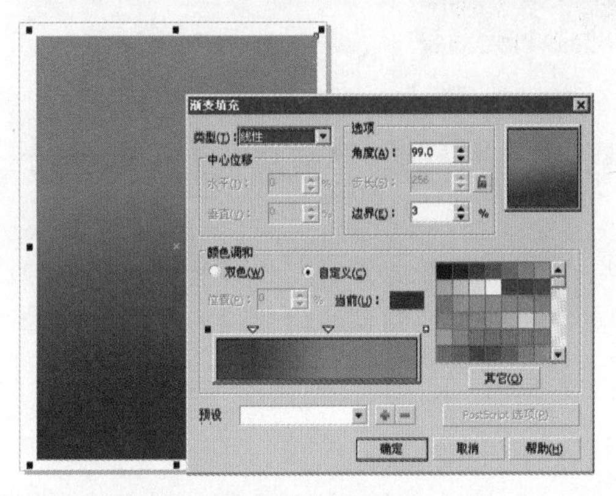

图7-138　绘制矩形并填充渐变色

图7-139　复制人物图形

03 返回到当前文档中，按【Ctrl+V】组合键粘贴人物图形，将其适当放大后，放置在画面的右侧，效果如图7-140所示。

04 选中人物图形，选择“交互式透明工具”，添加“标准”透明度效果，并调整各选项的值，效果如图7-141所示。

图7-140　复制人物图形到当前文档中

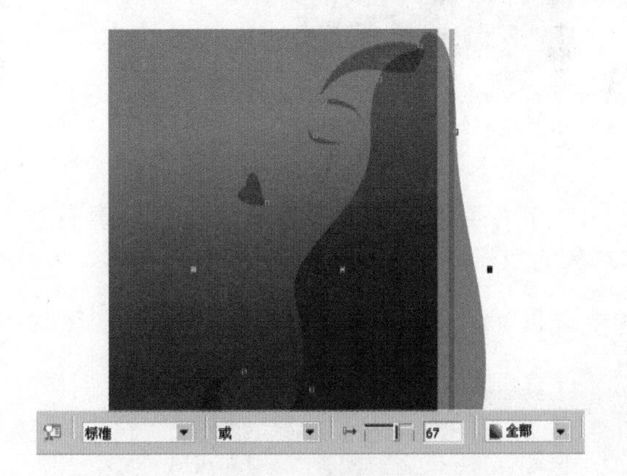

图7-141　添加“标准”透明度效果

05 制作装饰线条。选择“钢笔工具”，在画面中绘制两条曲线，并分别设置轮廓颜色，效果如图7-142所示。

06 选择工具箱中的“交互式调和工具”，从左侧曲线上拖动到右侧的曲线上，创建调和对象，效果如图7-143所示。

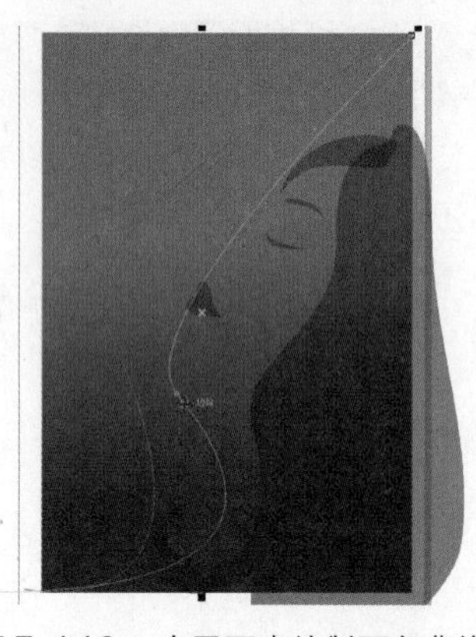
图7-142　在画面中绘制两条曲线

图7-143　创建调和对象

07 选中调和对象，在属性栏中对调和对象的步长进行调整，并单击“顺时针调和”按钮，效果如图7-144所示。

08 用“挑选工具”选中调和对象，按住鼠标右键拖动复制一个，然后将其适当缩小，放置在画面的左上角。再选择“形状工具”，分别选中两条原始曲线，调整曲线形状，控制调和对象的形状，效果如图7-145所示。

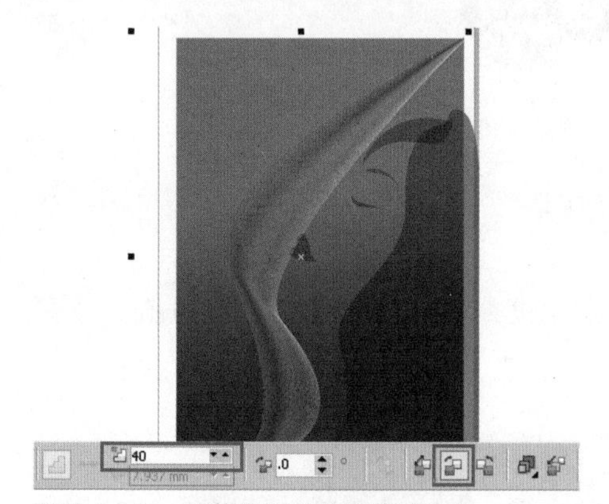

图7-144　调整调和对象的选项设置

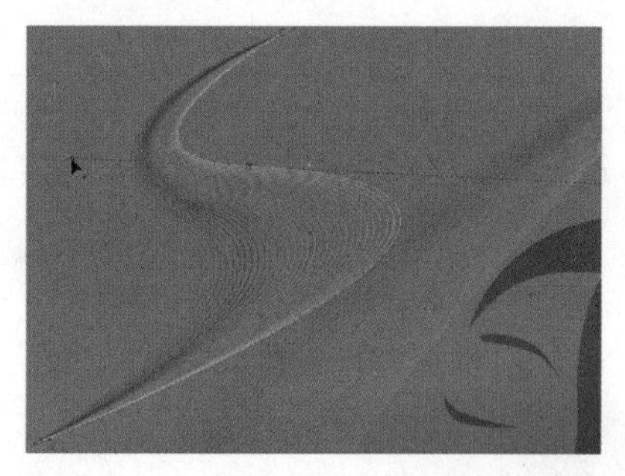
图7-145　复制调和对象并调整原始曲线的形状

09 分别选中两条原始曲线，调整曲线的轮廓颜色，然后在属性栏中单击“顺时针调和”按钮，并调整调和对象的步长值，效果如图7-146所示。

10 选中调和对象，选择“交互式透明工具”，添加“标准”方式的透明度效果，如图7-147所示。

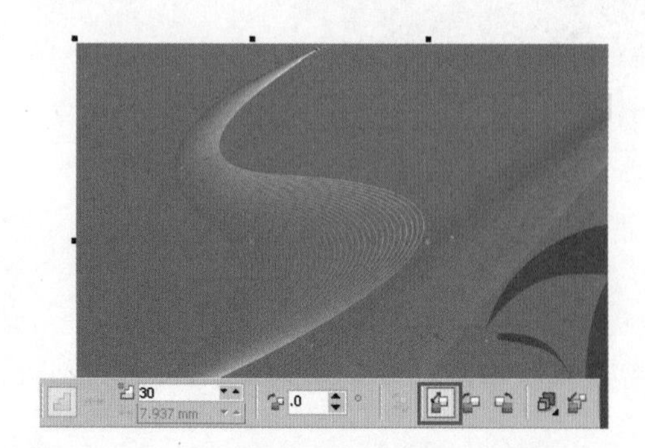

图7-146　调整调和对象的步长值和选项

图7-147　添加“标准”方式的透明度效果

11 将制作好的装饰线条复制一个，放置在画面的右侧，适当缩小后，选择“形状工具”，分别选中两条原始曲线，调整曲线形状，控制调和对象的形状，并调整对象的透明度，效果如图7-148所示。

12 再复制一个装饰线条对象，放置在画面的人物头发的区域，适当调整大小后，选择“形状工具”，分别选中两条原始曲线，调整曲线形状，控制调和对象的形状，并调整对象的透明度及调和的步长，效果如图7-149所示。

图7-148　复制调和对象并调整原始曲线的形状

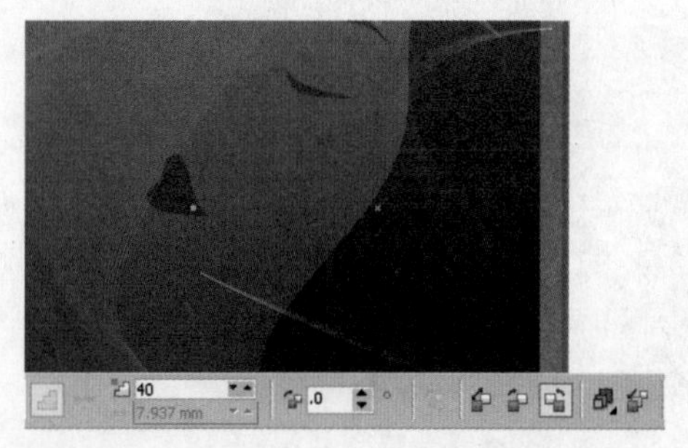

图7-149　复制调和对象并调整调和对象的效果

13 制作装饰气泡图形。选择“钢笔工具”，在画面的右侧绘制一条曲线，并设置轮廓颜色，效果如图7-150所示。

14 选择“椭圆形工具”，在画面中绘制两个正圆形，分别填充白色和冰蓝色，效果如图7-151所示。

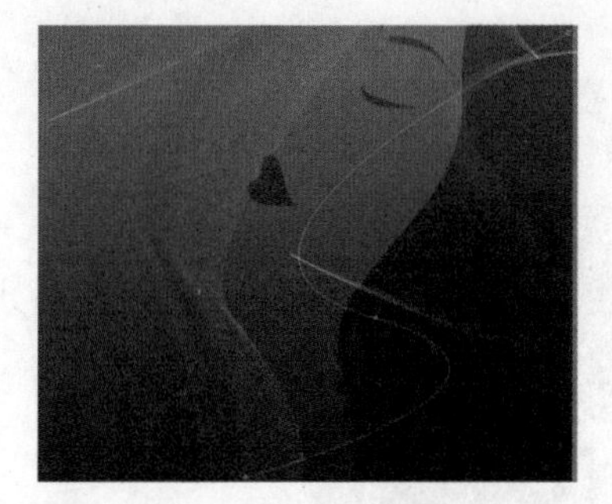

图7-150　在画面的右侧绘制一条曲线

图7-151　在画面中绘制两个正圆形

15 分别选中两个正圆形，选择“交互式透明工具”，添加“射线”方式的透明度效果，并适当调整控制标记的位置，得到两个中心透明的圆形，效果如图7-152所示。

16 选择“交互式调和工具”，从白色小圆形上拖动到蓝色大圆图形上，创建调和对象，效果如图7-153所示。

图7-152　添加“射线”方式的透明度效果

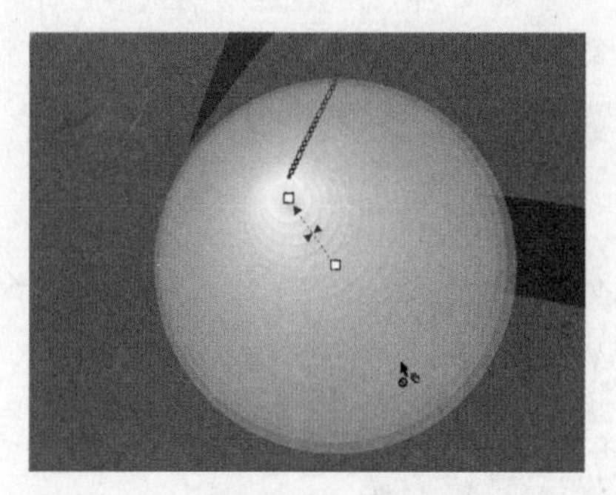

图7-153　创建调和对象

17 选中调和对象，在属性栏中单击“路径属性”按钮，在弹出的下拉菜单中选择“新路径”命令，然后将光标移动到黄色曲线图形上单击，为调和对象设置调和路径，效果如图7-154所示。

18 用“挑选工具”分别选中调和对象中的两个原始圆形，将白色的小圆形移动到曲线的底部，将蓝色正圆形移动到曲线的顶部，效果如图7-155所示。

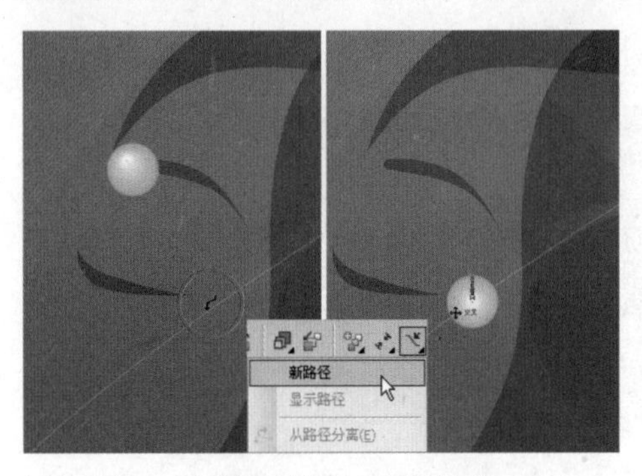

图7-154　为调和对象设置调和路径

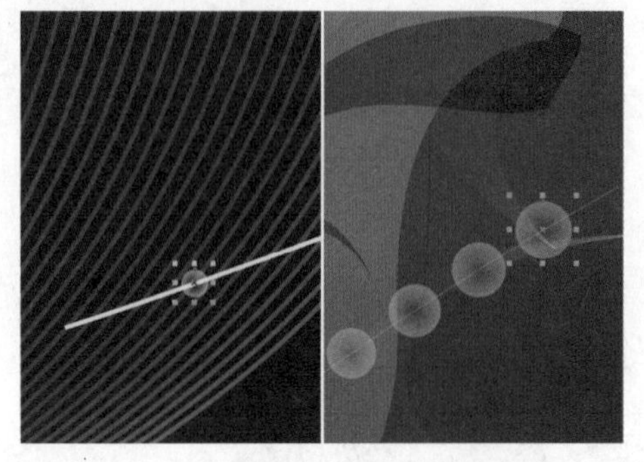

图7-155　调整两个原始圆形在调和路径上的位置

19 调整圆形的位置后，可以看到调和对象沿着曲线进行了调和操作，得到一组气泡图形效果，如图7-156所示。

20 用“挑选工具”选中制作好的气泡图形，将其移动到画面的左下方，再按住鼠标右键拖动复制两个。选择“形状工具”，分别对复制得到的两组气泡图形中的曲线路径形状进行调整，效果如图7-157所示。

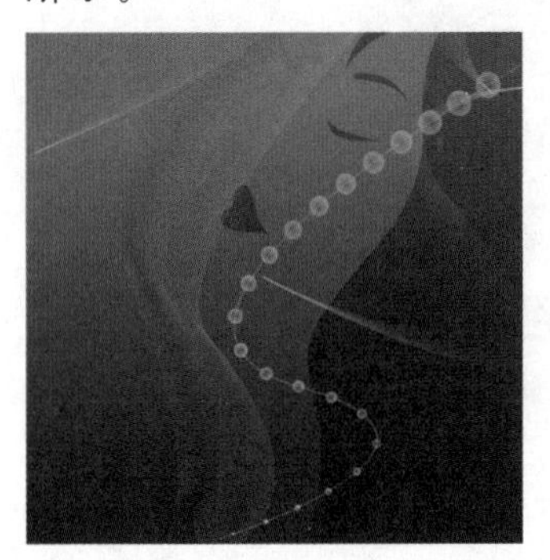

图7-156　气泡图形效果

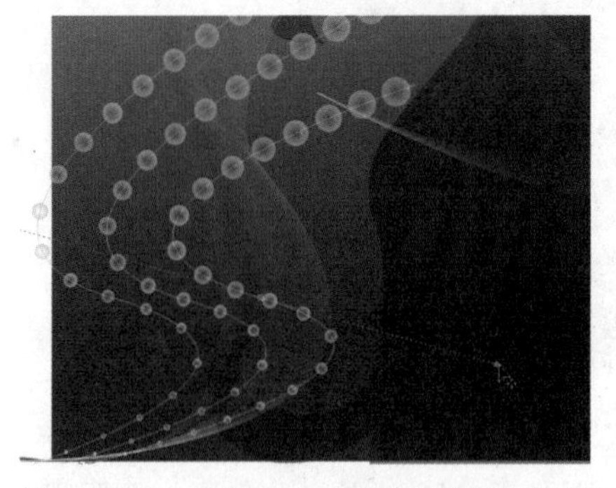

图7-157　复制调和对象并调整调和路径形状

21 用“挑选工具”分别选中复制的两组气泡图形中的蓝色圆形，将其填充颜色设置为白色和浅黄色，可以看到气泡图形的颜色也随之变化，效果如图7-158所示。

22 用“挑选工具”将3组气泡图形全部选中，然后用鼠标右键单击调色板中的“无”图标，将调和对象中的路径隐藏起来，效果如图7-159所示。

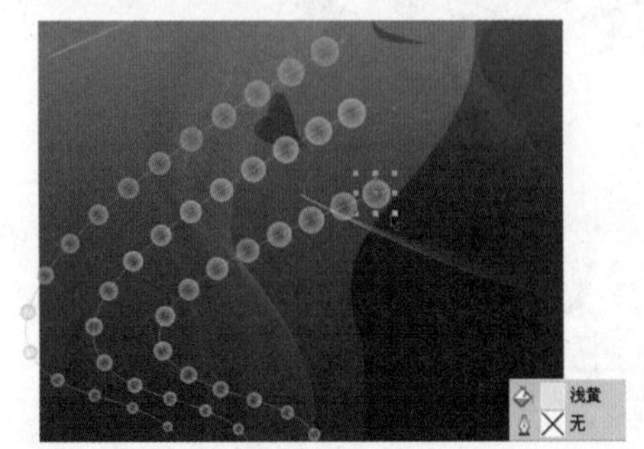

图7-158　调整调和对象的颜色

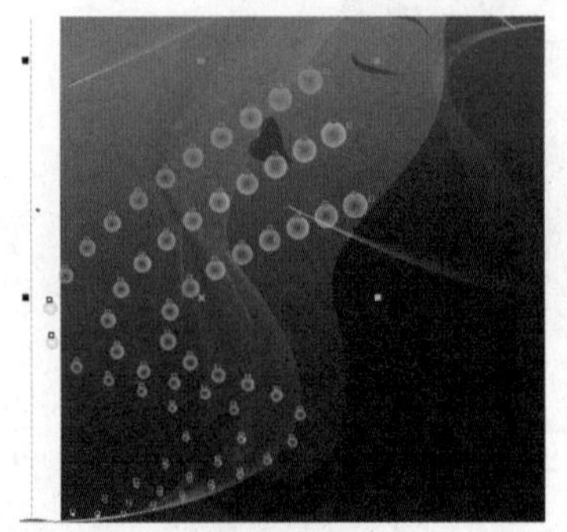

图7-159　隐藏调和路径

23 将“素材1.cdr”文件中的球形图形复制到当前文档中，适当调整大小后，放置在画面的下部，效果如图7-160所示。

24 将球形图形复制多个，调整成不同的大小，摆放到画面中不同的位置，并适当旋转一定角度。再对部分球形图形添加透明度效果，使用画面更有层次感，效果如图7-161所示。

图7-160　复制球形图形到当前文档中

图7-161　复制多个球形图形并进行调整

25 将“素材1.cdr”文件中的蝴蝶图形复制到当前文档中，适当调整大小并旋转一定的角度，放置在画面的右下角，效果如图7-162所示。

26 选中蝴蝶图形，选择“交互式透明工具”，添加“标准”方式的透明度效果，并调整“透明度操作”和“开始透明度”选项，效果如图7-163所示。

图7-162　将蝴蝶图形复制到当前文档中

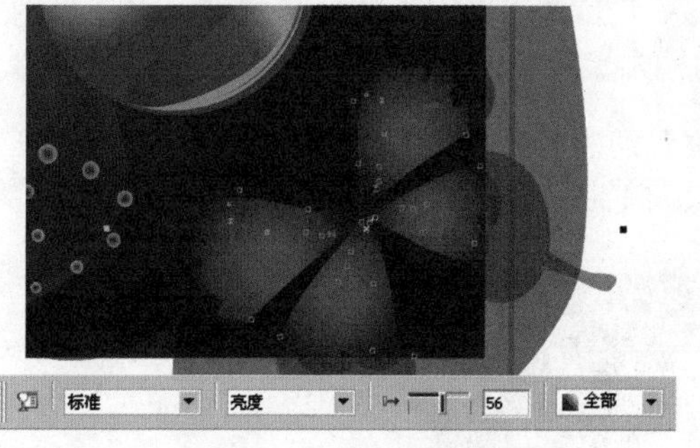

图7-163　添加“标准”方式的透明度效果

27 再复制一个蝴蝶图形，将其适当缩小，并旋转一定的角度，放置在画面的左上角。同样，选择“交互式透明工具”，添加“标准”方式的透明度效果，并调整“透明度操作”和“开始透明度”选项，效果如图7-164所示。

28 至此，画面中的主体内容已经制作完成，接下来添加文字内容。选择“文本工具”，在画面右下角分别输入标题、副标题及段落文字。设置文字的填充颜色为白色，并根据整体效果，在属性栏中，为不同部分文字设置不同的字符和段落格式，效果如图7-165所示。

图7-164　再复制一个蝴蝶图形并调整透明度

图7-165　添加文字内容

29 将画面周围多余的图形内容裁剪掉。将画面中除文字外的所有图形对象都选中，并进群组。选择“矩形工具”，在画面中沿着画面的大小绘制一个矩形框，效果如图7-166所示。

30 选中群组图形，执行“效果”/“图框精确剪裁”/“放置在容器中”命令，然后将光标移动到矩形框附近，效果如图7-167所示。

31 单击鼠标左键，将群组图形置入矩形框，效果如图7-168所示。

图7-166　绘制一个矩形框

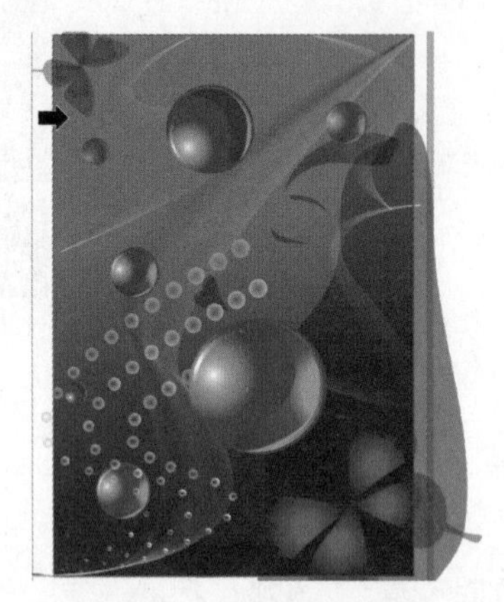

图7-167　进行图框精确剪裁操作

图7-168　剪裁的画面效果

32 在剪裁后的图形上单击鼠标右键，在弹出的快捷菜单中选择“编辑内容”命令，对内容进行编辑，然后用“挑选工具”移动群组图形的位置，效果如图7-169所示。

33 位置调整好后，在图形上单击鼠标右键，在弹出的快捷菜单中选择“结束编辑”命令，返回到正常状态。将剪裁后的图形调整到最底层，得到最终的画面效果，如图7-170所示。

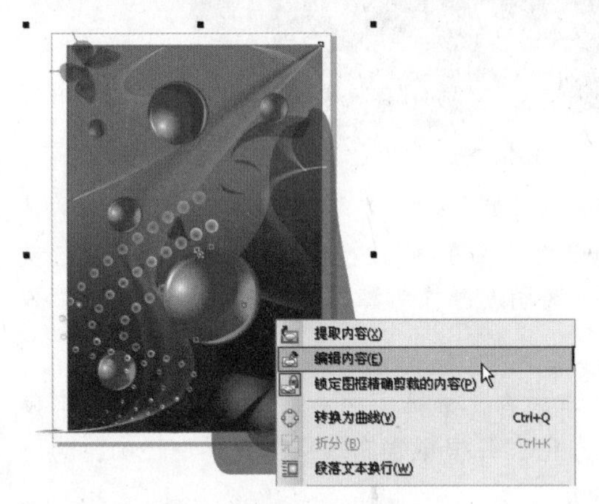

图7-169　选择“编辑内容”命令

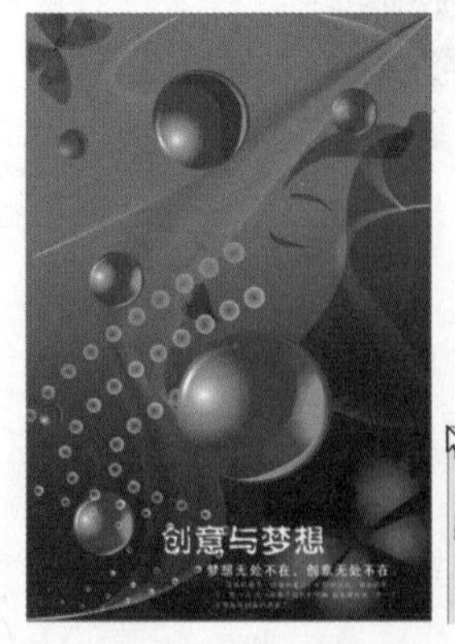

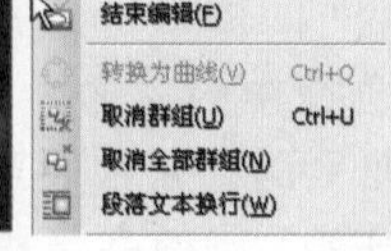

图7-170　画面的最终效果

08

 Chapter

处理位图的方式

CorelDRAW X4 提供了处理位图的功能，其效果不比其他的软件差。本章将全面介绍位图的类型，如何利用 CorelDRAW X4 强大的功能来编辑位图，以及对位图添加特殊效果等内容。

8-1 转换位图

在 CorelDRAW X4 中可以将矢量图直接转换成位图，转换成位图后就可以应用特殊效果了。要将矢量图转换成位图，首先要选中矢量图形，然后执行菜单“位图”/“转换为位图”命令，在弹出的如图 8-1 所示的对话框中，根据需要设置各种参数，然后单击“确定”按钮，即可将矢量图转换成位图。

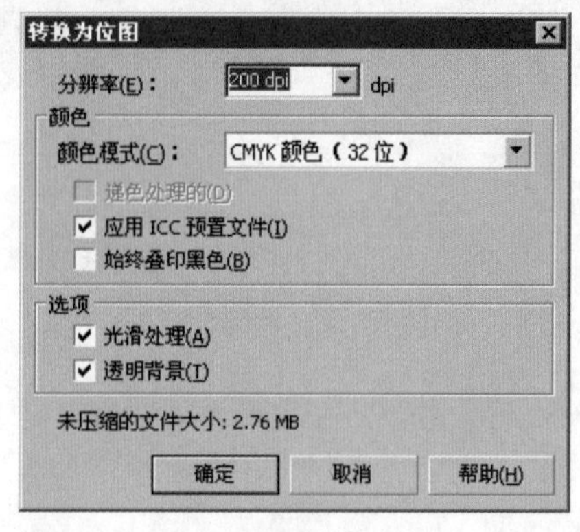

图 8-1 “转换为位图”对话框

下面介绍该对话框中的具体参数。

[分辨率]：设置转成位图的分辨率，单位是 dpi。

[颜色模式]：设置所生成位图的颜色模式，共有 CMYK 颜色（32 位），RGB 颜色（24 位）、灰度（8 位）、16 色（4 位）和黑白（1 位）等 6 种。

[光滑处理]：使转换的位图边缘没有锯齿。

[透明背景]：使转换的位图具有透明背景。

提示 · 技巧

一些图形或文本如果带有特殊效果，转换成位图后，这些特殊效果可能会丢失，如斜角效果。但是，也有一些效果在矢量图形转换成位图后会基本保留，如交互式透明效果、交互式阴影效果和透视效果等。

从矢量图转换成位图的操作步骤如下：

先选择要进行转换的矢量图形（如矢量曲线、文本等），如图 8-2 所示。然后执行菜单“位图”/“转换为位图”命令，在弹出的“转换为位图”对话框中首先进行分辨率和颜色模式的设置，然后进行其他参数的设置，得到的效果如图 8-3 所示。

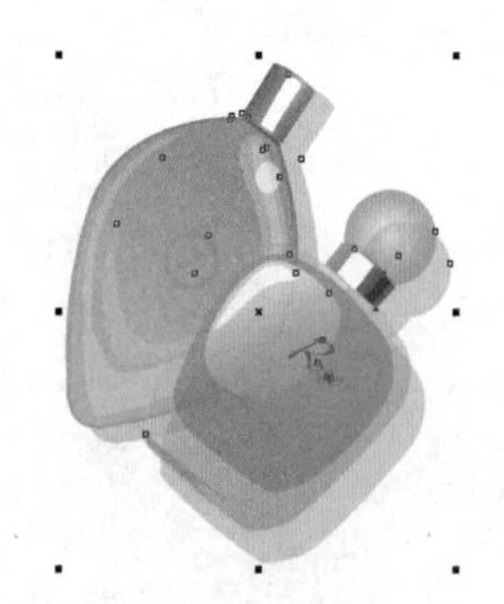

图 8-2 选择图形

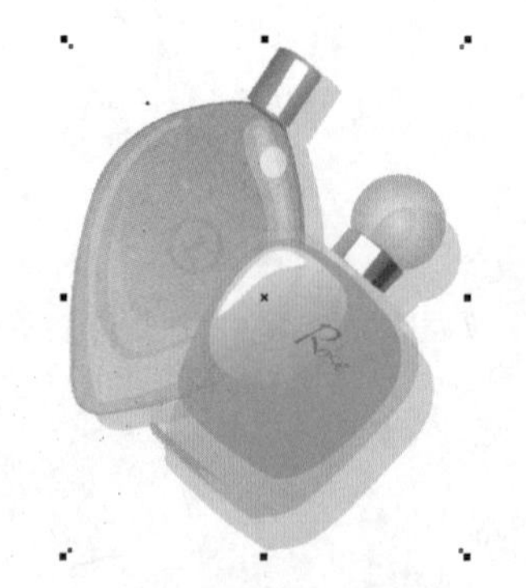

图 8-3 转换为位图后的效果

8-2 自动调整位图

CorelDRAW X4 可以对导入或转换生成的位图颜色、对比度等进行自动调整。

选择要调整的位图，执行菜单“位图”/“自动调整”命令，CorelDRAW X4 会自动对位图进行调整，无须设置参数，效果如图 8-4 所示。

此命令虽然自动化程度提高了，但是无法设置调整后的效果，也未必能达到用户需要的特定效果。

（a）原图

（b）自动调整后的效果

图 8-4 应用“自动调整”命令

8-3 图像调整实验室

CorelDRAW X4 允许手工调整位图的色泽、色相、对比度和亮度等，可分别对高光、阴影和中间色调等部分进行调整。

选择要调整的位图，执行菜单“位图”/“图像调整实验室”命令，弹出如图 8-5 所示的窗口。调整窗口右侧的滑块改变图像的颜色，即可得到如图 8-6 所示的效果。

图 8-5 “图像调整实验室”窗口

图 8-6 “图像调整实验室”调整后的效果

8-4 矫正图像

利用矫正图像功能，可以对一些有问题的照片进行矫正，进行细微的旋转角度设置。

打开一个素材文件，如图 8-7 所示。选中位图图片，然后执行菜单“位图”/“矫正图像”命令，打开“矫正图像”窗口，并设置 -0.3° 的旋转角度，如图 8-8 所示。单击“确定”按钮，图片被逆时针旋转了 0.3°，如图 8-9 所示。由于旋转的角度较小，所以图像的变化并不是很大，但可以快速准确地矫正图像的角度偏差。

图 8-7 打开一个素材文件

图 8-8 设置“矫正图像”窗口

图 8-9 矫正图像后效果

8-5 编辑位图

首先选中需要编辑的位图，然后执行菜单“位图”/“编辑位图”命令或单击属性栏中的“编辑位图”按钮，即可启动编辑程序Corel Photo Paint X4，如图8-10所示。

Corel Photo Paint X4是用来编辑位图或创建新位图的。它提供了许多编辑位图的工具，使用这些工具可以轻松完成位图的编辑与创建。

图8-10 Corel Photo Paint X4窗口

8-6 裁剪位图

裁剪位图可以使用工具箱中的“形状工具”来控制位图的4个控制点，可以将位图的轮廓修剪成任意图形，具体操作步骤如下：

01 打开位图图像，如图8-11所示。

图8-11 位图图像

02 选择工具箱中的“形状工具”，在页面中单击要裁剪的位图，这时位图四边出现节点，拖动节点可以改变位图的形状。也可以使用删除或添加节点的办法更好地控制位图的形状。

03 对位图形状满意之后，执行菜单“位图”/“裁剪位图”命令，即可裁剪位图，如图8-12所示。

（a）位图四周出现节点

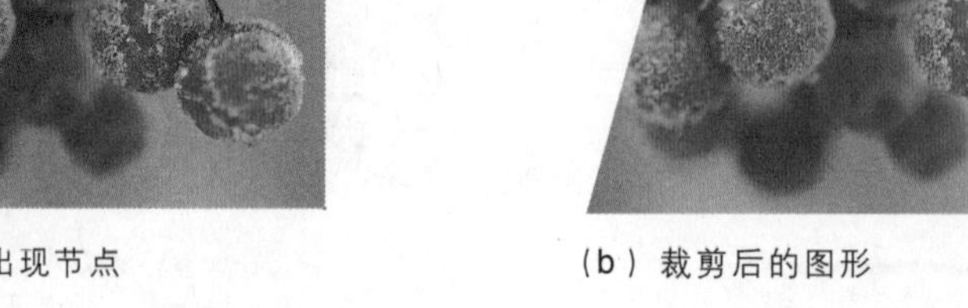

（b）裁剪后的图形

图8-12 裁剪位图

8-7 描摹位图

除了将矢量图形转换成位图外，CorelDRAW X4提供了完成其逆向过程的功能，可以将位图描摹成矢量轮廓。这一功能非常实用，能够方便地将位图的轮廓描绘出来，生成矢量的轮廓曲线，为进一步处理矢量图形打好基础。描摹方式有快速描摹、线条图、徽标、详细徽标、剪贴画、低质量图像、高质量图像技术图解、线条画等，以满足不同的要求。

8-7-1　快速描摹

"快速描摹"是描摹位图方式中最简单的方法，只需选中要描摹的位图图像，在属性栏中单击"描摹位图"按钮，在弹出的下拉菜单选择"快速描摹"命令，位图图像即被自动描摹，如图8-13所示。

（a）原图

（b）快速描摹后的效果

图8-13　快速描摹

8-7-2　轮廓描摹

轮廓描摹提供了"线条图"、"徽标"、"详细徽标"等6种预设样式。

01 选中一幅需要描摹的位图，如图8-14所示。

02 执行菜单"位图"/"轮廓描摹"/"线条图"命令，这时图像被载入到PowerTRACE窗口中，如图8-15所示。

图8-14　原图

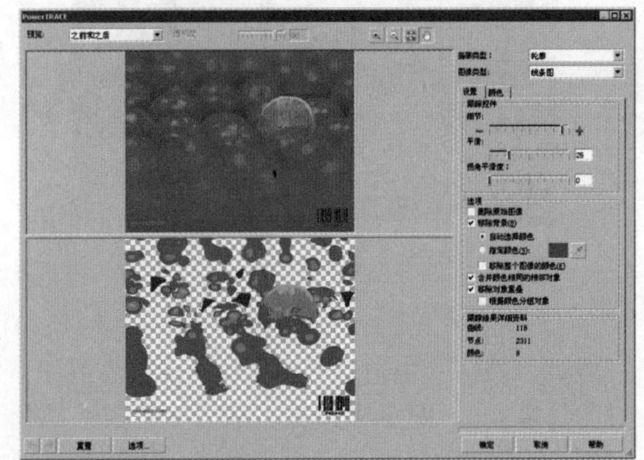

图8-15　PowerTRACE窗口

03 单击"图像类型"下三角按钮，在弹出的下拉列表中选择预设类型（"艺术线条"、"徽标"、"详细徽标"和"剪贴画"等）进行对比，得到的效果如图8-16所示。

整个窗口分为两大部分：左边是预览区和查看预览图形的工具按钮，可以平移、缩放、查看全部。预览区上（左）半部分是原图像，下（右）半部分是描绘后的图像。如果参数调节不合适，还可以随时撤销或者返回到原始状态。

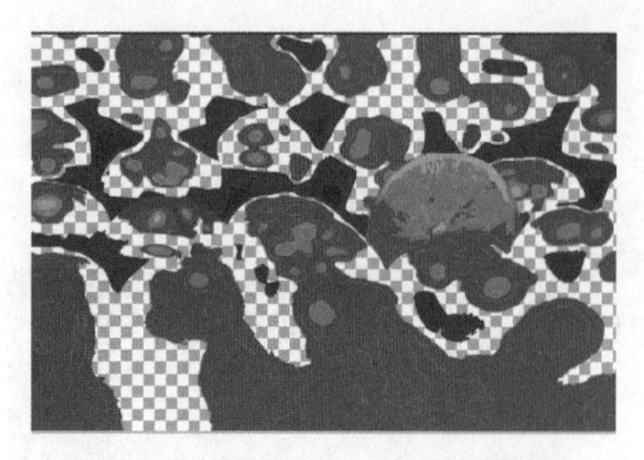

（a）艺术线条效果

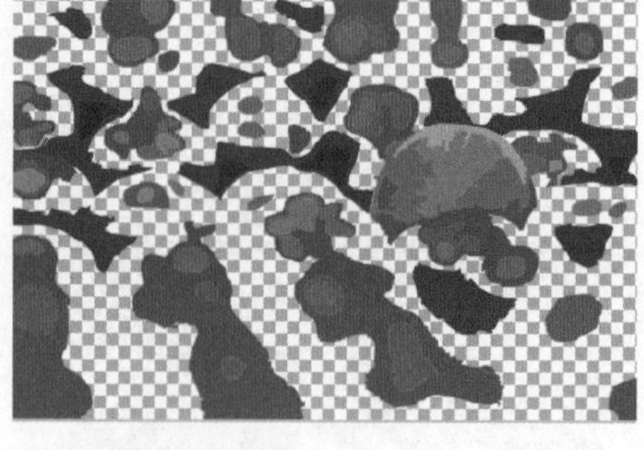

（b）徽标效果

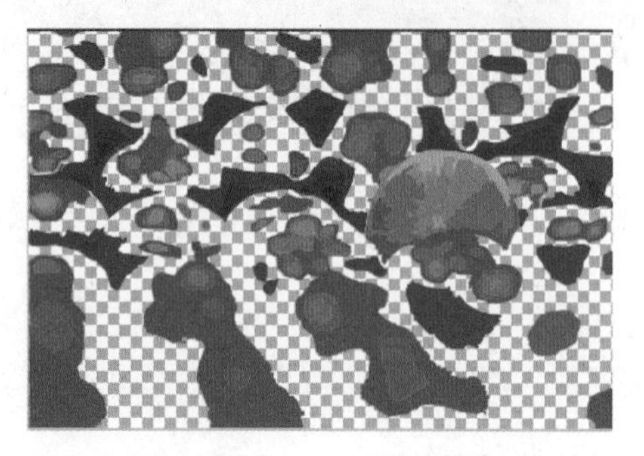

（c）详细徽标效果

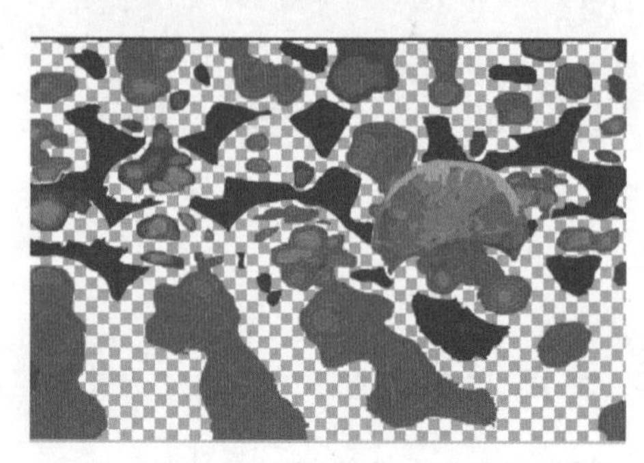

（d）剪贴画效果

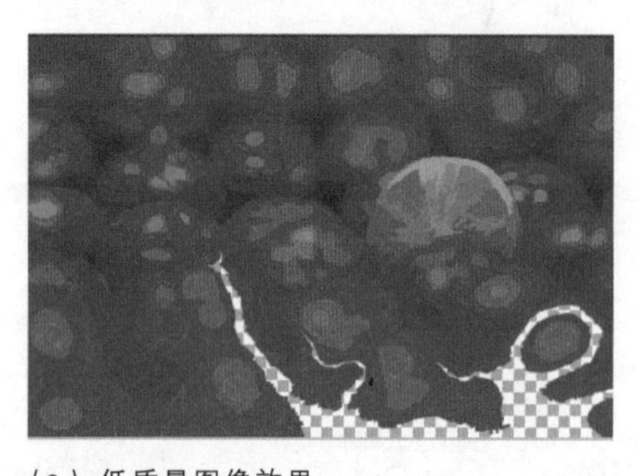

（e）低质量图像效果

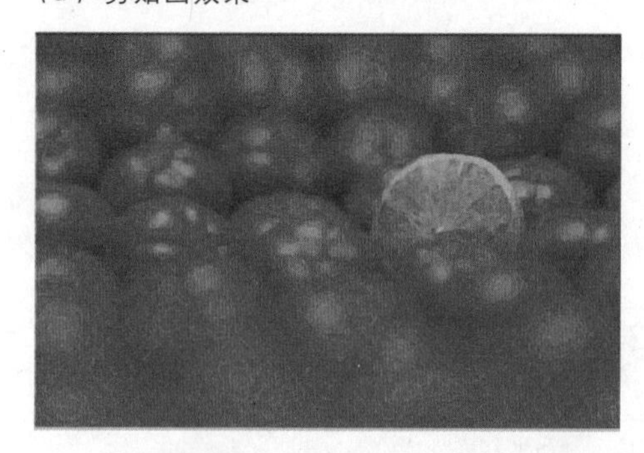

（f）高质量图像效果

图 8-16　不同类型的效果

PowerTRACE 窗口中各个选项的功能如下：

[图像类型]：即描摹方式，如艺术线条、徽标、详细徽标等。

在“设置”选项卡中，可以设置关于图像背景和颜色等选项。

[细节]：将转换对象的细节层次体现出来。

[平滑]：对转换的对象进行光滑处理。

上面两项都可通过滑动条来进行调节，越向右描摹的矢量图形失真越小，质量越高。

[删除原始图像]：删除原位图图像，只生成矢量轮廓图形。

[移除背景]：将原位图中的填充色部分或全部移除，可分为自动移除和设置颜色阀值移除两种。

[跟踪结果详细资料]：显示描绘成矢量图形后的细节报告，如曲线数、节点数和颜色数等。

在“颜色”选项卡中，可以设置颜色模式和颜色数量。

[颜色模式]：包括 CMYK、RGB 等。

[颜色数]：可以设置 1～3 种颜色。

8-7-3 中心线描摹

中心线描摹，可以将类似于施工图的简单线条稿描摹成矢量图形，以方便用户在计算机中进行矢量的编辑处理。中心线描摹有“技术图解”和“线条画”两种样式。这两个命令均打开同一个对话框，选项也相同，只是选项的具体设置有所不同。

例如，打开一个素材文件，选中其中一个图片，如图8-17所示。执行菜单“位图”/“中心线描摹”/“技术图解”命令，打开PowerTRACE窗口，如图8-18所示。

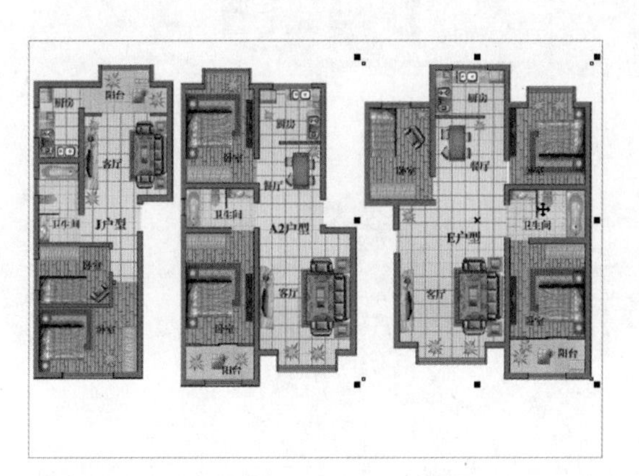

图8-17 素材文件效果

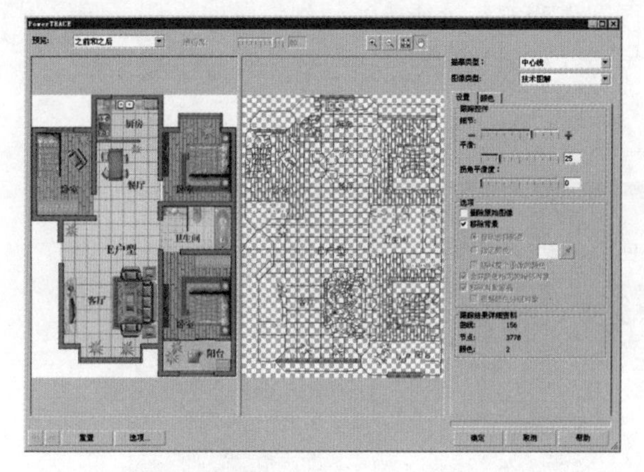

图8-18 PowerTRACE窗口

单击“确定”按钮，创建矢量线条，线条默认与底图重叠在一起，将其移动到位图的一侧，可以看到产生的线条图形效果，如图8-19所示。

在素材文件中选中中间的位图图片，如图8-20所示。执行菜单“位图”/“中心线描摹”/“线条画”命令，同样会打开PowerTRACE窗口，如图8-21所示。

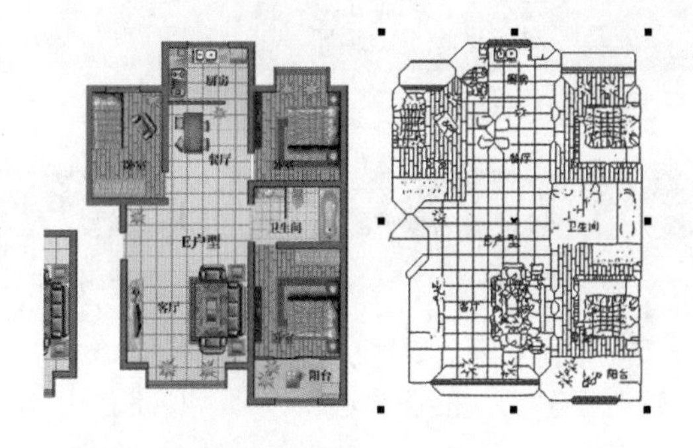

图8-19 矢量线条效果

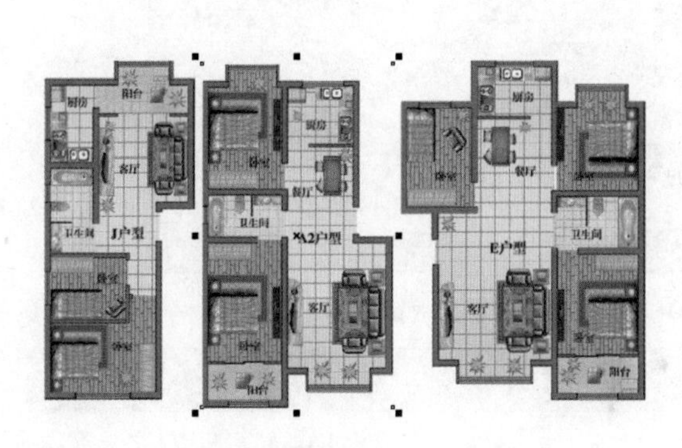

图8-20 选中中间的位图图片

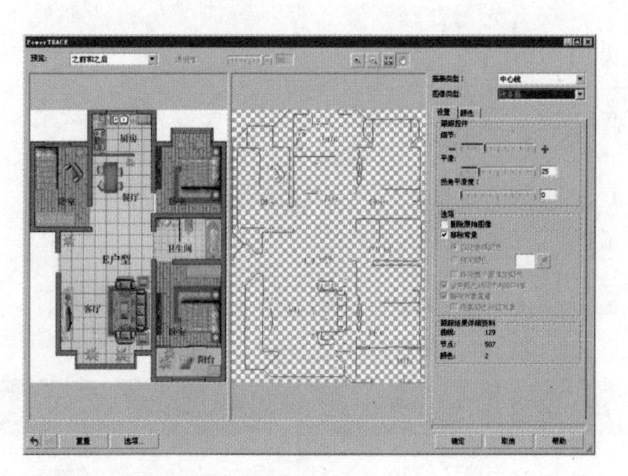

图8-21 PowerTRACE窗口

单击“确定”按钮，创建矢量线条，将线条移动到位图的一侧，可以看到产生的线条图形效果，如图8-22所示。

在素材文件中选中左侧的位图图片，执行菜单“位图”/“中心线描摹”/“线条画”命令，打开PowerTRACE窗口，并对窗口中的选项进行设置，如图8-23所示。单击“确定”按钮，创建矢量线条，将与底图重叠的矢量线条移动到位图的一侧，可以看到产生的线条图形效果，如图8-24所示。

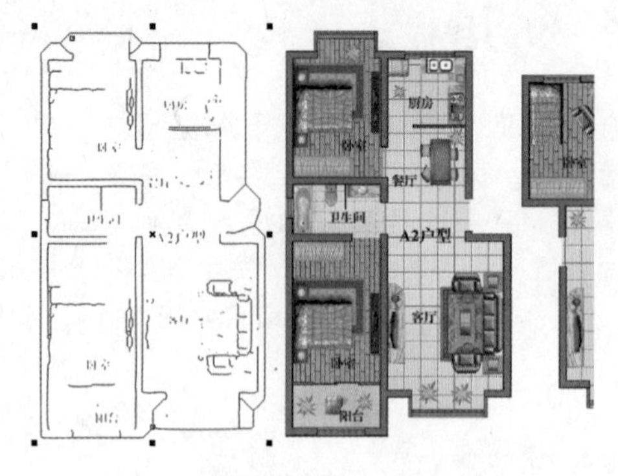

图8-22 矢量线条效果（一）

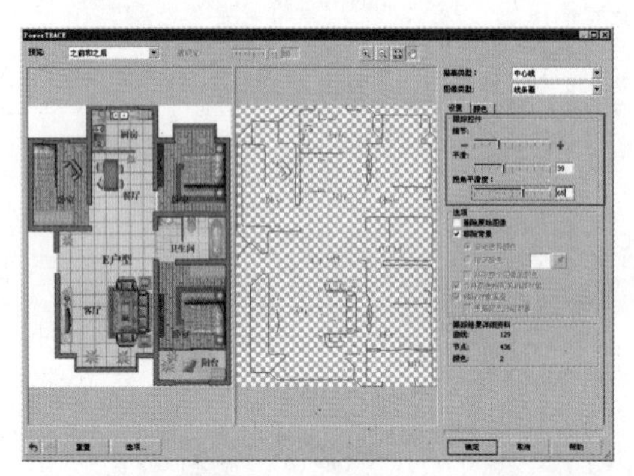

图8-23 设置PowerTRACE窗口

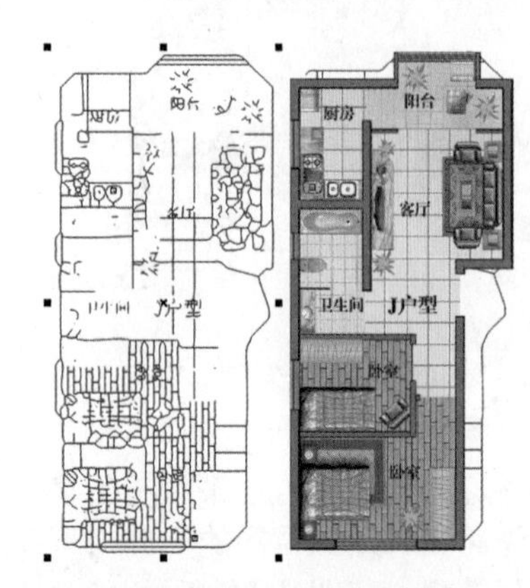

图8-24 矢量线条效果（二）

8-8 重新取样

使用“重新取样”命令，可以改变图像的分辨率等属性，具体操作步骤如下：

01 单击页面中需要重新取样的位图，执行菜单“位图”/“重新取样”命令，弹出如图8-25所示的“重新取样”对话框，在“图像大小”选项组中设置图像的高度与宽度，在“分辨率”选项组中设置图像的水平和垂直分辨率。

02 选择“光滑处理”复选框，可以使矢量图形转化为位图后边缘光滑。

03 选择“保持纵横比”复选框，可以使改变尺寸和分辨率的位图保持纵横比，避免变形。选择“保持原始大小”复选框，可以在图像变换后仍然保持原来的尺寸。

04 设置完成后单击“确定”按钮，即可看到重新取样后的结果。

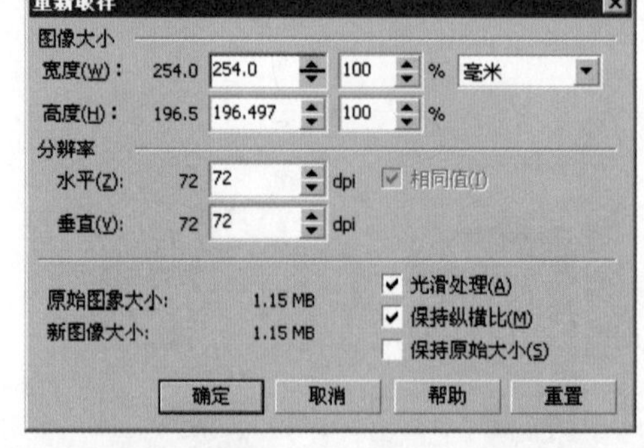

图8-25 “重新取样”对话框

8-9 颜色模式

在CorelDRAW X4中，用户可以根据需要自由设置颜色模式。当转换位图的颜色模式时，位图的外观也会发生变化。

要改变位图的颜色模式，可执行菜单“位图”/“模式”命令，“模式”子菜单中有7种颜色模式可供选择，如图8-26所示。

8-9-1 黑白模式

黑白模式只有黑和白两种颜色，是1位黑白图像，没有灰度图像，黑和白通常没有层次的变化，具体操作步骤如下：

01 选中要应用黑白模式的位图，如图8-27所示。

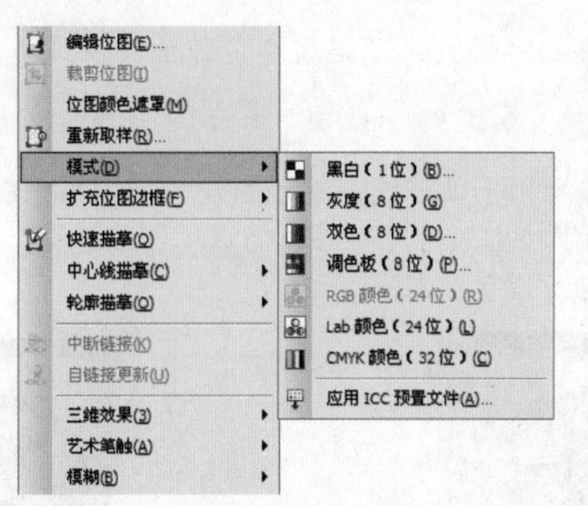

图8-26　“模式”子菜单

图8-27　原图

02 执行菜单“位图”/“模式”/“黑白（1位）”命令，弹出“转换为1位”对话框，如图8-28所示。

03 在对话框中单击鼠标右键可以缩放图像，按住鼠标左键并拖动可以改变图像的位置。在“转换方法”下拉列表框中选择不同的转换方式，其参数也是不同的。

04 调整完成后单击“确定”按钮，效果如图8-29所示。

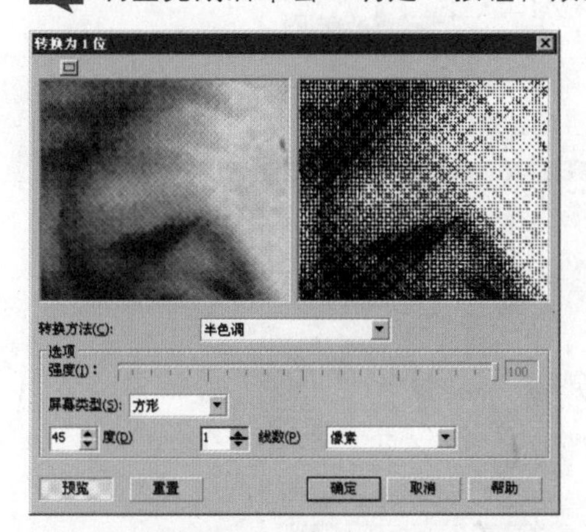

图8-28　“转换为1位”对话框

图8-29　黑白模式效果

8-9-2 灰度模式

灰度模式是8位灰度图。有时只有将位图转换成灰度模式后，才能再转换成其他模式。选中位图，执行菜单“位图”/“模式”/“灰度（8位）”命令，即可将位图转换成灰度模式，效果如图8-30所示。

（a）原图

（b）灰度模式效果

图8-30　原图及灰度模式效果

8-9-3 双色模式

双色模式也是一种灰度模式，就是将彩色位图转换成 8 位灰度图。

01 执行菜单“位图”/“模式”/“双色（8 位）”命令，弹出“双色调”对话框，如图 8-31 所示。

02 对话框右侧的曲线可用于调节图像的明暗及色调效果，在“类型”默认为“单色调”，单击“类型”下三角按钮，在弹出的下拉列表中还有“双色调”、“三色调”和“四色调”可供选择，如图 8-32 所示。用户可以分别调整 4 种标准色的效果。

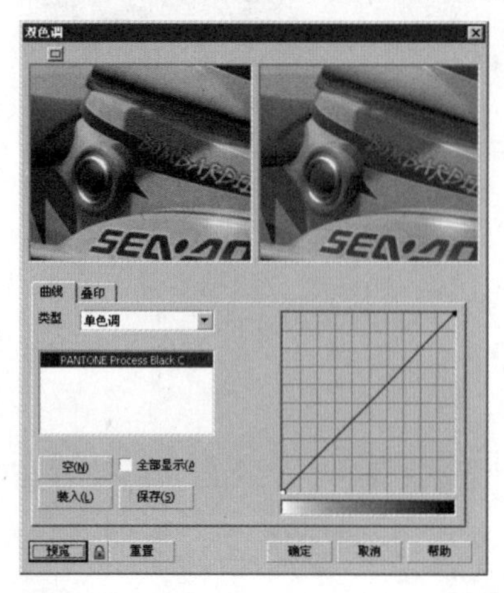

图 8-31 “双色调”对话框

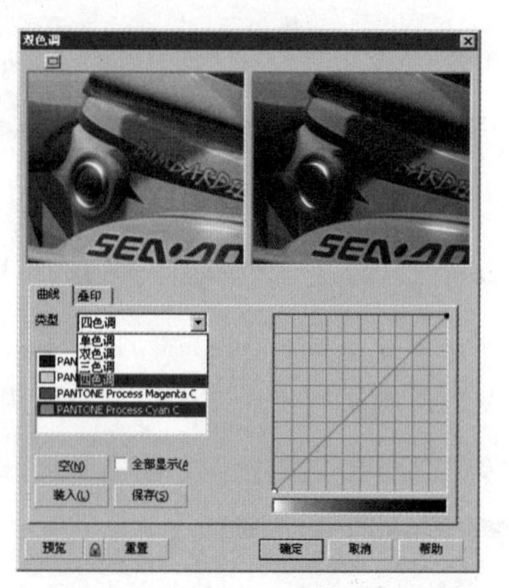

图 8-32 四色颜色的色阶

03 在“类型”下拉列表框下方的列表框中双击某个颜色块，可以弹出“选择颜色”对话框，如图 8-33 所示。用户可以任意设置颜色，以重新调整图像的色调。

04 在“双色调”对话框中单击“空”按钮，可以清除调整的曲线；单击“装入”按钮，可以将调整的曲线应用到图像中，以预览效果；单击“保存”按钮，可以将调节的曲线保存起来，以便下次使用。

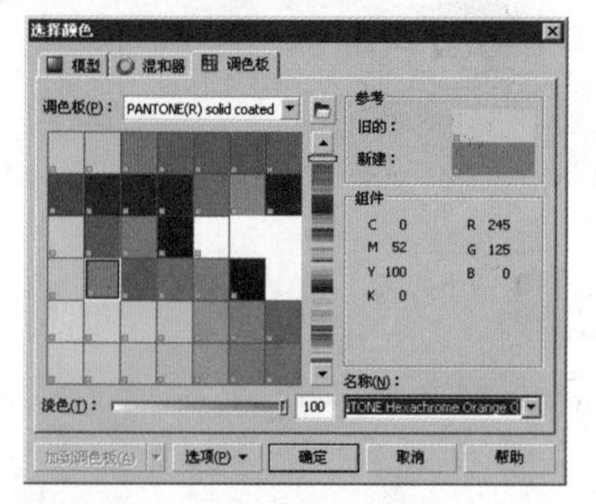

图 8-33 “选择颜色”对话框

05 选择类型并设置各种参数后，单击“确定”按钮，即可得到双色模式效果。图 8-34 所示分别为“三色调”和“四色调”效果。

（a）三色调

（b）四色调

图 8-34 “三色调”和“四色调”效果

8-9-4 RGB 模式

RGB 模式是常用的 24 位颜色模式，如果要将非 RGB 模式的位图转换成 RGB 模式，系统会根据颜色管理器中所设置的色彩描述进行正确的颜色模式转换。

选中位图后，执行菜单“位图”/“模式”/“RGB 颜色（24 位）”命令，即可将所选图像转换成 RGB 模式。

8-9-5 Lab 模式

Lab 模式也是一种 24 位颜色模式，它包括 CMYK 和 RGB 两种模式的色谱。

选中位图后，执行菜单“位图”/“模式”/“Lab 颜色（24 位）”命令，即可转换为 Lab 模式。

8-9-6 CMYK 模式

CMYK 模式是将全彩图转换成 32 位的 CMYK 模式，CMYK 模式通常可以用做商用全色打印的标准模式。

执行菜单“位图”/“模式”/“CMYK 颜色（32 位）”命令，弹出一个对话框，单击“确定”按钮，即可转换为 CMYK 模式。

提示 · 技巧

将位图转换成 CMYK 模式与其他模式的转换不同，CMYK 模式的颜色空间依赖于打印机的特性，颜色模式的转换会带来信息的丢失，尤其是由 RGB 转换成 CMYK 模式，颜色变化较大。因为 RGB 模式的颜色空间比 CMYK 模式的颜色空间大，所以在转换时应该选择适当的颜色模式，以免丢失位图信息和改变颜色。

8-9-7 调色板模式

调色板模式也是 8 位颜色模式，这种模式基本上可以满足一般需要，而且转换后的文件较小。在将位图转换成调色板模式时，系统会根据位图中的颜色创建自定义调色板。

选中位图，执行菜单“位图”/“模式”/“调色板（8 位）”命令，弹出“转换至调色板色”对话框，如图 8-35 所示。单击“调色板”下三角按钮，在弹出的下拉列表中选择调色板的类型。拖动“抵色强度”滑块，可以设置位图点的抖动强度。设置好各项参数后单击“确定”按钮，即可得到调色板模式效果，如图 8-36 所示。

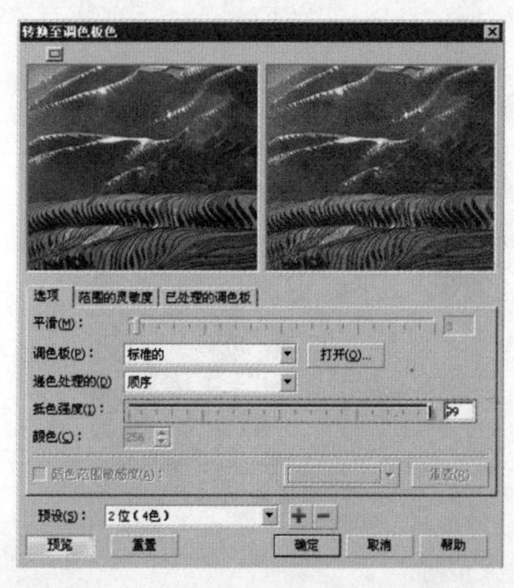

图 8-35 “转换至调色板色”对话框

（a）原图

（b）调色板模式效果

图 8-36 原图及调色板模式效果

8-10 位图的颜色遮罩

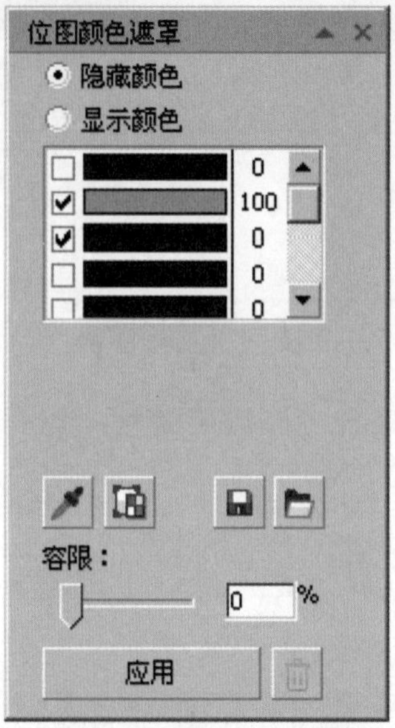

通常情况下，位图会降低屏幕的刷新速度，即降低图片的显示速度。要提高刷新速度，可以使用“位图颜色遮罩”命令，将图像中选取的颜色隐藏起来，只显示局部颜色。执行菜单“位图”/“位图颜色遮罩”命令，弹出“位图颜色遮罩”泊坞窗，如图8-37所示。

[隐藏颜色]：选择此单选按钮，可以使位图的背景颜色隐藏。

[显示颜色]：选择此单选按钮，可以使位图的背景颜色显示。

[容限]：拖动此滑块或在右侧的文本框中输入参数值，可以设置隐藏颜色的精确度，数值越大精确度越小。

[颜色选择]：单击此按钮，当光标变为吸管形状时，可移动光标到图像的某一颜色上，单击使其成为遮罩色。

[编辑颜色]：单击此按钮，在弹出的“选取颜色”对话框中选取颜色作为遮罩颜色。

[保存遮罩]：单击此按钮，可将当前设置保存为遮罩文件。

[打开遮罩]：单击此按钮，在弹出的“打开”对话框中选择系统提供的颜色遮罩文件，再单击“打开”按钮，所选的文件将应用于当前位图上。

图8-37 “位图颜色遮罩”泊坞窗

对位图执行颜色遮罩效果的具体操作步骤如下：

01 导入一张位图，如图8-38所示。

02 执行菜单“位图”/“位图颜色遮罩”命令，打开“位图颜色遮罩”泊坞窗。

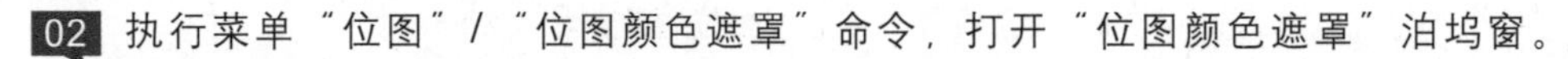

03 选择“隐藏颜色”单选按钮，然后单击“编辑颜色”按钮，在弹出的“选择颜色”对话框中设置颜色，或者单击“颜色选择”按钮，吸取位图中的任意颜色，“容限”值为19。

04 单击“应用”按钮，图像中的蓝色将被隐藏起来，如图8-39所示。

图8-38 导入位图

图8-39 使用遮罩后的效果

8-11 外部链接位图

对导入的位图进行链接可以节省绘图文件的空间。链接位图的具体操作步骤如下：

01 执行菜单“文件”/“导入”命令，在弹出的“导入”对话框中选择一个位图，单击“导入”下拉按钮，弹出其他导入选项菜单。

02 选择“导入为外部链接的图像”选项，即可将位图导入到页面中，并保持链接关系。

提示 · 技巧

如果要取消链接关系，执行菜单“位图”/“中断链接”命令即可。

导入后如果位图发生变化，执行菜单“位图”/“自链接更新”命令，可以更新文档中链接的位图。

8-12 创建位图三维效果

三维效果包括三维旋转、柱面和浮雕等7种，它们位于“位图”/“三维效果”子菜单中，如图8-40所示。下面对几种三维效果进行详细讲解。

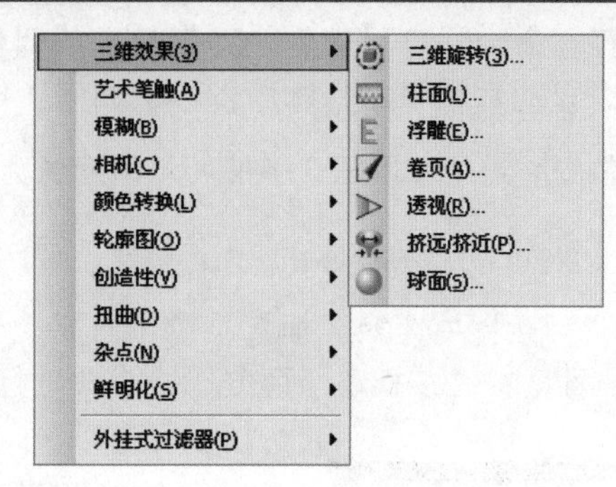

图8-40 “三维效果”子菜单

8-12-1 三维旋转效果

使用“三维旋转”命令，可以设置位图的水平和垂直方向的角度，以模拟三维空间的方式来旋转位图，从而达到立体透视的效果。具体操作步骤如下：

01 导入一张位图并选中，如图8-41所示。

02 执行菜单“位图”/“三维效果”/“三维旋转”命令，弹出“三维旋转”对话框，如图8-42所示。

图8-41 导入位图

图8-42 “三维旋转”对话框

03 在该对话框中的“垂直”和“水平”数值框中设置旋转角度，选择“最适合”复选框，使图像以最合适的大小显示。单击按钮，可以在预览窗口中预览效果。

04 达到满意效果后，单击“确定”按钮，效果如图8-43所示。

图8-43 三维旋转效果

提示 · 技巧

单击“三维旋转”对话框中的按钮，使之成为状态，可以打开两个预览窗口；再单击按钮，可以锁定预览结果。

8-12-2　柱面效果

使用“柱面”命令，可以建立一种看起来如同位图被粘贴在柱子上的视觉效果，其参数设置和三维旋转的参数设置基本相同。具体操作步骤如下：

01 导入一张位图并选中（以图8-41所示的图像为例）。

02 执行菜单“位图”/“三维效果”/“柱面”命令，弹出“柱面”对话框，如图8-44所示。

03 在“柱面”对话框中选择“垂直”或“水平”单选按钮，在“百分比”滑动条右侧的文本框中设置参数及缩放程度，或直接拖动“百分比”滑块进行调节，效果如图8-45所示。

图8-44　“柱面”对话框

图8-45　柱面效果

8-12-3　浮雕效果

浮雕效果是设置深度和光线的方向，在平面图像上生成类似于浮雕的一种三维效果。具体操作步骤如下：

01 导入一张位图并选中，如图8-46所示。

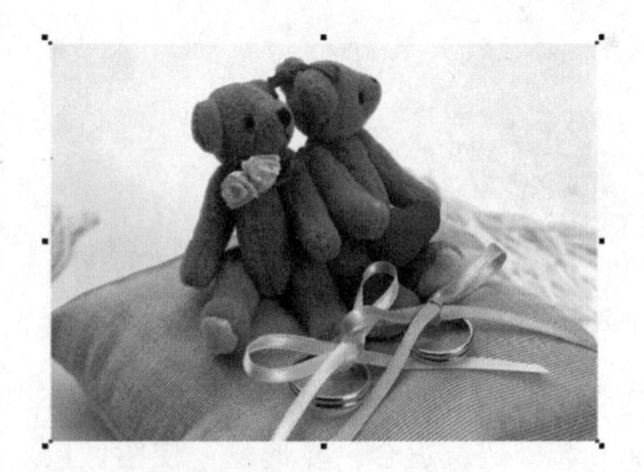

图8-46　导入位图

02 执行菜单“位图”/“三维效果”/“浮雕”命令，弹出“浮雕”对话框，如图8-47所示。

03 在“浮雕”对话框中拖动“深度”滑块，可以控制浮雕的深度；拖动“层次”滑块，可以设置浮雕包含的背景颜色；在“方向”数值框中输入数值，设置浮雕的方向。在“浮雕色”选项组中可以设置转换成浮雕后的颜色，选择“原始颜色”单选按钮，不改变原来颜色效果；选择“灰色”单选按钮，位图将变成灰度效果；选择“黑”单选按钮，位图将变成黑白效果；选择“其他”单选按钮，可以在下拉列表框中选取自己需要的浮雕颜色。

04 设置完成后单击“确定”按钮，即可得到效果，如图8-48所示。

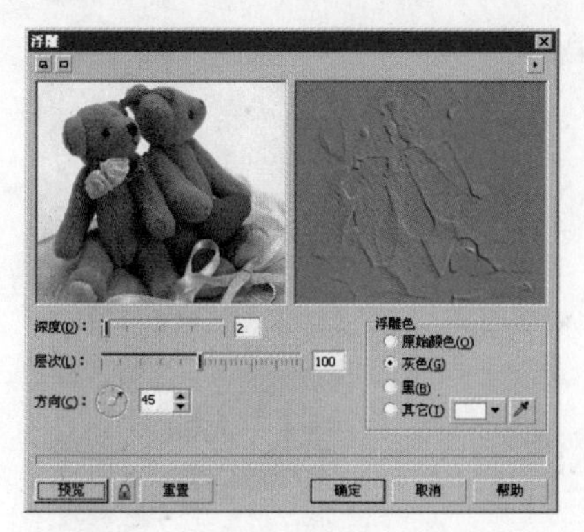

图 8-47 “浮雕”对话框

图 8-48 浮雕效果

8-12-4 卷页效果

卷页效果就是可以把位图的任意一个角像纸一样卷起来，并且可以设置卷页的方向、大小及透明度等参数。具体操作步骤如下：

01 导入一张位图并选中（以图 8-46 所示的图像为例）。

02 执行菜单“位图”/“三维效果”/“卷页”命令，弹出“卷页”对话框，如图 8-49 所示。

03 在“卷页”对话框中选择一种卷页的类型，在“定向”选项组中选择卷页的方向；在“纸张”选项组中选择卷页部分是否透明；在“颜色”选项组中选择卷曲与背景的颜色。拖动“宽度”与“高度”滑块，或在右侧的文本框中输入数值来调整卷页的宽度与高度。设置完成后单击“确定”按钮，即可得到效果，如图 8-50 所示。

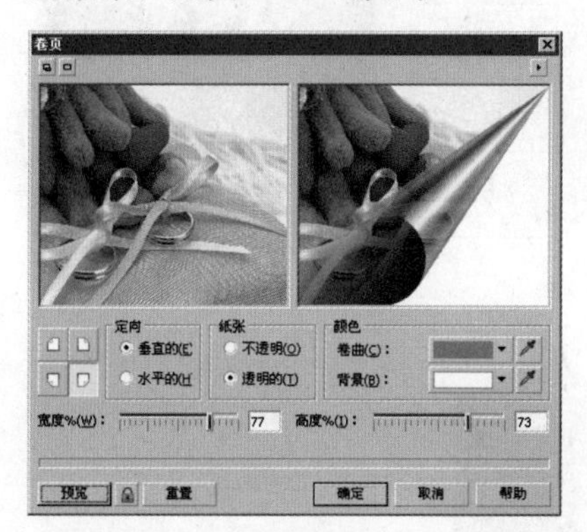

图 8-49 “卷页”对话框

图 8-50 卷页效果

8-12-5 透视效果

透视效果就是可以调整位图 4 个角的控制点，使位图产生一种拉向远方的三维效果。具体操作步骤如下：

01 导入一张位图并选中，如图 8-51 所示。

02 执行菜单“位图”/“三维效果”/“透视”命令，弹出“透视”对话框，如图 8-52 所示。

03 在“透视”对话框的“类型”选项组中，可通过选择“透视”或“切变”单选按钮设置透视效果的方向和深度。选择“最适合”复选框，可以使经过透视处理的位图尽量接近原图的大小。设置完成后单击“确定”按钮，即可得到效果，如图 8-53 所示。

图8-51　导位位图

图8-52　“透视”对话框

图8-53　透视效果

8-12-6　挤远/挤近效果

挤远/挤近效果，就是通过变形处理使图像产生被拉近或者拉远的效果。具体操作步骤如下：

01 导入一张位图并选中（以图8-51所示的图像为例）。

02 执行菜单“位图”/“三维效果”/“挤远/挤近”命令，弹出“挤远/挤近”对话框。

03 在“挤远/挤近”对话框中拖动“挤远/挤近”滑块，调节挤远或挤近的深度，数值为正值，可以产生挤远效果。按下“设置中心”按钮，可以在图像中设置变形的位置。设置完成后单击“确定”按钮，效果如图8-54和8-55所示。

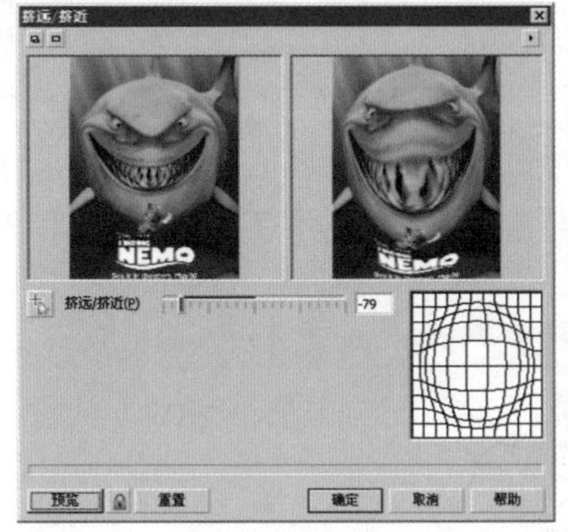

图8-54　挤远设置及效果

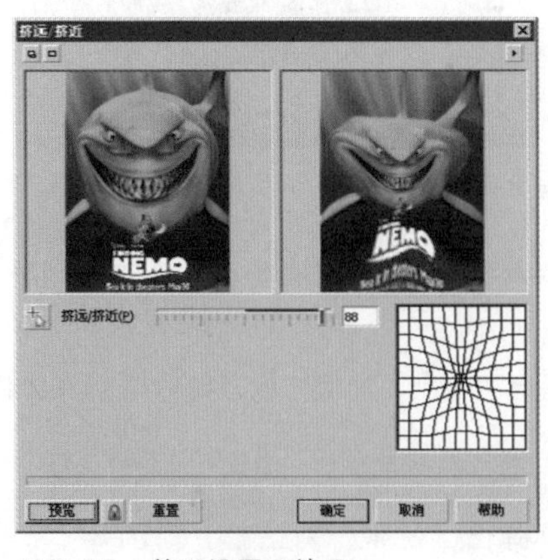

图8-55　挤近设置及效果

8-12-7 球面效果

球面效果就是通过变形处理使图像产生包围在球体内侧和外侧的视觉效果。具体操作步骤如下：

01 导入一张位图并选中。

02 执行菜单“位图”/“三维效果”/“球面”命令，弹出“球面”对话框，如图8-56所示。

03 在“球面”对话框中拖动“百分比”滑块，可以改变变形效果。值为正可以使中心周围的像素放大，产生图像包围在球面外侧的效果。按下“设置中心”按钮，可以在图像中设置变形中心的位置。设置完成后单击“确定”按钮，即可得到效果，如图8-57所示。如果对设置的效果不满意，可单击“重置”按钮，将各项设置恢复到默认值。

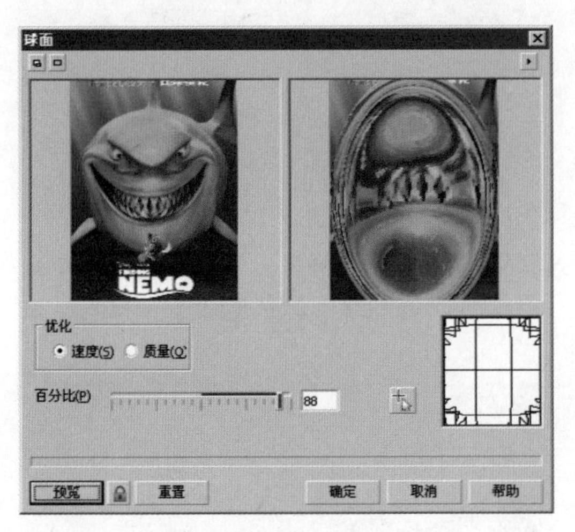

图8-56 “球面”对话框

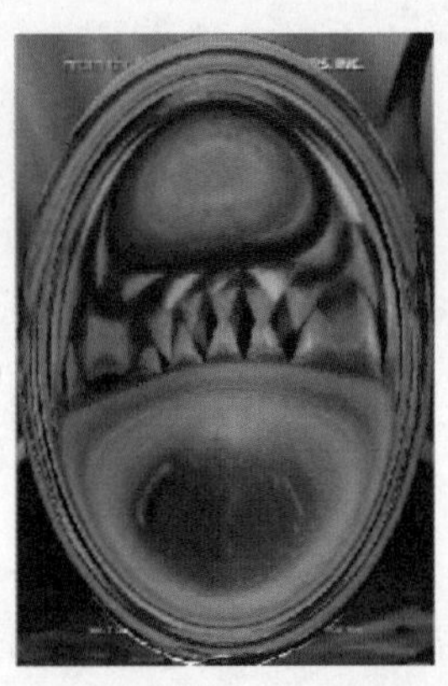

(a)“百分比”设置为88时的效果

(b)“百分比”设置为-40时的效果

图8-57 球面效果

8-13 艺术笔触效果

CorelDRAW X4为用户提供了14种艺术笔触效果，如素描效果、蜡笔效果、水彩画效果、钢笔画效果、油画效果和水印效果等，它们均可以运用手工绘画技巧为位图图像添加效果。

8-13-1 炭笔画效果

炭笔画效果就是将位图转换为具有素描效果的图像。具体操作步骤如下：

01 导入一张位图并选中，如图8-58所示。

02 执行菜单“位图”/“艺术笔触”/“炭笔画”命令，弹出”炭笔画“对话框，如图8-59所示。

03 在“炭笔画”对话框中拖动“大小”滑块可以调节笔的粗细，拖动“边缘”滑块可以调节图像的边缘效果。设置完成后单击“确定”按钮，即可得到效果，如图8-60所示。

图8-58 导入位图

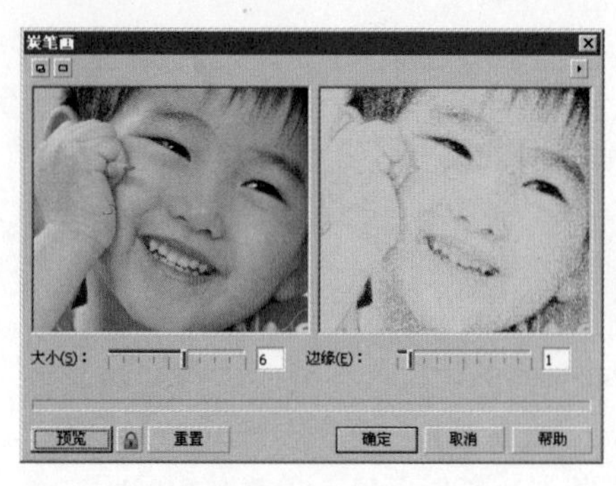

图8-59 “炭笔画”对话框

图8-60 炭笔画效果

8-13-2 单色蜡笔画效果

单色蜡笔画效果就是将位图转换为不同纹理效果的图像。具体操作步骤如下：

01 导入一张位图并选中。

02 执行菜单“位图”/“艺术笔触”/“单色蜡笔画”命令，弹出“单色蜡笔画”对话框，如图8-61所示。

03 在“单色蜡笔画”对话框中的“单色”选项组中可以选择蜡笔的颜色；单击“纸张颜色”下三角按钮，在弹出的下拉列表中选择纸张的颜色；拖动“压力”滑块可以调节绘图颜色的轻重；拖动“底纹”滑块可以调节底纹的粗糙度。

04 设置完成后单击“确定”按钮，即可得到效果，如图8-62所示。

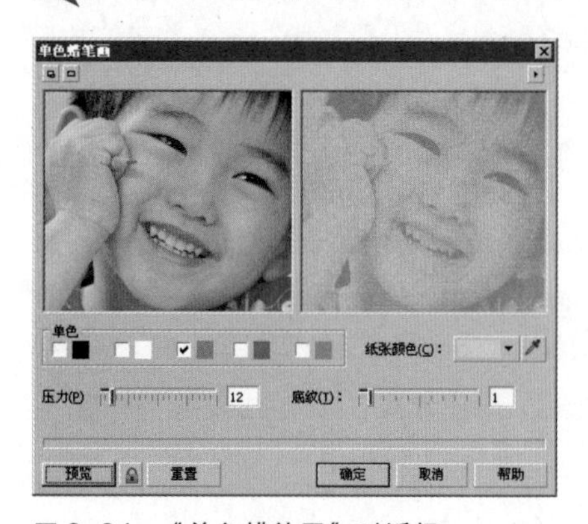

图8-61 “单色蜡笔画”对话框

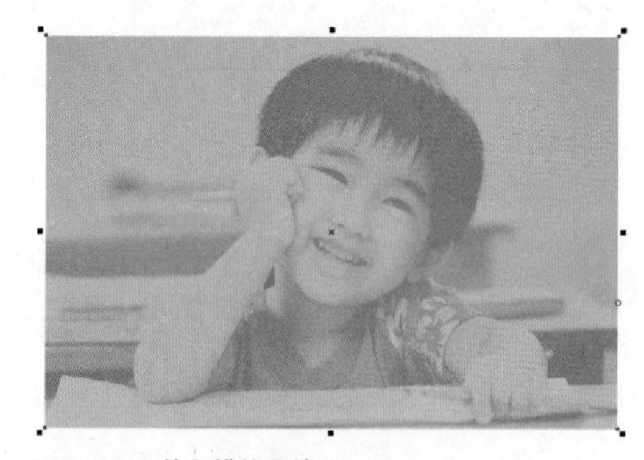

图8-62 单色蜡笔画效果

8-13-3 立体派效果

立体派效果就是将相同的颜色组成一个小块，创建一种立体派绘画风格。具体操作步骤如下：

01 导入一张位图并选中。

02 执行菜单“位图”/“艺术笔触”/“立体派”命令，弹出“立体派”对话框，如图8-63所示。

03 在“立体派”对话框中拖动“大小”滑块，可以调节相同颜色像素的密度；拖动“亮度”滑块可以调节位图的明暗程度；单击“纸张色”下三角按钮，在弹出的下拉列表中选择纸张的颜色。设置完成后单击“确定”按钮，即可得到效果，如图8-64所示。

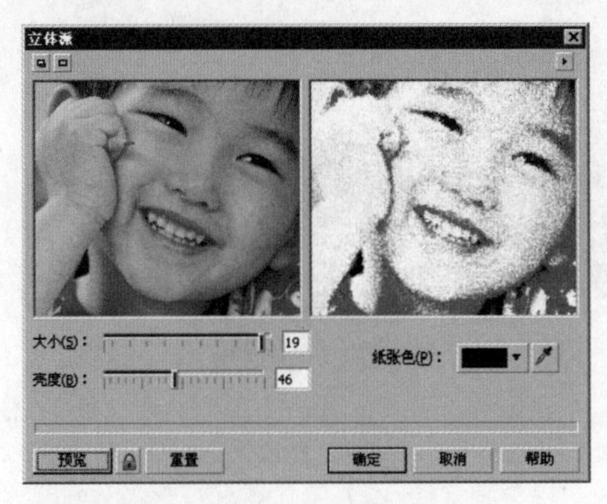

图8-63　“立体派”对话框

图8-64　立体派效果

8-13-4　蜡笔画效果

蜡笔画效果就是将位图中的像素分散，创建一种蜡笔画效果。具体操作步骤如下：

01 导入一张位图并选中。

02 执行菜单“位图”/“艺术笔触”/“蜡笔画”命令，弹出“蜡笔画”对话框，如图8-65所示。

03 在“蜡笔画”对话框中拖动“大小”滑块，可以调节蜡笔笔触的大小；拖动“轮廓”滑块，可以调节位图轮廓的细节。设置完成后单击“确定”按钮，即可得到效果，如图8-66所示。

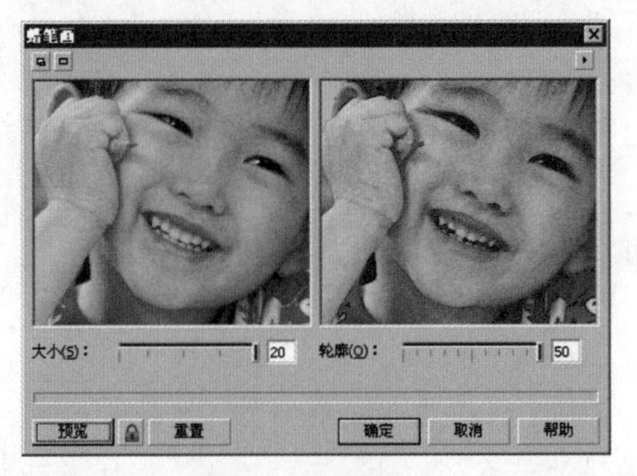

图8-65　“蜡笔画”对话框

图8-66　蜡笔画效果

8-13-5　印象派效果

印象派效果就是将位图转换成小块的纯色，创建一种类似于印象派作品的效果。具体操作步骤如下：

01 导入一张位图并选中，如图8-67所示。

02 执行菜单“位图”/“艺术笔触”/“印象派”命令，在弹出“印象派”对话框中选择“笔触”单选按钮，得到的图像效果如图8-68所示。

03 在“印象派”对话框的“样式”选项组中选择“色块”单选按钮，并拖动“着色”滑块，可以调节着色的轻重，数值越大，颜色越重；拖动“亮度”滑块可以调节位图的亮度。

图8-67　导入位图

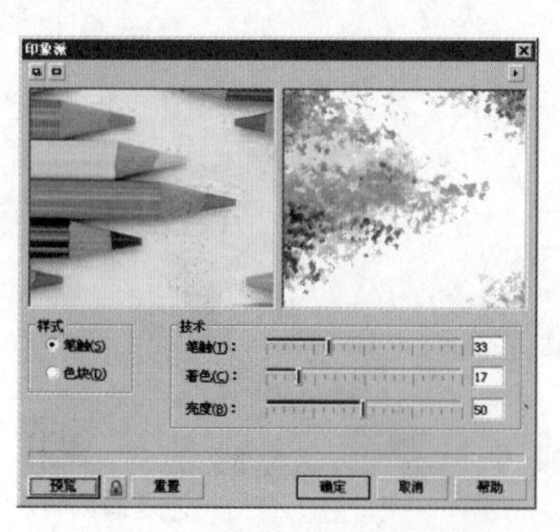

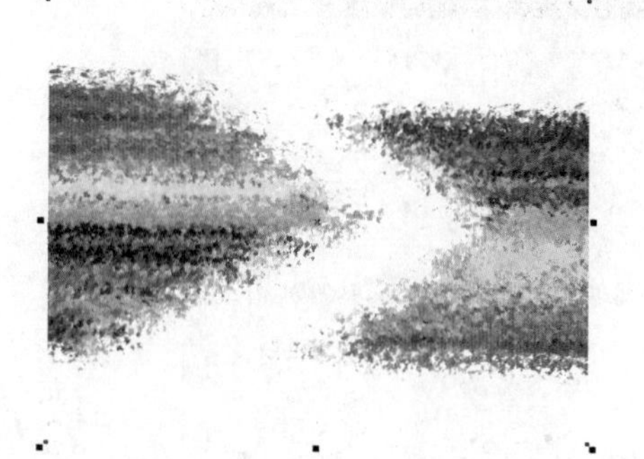

图8-68　选择“笔触”单选按钮的“印象派”对话框及效果

04 设置完成后单击“确定”按钮，即可得到效果，如图8-69所示。

图8-69　选择“色块”单选按钮的“印象派”对话框及效果

8-13-6　调色刀效果

调色刀效果就是将位图的像素分配，创建一种类似于油画作品的效果。具体操作步骤如下：

01 导入一张位图并选中。

02 执行菜单“位图”/“艺术笔触”/“调色刀”命令，弹出“调色刀”对话框，如图8-70所示。

03 在“调色刀”对话框中拖动“刀片尺寸”滑块，可以调节笔触的大小；拖动“柔软边缘”滑块，可以调节边缘的效果；在“角度”数值框中输入数值，可以设置笔画的角度。

04 设置完成后单击“确定”按钮，即可得到效果，如图8-71所示。

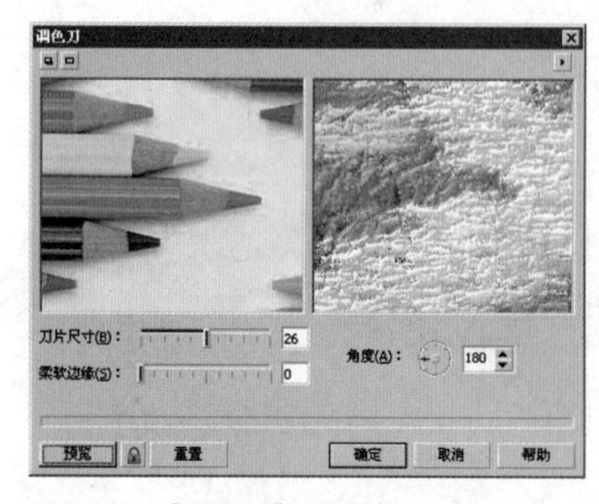

图8-70　“调色刀”对话框

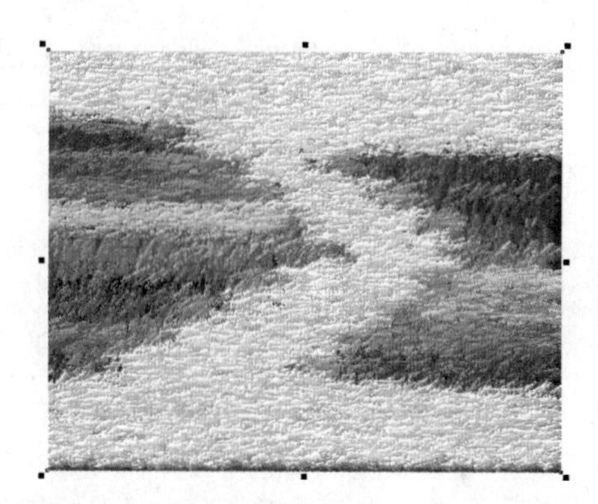

图8-71　调色刀效果

8-13-7 彩色蜡笔效果

彩色蜡笔画效果就是创建一种类似于蜡笔作品的效果。具体操作步骤如下：

01 导入一张位图并选中。

02 执行菜单“位图”/“艺术笔触”/“彩色蜡笔画”命令，弹出“彩色蜡笔画”对话框，如图8-72所示。

03 在“彩色蜡笔画”对话框中可以设置“彩色蜡笔类型”为“柔性”或“油性”；拖动“笔触大小”滑块，可以调节蜡笔笔触大小；拖动“色度变化”滑块，可以调节绘制时的色彩变化。

04 设置完成后单击“确定”按钮，即可得到不同的效果，如图8-73所示。

图8-72 “彩色蜡笔画”对话框

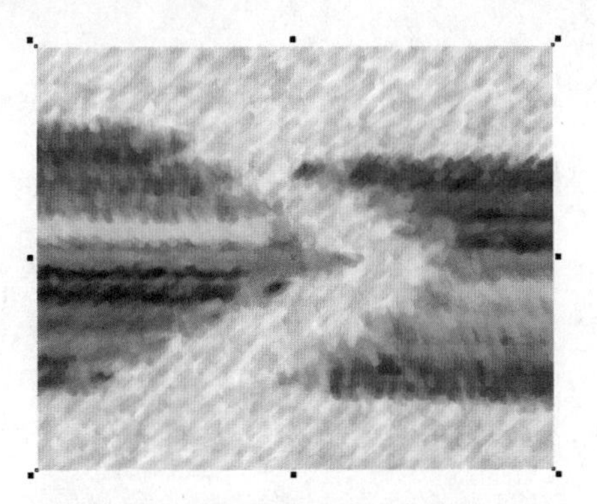

（a）选择“油性”单选按钮的效果

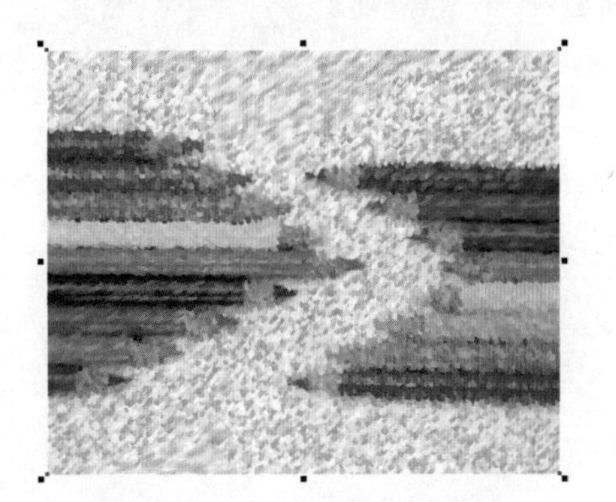

（b）选择“柔性”单选按钮的效果

图8-73 彩色蜡笔画效果

8-13-8 钢笔画效果

钢笔画效果就是创建一种类似于钢笔素描绘画的效果。具体操作步骤如下：

01 导入一张位图并选中，如图8-74所示。

02 执行菜单“位图”/“艺术笔触”/“钢笔画”命令，弹出“钢笔画”对话框，如图8-75所示。

图8-74 导入位图

图8-75 “钢笔画”对话框

03 在“钢笔画”对话框中的“样式”选项组中可以选择“交叉阴影”或“点画”的钢笔画效果。拖动“密度”滑块，可以调节线条的密度；拖动“墨水”滑块，可以调节像素颜色的深浅度。设置完成后单击“确定”按钮，即可得到不同的效果，如图8-76所示。

（a）“交叉阴影”效果

（b）“点画”效果

图8-76　钢笔画效果

8-13-9　点彩派效果

点彩派效果就是创建一种类似于由大量色点组成的图像效果。具体操作步骤如下：

01 导入一张位图并选中。

02 执行菜单“位图”/“艺术笔触”/“点彩派”命令，弹出“点彩派”对话框，如图8-77所示。

03 在“点彩派”对话框中拖动“大小”滑块，可以调节色点的大小；拖动“亮度”滑块，可以调节位图颜色的亮度。设置完成后单击“确定”按钮，即可得到效果，如图8-78所示。

图8-77　“点彩派”对话框

图8-78　点彩派效果

8-13-10　木版画效果

木版画效果就是创建一种类似于刮涂绘画作品的效果。具体操作步骤如下：

01 导入一张位图并选中，如图8-79所示。

02 执行菜单“位图”/“艺术笔触”/“木版画”命令，弹出“木版画”对话框，如图8-80所示。

03 在“木版画”对话框中的“刮痕至”选项组中可以选择“颜色”或“白色”的木版画效果。拖动“密度”滑块，可以调节笔迹的大小；拖动“大小”滑块，可以调节绘制时线条的尺寸。

图8-79　导入位图

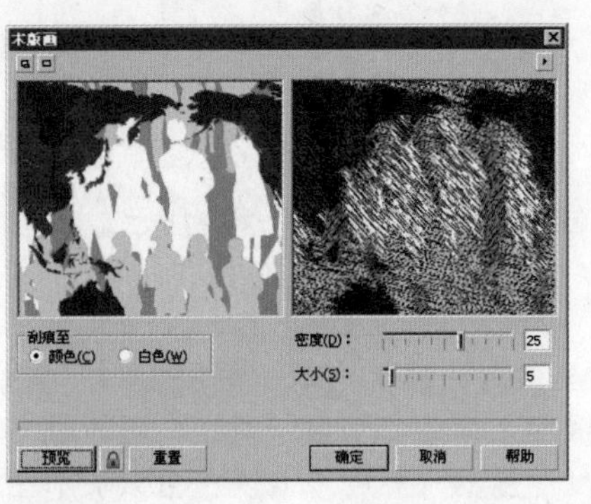

图8-80　“木版画”对话框

04 设置完成后单击“确定”按钮，即可得到效果，如图8-81所示。

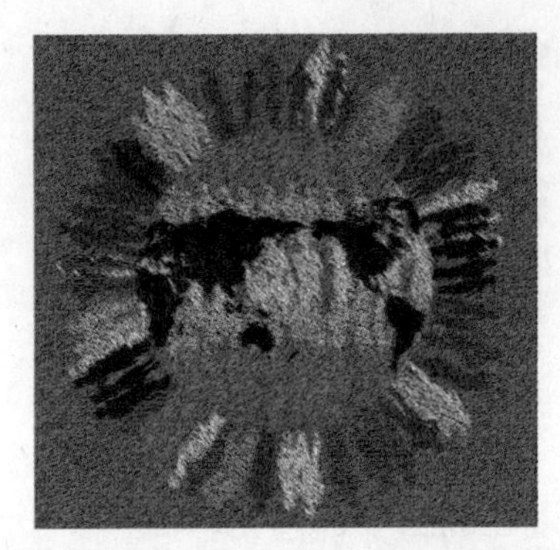

（a）选择“颜色”单选按钮的效果

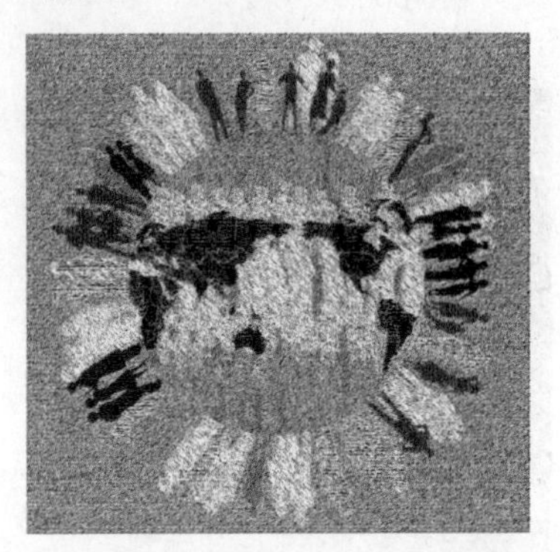

（b）选择“白色”单选按钮的效果

图8-81　选择“颜色”和“白色”单选按钮的效果对比

8-13-11　素描效果

素描效果就是创建一种类似于铅笔素描作品的效果。具体操作步骤如下：

01 导入一张位图并选中。

02 执行菜单“位图”/“艺术笔触”/“素描”命令，弹出“素描”对话框，在“铅笔类型”选项组中选择“碳色”或“颜色”的素描效果。拖动“样式”滑块，可以调节位图的粗细度；拖动“笔芯”滑块，可以调节铅笔笔触的大小；拖动“轮廓”滑块，可以调节位图轮廓线的大小。

03 设置完成后单击“确定”按钮，即可得到效果，如图8-82所示。

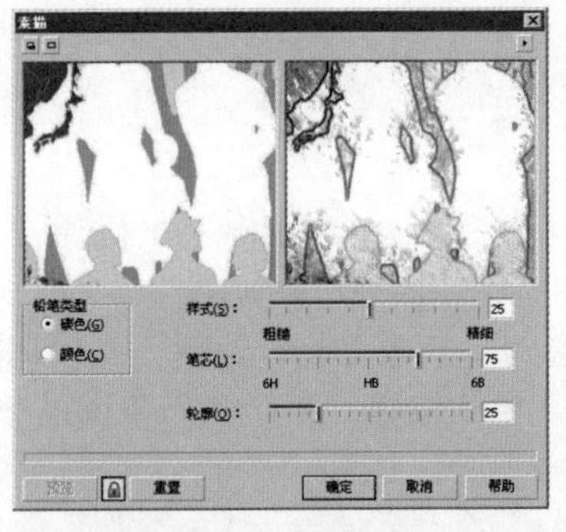

（a）选择“碳色”单选按钮及其效果

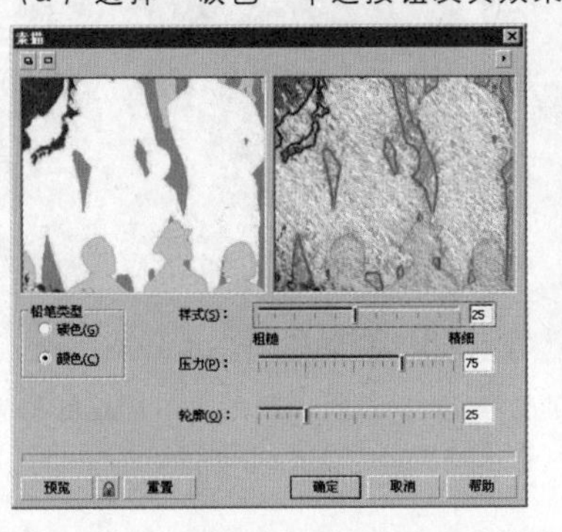

（b）选择“颜色”单选按钮及其效果

图8-82　素描效果

8-13-12 水彩效果

水彩效果就是创建一种类似于水彩画作品的效果。具体操作步骤如下：

01 导入一张位图并选中，如图 8-83 所示。

02 执行菜单“位图”/“艺术笔触”/“水彩画”命令，弹出“水彩画”对话框，如图 8-84 所示。

03 在“水彩画”对话框中拖动“画刷大小”滑块，可以调节笔触的大小。拖动“粒状”滑块，可以调节位图的平滑度；拖动“水量”滑块，可以调节位图的湿润程度；拖动“出血”滑块，可以调节色彩显示的明显程度；拖动“亮度”滑块，可以调节图像的亮度。调节好后单击“确定”按钮，即可得到效果，如图 8-85 所示。

图 8-83 导入位图

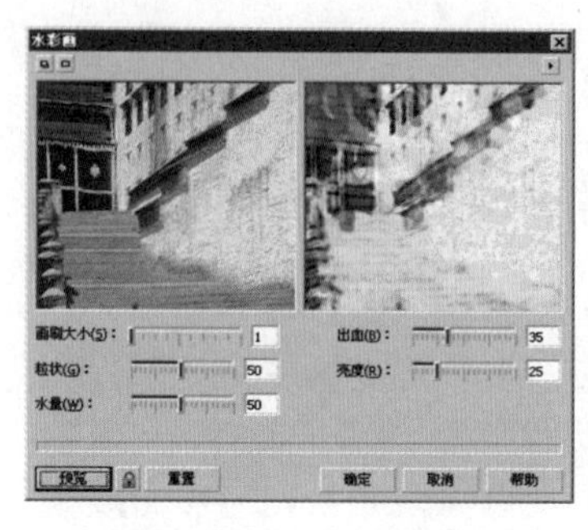

图 8-84 “水彩画”对话框

图 8-85 水彩画效果

8-13-13 水印画效果

水印画效果就是创建一种类似于麦克笔绘画作品的效果。具体操作步骤如下：

01 导入一张位图并选中。

02 执行菜单“位图”/“艺术笔触”/“水印画”命令，弹出“水印画”对话框，如图 8-86 所示。

03 在“水印画”对话框中的“变化”选项组中，可以选择“默认”、“顺序”或“随机”3 种类型之一的水印画效果。拖动“大小”滑块，可以调节笔触的大小；拖动“颜色变化”滑块，可以调节色彩的深度。设置完成后单击“确定”按钮，即可得到不同的效果，如图 8-87 所示。

图 8-86 “水印画”对话框

（a）选择“默认”单选按钮的效果

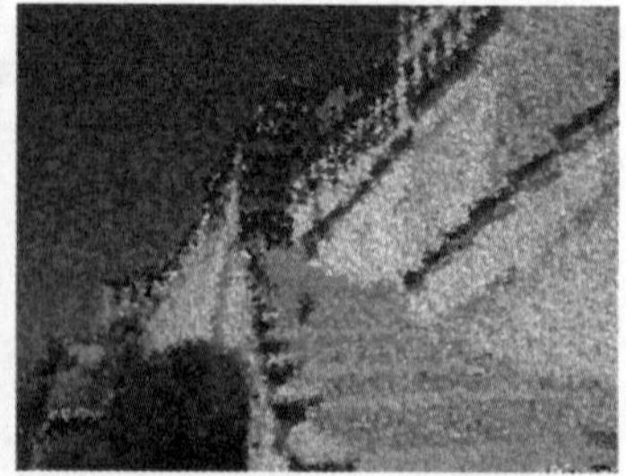

（b）选择“顺序”单选按钮的效果

（c）选择“随机”单选按钮的效果

图 8-87 不同的水印画效果

8-13-14　波纹纸画效果

波纹纸画效果可以使图像产生不同的波浪效果。具体操作步骤如下：

01 导入一张位图并选中。

02 执行菜单“位图”/“艺术笔触”/“波纹纸画”命令，弹出“波纹纸画”对话框，如图8-88所示。

03 在“波纹纸画”对话框中的“笔刷颜色模式”选项组中，可以选择“颜色”或“黑白”两种类型，不同的类型会得到不同的效果。拖动“笔刷压力”滑块，可以调节波纹纸画颜色的深浅。设置完成后单击“确定”按钮，即可得到效果，如图8-89所示。

图8-88　“波纹纸画”对话框

(a) 选择“颜色”单选按钮的效果

(b) 选择“黑白”单选按钮的效果

图8-89　选择不同颜色模式的效果

8-14　模糊效果

模糊是用来软化并混合位图中的像素，使之产生平滑的效果。CorelDRAW X4提供了9种模糊效果，包括定向平滑、高斯式模糊、锯齿状模糊、低通滤波器、动态模糊、放射式模糊、平滑、柔和和缩放等。

8-14-1　定向平滑效果

定向平滑效果可以调和相同像素间的差别，使位图过滤的区域变得光滑，但保留其边缘的纹理，因此一般不容易察觉，只有放大图像后才能看到效果。具体操作步骤如下：

01 导入一张位图并选中，如图8-90所示。

02 执行菜单“位图”/“模糊”/“定向平滑”命令，弹出“定向平滑”对话框，如图8-91所示。

03 在“定向平滑”对话框中拖动“百分比”滑块，可以调节位图边缘平滑模糊程度，数值越大效果越明显。设置完成后单击“确定”按钮，即可得到效果，如图8-92所示。

图8-90　导入位图

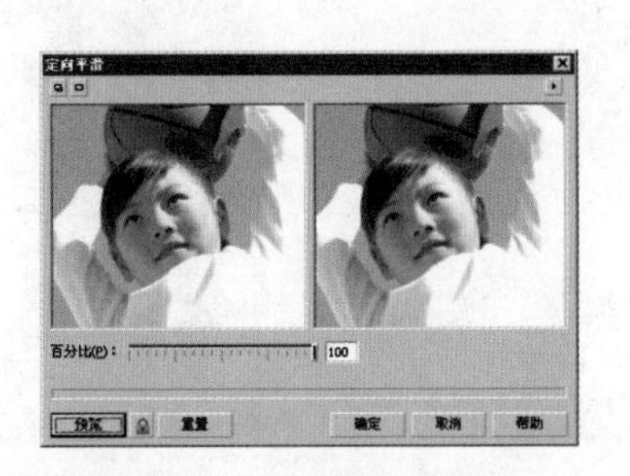

图8-91　“定向平滑”对话框

图8-92　定向平滑效果

8-14-2 高斯式模糊效果

高斯式模糊效果可以使位图产生朦胧的效果，可以提高边缘度不高的位图的质量。具体操作步骤如下：

01 导入一张位图并选中。

02 执行菜单“位图”/“模糊”/“高斯式模糊”命令，弹出“高斯式模糊”对话框，如图8-93所示。

03 在“高斯式模糊”对话框中拖动“半径”滑块，可以产生薄雾效果，数值越大效果越明显。设置完成后单击“确定”按钮，即可得到效果，如图8-94所示。

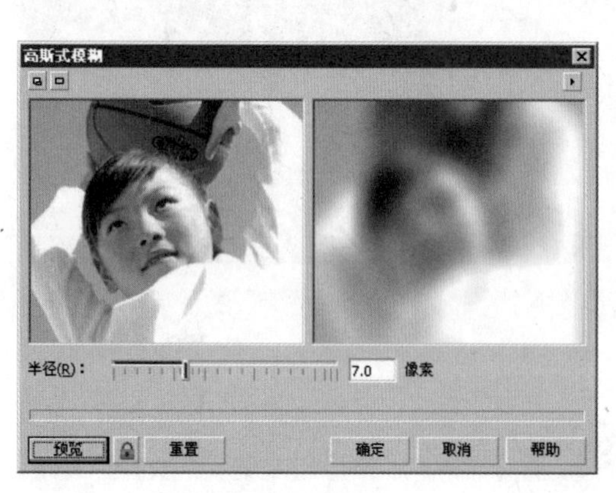

图8-93 “高斯式模糊”对话框

图8-94 高斯式模糊效果

8-14-3 锯齿状模糊效果

锯齿状模糊效果可以使位图产生一种柔和的模糊效果。具体操作步骤如下：

01 导入一张位图并选中。

02 执行菜单“位图”/“模糊”/“锯齿状模糊”命令，弹出“锯齿状模糊”对话框，如图8-95所示。

03 在“锯齿状模糊 ”对话框中拖动“宽度”滑块，可以调节位图左右相邻像素的数量；拖动“高度”滑块，可以调节位图上下像素的数量。选择“均衡”复选项，可使“宽度”与“高度”数值相同。设置完成后单击“确定”按钮，即可得到效果，如图8-96所示。

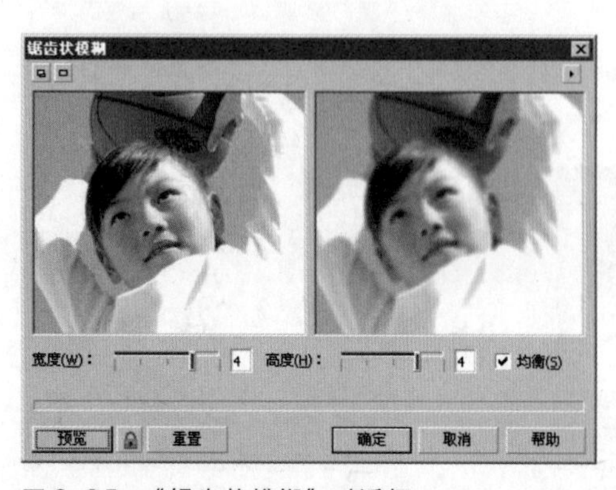

图8-95 “锯齿状模糊”对话框

图8-96 锯齿状模糊效果

8-14-4 低通滤波器效果

低通滤波器效果可以消除位图中尖锐的边缘和细节，剩下光滑反差区域，从而形成模糊效果。具体操作步骤如下：

01 导入一张位图并选中。

02 执行菜单“位图”/“模糊”/“低通滤波器”命令，弹出“低通滤波器”对话框，如图8-97所示。

03 在“低通滤波器”对话框中拖动“百分比”滑块，可以调节位图模糊效果的强弱，数值越大阴影区间的高光度区域会逐渐消失，模糊效果会逐渐明显。拖动“半径”滑块，可以调节位图的模糊程度，数值越大效果越明显。设置完成后单击“确定”按钮，即可得到效果，如图8-98所示。

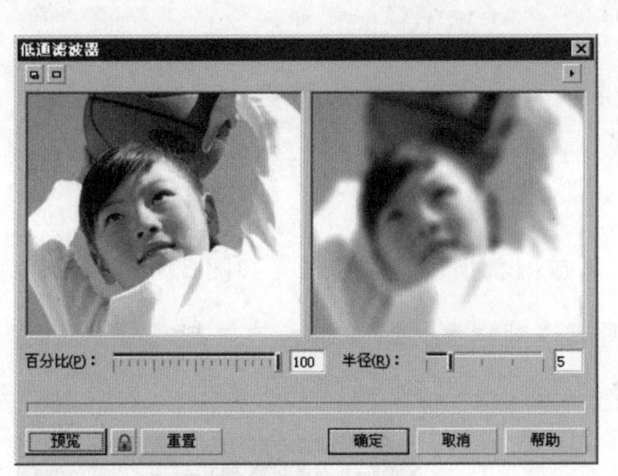

图8-97 “低通滤波器”对话框

图8-98 低通滤波器效果

提示 · 技巧

如果“百分比”和“半径”数值设置得太高，原图像中的所有细节都将消失。

8-14-5 动态模糊效果

动态模糊效果可以使位图在快速移动时产生模糊效果。具体操作步骤如下：

01 导入一张位图并选中，如图8-99所示。

02 执行菜单“位图”/“模糊”/“动态模糊”命令，弹出“动态模糊”对话框，如图8-100所示。

03 在“动态模糊”对话框中拖动“间隔”滑块，可以调节位图像素间的间隔，数值越大图像越模糊。设置“方向”数值框中的数值，可以调节动态模糊的方向。“图像外围取样”选项组中有3种样式，选择不同的样式，将会得到不同的效果。设置好数值后单击“确定”按钮，即可得到效果，如图8-101所示。

图8-99 导入位图

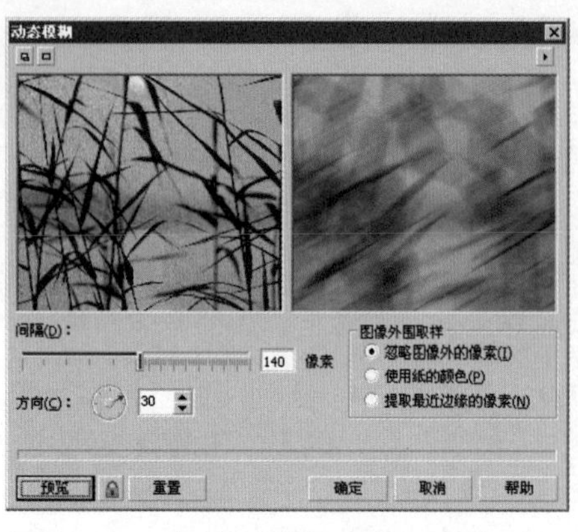

图8-100 “动态模糊”对话框

图8-101 动态模糊效果

8-14-6 放射状模糊效果

放射状模糊就是使图像产生从中心点开始的放射模糊效果，中心点位图图像不变，离中心点越远，模糊效果越强烈。具体操作步骤如下：

01 导入一张位图并选中，如图8-102所示。

02 执行菜单“位图”/“模糊”/“放射状模糊”命令，弹出“放射状模糊”对话框，如图8-103所示。

03 在“放射式模糊”对话框中拖动“数量”滑块，可以调节模糊程度，数值越大效果越明显。设置完成后单击“确定”按钮，即可得到效果，如图8-104所示。

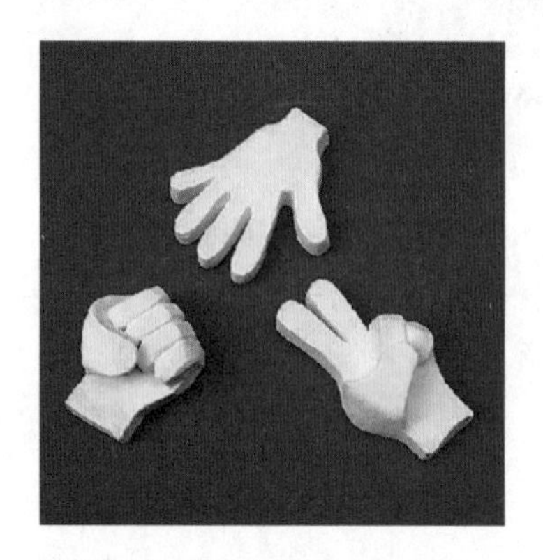

图8-102 导入位图

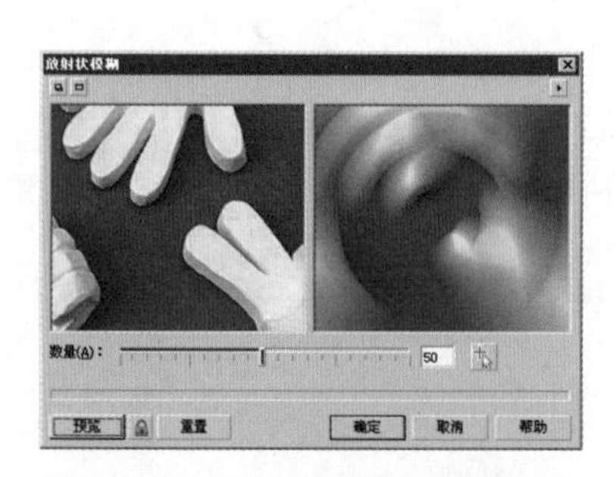

图8-103 “放射状模糊”对话框

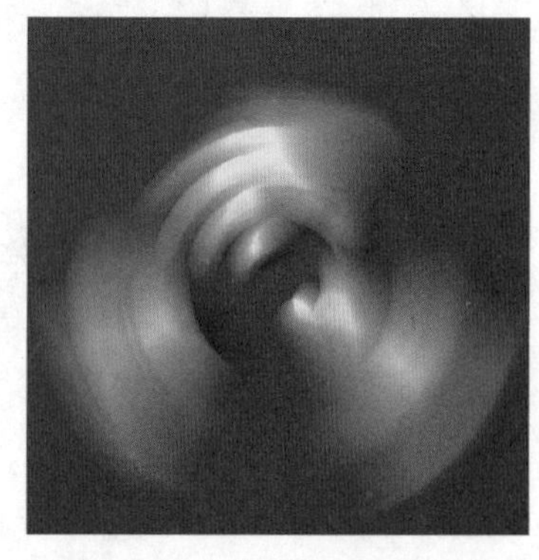

图8-104 放射状模糊效果

8-14-7 平滑效果

平滑效果可以调和相邻像素间的差异，消除位图中的锯齿，从而使位图变得更加平滑。具体操作步骤如下：

01 导入一张位图并选中。

02 执行菜单“位图”/“模糊”/“平滑”命令，弹出“平滑”对话框，如图8-105所示。

03 在“平滑”对话框中拖动“百分比”滑块，可以调节平滑效果的程度，数值越大效果越明显。设置完成后单击“确定”按钮，即可得到效果，如图8-106所示。

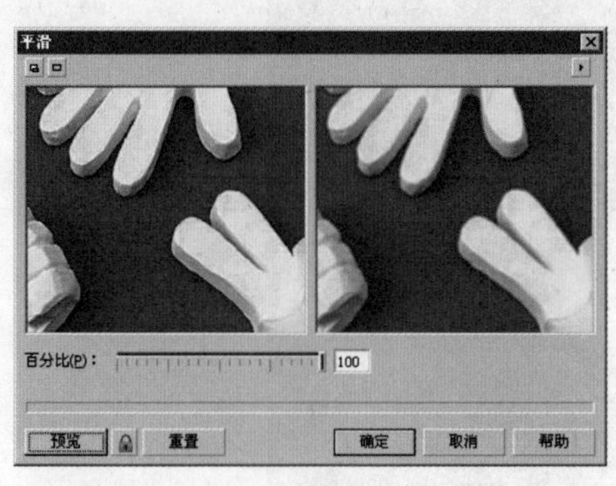

图8-105 “平滑”对话框

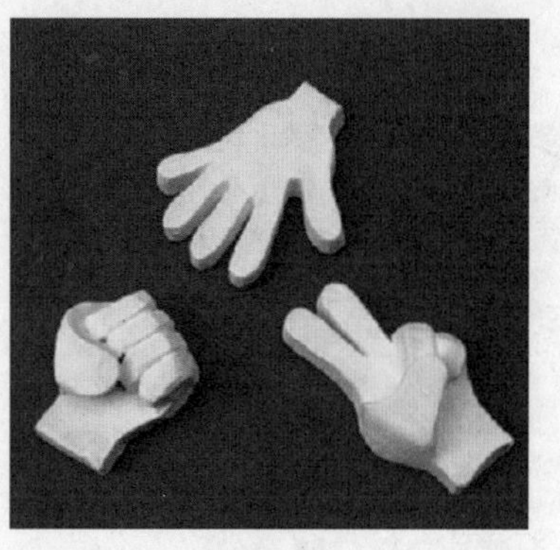
图8-106 平滑效果

8-14-8 柔和效果

柔和效果可以将颜色比较粗糙的位图进行柔化，使之产生轻微的模糊效果，但不会影响位图的细节。具体操作步骤如下：

01 导入一张位图并选中。

02 执行菜单“位图”/“模糊”/“柔和”命令，弹出“柔和”对话框，如图8-107所示。

03 在“柔和”对话框中拖动“百分比”滑块，可以调节柔和程度，数值越大效果越明显。设置完成后单击“确定”按钮，即可得到效果，如图8-108所示。

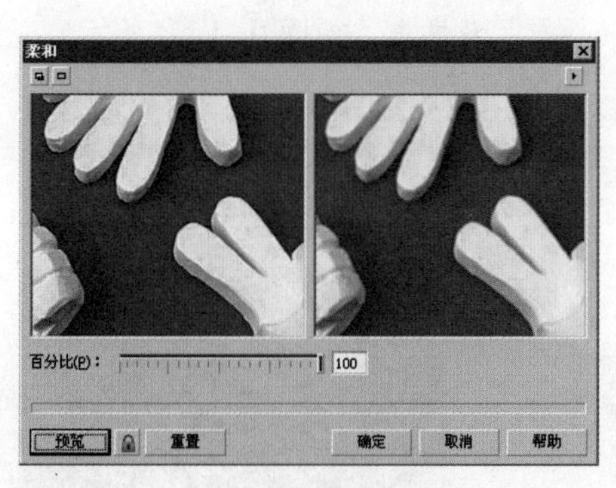

图8-107 “柔和”对话框

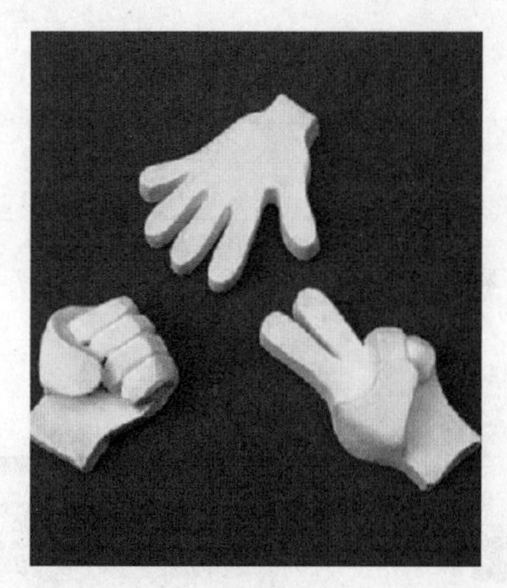
图8-108 柔和效果

8-14-9 缩放效果

缩放效果可以使位图从缩放中心向外扩散，产生模糊效果。具体操作步骤如下：

01 导入一张位图并选中。

02 执行菜单“位图”/“模糊”/“缩放”命令，弹出“缩放”对话框，如图8-109所示

03 在“缩放”对话框中拖动“数量”滑块，可以调节缩放的强度，数值越大效果越明显。设置完成后单击“确定”按钮，即可得到效果，如图8-110所示。

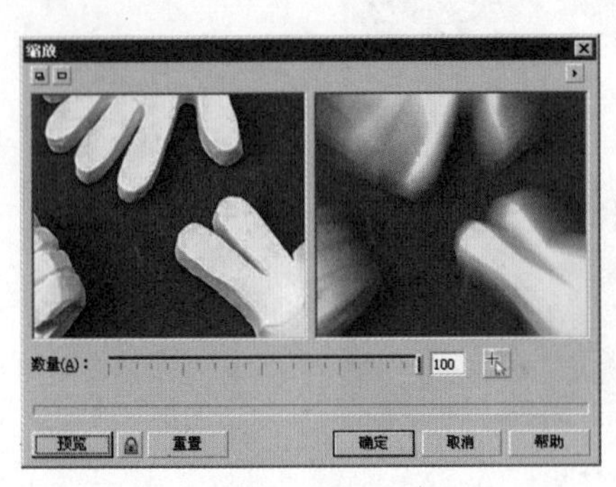

图8-109 “缩放”对话框

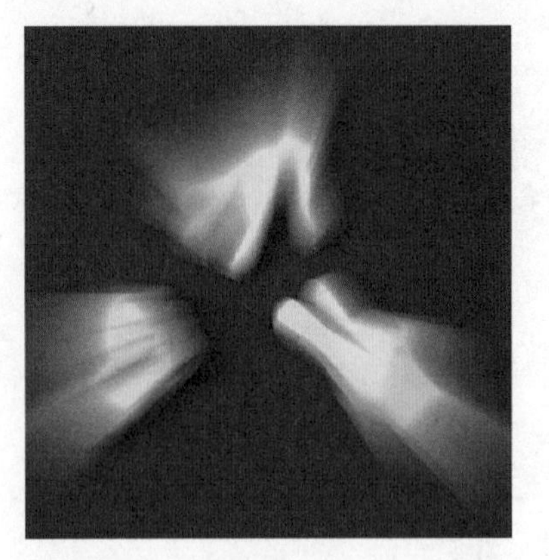

图8-110 缩放效果

8-15 颜色转换效果

颜色转换主要应用于位图中的颜色，使位图产生各种颜色的变化，给人以强烈的视觉效果。颜色转换包括4种效果，分别是位平面、半色调、梦幻色调和曝光。

8-15-1 位平面效果

位平面效果是指通过调节红、绿和蓝3种颜色的参数，使图像改变颜色，显示在基本RGB颜色下的效果。具体操作步骤如下：

01 导入一张位图并选中，如图8-111所示。

02 执行菜单“位图”/“颜色转换”/“位平面”命令，弹出“位平面”对话框，如图8-112所示。

03 在“位平面”对话框中拖动“红”、“绿”和“蓝”滑块，可以将颜色减少到基本的RGB颜色。选择“应用于所有位面”复选项，在调节任意一个色块时，其他色块会随之变化。设置完成后单击“确定”按钮，即可得到效果，如图8-113所示。

图8-111 导入位图

图8-112 “位平面”对话框

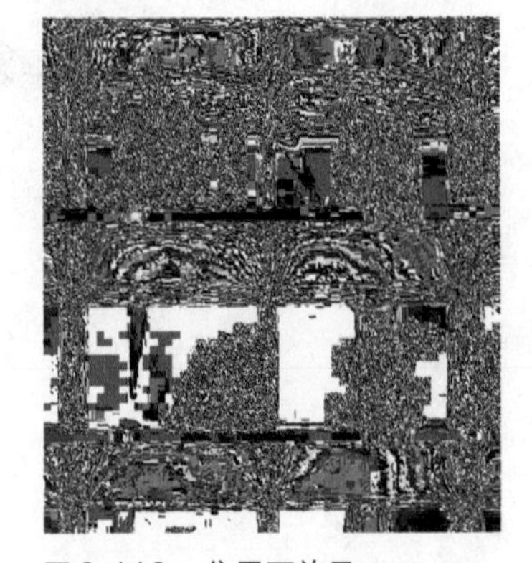

图8-113 位平面效果

8-15-2 半色调效果

半色调效果可以使位图产生一种类似于网格的效果。具体操作步骤如下：

01 导入一张位图并选中。

02 执行菜单“位图”/“颜色转换”/“半色调”命令，弹出“半色调”对话框，如图8-114所示。

03 在“半色调”对话框中拖动“青”、“品”、“黄”和“黑”滑块，调节颜色通道的角度，从而设置出混合色彩。拖动“最大点半径”滑块，可以调节网格点的大小。设置完成后单击“确定”按钮，即可得到效果，如图8-115所示。

图8-114 “半色调”对话框

图8-115 半色调效果

8-15-3 梦幻色调效果

梦幻色调效果可以使位图产生一种高对比的电子效果。具体操作步骤如下：

01 导入一张位图并选中。

02 执行菜单“位图”/“颜色转换”/“梦幻色调”命令，弹出“梦幻色调”对话框，如图8-116所示。

03 在“梦幻色调”对话框中拖动“层次”滑块，可以调节梦幻色调的强度，数值越大，颜色越明显，效果越好。设置完成后单击“确定”按钮，即可得到效果，如图8-117所示。

图8-116 “梦幻色调”对话框

图8-117 梦幻色调效果

8-15-4 曝光效果

曝光效果可以使位图转换成的照片底片曝光，从而产生高对比的效果。具体操作步骤如下：

01 导入一张位图并选中。

02 执行菜单“位图”/“颜色转换”/“曝光”命令，弹出“曝光”对话框，如图8-118所示。

03 在“曝光”对话框中拖动“层次”滑块，可以调节曝光的强度，数值越大对位图运用的光线越强，反之就越弱。设置完成后单击“确定”按钮，即可得到效果，如图8-119所示。

图8-118 “曝光”对话框

图8-119 曝光效果

8-16　轮廓图效果

轮廓图效果主要用于检测和重新绘制图像的边缘。CorelDRAW X4 中包括边缘检测效果、查找边缘效果和描摹轮廓效果 3 种类型。

8-16-1　边缘检测效果

边缘检测效果可以检测位图的边缘，然后将其转换为单色的线条效果和不同的边缘效果。具体操作步骤如下：

01 导入一张位图并选中，执行菜单“位图”/“轮廓图”/“边缘检测”命令，弹出“边缘检测”对话框。

02 在“边缘检测”对话框的“背景色”选项组中选择“白色”、“黑”单选按钮或者选择“其他”单选按钮，然后单击其右侧的下三角按钮，在弹出的下拉列表中可以自由设置一种背景颜色。拖动“灵敏度”滑块，可以调节位图边缘的清晰度。设置完成后单击“确定”按钮，即可得到效果，如图 8-120 所示。

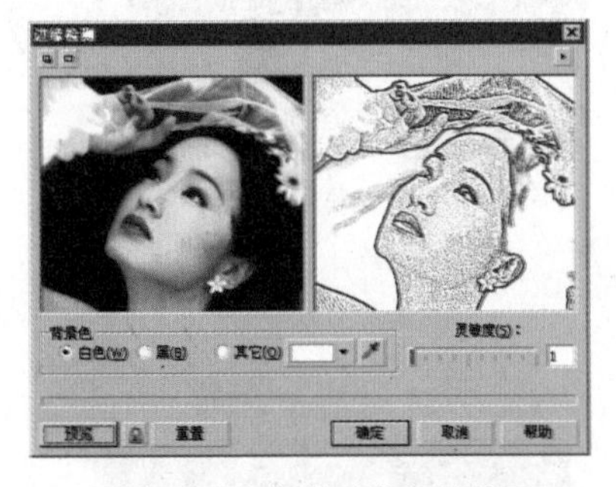

(a) 选择“白色”单选按钮的效果

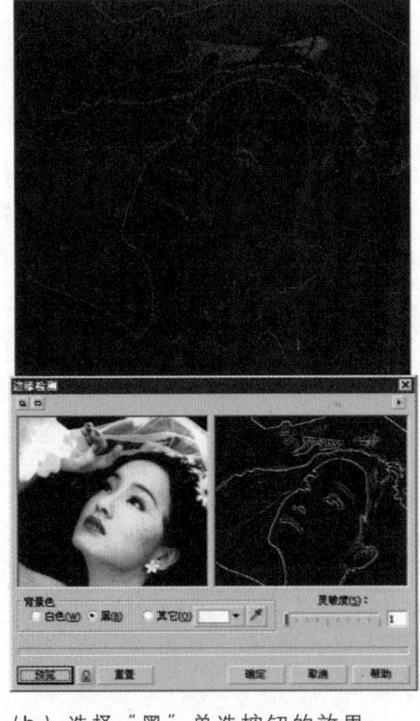

(b) 选择“黑”单选按钮的效果

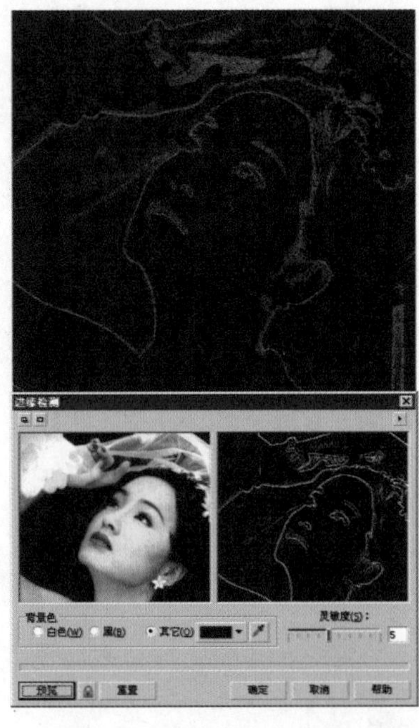

(c) 选择其他颜色的效果

图 8-120　选择不同背景色的效果对比

8-16-2　查找边缘效果

查找边缘效果用于检测位图的边缘，并自动查找所选位图的边缘且轮廓高亮显示，将位图转换成柔和的线条和纯色的线条。具体操作步骤如下：

01 导入一张位图并选中。执行菜单“位图”/“轮廓图”/“查找边缘”命令，弹出“查找边缘”对话框。

02 在“查找边缘”对话框的“边缘类型”选项组中，选择“软”单选按钮，可以产生平滑的轮廓线；选择“纯色”单选按钮，图像会出现尖锐的轮廓线。拖动“层次”滑块，可以调节效果的强弱。设置完成后单击“确定”按钮，即可得到不同的效果，如图 8-121 所示。该效果可应用于除调色板和黑白模式之外的图像。

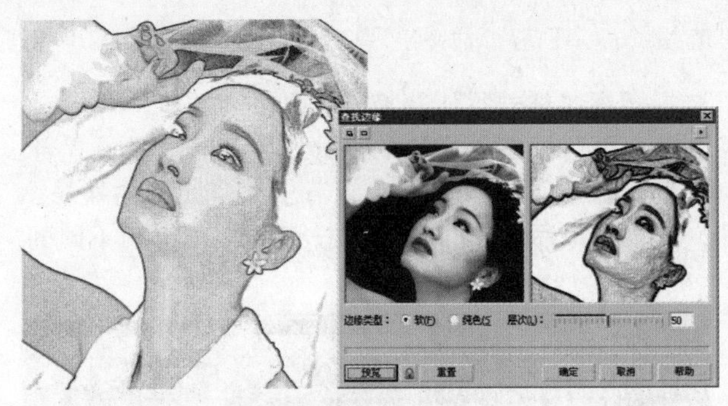

(a) 选择“软”类型的效果

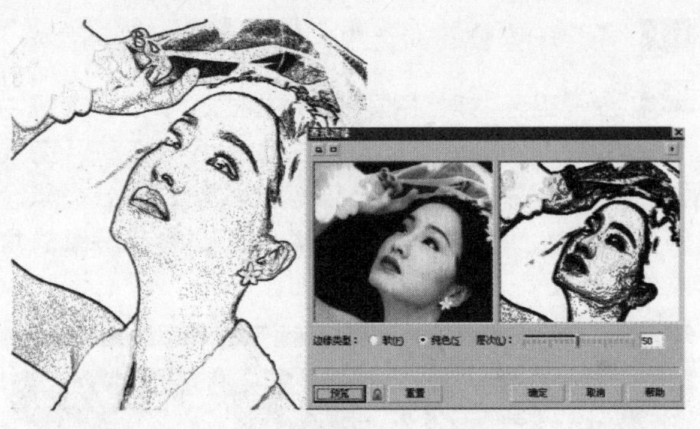

(b) 选择“纯色”类型的效果

图8-121　查找边缘效果

8-16-3　描摹轮廓效果

描摹轮廓效果可以将位图的填充色消除，从而得到位图的纯边缘轮廓痕迹的效果。具体操作步骤如下：

01 导入一张位图并选中。执行菜单“位图”/“轮廓图”/“描摹轮廓”命令，弹出“描摹轮廓”对话框。

02 在“描摹轮廓”对话框中拖动“层次”滑块或输入数值，可以设置位图显示轮廓痕迹和轮廓变形的程度。选择“边缘类型”选项组中的“下降”或“上面”单选按钮，选择不同的类型有不同的效果。设置完成后单击“确定”按钮，即可得到效果，如图8-122所示。

(a) 选择“下降”类型的效果

(b) 选择“上面”类型的效果

图8-122　描摹轮廓效果

提示 · 技巧

“查找边缘”和“描摹轮廓”效果可以应用于除48位RGB、16位灰色、调色板和黑白模式之外的图像；“检测边缘”效果可以应用于除“调色板”和“黑白”模式之外的图像。

8-17　创造性效果

创造性效果用于模仿工艺品和纺织品的表面，包括14种类型，这些效果可以将位图转换成不同的形状和纹理。

8-17-1　工艺效果

工艺效果可以通过模仿传统工艺形状创建位图的元素框架效果。具体步骤如下：

01 导入一张位图并选中。执行菜单“位图”/“创造性”/“工艺”命令，弹出“工艺”对话框。

02 在“工艺”对话框中的“样式”下拉列表框中，选择不同的样式可以转换成不同的效果；拖动“大小”滑块，可以调节工艺图块的大小；拖动“完成”滑块，可以调节受影响的百分比和工艺图块覆盖部分占整个位图的百分比，没有被覆盖的部分是黑色；拖动“亮度”滑块，可以调节位图中光线的强弱；调整“旋转”数值框中的数值，可以调节图像的角度。设置完成后单击“确定”按钮，即可得到不同的效果，如图8-123所示。

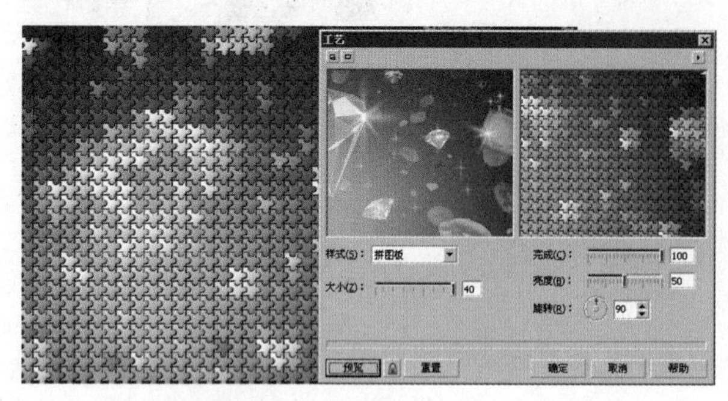

(a) 设置“拼图板”样式及其效果

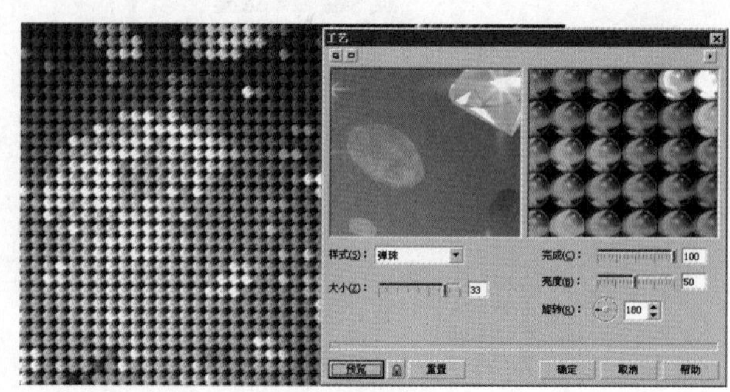

(b) 设置“弹珠”样式及其效果

图8-123 工艺效果

8-17-2 晶体化效果

晶体化效果可以将图像转换为水晶碎块的效果。具体步骤如下：

01 导入一张位图并选中。执行菜单“位图”/“创造性”/“晶体化”命令，弹出“晶体化”对话框，如图8-124所示。

02 在“晶体化”对话框中拖动“大小”滑块，可以改变晶体化颗粒块的大小。设置完成后单击“确定”按钮，即可得到效果，如图8-125所示。

图8-124 “晶体化”对话框

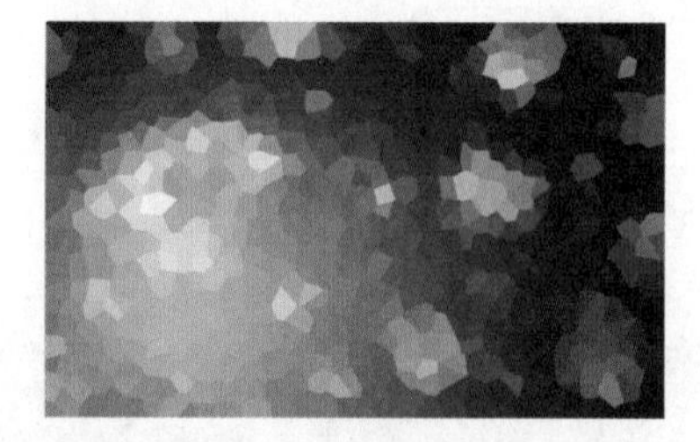

图8-125 晶体化效果

8-17-3 织物效果

织物效果可以为位图创建不同的织物底纹效果。具体步骤如下：

01 导入一张位图并选中。执行菜单“位图”/“创造性”/“织物”命令，弹出“织物”对话框，如图8-126所示。

02 在“织物”对话框中的“样式”下拉列表框中选择不同的样式，可以转换成不同的织物效果；拖动“大小”滑块，可以调节织物块的大小；拖动“完成”滑块，可以调节受影响的百分比；拖动“亮度”滑块，可以调节光线的强弱；在“旋转”数值框中可以设置图像的角度。设置完成后单击“确定”按钮，即可得到效果，如图8-127所示。

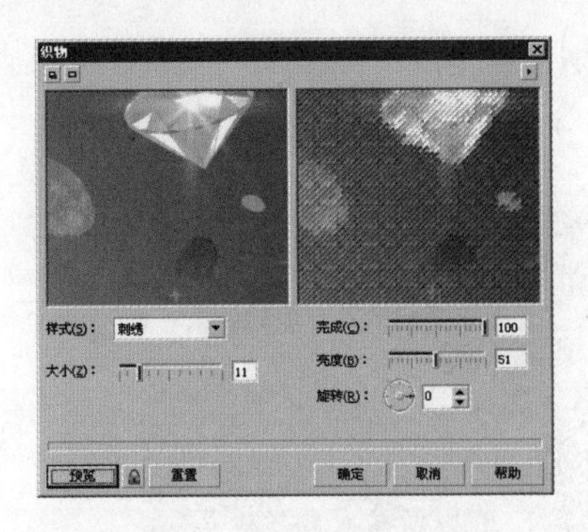

图 8-126 “织物”对话框

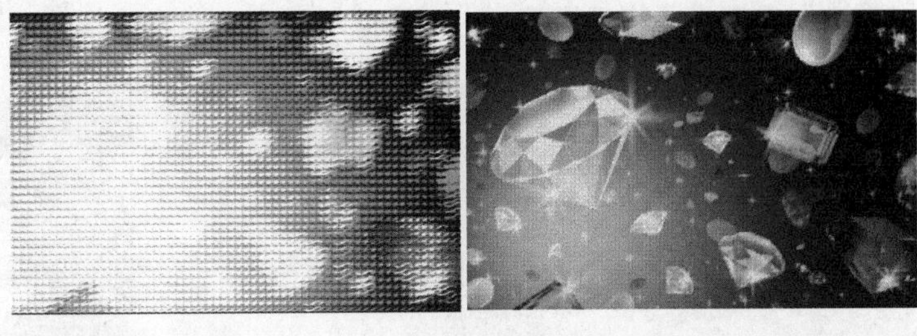

（a）“珠帘”效果　　（b）“刺绣”效果

图 8-127 织物效果

提示 · 技巧

“织物”对话框提供了与“工艺”对话框完全一样的设置，列举的全是与织物相关的模拟物体，包括“刺绣”、“珠帘”、“丝带”和“拼纸”等6种，可以选择其中的一种应用于图像，制作出不同的织物效果。

8-17-4 框架效果

框架效果可以将位图创建在预设的框架中或另一幅图像中，形成一种画框的效果。具体步骤如下：

01 导入一张位图并选中，执行菜单“位图”/“创造性”/“框架”命令，弹出“框架”对话框。

02 在“框架”对话框的“修改”选项卡中可以设置框架的属性。在“颜色”下拉列表框中可以选择位图的背景色。拖动“不透明”滑块，可以调节边缘的清晰度；拖动“模糊/羽化”滑块，可以调节图像的清晰度。在“缩放”选项组中，拖动“水平”和“垂直”滑块，可以调节图像的高度和宽度。在“旋转”数值框中可以设置图像的角度。在“调和”下拉列表框中选择不同的选项，可以将图转换成不同的效果。在“选择”选项卡中可以选择程序预置的框架样式。设置完成后单击“确定”按钮，即可得到效果，如图 8-128 和图 8-129 所示。

图 8-128 “框架”对话框及效果

图 8-129 选择不同框架的效果

8-17-5 玻璃砖效果

玻璃砖效果可以产生透过厚玻璃观看到的透视效果。具体操作步骤如下：

01 导入一张位图并选中。执行菜单“位图”/“创造性”/“玻璃砖”命令，弹出“玻璃砖”对话框，如图 8-130 所示。

02 在“玻璃砖”对话框中拖动“块宽度”滑块，可以调节玻璃块的宽度；拖动“块高度”滑块，可以调节图像内玻璃块的高度。设置完成后单击“确定”按钮，即可得到效果，如图8-131所示。

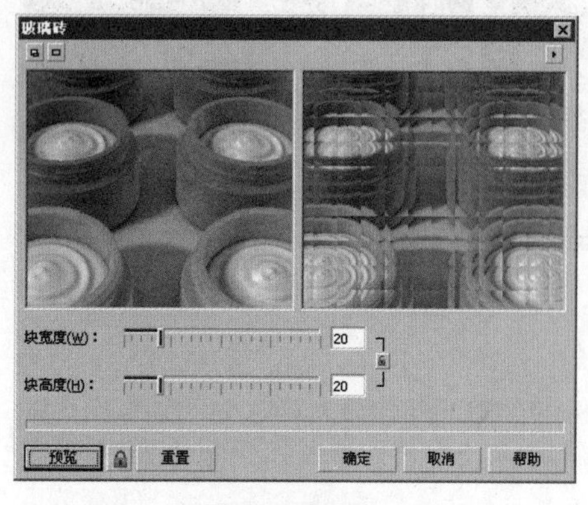

图8-130 “玻璃砖”对话框

图8-131 玻璃砖效果

8-17-6 儿童游戏效果

儿童游戏效果可以将位图转换成有趣的游戏图形。具体操作步骤如下：

01 导入一张位图并选中。执行菜单“位图”/“创造性”/“儿童游戏”命令，弹出“儿童游戏”对话框，如图8-132所示。

02 在“儿童游戏”对话框的“游戏”下拉列表框中选择不同的样式，可以转换成不同的效果。拖动“大小”滑块，可以调节图块的大小；拖动“完成”滑块，可以调节受影响的百分比；拖动“亮度”滑块，可以调节光线的强弱；在“旋转”数值框中可以设置图像的角度。设置完成后单击“确定”按钮，即可得到效果，如图8-133所示。

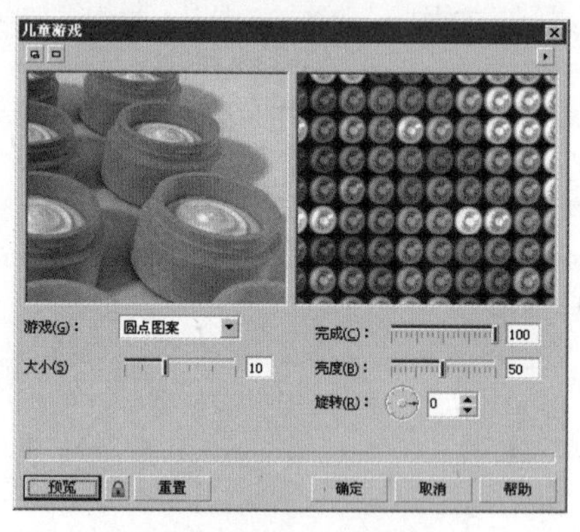

图8-132 “儿童游戏”对话框

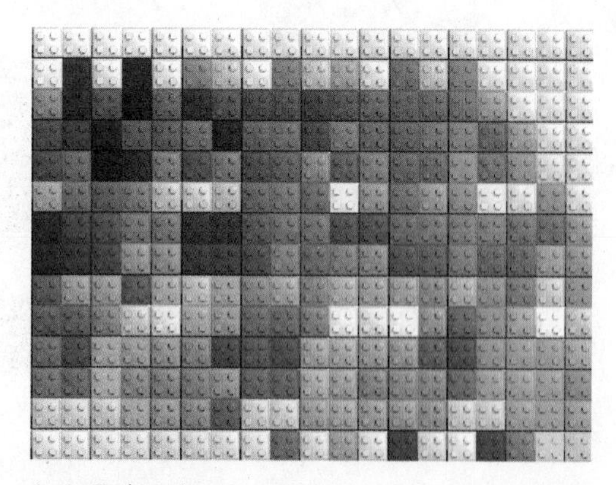

（a）积木图案

（b）手指绘画

图8-133 儿童游戏效果

8-17-7 马赛克效果

马赛克效果将位图转换成若干个颜色块。具体操作步骤如下：

01 导入一张位图并选中。执行菜单“位图”/“创造性”/“马赛克”命令，弹出“马赛克”对话框，如图8-134所示。

02 在“马赛克”对话框中拖动“大小”滑块，可以调节颜色块的大小。在“背景色”下拉列表框中，可以选择背景的颜色。选择“虚光”复选框，可以为位图添加一个虚光的框架。设置完成后单击“确定”按钮，即可得到效果，如图8-135所示。

图8-134 “马赛克”对话框

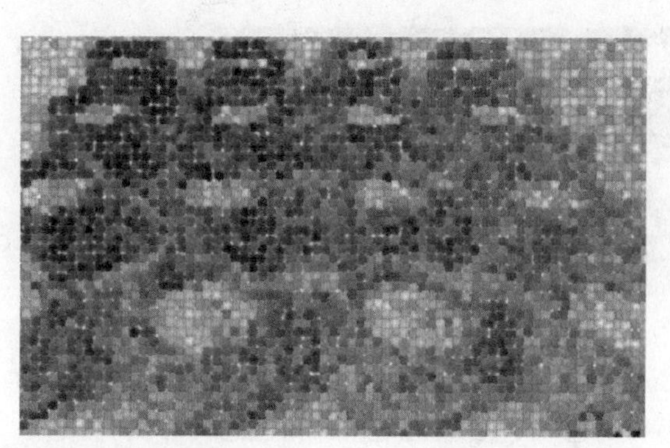

图8-135 马赛克效果

8-17-8 粒子效果

粒子效果可以在图像中添加气泡微粒。具体操作步骤如下：

01 导入一张位图并选中。执行菜单“位图”/“创造性”/“粒子”命令，弹出“粒子”对话框，如图8-136所示。

02 在“粒子”对话框的“样式”选项区中，可以选择“星星”或“气泡”类型，不同的样式有不同的效果。拖动“粗细”滑块，可以调节星星或气泡的大小；拖动“密度”滑块，可以调节星星或气泡的密度；拖动“着色”滑块，可以调节星星或气泡颜色的轻重；拖动“透明度”滑块，可以调节星星或气泡的清晰度。在“角度”数值框中设置数值，可以改变光线的角度。设置完成后单击“确定”按钮，即可得到效果，如图8-137所示。

图8-136 “粒子”对话框

（a）选择“星星”样式的效果

（b）选择“气泡”样式的效果

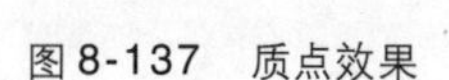

图8-137 质点效果

8-17-9　散开效果

散开效果可以将位图中的像素散射，产生分离模糊的特殊效果，类似透过磨砂玻璃看图的效果。具体操作步骤如下：

01 导入一张位图并选中。执行菜单“位图”/“创造性”/“散开”命令，弹出“散开”对话框，如图8-138所示。

02 在“散开”对话框中拖动“水平”滑块，可以调节扩散的宽度；拖动“垂直”滑块，可以调节扩散的高度。设置完成后单击“确定”按钮，即可得到效果，如图8-139所示。

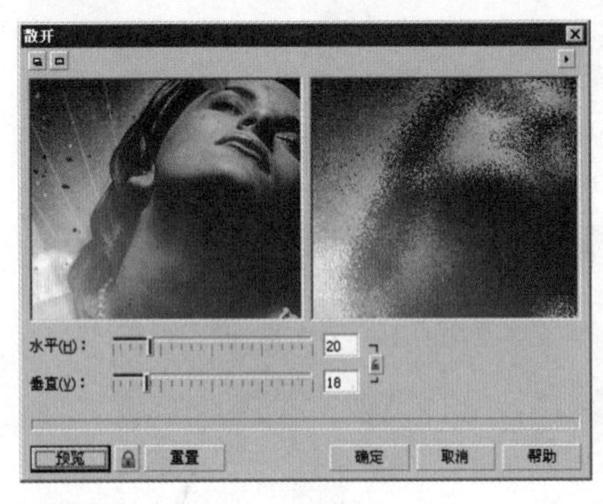

图8-138　“散开”对话框

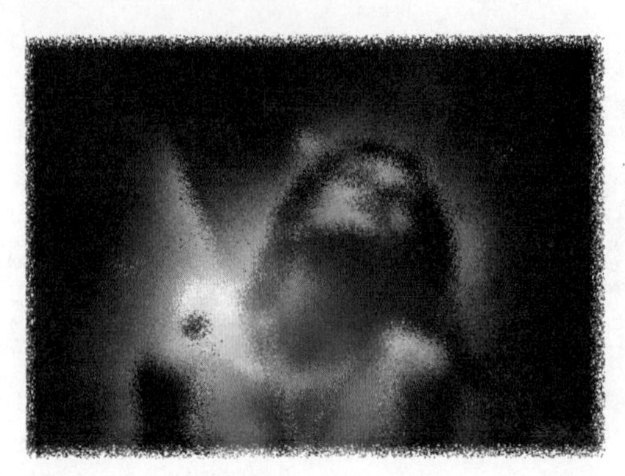

图8-139　散开效果

8-17-10　茶色玻璃效果

茶色玻璃效果可以在位图上添加一层颜色，看起来像一层薄雾笼罩在玻璃上。具体操作步骤如下：

01 导入一张位图并选中。执行菜单“位图”/“创造性”/“茶色玻璃”命令，弹出“茶色玻璃”对话框，如图8-140所示。

02 在“茶色玻璃”对话框中拖动“淡色”滑块，可以调节颜色的不透明度；拖动“模糊”滑块，可以调节模糊效果；在“颜色”下拉列表框中可以选择玻璃的颜色。设置完成后单击“确定”按钮，即可得到效果，如图8-141所示。

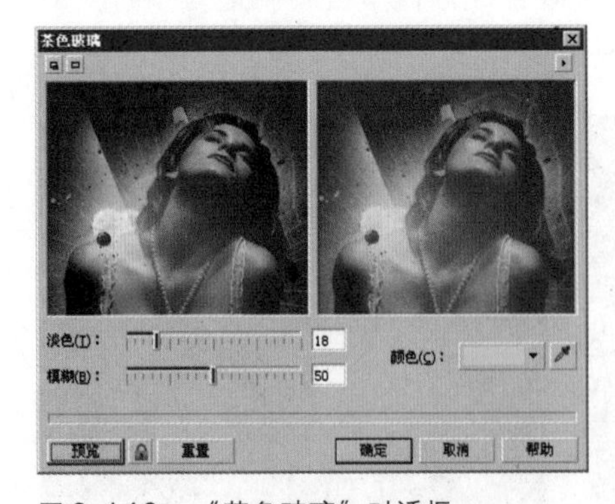

图8-140　“茶色玻璃”对话框

图8-141　茶色玻璃效果

8-17-11　彩色玻璃效果

彩色玻璃效果与结晶效果类似，只是彩色玻璃效果可以设置玻璃效果块之间的颜色，并且能控制边缘的厚度和颜色。具体操作步骤如下：

01 导入一张位图并选中。执行菜单“位图”/“创造性”/“彩色玻璃”命令，弹出“彩色玻璃”对话框。

02 在“彩色玻璃”对话框中拖动“大小”滑块，可以调节彩色玻璃块的大小；拖动“光源强度”滑块，可以调节光线的强度。在“焊接宽度”数值框中可以调节彩色玻璃边缘的宽度；在“焊接颜色”下拉列表框中，可以调节彩色玻璃边缘的颜色；选择“三维照明”复选框，可以对所选颜色进行三维照明。设置完成后单击“确定”按钮，即可得到效果，如图8-142所示。

（a）取消选择“三维照明”复选框的效果

（b）选择“三维照明”复选框的效果

图8-142 “彩色玻璃”效果不同参数设置及其效果

8-17-12 虚光效果

虚光效果可以在位图周边添加一个椭圆、圆形或矩形等虚框，产生不同颜色朦胧的感觉。具体操作步骤如下：

01 导入一张位图并选中。执行菜单“位图”/“创造性”/“虚光”命令，弹出“虚光”对话框，如图8-143所示。

02 在“虚光”对话框的“颜色”选项组中，可以选择边框的颜色，如“黑”或者“白色”，还可以定义颜色，选择“其他”单选按钮，然后在颜色下拉列表框中选择所需的颜色。在“形状”选项组中，可以选择虚光边框的形状，如“椭圆形”、“正方形”和“矩形”等。拖动“偏移”滑块，可以调节边框中心的位置；拖动“褪色”滑块，可以调节位图与边框的颜色过渡。设置完成后单击“确定”按钮，即可得到效果，如图8-144所示。

图8-143 “虚光”对话框

（a）选择其他颜色的效果

（b）选择“椭圆形”的效果

图8-144 虚光效果

8-17-13　旋涡效果

旋涡效果可以使位图围绕着指定的中心旋转，产生旋涡形状的纹理效果。具体操作步骤如下：

01 导入一张位图并选中。执行菜单“位图”/“创造性”/“旋涡”命令，弹出“旋涡”对话框，如图8-145所示。

02 在“旋涡”对话框的“样式”下拉列表框中，可以选择旋涡样式，选择不同的样式会有不同的效果。拖动“大小”滑块，可以调节旋涡的大小。在“内部方向”数值框中输入数值，可以设置中心像素的旋转方向。在“外部方向”数值框中输入数值，可以设置外部像素的旋转方向。设置完成后单击“确定”按钮，即可得到效果，如图8-146所示。

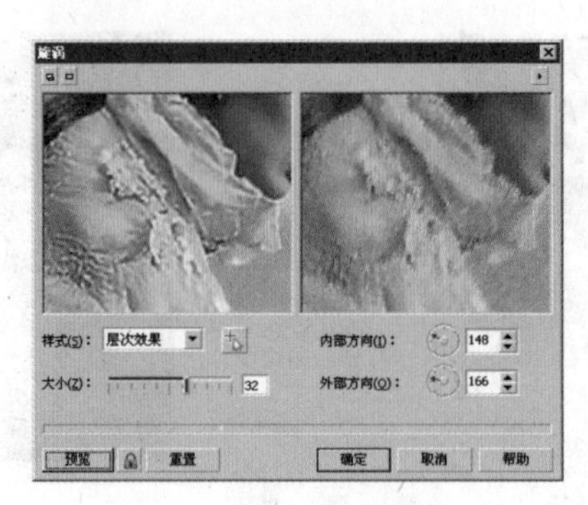

图8-145　“旋涡”对话框

图8-146　旋涡效果

8-17-14　天气效果

天气效果可以在位图中添加雨、雾等自然效果，显示不同天气下观测的天气效果。具体操作步骤如下：

01 导入一张位图并选中。执行菜单“位图”/“创造性”/“天气”命令，弹出“天气”对话框，如图8-147所示。

02 在“天气”对话框的“预报”选项组中，可以选择不同的天气选项，不同的选项有不同的效果。拖动“大小”滑块，可以调节天气效果中的雨点或者雪花的大小；拖动“浓度”滑块，可以调节天气效果的强度。在“随机化”文本框中输入数值，可以使天气效果随机变化。设置完成后单击“确定”按钮，即可得到效果，如图8-148所示。

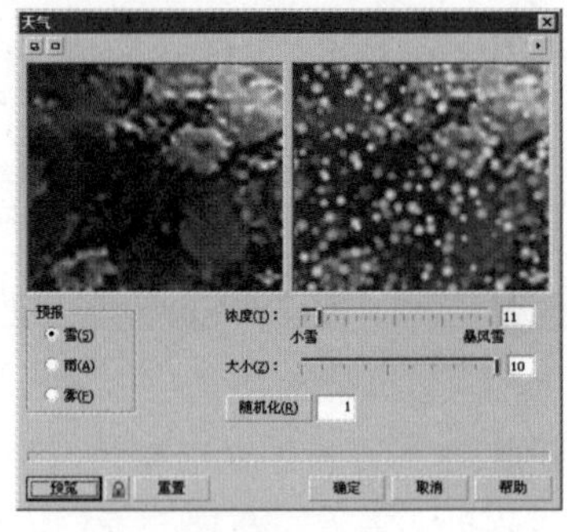

图8-147　“天气”对话框

（a）“雪”效果

（b）“雨”效果

（c）“雾”效果

图8-148　天气效果

8-18 扭曲效果

扭曲效果可以使位图产生几何变化，从而创建不同的变形。CorelDRAW X3 提供了 10 种扭曲效果，这些效果可以改变位图的外观，而不会加深位图颜色。

8-18-1 块状效果

块状效果可以使位图分成若干小块，类似于一种方块拼贴的效果。具体操作步骤如下：

01 导入一张位图并选中。执行菜单“位图”/“扭曲”/“块状”命令，弹出“块状”对话框，如图 8-149 所示。

02 在“块状”对话框的“未定义区域”下拉列表框中，选择“其他”选项，然后单击下面下拉列表框右侧的下三角按钮，在弹出的颜色下拉列表中选择某种颜色，可以设置块之间空白处的颜色。拖动“块宽度”滑块，可以调节块的宽度；拖动“块高度”滑块，可以调节块的高度；拖动“最大偏移”滑块，可以调节块之间的最大距离。设置好后单击“确定”按钮，即可得到效果，如图 8-150 所示。

图 8-149 “块状”对话框

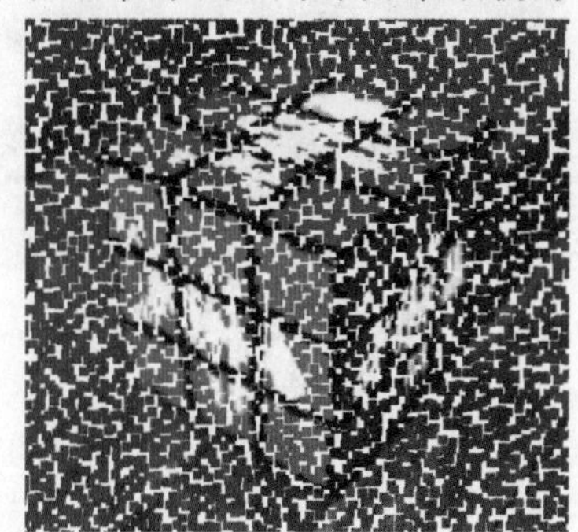
图 8-150 块状效果

8-18-2 置换效果

置换效果可以决定所选位图中像素的变形方式。具体操作步骤如下：

01 导入一张位图并选中。执行菜单“位图”/“扭曲”/“置换”命令，弹出“置换”对话框，如图 8-151 所示。

02 在“置换”对话框的“缩放模式”选项组中选择不同的模式，将产生不同的效果。在“未定义区域”下拉列表框中，可以选择应用效果后空白处的填充方式。在“缩放”选项组中，拖动“水平”滑块可以调节水平方向图的位置，拖动“垂直”滑块可以调节垂直方向图的位置，单击置换图右侧的下三角按钮，在弹出的图形列表中选择不同的置换图形。设置好后单击“确定”按钮，即可得到效果，如图 8-152 所示。

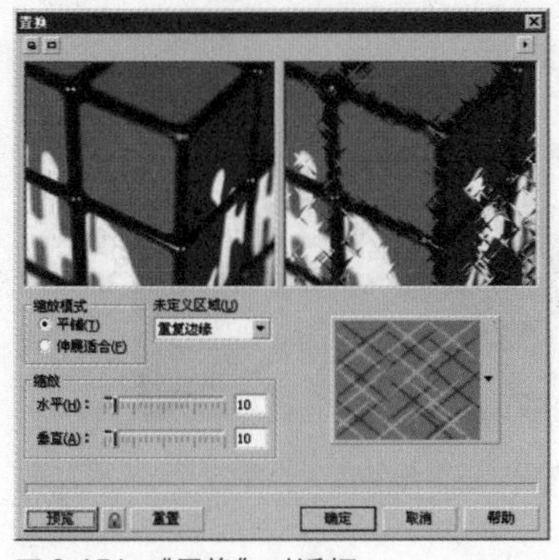

图 8-151 “置换”对话框

(a) 选择“平铺”模式后的效果

(b) 选择“伸展适合”模式后的效果

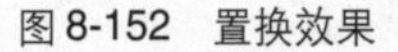
图 8-152 置换效果

8-18-3 偏移效果

偏移效果可以按照指定的数值偏移整个位图。具体操作步骤如下：

01 导入一张位图并选中。执行菜单“位图”/“扭曲”/“偏移”命令，弹出“偏移”对话框，如图8-153所示。

02 拖动“偏移”对话框中的“水平”和“垂直”滑块可以调节位图在水平和垂直方向上的偏移值。选择“位移值作为尺度的%”复选框，可以按位图的百分比数值移动位图。在“未定义区域”下拉列表框中，可以选择移动后空白区域的填充方式。设置好后单击“确定”按钮，即可得到效果，如图8-154所示。

图8-153 “偏移”对话框

图8-154 偏移效果

8-18-4 像素效果

像素效果可以将位图分割为几何状和放射状的单元。具体操作步骤如下：

01 导入一张位图并选中。执行菜单“位图”/“扭曲”/“像素”命令，弹出“像素”对话框，如图8-155所示。

02 在“像素”对话框的“像素化模式”选项组中，有3种模式可供选择，选择不同的模式有不同的效果。拖动“宽度”和“高度”滑块，可以调节像素块的大小；拖动“不透明”滑块，可以调节像素块的透明度。设置好后单击“确定”按钮，即可得到效果，如图8-156所示。

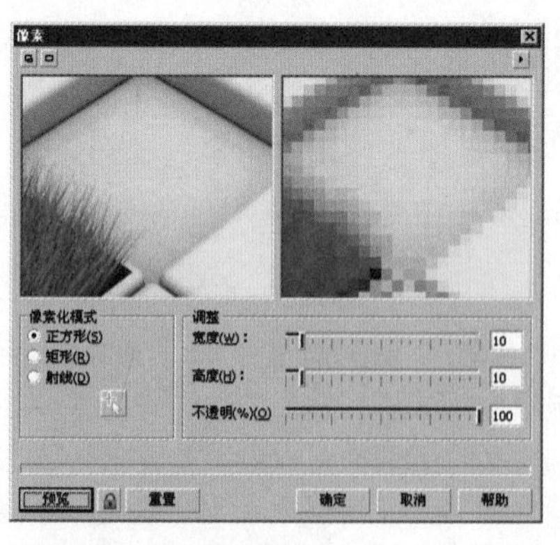

图8-155 “像素”对话框

(a) 选择“矩形”模式的效果

(b) 选择“射线”模式的效果

(c) 选择“正方形”模式的效果

图8-156 不同像素化模式的效果

8-18-5 龟纹效果

龟纹效果可以为图像添加波纹效果，使位图变形。具体操作步骤如下：

01 导入一张位图并选中。执行菜单“位图”/“扭曲”/“龟纹”命令，弹出“龟纹”对话框，如图8-157所示。

02 在“龟纹”对话框中拖动“周期”滑块，可以调节龟纹的次数；拖动“振幅”滑块，可以调节波纹的振动幅度。选择“扭曲龟纹”复选项，可以设置波纹边缘的锯齿。在“角度”数值框中可以设置波纹的角度。设置好后单击“确定”按钮，即可得到效果，如图8-158所示。

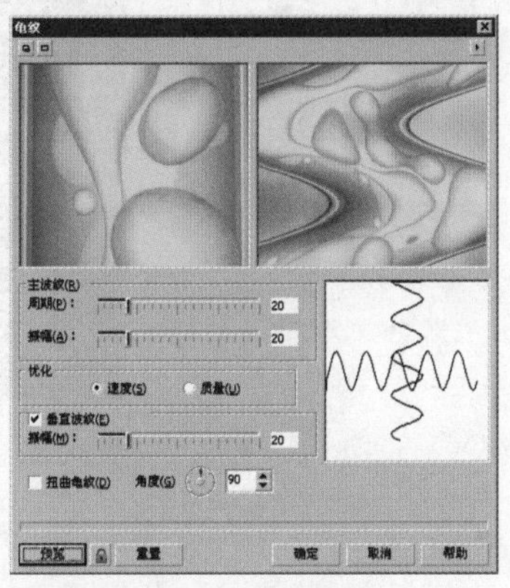

图8-157 “龟纹”对话框

图8-158 龟纹效果

8-18-6 旋涡效果

旋涡效果可以使图像按照指定的中心产生旋涡效果。具体操作步骤如下：

01 导入一张位图并选中。执行菜单“位图”/“扭曲”/“旋涡”命令，弹出“旋涡”对话框，如图8-159所示。

02 在“旋涡”对话框的“定向”选项组中，可以选择“顺时针”和“逆时针”单选按钮，为旋涡设置不同的旋转方向。拖动“整体旋转”滑块可以调节图像旋转的圈数；拖动“附加度”滑块可以调节图像旋转的附加角度。设置好后单击“确定”按钮，即可得到效果，如图8-160所示。

图8-159 “旋涡”对话框

(a) 选择“顺时针”单选按钮的效果

(b) 选择“逆时针”单选按钮的效果

图8-160 旋涡效果

8-18-7 平铺效果

平铺效果可以将图像平铺在整个位图范围中，这种效果对网页背景的预览十分有用。具体操作步骤如下：

01 导入一张位图并选中。执行菜单“位图”/“扭曲”/“平铺”命令，弹出“平铺”对话框，如图8-161所示。

02 在“平铺”对话框中拖动“水平平铺”滑块，可以调节平铺的行数；拖动“垂直平铺”滑块，可以调节平铺的列数。设置好后单击“确定”按钮，即可得到效果，如图8-162所示。

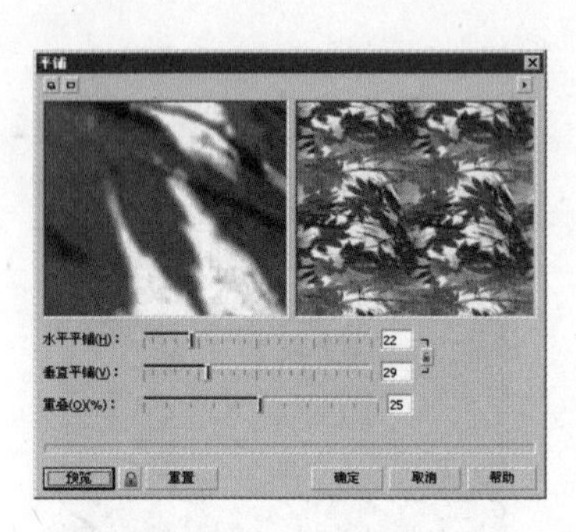

图 8-161 “平铺”对话框

图 8-162 平铺效果

8-18-8 湿笔画效果

湿笔画效果可以使位图产生一种特殊的效果，看起来像是尚未干透的油画。具体操作步骤如下：

01 导入一张位图并选中。执行菜单“位图”/“扭曲”/“湿笔画”命令，弹出“湿笔画”对话框，如图 8-163 所示。

02 在“湿笔画”对话框中拖动“润湿”滑块，可以调节水滴颜色的深浅，数值越大颜色越深；拖动“百分比”滑块可以调节水滴的大小，数值越大水滴越大。设置好后单击“确定”按钮，即可得到效果，如图 8-164 所示。

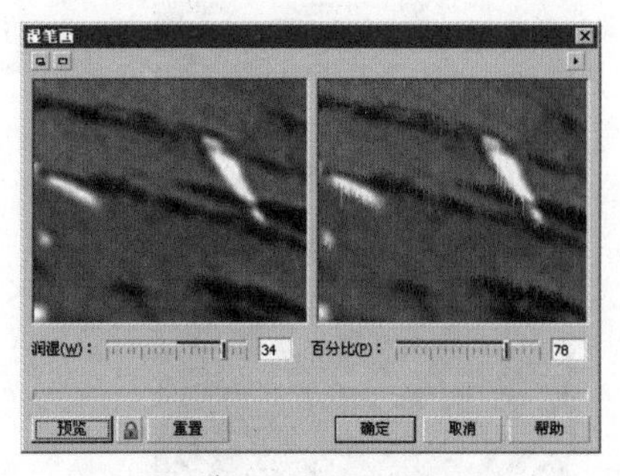

图 8-163 “湿笔画”对话框

图 8-164 湿笔画效果

8-18-9 涡流效果

涡流效果可以为位图添加流动的旋涡图案，可以使用预设图案也可以自定义。具体操作步骤如下：

01 导入一张位图并选中。执行菜单“位图”/“扭曲”/“涡流”命令，弹出“涡流”对话框，如图 8-165 所示。

02 在“涡流”对话框中拖动“间距”滑块，可以调节涡流之间的距离；拖动“擦拭长度”滑块，可以调节涡流线的长度；拖动“扭曲”滑块，可以调节旋转方式；拖动“条纹细节”滑块，可以调节线的层次。选择“弯曲”复选项，可以使位图旋转。在“样式”下拉列表框中，可以选择预设的涡流线风格。设置好后单击“确定”按钮，即可得到效果，如图 8-166 所示。

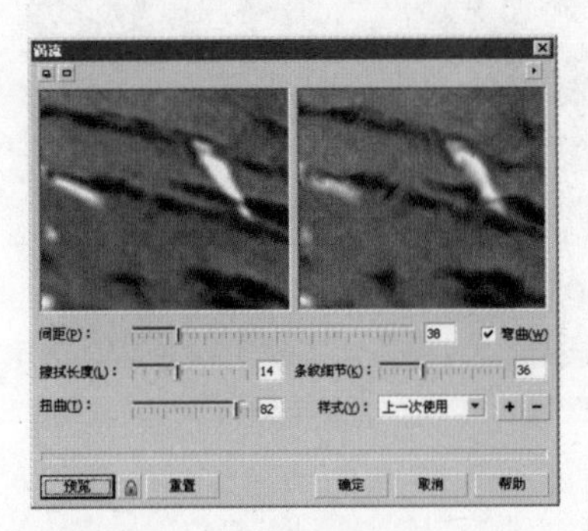

图 8-165 “涡流”对话框

图 8-166 涡流效果

8-18-10 风吹效果

风吹效果可以使位图产生被风吹动的效果。具体操作步骤如下。

01 导入一张位图并选中。执行菜单“位图”/“扭曲”/“风吹效果”命令，弹出“风吹效果”对话框，如图 8-167 所示。

02 在“风”对话框中拖动“浓度”滑块，可以调节风的强度；拖动“不透明”滑块，可以调节风吹效果的透明度。在“角度”数值框中，可以设置风吹的角度。设置好后单击“确定”按钮，即可得到效果，如图 8-168 所示。

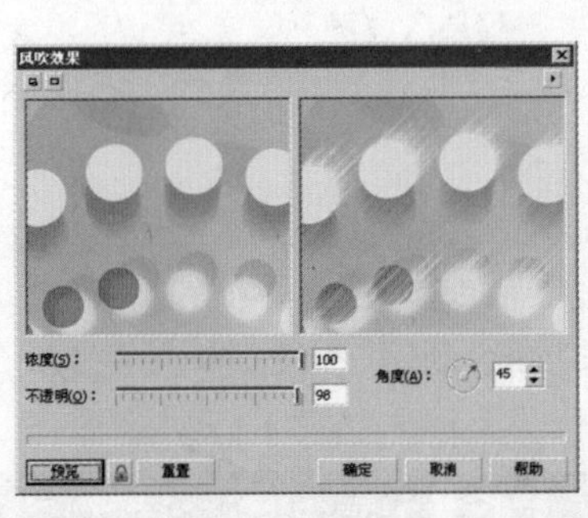

图 8-167 “风”对话框

图 8-168 风吹效果

8-19 杂点效果

杂点效果提供了 6 种类型，这些效果可以创建、控制和消除杂点，使位图变得柔和。

8-19-1 添加杂点效果

添加杂点效果可以给位图添加颗粒状的杂点。具体操作步骤如下：

01 导入一张位图并选中。执行菜单“位图”/“杂点”/“添加杂点”命令，弹出“添加杂点”对话框，如图 8-169 所示。

02 在“添加杂点”对话框的“杂点类型”选项组中，可以选择不同的杂点类型，选择不同的类型有不同的效果。拖动“层次”滑块，可以调节杂点效果的强度；拖动“密度”滑块，可以调节杂点效果的密度。在“颜色模式”选项组中选择不同的模式，可以得到不同的效果。设置好后单击“确定”按钮，即可得到效果，如图 8-170 所示。

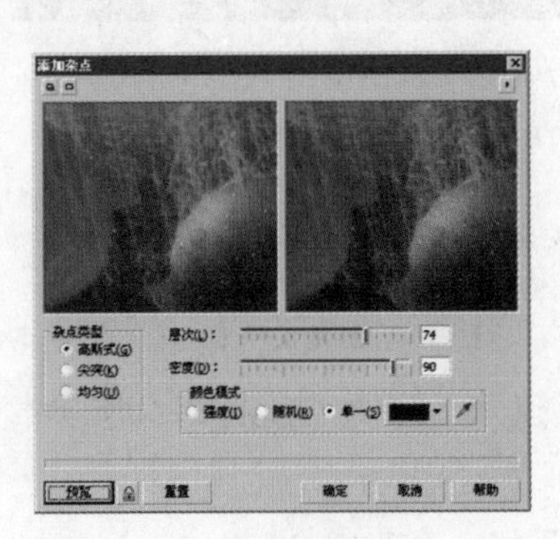

图 8-169 “添加杂点”对话框

(a) 选择“高斯式”类型的效果

(b) 选择“均匀”类型的效果

(c) 选择“尖突”类型的效果

图 8-170　添加杂点效果

8-19-2　最大值、中间值和最小值效果

“最大值”命令可以根据位图相邻的像素颜色值来调整像素的颜色并去除杂点。“中间值”命令可以通过平均图像中像素的颜色值去除杂点和细节。“最小”命令可以用像素变暗的方法去除杂点。具体操作步骤如下：

01 导入一张位图并选中。执行菜单“位图”/“杂点”/“最大值”、“中值”或“最小”命令，弹出“最大值”、“中值”或“最小”对话框。图 8-171 所示为“最大值”对话框。

02 在“最大值”对话框中拖动“百分比”滑块，可以调节效果的强度；拖动“半径”滑块可以调节图片的像素数量。“中值”和“最小”的设置参考“最大值”设置。设置好后单击“确定”按钮，即可得到如图 8-172 所示的效果。

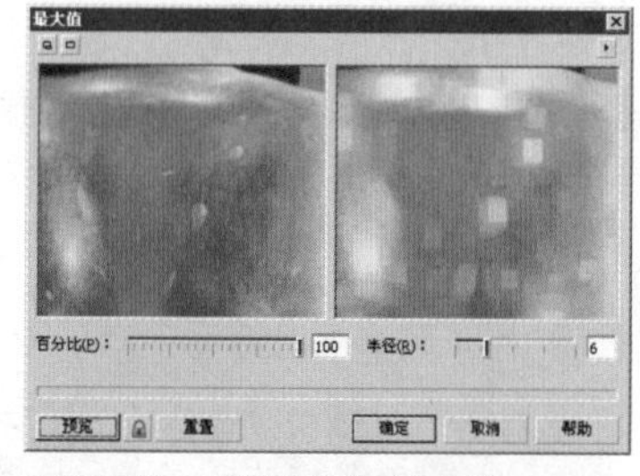

图 8-171　“最大值”对话框

(a)“最大值”效果

(b)“最小”效果

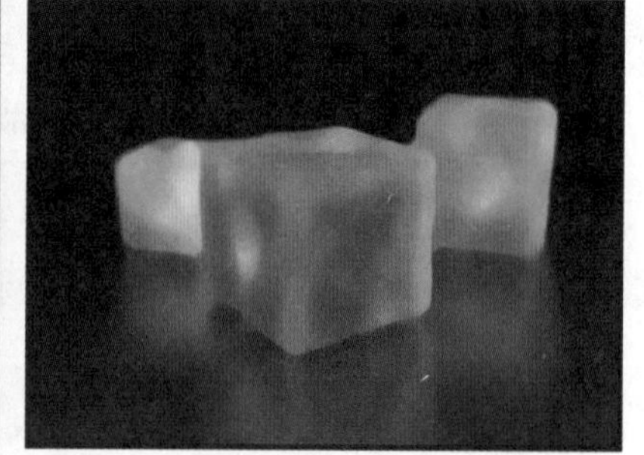

(c)“中值”效果

图 8-172　最大值、中间值、最小值效果

8-19-3　去除龟纹效果

去除龟纹效果可以去除扫描时图像中经常出现的图案杂点。具体操作步骤如下：

01 导入一张位图并选中。执行菜单“位图”/“杂点”/“去除龟纹”命令，弹出“去除龟纹”对话框，如图 8-173 所示。

02 在“去除龟纹”对话框中拖动“数量”滑块，可以调节消除杂点的数量。在“优化”选项组中选择“质量”单选按钮，可以获得高质量的效果，但速度较慢；选择“速度”单选按钮，可以获得较快的处理速度，但质量较差。设置好后单击“确定”按钮，即可得到效果，如图 8-174 所示。

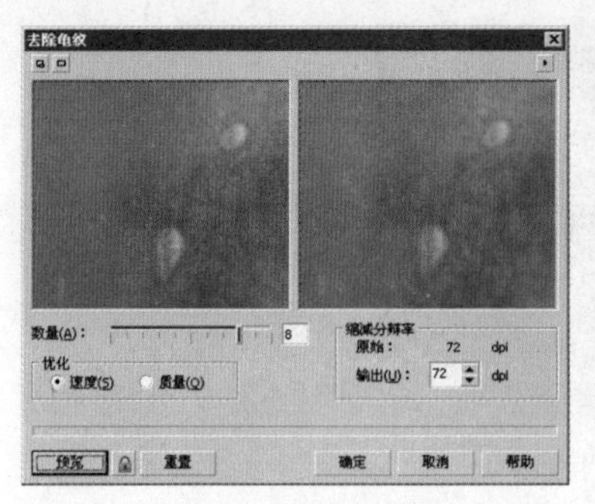

图 8-173 “去除龟纹”对话框

(a) 选择“速度”单选按钮的效果

(b) 选择“质量”单选按钮的效果

图 8-174 不同去除龟纹的效果

8-19-4 去除杂点效果

去除杂点效果可以去除扫描时图像中经常出现的图案杂点，抓取图像中的杂点，使图像变得柔和。具体操作步骤如下：

01 导入一张位图并选中。执行菜单“位图”/“杂点”/“去除杂点”命令，弹出“去除杂点”对话框，如图 8-175 所示。

02 在“去除杂点”对话框中选择“自动”复选框，可以自动去除杂点。拖动“阈值”滑块，可以调节去除杂点的范围。设置好后单击“确定”按钮，即可得到效果，如图 8-176 所示。

图 8-175 “去除杂点”对话框

(a) 选择“自动”复选框的效果

(b) 取消选择“自动”复选框的效果

图 8-176 去除杂点效果

8-20 鲜明化效果

CorelDREW X3 提供了 5 种鲜明化效果，这些效果可以增大相邻像素间的对比度，使所选位图图像的像素变得鲜明，增强位图的边缘，使位图的边缘产生锐化效果。

8-20-1 适应非鲜明化效果

适应非鲜明化效果通过分析相邻像素的值，使图像的边缘细节突出，但对于高分辨率的图像来说，效果不明显。具体操作步骤如下：

01 导入一张位图并选中。执行菜单“位图”/“鲜明化”/“适应非鲜明化”命令，弹出“适应非鲜明化”对话框，如图 8-177 所示。

02 在“适应非鲜明化”对话框中拖动“百分比”滑块，可以调节位图边缘区域的锐化程度，数值越大，锐化效果越明显。设置好后单击“确定”按钮，即可得到效果，如图 8-178 所示。

图 8-177 “适应非鲜明化”对话框

图 8-178 适应非鲜明化效果

8-20-2 定向柔化效果

定向柔化效果可以分析图像中边缘的像素，并确定柔化的方向。具体操作步骤如下：

01 导入一张位图并选中。执行菜单“位图”/“鲜明化”/“定向柔化”命令，弹出“定向柔化”对话框，如图 8-179 所示。

02 在“定向柔化”对话框中拖动“百分比”滑块，可以调节位图边缘区域的锐化程度，数值越大，锐化效果越明显。设置好后单击“确定”按钮，即可得到效果，如图 8-180 所示。

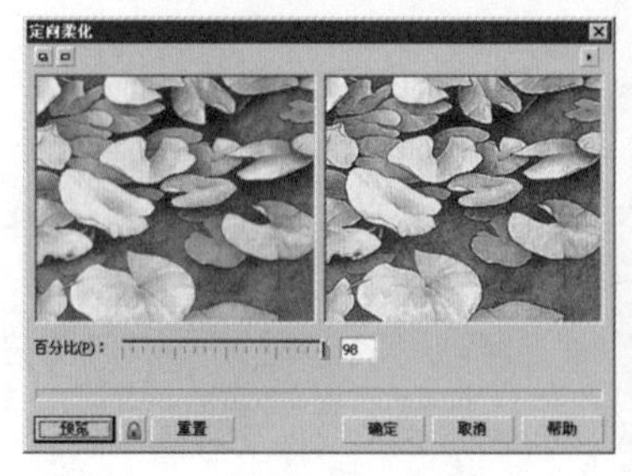

图 8-179 “定向柔化”对话框

图 8-180 定向柔化效果

8-20-3 高通滤波器效果

高通滤波器效果可以通过突出图像中的高光和明亮的区域，消除位图的细节。具体操作步骤如下：

01 导入一张位图并选中，如图 8-181 所示。

02 执行菜单“位图”/“鲜明化”/“高通滤波器”命令，弹出“高通滤波器”对话框，如图 8-182 所示。

03 在“高通滤波器”对话框中拖动“百分比”滑块，可以调节高频效果的强度；拖动“半径”滑块可以调节颜色溢出的距离。设置好后单击“确定”按钮，即可得到效果，如图 8-183 所示。

图 8-181 导入位图

图 8-182 “高通滤波器”对话框

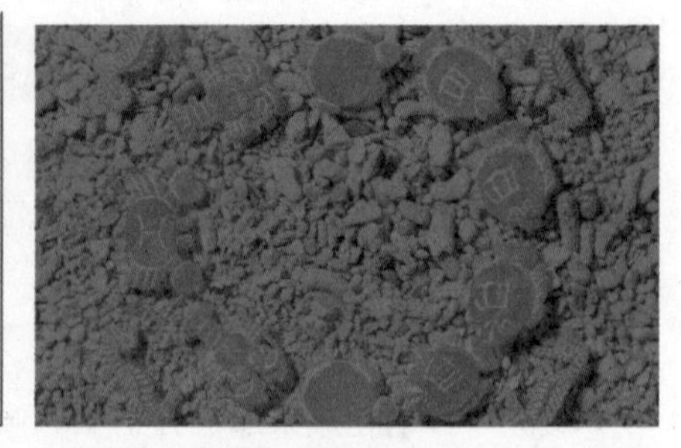

图 8-183 高通滤波器效果

8-20-4 鲜明化效果

鲜明化效果可以找到图像的边缘并提高相邻像素与背景的对比度，突出图像的边缘，使边缘区域更加明显。具体操作步骤如下：

01 导入一张位图并选中。执行菜单“位图”/“鲜明化”/“鲜明化”命令，弹出“鲜明化”对话框，如图 8-184 所示。

02 在“鲜明化”对话框中拖动“边缘层次”滑块，可以调节跟踪图形边缘的强度；拖动“阈值”滑块，可以调节剩余图像的多少。选择“保护颜色”复选框，可以将效果应用于像素的亮度值。设置好后单击“确定”按钮，即可得到效果，如图 8-185 所示。

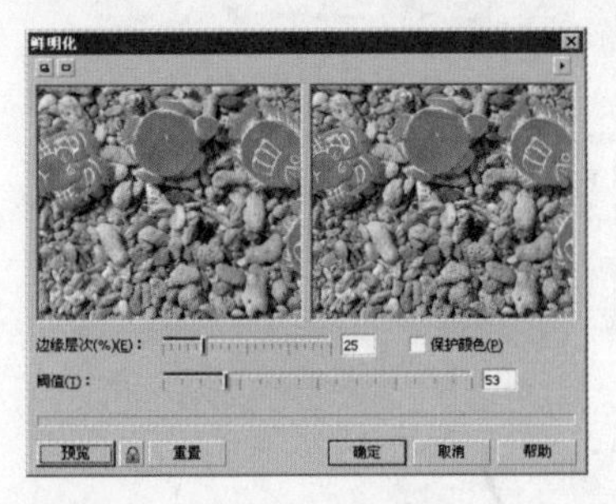

图 8-184 “鲜明化”对话框

图 8-185 鲜明化效果

8-20-5 非鲜明化遮罩效果

非鲜明化遮罩效果可以使位图中模糊的区域变得鲜亮。具体操作步骤如下：

01 导入一张位图并选中。执行菜单“位图”/“鲜明化”/“非鲜明化遮罩”命令，弹出“非鲜明化遮罩”对话框，如图 8-186 所示。

02 在“非鲜明化遮罩”对话框中拖动“百分比”滑块，可以调节图像中平滑区域的鲜明程度；拖动“半径”滑块，可以调节像素的数量；拖动“阈值”滑块，可以调节剩余图像的多少。设置好后单击“确定”按钮，即可得到效果，如图 8-187 所示。

图 8-186 “非鲜明化遮罩”对话框

图 8-187 非鲜明化遮罩效果

8-21 活动海报

本例主要利用“位图”菜单下的“艺术笔触”、“图像调整实验室”、“轮廓描摹”和“动态模糊”等命令创建海报的背景、主题人物等内容，同时利用“交互式透明工具”、“钢笔工具”、“文本工具”等添加海报的各种装饰效果，制作出海报的整体效果。

01 执行菜单“文件”/“新建”命令，新建默认大小的文档。单击属性栏中的“横向”按钮，将页面的方向设置为横向。执行菜单“文件”/“导入”命令，导入随书光盘“08\8-21 活动海报\素材 1.jpg”文件，并将其适当放大，效果如图 8-188 所示。

02 选中导入的图片，执行菜单“位图”/“图像调整实验室”命令，打开“图像调整实验室”窗口，切换到之前和之后对比预览显示方式，并设置“对比度”为 20，如图 8-189 所示。

图 8-188　新建文档并导入图片

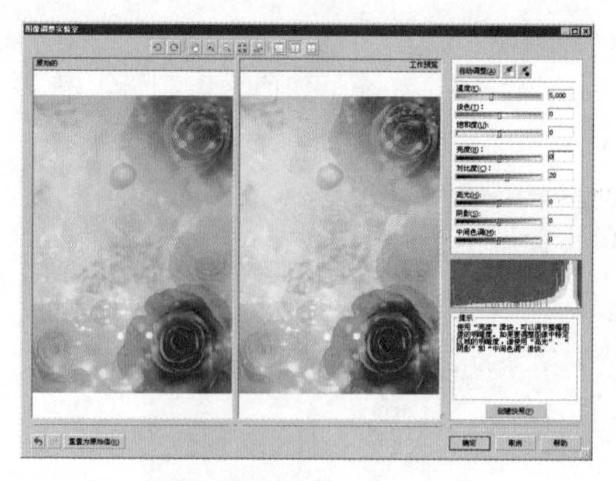

图 8-189　“图像调整实验室”窗口

03 设置好后，单击“确定”按钮，增加图像的对比度，效果如图 8-190 所示。

04 选中图片，按【Ctrl+C】组合键复制，再按【Ctrl+V】组合键原位粘贴，然后选中上面的图片，执行菜单“位图”/“艺术笔触”/“蜡笔画”命令，打开“蜡笔画”对话框进行设置，单击“确定”按钮，图片效果如图 8-191 所示。

图 8-190　增加图像的对比度

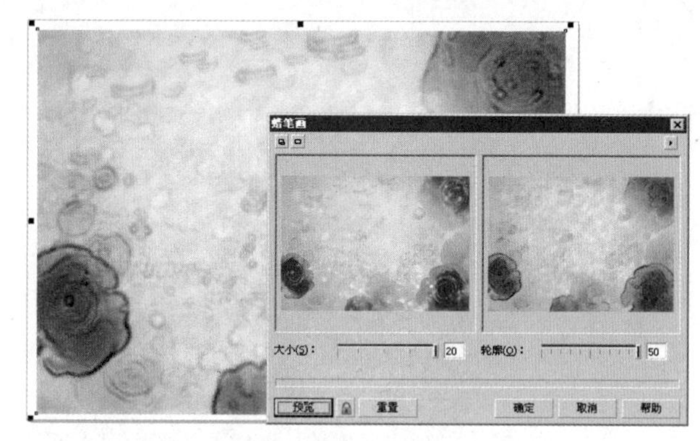

图 8-191　应用“蜡笔画”效果

05 选中图片，选择“交互式透明工具”，添加“标准”透明度效果，并调整各选项的值，效果如图 8-192 所示。

06 添加人物。执行菜单“文件”/“导入”命令，导入随书光盘“08\8-21 活动海报\素材 2.jpg”文件，并将其适当缩小，效果如图 8-193 所示。

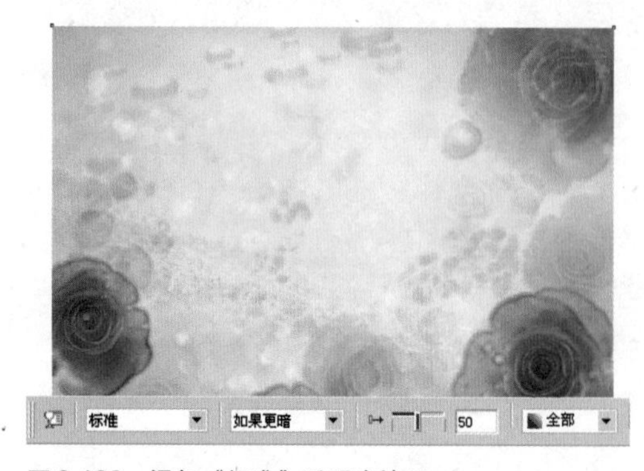

图 8-192　添加“标准”透明度效果

图 8-193　导入人物图片

07 选中导入的人物图片，执行菜单“位图”/“轮廓描摹”/“线条图”命令，打开PowerTRACE窗口，使用默认的选项设置，如图8-194所示。

08 单击“确定”按钮，创建描摹的矢量图形，效果如图8-195所示。

图8-194 Power TRACE窗口

图8-195 创建描摹的矢量图形

09 移动描摹的矢量图形，然后选中底部原始的人物图片，将其删除，再选中描摹图形中的白色背景图形，将其删除，效果如图8-196所示。

10 选择“钢笔工具”，在人物图形帽子的镂空部分绘制图形，填充白色，并调整到人物图形的下层，将帽子图形补全，效果如图8-197所示

图8-196 删除描摹图形中的白色背景图形

图8-197 将帽子图形补全

11 将人物图形全部选中并群组，移动到画面的左侧，适当调整大小，选择“交互式透明工具”，添加“标准”透明度效果，并调整各选项的值，效果如图8-198所示。

12 添加装饰图形。打开随书光盘“08\8-21活动海报\素材3.cdr”文件，选中其中的光盘图形，按【Ctrl+C】组合键进行复制，效果如图8-199所示。

图8-198 添加“标准”透明度效果

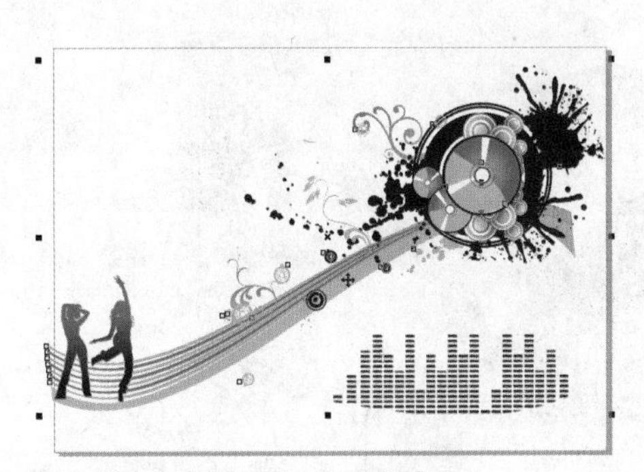
图8-199 “素材3.cdr”文件效果

13 返回到当前文档中，按【Ctrl+V】组合键粘贴光盘图形，再将其调整到适合的大小和位置，效果如图 8-200 所示。

14 执行菜单“文件”/“导入”命令，导入随书光盘“08\8-21 活动海报\素材 4.jpg”文件，并将其适当放大，效果如图 8-201 所示。

图 8-200 粘贴光盘图形

图 8-201 导入“素材 4.jpg”文件

15 选中导入的图片，执行菜单“位图”/“模糊”/“动态模糊”命令，打开“动态模糊”对话框，设置好后，单击“确定”按钮，为图像添加水平方向的动态模糊效果，如图 8-202 所示。

16 将模糊后的图片适当缩小，贴近画面的边界，效果如图 8-203 所示。

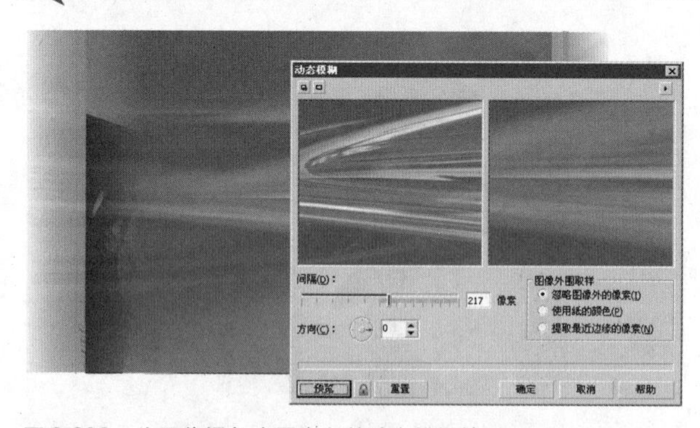

图 8-202 为图像添加水平方向的动态模糊效果

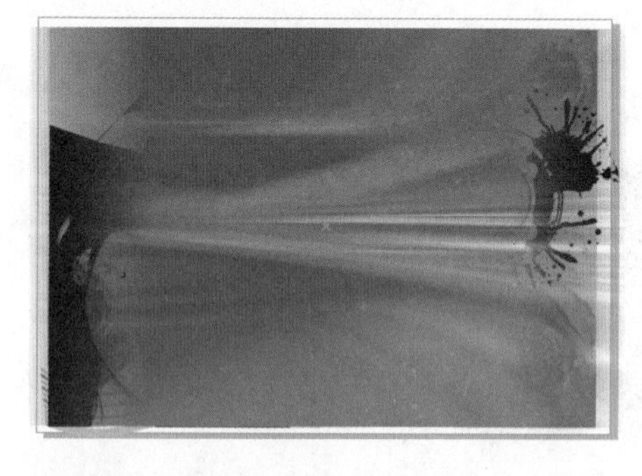
图 8-203 将模糊后的图片适当缩小

17 选中模糊后的图片，选择“交互式透明工具”，添加“射线”方式的透明度效果，设置各选项，并适当调整控制标记的位置，将模糊的图片融入到画面中，效果如图 8-204 所示。

18 添加装饰图形。将“08\8-21 活动海报\素材 3.cdr”文件中的人物和音频图形复制到当前文档中，如图 8-205 所示。

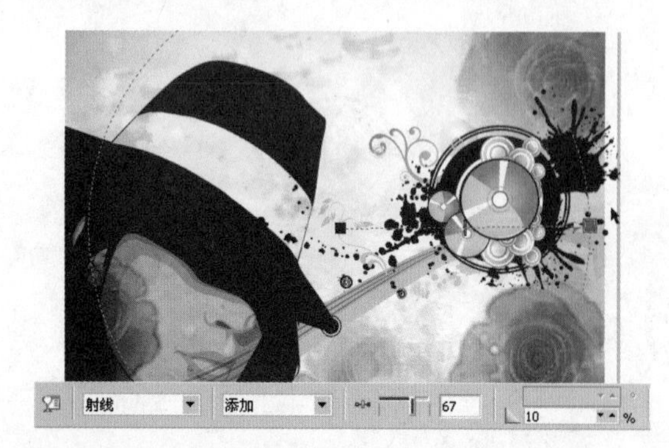

图 8-204 添加“射线”方式的透明度效果

图 8-205 复制人物和音频图形到当前文档中

19 将人物图形和音频图形分别放置在画面的左下角和右上角，调整到适当大小后，将音频图形填充为白色，效果如图 8-206 所示。

20 添加标题文字。选择“文本工具”，在画面上方输入文字内容，设置文字的填充颜色为蓝色，并设置文字的格式，效果如图 8-207 所示。

图 8-206 将图形放置在画面的左下角和右上角

图 8-207 在画面上方输入文字内容并进行设置

21 选中文本对象，将其复制并原位粘贴，然后设置粘贴得到的文本对象的轮廓颜色为白色，并设置轮廓的宽度和样式，再将该文字调整到蓝色文字的下层，得到一组描边文字的效果，如图 8-208 所示。

22 添加活动内容文字。选择“文本工具”，在画面的右下角创建段落文本框并输入文字内容，然后设置文字的填充颜色、格式，行距，以及对齐方式等，效果如图 8-209 所示。

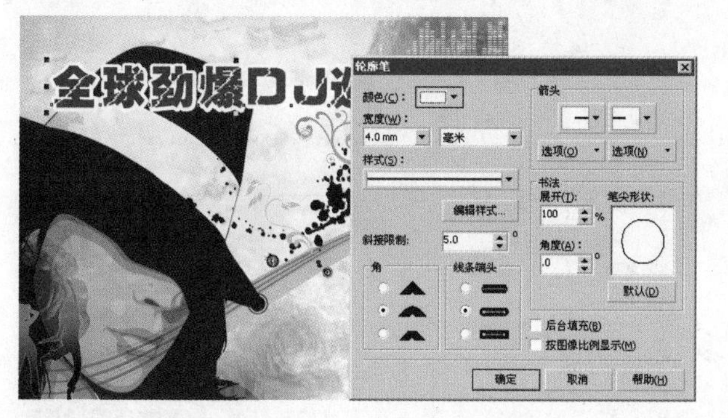

图 8-208 描边文字的效果

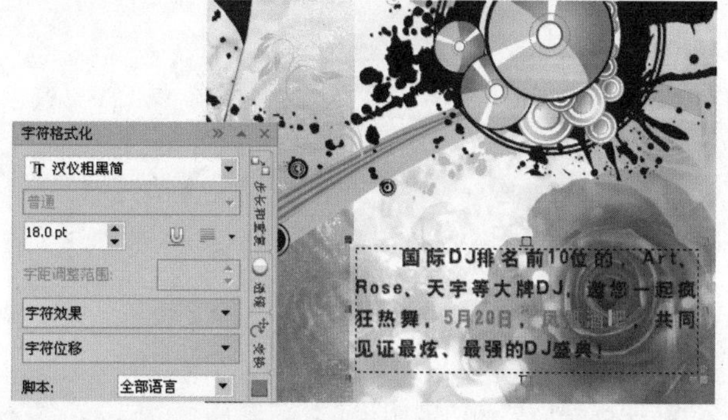

图 8-209 添加活动内容文字并进行设置

23 选中段落文本对象，选择工具箱中的“交互式阴影工具”，在属性栏中设置阴影颜色为白色，并调整“阴影偏移”等选项，调整后的文字被添加了白色的阴影，效果如图 8-210 所示。

24 对画面中不满意的地方进行调整，画面最终效果如图 8-211 所示。

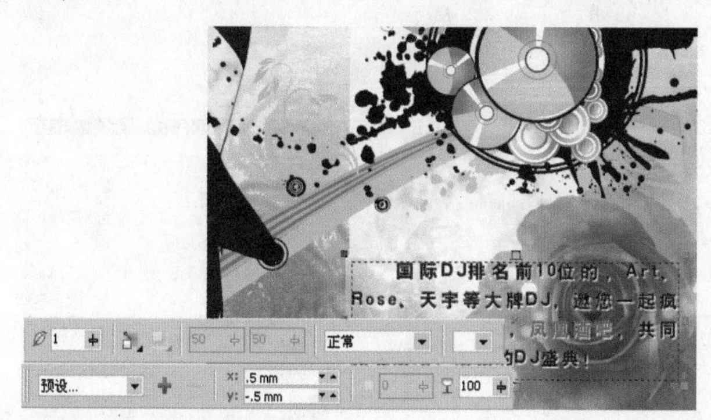

图 8-210 为文字添加阴影效果

图 8-211 画面最终效果

8-22 人物插画

本例主要利用“位图”菜单下的“转换为位图”、“单色蜡笔画”、“虚光”和“缩放”等命令创建插画的主体内容，同时利用“交互式透明工具”使插画的各部分自然地融合在一起，制作出人物插画效果。

01 执行菜单“文件”/“新建”命令，新建默认大小的文档，如图8-212所示。

02 打开随书光盘“08\8-22人物插画\素材1.cdr”文件，选中其中的背景图形，按【Ctrl+C】组合键进行复制，效果如图8-213所示。

图8-212 新建默认大小的文档

图8-213 “素材1.cdr”文件效果

03 返回到新建的文档中，按【Ctrl+V】组合键粘贴图形，如图8-214所示。

04 选中背景图形，执行菜单“位图”/“转换为位图”命令，打开“转换为位图”对话框，设置“分辨率”等选项，单击“确定”按钮，将矢量图形转换为位图图像，效果如图8-215所示。

图8-214 粘贴背景图形

图8-215 将背景图形转换为位图

05 选中转换后的位图图片，执行菜单“位图”/“艺术笔触”/“单色蜡笔画”命令，打开“单色蜡笔画”对话框，设置好后单击“确定”按钮，效果如图8-216所示。

06 保持选中图片，执行菜单“位图”/“模糊”/“缩放”命令，打开“缩放”对话框，设置缩放的中心点，并调整选项值，然后单击“确定”按钮，效果如图8-217所示。

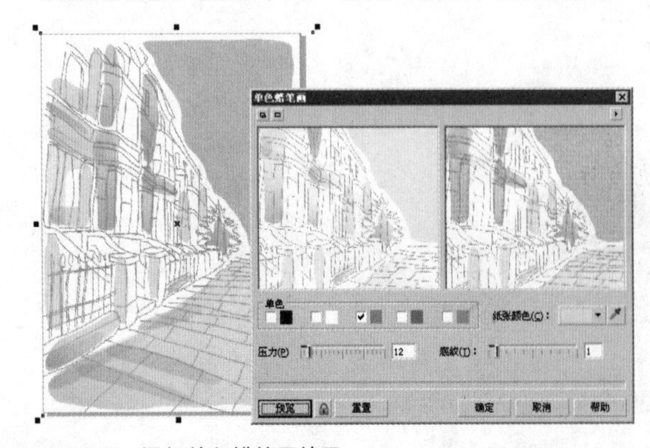

图8-216 添加单色蜡笔画效果

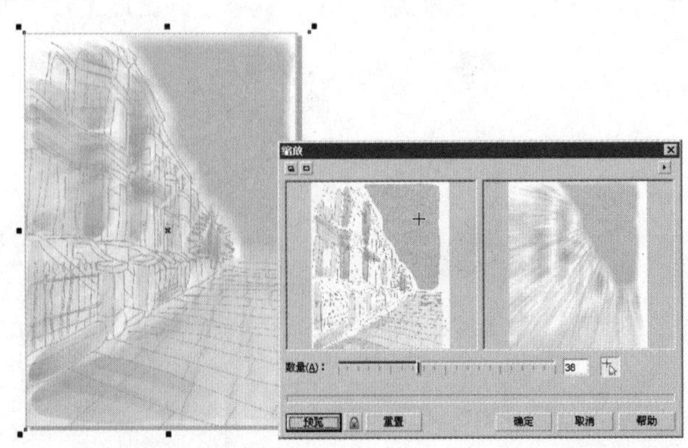

图8-217 添加缩放模糊效果

07 保持选中图片，选择“交互式透明工具”，添加“标准”透明度效果，并设置“透明度操作”选项，效果如图 8-218 所示。

08 添加彩色效果。执行菜单“文件”/“导入”命令，导入随书光盘“08\8-22 人物插画\素材 2.jpg”文件，并将其适当放大，效果如图 8-219 所示。

图 8-218　添加“标准”透明度效果

图 8-219　“素材 2.jpg”文件效果

09 选中导入的图片，选择“交互式透明工具”，添加“线性”方式的透明度效果，设置各选项，并适当调整控制标记的位置，效果如图 8-220 所示。

10 选中图片，按【Ctrl+C】组合键复制，再按【Ctrl+V】组合键原位粘贴图片，效果如图 8-221 所示。

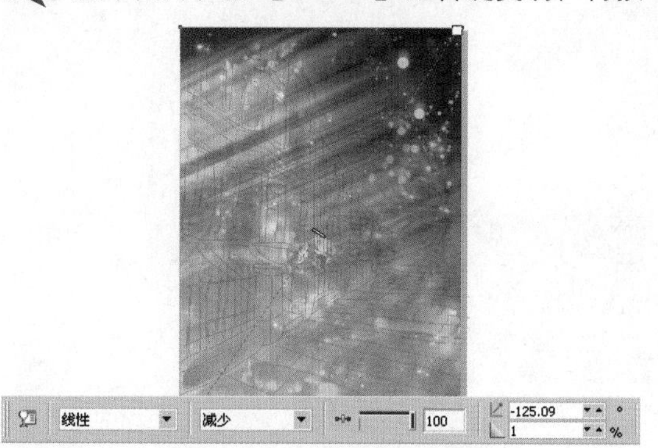

图 8-220　添加“线性”方式的透明度效果

图 8-221　将“素材 2.jpg”图片原位粘贴到当前文档中

11 选中上面的图片，执行菜单“位图”/“创造性”/“虚光”命令，打开“虚光”对话框，设置虚光的颜色为黄色，并对其选项进行设置，单击“确定”按钮，效果如图 8-222 所示。

12 选中上后添加的彩色背景图片，将其调整到缩放模糊图片的下层，效果如图 8-223 所示。

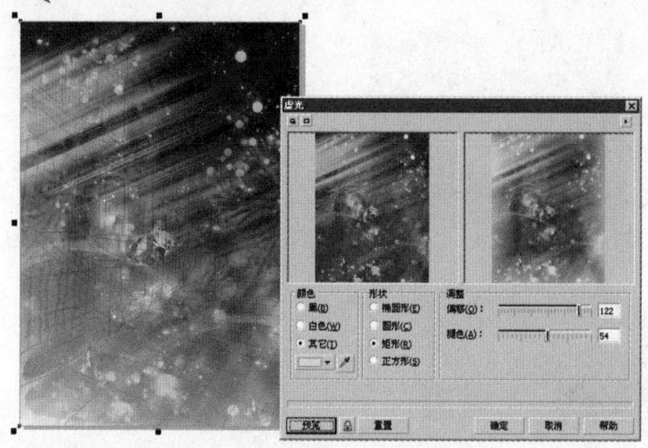

图 8-222　为图片添加黄色的虚光效果

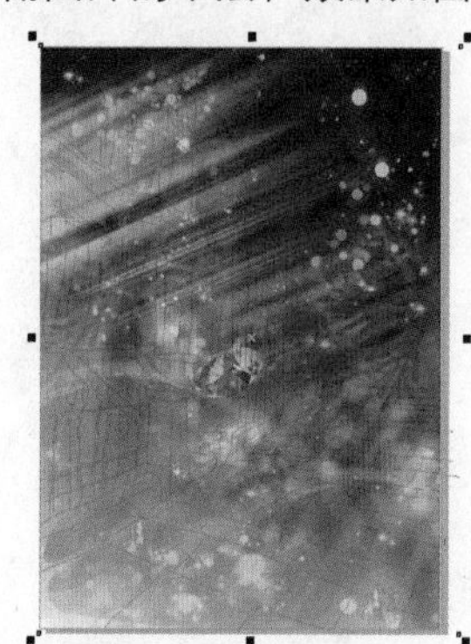

图 8-223　将图片调整到缩放模糊图片的下层

13 将“素材 1.cdr”文件中的人物图形复制到当前文档中，放置在画面的右侧，完成插画的整体效果，最终效果如图 8-224 所示。

图 8-224　插画最终效果

8-23　照片效果

本例主要利用“位图”菜单下的“天气”、“高斯式模糊”、“水彩画”、“图像调整实验室”、“卷页”等命令制作画面的主体内容，同时利用“替换颜色”、“交互式透明工具”、“交互式阴影工具”等制作出画面中的装饰效果，最终制作出照片的整体效果。

01 执行菜单“文件”/“新建”命令，新建默认大小的文档。执行菜单“文件”/“导入”命令，导入随书光盘“08\8-23 照片效果\素材 1.jpg”文件，并将其适当放大，效果如图 8-225 所示。

02 选中图片，选择“交互式透明工具”，添加“线性”方式的透明度效果，如图 8-226 所示。

图 8-225　新建文档并导入图片

图 8-226　添加“线性”方式的透明度效果

03 选中图片，复制并原位粘贴图片，然后选择“交互式透明工具”，在属性栏中调整“透明度操作”选项的设置，效果如图 8-227 所示。

04 执行菜单“文件”/“导入”命令，导入随书光盘“08\8-23 照片效果\素材 2.jpg”文件，并将其适当的放大，效果如图 8-228 所示。

图 8-227　复制图片并调整透明度效果

图 8-228　导入“素材 2.jpg”图片

05 选中图片，执行菜单“位图”/“创造性”/“天气”命令，打开“天气”对话框，选择“雪”效果，并进行相应的设置，效果如图8-229所示。

06 选中图片，选择“交互式透明工具”，添加“射线”类型的透明度效果，并调整控制标记的位置，效果如图8-230所示。

图8-229 添加雪的天气效果

图8-230 添加“射线”类型的透明度效果

07 执行菜单“文件”/“导入”命令，导入随书光盘“08\8-23照片效果\素材3.jpg”文件，并将其适当放大，效果如图8-231所示。

08 选中图片，按【Ctrl+C】复制图片，然后执行菜单“位图”/“模糊”/“高斯式模糊”命令，打开“高斯式模糊”对话框，并进行相应的设置，效果如图8-232所示。

图8-231 导入“素材3.jpg”文件

图8-232 添加高斯式模糊效果

09 选中图片，选择“交互式透明工具”，添加“线性“类型的透明度效果，并调整控制标记的位置，效果如图8-233所示。

10 按【Ctrl+V】组合键粘贴图片，执行菜单“位图”/“艺术笔触”/“水彩画”命令，打开“水彩画”对话框，并进行相应的设置，效果如图8-234所示。

图8-233 添加“线性”类型的透明度效果

图8-234 添加水彩画效果

11 选中图片，选择“交互式透明工具”，添加”线性“类型的透明度效果，并调整控制标记的位置，效果如图 8-235 所示。

12 执行菜单“文件”/“导入”命令，导入随书光盘“08\8-23 照片效果\素材 4.jpg”文件，并将适当调整大小，效果如图 8-236 所示。

图 8-235　添加”线性”类型的透明度效果

图 8-236　导入“素材 4.jpg”文件

13 选中图片，选择“交互式透明工具”，添加”射线”类型的透明度效果，并调整控制标记的位置，效果如图 8-237 所示。

14 选中图片，复制并原位粘贴图片，然后选择“交互式透明工具”，调整控制标记的位置，效果如图 8-238 所示。

图8-237　添加”射线”类型的透明度效果

图 8-238　复制图片并调整控制标记的位置

15 执行菜单“文件”/“导入”命令，导入随书光盘“08\8-23 照片效果\素材 5.jpg”文件，效果如图 8-239 所示。

16 选中图片，选择“交互式透明工具”，添加”射线“类型的透明度效果，并调整控制标记的位置，效果如图 8-240 所示。

图 8-239　导入“素材 5.jpg”文件

图 8-240　添加“射线”类型的透明度效果

17 选中图片，复制并原位粘贴图片，然后选择“交互式透明工具”，调整控制标记的位置，效果如图8-241所示。

18 选中最下部的图片，将其调整到相邻图片的上层，效果如图8-242所示。

图8-241 复制图片并调整控制标记的位置

图8-242 将最下部的图片调整到相邻图片的上层

19 执行菜单“文件”/“导入”命令，导入随书光盘“08\8-23照片效果\素材6.psd”文件，放置在画面的上部中间位置，效果如图8-243所示。

20 选中图片，按【Ctrl+C】组合键复制图片，然后执行菜单“位图”/“图像调整实验室”命令，打开“图像调整实验室”窗口，并进行相应的设置，效果如图8-244所示。

图8-243 导入“素材6.psd”文件

图8-244 调整图片的颜色

21 选中图片，然后执行菜单“位图”/“模糊”/“高斯式模糊”命令，打开“高斯式模糊”对话框，并进行相应的设置，效果如图8-245所示。

22 选中图片，选择“交互式透明工具”，添加”线性“方式的透明度效果，并调整控制标记位置，效果如图8-246所示。

图8-245 为图片添加高斯式模糊效果

图8-246 添加“线性”方式的透明度效果

23 按【Ctrl+V】组合键粘贴图片，并将图片垂直翻转，调整线性透明度的效果，只显示树木的右半部分。执行菜单“位图”/“图像调整实验室”命令，打开“图像调整实验室”窗口，并进行相应的设置，效果如图8-247所示。

24 执行菜单“文件”/“导入”命令，导入随书光盘“08\8-23 照片效果\素材7.psd”文件，放置在画面的上部中间位置，效果如图8-248所示。

图8-247　调整图片颜色

图8-248　导入“素材7.psd”文件

25 选中图片，选择“交互式透明工具”，添加”线性“方式的透明度效果，并调整控制标记位置，效果如图8-249所示。

26 选中图片，将其复制并原位粘贴，将其垂直翻转后，调整线性透明度的效果，使得只显示树木的左半部分，效果如图8-250所示。

图8-249　添加线性方式的透明度

图8-250　复制图片并垂直翻转

27 选中图片，执行菜单“效果”/“调整”/“替换颜色”命令，打开“替换颜色”对话框，并进行相应的设置，效果如图8-251所示。

28 执行菜单“文件”/“导入”命令，导入随书光盘“08\8-23 照片效果\素材8.psd”文件，放置在画面的中间位置，效果如图8-252所示。

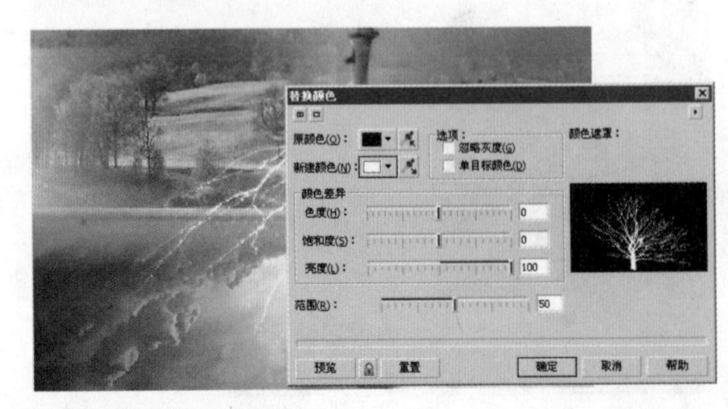

图8-251　将图片替换颜色

图8-252　导入“素材8.psd”文件

29 选中图片，选择“交互式阴影工具”，为文字图片添加黄色的外发光效果，如图8-253所示。

30 将制作好的图片内容全部选中并群组，然后在画面边界上绘制一个矩形框，作为剪裁的外框，如图8-254所示。

图8-253　添加黄色的外发光效果

图8-254　绘制一个矩形框

31 选中群组对象，执行“效果”/“图框精确剪裁”/“放置在容器中”命令，然后单击矩形框制作剪裁效果，再单击鼠标右键，选择“编辑内容”命令，对群组对象的位置进行移动，再单击鼠标右键，选择“结束编辑”命令。图形效果如图8-255所示。

32 选中剪裁后的图形，执行菜单“位图”/“转换为位图”命令，打开“转换为位图”对话框，并进行相应的设置，效果如图8-256所示。

图8-255　图框精确剪裁

图8-256　将剪裁后的图形转换为位图

33 选中转换后的位图，执行菜单“位图”/“三维效果”/“卷页”命令，打开“卷页”对话框，并进行相应的设置，画面最终效果如图8-257所示。

图8-257　画面最终效果

» 读书笔记

09 Chapter

特殊效果与透镜

如果想使对象具有真实感和纵深感，或者呈透明状态，就要用到高级功能，如透视效果、图框精确剪裁和透镜效果等。完成本章的学习后，可使图形对象效果更加丰富。

9-1 透视效果

在 CorelDRAW X4 中，可以为二维图形对象添加三维透视效果，这就要用到"添加透视"命令。"添加透视"命令可以为对象创建两种透视效果，一种是单点透视，使对象的相邻两边消失于一个灭点；另一种是双点透视，使对象的相邻两边分别消失于两个灭点。

9-1-1 单点透视

创建单点透视效果的操作步骤如下：

01 导入图形对象并选中，如图 9-1 所示。

02 执行菜单"效果"/"添加透视"命令，这时对象上出现网格框。

03 将光标移至网格框 4 个角的任意节点上，按住【Ctrl】键并拖动鼠标到适当的位置，这时，单点透视效果就出现了，如图 9-2 所示。

图 9-1 导入位图

图 9-2 单点透视效果

9-1-2 双点透视

创建双点透视效果的第一步与第二步和创建单点透视效果的步骤是一样的，第三步，按住鼠标左键拖动任意一个节点向任意方向移动，在适当的位置释放鼠标，双点透视的效果就出现了，如图 9-3 所示。

图 9-3 双点透视的效果

9-2 图框精确剪裁

图框精确剪裁就是将图像置于一个封闭曲线中，并且可以根据需要进行修改。

9-2-1 创建图框精确剪裁

要将图像精确地置入曲线，必须要有两个对象，其中一个可以是任意图像，另一个对象必须是封闭曲线，包括矩形、椭圆和多边形等。创建图框精确剪裁的操作步骤如下：

01 绘制一个封闭曲线对象，如图9-4所示。

02 导入一张位图，如图9-5所示。

03 选中位图，执行“效果”/“图框精确剪裁”/“放置在容器中”命令，当光标变成➡形状时，将光标移至曲线对象内并单击，这时图像就被放置在绘制的曲线中了，如图9-6所示。

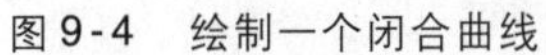

图9-4　绘制一个闭合曲线

图9-5　导入位图

图9-6　图框精确剪裁效果

9-2-2　提取与复制图框精确剪裁对象

1. 提取对象

提取对象就是把已经置入容器中的对象分离出来。方法是选中置入曲线的对象，执行菜单“效果”/“图框精确剪裁”/“提取内容”命令，即可将封闭曲线和位图分离。

2. 复制图框精确剪裁对象

复制图框精确剪裁的操作步骤如下：

01 用前面介绍的方法创建一个图框精确剪裁对象，如图9-7所示。

02 用工具箱中的“贝塞尔工具”绘制封闭曲线对象，将其选中并填色，如图9-8所示。

03 执行“效果”/“复制效果”/“图框精确剪裁自”命令，当光标变为➡形状时，在图框精确剪裁对象上单击，即可复制另一个图框精确剪裁对象，如图9-9所示。

图9-7　创建图框精确剪裁对象

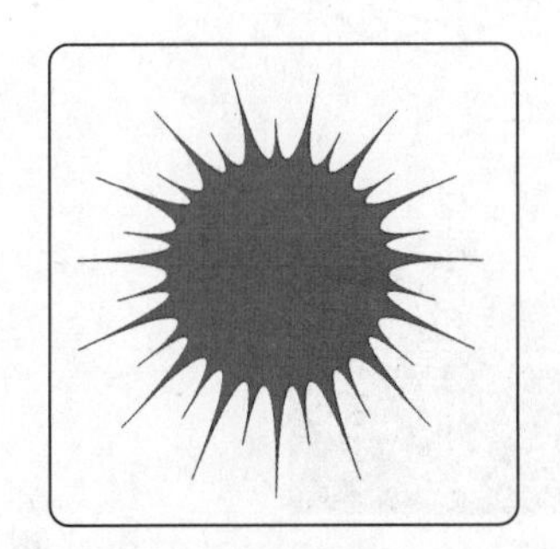

图9-8　绘制封闭曲线

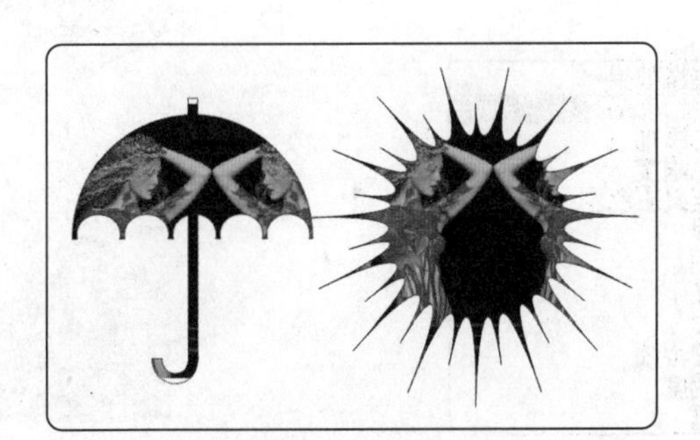

图9-9　复制图框精确剪裁对象

9-3　透镜效果

透镜效果可以改变位于透镜下面对象视觉效果，其作用和滤光镜类似。透镜效果可应用于任何封闭的形状及可以延伸的直线、曲线和美术文本等。

9-3-1 “使明亮”透镜

“使明亮”透镜可以使透镜下面的对象变亮或者变暗，可应用于矢量图，也可应用于位图。其操作步骤如下：

01 导入位图，如图 9-10 所示。

02 绘制两个封闭的曲线对象，如图 9-11 所示。

03 执行“窗口”/“泊坞窗”/“透镜”命令，将弹出“透镜”泊坞窗，如图 9-12 所示。

图 9-10　导入位图

图 9-11　绘制封闭的曲线对象

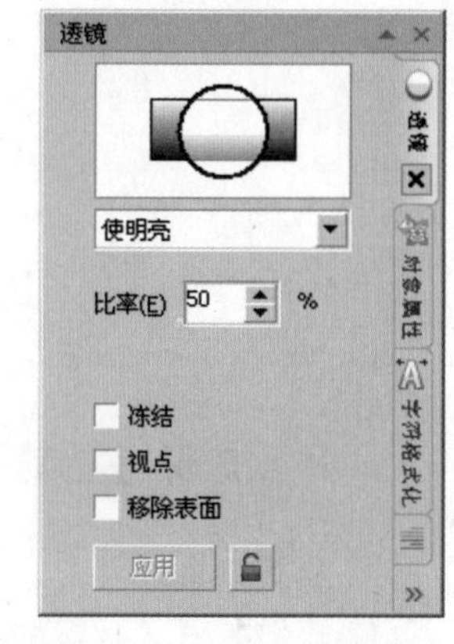

图 9-12　“透镜”泊坞窗

04 单击预览图形下面的下三角按钮，弹出下拉列表，如图 9-13 所示。利用此下拉列表可以制作多种效果。

05 选择其中一个曲线对象，应用“使明亮”透镜，效果如图 9-14 所示。

06 选择另一个曲线对象，应用“使明亮”透镜。执行后如果没有什么变化，可以按【Enter】键，即可看到效果，如图 9-15 所示。

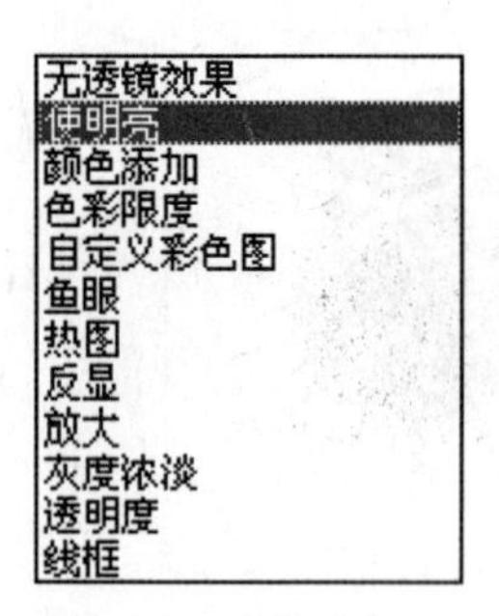

图 9-13　下拉列表

图 9-14　对多边形应用“使明亮”透镜效果

图 9-15　对椭圆应用“使明亮”透镜效果

9-3-2 “颜色添加”透镜

“颜色添加”透镜可以模拟附加的光线模型，使对象的颜色添加到透镜的颜色中，就像混合颜色一样。以上面的封闭曲线和位图为例，应用“颜色添加”透镜，在“透镜”泊坞窗中可以调整添加颜色的其他设置，如图 9-16 所示。

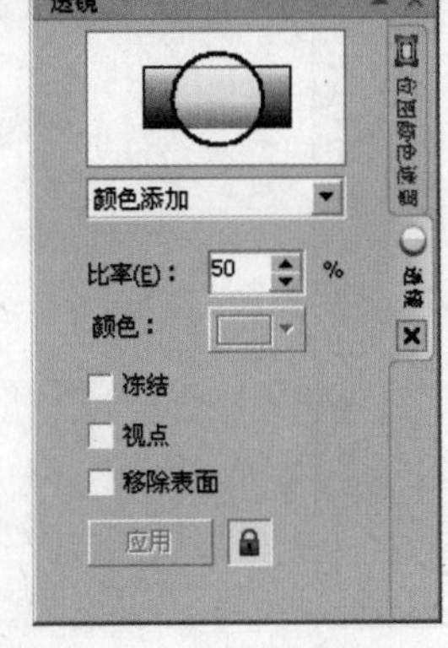

图 9-16　“颜色添加”透镜的应用

9-3-3 “色彩限度”透镜

“色彩限度”透镜类似于照相机上的滤光镜，它只允许黑色和滤镜本身的颜色透过，透镜下面对象中的白色和其他浅色将被转换为透镜的颜色。在使用“色彩限度”透镜后，可以在“比率”数值框中输入 0～100 之间的数值，以设置透镜的浓度，在“颜色”下拉列表框中可以选择透镜限制的颜色，如图 9-17 所示。

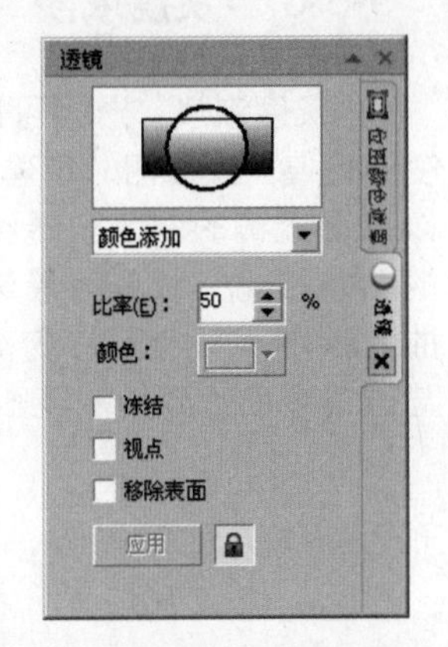

图 9-17　“色彩限度”透镜的应用

9-3-4 “自定义彩色图”透镜

“自定义彩色图”透镜可以将透镜对象的颜色设置为任意两种，也可以设置两种颜色的变化路径（如向前的彩虹、反转的彩虹和直接调色板等），默认为“直接调色板”，应用后的效果如图 9-18 所示。

图 9-18　“自定义彩色图”透镜的应用

9-3-5 “鱼眼”透镜

使用“鱼眼”透镜会使后面的对象变形、放大或者缩小。可以在“比率”数值框中设置数值。正比率的透镜通过将比率设置为 1～1 000 将对象变形并放大；负比率的透镜通过将比率设置为 −1～−1 000 将对象变形并缩小。当比率为 0 时，表示不改变对象。单击“编辑”按钮，可以调整水平或垂直方向上放大或缩小的数值，效果如图 9-19 所示。

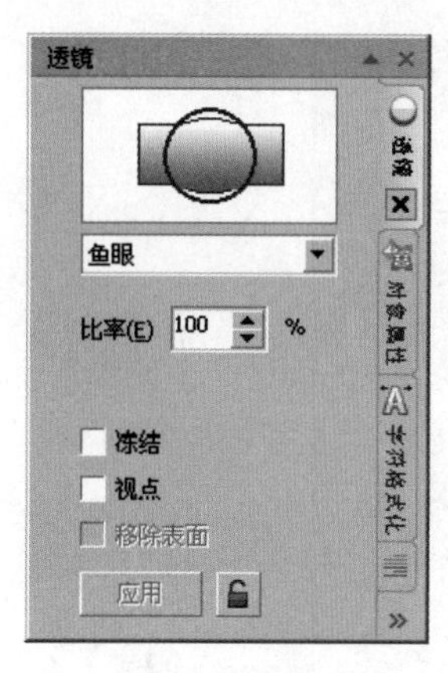

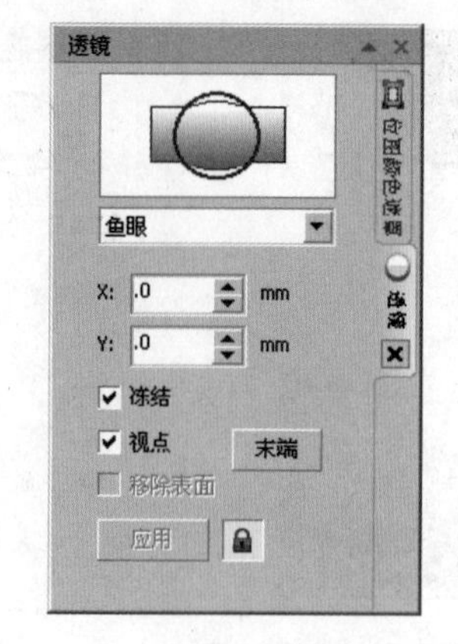

（a）“透镜”泊坞窗　（b）单击“编辑”按钮后的泊坞窗　（c）应用“鱼眼”透镜的效果

图9-19　“鱼眼”透镜的应用

9-3-6 “灰度浓淡”透镜

“灰度浓淡”透镜可以将透镜下面对象的颜色变成等值的灰度图。创建“灰度浓淡”透镜后，可以设置透镜的颜色，透镜的颜色与透镜下面对象的颜色相比，将成为最深的颜色。透镜下面对象的其他所有颜色都将变得比透镜颜色浅，并变成与透镜颜色一致的灰度图，如图9-20所示。

图9-20　“灰度浓淡”透镜的应用

9-3-7 “透明度”透镜

“透明度”透镜可以产生透过胶片或者有色玻璃观察对象的效果。创建“透明度”透镜效果后，可以在“比率”数值框中输入透镜的透明度值，值越大透镜越透明，在“颜色”下拉列表框中可以选择透镜的颜色，如图9-21所示。

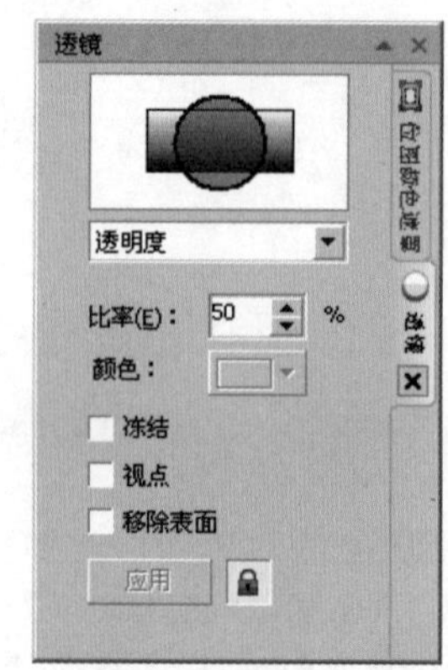

图9-21　“透明度”透镜的应用

9-3-8 “线框”透镜

“线框”透镜可以将透镜下面对象的轮廓色或者填充色显示为设置的颜色，在“线框”透镜泊坞窗中可以设置对象的轮廓和填充颜色，选中“轮廓”复选框并在其后面的颜色下拉列表框中选择一种颜色作为轮廓色，选择“填充”复选框，在其后面的颜色列表中选择一种颜色作为填充色，如图9-22所示。

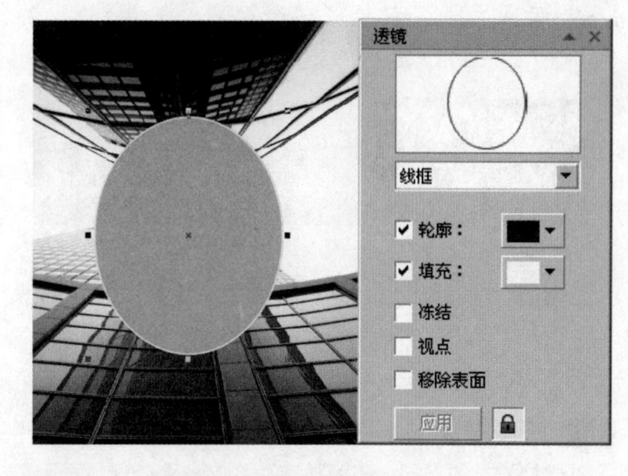

图9-22　“线框”透镜的应用

提示 · 技巧

如果不想设置轮廓色和填充色，取消选择其对应的复选框即可。

9-4　复制、克隆与清除效果

复制、克隆效果命令可以把一个对象的效果（如立体效果、透镜效果或阴影效果等）复制或克隆给另外一个对象。此命令可以为多个对象创建相同的效果。效果是可以清除的。

9-4-1　复制效果

复制效果是将已有的特殊效果复制到正在创建的图形对象上。其具体操作步骤如下：

01 绘制两个图形对象，并对其中一个对象创建立体化效果，如图9-23所示。

02 选择没有执行过效果的对象，然后执行菜单“效果”/“复制效果”/“立体化自”命令，这时光标变成➡形状。

03 将光标移至立体化效果对象上，单击即可将立体化效果复制到另一对象上，如图9-24所示。

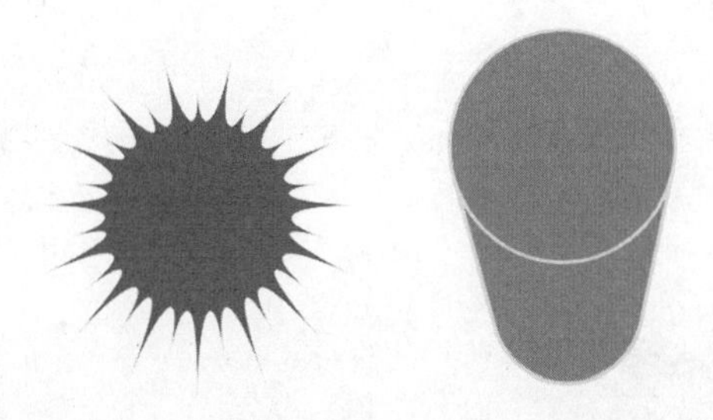

图9-23　绘制对象并创建立体化效果

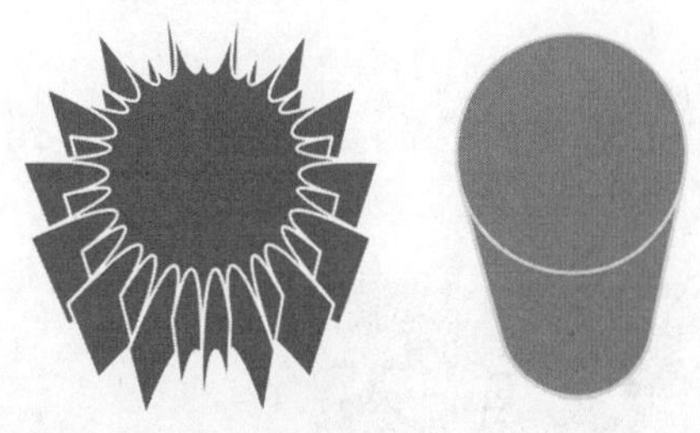

图9-24　复制立体化效果

9-4-2　克隆效果

克隆效果与复制效果有相同之处，不同的是复制效果只是复制关系，复制的对象与原对象没有链接关系；而克隆效果中的克隆对象和原图像之间有链接关系，即原图像改变后，克隆对象也会随之改变。可克隆的效果包括调和、立体化、轮廓图和阴影4种。克隆效果的步骤如下：

01 按【Ctrl+I】组合键快速导入两个位图对象，并对其中一个对象创建阴影效果，如图9-25所示。

02 选择另一个对象，执行菜单“效果”/“克隆效果”/“阴影自”命令，此时光标变成➡形状，将光标移至已经创建阴影效果的对象上并单击，阴影效果就被克隆到另一对象上了，效果如图9-26所示。

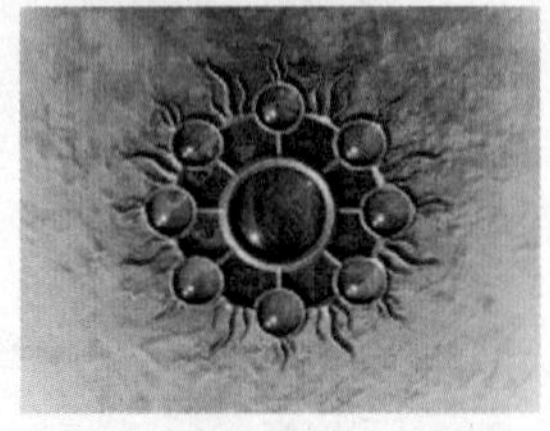
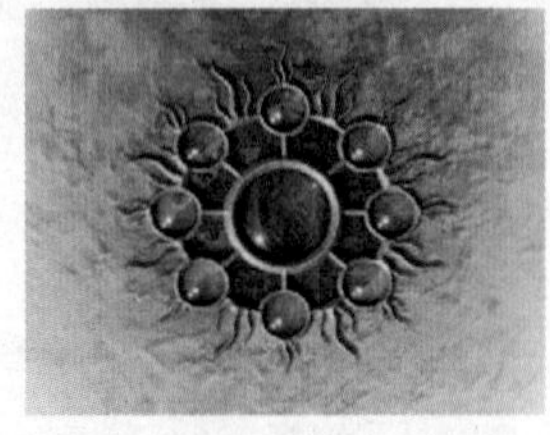

图9-25　对一个对象创建阴影效果

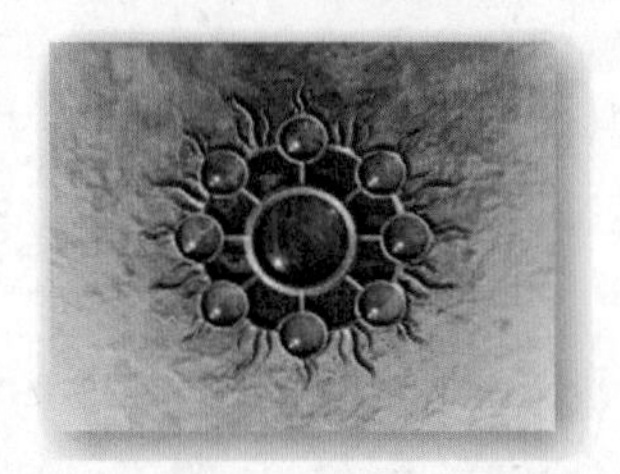

图9-26　克隆阴影效果

03 如果改变其中一个对象的阴影效果，则另一个对象的效果也随之改变，如图9-27所示。

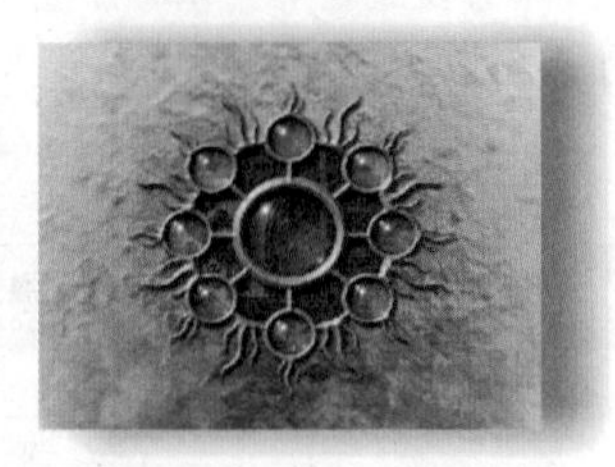

图9-27　改变对象的阴影效果

9-4-3　清除效果

“清除效果”命令可以清除对象的全部效果。在菜单中，根据效果的不同，其命令的名称也不同。如果对对象应用了阴影效果，此时想清除它，执行菜单“效果”/“清除阴影”命令即可。

9-5　人物插画

本例主要利用“透镜”泊坞窗中的“透明度”、“热图”、“色彩限度”和“使明亮”等透镜功能，并根据不同素材图形的颜色特点，为图形添加不同的颜色变化和混合效果，使场景的效果看起更加亮丽。

01 打开随书光盘“09\9-5 人物插画\素材1.cdr”文件，效果如图9-28所示。下面将该文件作为插画的背景图形。

02 打开随书光盘“09\9-5 人物插画\素材2.cdr”文件，效果如图9-29所示。将文件中的人物图形全部选中，按【Ctrl+C】组合键进行复制。

图9-28　打开“素材1.cdr”文件

图9-29　打开“素材2.cdr”文件

03 返回到“素材1.cdr”文件中，按【Ctrl+V】组合键粘贴人物图形，将人物图形旋转一定的角度，并适当地调整位置，效果如图9-30所示。

04 选中雨伞图形，执行菜单“窗口”/“泊坞窗”/“透镜”命令，打开“透镜”泊坞窗，选择“透明度”透镜，并设置相关的选项，单击“应用”按钮，为图形应用“透明度”透镜效果，如图9-31所示。

图9-30　将人物图形粘贴到背景图形中并调整位置

图9-31　应用“透明度”透镜

05 选中人物衣服领部的图形，打开“透镜”泊坞窗，选择“热图”透镜，并设置相关的选项，单击“应用”按钮，图形颜色发生改变，效果如图9-32所示。

06 制作人物投影。选择“钢笔工具”，在人物图形的右侧绘制一个阴影形状，并填充灰色，效果如图9-33所示。

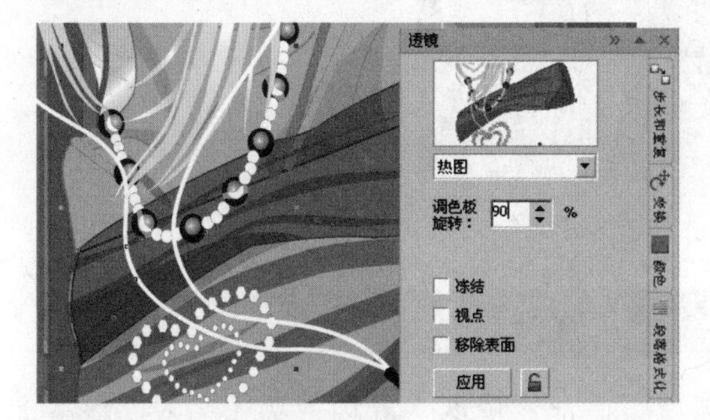

图9-32　应用“热图”透镜

图9-33　绘制阴影形状

07 选中阴影图形，打开“透镜”泊坞窗，选择“色彩限度”透镜，并设置相关的选项，单击“应用”按钮，得到人物的阴影效果，如图9-34所示。

08 制作地面光影图形。选择“钢笔工具”，在画面中的地面区域绘制一个光影形状图形，并填充浅蓝色，效果如图9-35所示。

图9-34　应用“色彩限度”透镜

图9-35　制作地面光影图形

09 选中地面光影图形，打开“透镜”泊坞窗，选择“使明亮”透镜，并设置相关的选项，单击“应用”按钮，得到地面的光影效果，如图9-36所示。

10 在画面中添加的倒影图形和透明度效果，如图9-37所示。

图9-36 应用“使明亮”透镜

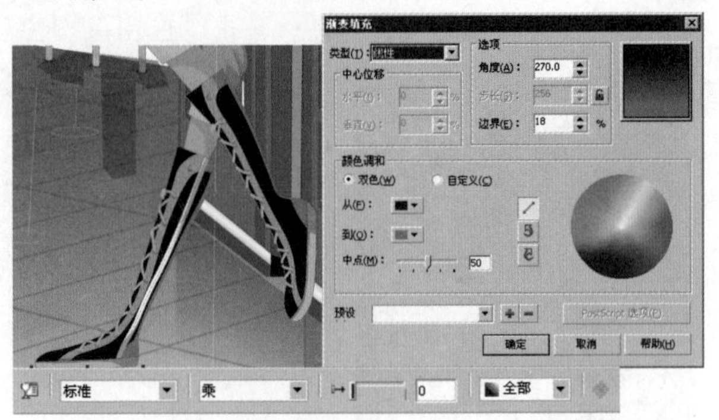

图9-37 在画面中添加倒影图形

11 对画面中不满意的地方进行调整，画面最终效果如图9-38所示。

图9-38 画面最终效果

9-6 风景插画

本例主要利用“透镜”泊坞窗中的“使明亮”、“色彩限度”、“灰度浓淡”等透镜功能，为图形添加颜色变化和颜色混合效果，同时利用“交互式阴影工具”为图形和文字添加光晕和阴影效果。

01 打开随书光盘“09\9-6 风景插画\素材1.cdr”文件，效果如图9-39所示。下面将该文件作为插画的背景图形。

02 选择“椭圆形工具”，在画面中绘制一个正圆形，并填充黄色，效果如图9-40所示。

图9-39 打开“素材1.cdr”文件

图9-40 在画面中绘制一个正圆形并填充黄色

03 选择圆形，选择“交互式阴影工具”，在属性栏中选择一种预设样式，并对选项进行设置，效果如图9-41所示。

04 选中圆形，将其移动到画面的右上角，执行菜单“窗口”/“泊坞窗”/“透镜”命令，打开“透镜”泊坞窗，选择“使明亮”透镜，并设置相关的选项，单击“应用”按钮，将图形融合到背景图形中，效果如图9-42所示。

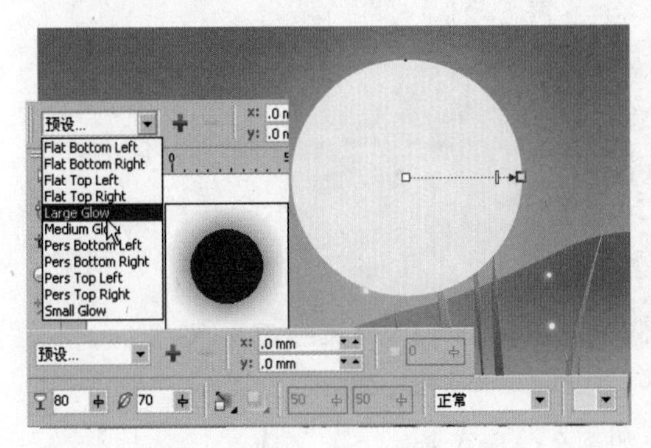

图9-41　添加光晕效果

图9-42　应用“使明亮”透镜

05 添加装饰图形。选择“钢笔工具”，在画面中绘制两个彩带图形，并填充白色，效果如图9-43所示。

06 选中圆形，打开“透镜”泊坞窗，选择“使明亮”透镜，并设置相关的选项，单击“应用”按钮，将图形融合到背景图形中，效果如图9-44所示。

图9-43　绘制两个彩带图形并填充白色

图9-44　应用“使明亮”透镜

07 选择“矩形工具”，在画面中绘制一个矩形，并填充黄色，效果如图9-45所示。

08 选中黄色矩形，打开“透镜”泊坞窗，选择“色彩限度”透镜，并设置相关的选项，单击“应用”按钮，画面整体偏向于黄色，效果如图9-46所示。

图9-45　绘制一个矩形并填充黄色

图9-46　应用“色彩限度”透镜

09 添加彩条效果。选择“矩形工具”，在画面左侧绘制 4 个大小和间距相等的矩形条，并填充不同的颜色，效果如图 9-47 所示。

10 选中左侧的紫色矩形条，打开“透镜”泊坞窗，选择“灰度浓淡”透镜，并设置相关的选项，单击“应用”按钮，产生单色的透镜效果，如图 9-48 所示。

图 9-47 绘制 4 个矩形条并填充不同的颜色

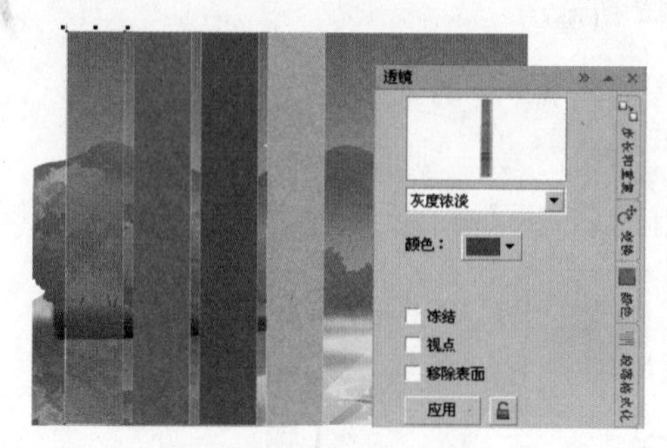

图 9-48 应用“灰度浓淡”透镜

11 用同样的方法为另外 3 个矩形条添加成单色效果，效果如图 9-49 所示。

12 将画面中的图形全部选中，并进行群组。在画面中绘制一个矩形框，再选中群组图形，执行菜单“效果”/“图框精确剪裁”命令，选择矩形框，并编辑群组图形在矩形框中的位置，得到需要的图形范围，效果如图 9-50 所示。

图 9-49 将另外 3 个矩形条添加成单色效果

图 9-50 图框精确剪裁

13 添加文字内容。选择“文本工具”，在画面中输入文字内容，将文字填充为白色，并设置文字格式和段落格式，效果如图 9-51 所示。

14 选中文本对象，选择“交互式阴影工具”，为文字添加阴影效果，并将文字放置在画面的右侧，完成插画的整体效果，最终效果如图 9-52 所示。

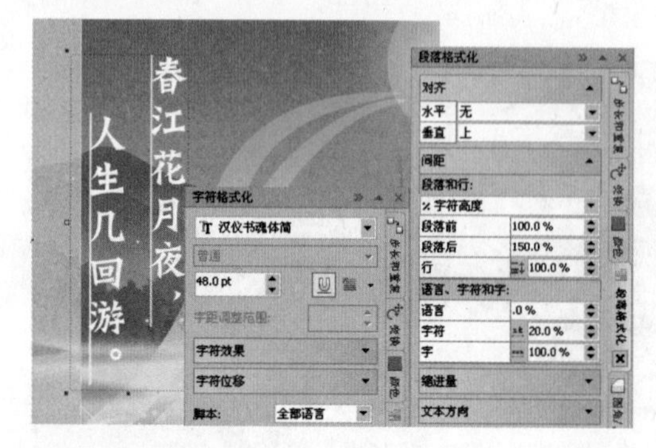

图 9-51 添加文字内容

图 9-52 画面最终效果

9-7　剪影插画

本例主要利用“透镜”泊坞窗中的“色彩限度”和“颜色添加”等透镜功能为图形添加颜色变化和颜色混合效果，同时利用“钢笔工具”、“椭圆形工具”和“矩形工具”在画面中添加不同的装饰图形，并利用“交互式阴影工具”为图形增加光晕效果。

01 打开随书光盘“09\9-7 剪影插画\素材1.cdr”文件，效果如图9-53所示。下面将该文件作为剪影插画的背景图形。

02 添加装饰图形。选择“钢笔工具”，在画面的右上角绘制一个装饰图形，并填充颜色，效果如图9-54所示。

图9-53　打开“素材1.cdr”文件

图9-54　绘制一个装饰图形

03 选中绘制的图形，执行菜单“窗口”/“泊坞窗”/“透镜”命令，打开“透镜”泊坞窗，选择“色彩限度”透镜，并设置相关的选项，单击“应用”按钮，将图形融合到背景图形中，效果如图9-55所示。

04 选择“钢笔工具”，在画面中绘制另一个装饰图形，并填充颜色，效果如图9-56所示。

图9-55　应用“色彩限度”透镜

图9-56　绘制另一个装饰图形

05 选中绘制的图形，在“透镜”泊坞窗中选择“色彩限度”透镜，并设置相关的选项，单击“应用”按钮，将图形融合到背景图形中，效果如图9-57所示。

06 用同样的方法，在画面的左侧绘制两个装饰图形，并填充不同的颜色，然后同样应用“色彩限度”透镜，并进行相应的选项设置，将图形融合到背景图形中，效果如图9-58所示。

图9-57　应用“色彩限度”透镜

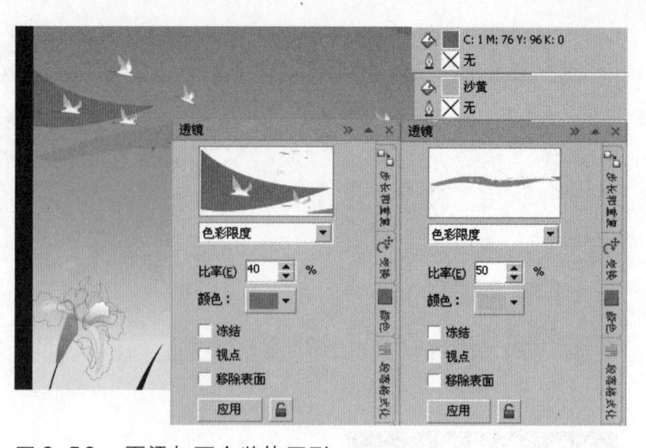

图9-58　再添加两个装饰图形

07 为画面添加光晕效果。选择“椭圆形工具”，在画面中绘制一个正圆形，并填充颜色，效果如图9-59所示。

08 选中圆形，打开“透镜”泊坞窗，选择“颜色添加”透镜，并设置相关的选项，单击“应用”按钮，将圆形融合到背景图形中，效果如图9-60所示。

图9-59　绘制一个正圆形并填充颜色

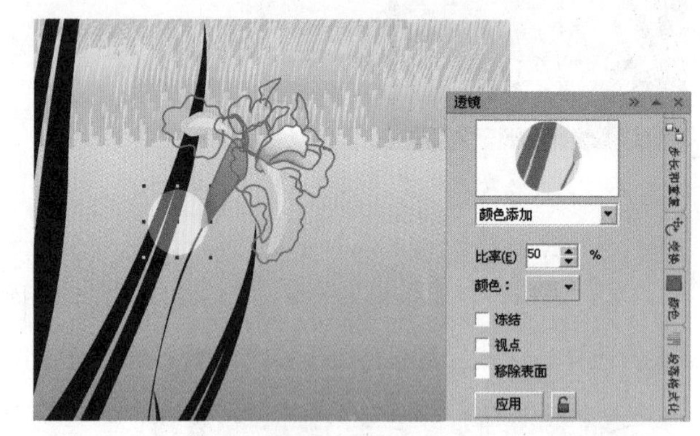

图9-60　应用“颜色添加”透镜

09 选中圆形，选择“交互式阴影工具”，在属性栏中选择一种预设样式，并调整相应的选项设置，为圆形添加光晕效果，如图9-61所示。

10 选中圆形，按【Ctrl+C】组合键复制图形，再按【Ctrl+V】组合键粘贴图形，将圆形填充为蓝色，并移动到画面的右侧，效果如图9-62所示。

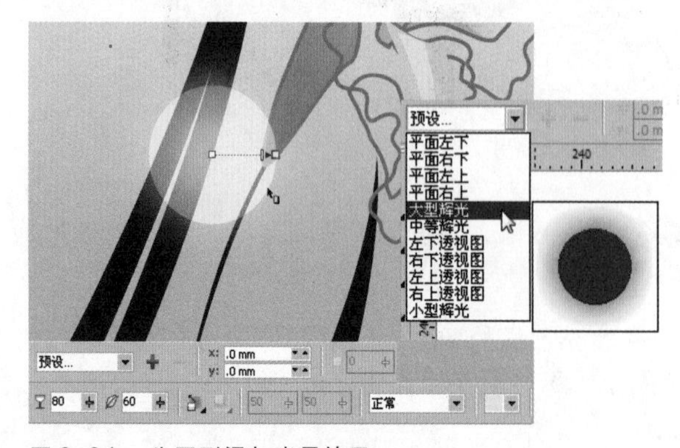

图9-61　为圆形添加光晕效果

图9-62　复制圆形并填充蓝色

11 选中圆形，选择“交互式阴影工具”，为圆形添加与之前圆形相同的光晕效果。也可以选中图形后，将之前添加光晕的图形上的阴影属性复制到选中的图形上，效果如图9-63所示。

12 用类似的方法，在画面中添加其他的光晕图形效果，并对画面中不满意的地方进行细节调整，画面最终效果如图9-64所示。

图9-63　为蓝色圆形添加光晕效果

图9-64　画面最终效果

读书笔记

10

Chapter

CorelDRAW X4 的高级应用

目前，网络已经走进了千家万户，掌握网页设计和制作方法就显得很重要。虽然 CorelDRAW X4 提供的网页设计功能与专业的设计软件相比有些不足，但是它也有着自己的优势。

10-1　设置网页尺寸

设置网页尺寸是网页设计的第一步。由于计算机软件配置不同，浏览网页的大小也不同。为了让用户都能浏览到网页，建议网页不要做得太大。CorelDRAW X4 为用户提供了 3 种网页尺寸：600 像素 × 300 像素、760 像素 × 420 像素和 468 像素 × 60 像素，其中，760 像素 × 420 像素是最常用的网页尺寸。设置网页尺寸有两种方法。

1. 使用菜单命令

使用菜单命令设置网页尺寸的步骤如下：

01 执行菜单“版面”/“页面设置”命令或者单击“标准”工具栏中的按钮，均可弹出“选项”对话框，如图 10-1 所示。

02 单击“纸张”下三角按钮，在弹出的下拉列表中选择“网页（760 × 420）”选项。

03 用户也可以自己设置纸张的大小，只需在“宽度”和“高度”数值框中输入所需的数值。设置完成后，单击“确定”按钮，即可将尺寸应用于页面。

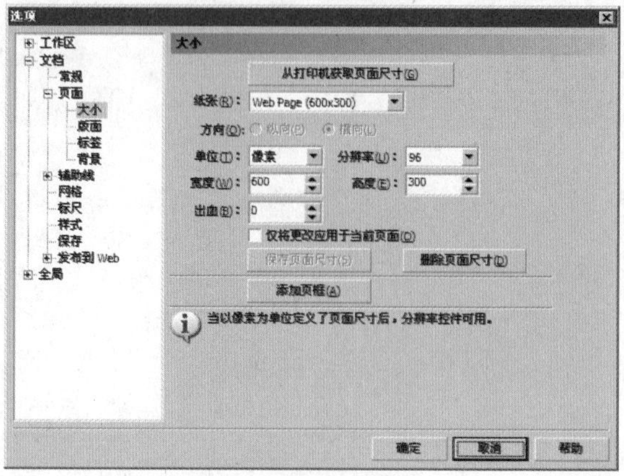

图 10-1　“选项”对话框

2. 使用属性栏

使用属性栏设置网页大小比较直观，可以很快看到设置后的大小，页面的属性栏如图 10-2 所示。用户只需在“纸张类型 / 大小”下拉列表框中选择纸张类型，并在数值框中输入数值即可。

图 10-2　网页属性栏

10-2　段落文本转换为 HTML 文本

网页上能够显示的文本有图形文本和纯文本，其中图形文本较多，如果要使用纯文本，则需转换为 HTML 文本。需要注意的是，只有段落文本能转换为 HTML 文本。将段落文本转换为 HTML 文本的操作步骤如下：

01 执行菜单“文件”/“新建”命令，新建空白文档。

02 选择“文本工具”，在属性栏上设置好字体、字号后，在页面中按住鼠标左键拖动出一个虚框，然后输入段落文本。

03 选择工具，在段落文本内单击鼠标右键，在弹出的如图 10-3 所示的快捷菜单中选择“生成 Web 兼容的文本”命令，即可将段落文本转换为 HTML 文本。

图 10-3　快捷菜单

10-3 建立超链接

网站是由多个网页组成的，要使这些网页之间互相链接，就要使用“超链接”功能。超链接的方式有两种，即图片链接和文本链接。

10-3-1 建立超链接方法

为对象建立超链接有两种方法，一种是使用“对象属性”泊坞窗，另一种是使用属性栏，下面将详细讲解。

1. 使用“对象属性”泊坞窗

使用“对象属性”泊坞窗为对象建立超链接的步骤如下：

01 用绘图工具在页面中绘制对象并填色，如图10-4所示。

02 选择对象，并将其拖动到另一位置后，在不释放鼠标左键的同时单击鼠标右键，以复制对象。用这种方法多复制几个对象，如图10-5所示。

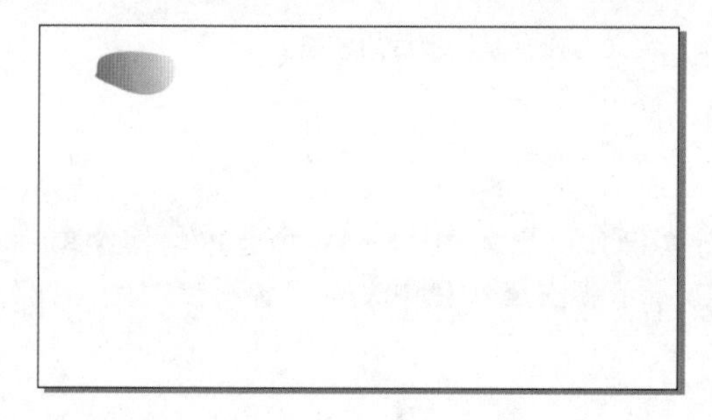

图10-4 绘制对象并填色

图10-5 复制对象

03 选择“文本工具”，在页面上单击后输入文本对象，如图10-6所示。

04 选择要建立超链接的文本对象，执行菜单“窗口”/“泊坞窗”/“属性”命令，弹出“对象属性”泊坞窗。

05 选择“因特网”选项卡，显示相应的参数，如图10-7所示。

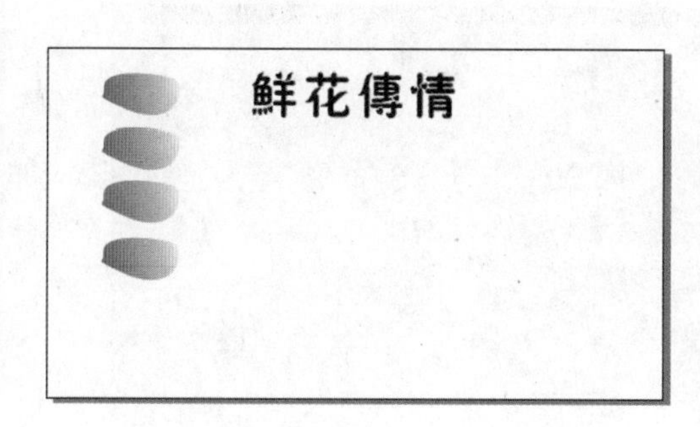

图10-6 输入文本

图10-7 “因特网”选项卡

06 在URL下拉列表框中输入要链接的网址后按【Enter】键，这时其下方的选项就被激活了，用户可以设置热点形状、跳转到另一个页面的方式和交叉阴影等参数，如图10-8所示。

07 设置好各选项后，单击“应用”按钮，如果对象底部出现了方格，就表示对象已经建立了超链接，如图10-9所示。

图10-8　设置参数

图10-9　为文本建立超链接后的状态

2. 使用属性栏

使用属性栏为对象建立超链接的步骤如下：

01 选择要建立超链接的对象后，在属性栏的空白处单击鼠标右键，弹出如图10-10所示的快捷菜单，选择“因特网”命令即可打开“因特网”属性栏，如图10-11所示。在属性栏中设置好各项参数后，按【Enter】键，即可为对象建立超链接。

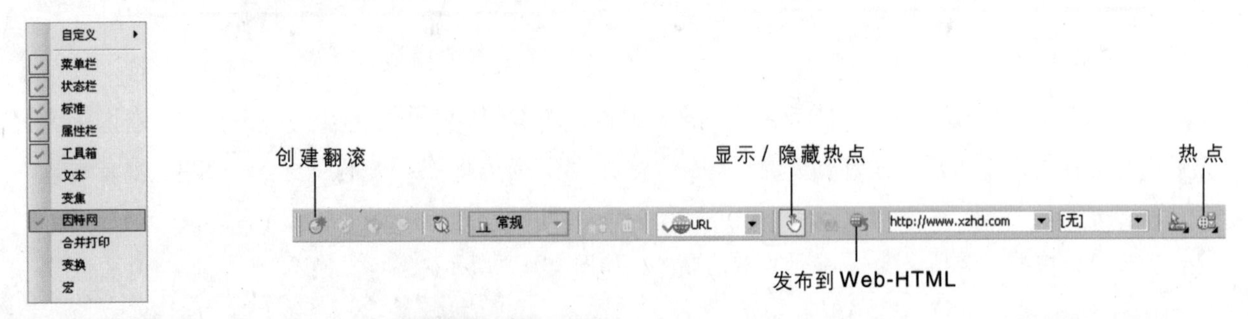

图10-10　快捷菜单　　图10-11　“因特网”属性栏

02 如果觉得背景太单调，可以执行菜单“版面”/“页面背景”命令，弹出“选项”对话框，如图10-12所示。可以将背景设置为纯色或者位图（这里以位图为例）。

03 选择“位图”单选按钮，并单击旁边的“浏览”按钮，在弹出的“导入”对话框中选择合适的图像后单击“导入”按钮。

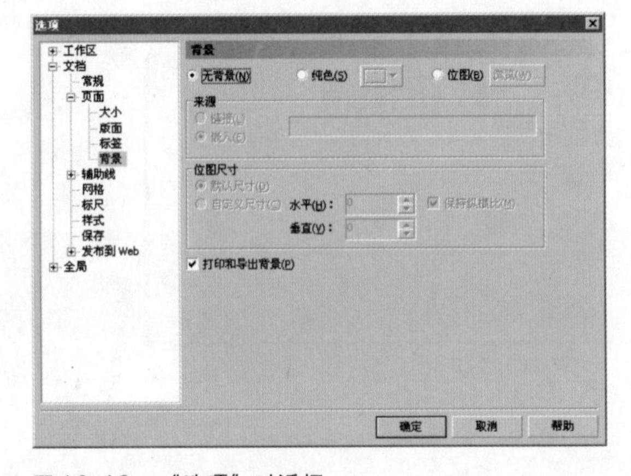

图10-12　“选项”对话框

04 在“选项”对话框的“位图尺寸”选项组中设置被导入位图的尺寸，设置完成后单击“确定”按钮，即可将背景设置成位图，如图10-13所示。

05 按【Ctrl+I】组合键快速导入图片并输入文本，然后调整版面，得到的效果如图10-14所示。

图10-13 设置背景

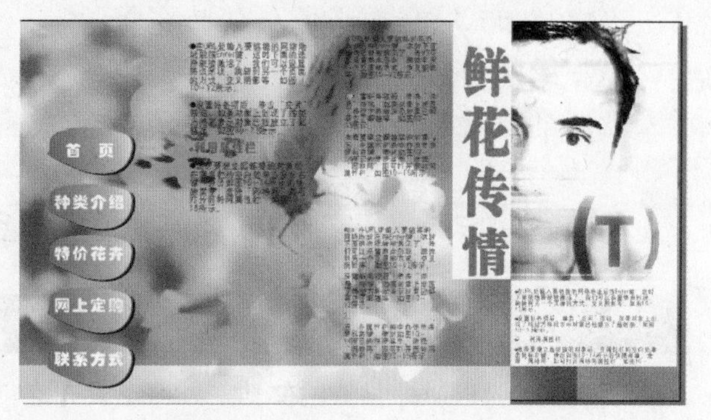

图10-14 调整版面后的效果

10-3-2 建立书签

书签是一个地址，使用书签可以使用户很容易地找到链接的对象。为对象建立书签的操作步骤如下：

01 选中要建立书签的对象。

02 执行菜单“窗口”/“泊坞窗”/“属性”命令，弹出“对象属性”泊坞窗，选择“因特网”选项卡，在“功能”下拉列表框中选择“书签”选项，如图10-15所示。

03 在下方的文本框中输入书签的名称，如图10-16所示。

04 在“功能”列表框中选择URL选项，在URL下拉列表框中选择刚才定义的书签名称即可，如图10-17所示。

图10-15 选择“书签”选项

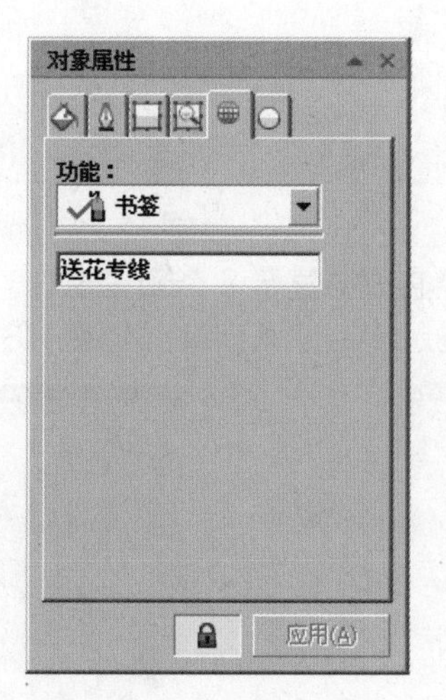

图10-16 输入书签名称

图10-17 选择自定义的书签

提示 · 技巧

如果要删除书签，只需执行菜单“窗口”/“泊坞窗”/“因特网书签管理器”命令，弹出“书签管理器”泊坞窗，如图10-18所示。

单击想要删除的书签名称，然后单击“书签管理器”泊坞窗底部的按钮即可，如图10-19所示。

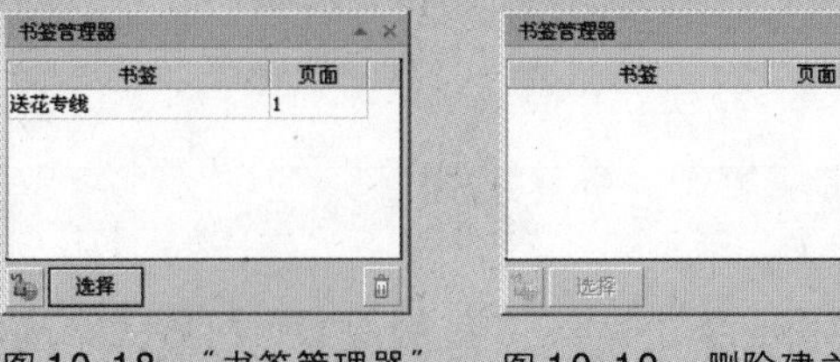

图10-18　“书签管理器”泊坞窗　　图10-19　删除建立的书签

10-4　图像优化

将转换为 HTML 格式的文档在网络上发布之前，可以对文档中的图像进行优化处理，这样既可以减小文件的尺寸，也可以保证图像效果基本不会改变。方法是：执行菜单“文件”/“发布到 Web”/“Web 图像优化程序”命令，弹出“网络图像优化器”窗口，如图10-20所示。在窗口的顶部设有一排工具按钮，其功能如下：

- ：在该图标后的下拉列表框中，可以选择传输速度。
- ：在该图标后的下拉列表框中，可以选择图像的缩放比例。
- ：单击该按钮，将在窗口的水平方向显示2个预览窗口，如图10-20所示。
- ：单击该按钮，窗口中将只显示1个预览窗口，如图10-21所示。

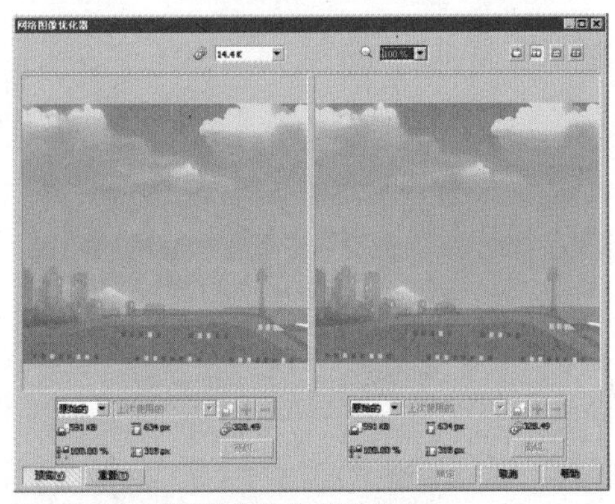

图10-20　“网络图像优化器”窗口

图10-21　只显示1个预览窗口

- ：单击该按钮，会在窗口的竖直方向显示2个预览窗口，如图10-22所示。
- ：单击该按钮，可在窗口中显示4个预览窗口，如图10-23所示。

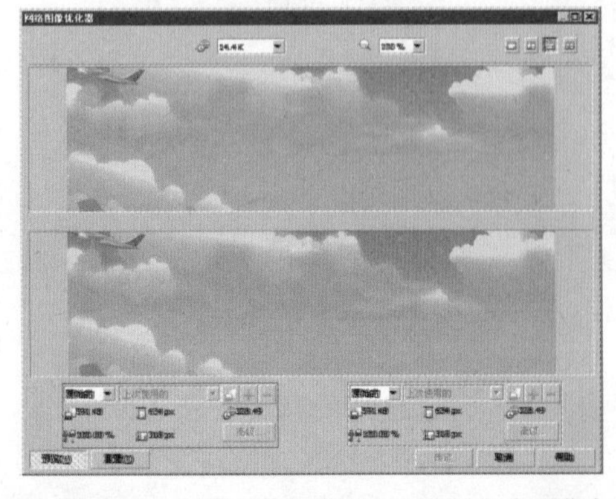

图10-22　在窗口的竖直方向上显示2个预览窗口

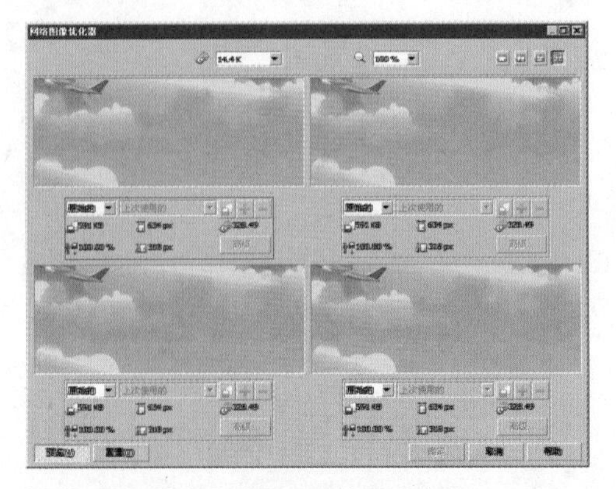

图10-23　在窗口中显示4个预览窗口

每个预览窗口的下面都相应地有一个选项组，当操作某个窗口中的图形时，对应的选项组周围会出现一个红色的边框，如图10-24所示。此时，就可以在选项组中对图像进行设置了。如果对图像有更高的要求，可单击“高级”按钮，在弹出的“转换至调色板色”对话框中进行设置，设置完成后单击“确定”按钮。如果要将当前设置保存为预设，可单击添加预设按钮，在弹出的“WEB预设名称对话框”中输入预设名称，如图10-25所示。

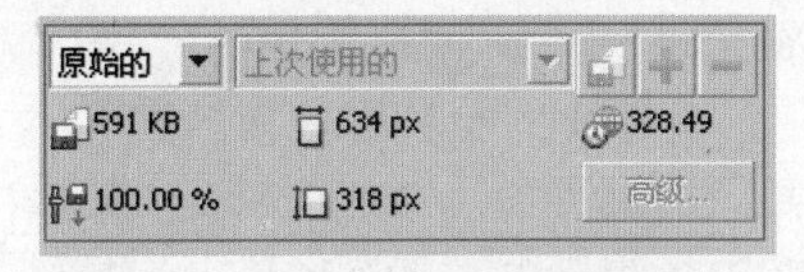

图10-24　预览窗口下面的选项组

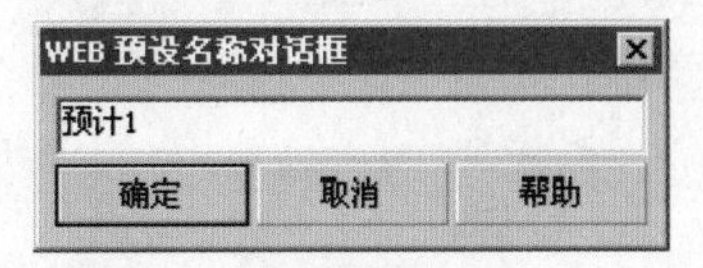

图10-25　输入预设名称

如果要删除自定义预设，可在“转换至调色板色”对话框的“预设”下拉列表框中选中该预设，然后单击删除预设按钮即可。若在设置过程中需要预览图像的效果，可单击“预览”按钮；如果要重新设置选项组中的选项，可单击“重置”按钮。

10-5　插入新对象

如果想把一个应用程序中创建的对象在CorelDRAW X4应用程序中显示或者使用，即将一个对象嵌入到另一个对象中，就要用到CoerlDRAW X4提供的OLE技术。

10-5-1　嵌入Flash

将文档在网络上发布时，可将文档转换为Flash文件，也可以在HTML文件中嵌入 Flash文件。Flash文件是一种用于创建和显示基于矢量的图像和动画的文件格式。Flash文件极其紧凑，质量也很高，可以包含动画和声音文件，从而成为应用于Web的理想格式文件。

如果要在文件中嵌入Flash格式文件，需要执行菜单“文件”/“发布到Web”/“嵌入HTML的Flash”命令，弹出“导出”对话框，在该对话框的“文件名”文本框中输入文件名，并在“保存类型”下拉列表框中选择*.SWF类型，如图10-26所示。设置完成后单击“导出”按钮，弹出“Flash导出”对话框，如图10-27所示。

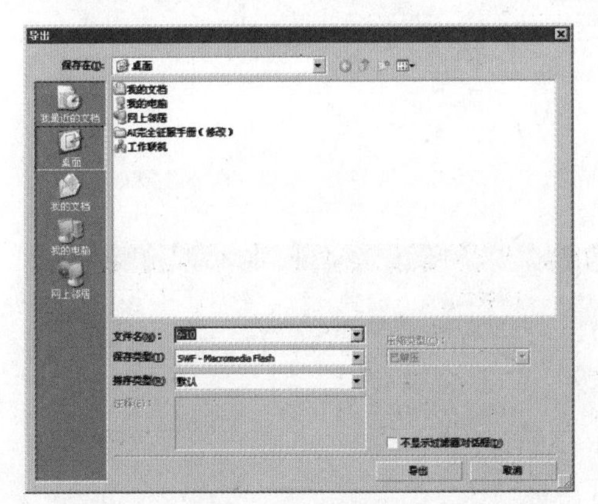

图10-26　设置文件名及保存类型

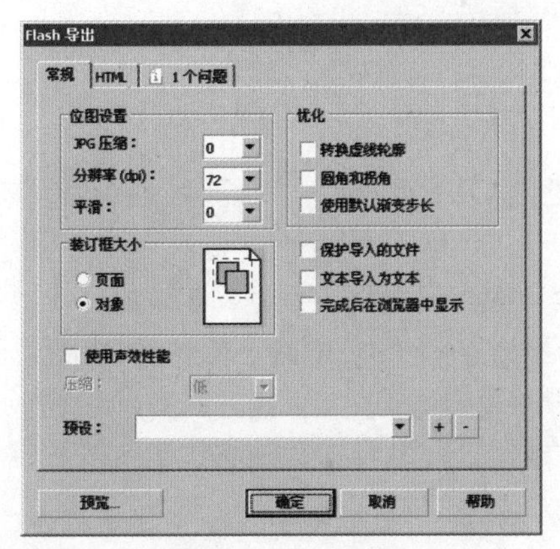

图10-27　“Flash导出”对话框

[位图设置]：　在该选项组中可以设置JPG压缩、分辨率及其平滑度。

[优化]：　在该选项组中选择“转换虚线轮廓”复选框，可将虚线轮廓线转换为实线；选择“圆角和拐角”复选框，可以将线段的拐角处变得圆滑；选择“使用默认渐变步长”复选框，可以为喷罐式填充使用默认的渐变级别。

[装订框大小]：　在该选项组中选择“页面”单选按钮，可以为整个页面设置边框；选择“对象”单选按钮，则可以将边框与对象对齐。

[使用声效性能]：选择该复选框后，可以导出与翻转效果不同状态相关联的声音。

[保护导入的文件]：如果要防止导出的文件导入到 Flash 编辑器中，则选择该复选框。

[文本导入为文本]：选择该复选框后，在导入文本后仍然保持文本格式。

[完成后在浏览器中显示]：选择该复选框，可在完成设置后，在浏览器中预览导入后的效果。

[压缩]：在该下拉列表框中可以选择压缩比例。

[预设]：在该下拉列表框中可以选择文件导出质量。

[预览]：单击此按钮，可以在 Web 浏览器中预览转换效果，如图 10-28 所示。

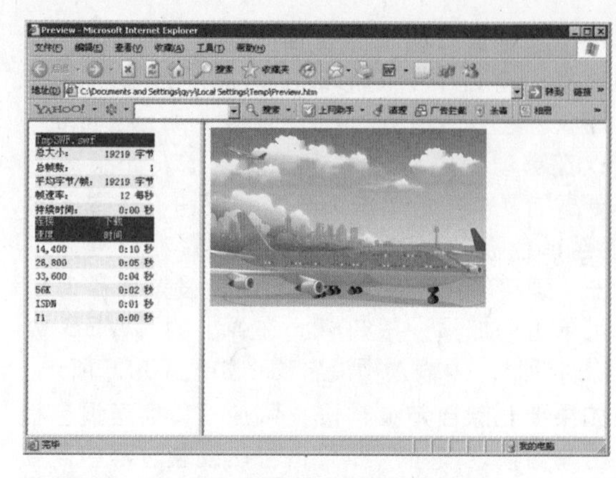

图 10-28　在 Web 浏览器中预览转换效果

在"Flash 导出"对话框中选择 HTML 选项卡，如图 10-29 所示，在"Flash HTML 模板"下拉列表框中可以选择导出时使用的 Flash 模板，也可以设置 Flash 图像的大小、质量以及文件的兼容性等参数。最右侧的选项卡中显示在设置中出现的错误信息，如图 10-30 所示。当无任何错误设置时，显示为"无问题"。

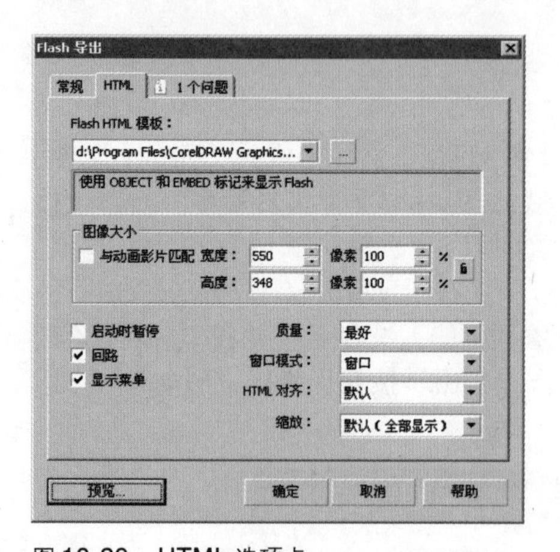

图 10-29　HTML 选项卡

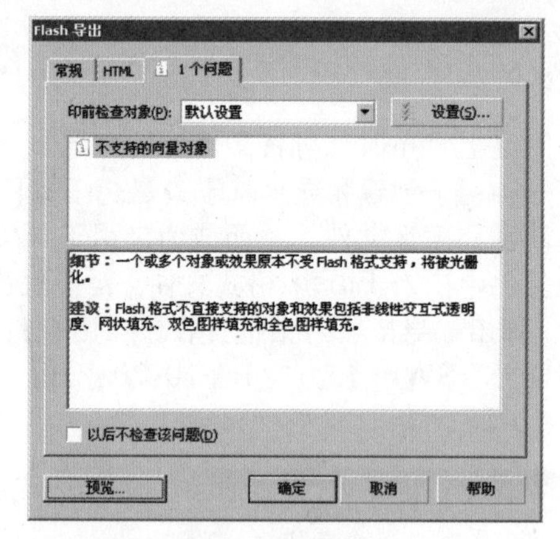

图 10-30　显示的 1 个错误信息

10-5-2　嵌入 OLE 对象

OLE 是各个程序之间交换信息的一种方法，如在 Word 中建立的文档利用 OLE 技术可以在 CorelDRAW X4 中显示这个文档，建立的 Word 文档就称为 OLE 对象。嵌入 OLE 对象的操作步骤如下：

01 执行菜单"编辑"/"插入新对象"命令，弹出"插入新对象"对话框，如图 10-31 所示。

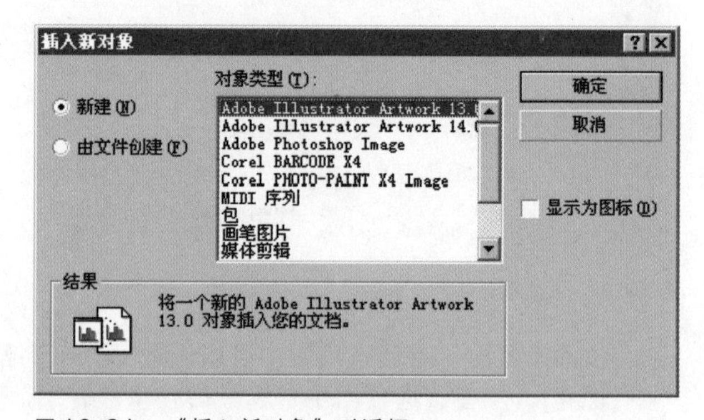

图 10-31　"插入新对象"对话框

02 选择"新建"单选按钮，然后在"对象类型"列表框中选择需要的文件类型（这里以选择"Microsoft Word 文档"为例），单击"确定"按钮，即可进入 Word 文档编辑环境，如图 10-32 所示。用户可以移动编辑区域的位置，方法是：将光标移至编辑框 4 条边上的任意位置，待光标变成十字形时，按住鼠标左键并拖动；也可以改变编辑区域的大小，方法是：将光标移至编辑框的 8 个控制点上，待光标变成箭头时按住鼠标左键并拖动。

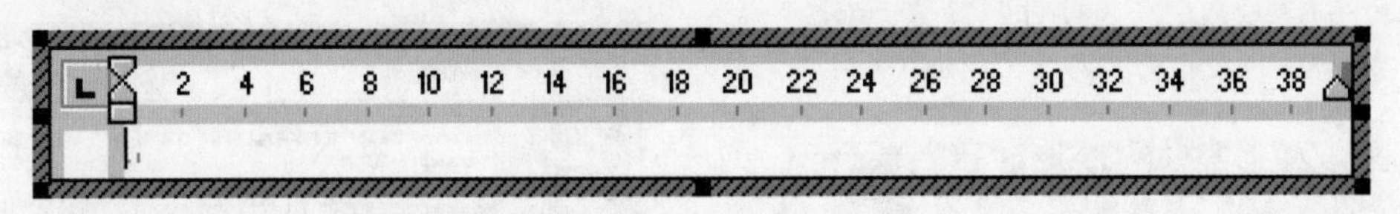

图 10-32 Word 文档编辑环境

03 单击编辑空白区域，任意输入文本，如图 10-33 所示。

04 用户还可以像编辑 Word 文档一样对文本进行处理，如改变字体、字号、颜色和排列方式等，如图 10-34 所示。

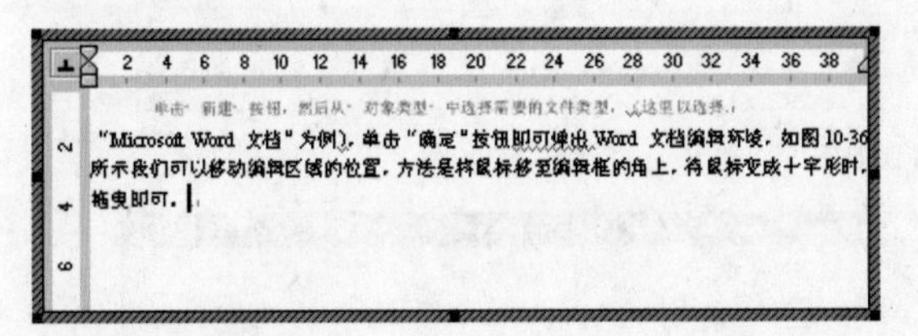

图 10-33 输入文本

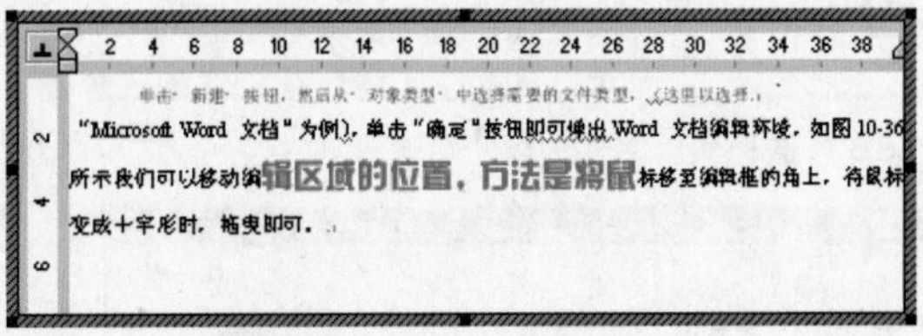

图 10-34 编辑文本

05 设置完成后，在 CorelDRAW X4 的页面上单击，刚才输入的文本即可在页面中显示出来，如图 10-35 所示。如果要重新编辑，只需双击此文本即可。

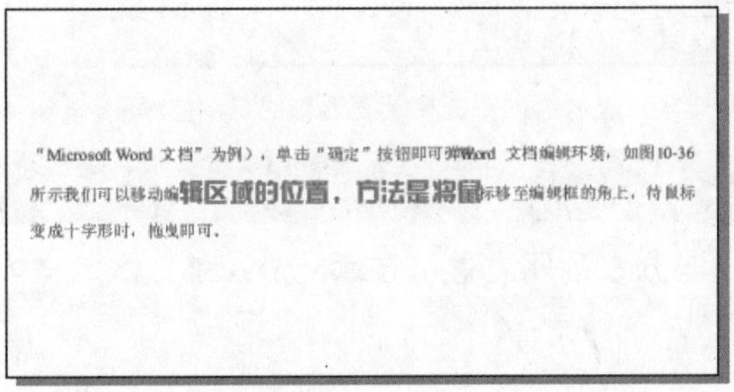

图 10-35 文本在页面中显示

提示 · 技巧

使用 OLE 对象有一定的限制，不能使 OLE 对象产生旋转、倾斜和克隆等效果，但是可以对其进行组合、焊接、相交、移动和改变大小等操作。

10-5-3 链接 OLE 对象

当把一个 OLE 对象链接到应用程序时，会在 OLE 对象和源文件之间建立关联。当源文件改变时，OLE 对象也会随之更新。如果要改变 OLE 对象，最好在源文件中修改；如果要将包含链接的 OLE 对象复制给他人，要将源文件一起复制。

链接 OLE 对象的具体操作步骤如下：

01 执行菜单“编辑”/“插入新对象”命令，弹出“插入新对象”对话框，选择“由文件创建”单选按钮，此时的对话框如图 10-36 所示。

02 单击“浏览”按钮，弹出如图 10-37 所示的“浏览”对话框。

03 选择要插入的文件，单击“打开”按钮，返回到“插入新对象”对话框，选择“链接”复选框，结果显示如图 10-38 所示；如果取消选择“链接”复选框，结果显示如图 10-39 所示。

04 选择“显示为图标”复选框，然后单击“更改图标”按钮，可以改变链接对象的显示图标。

05 单击“确定”按钮，就将 OLE 对象链接到 CoerlDRAW X4 的编辑页面了。

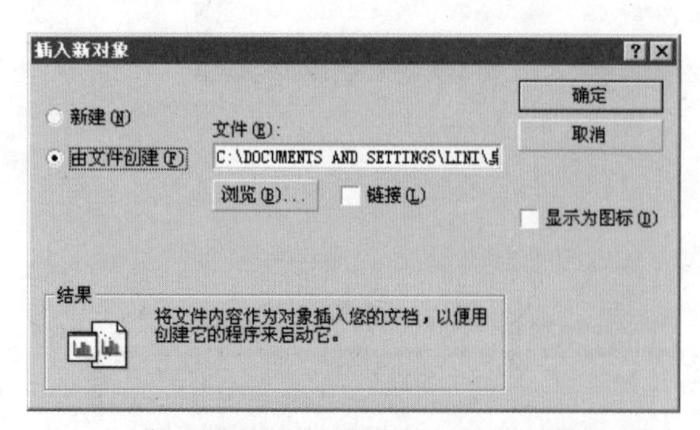

图10-36　选择“由文件创建”单选按钮

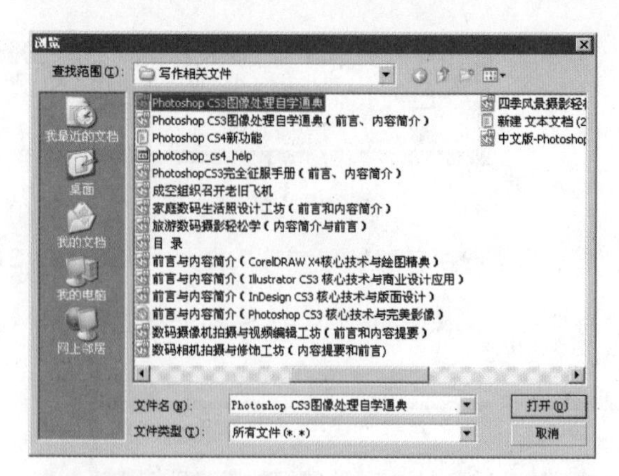

图10-37　“浏览”对话框

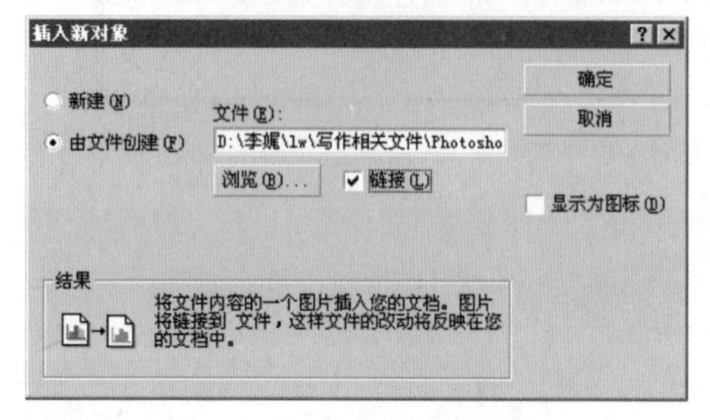

图10-38　选择“链接”复选框的显示结果

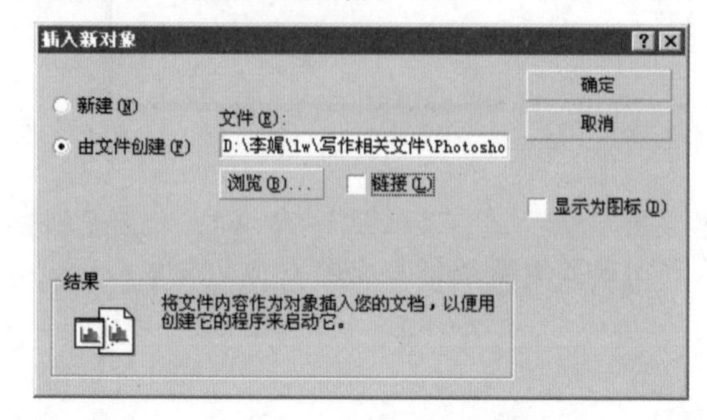

图10-39　取消选择“链接”复选框的显示结果

10-6　发布作品

完成网页作品设计后，可以发布到网上供大家欣赏，与众多的网友进行技术交流。那么，怎样才能将作品发布到网上呢？

10-6-1　设置发布参数

发布作品前，首先要将设计作品保存为网页格式，再设置其他参数。将设计作品保存为网页格式的方法是：执行菜单“文件”/“发布到Web”/HTML命令，弹出“发布到Web”对话框，该对话框中包括“常规”、“细节”、“图像”、“高级”、“总结”和“无问题”6个选项卡，如图10-40所示。通过这6个选项卡可以对发布参数进行详细设置。

[常规]：用于设置网页的基本参数，如HTML布局、目标文件导出范围等。

[细节]：显示网站包括的所有网页的页面资料，如图10-41所示。

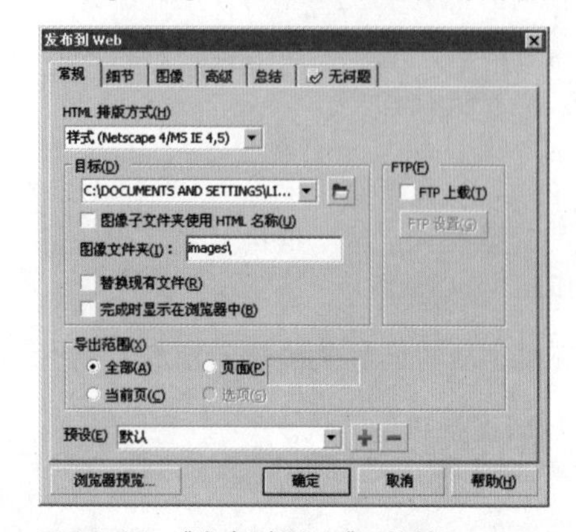

图10-40　“发布到Web”对话框

图10-41　“细节”选项卡

[图像]：显示了网页中用过的图片信息，包括图片的预览和格式等，如图 10-42 所示。

类型：设置图像发布的格式。

选项：单击此按钮，在弹出的“选项”对话框中可以对输出的图像格式进行更加详细的设置，如图 10-43 所示。

图 10-42 “图像”选项卡

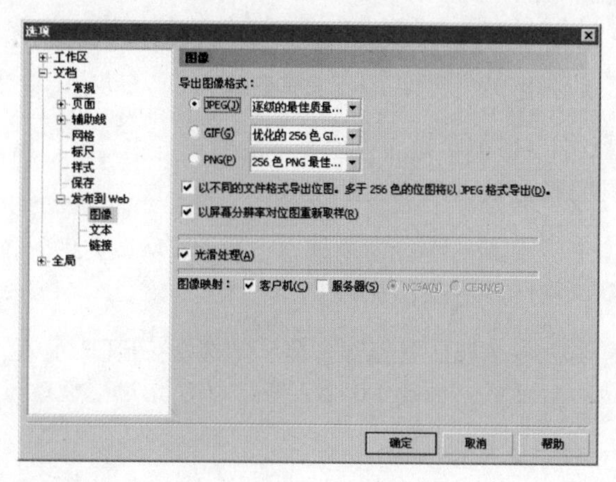

图 10-43 “选项”对话框

[高级]：该选项卡中包括“保持链接至外部链接文件”、“生成翻滚的 JavaScript”等选项，如图 10-44 所示。单击“选项”按钮，在弹出的“选项”对话框中可以进一步设置导出参数。

[总结]：显示了多个对象下载时所需要的时间，如图 10-45 所示。

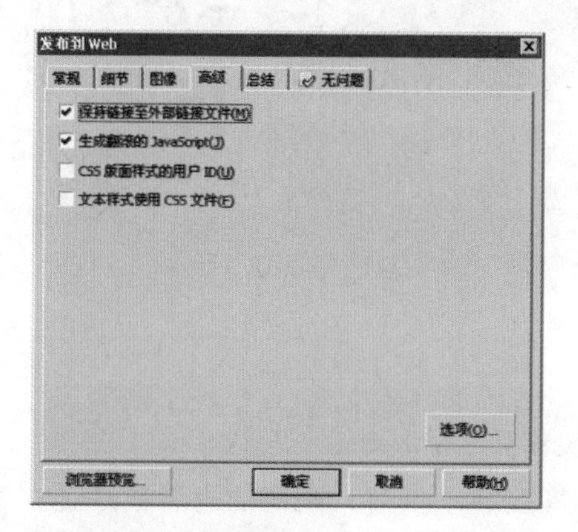

图 10-44 “高级”选项卡

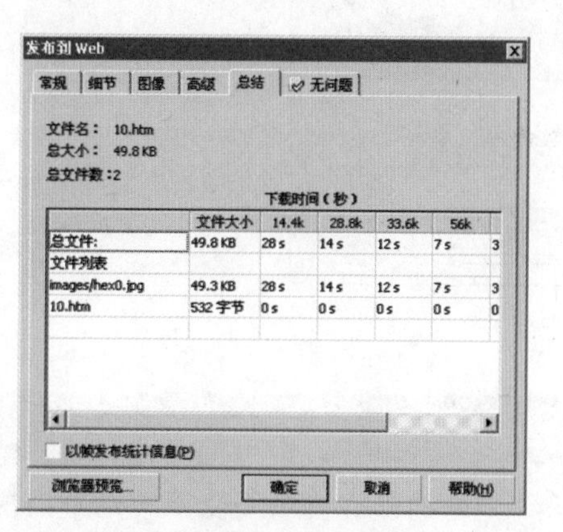

图 10-45 “总结”选项卡

[无问题]：显示网页中有问题的地方。根据问题数目不同，此选项卡的名字也不同。如果打开的网页有一个问题，此选项卡的名称就是“1 个问题”，如图 10-46 所示。

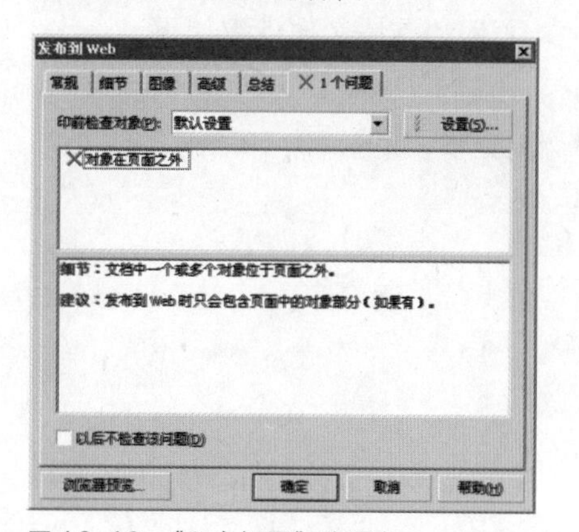

图 10-46 “1 个问题”选项卡

10-6-2 发布到Web

将文件保存为HTML格式后，CorelDRAW X4会将页面上的对象转换成HTML格式，这样，浏览到的图像才能和源文件相同。另外，网页发布后，CorelDRAW X4会将所有的网页文件集中到指定的文件夹中，并另存为HTML格式的文件，具体操作步骤如下：

01 执行菜单“文件”/“发布到Web”/HTML命令，选择“发布到Web”对话框中的“常规”选项卡。

02 在“HTML排版方式”下拉列表框中选择“HTML表（兼容大多数浏览器）”选项，以使发布的网页具有很好的兼容性。

03 在“目标”下拉列表框中设置HTML文件的位置（可以直接输入路径，也可以单击按钮，选择计算机中已经存在的文件）。

04 如果想直接上传至服务器，则选择“FTP上载”复选框，然后单击“FTP设置”按钮，弹出“FTP上载”对话框，如图10-47所示。在此对话框中设置好各项参数后，单击“确定”按钮。

05 在“发布到Web”对话框中单击“浏览器预览”按钮，即可浏览创建的网页，如图10-48所示。

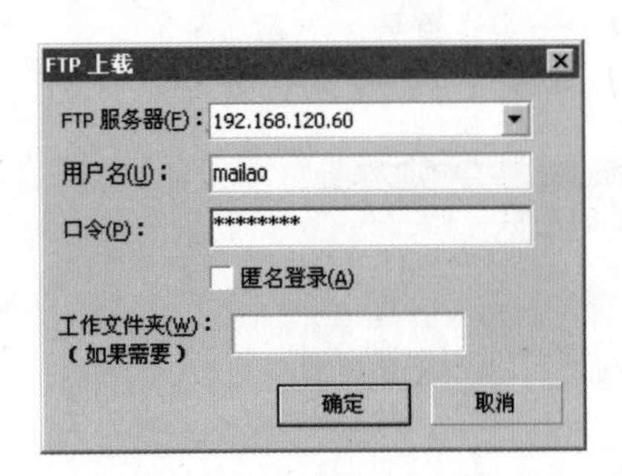

图10-47 “FTP上载”对话框

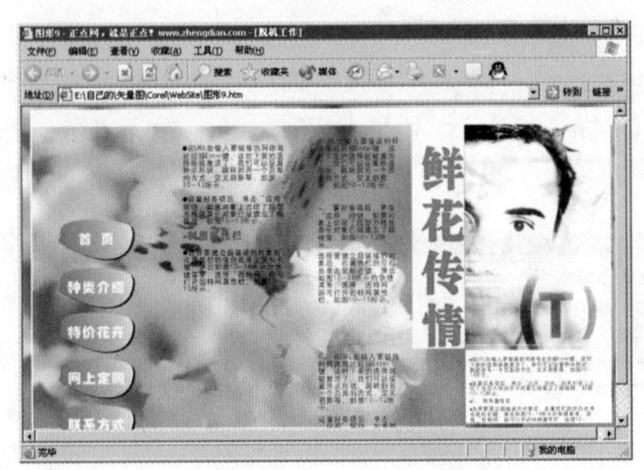

图10-48 浏览网页

10-7 插入条码

条码是一种先进的识别技术，使用条码可以快速而准确地采集数据。目前，条码的应用很广泛。CorelDRAW X4为用户提供了18种工业标准格式，包括代码条、代码25、代码39、ISBN、ISSN和ITF等。将条码插入页面的具体操作步骤如下：

01 执行菜单“编辑”/“插入条形码”命令，弹出“条码向导”对话框，如图10-49所示。先选择一种标准格式。

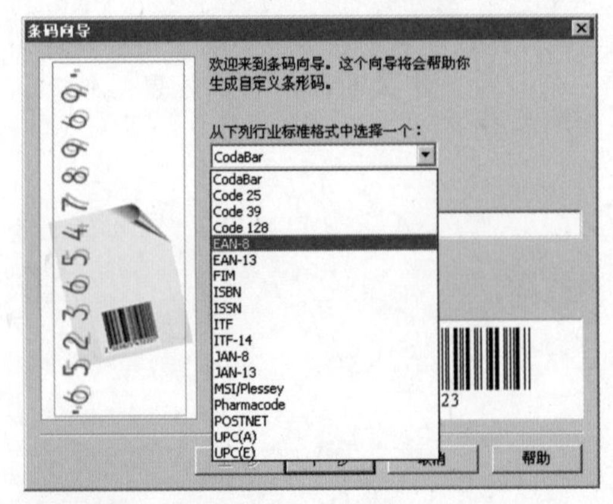

图10-49 “条码向导”对话框

02 在文本框中输入条码数字，如图 10-50 所示。

03 单击“下一步”按钮，设置“打印机分辨率”等参数，如图 10-51 所示。

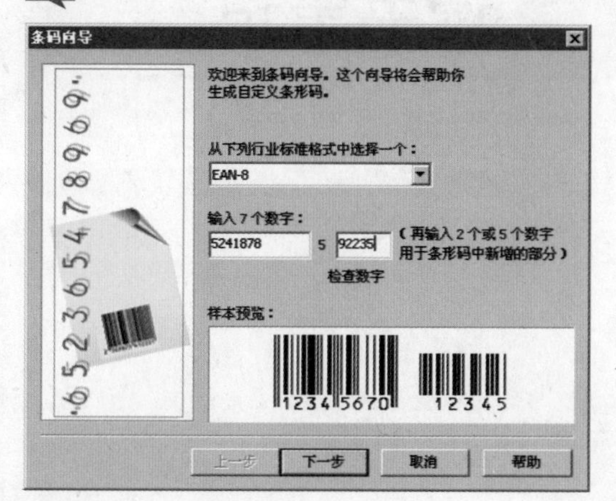

图 10-50　输入条码数字

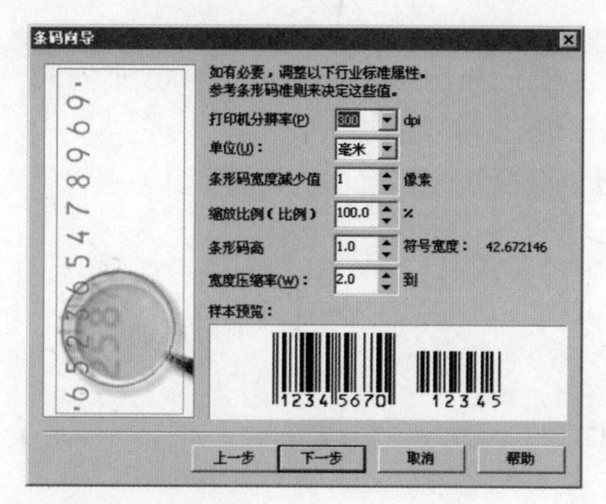

图 10-51　设置参数

04 设置完成后单击“下一步”按钮，继续设置字体及显示方式等其他参数。

05 单击“完成”按钮，即可插入条码，效果如图 10-52 所示。

图 10-52　插入条形码

提示 · 技巧

可以将条码对象以 AI 格式导出，在工作页面作为普通图形来调整和处理，如改变大小，旋转和倾斜等。

读书笔记

11

CorelDRAW X4 ➔ 从 入 门 到 精 通 Chapter

对象管理

通过前面的学习，读者已经对CorelDRAW X4的基本工具有一些了解。用户绘制的每一个图形，CorelDRAW X4都把它作为对象来管理。通过对象管理，用户可以更灵活地处理绘图过程中的图层和页面等不同的工作范畴。本章将介绍链接管理器、对象管理器和对象数据管理器的使用方法。

11-1 链接管理器

链接管理器用于管理外部链接图像，当打开有链接图像的文件时，链接管理器会自动检查原图像文件是否存在。执行菜单“窗口”/“泊坞窗”/“链接管理器”命令就可以弹出“链接管理器”泊坞窗，如图11-1所示。

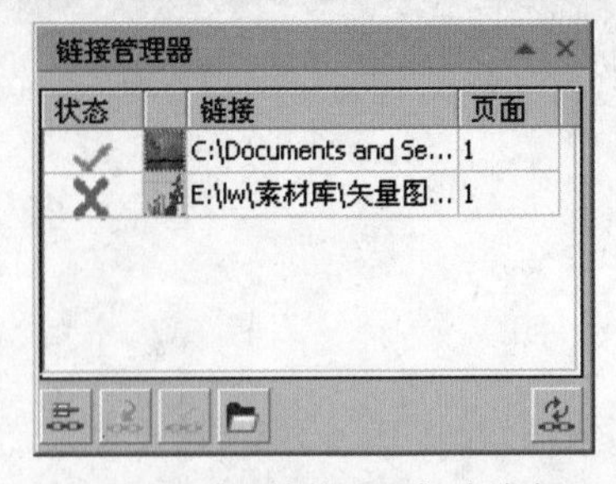

图11-1 “链接管理器”泊坞窗

如果“状态”是“✓”，表示外部图像链接正常；如果是“×”，表示外部图像没有正常链接；如果是“!”，则表示链接图像被修改过。

单击按钮，可以用适当的程序打开此图像；单击按钮可以更新链接对象。

11-2 对象管理器

执行菜单“窗口”/“泊坞窗”/“对象管理器”命令，弹出“对象管理器”泊坞窗，如图11-2所示。对象管理器通过创建、复制、移动、删除、隐藏、锁定和打印图层来控制绘图区域中的图形对象彼此之间的层叠顺序。随着作品制作的进展、图形的增多，可以编辑图层，应用泊坞窗来管理图形对象。下面介绍其功能及应用方式。

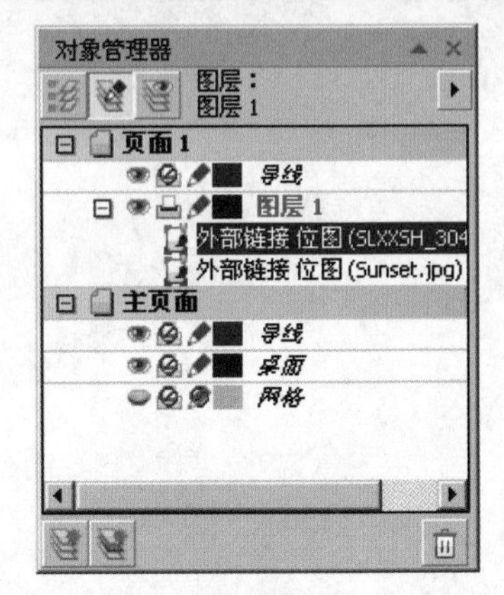

图11-2 “对象管理器”泊坞窗

首先打开一幅由多个对象组成的图形对象，如图11-3所示。然后执行菜单“窗口”/“泊坞窗”/“对象管理器”命令，弹出如图11-4所示的“对象管理器”泊坞窗。如果要删除一个图层，在对象管理器中选中要删除的图层，然后单击底部的“删除”按钮，或直接按【Delete】键，即可删除所选图层。

图11-3 打开图形对象

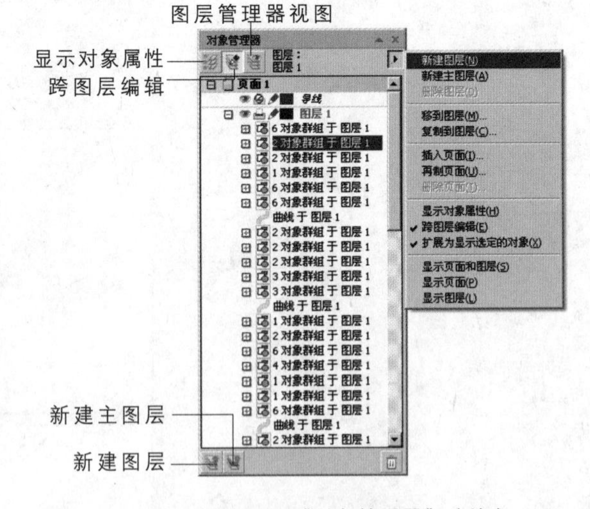

图11-4 “对象管理器”泊坞窗

在对象管理器中，每个图层前都有几个功能图标，下面一一进行介绍。

[👁]：单击此图标，可隐藏或显示图层。当该图标为灰色时，表示该图层已被隐藏，是不可见的。

[🖶]：表示在打印输出作品时，是否可打印该图层。在默认情况下，网格和辅助线为不可打印状态，因此对应图层前的打印机图标显示为灰色。当单击该图标将其激活后，网格和辅助线即为可打印状态。

[✎]：表示是否可编辑该图层。当该图标上显示红色的禁止标记时，不能编辑该图层，该图层为锁定状态；如果图标上未显示禁止标记，此时的图层即为可编辑状态。

[■]：铅笔图标后面的色块为图层的颜色块，双击该色块，在弹出的颜色列表中可以随意设置图层的颜色。

提示 · 技巧

在“对象管理器”泊坞窗中，如果正在使用该图层，该图层即显示为红色。如果要改变对象在图层或图层间的层叠顺序，可直接通过拖动鼠标来改变（仅限于同一个图层）。

在对象管理器中，如果两个图层需要的内容相同，就要用到“复制到图层”这一功能。

首先选中某个图层对象，然后单击“对象管理器”泊坞窗中右上角的黑色三角形按钮，在弹出的下拉菜单中选择“复制到图层”命令，然后单击要复制到的图层，即可将所选图层对象复制到指定的图层。

[显示对象属性]：按下此按钮，或选择快捷菜单中的“显示对象属性”命令，对象管理器中将会显示出对象的相关属性。调大“对象管理器”泊坞窗或将光标置于任意对象上，都会看到它们的属性，如图 11-5 所示。

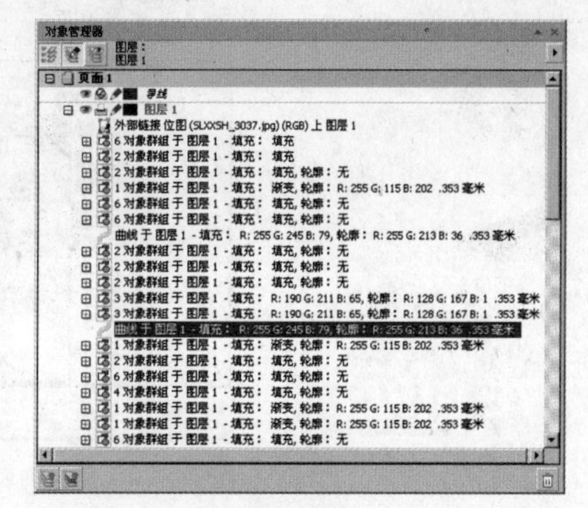

图 11-5　对象的相关属性

[跨图层编辑]：按下此按钮，或单击对象管理器右上角的黑三角形按钮，在弹出的下拉菜单中选择“跨图层编辑”命令，使该命令前出现“✓”，则可以同时在多个图层中进行编辑，此时泊坞窗中所有图层上的对象都处于可选择状态。如果关闭该功能，则只能编辑当前选中的图层对象。

[显示页面和图层]：单击对象管理器右上角的黑色三角形按钮，在弹出的下拉菜单中选择“显示页面和图层”命令，将显示文档所包含页面的所有图层，如图 11-6 所示。如果选择“显示页面”命令，将显示文档所包含的页面，如图 11-7 所示；如果选择“显示图层”命令，则只显示所有图层，如图 11-8 所示。

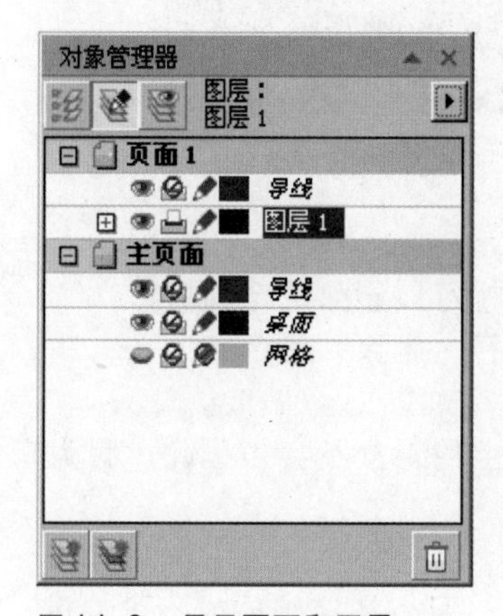

图 11-6　显示页面和图层

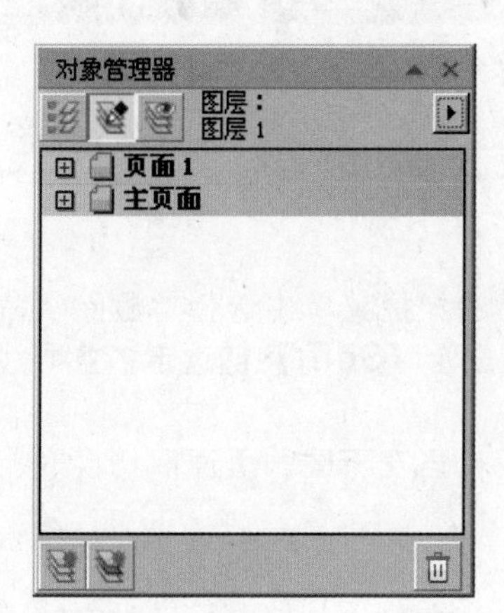

图 11-7　显示页面

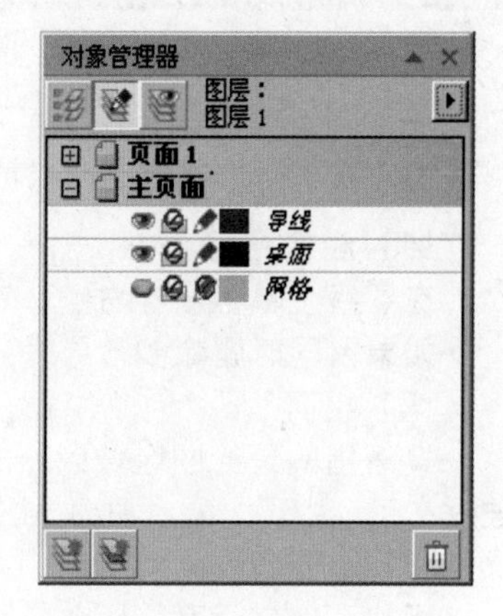

图 11-8　显示图层

11-2-1 主对象页面

导线

导线指的是绘图时所需的辅助线，它有助于准确定位对象。用鼠标拖动水平或垂直标尺到绘图区域即可添加导线，如图 11-9 所示。导线是以虚线的形式显示的。

用户不但可以改变导线的颜色，而且可以移动、旋转和删除导线。

（1）改变导线的颜色

在对象管理器的“导线”前面的色块上双击可以弹出颜色列表，如图 11-10 所示。选择合适的颜色后，导线颜色会自动改变，效果如图 11-11 所示。

图 11-9　添加导线

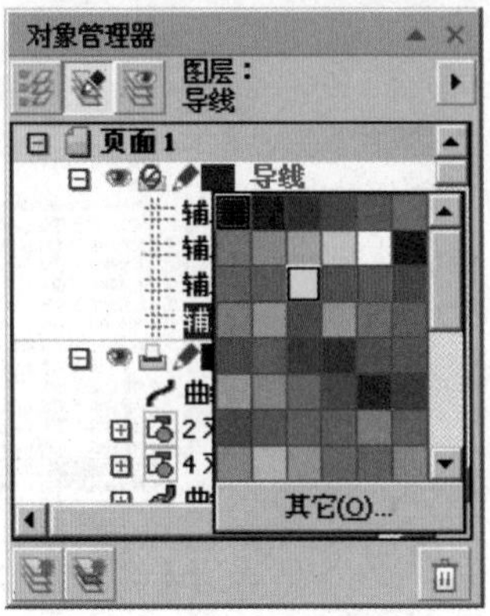

图 11-10　颜色列表

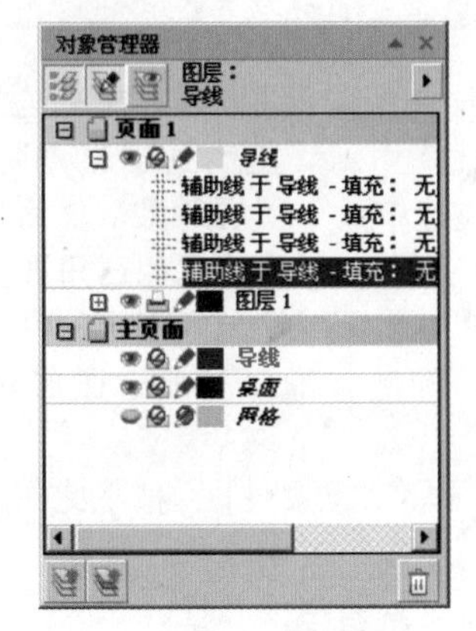

图 11-11　改变导线颜色

（2）移动导线

选择“挑选工具”，在导线上单击，待光标变成双箭头↕时，就可以随意移动导线了。

（3）旋转导线

选择“挑选工具”，在导线上单击，当导线周围出现旋转符号时，就可以随意旋转导线了，如图 11-12 所示。

图 11-12　旋转导线

提示 · 技巧

单击导线前面的图标，可以显示或隐藏导线；单击图标，可以决定打印或不打印导线。

（4）删除导线

在导线上单击鼠标右键，在弹出的快捷菜单中选择“删除”命令，就可以删除选定的导线。

如果要同时删除多条导线，可以配合【Shift】键选定多条导线再执行“删除”命令。

（5）桌面

桌面指的是绘图区域以外的页面，当在不同的页面间切换时，桌面上的对象不会被删除。因为它被放在了“主页”上，如图 11-13 所示。

（6）网格

网格可以将页面按照一定距离的小格划分。单击网格对应的图标，可以切换编辑或不可编辑。

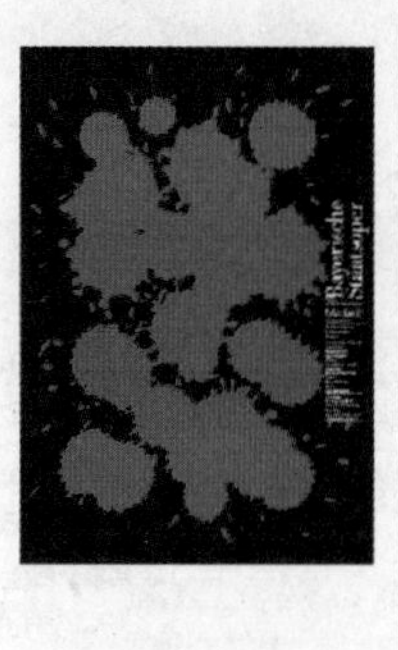

（a）查看第 1 页

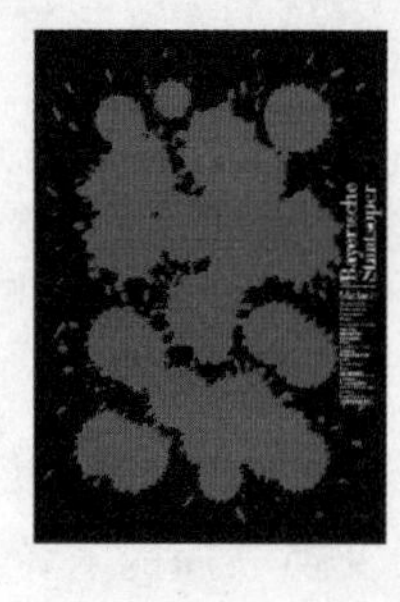
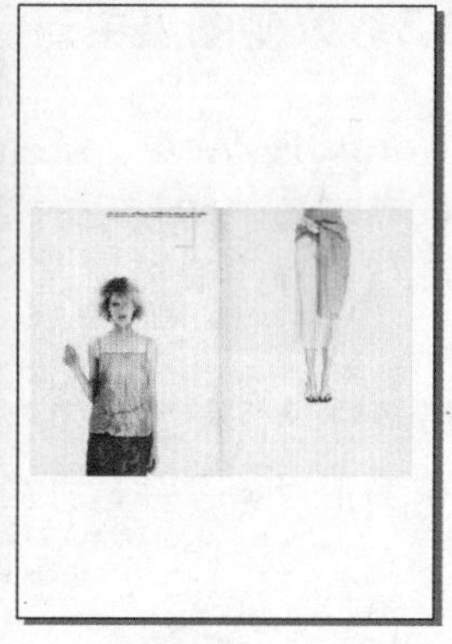

（b）查看第 2 页

图 11-13　查看不同页面时桌面上的对象一直存在

11-2-2　添加图层

一个复杂的图形可能由多个图层构成，每个图层的结构是相同的，如图 11-14 所示。

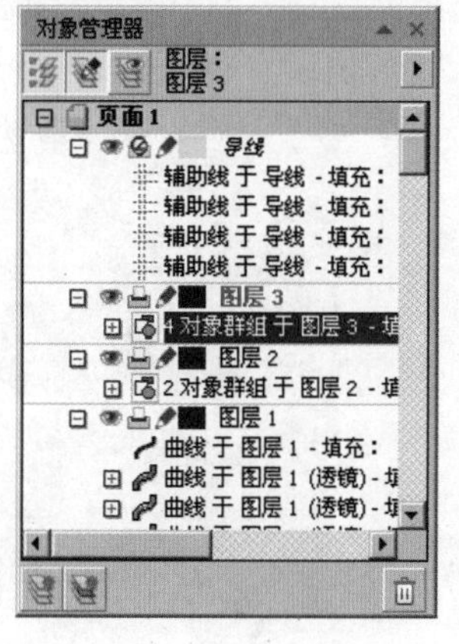

图 11-14　页面中的图层

1. 添加页面

为图层添加页面的方法为：单击页面底部的按钮，即可添加一个新页面。如果要删除页面，只需在要删除的页面名称上单击鼠标右键，在弹出的快捷菜单中选择“删除页面”命令即可。另外，用快捷菜单中的命令还可以插入页面等，如图 11-15 所示。

2. 添加图层

单击对象管理器底部的“新建图层”按钮即可添加图层，单击“新建主图层”按钮可以新建一个主图层，如图 11-16 所示。

用户可以根据需要为新建的图层命名，方法是：单击图层名称，稍等一下再次单击，或用鼠标右键单击，选择“重命名”命令，就可以输入名称了，如图 11-17 所示。

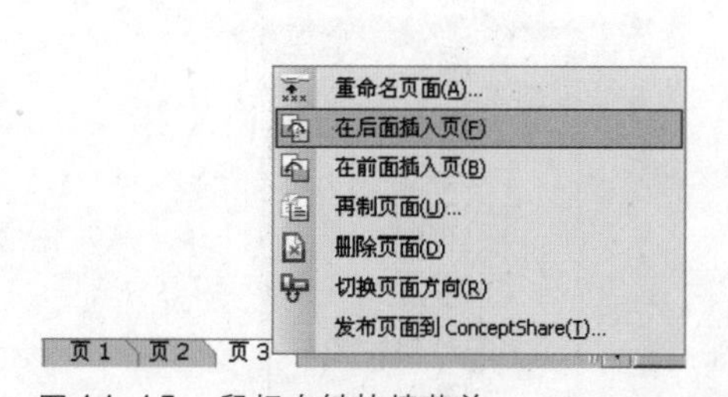

图 11-15　鼠标右键快捷菜单

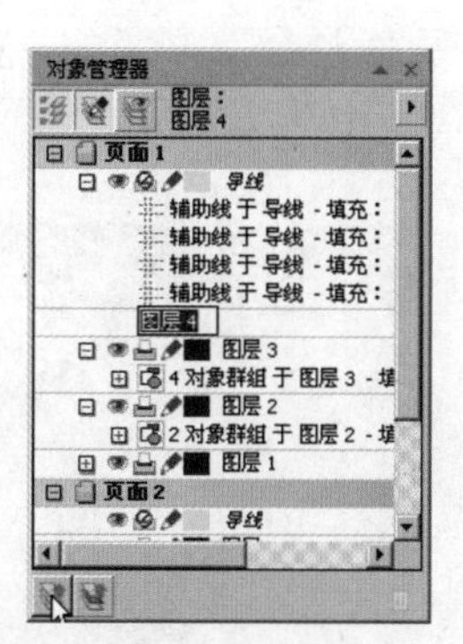

图 11-16　添加图层

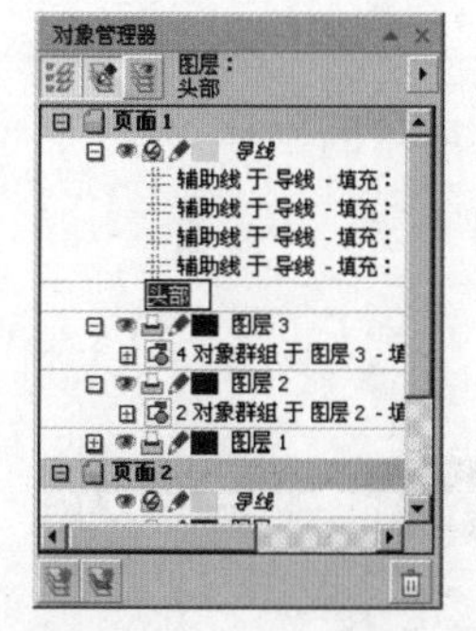

图 11-17　重命名图层

提示 · 技巧

如果不对新建的图层进行命名，系统会自动将其命名为图层 1、图层 2……

如果要删除图层，只需选中图层，然后单击对象管理器底部的“删除”按钮，即可删除该图层。

11-2-3 改变图层中对象的顺序

在 CorelDRAW 中，所有对象都以层叠的方式存在，所以存在着一种前后的空间关系。如果对原有的先后排列顺序不满意，就需要对对象进行顺序的调整。

要改变各个对象的顺序，具体操作步骤如下：

01 绘制图形对象，并选择要变换顺序的对象。

02 执行菜单“排列”/“顺序”命令，弹出“顺序”子菜单，如图 11-18 所示。

03 选择合适的顺序命令，即可得到所需要的效果。

下面具体讲解选择每个具体顺序命令的不同效果。

打开如图 11-19 所示的图形及其“对象管理器”泊坞窗。

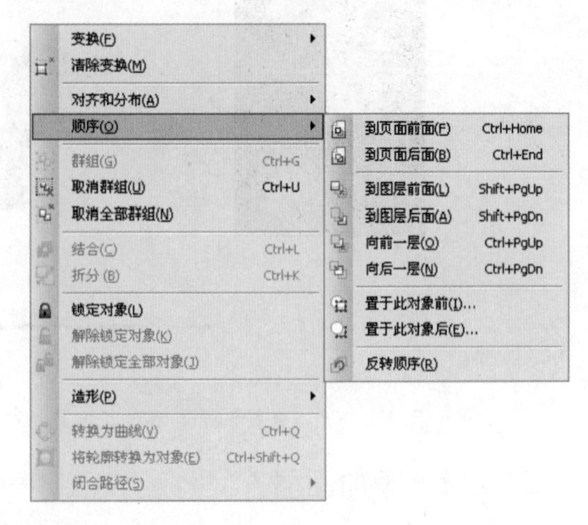

图 11-18 “顺序”子菜单

图 11-19 图形及其“对象管理器”泊坞窗

[到页面前面]：将被选对象调整到页面的最上方。如果将“1 对象群组于图层 1”选中，然后执行“到页面前面”命令，此时会弹出如图 11-20 所示的警告对话框，单击“确定”按钮，即可得到如图 11-21 所示的效果。

图 11-20 警告对话框

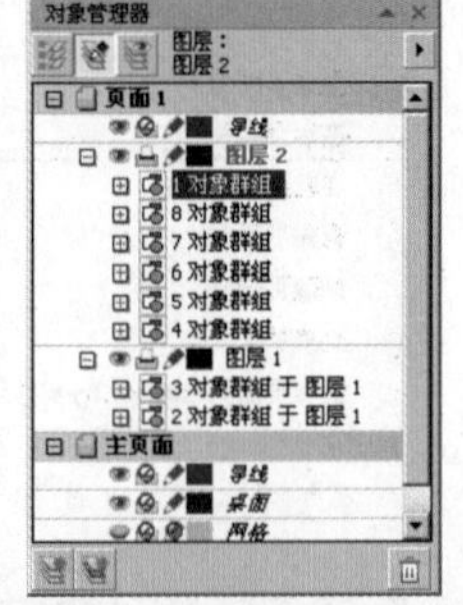

图 11-21 应用“到页面前面”命令后的效果及“对象管理器”泊坞窗

[到页面后面]：将被选对象调整到页面的最下方。如果将“8 对象群组于图层 2”选中，然后执行“到页面后面”命令，此时会弹出如图 11-22 所示的警告对话框，单击“确定”按钮，即可得到如图 11-23 所示的效果。

图 11-22　警告对话框

图 11-23　应用“到页面后面”命令后的效果及“对象管理器”泊坞窗

[到图层前面]：将被选对象调整到图层的最上方。如果将“1 对象群组”选中，然后执行“到图层前面”命令，即可得到如图 11-24 所示的效果。

[到图层后面]：将被选对象调整到图层的最下方。如果将“8 对象群组”选中，然后执行“到图层后面”命令，即可得到如图 11-25 所示的效果。

图 11-24　应用“到图层前面”命令后的效果及“对象管理器”泊坞窗

图 11-25　应用“到图层后面”命令后的效果及“对象管理器”泊坞窗

[向前一层]：将被选对象向上移动一层。如果将“7 对象群组”选中，然后执行“向前一层”命令，即可得到如图 11-26 所示的效果。

[向后一层]：将被选对象向下移动一层。如果将“2 对象群组于图层 1”选中，然后执行“向后一层”命令，即可得到如图 11-27 所示的效果。

图 11-26　应用“向前一层”命令后的效果及“对象管理器”泊坞窗

图 11-27　应用“向后一层”命令后的效果及“对象管理器”泊坞窗

[置于此对象前]：将被选对象移至另一对象的前面。如果将“5 对象群组”选中，然后执行“置于此对象前”命令，此时光标会变成一个黑色箭头，如图 11-28 所示。将光标移动到一个对象上并单击，即可将选中的对象调整到此对象的上方，得到如图 11-29 所示的效果。

图 11-28　将光标移动到对象上

图 11-29　应用“置入此对象前”命令后的效果及“对象管理器”泊坞窗

[置于此对象后]：将被选对象移至另一对象的后面。如果将“6 对象群组”选中，然后执行“置于此对象后”命令，此时光标会变成一个黑色箭头，如图 11-30 所示。将光标移动到一个对象上并单击，即可将选中的对象调整到此对象的下方，得到如图 11-31 所示的效果。

图 11-30　将光标移动到对象上

图 11-31　应用“置入此对象后”命令后的效果及“对象管理器”泊坞窗

[反转顺序]：将被选对象群组按原排列顺序相反的顺序进行排列。如果将图层 2 中的所有对象选中，然后执行“反转顺序”命令，即可得到如图 11-32 所示的效果。

图 11-32　应用“反转顺序”命令后的效果及“对象管理器”泊坞窗

另外，还有两种方法也能改变图层中对象的顺序。

- 选中要变换顺序的对象后，单击鼠标右键，在弹出的快捷菜单中选择“顺序”命令，利用“顺序”子菜单可以改变图层顺序，如图 11-33 所示。
- 在对象管理器中选择要改变顺序的对象，按住鼠标左键拖动对象到适当的位置，释放鼠标后，对象的顺序就发生了变化，如图 11-34 所示。

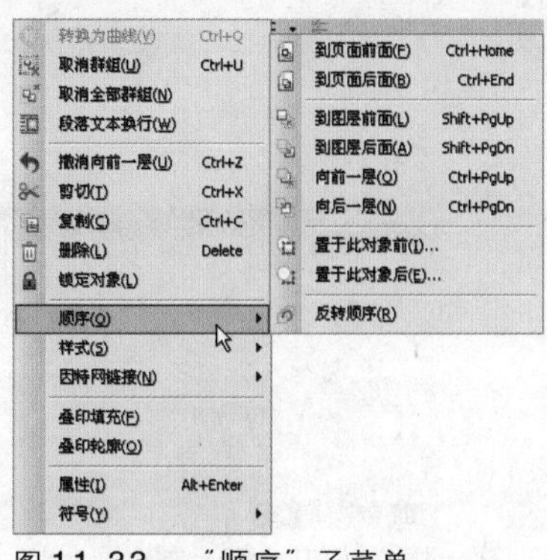

图 11-33 “顺序”子菜单

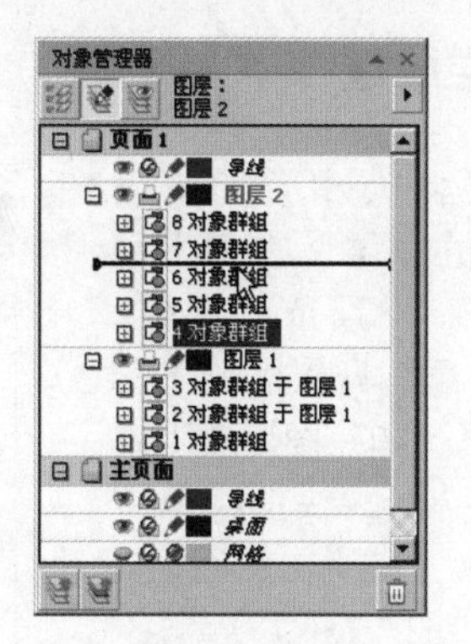

图 11-34 拖动对象

11-2-4 群组对象

在对象管理器中选择要群组的对象，按住鼠标左键拖动对象到另一个对象上，当光标变形（见图 11-35 所示），释放鼠标即可群组两个对象，此时自动生成以“2 对象群组于图层 1”为名称的群组，如图 11-36 所示。用户可以为群组对象重新命名，图 11-37 所示是重命名为“图形”的群组对象。

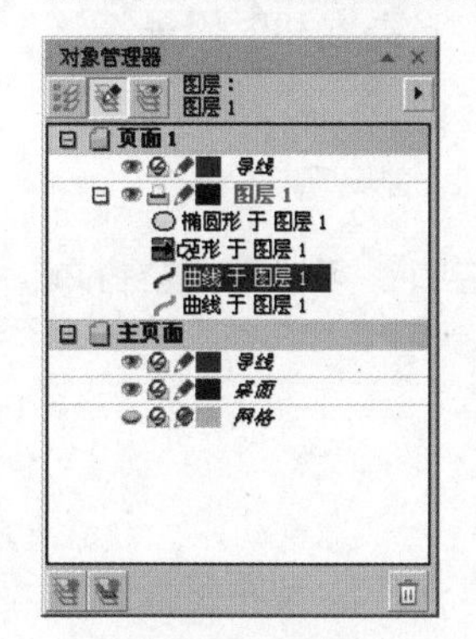

图 11-35 光标变形

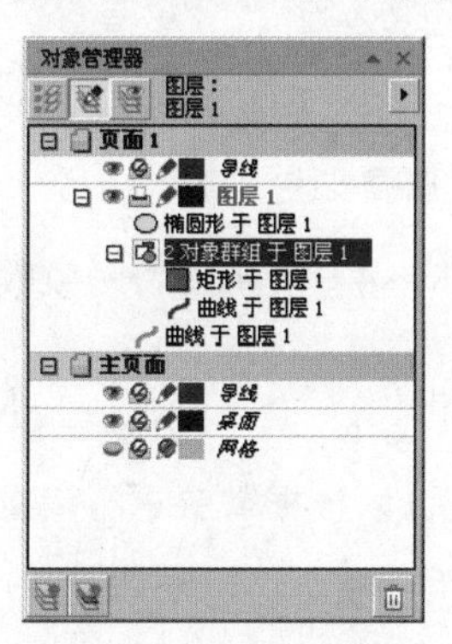

图 11-36 群组对象

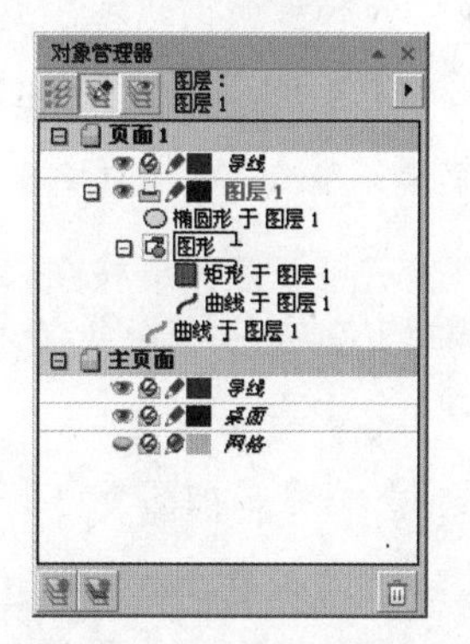

图 11-37 重命名群组对象

提示 · 技巧

如果想把新的对象加入已经存在的某群组对象中，只需用鼠标将其拖入该群组对象即可。

11-2-5 跨图层编辑

单击对象管理器中的跨图层编辑按钮，或单击右上角的黑色三角形按钮，在弹出的下拉菜单（见图 11-38 所示）中选择“跨图层编辑”命令，即设置为可跨图层编辑，此时就可以选择不同图层上的对象了。

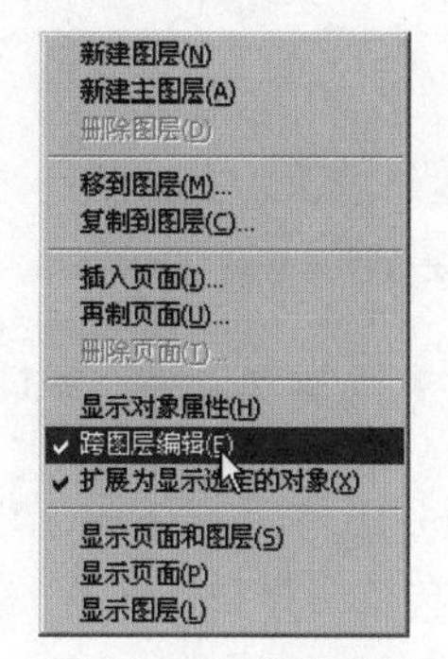

图 11-38 快捷菜单

11-2-6 图层属性

在对象管理器中，用鼠标右键单击要改变属性的图层，在弹出的快捷菜单（见图11-39所示）中选择"属性"命令，即可打开以图层名称命名的属性对话框。如在图层1上单击鼠标右键，在弹出的快捷菜单中选择"属性"命令，则弹出"图层1属性"对话框，如图11-40所示。

在图层属性对话框中可以设置此图层是否可见、是否打印、是否可编辑及改变颜色等选项。

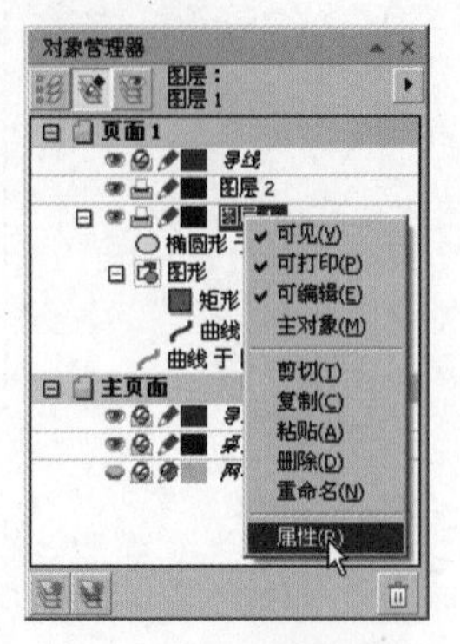

图11-39 快捷菜单

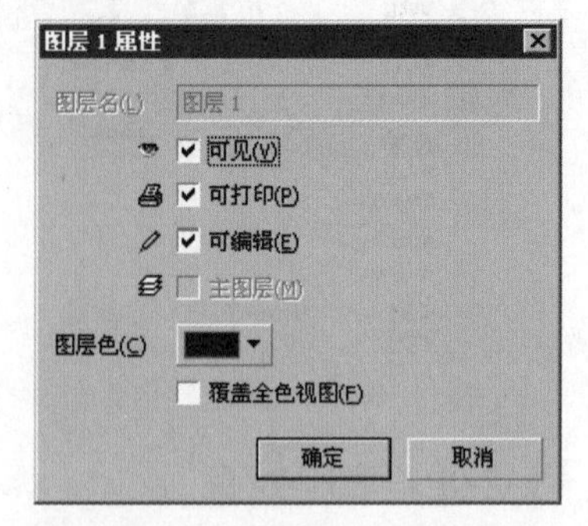

图11-40 "图层1属性"对话框

11-3 对象数据管理器

对象数据管理器可以为选中的对象或是群组对象附加一些信息，如文本、数字、数据和时间等，这样有利于图形对象的管理。具体步骤如下：

01 执行菜单"窗口"/"泊坞窗"/"对象数据管理器"命令，弹出"对象数据"泊坞窗。

02 单击"打开电子表格"按钮，弹出如图11-41所示的"对象数据管理器"窗口。可以利用该窗口来输入、编辑和创建多个对象信息。

03 单击"对象数据管理器"窗口中的"文件"菜单，其下拉菜单中包括"页面设置"、"打印"和"关闭数据管理器"命令，如图11-42所示。用户可以根据需要进行设置。

04 单击"对象数据管理器"窗口中的"编辑"菜单，弹出下拉菜单，如图11-43所示。用户可以随意撤销、重做、剪切、复制、粘贴或删除表格中的内容。

图11-41 "对象数据管理器"窗口

图11-42 "文件"菜单

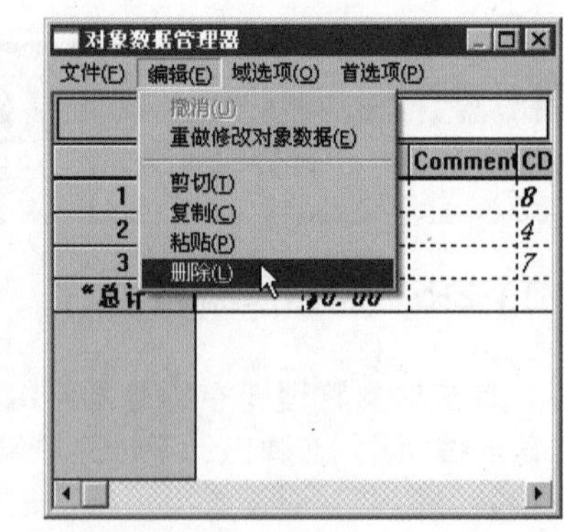

图11-43 "编辑"菜单

05 单击"对象数据管理器"窗口中的"域选项"菜单，弹出下拉菜单，如图11-44所示。应用对象数据管理器有一个特别大的优势，就是可以利用"域选项"菜单中的各个命令来完成一些特殊的操作。如选择"显示分层结构"命令，可以缩进所选同一列上所有的群组对象；选择"概括群组"命令，可以显示所选择的群组概括；选择"域编辑器"命令，弹出如图11-45所示的对话框。

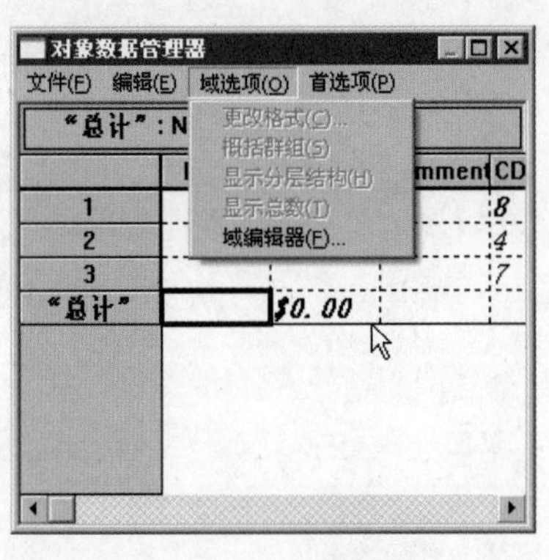

图11-44 “域选项”菜单

图11-45 “对象数据域编辑器”对话框

“对象数据域编辑器”对话框中各选项的具体含义如下：

[新建域]：单击此按钮，可增加新域。

[添加选定的域]：单击此按钮，可添加所选择的域。

[删除域]：选中所要删除的域名，单击此按钮，可以从域列表中以及文档的全部对象中删除选定的域。

[添加域到]：共有“文档默认值”和“应用程序默认值”两种域的添加范围。从字面上也能理解其含义，在此不多做解释。

[更改]：单击此按钮，弹出如图11-46所示的“格式定义”对话框，在此对话框中可以设置各种参数。

单击“对象数据管理器”窗口中的“首选项”菜单，弹出下拉菜单（见图11-47所示），可以显示群组区域或是突出显示顶层对象和输入数据。

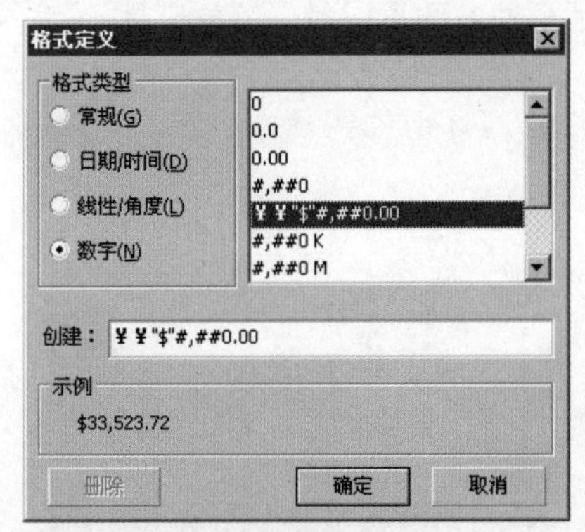

图11-46 “格式定义”对话框

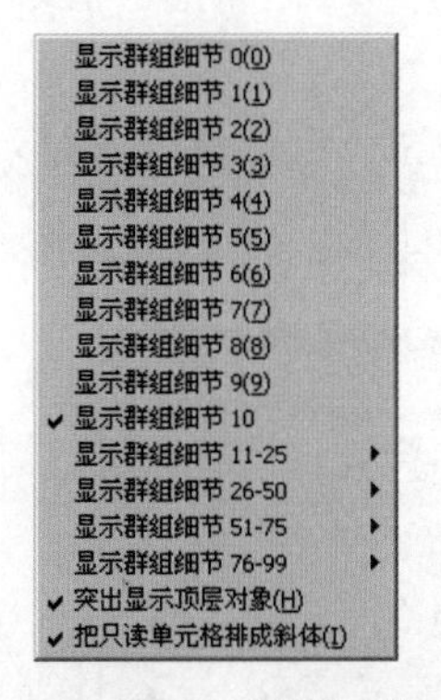

图11-47 “首选项”菜单

提示 · 技巧

当对象数据管理器中新添加了域后，如果觉得不起作用，可以删除这个域。可以单击“对象数据”泊坞窗中的“清除域”或“清除所有域”按钮来进行清除。如果单击“复制数据自”按钮，则可以直接复制指定对象数据到所选对象中。

11-4 对象的查看

使用“缩放工具”、“手形工具”和视图管理器均可以查看对象。“缩放工具”的应用前面已经讲解，这里不再赘述，着重介绍另外两种查看工具。

11-4-1 手形工具

“手形工具”位于缩放工具组中，使用该工具，可以移动整个页面，其属性栏如图11-48所示，各按钮的用法参照缩放工具。

图11-48 “手形工具”属性栏

11-4-2 视图管理器

使用视图管理器可以快速查看绘图中的各个部分。执行菜单“窗口”/“泊坞窗”/“视图管理器”命令，弹出“视图管理器”泊坞窗，如图11-49所示。

使用显示比例工具可以调整图像的显示比例；单击按钮，可以将当前视图保存起来，以后不管当前显示比例是多少，只要单击保存的比例名称，就会马上切换到该比例显示视图。

选中一个视图再单击按钮，可以删除视图。也可以单击“视图管理器”泊坞窗右上角的黑色三角形按钮，在弹出的下拉菜单中选择“删除”命令来删除所选的视图，如图11-50所示。

图11-49 “视图管理器”泊坞窗

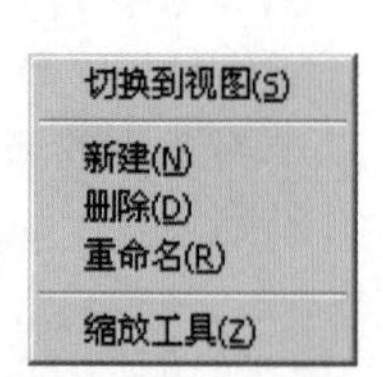

图11-50 下拉菜单

11-4-3 显示比例设置

执行菜单“工具”/“自定义”命令，在弹出的“选项”对话框的左侧列表框中选择“工作区”/“工具箱”/“缩放，手形工具”选项，如图11-51所示。在此对话框的右侧可以对“缩放工具”和“手形工具”的各项参数进行设置。

单击“调校标尺”按钮，可以使屏幕显示图形的大小与图形打印时的实际大小一致，如图11-52所示。

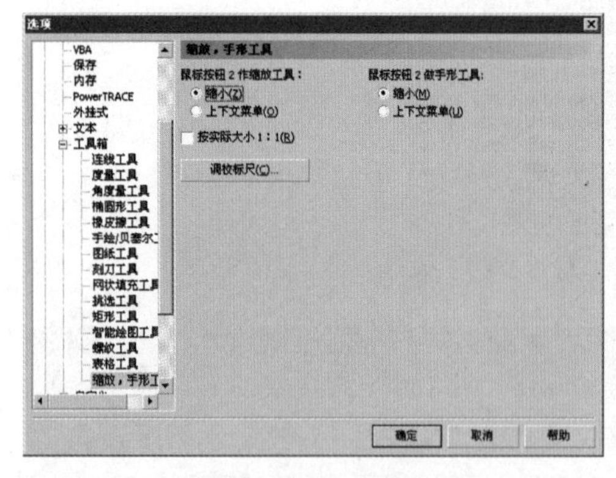

图11-51 “缩放，手形工具”选项

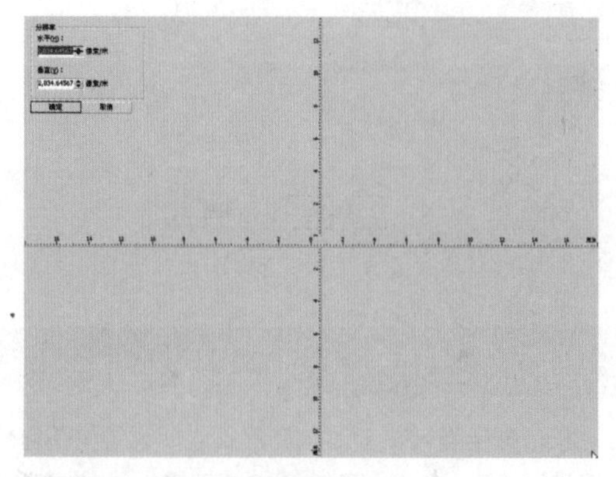

图11-52 使用调校标尺

CorelDRAW X4 从入门到精通

12 Chapter

打印与导出

CorelDRAW X4支持多种文件格式，如AutoCAD（.dxf与.dwg）、矢量图形（.svg）等。用户可以在CorelDRAW X4中将文本和图形打印出来。打印一般包括打印机设置和打印前预览等内容。

12-1 设置页面

页面大小，也就是页面的尺寸。在打印之前都要设置页面大小，应该根据需要设置适合于打印的页面大小。在CorelDRAW X4 中，可以使用“挑选工具”属性栏来进行页面大小的设置。

12-1-1 设置页面大小

用户可以使用“选项”对话框来进行页面大小的设置。执行菜单“工具”/“选项”命令，弹出“选项”对话框，如图12-1 所示。

在“选项”对话框左侧的列表框中选择“文档”/“页面”/“大小”选项，对话框的右侧就会自动显示“大小”设置选项，如图12-2 所示。

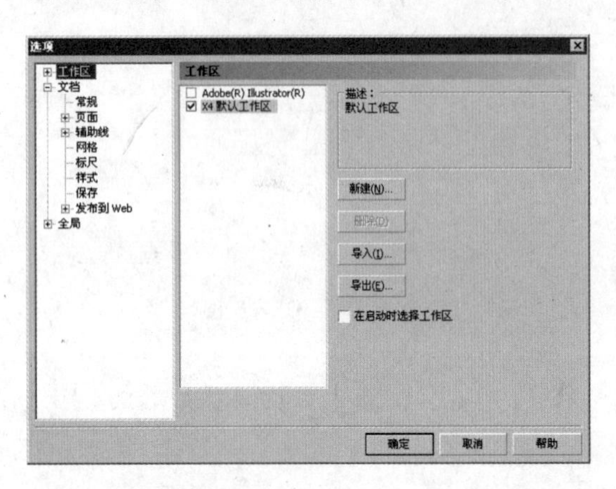

图12-1 “选项”对话框

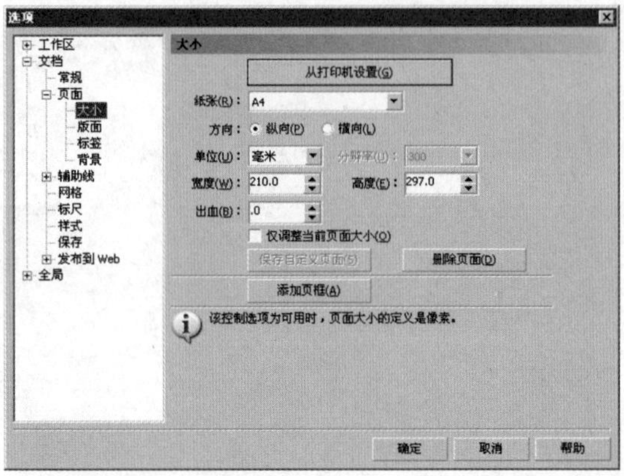

图12-2 设置页面大小

选择“横向”或“纵向”单选按钮，可以将页面方向设置为横向或者纵向；在“纸张”下拉列表框中可以选择需要的页面尺寸；在“宽度”和“高度”数值框中可以自定义页面的尺寸，并可以根据需要设置度量单位；在“出血”数值框中，可以设置出血的宽度。

12-1-2 设置页面版面

如果制作了一个多页面的印刷品文档，便可以在“选项”对话框中设置适合的版面，系统会根据指定样式将文档中的页面按照适合的版面来进行排版，如图12-3 所示。

在“版面”下拉列表框中选择需要的样式，如全页面、活页、屏风卡和帐篷卡等，在右侧印刷预览框中可以预览版面样式的图例，如图12-4 所示。

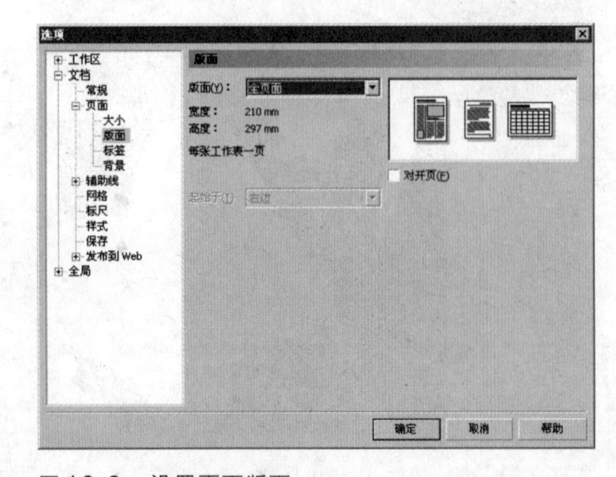

图12-3 设置页面版面

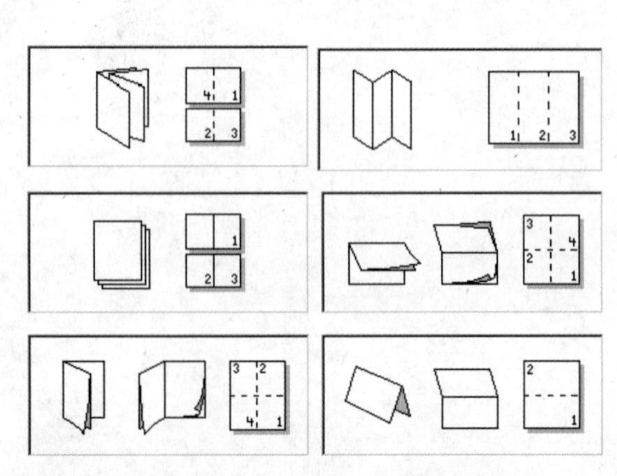

图12-4 版面样式图例

12-1-3 制作标签

用户可以利用标签样式方便地制作标签，也可以根据需要创建标签样式。

在"选项"对话框中选择"文档"/"页面"/"标签"选项，对话框的右侧就会自动显示"标签"设置选项，在"标签"列表框中选择合适的标签样式，可以在右侧的预览框中预览标签的样式图例，如图12-5所示。

选择一种标签样式后，单击"自定义标签"按钮，弹出"自定义标签"对话框，如图12-6所示。可以在此对话框中进行各种参数的设置。

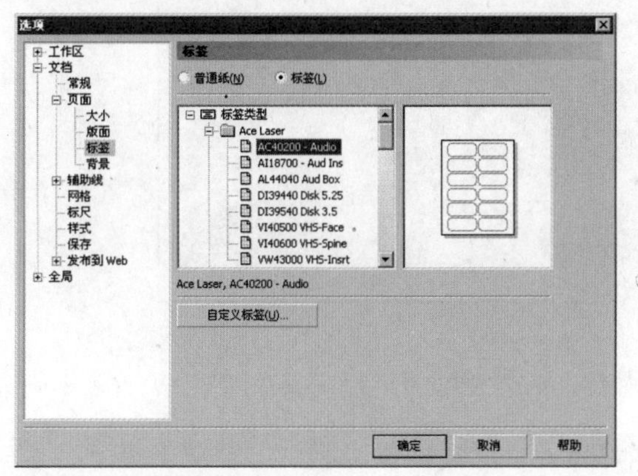

图12-5 设置标签

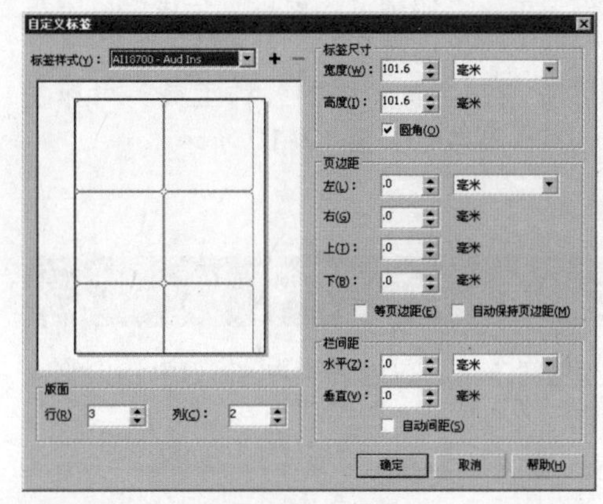

图12-6 "自定义标签"对话框

12-2 打印机设置

在打印文件之前，首先要设置打印机的类型及其他各种参数，具体操作步骤如下：

01 执行菜单"文件"/"打印设置"命令，弹出如图12-7所示的"打印设置"对话框。该对话框中显示了打印设置的有关信息，如名称、状态、类型、位置和说明等。

02 单击"打印设置"对话框中的"属性"按钮，弹出如图12-8所示的文档属性对话框。

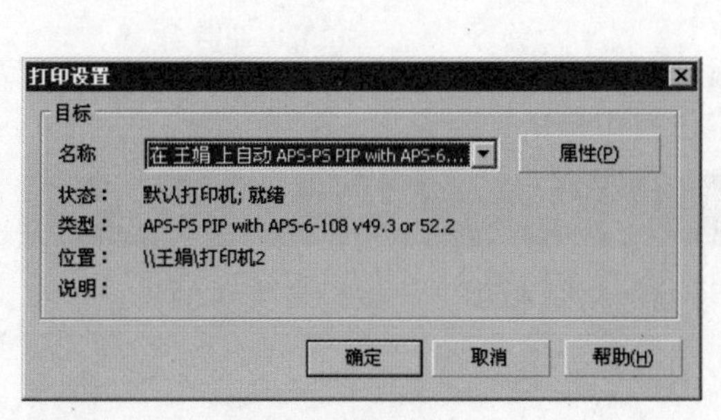

图12-7 "打印设置"对话框

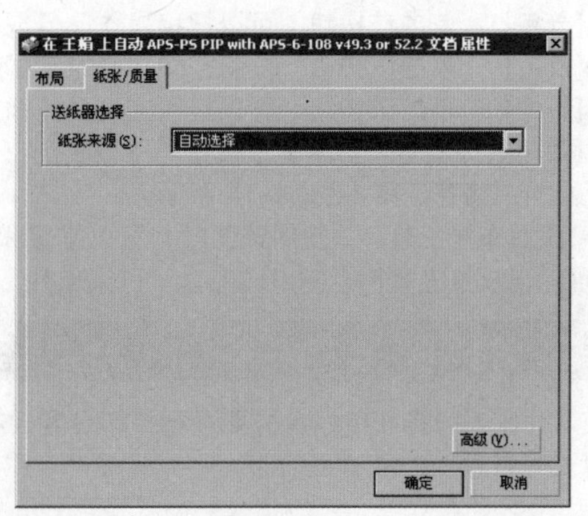

图12-8 文档属性对话框

03 在文档属性对话框中设置各参数后，单击"确定"按钮，即可返回"打印设置"对话框。再单击该对话框中的"确定"按钮，即可将所设参数应用到打印文件中。

提示 · 技巧

不同的打印机有不同的设置，但都包括纸张、打印份数和打印质量等基本设置。

12-3 打印预览

“打印预览”功能可以使用户在打印前观察图形的效果是否满意。执行菜单“文件”/“打印预览”命令，即可弹出“打印预览”窗口，在该窗口中对所需打印图形的效果进行预览，如图 12-9 所示。

使用预览窗口工具栏中的各种工具，可以快速设置一些打印参数，如图 12-10 所示。

提示 · 技巧

在预览窗口中，只有虚线框内的图形才可以被打印出来。

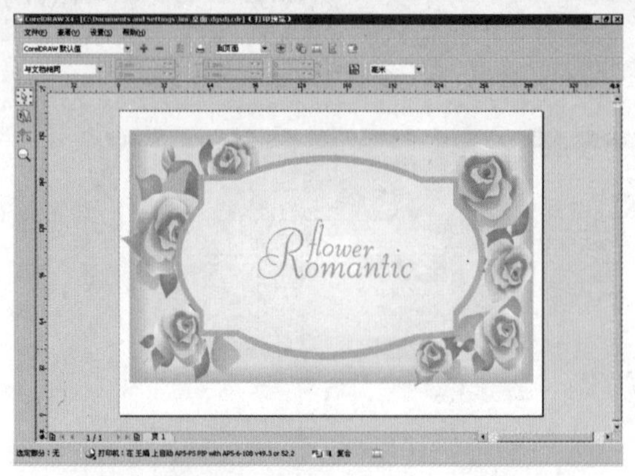

图 12-9 “打印预览”窗口

图 12-10 预览窗口工具栏

[打印样式]：可以选择合适的打印类型。

[打印样式另存为]：单击该按钮，可将目前打印选项保存为新的打印类型。

[删除打印样式]：单击该按钮，可以删除打印样式。

[打印选项]：单击该按钮，可以在弹出的“打印选项”对话框中进行具体的设置。

[打印]：单击该按钮，可以执行“打印”命令。

[缩放]：可以选择不同的缩放比例来对对象进行打印预览。

[满屏]：单击该按钮，可以使对象满屏显示，可以更清楚地进行预览。

[分色]：单击该按钮，可以把美术作品分成四色打印。

[反色]：单击该按钮，可以打印文档的底片效果。

[镜像]：单击该按钮，可以打印文档的镜像或反片效果。

[关闭打印预览]：单击该按钮，可以关闭打印预览窗口，返回编辑状态。

工具箱中的各工具如图 12-11 所示。

图 12-11 工具箱中的工具

[版面布局工具]：使用该工具，可以指定和编辑拼版版面。

[标记放置工具]：使用该工具，可以增加、删除和定位打印标记。

12-4 打印

在对作品进行打印前，首先要进行打印设置。在“打印设置”对话框中，可以设置纸张的大小、类型和模式等参数。

12-4-1 打印设置

如果对预览效果满意，可以执行菜单“文件”/“打印”命令，或单击按钮，系统将弹出如图 12-12 所示的“打印”对话框。

在“打印”对话框的“常规”选项卡中，可以设置打印的份数和打印范围等。

[名称]：单击其右侧的下三角按钮，在弹出的下拉列表中可以选择所需要的打印名称。

[类型]：指示打印机的型号。

[状态]：指示打印机目前的状态。

[位置]：指示打印机目前的位置。

[打印范围]：在“打印范围”选项组中，可以选择“当前文件”、“文档”、“当前页”或“选定内容”4 种范围，选择不同的范围打印出的内容页面也不一样。

[份数]：在“份数”数值框中可以设置打印文件的份数。

[打印到文件]：选择“打印到文件”复选框，然后单击右侧的黑三角形按钮，弹出的下拉菜单中有 3 个选项，选择不同的选项可以打印出不同的效果。

在“版面”选项卡中，可以设置图像的位置与大小、版面布局等，如图 12-13 所示。

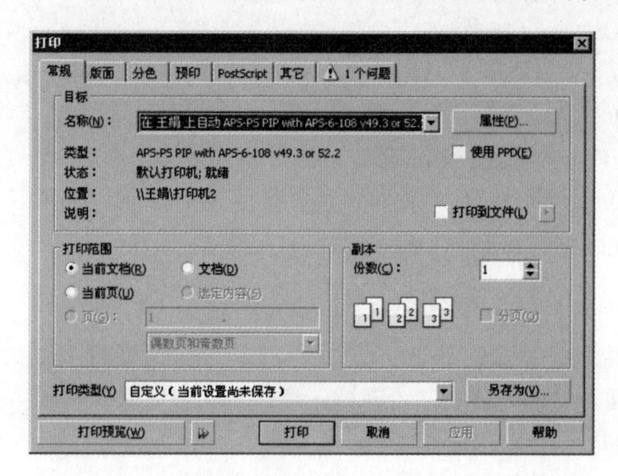

图 12-12 “打印”对话框

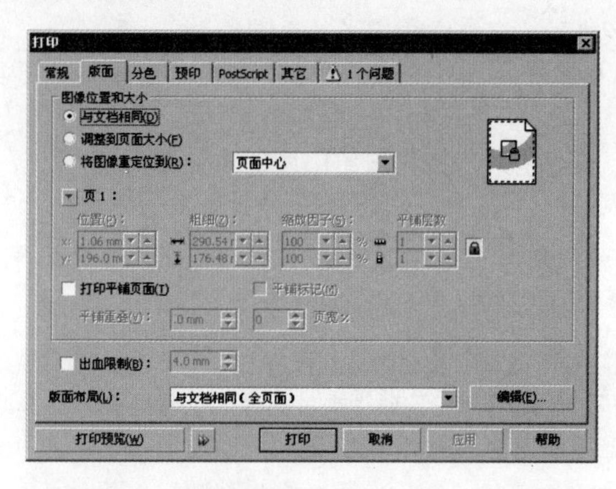

图 12-13 “版面”选项卡

[图像位置和大小]：在此选项组中选择不同的选项，可以设置为不同图像大小。

[打印平铺页面]：选择“打印平铺页面”复选框，在“平铺重叠”和“页宽 %”数值框中可以设置尺寸与页宽百分比。

在“分色”选项卡中，可以设置是否分色打印，一般只有在出片打印时才用到此选项卡，普通打印不用此选项卡。

在“预印”选项卡中，可以设置是否打印文件信息及页码等，如图 12-14 所示。

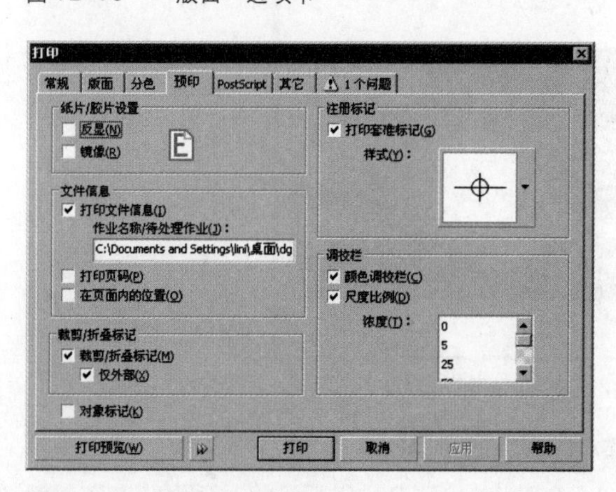

图 12-14 “预印”选项卡

[纸片 / 胶片设置]：在此选项组中可以设置打印前要用什么效果。

[打印文件信息]：选择此复选框，可以设置打印前文件的位置。

[打印页码]：选择此复选框，可以在打印的文件中加上页码。

[裁剪 / 折叠标记]：选择此复选框，可以在打印的文件上设置标记。

在“其他”选项卡中可以设置是否应用 ICC 预置文件，是否打印作业信息表等参数，也可以在“校样选项”选项组中设置所打印的对象类型与色彩处理等参数，如图 12-15 所示。

在“1 个问题”选项卡中可以查看文档中存在的问题，系统对问题进行了详细的描述，并提供了解决问题的建议，如图 12-16 所示。

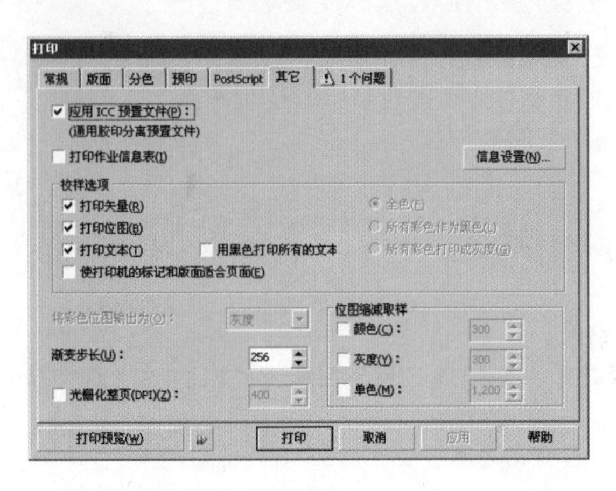

图 12-15　“其他”选项卡

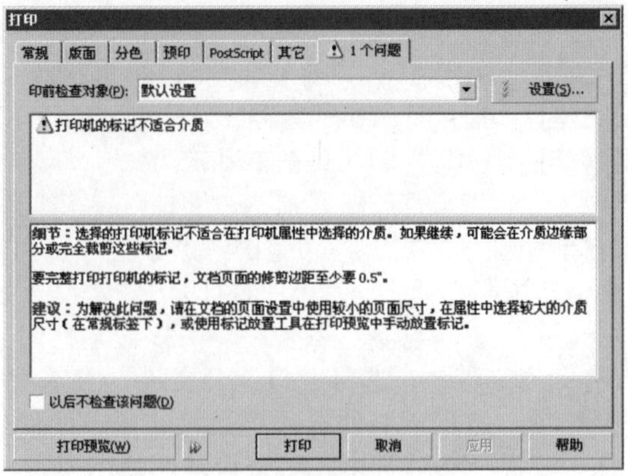

图 12-16　“1 个问题”选项卡

12-4-2　合并打印

要将同一份文档发给不同的人，而文档中的一些特殊部分又要有所不同，例如在几份内容相同的请柬上打印不同的接收人姓名，此时就可以使用合并打印命令来实现。这里以为多张图片添加相同的文字为例进行说明，具体操作步骤如下：

01 在页面中导入图片，如图 12-17 所示。

02 执行菜单“文件”/“合并打印”/“创建/装入合并域”命令，弹出“合并打印向导”对话框，如图 12-18 所示。在该对话框中选择“创建新文本”单选按钮，可以创建新的合并域；选择“从文件或 ODBC 数据源导入文本”单选按钮，可以从已有的文件中创建合并域，同时也可以添加新的域。

图 12-17　导入图片

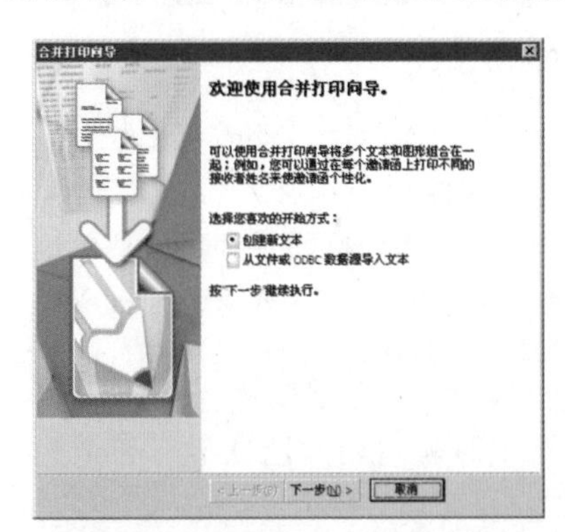

图 12-18　“合并打印向导”对话框

03 选择“创建新文本”单选按钮，单击“下一步”按钮，会弹出如图 12-19 所示的对话框，在该对话框的“文本域”文本框中输入要创建的域名，然后单击“添加”按钮，可将域名添加到“域名”列表框中。

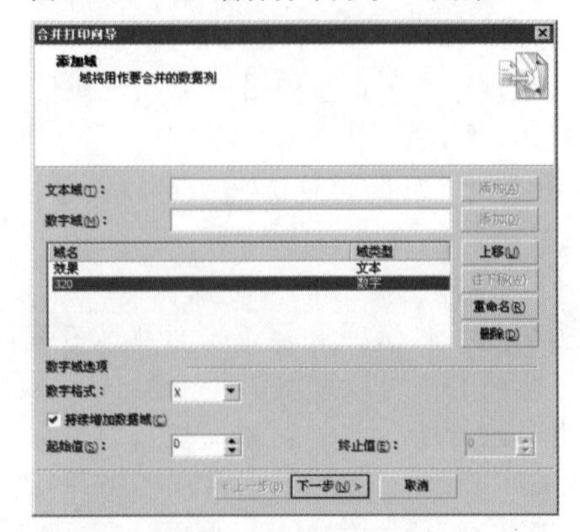

图 12-19　创建域名

04 在“域名”列表框中选择一个域名，单击“上移”或“往下移”按钮，可改变该域名在列表框中的顺序；单击“重命名”按钮，弹出“为域重命名”对话框，在此对话框中为选中的域重新命名，如图12-20所示；单击“删除”按钮，可将选中的域删除。

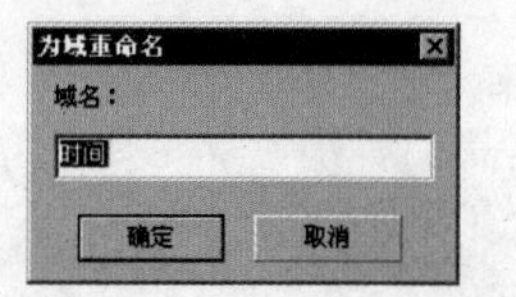

图12-20 “为域重命名”对话框

05 创建好需要的域后，单击“下一步”按钮，弹出“合并打印”对话框，如图12-21所示。在该对话中单击“新建”按钮，然后在记录列表框中输入相应的内容，即可创建新的数据。

06 创建所有数据后，单击“下一步”按钮，弹出“合并打印向导”对话框，如图12-22所示。在该对话框中单击“完成”按钮，即可完成域的创建。如果选择“数据设置另存为”复选框，在该文本框中输入保存文件的路径，或者单击后面的按钮，然后选择文件的保存位置和文件名，可将设置的数据保存在文件中，以便在以后的操作中使用。

图12-21 “合并打印”对话框

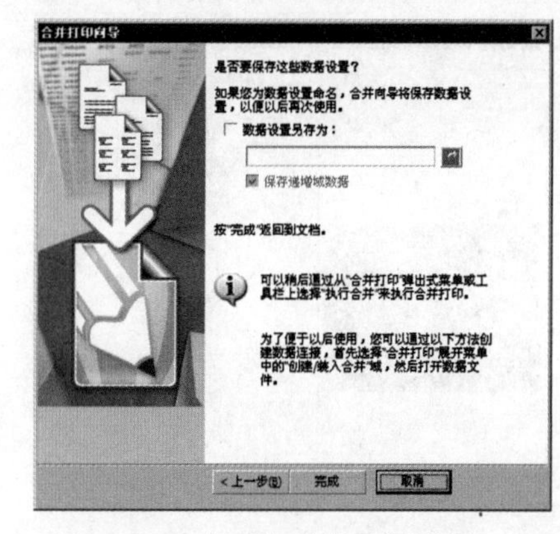

图12-22 “合并打印向导”对话框

07 域的创建完成后，可以在文档窗口中看到一个“合并打印”工具栏，如图12-23所示。

图12-23 “合并打印”工具栏

“合并打印”工具栏中各按钮的功能如下：

创建/装入[创建/装入合并打印域]：单击该按钮，将弹出“合并打印向导”对话框，可以创建新的合并域。

编辑域[编辑合并打印域]：单击该按钮，将弹出“合并打印向导”对话框，可以对合并域进行添加或者删除操作。

打印[执行合并打印]：单击该按钮，将弹出“打印”对话框，可以对打印选项进行设置。

插入[插入选定的合并打印域]：在文件中确定插入点后，单击此按钮可将合并域名称插入到文件中。

08 在“合并打印”工具栏的“域”下拉列表框中选择一个域名，然后选择工具箱中的“文本工具”字，在创建好的文本段落中单击确定插入点。

09 单击“合并打印”工具栏中的“插入”按钮，即可在所选插入点插入域名，如图12-24所示。也可选中域名，为其改变大小和字体等，如图12-25所示。

10 插入合并域后，单击“合并打印”工具栏中的打印按钮，弹出“打印”对话框，在该对话框中可对打印选项进行设置，当最右侧的选项卡名称为“无问题”时便可进行打印。如果要预览打印效果，可单击“打印预览”按钮，弹出“打印预览”窗口，如图12-26所示。

图 12-24　在文件中插入域名

图 12-25　为域名改变字体和大小

图 12-26　“打印预览”窗口

12-5　输出前的准备

使用“为彩色输出中心做准备”命令，可以利用系统提供的向导完成输出前的准备工作。

01 执行菜单“文件”/“为彩色输出中心做准备”命令，弹出“配备‘彩色输出中心’向导”对话框，如图 12-27 所示。

02 在该对话框中选择“收集与文档关联的所有文件”或“选择一个由彩色输出中心提供的预置文件”单选按钮，来收集输出中心使用的文件。

03 单击“下一步”按钮，弹出如图 12-28 所示的对话框，选择“生成 PDF 文件”复选框。

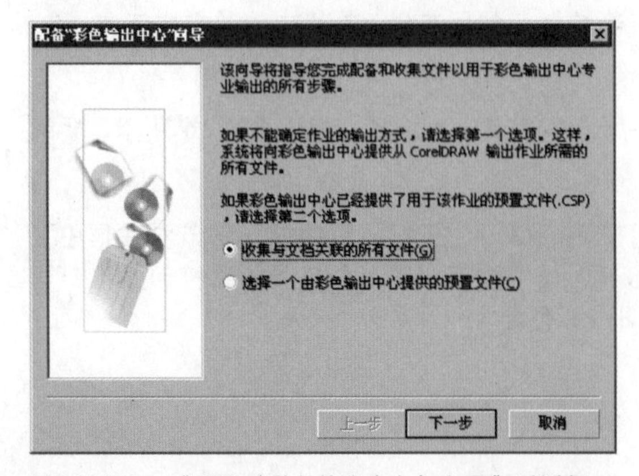

图 12-27　“配置‘彩色输出中心’向导”对话框（一）

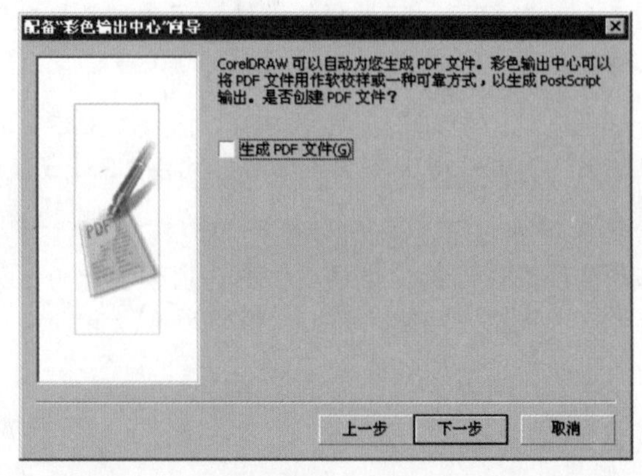

图 12-28　“配置‘彩色输出中心’向导”对话框（二）

04 单击“下一步”按钮，弹出如图12-29所示的对话框，在此对话框中设置输出文件的存放路径，也可单击“浏览”按钮选择路径。

05 单击“下一步”按钮，弹出下一个对话框，在此对话框中可以查看输出文件的存放位置以及所包含的文件，如图12-30所示。

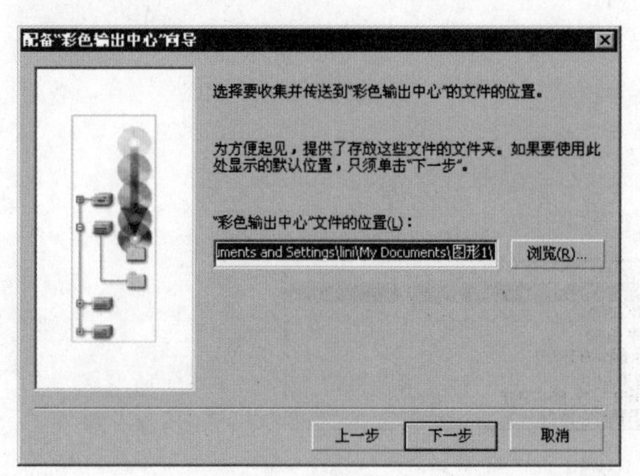

图12-29 “配置‘彩色输出中心’向导”对话框（三）

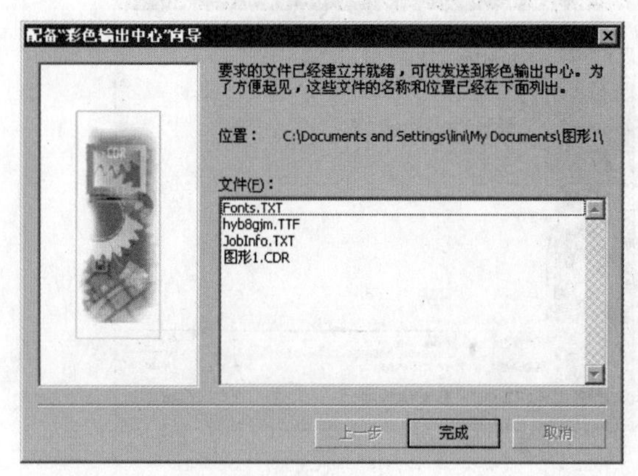

图12-30 “配置‘彩色输出中心’向导”对话框（四）

06 单击“完成”按钮，结束彩色输出中心向导。

提示·技巧

如果不是第一次对当前文件做输出的准备工作，在第5步单击“下一步”按钮时，将弹出如图12-31所示的“确认替换文件”对话框，在该对话框中单击“是”或“全部”按钮可取代原文件。如果单击“取消”按钮，输出向导将变成如图12-32所示的状态，用户将不能继续进行输出文件的操作。

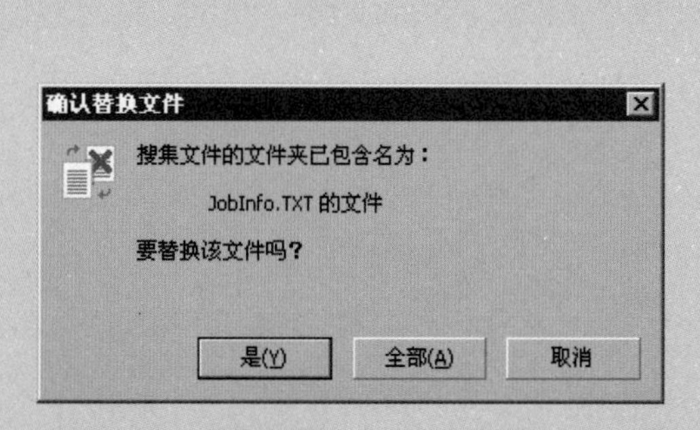

图12-31 “确认替换文件”对话框

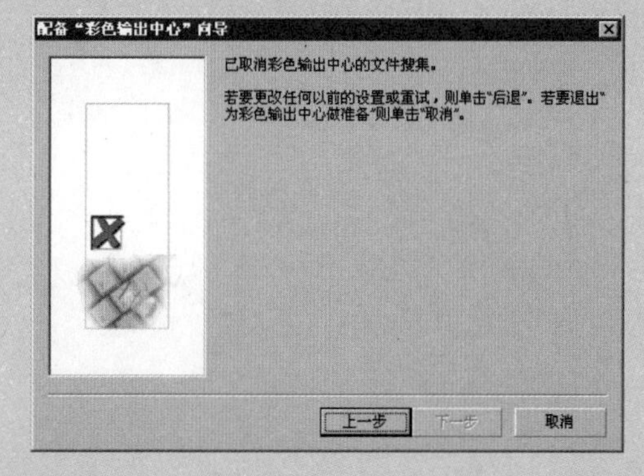

图12-32 对话框状态

12-6 发布PDF文件

PDF文件可以存储多页信息，包括图形和文件的查找和导航功能。PDF是Adobe公司指定的一种可移植文档格式的扩展名，适用于Windows和DOS系统，该格式文件即将成为计算机跨平台传递文档、图片等数据的通用格式文件。

将CDR文件转换成为PDF文件的具体操作步骤如下：

01 执行菜单“文件”/“发布至PDF”命令，弹出如图12-33所示的“发布至PDF”对话框。

02 在该对话框中，为文件输入文件名并选择存放路径，在“保存类型”下拉列表框中选择PDF文件，单击“PDF样式”下三角按钮，弹出如图12-34所示的下拉列表，选择需要的样式。

03 单击“保存”按钮，即可将文件保存为PDF格式文件。

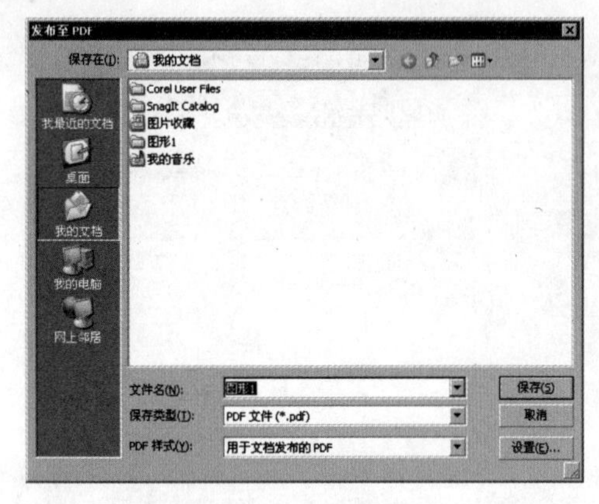

图12-33 “发布至PDF”对话框

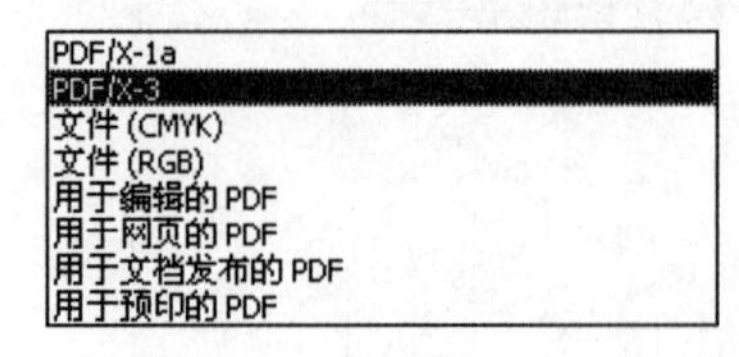

图12-34 “PDF样式”下拉列表

CorelDRAW X4 从入门到精通

13 Chapter

综合实例

通过前面的学习，读者对CorelDRAW X4基本工具的使用已经有所了解了。为了巩固前面学过的知识，特意用一章的篇幅来进一步举例讲解所有工具的综合使用方法。实例从易到难，包括了底纹的制作、图像的绘制和商业应用等内容。希望读者通过学习能够更好地掌握CorelDRAW X4软件的使用方法。

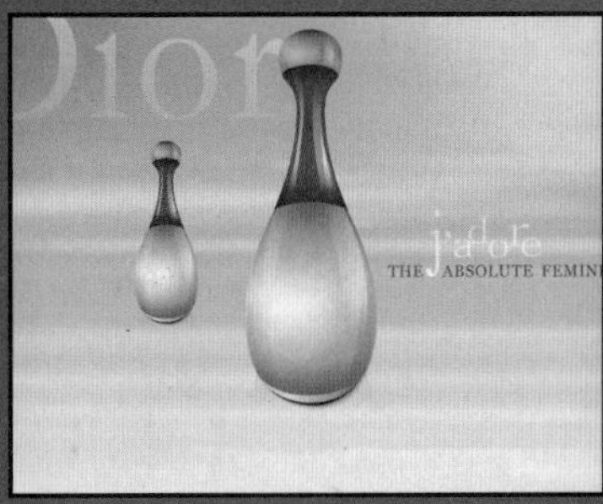

13-1 彩圈底纹

底纹是平面设计中经常用到的素材，好看的底纹应用到画面中会增加画面的表现力。右侧漂亮的底纹，就是使用 CorelDRAW X4 制作出来的，下边就详细介绍抽象符号底纹的制作过程。

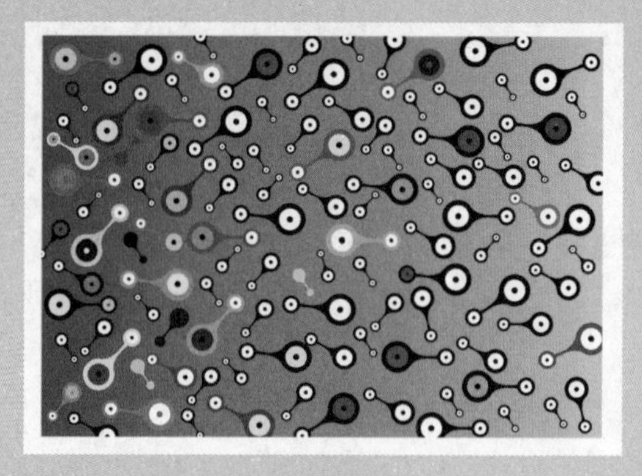

彩图底纹

操作步骤

01 执行菜单“文件”/“新建”命令，新建默认大小的文档，即高为297 mm，宽为210 mm。单击属性栏中的“横向”按钮，将页面的方向设置为横向。选择工具箱中的矩形工具按钮，绘制一个稍小于页面的矩形，如图13-1所示。

02 按【F11】键，弹出“渐变填充”对话框，在该对话框中选择“类型”为“线性”，然后设置颜色从（C：0，M：100，Y：100，K：0）到（C：11，M：1，Y：94，K：0）的渐变，如图13-2所示。

图13-1　绘制矩形

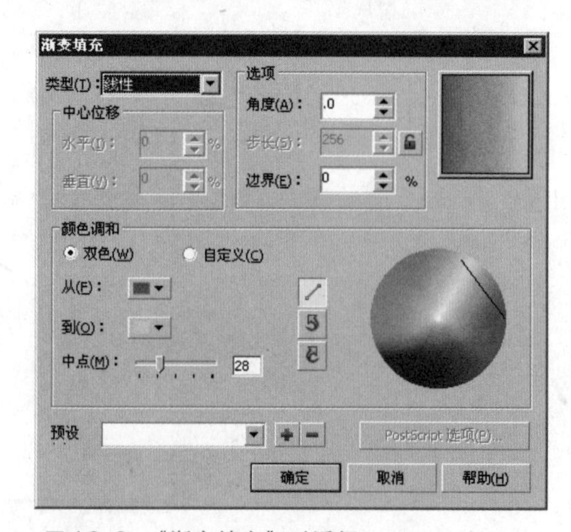

图13-2　“渐变填充”对话框

03 设置完成后，单击“确定”按钮，矩形即填充了渐变色。用鼠标右键单击调色板中的⊠图标，去除矩形的黑色轮廓，效果如图13-3所示。用鼠标右键单击画面，在弹出的快捷菜单中选择“锁定对象”命令，将底纹背景锁定。

04 选择工具箱中的“椭圆形工具”，按住【Ctrl】键，在任意位置绘制一个任意大小的正圆，如图13-4所示。

图 13-3 填充渐变颜色

图 13-4 绘制正圆

05 按【Alt+F10】组合键，弹出“变换”泊坞窗，单击“大小”按钮，将“水平”和“垂直”均设置为 16mm 填充颜色为黑色。单击“应用”按钮，将圆形大小准确化，如图 13-5 所示。

06 继续在“变换”泊坞窗中，将“水平”和“垂直”均设置为 11mm，单击“应用到再制”按钮，并填充颜色为白色，得到缩小的同心白色圆形，效果如图 13-6 所示。

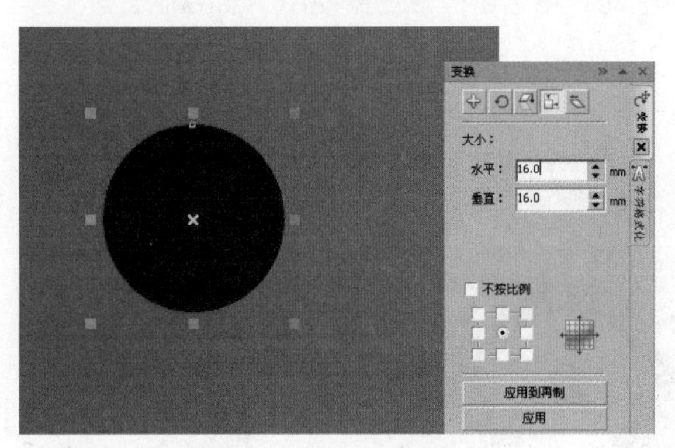

图 13-5 填充圆形

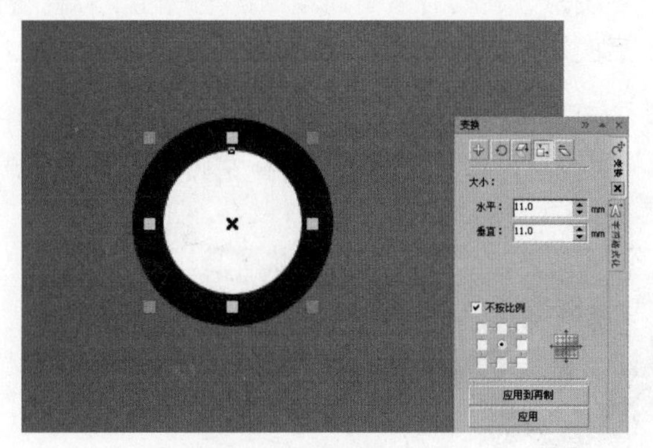

图 13-6 复制圆形并填充颜色

07 使用同样的方法，将“水平”和“垂直”均设置为 3 mm，单击“应用到再制”按钮，得到小圆形，并填充颜色为黑色，效果如图 13-7 所示。

08 选择工具箱中的“矩形工具”，在圆形附近绘制一个矩形，填充颜色为黑色，去除轮廓线，效果如图 13-8 所示。

图 13-7 再次复制圆形并填充颜色

图 13-8 绘制矩形

09 选择工具箱中的“挑选工具”，选择矩形条，按【Ctrl+Q】组合键将矩形转换为曲线，便于对其进行形状调整。选择工具箱中的“形状工具”，在矩形的两个节点上按住鼠标左键分别向上和向下拖动，使节点和圆形边缘重合，效果如图13-9所示。

10 单击属性栏中的“转换直线为曲线”按钮，分别单击矩形上连接圆形的两个节点，出现可以调整弧度的控制手柄，拖动控制手柄调整上下两边的弧度，使其与圆衔接得更自然，如图13-10所示。

图13-9　调整形状

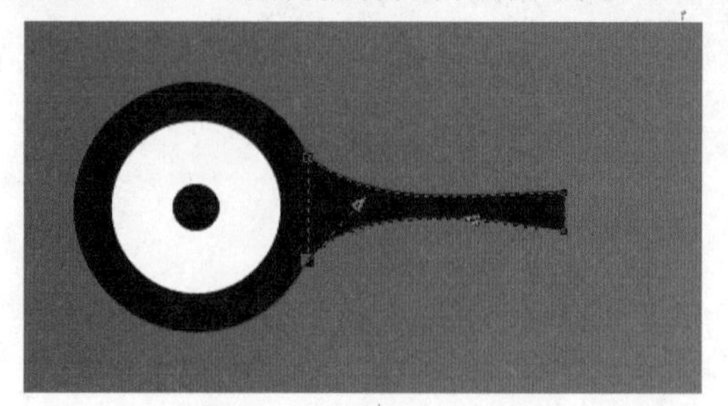

图13-10　调整节点

11 使用“挑选工具”选择制作好的圆形图案，按【Ctrl+C】组合键复制图形，按【Ctrl+V】组合键粘贴图形。在其右下角的控制点上按住鼠标左键向内拖动，将这组圆形图案缩小，然后移动到变形后的矩形的另一端，效果如图13-11所示。

12 使用“挑选工具”选择所有图形，执行菜单“排列”/“对齐和分布”/“对齐和分布”命令，弹出“对齐与分布”对话框，选择左侧的“中”复选框，单击“应用”按钮，将图形居中对齐，效果如图13-12所示。

图13-11　复制图形

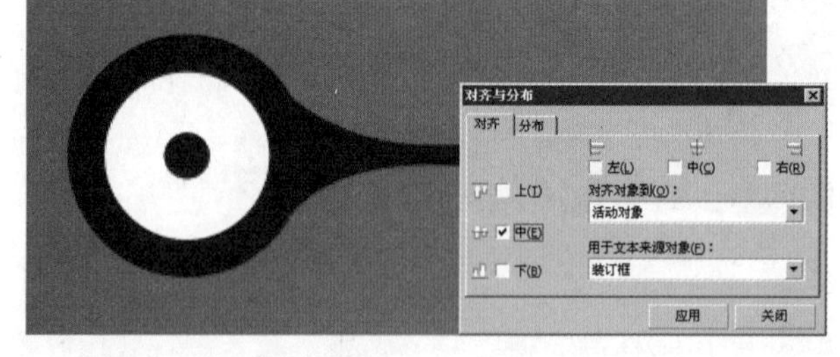

图13-12　对齐图形

13 按住【Shift】键，分别选择最外层的大圆和两个圆之间的连接图形，单击属性栏中的“焊接”按钮，将3个图形组成一个整体。按【Alt+D】组合键，弹出“对象管理器”泊坞窗，将焊接的图形拖到其他图形的下方，如图13-13所示。

14 选择所有绘制好的图形，按【Ctrl+G】组合键群组图形，然后复制几个相同的图形，并旋转角度，排列在画面中，效果如图13-14所示。

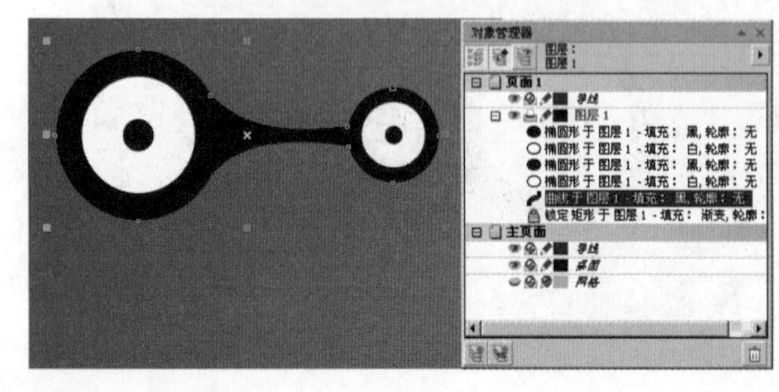

图13-13　焊接图形

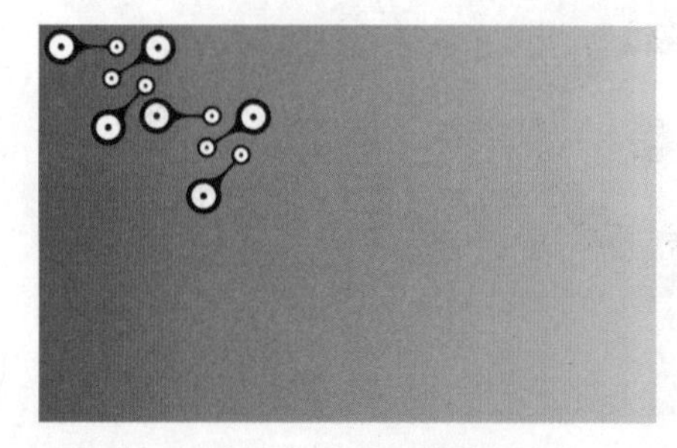

图13-14　复制多个图形并进行旋转

15 复制多个相同的图形，调整好角度后放在画面中不同的位置，摆放时可以随意一些，将其布满画面，效果如图 13-15 所示。

16 将其中一个图形缩小，然后多次复制并旋转不同的角度，放置于大图形中间的空隙中，效果如图 13-16 所示。

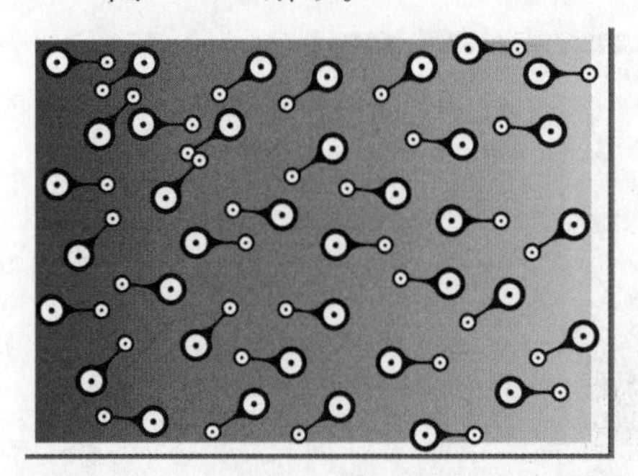
图 13-15　复制多个图形布满画面

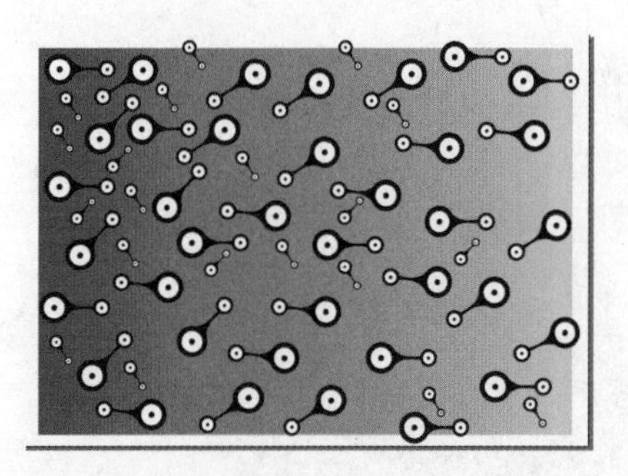
图 13-16　复制图形并缩小

17 用同样的方法再复制一些小的图形，旋转角度，然后移动到有空隙的区域，组成不规则的纹样，如图 13-17 所示。

18 使用“矩形工具”，在超出渐变色块的四周绘制无轮廓线的白色矩形条，遮住纹样超出的部分，如图 13-18 所示。

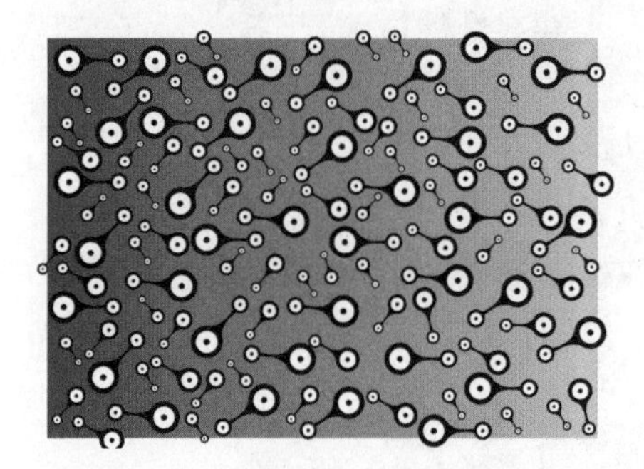
图 13-17　再次复制图形并缩小图形

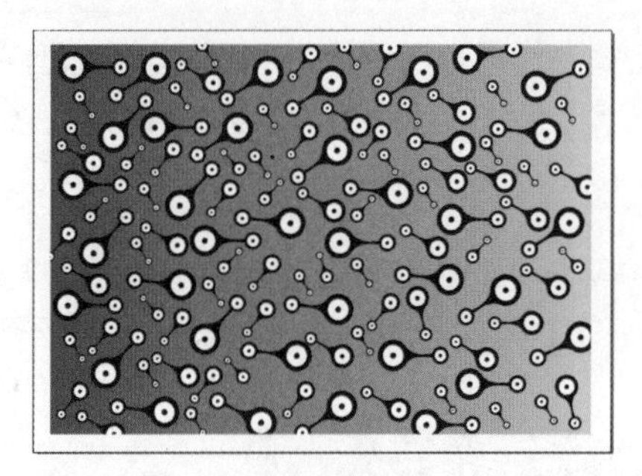
图 13-18　用矩形遮住图形

19 使用“挑选工具”，选择单独的图形，按【Ctrl+U】组合键取消群组，然后选择最外层的图形并填充颜色，再选择中间的图形并填充其他颜色，根据同样的方法改变部分图形的颜色，效果如图 13-19 所示。

20 用同样的方法，有选择地改变一些图形的颜色。图 13-20 所示的图像就是改变了 1/3 图形颜色的效果。

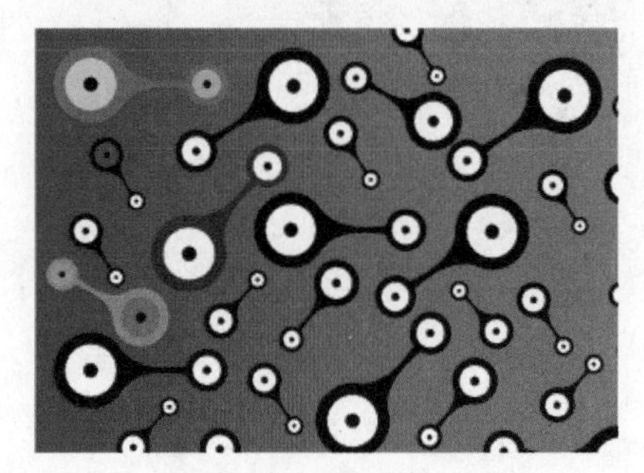
图 13-19　为图形更换颜色

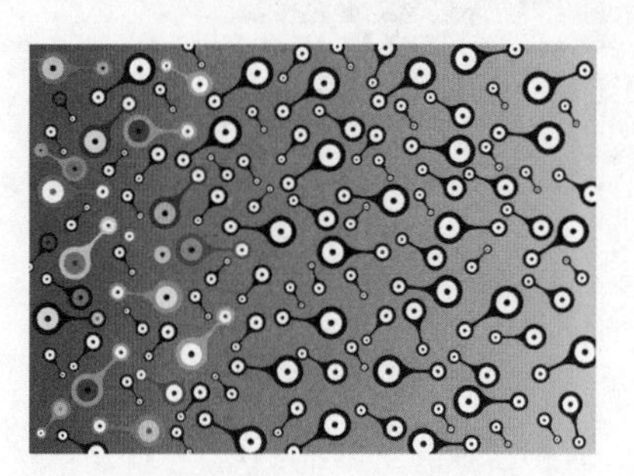
图 13-20　改变 1/3 图形的颜色

21 继续随机挑选一部分图形改变其颜色，制作成抽象符号一样的底纹效果，效果如图 13-21 所示。

22 将图形的底部颜色制作成另一种颜色，会得到不同的图像效果。按【Shift+F11】组合键弹出“均匀填充”对话框，在其中设置颜色，如图 13-22 所示。

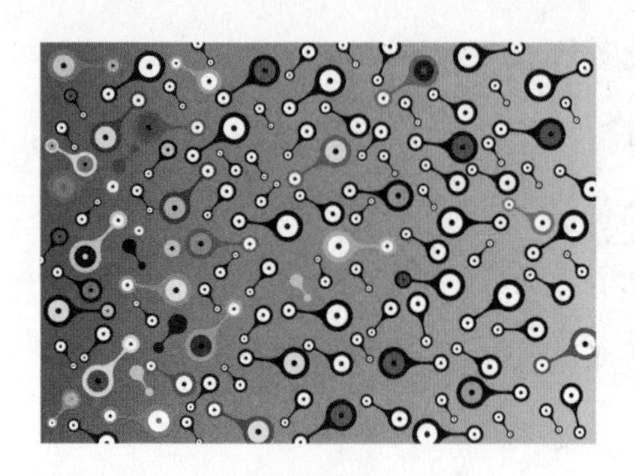

图 13-21　再次改变一部分图形颜色

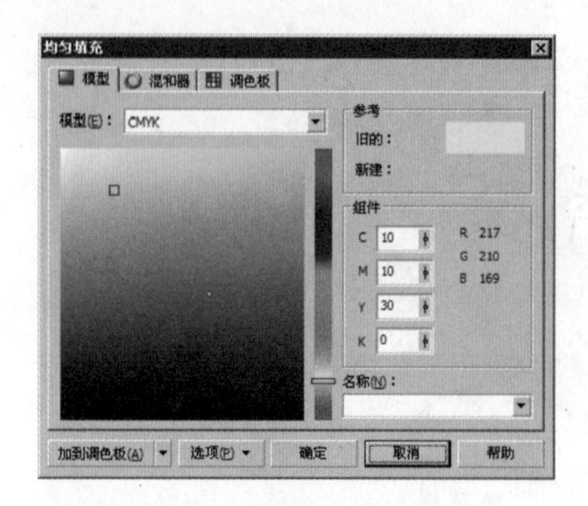

图 13-22　“均匀填充”对话框

23 设置好颜色后，单击“确定”按钮，渐变色的背景变得淡雅，这样的纹理带给人另一种美的感觉，如图 13-23 所示。

24 还可以将底纹制作成单色效果。如图 13-24 和图 13-25 所示，就是不同的两种单色底纹效果。

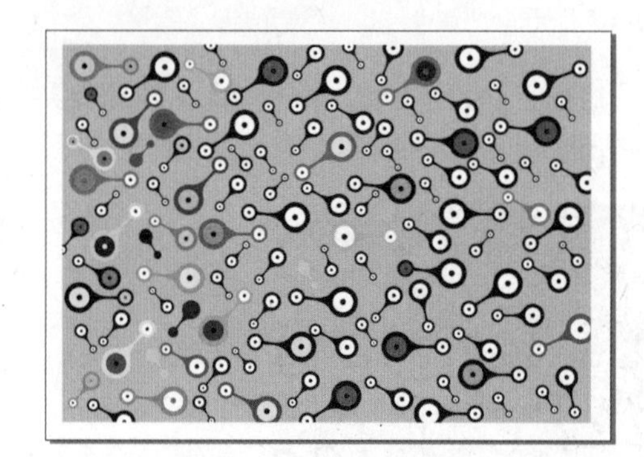

图 13-23　最终效果

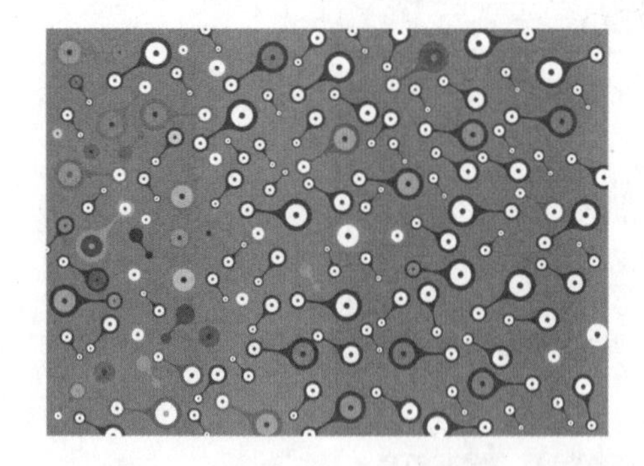

图 13-24　单色的尝试效果一

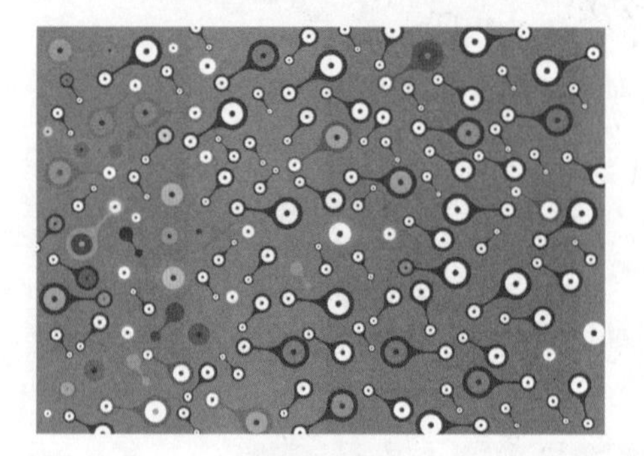

图 13-25　单色的尝试效果二

13-2 弧线花饰底纹

色彩淡雅的几组弧线，点缀大小不同的小花，再添加些白色的线圈，制作成具有装饰风格的底纹图案。读者可以根据自己的喜好，将底纹的颜色做一些改变，就会得到色调不同的图案，烘托出的气氛也会不同。下面详细介绍两张不同颜色底纹的制作过程。

弧线花饰底纹

操作步骤

01 执行菜单“文件”/“新建”命令，系统自动新建默认大小的文档，用户也可以在属性栏中重新设置文档大小。选择工具箱中的“矩形工具”，绘制一个稍小于页面的矩形，如图 13-26 所示。

02 按【F11】键，弹出“渐变填充”对话框，选择“类型”为“线性”，然后设置颜色从（C：80，M：0，Y：100，K：24）到（C：33，M：0，Y：73，K：0）的渐变，如图 13-27 所示。

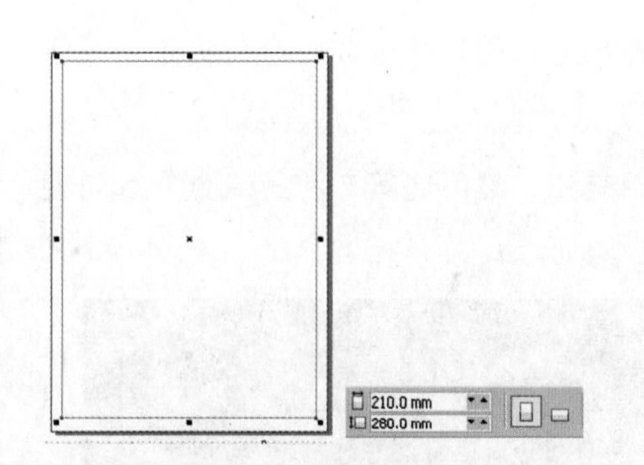

图 13-26　建立文档并绘制矩形

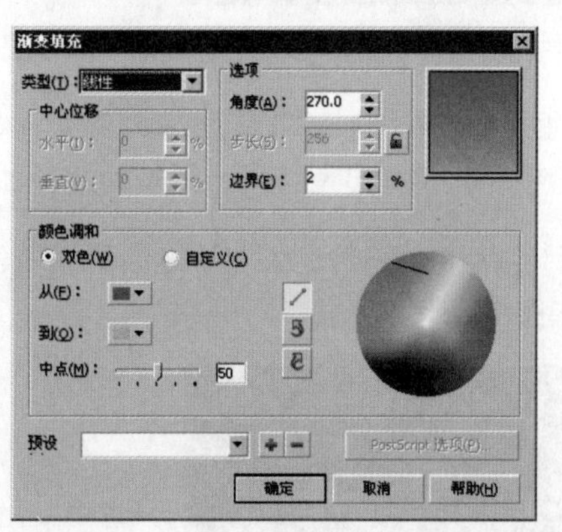

图 13-27　“渐变填充”对话框

03 设置完成后，单击“确定”按钮，矩形即填充了渐变色。在画面中单击鼠标右键，在弹出的快捷菜单中选择“锁定对象”命令，将底纹背景锁定，如图 13-28 所示。

04 选择工具箱中的“贝塞尔工具”，按【F12】键，在弹出的对话框中选择“图形”复选框，单击“确定”按钮，在弹出的“轮廓笔”对话框中设置参数，按住【Ctrl】键从页面的最左端拖动到最右端绘制一条直线，效果如图 13-29 所示。

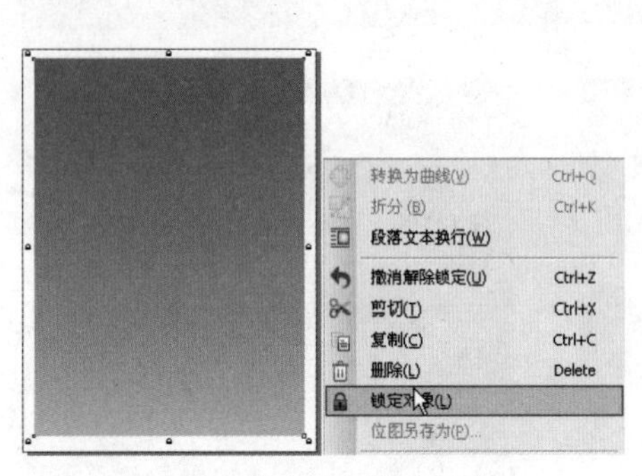

图13-28　填充渐变颜色并锁定对象

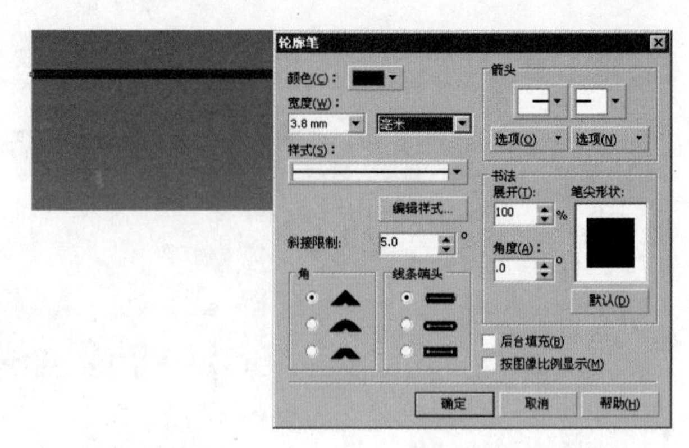

图13-29　绘制直线

05 将光标移动到左边的标尺上，待光标变成白色箭头时，按住鼠标左键在画面中添加辅助线，然后再添加其他3条辅助线，如图13-30所示。

06 选择工具箱中的“形状工具”，然后在直线和辅助线相交处单击，在属性栏上单击“添加节点”按钮，将此处变成一个节点，然后在其他3个交点处添加3个节点，如图13-31所示。

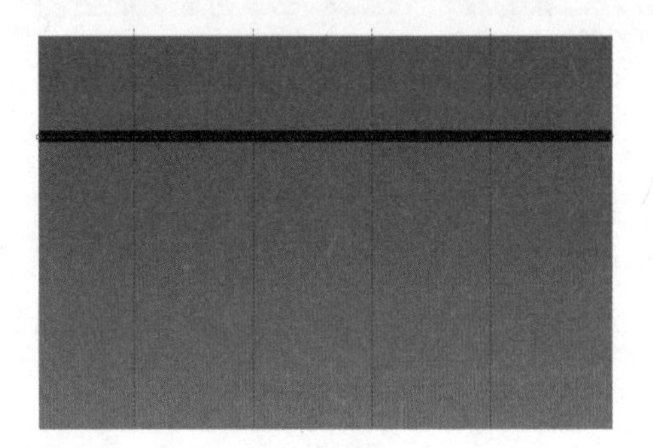

图13-30　显示辅助线

图13-31　添加节点

07 在直线的上下位置添加两条辅助线。将光标移动到上面的标尺上，待光标变成白色箭头后，按住鼠标左键在画面中拖出两条平行的辅助线，如图13-32所示。

08 将第一个节点和第三个节点向下拖动到横竖两条辅助线的相交处，然后将第二和第四个节点向上拖动，如图13-33所示。

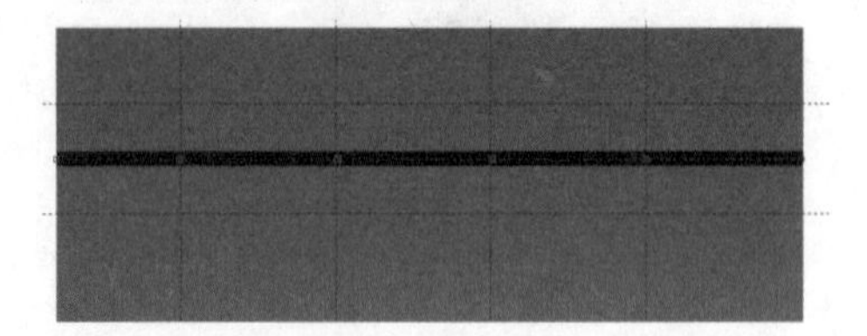

图13-32　拖出两条辅助线

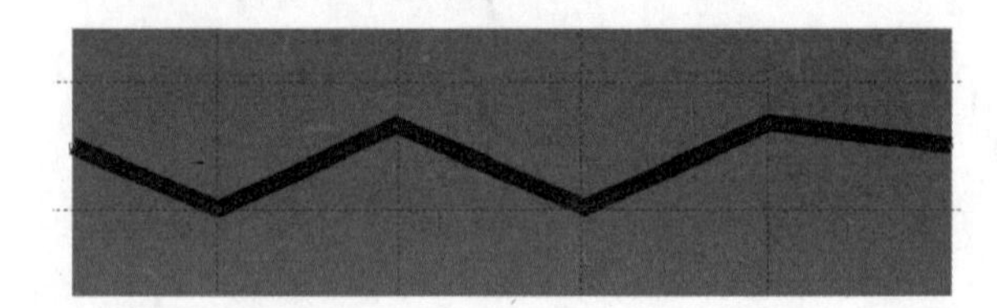

图13-33　调整节点

09 分别选择各个节点，单击属性栏上的“转换直线为曲线”按钮，再单击“平滑节点”按钮，将节点处的线段变成弧线，如图13-34所示。

10 分别单击节点，出现控制手柄，拖动控制手柄调整线条的弧度，将整条曲线的起伏调整得自然随意一些，效果如图13-35所示。

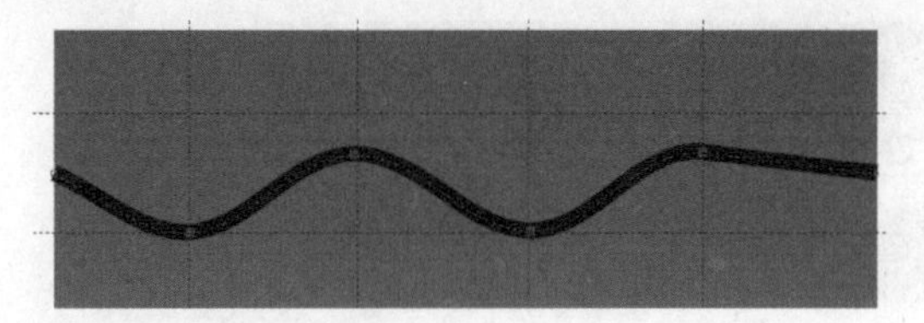

图 13-34　再次调整节点

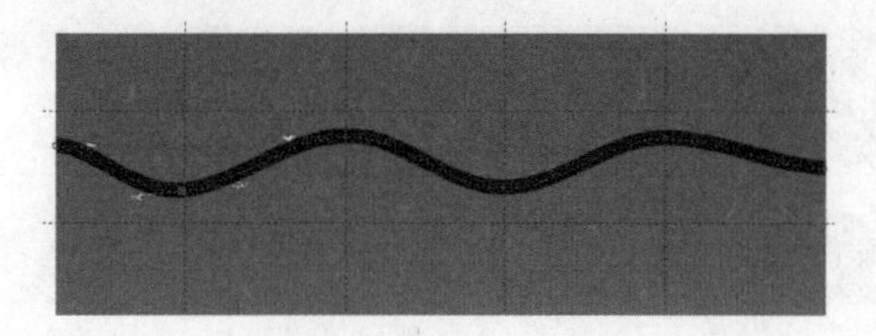

图 13-35　调整线条弧度

11 使用“挑选工具”选择曲线，按【F12】键，在弹出的“轮廓笔”对话框中设置参数，将“颜色”设置为（C：16，M：0，Y：20，K：0），其他参数不变，如图 13-36 所示。

12 设置完成后，单击“确定”按钮，将绘制完成的曲线颜色变为淡绿色，效果如图 13-37 所示。

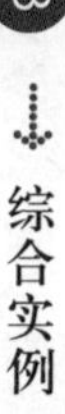

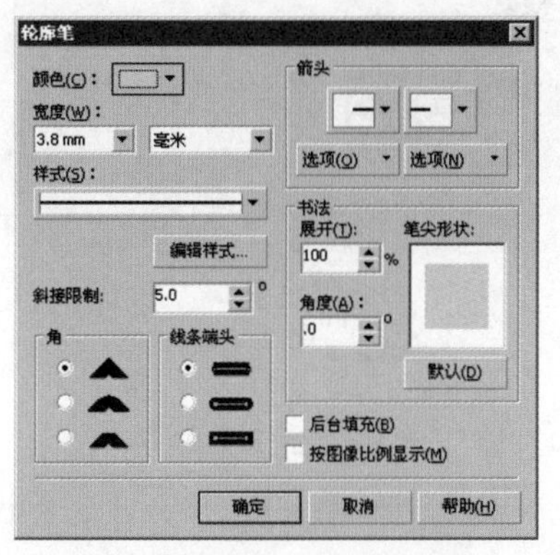

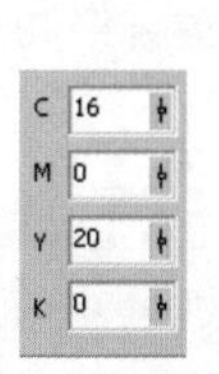

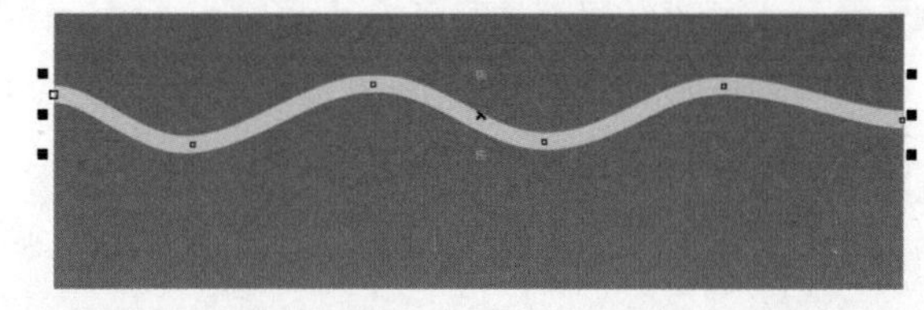

图 13-36　设置“轮廓笔”颜色

图 13-37　填充轮廓颜色

13 按【Alt+F7】组合键，弹出“变换”泊坞窗，设置“垂直”为 -3.6 mm，单击“应用到再制”按钮，将曲线向下移动 3.6 mm 并复制，如图 13-38 所示。

14 按【F12】键，在弹出的“轮廓笔”对话框中设置参数，将“颜色”设置为（C：7，M：2，Y：9，K：0），单击“确定”按钮，得到一条颜色稍浅的曲线，如图 13-39 所示。

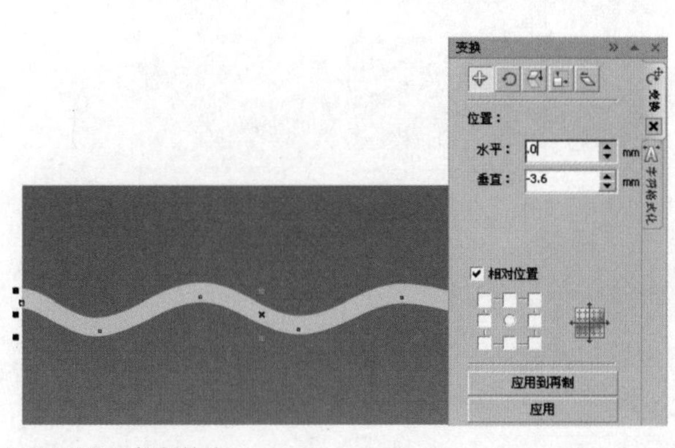

图 13-38　复制轮廓

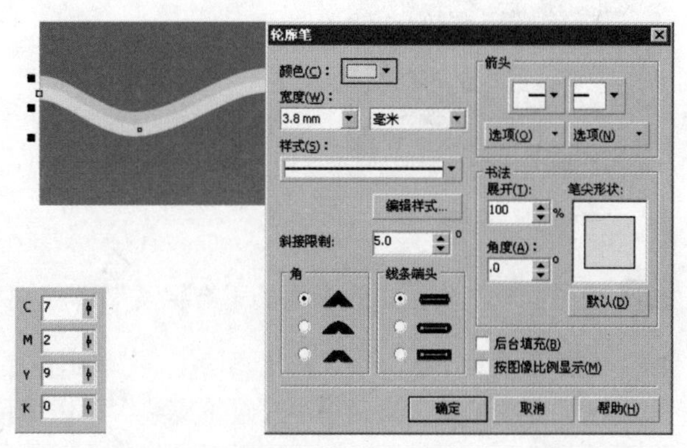

图 13-39　更改轮廓颜色

15 再次单击“应用到再制”按钮，向下复制曲线，按【F12】键，在弹出的“轮廓笔”对话框中设置“颜色”为（C：6，M：2，Y：15，K：0），单击“确定”按钮，效果如图 13-40 所示。

16 使用同样的方法再复制一条曲线，设置好颜色，效果如图 13-41 所示。

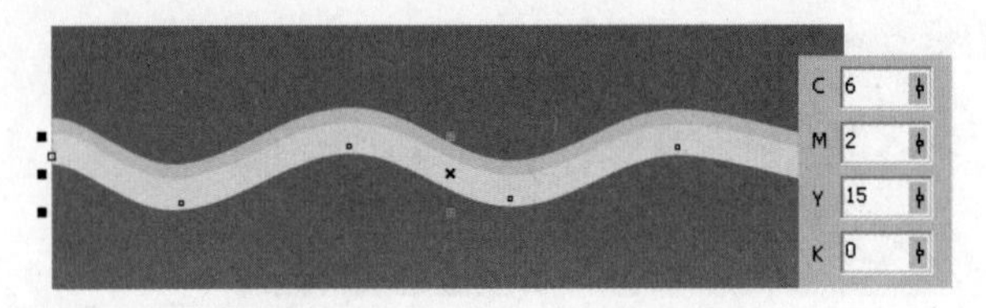

图13-40　复制第三条轮廓并填充颜色

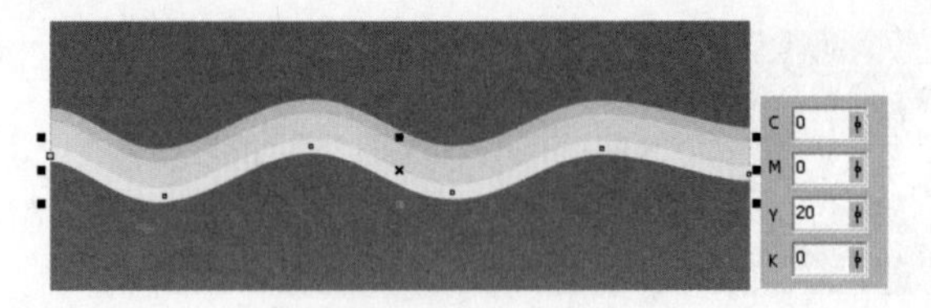

图13-41　复制第四条轮廓并填充颜色

17 使用同样的方法再复制一条曲线，设置好颜色，效果如图13-42所示。

18 再使用同样的方法复制一条曲线，设置好颜色，效果如图13-43所示。

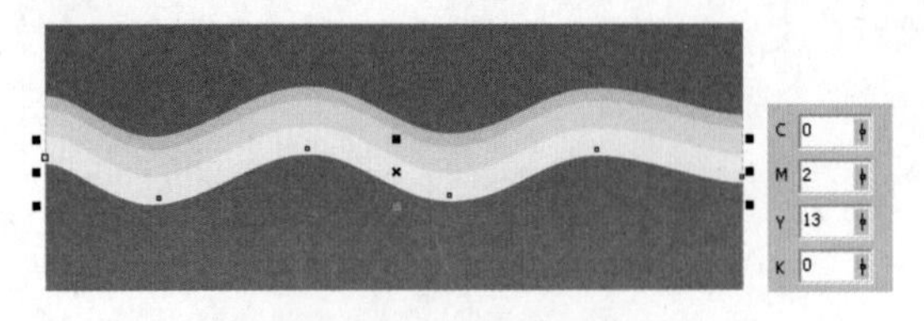

图13-42　复制第五条轮廓并填充颜色

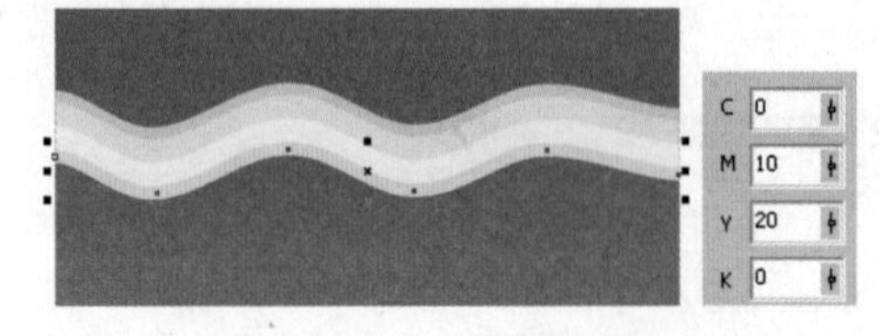

图13-43　复制第六条轮廓并填充颜色

19 使用“挑选工具”选择所有的曲线，按【Ctrl+G】组合键群组图形，将所有线条组成一个整体，如图13-44所示。

20 在“变换”泊坞窗中，设置“垂直”为-21.6 mm，单击“应用到再制”按钮，向下复制一组曲线图形，再次单击“应用到再制”按钮，得到3组曲线组成的图形，如图13-45所示。

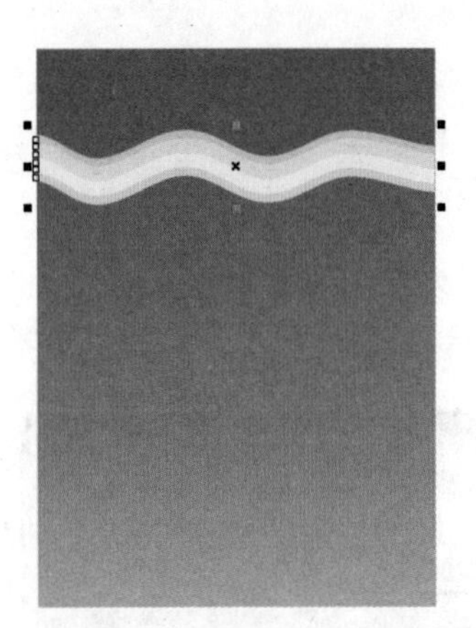
图13-44　群组对象

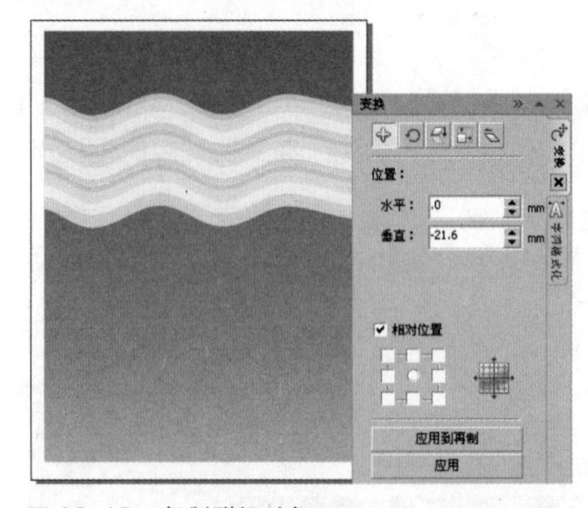

图13-45　复制群组对象

21 使用同样的方法，在画面的下方再复制5组曲线图形，如图13-46所示。

22 选择工具箱中的“多边形工具”，在其属性栏中设置边数，绘制多边形，按【F12】键，在弹出的“轮廓笔”对话框中设置轮廓线，单击调色板中的☒图标，去除填充色，效果如图13-47所示。

23 按【Ctrl+Q】组合键，将图形转换为曲线，选择工具箱中的“形状工具”，选择最顶端的一个节点，按住鼠标左键将其向内部拖动，直到中间出现“中心”字样，释放鼠标，即可改变图形的形状，如图13-48所示。

24 使用同样的方法，每隔3个节点向中间拖动一次，得到像花瓣的图形，如图13-49所示。

图13-46　复制多组曲线

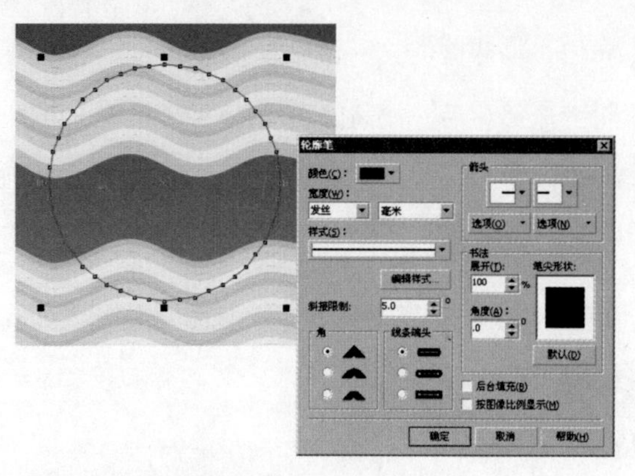

图13-47　绘制多边形

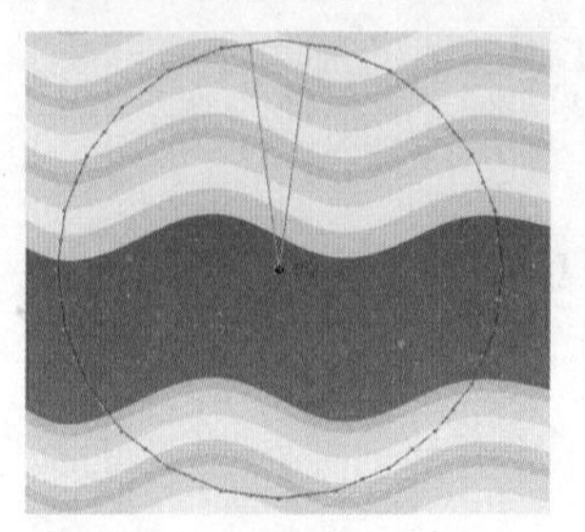

图13-48　变换多边形

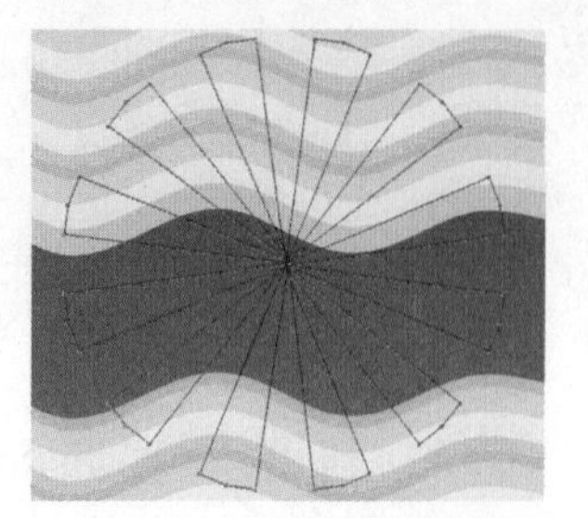

图13-49　变换成花瓣形状

25 选择每一个花瓣顶端中间的节点，单击属性栏中的“转换直线为曲线”按钮，如图13-50所示。

26 将中间的节点转换为曲线后，再单击属性栏中的“删除节点”按钮，将其删除。然后单击花瓣两端的任意一个节点，会出现调整曲线的控制手柄，分别拖动两个控制手柄，将直线的部分变为弧形，如图13-51所示。

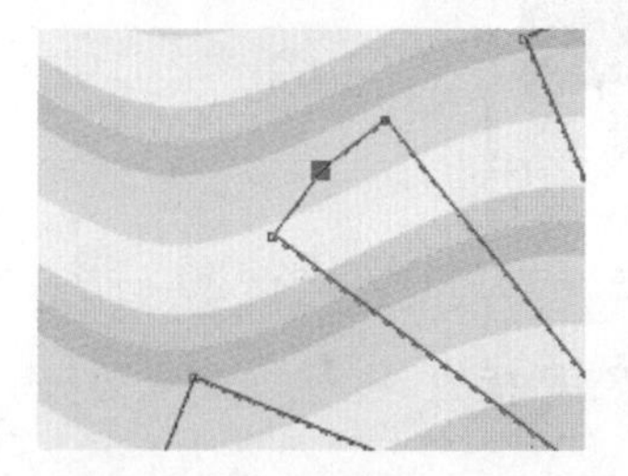

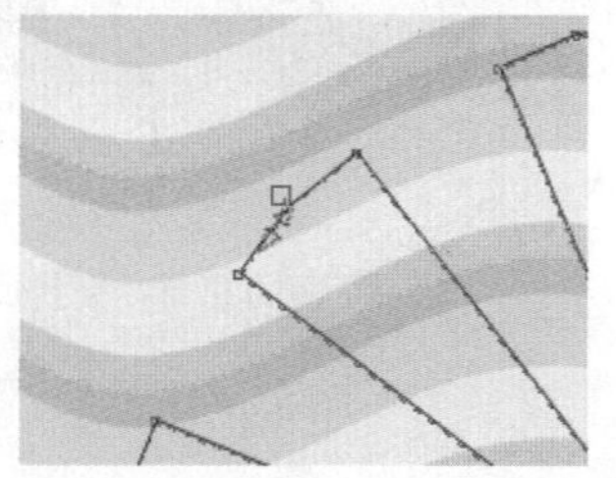

图13-50　变换花瓣

图13-51　将花瓣中的节点删除

27 使用上一步的方法，将每个花瓣都调整成为有弧度的形状，使其初步具备花的外形，如图13-52所示。

28 单击工具箱中的“椭圆形工具”，按住【Ctrl】键，在花形的内部绘制一个正圆，如图13-53所示。

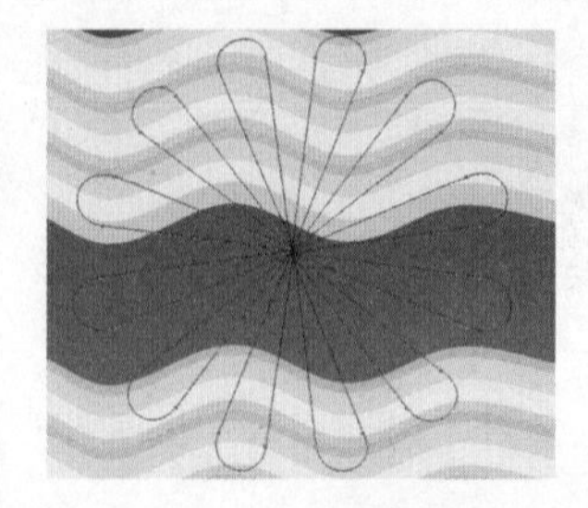

图13-52　得到花瓣的初步形状

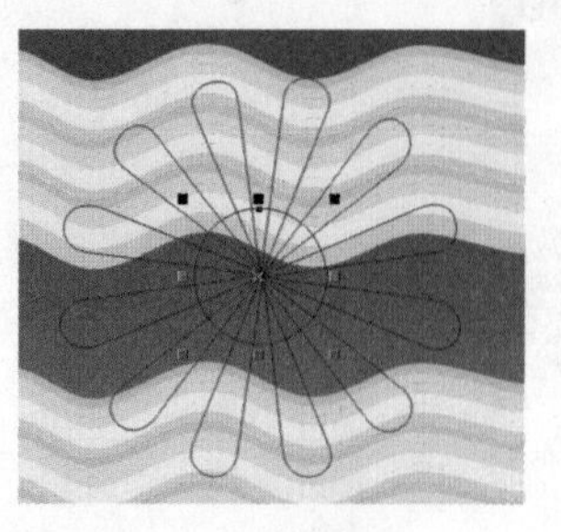

图13-53　绘制椭圆

29 选择花形和圆形，单击属性栏中的简化按钮，清除圆形内部的线条，效果如图 13-54 所示。

30 将图形简化后，要将这两个图形整合成一个图形，单击属性栏中的“焊接”按钮，得到一个完整的花形状，如图 13-55 所示。

图 13-54　清除圆形内部的线条

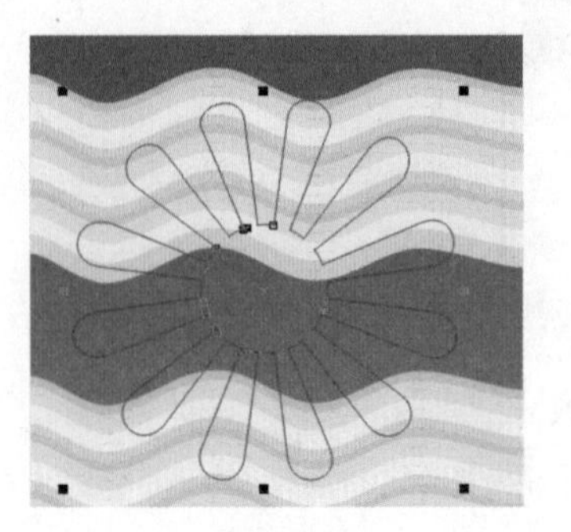

图 13-55　焊接图形

31 按【F11】键，在弹出的“渐变填充”对话框中，设置颜色从（C：33，M：0，Y：73，K：0)到（C：80，M：0，Y：100，K：0）的渐变，如图 13-56 所示。

32 设置好颜色后，单击“确定”按钮，为花形填充渐变颜色，效果如图 13-57 所示。

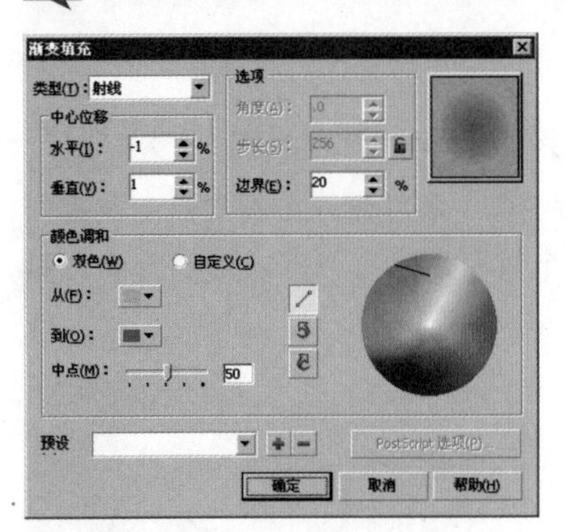

图 13-56　“渐变填充”对话框

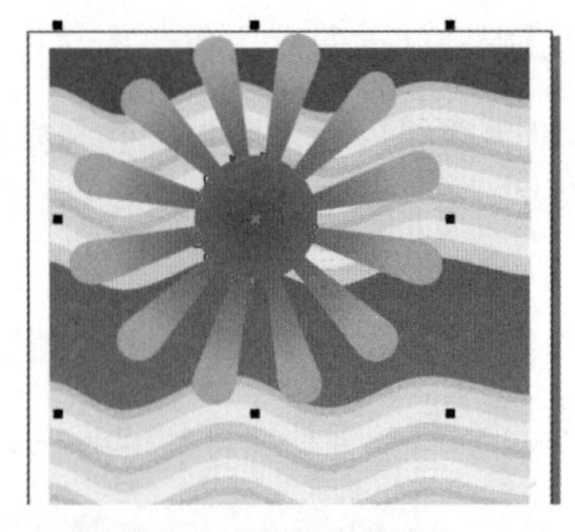

图 13-57　为花瓣填充颜色

33 按【Ctrl+C】组合键复制花形，按【Ctrl+V】组合键粘贴花形，单击控制手柄的中心点，将其变为旋转控制手柄，如图 13-58 所示。

34 拖动花形周围的任意一个控制手柄，对复制的花形进行旋转，得到两个图形拼合的、花瓣形状更大的花形，如图 13-59 所示。

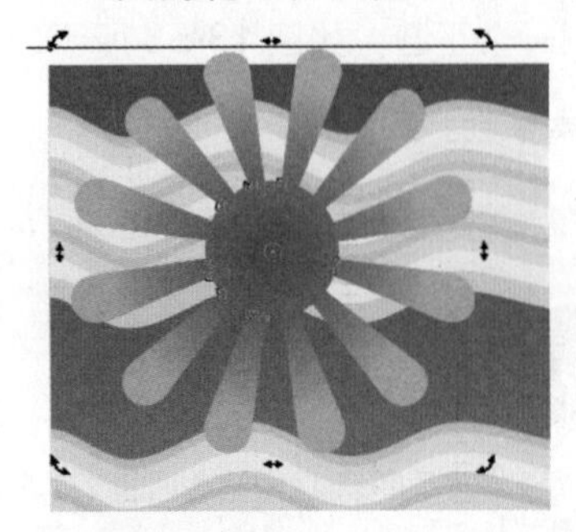

图 13-58　复制花形

图 13-59　制作成花瓣形状

35 选择“椭圆形工具”，设置填充颜色为白色，设置轮廓颜色为（C：33，M：0，Y：73，K：0），宽度为2 mm，然后在花形的内部绘制正圆，效果如图13-60所示。

36 在白色圆形中绘制一个绿色的小圆，选择花形和两个圆，执行菜单“排列”/“对齐和分布”/“对齐和分布”命令，在弹出的“对齐与分布”对话框中选择“中”复选框，单击“确定”按钮，将3个图形居中对齐，如图13-61所示。

图13-60　绘制圆形并填充颜色

图13-61　对齐图形

37 按【Ctrl+G】组合键，将3个图形群组，然后复制多个花形，分别调整为不同大小，并移动到画面的不同位置，效果如图13-62所示。

38 按【Alt+D】组合键，弹出“对象管理器”泊坞窗，然后选择3个要叠放到曲线下面的花形，在“对象管理器”泊坞窗中将其拖到曲线图形之下，得到被曲线遮住一部分的图像效果，如图13-63所示。

图13-62　组合图形对象并复制多个

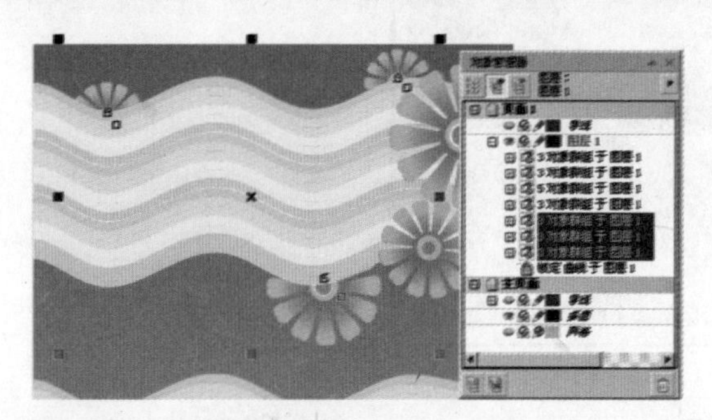

图13-63　遮住花瓣图形

39 再复制一些花形，调整为不同的大小，放在曲线上的相应位置，组成完整画面，如图13-64所示。

40 选择其中一个花形，按【F11】键，在弹出的“渐变填充”对话框中更改渐变颜色，设置颜色从（C：0，M：25，Y：0，K：0）到（C：25，M：86，Y：80，K：0）的渐变，如图13-65所示。

图13-64　再次复制大小不一的花瓣图形

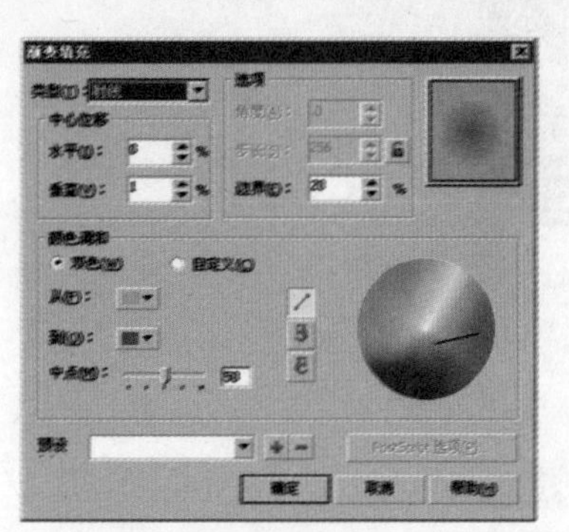

图13-65　设置渐变色

41 设置好颜色后，单击“确定”按钮，将绿色的小花改为粉色，并将花心中两个圆形的色彩也做相应的改变，效果如图 13-66 所示。

42 复制粉色的花形，调整成不同大小，摆放在曲线下部的相应位置，效果如图 13-67 所示。

图 13-66　填充花瓣颜色

图 13-67　复制图形并调整大小

43 调整好花形后，显得画面饱满，颜色漂亮，像春天的小河边开满了小花，效果如图 13-68 所示。

44 选择工具箱中的“椭圆形工具”，按【F12】键，在弹出的“轮廓笔”对话框中设置参数，如图 13-69 所示。

图 13-68　调整后的花形

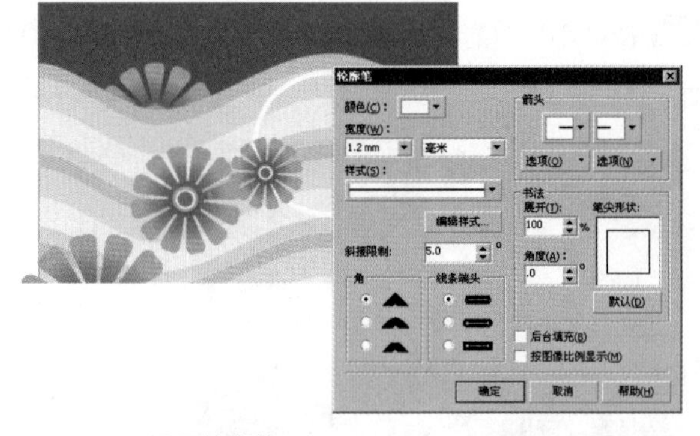

图 13-69　设置轮廓笔

45 在画面布局较为松散的区域，绘制大小不等的白色圆圈，以装饰底纹，最终制作成弧线花纹底纹，效果如图 13-70 所示。

46 还可以将底纹的颜色制作成如图 13-71 所示的效果。

图 13-70　最终效果

图 13-71　尝试效果

13-3 雪花纷飞底纹

使用六边形、圆形和矩形，绘制成几何化的雪花形状，制作3种雪花图形，填充颜色后，将其在正方形的背景中组成一幅底纹图案。下面介绍制作雪花纷飞底纹的详细过程。

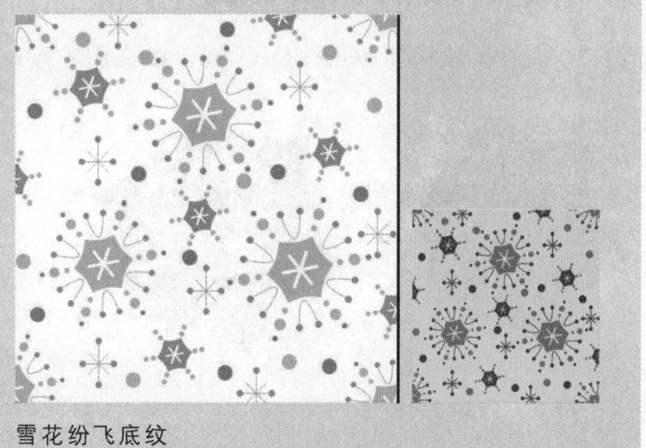

雪花纷飞底纹

操作步骤

01 执行菜单“文件”/“新建”命令，新建默认大小的文档。单击属性栏中的“横向”按钮，将页面方向设置为横向，执行菜单“版面”/“页面背景”命令，将页面颜色设置为深蓝色，如图13-72所示。

02 选择工具箱中的“矩形工具”，在页面中绘制白色矩形，去除轮廓颜色。在属性栏中更改参数设置，将矩形转换成正方形，并锁定底图，如图13-73所示。

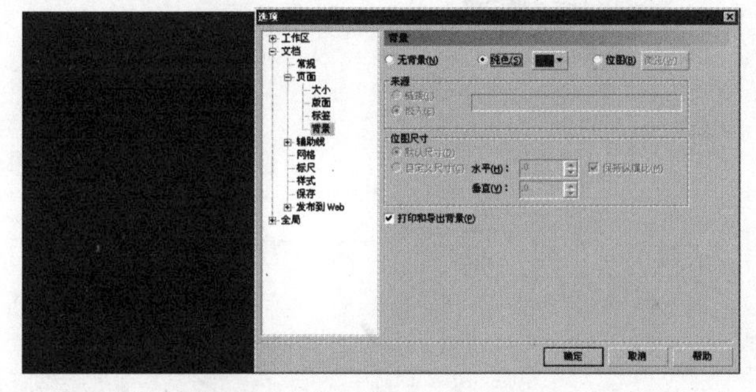

图13-72　新建页面并更改背景

图13-73　绘制正方形

03 设置填充颜色为黑色，选择工具箱中的“多边形工具”，在属性栏中设置边数，在画面中绘制一个六边形，然后选择任意一条边的中间节点，如图13-74所示。

04 选择工具箱中的“形状工具”，向六边形的内部拖动节点，其他五边的中间节点也会随之向内移动，得到一个花形，如图13-75所示。

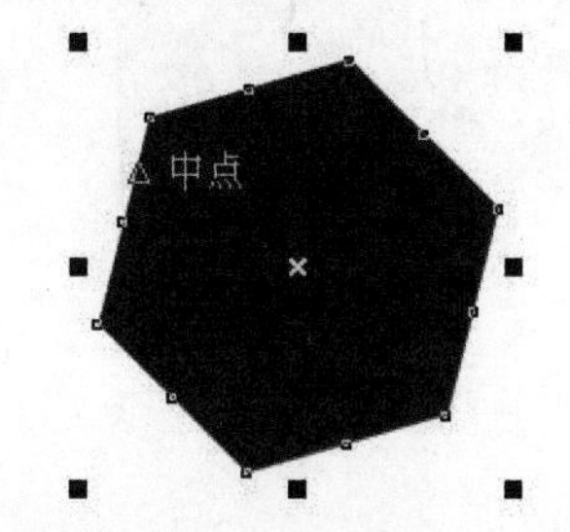

图13-74　绘制六边形

图13-75　调整六边形

05 保持选择的节点不变，单击属性栏中的“转换直线为曲线”按钮，然后单击属性栏中的“删除节点”按钮，得到六边为内弧的图形，如图13-76所示。

06 选择工具箱中的“矩形工具”，在页面中绘制一个矩形条，如图13-77所示。

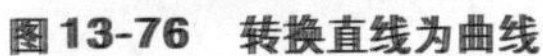

图13-76 转换直线为曲线

图13-77 绘制矩形条

07 绘制矩形条后，选择“形状工具”，矩形4角出现4个黑色的控制点，选择右上角的控制点，向左拖动，将矩形边角制作成圆滑形状，效果如图13-78所示。

08 将矩形条移动到六边形的中间，然后在调色板中单击白色色块，将矩形条填充为白色，效果如图13-79所示。

图13-78 转换矩形条

图13-79 填充矩形条

09 旋转矩形条，然后选择变形后的六边形和矩形条，执行菜单“排列”/“对齐和分布”/“对齐和分布”命令，在弹出的“对齐与分布”对话框中选择“中”复选框，将这两个图形居中对齐，如图13-80所示。

10 按【Alt+F8】组合键，在弹出的“变换”泊坞窗中，设置旋转角度为120。然后单击两次“应用到再制”按钮，复制图形，如图13-81所示。

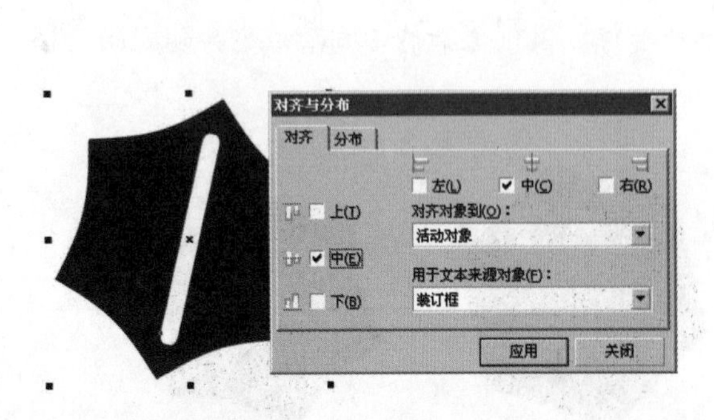

图13-80 旋转矩形条

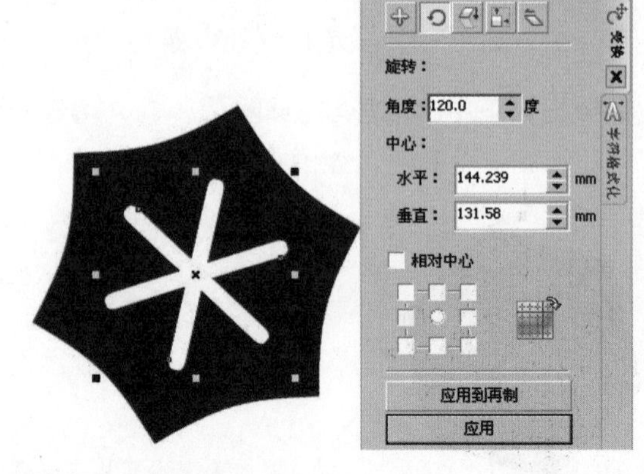

图13-81 复制矩形条

11 按【Ctrl+G】组合键群组图形，然后将图形旋转，如图 13-82 所示。

12 使用“矩形工具”绘制一条竖线。注意，其长度应为旁边图形的两倍多一些，如图 13-83 所示。

图 13-82　组合矩形条

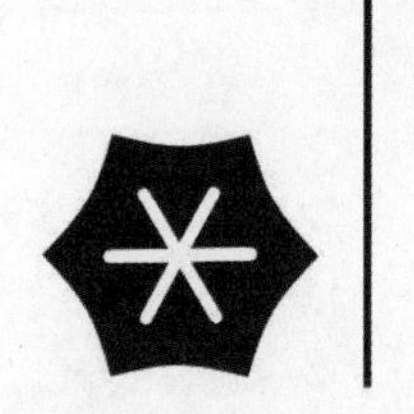

图 13-83　绘制竖线

13 选择工具箱中的“椭圆形工具”，在直线的顶端绘制一个黑色的圆，执行菜单“排列”/“对齐和分布”/“对齐和分布”命令，在弹出的“对齐与分布”对话框中，选择上方的“中”复选框，将圆形和直线居中对齐，如图 13-84 所示。

14 在“变换”泊坞窗中，设置旋转角度为 20，然后单击“应用到再制”按钮 17 次，得到的图形效果如图 13-85 所示。

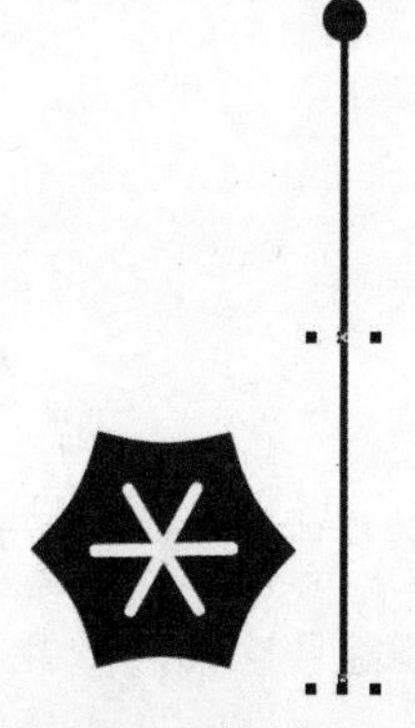

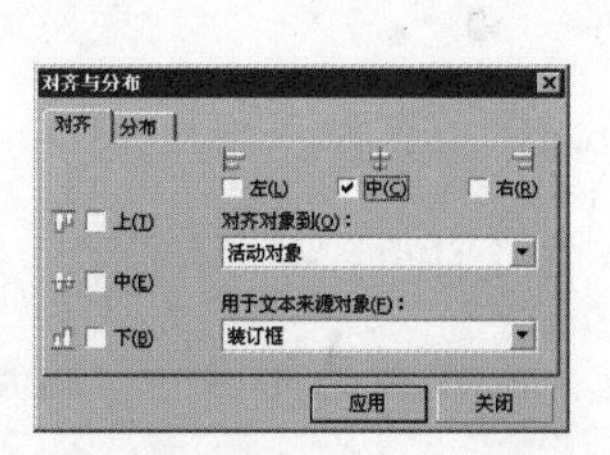

图 13-84　对齐对象

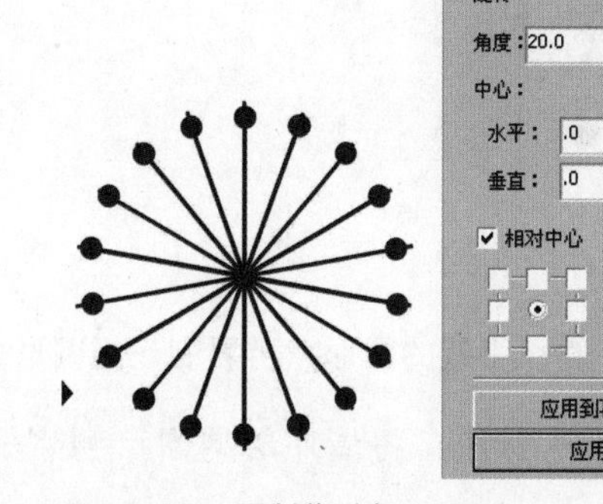

图 13-85　再制作对象

15 使用“挑选工具”分别选择各个直线部分，按【Delete】键，删除全部直线，得到由圆点组成的圆，效果如图 13-86 所示。

16 选择其中一个圆点，在属性栏中改变“缩放因素”参数设置，将圆点缩小一些，如图 13-87 所示。

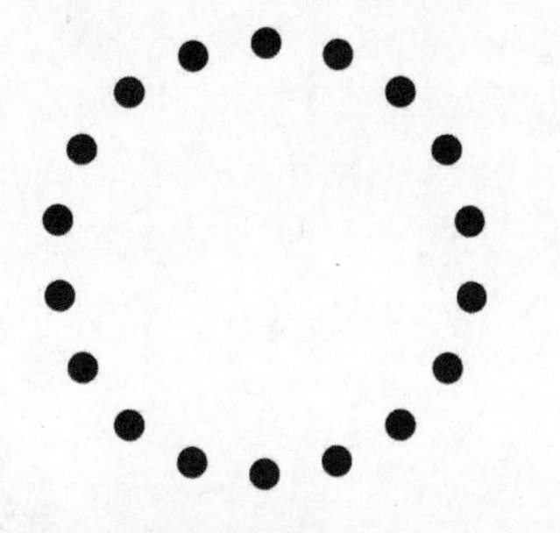

图 13-86　删除直线

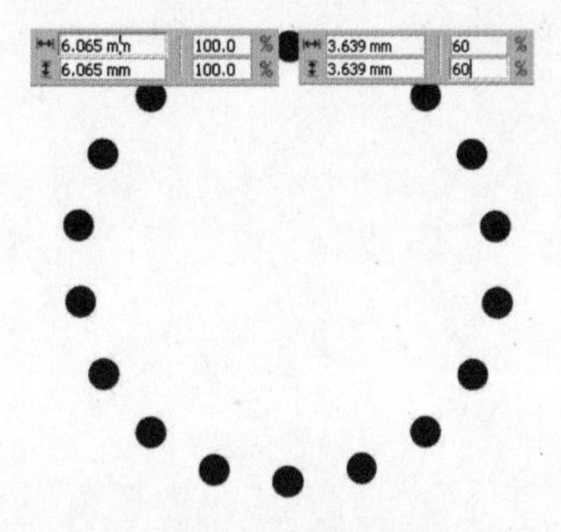

图 13-87　缩小圆形

17 使用同样的方法，将每隔一个圆点的两个相邻圆点缩小一些，选择所有圆点，按【Ctrl+G】组合键将其群组，效果如图13-88所示。

18 将最初制作好的图形移动到由圆点组成的圆形中，打开所有图形，打开“对齐与分布”对话框，选择“中”复选框，将图形居中对齐，如图13-89所示。

图13-88　群组对象

图13-89　对齐对象

19 复制由一组圆点组成的圆形，按住【Shift】键将其缩小，图像效果如图13-90所示。

20 按住【Ctrl】键单击要删除的圆点，按【Delete】键将其删除，每隔一个点删除两个点，得到的图像如图13-91所示。

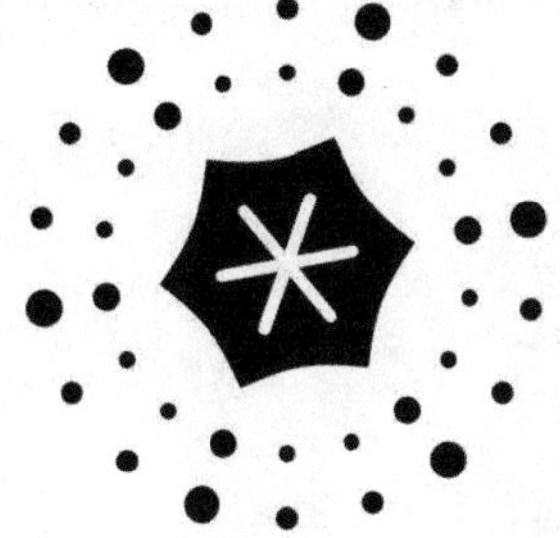

图13-90　复制圆形

图13-91　删除圆形

21 选择最外层的由圆点组成的圆形，再复制一组圆形，按住【Shift】键将其放大，效果如图13-92所示。

22 使用上第20步的方法，将最外层的圆点删除一些，同样也是每隔一个点删除两个点，效果如图13-93所示。

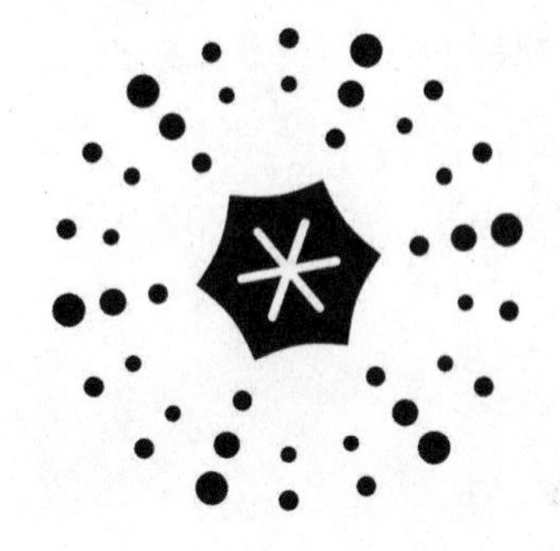

图13-92　再次复制圆形

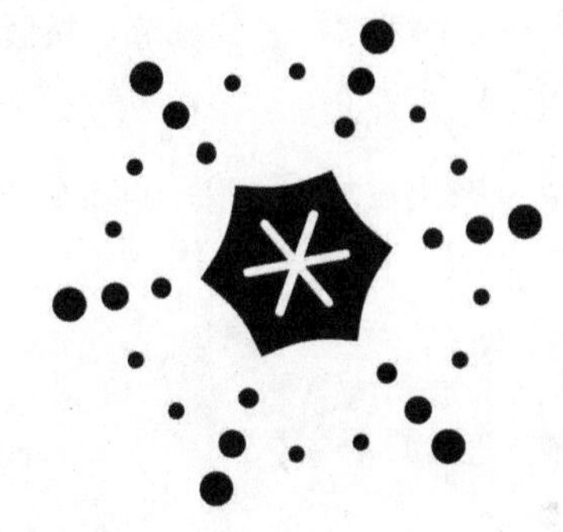

图13-93　删除最外层圆点

23 将图形中间层中较大的圆点再放大一些，并将最外层圆点缩小，使其视觉效果更好，效果如图 13-94 所示。

24 按【F12】键，在弹出的“轮廓笔”对话框中设置参数。然后选择工具箱中的“贝塞尔工具”，将光标移至其中一个圆上，出现“中心”字样后，单击确定起点，然后将光标移至另一个圆点上，如图 13-95 所示。

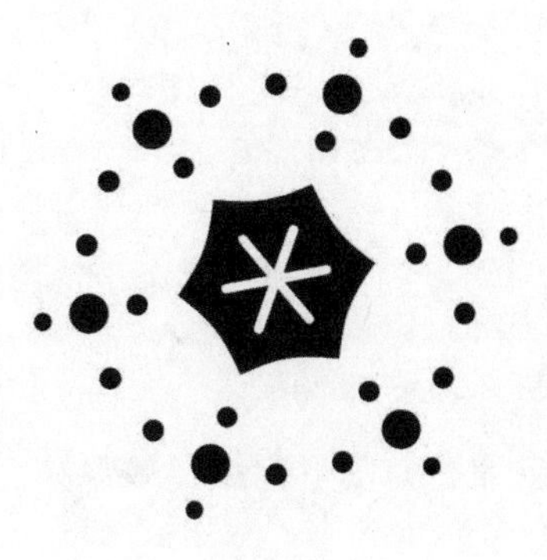

图 13-94　调整圆点大小

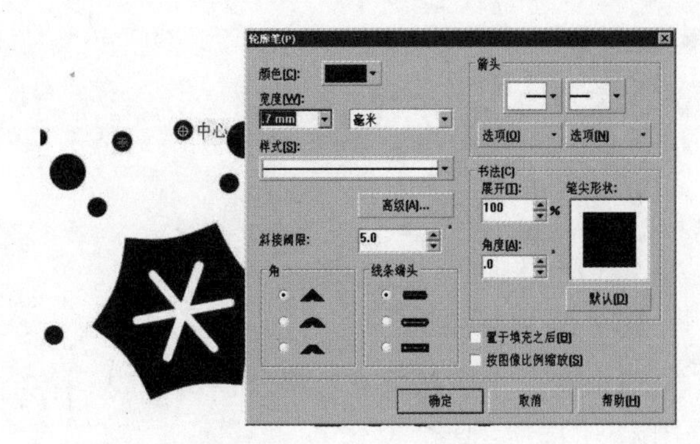

图 13-95　调整圆点

25 当另一个圆上边出现“中心”字样后，按住鼠标左键，拖动控制手柄对其进行移动，如图 13-96 所示。

26 调整控制手柄到适合位置后，释放鼠标，绘制出连接两个圆之间的一段弧线，效果如图 13-97 所示。

图 13-96　再次调整圆点

图 13-97　连接两个圆点

27 使用同样的方法，将图形中的其他圆点通过弧线连接起来，组成漂亮的形状，如图 13-98 所示。

28 选择六边形图形，按【Shift+F11】组合键，弹出“均匀填充”对话框，设置颜色，单击“确定”按钮，为图形填充颜色，效果如图 13-99 所示。

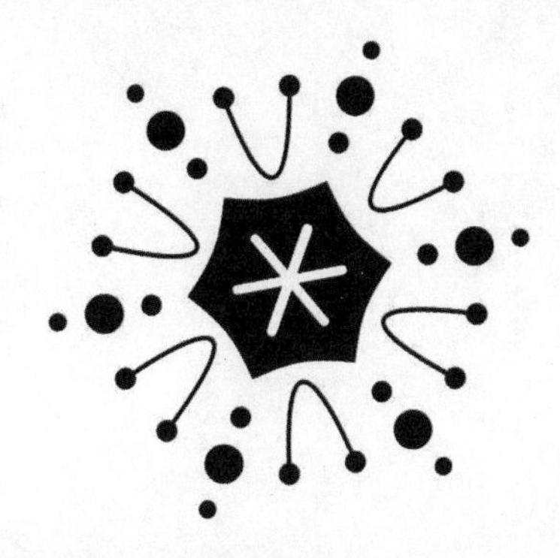

图 13-98　调整后的效果

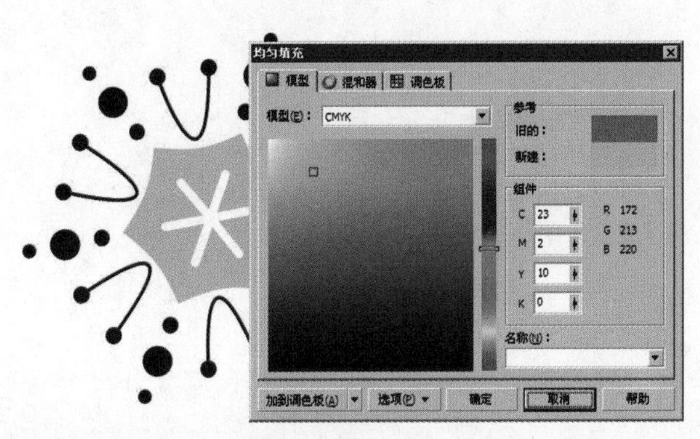

图 13-99　改变六边形图形颜色

29 选择部分圆点，将其填充为与六边形相同的颜色，填充后的图形效果如图 13-100 所示。

30 将弧线及用弧线连接起来的圆点所组成的图形填充为灰色，效果如图 13-101 所示。

图 13-100　将部分圆点颜色改变

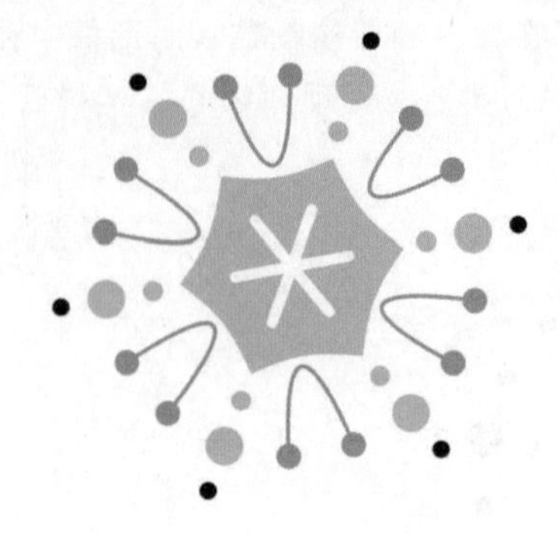

图 13-101　降低弧线灰度

31 将剩余 6 个小圆点填充为橙色，制作成一个几何化的雪花图形，颜色漂亮，图形完整，效果如图 13-102 所示。

32 按【Ctrl+G】组合键，将图形群组，然后复制 6 个花形，分别放到正方形的不同位置，图形效果如图 13-103 所示。

图 13-102　改变最外圆点颜色

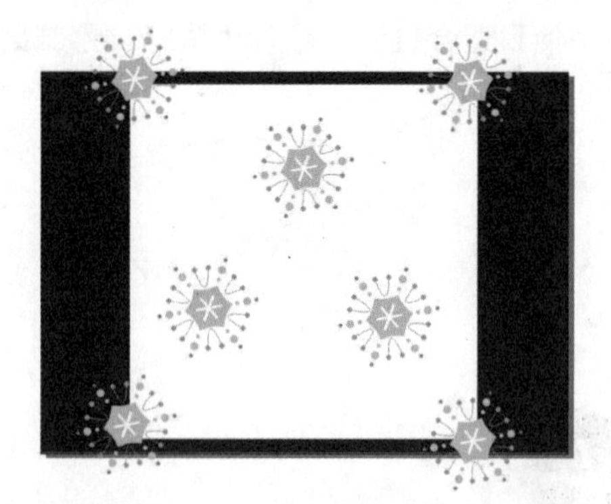

图 13-103　组合后的图形效果

33 再复制一个花形，按【Ctrl+U】组合键取消群组，将其中一些组成花形的元素删除，得到的图形效果如图 13-104 所示。

34 分别选择圆点，在属性栏中设置“缩放因素”为 65%，将每个圆点调整成相同的大小，图像效果如图 13-105 所示。

图 13-104　再制作另一个花形

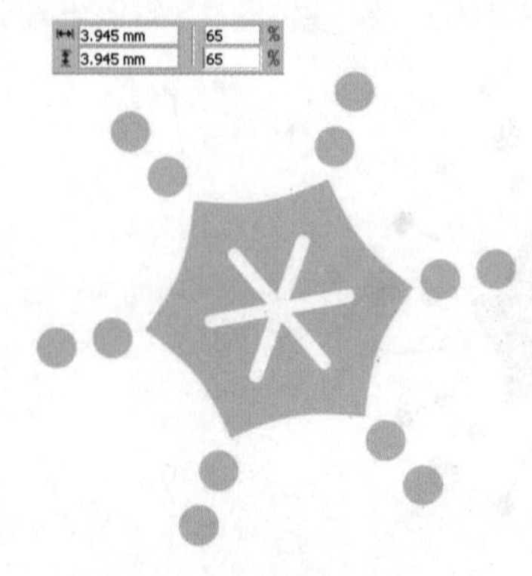

图 13-105　缩放圆点

35 选择图形中间的六角形，然后在调色板中单击灰色色块，将图形填充为灰色，效果如图 13-106 所示。

36 按【Ctrl+G】组合键，将改变后的图形群组，然后复制多个并缩小，分别移动到正方形中的适当位置，效果如图 13-107 所示。

图 13-106　填充颜色

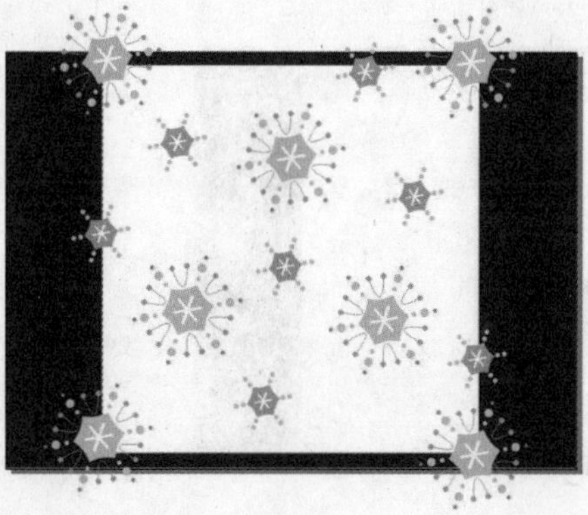

图 13-107　组合后的效果

37 制作一个几何化的形状。使用“矩形工具”绘制一根较细的竖线，效果如图 13-108 所示。

38 在“变换”泊坞窗中设置旋转角度为 45。单击“应用到再制”按钮 3 次，得到米字形状的图形，如图 13-109 所示。

图 13-108　绘制竖线

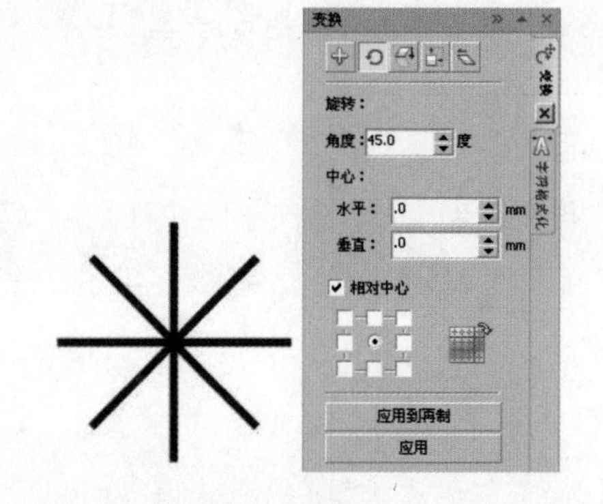

图 13-109　旋转竖线

39 将垂直的直线拉长，将两条斜线缩短，然后在十字形的端点绘制 4 个大小相同的圆形，如图 13-110 所示。

40 按【Ctrl+G】组合键，将图形群组，然后在调色板中单击灰色色块，得到灰色的图形，如图 13-111 所示。

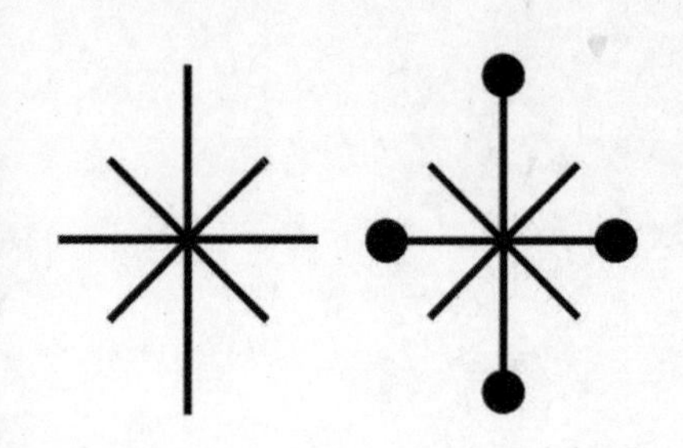

图 13-110　绘制十字形

图 13-111　组合图形并调整颜色

41 复制多个制作好的灰色图形，分别移至正方形背景中，摆放时注意位置，组成的图案效果如图 13-112 所示。

42 使用“椭圆形工具”，按住【Ctrl】键绘制几个较大的圆点，填充为橙色，使图案更为饱满，效果如图 13-113 所示。

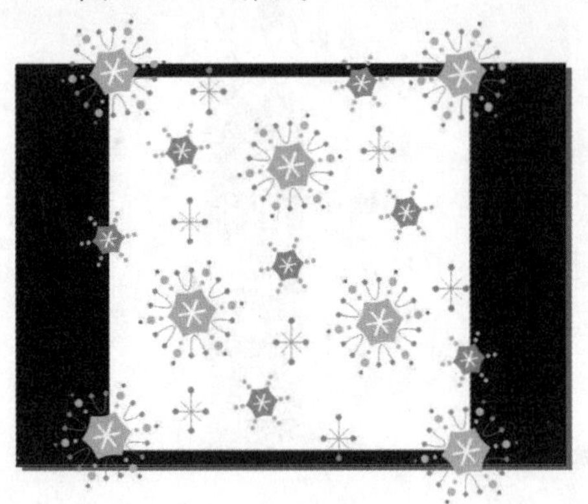

图 13-112　置入页面中的效果

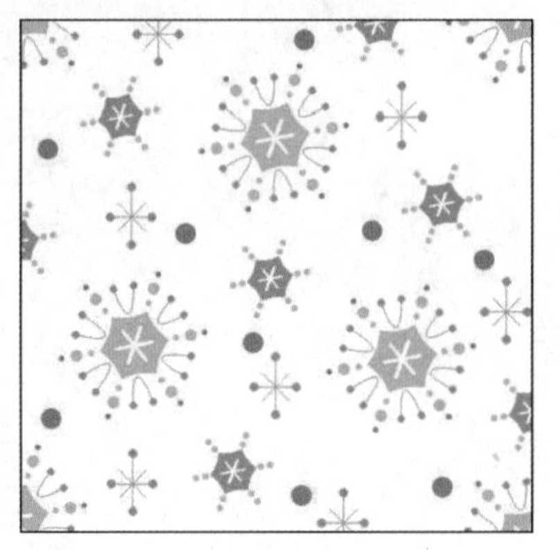

图 13-113　绘制椭圆

43 为了色彩的和谐和统一，再绘制几个淡蓝色的圆点，使图案底纹的颜色变得更漂亮，效果如图 13-114 所示。

44 使用“矩形工具”，绘制与页面背景相同颜色的矩形条，将超出正方形画面的图形遮住，使画面看起来整洁完美，效果如图 13-115 所示。

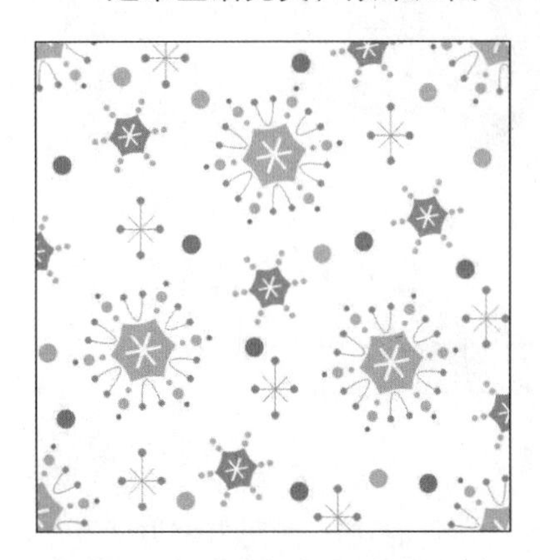

图 13-114　绘制颜色不同的椭圆

图 13-115　最终效果

45 还可以将这组图案底纹的颜色制作成其他风格。图 13-116 所示为黄色调的图案底纹。

图 13-116　黄色调底纹效果

13-4 梅花图

使用工具箱中的“钢笔工具”，绘制树枝、花蕾和花苞，使用“渐变填充”工具制作梅花图，最后制作背景和添加文本，得到完整的图像效果。下面详细介绍梅花图的绘制过程。

梅花图

操作步骤

01 执行菜单“文件”/“新建”命令，新建默认大小的文档。改小页面尺寸为200 mm × 190 mm，然后单击属性栏中的“横向”按钮，将页面方向设置为横向，按【F11】键，在弹出的“渐变填充”对话框中设置颜色从蓝色到白色的填充，并锁定底图，如图13-117所示。

02 选择工具箱中的“钢笔工具”，绘制梅花曲折的枝干，绘制时尽量多一些节点，以便于后面的调整，如图13-118所示。

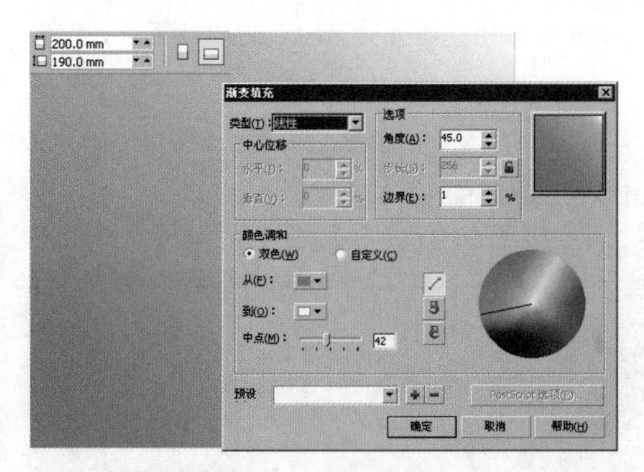

图13-117 新建页面

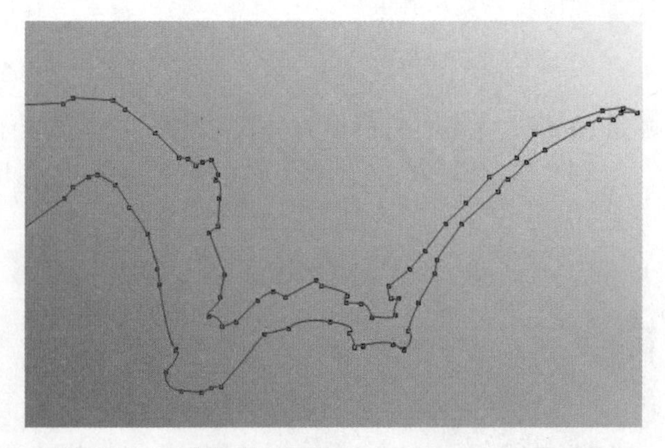

图13-118 绘制梅花主枝干

03 绘制完成后，填充深色，用鼠标右键单击调色板中的☒图标，去除树干的黑色轮廓，效果如图13-119所示。

04 使用“钢笔工具”，在主枝干的两边绘制一些侧枝，绘制时要注意其分布和枝桠的数量，绘制完成后效果如图13-120所示。

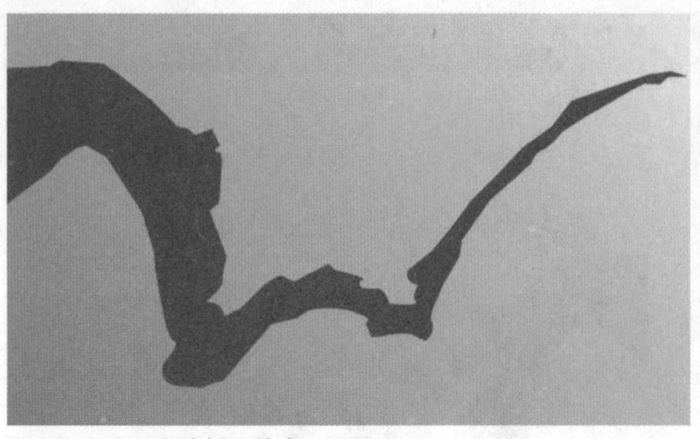

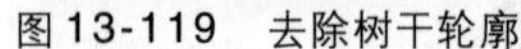
图 13-119　去除树干轮廓

图 13-120　绘制梅花侧枝

05 为枝桠填充颜色，然后选择所有枝干，单击属性栏中的焊接按钮，将其组成一个整体，得到一个初步的梅花树干图形，如图 13-121 所示。

06 选择工具箱中的“形状工具”，选择树干图形，出现了钢笔工具绘制的节点，如图 13-122 所示。

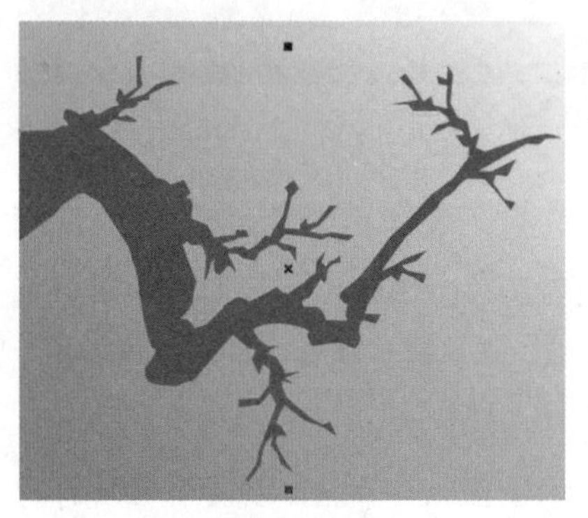

图 13-121　填充梅花侧枝

图 13-122　显示梅花枝干节点

07 选择要调整的节点，结合属性栏中设置节点类型的按钮，调整梅花树干的细节部分，效果如图 13-123 所示。

08 按【F11】键，在弹出的“渐变填充”对话框中设置从（C：40，M：60，Y：78，K：46）到（C：24，M：29，Y：40，K：7）渐变，用渐变色填充树形，效果如图 13-124 所示。

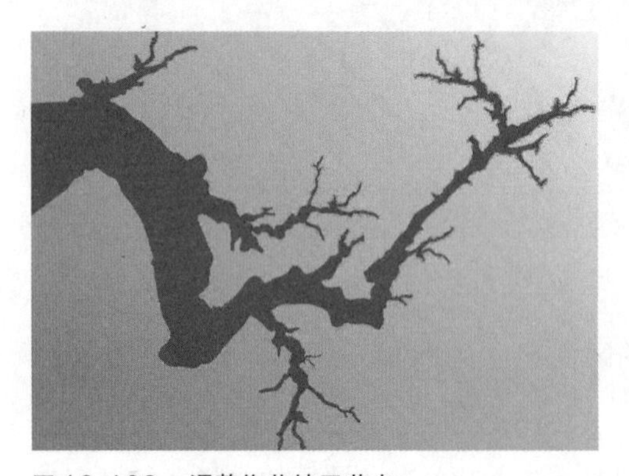

图 13-123　调整梅花枝干节点

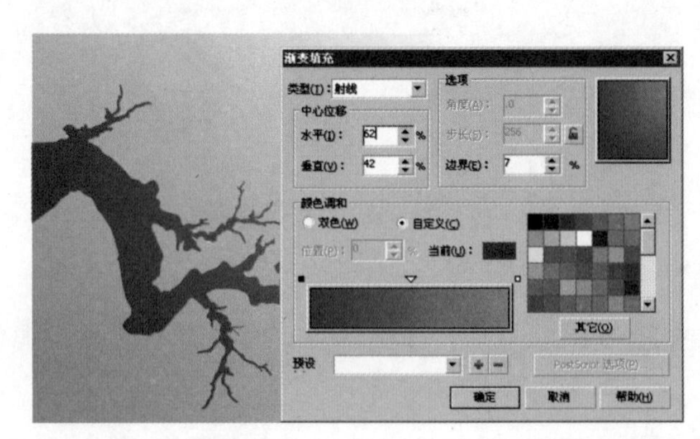

图 13-124　填充树形

09 使用“钢笔工具”，在树枝的下部沿着形状绘制树干的暗面部分，为了便于观察，填充成深蓝色，效果如图13-125所示。

10 按【Shift+F11】组合键，在弹出的“均匀填充”对话框中设置颜色，然后单击“确定”按钮，填充树干的暗面部分，如图13-126所示。

图13-125 绘制树干暗面部分

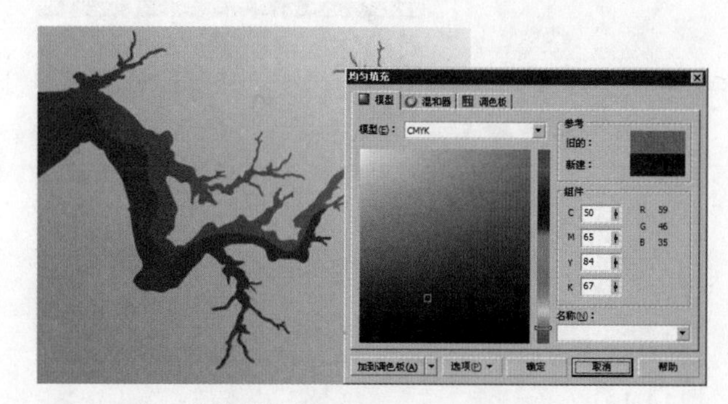

图13-126 填充树干暗面部分

11 选择完整的树干部分，按【Ctrl+C】组合键复制图形，按【Ctrl+V】组合键粘贴图形，并填充为白色，效果如图13-127所示。

12 按【Alt+D】组合键，弹出“对象管理器”泊坞窗，将白色树干所在的曲线移动到所有树枝曲线的下方，相应调整图形的位置，显示树干的高光部分，如图13-128所示。

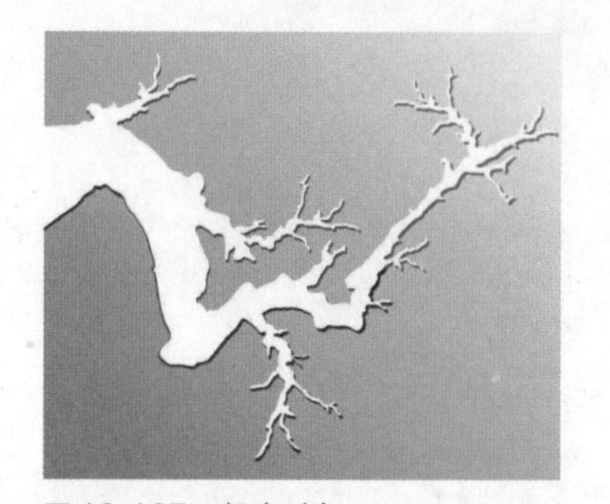

图13-127 组合对象

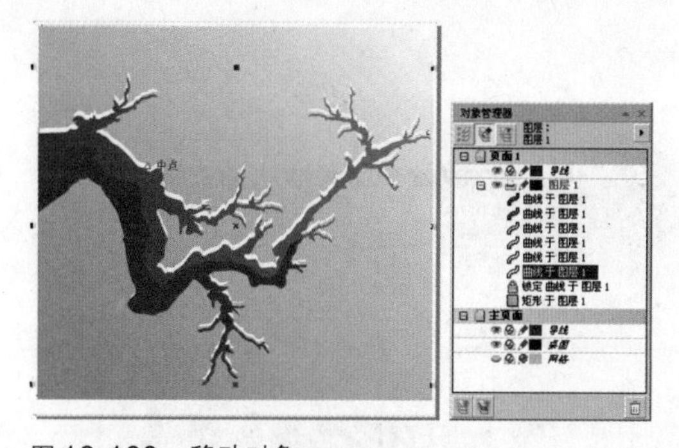

图13-128 移动对象

13 使用“形状工具”选择树干的高光部分，调整节点，清除部分小枝椏上的高光部分，梅花的树干绘制完成，如图13-129所示。

14 使用“钢笔工具”在画面的空白处绘制一个花瓣图形，如图13-130所示。

图13-129 制作高光

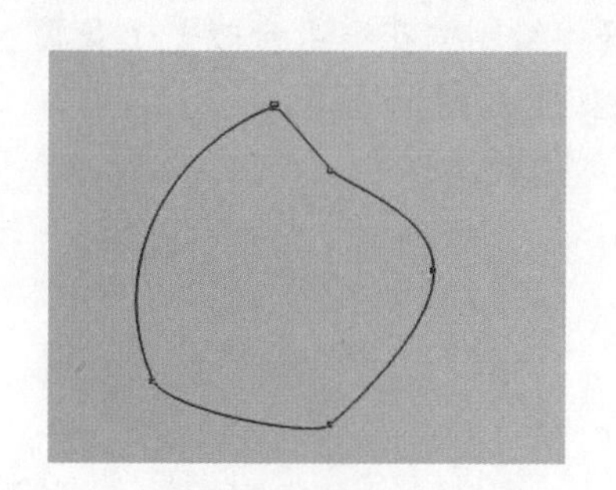

图13-130 绘制花瓣

15 按【F11】键，在弹出的“渐变填充”对话框中设置从白色到粉色(C：0，M：60，Y：35，K：0)的渐变，其他参数设置参照图13-131，单击“确定”按钮，得到粉色花瓣。

16 使用“钢笔工具”在花瓣上绘制纹脉形状，绘制完的形状如图13-132所示。

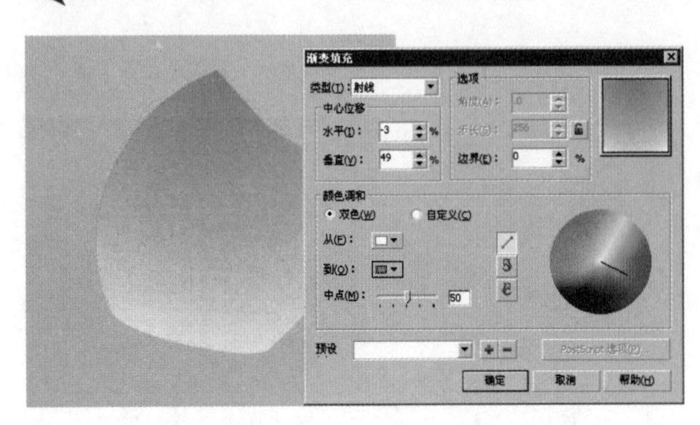

图13-131 填充花瓣

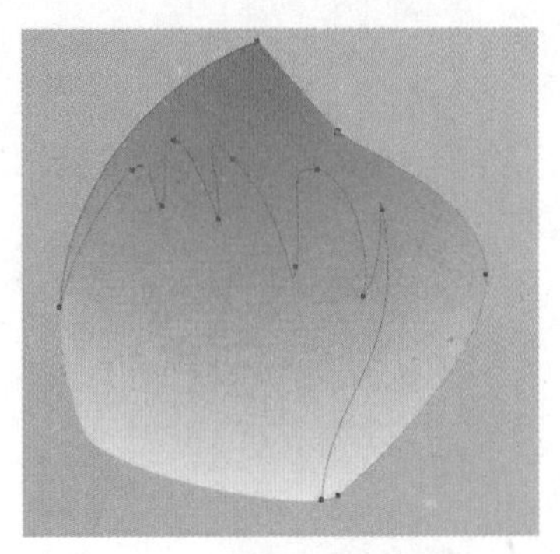

图13-132 绘制花瓣纹脉

17 按【F11】键，在弹出的“渐变填充”对话框中设置从粉色到红色的渐变色，然后设置其他参数，单击“确定”按钮，填充渐变，效果如图13-133所示。

18 选择工具箱中的“交互式透明工具”，以花瓣的一侧为起点，向另一侧拖动控制手柄，将其调整到适当位置，使花瓣的脉络变得透明，如图13-134所示。

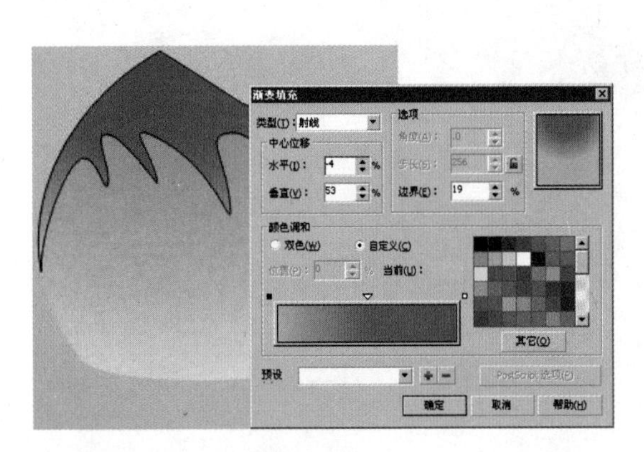

图13-133 填充花瓣纹脉

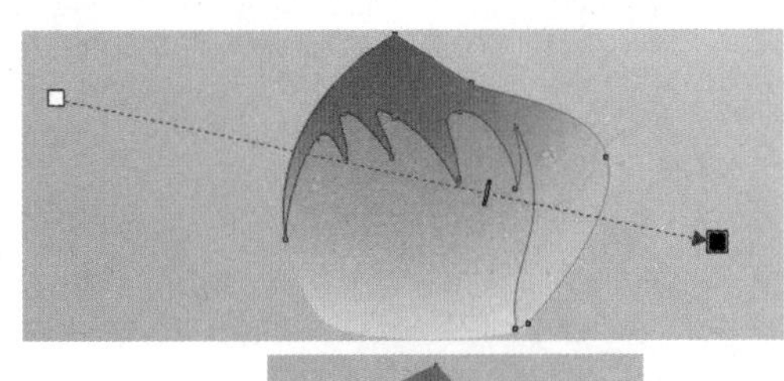

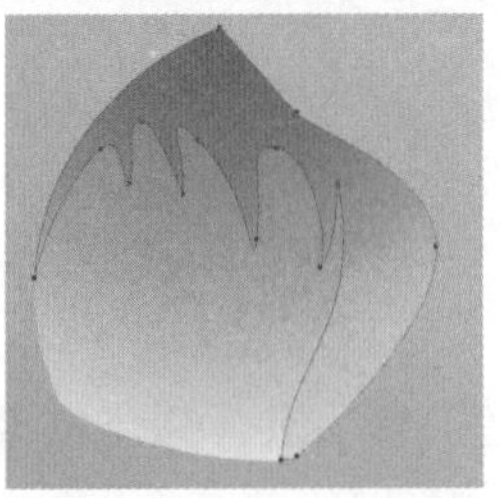

图13-134 制作透明花瓣纹脉

19 绘制另一种形状的花瓣，并填充粉色的渐变色，将其与开始绘制的花瓣组合成一个花蕾的形状，效果如图13-135所示。

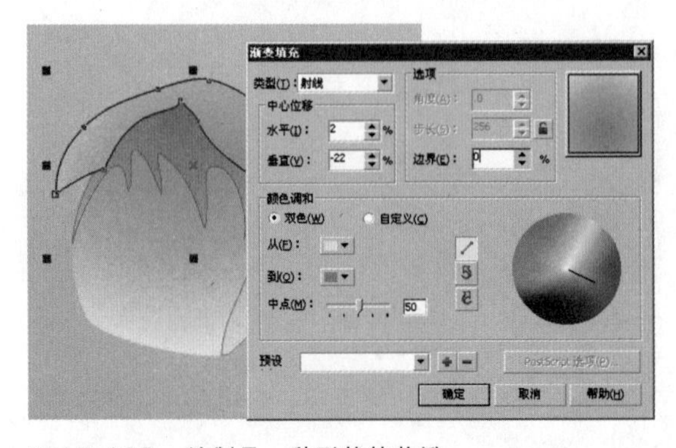

图13-135 绘制另一种形状的花瓣

20 使用第18步的方法为另一种花瓣制作出同样的透明纹脉，然后分别选择有轮廓线的部分，用鼠标右键单击调色板中的☒图标，去除轮廓线，得到漂亮的花瓣效果，如图13-136所示。

21 使用“钢笔工具”绘制花蕾的叶片部分，按【F11】键，在弹出的“渐变填充”对话框中设置从（C：14，M：93，Y：72，K：3）到（C：0，M：60，Y：35，K：0）的渐变，并设置其他参数，单击“确定”按钮，填充叶片，效果如图13-137所示。

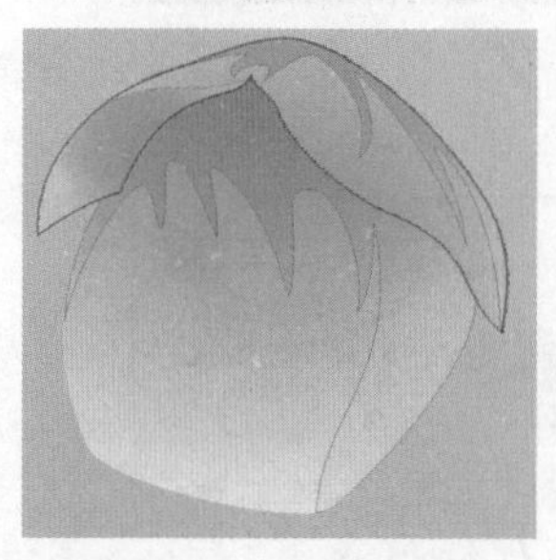

图13-136　得到花瓣效果

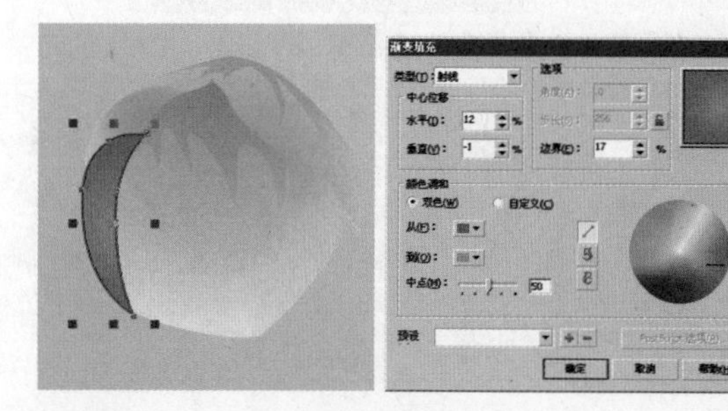

图13-137　绘制叶片并进行调整

22 使用上一步的方法，首先使用“钢笔工具”绘制出叶片，然后填充渐变色，完成花蕾叶片部分的制作，效果如图13-138所示。

23 再使用“钢笔工具”绘制花萼部分，在“渐变填充”对话框中设置渐变色，填充图形，效果如图13-139所示。

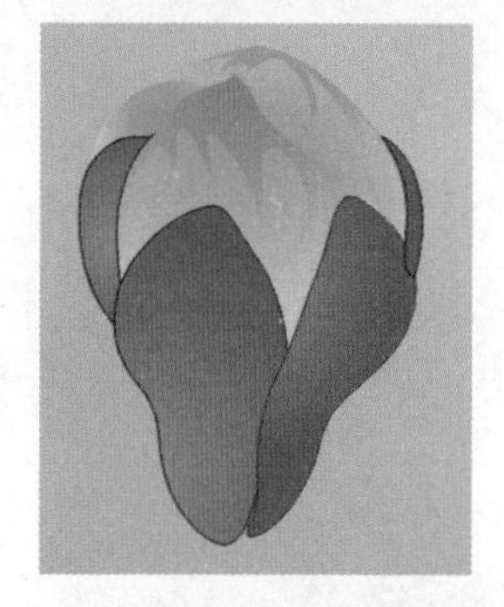

图13-138　绘制花蕾的叶片部分

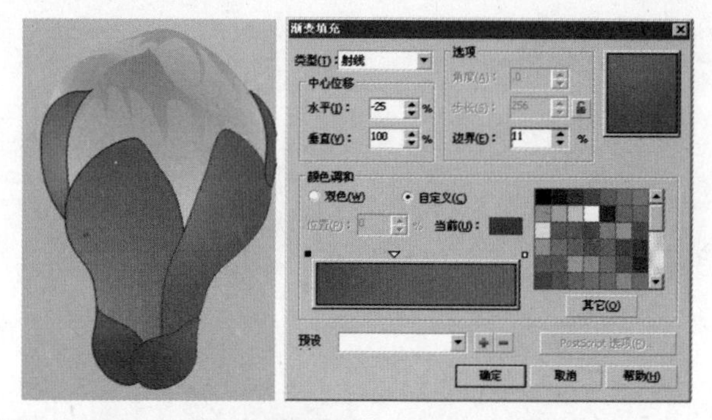

图13-139　设置渐变颜色

24 去除有轮廓线的图形轮廓，然后使用“钢笔工具”绘制出叶片上的纹脉，填充和花萼相同的渐变色，完成一个完整的花蕾的制作，效果如图13-140所示。

25 按【Ctrl+G】组合键将组成花蕾的所有图形群组，重复复制并缩小和旋转，分别移至树枝适合的部分，给梅花树添加蓓蕾，效果如图13-141所示。

图13-140　完整花蕾的效果

图13-141　群组后的效果

26 制作绽放的梅花。首先使用“钢笔工具”绘制花瓣，然后按【F11】键，在弹出的“渐变填充”对话框中设置从白色到粉色的渐变色，填充花瓣，如图 13-142 所示。

27 使用“钢笔工具”在花瓣内部绘制纹脉，然后在“渐变填充”对话框中，设置从粉色到红色的渐变色，填充纹脉，效果如图 13-143 所示。

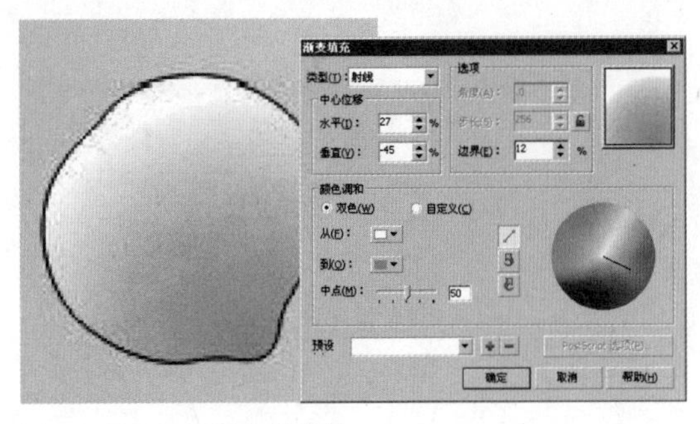

图 13-142　绘制梅花花瓣

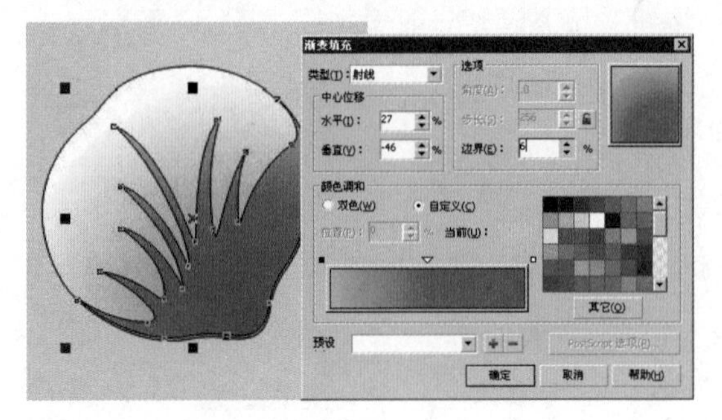

图 13-143　绘制花瓣的纹脉

28 使用“交互式透明工具”在画面中拖动交互式透明的控制手柄，将其调整到适当的位置，将纹脉部分变得透明，得到第一片花瓣，效果如图 13-144 所示。

29 使用同样的方法制作其他不同形状的花瓣，然后将其组成花形，去除所有图形的轮廓线，效果如图 13-145 所示。

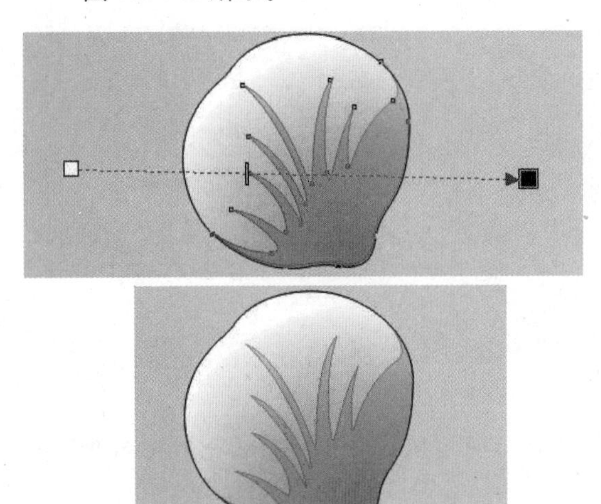

图 13-144　纹脉部分变得透明

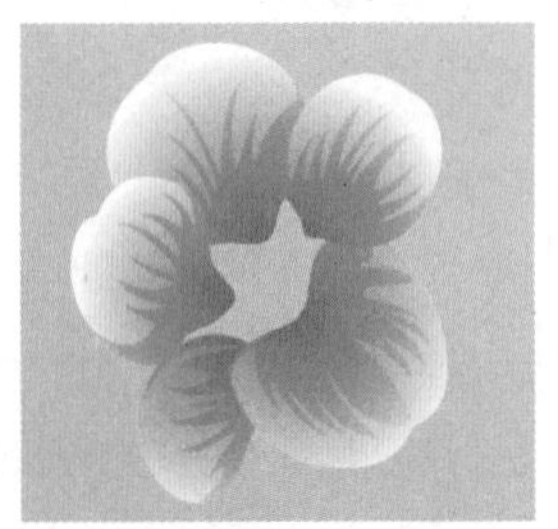

图 13-145　组成花形

30 制作花蕊部分。选择工具箱中的“手绘工具”，在花朵的中间绘制一块不规则的形状并填充为黄色，效果如图 13-146 所示。

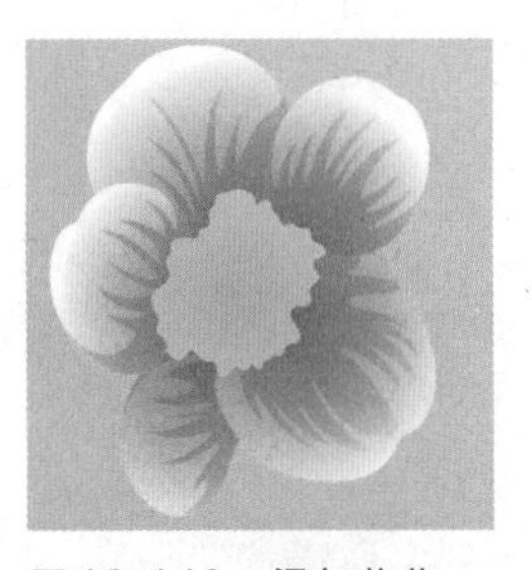

图 13-146　添加花蕊

31 再复制一块黄色的图形并缩小，然后按【F11】键，在弹出的“渐变填充”对话框中设置渐变色，单击“确定”按钮填充渐变色，效果如图13-147所示。

32 使用“钢笔工具”绘制两个图形组成花蕊形状，分别填充为柠檬黄和中黄色，按【Ctrl+G】组合键，将图形群组，效果如图13-148所示。

图13-147　再制作花蕊并改变颜色

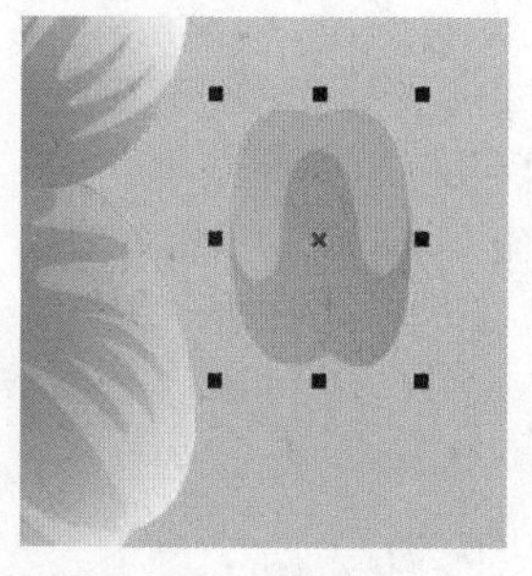
图13-148　群组图形

33 选择工具箱中的“椭圆形工具”，在花蕊的中间绘制一个扁形的椭圆，按【F11】键，弹出“渐变填充”对话框，设置渐变色并填充图形，如图13-149所示。

34 使用“钢笔工具”绘制花蕊的柄，填充上步使用的渐变色，制作成一个花蕊，效果如图13-150所示。

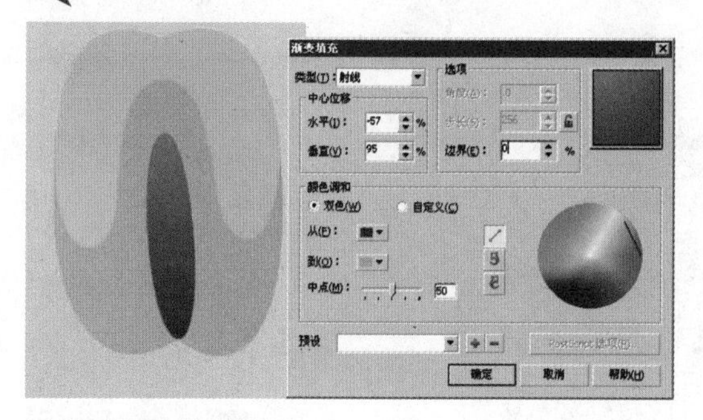

图13-149　绘制椭圆

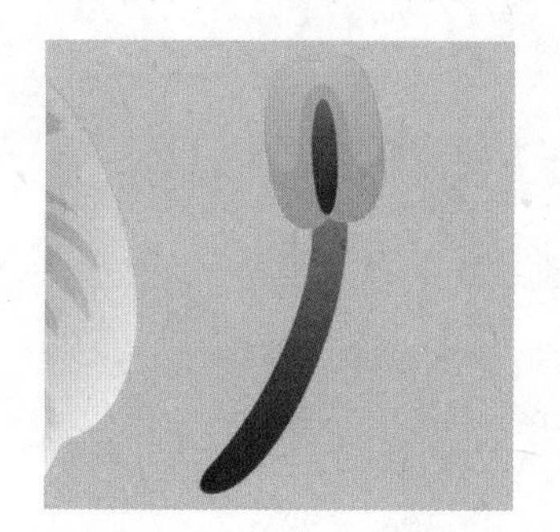
图13-150　绘制花蕊的柄

35 选择制作完成的单个花蕊图形，然后重复复制，将其调整到适当的位置，并将部分连接花蕊的柄缩短，效果如图13-151所示。

36 按【Ctrl+G】组合键，群组全部花蕊，将其移动到花朵的中间，调整好位置后，一朵绽放的梅花制作完成，效果如图13-152所示。

图13-151　制作单个花蕊

图13-152　群组全部花蕊

37 选择所有组成花朵的图形，按【Ctrl+G】组合键将其群组，然后复制多个花朵，将其移动到树枝的合适位置，调整大小和角度，组成梅花图，如图 13-153 所示。

38 使用制作绽放梅花的方法，再绘制一朵含苞待放的花朵，效果如图 13-154 所示。

图 13-153　组成梅花图

图 13-154　绘制含苞待放的梅花

39 复制 4 朵含苞待放的梅花，将其移动到树枝的适当位置，使画面变得丰富，完成梅花图形的绘制，如图 13-155 所示。

40 选择树干的高光部分，将其填充为从灰色到白色的渐变，使画面和谐统一，如图 13-156 所示。

图 13-155　复制 4 朵含苞待放的花

图 13-156　填充渐变颜色

41 选择工具箱中的“矩形工具”□，在页面上部绘制矩形，填充从蓝色到白色的渐变色，效果如图 13-157 所示。

42 使用“钢笔工具”绘制出山和远处地平线的形状，在“渐变填充”对话框中设置渐变色，效果如图 13-158 所示。

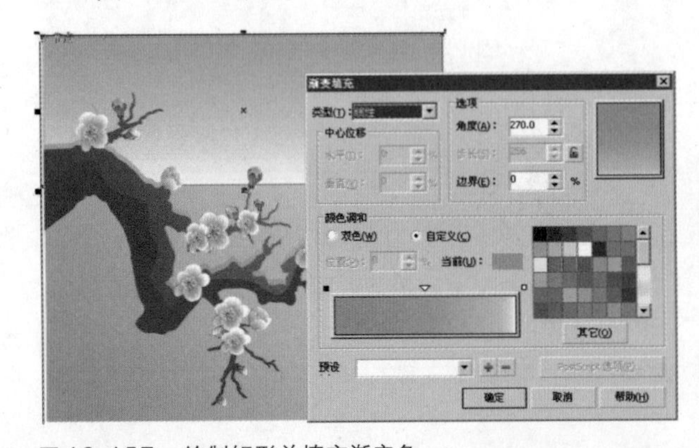

图 13-157　绘制矩形并填充渐变色

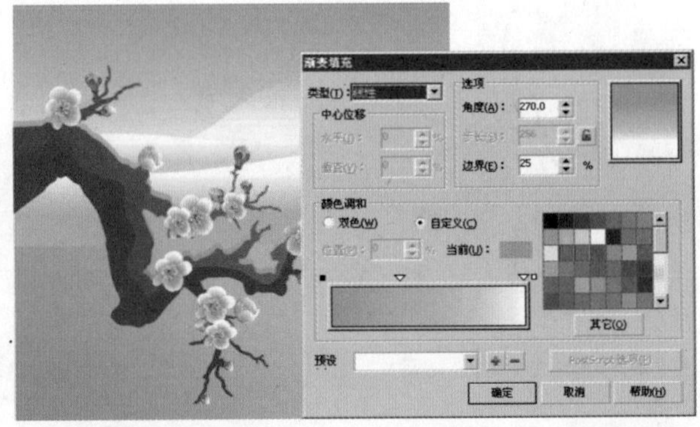

图 13-158　绘制背景

43 使用“钢笔工具”绘制图形，将制作好的背景组成一个完整的背景画面，设置好渐变色并填充，效果如图 13-159 所示。

44 使用“椭圆形工具”在背景画面中靠近山的位置绘制一个正圆，填充为白色，效果如图 13-160 所示。

图 13-159　完整的背景画面

图 13-160　绘制正圆

45 使用“交互式透明工具”将白色的圆形制作出半透明的效果，使圆形更好地融合到画面中，如图 13-161 所示。

46 调整圆形的位置和大小，得到意境深远的梅花图，效果如图 13-162 所示。

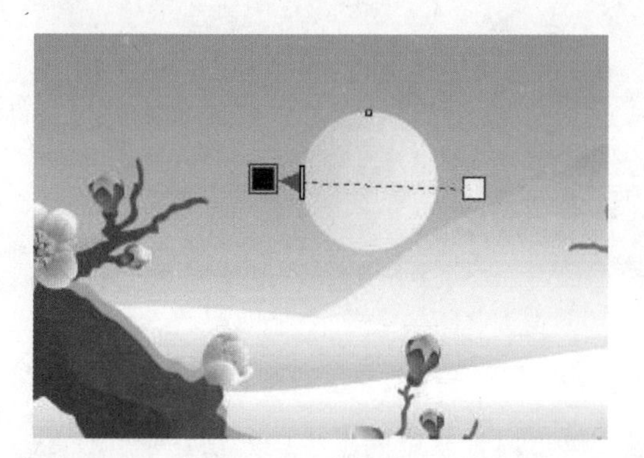
图 13-161　将圆形变为半透明

图 13-162　调整圆形大小

47 选择工具箱中的“文本工具”字，设置好字体和字号后输入文本，然后执行菜单“文本”/“段落格式化”命令，在弹出的“段落格式化”泊坞窗中设置参数，效果如图 13-163 所示。

48 将输入的文本移动到画面的右下方，完成梅花图的绘制，最终效果如图 13-164 所示。

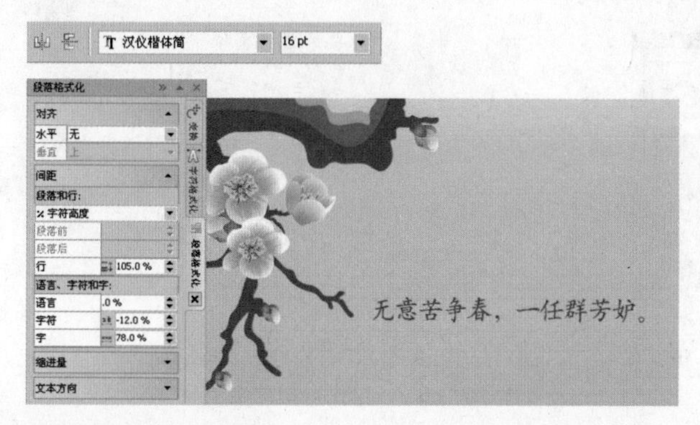

图 13-163　添加文字

图 13-164　最终效果

49 根据个人的喜好，还可以变换梅花图的色彩，如图 13-165 所示。即使是颜色夸张的尝试，也同样有不错的视觉效果。

图 13-165　尝试效果

13-5　香水瓶

使用工具箱中的"钢笔工具"绘制香水瓶的轮廓及 3 个部分的暗面、灰面和亮面形状，使用渐变色对其进行填充，再使用"交互式透明工具"将其结合得更为自然。下面详细介绍香水瓶的绘制过程。

香水瓶

操作步骤

01 执行菜单"文件"/"新建"命令，新建默认大小的文档。单击属性栏中的"横向"按钮，使用"矩形工具"绘制一个与页面大小相同的矩形，按【F11】键，在弹出的"渐变填充"对话框中设置从银灰色到白色的渐变色并填充，锁定底图，如图 13-166 所示。

02 选择工具箱中的"钢笔工具"，绘制瓶形轮廓的一半，绘制时结合"形状工具"，将瓶形调整得更加准确，如图 13-167 所示。

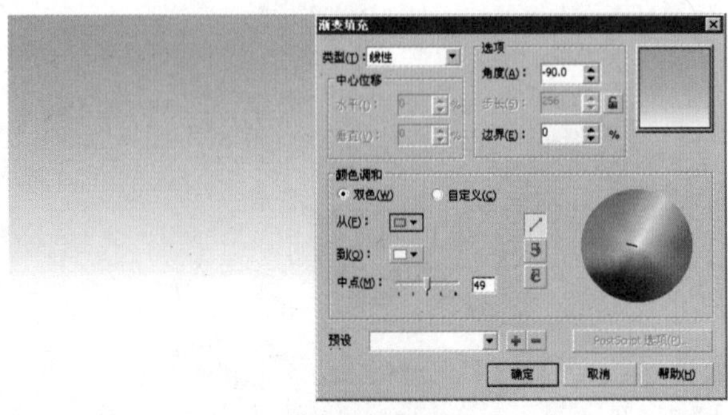

图 13-166　绘制矩形并填充渐变色

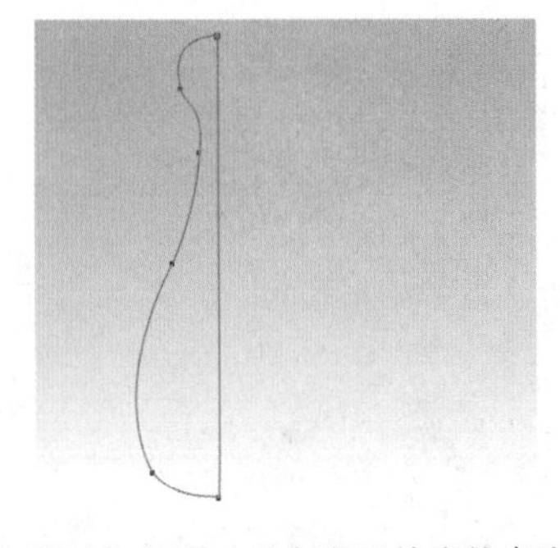

图 13-167　绘制瓶形轮廓的半边

03 绘制半边瓶形后，按【Alt+F9】组合键，在弹出的“变换”泊坞窗中单击按钮，并设置其他参数，单击“应用到再制”按钮，得到的图形效果如图13-168所示。

04 选择两个半边瓶形，单击属性栏中的“焊接”按钮，将两个半瓶形组成一个完整的瓶形，效果如图13-169所示。

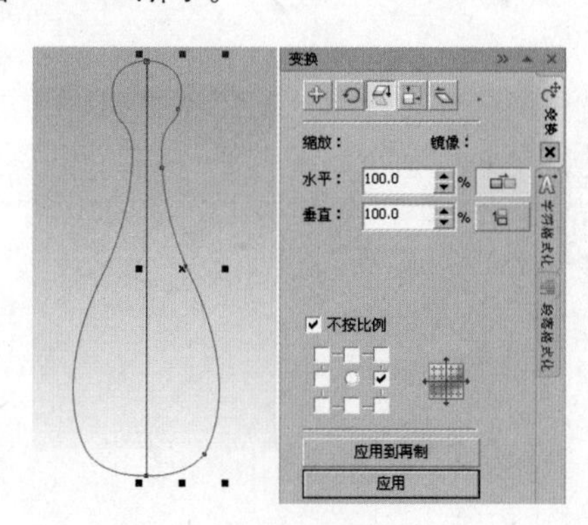

图13-168　绘制完整瓶形

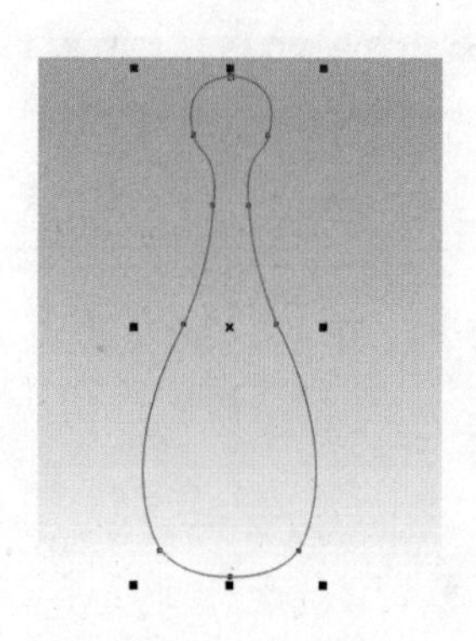

图13-169　组合图形

05 使用“钢笔工具”在瓶身的上半部分绘制瓶颈，将其边缘调整至与瓶身主体部分重合，如图13-170所示。

06 使用“钢笔工具”在瓶身的底部绘制瓶底部分，首先制作出瓶底的轮廓图，如图13-171所示。

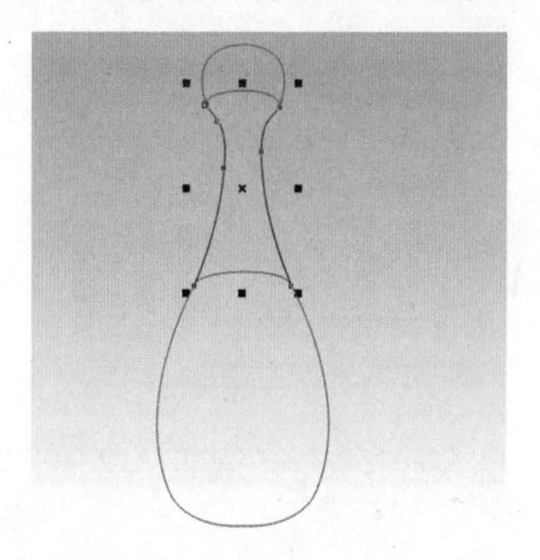

图13-170　绘制瓶颈

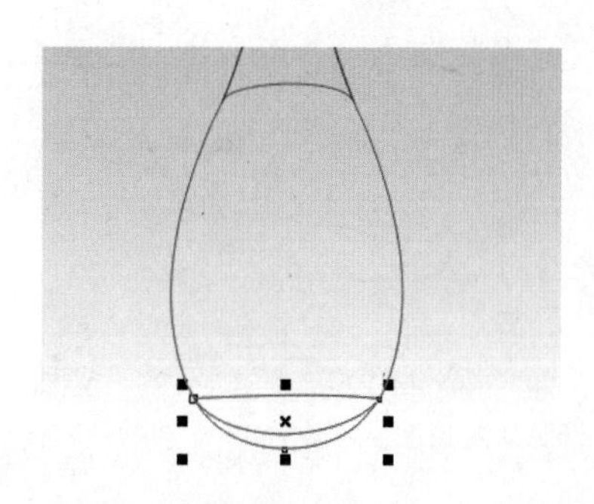

图13-171　绘制瓶底

07 选择瓶身图形，按【F11】键，在弹出的“渐变填充”对话框中设置从深黄色到白色的渐变色，填充瓶身，效果如图13-172所示。

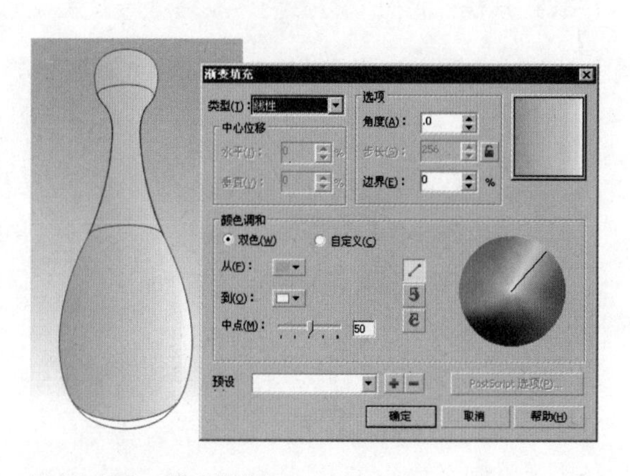

图13-172　填充渐变色

08 选择瓶底图形，按【F11】键，在弹出的“渐变填充”对话框中设置渐变色，填充瓶底，效果如图 13-173 所示。

09 选择瓶颈图形，在调色板中单击深褐色色块，填充图形，如图 13-174 所示。通过对 3 个图形的填充，将瓶子分成了 3 个部分，下面分别对每个部分进行绘制。

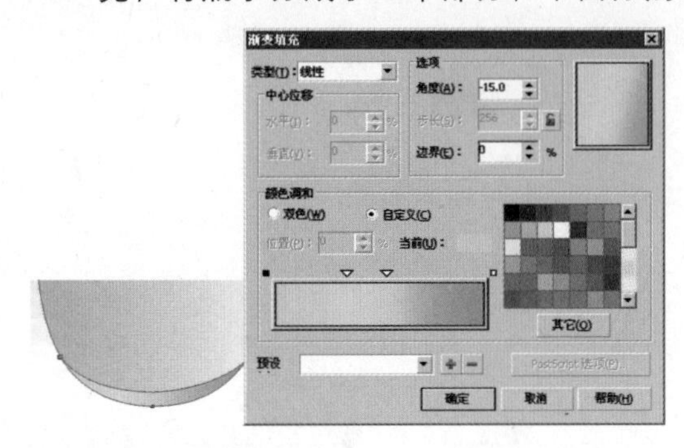

图 13-173　填充瓶底颜色

图 13-174　填充瓶颈颜色

10 使用“钢笔工具”沿着瓶肚部分绘制跟瓶肚重合的形状，按【F11】键，在弹出的“渐变填充”对话框中设置渐变色，填充图形，去除所有图形的轮廓，效果如图 13-175 所示。

11 使用“钢笔工具”绘制一个遮罩形状，按【F11】键，在弹出的“渐变填充”对话框中设置“射线”类型的渐变色，单击“确定”按钮，效果如图 13-176 所示。

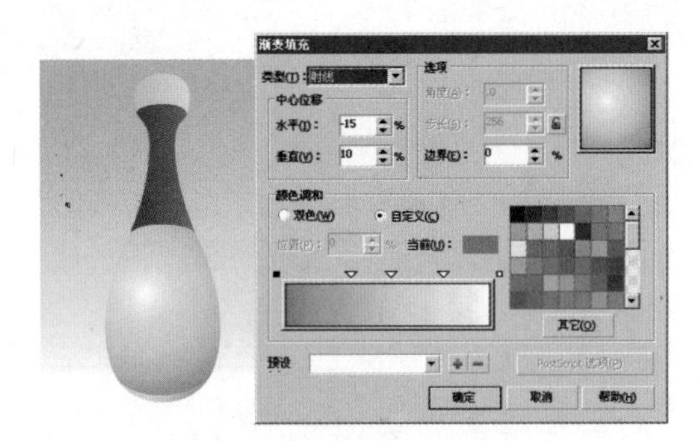

图 13-175　绘制跟瓶肚重合的形状

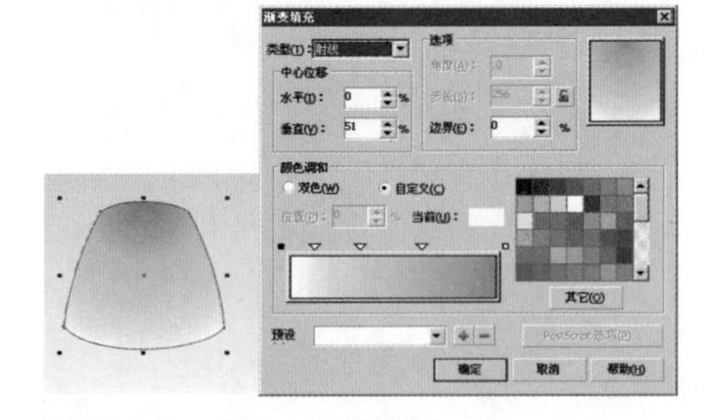

图 13-176　绘制一个遮罩形状

12 选择工具箱中的“交互式透明工具”，从图形的顶端向下拖动控制手柄，调整图形的不透明度，然后将其移动到瓶肚的上端，得到暗部效果，如图 13-177 所示。

13 再绘制一个图形，填充渐变色，使用“交互式透明工具”调整图形的不透明度，效果如图 13-178 所示。

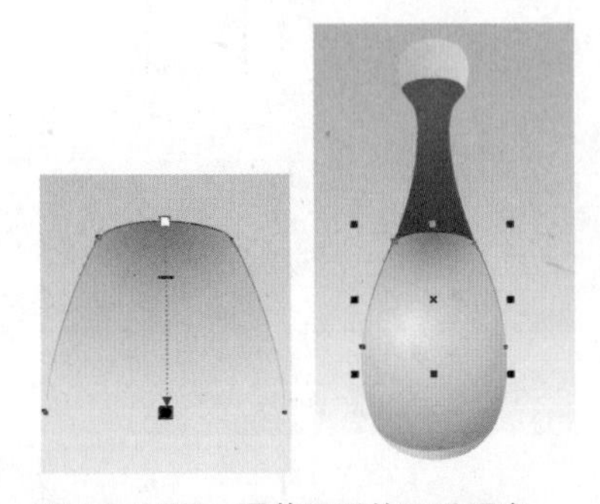

图 13-177　调整图形的不透明度

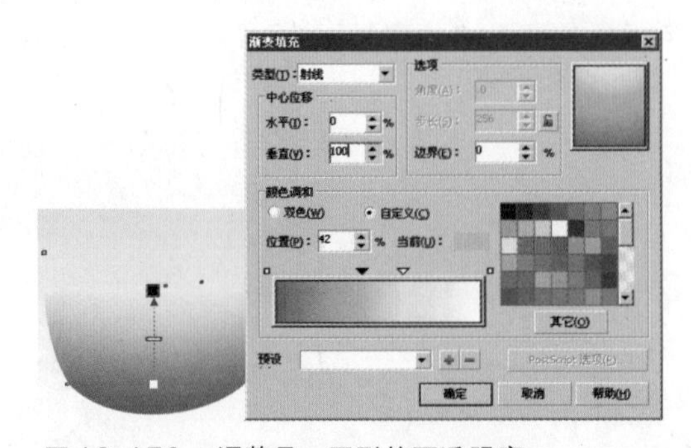

图 13-178　调整另一图形的不透明度

14 将调整不透明度后的图形移动到瓶肚的下端，使用“形状工具”将其调整成与下层瓶身重合，如图 13-179 所示。

15 使用“钢笔工具”在瓶底部分绘制出投影形状，填充黑色，选择工具箱中的“交互式阴影工具”，拖动出瓶底的阴影，效果如图 13-180 所示。

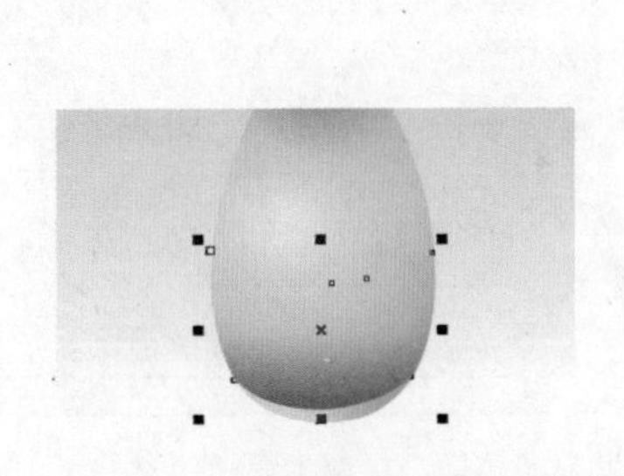

图 13-179　移动不透明度

图 13-180　绘制阴影

16 使用“钢笔工具”在瓶身上绘制光影的形状，按【F11】键，在弹出的“渐变填充”对话框中设置参数，填充渐变色，效果如图 13-181 所示。

17 使用“交互式透明工具”从光影形状的左下方向右拖动出控制手柄，调整不透明度，使光影更好地融入到瓶身，效果如图 13-182 所示。

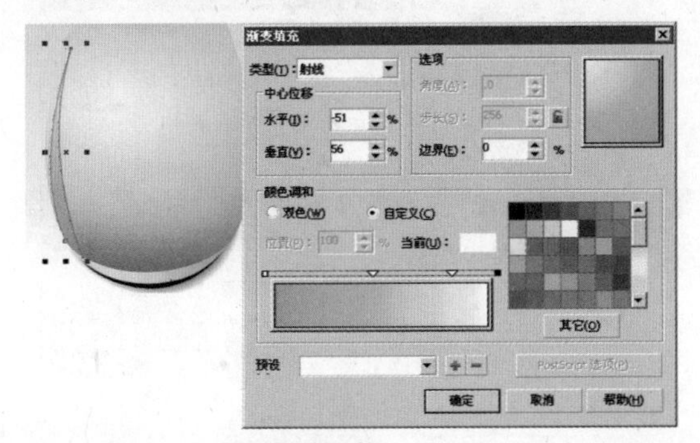

图 13-181　绘制光影的形状

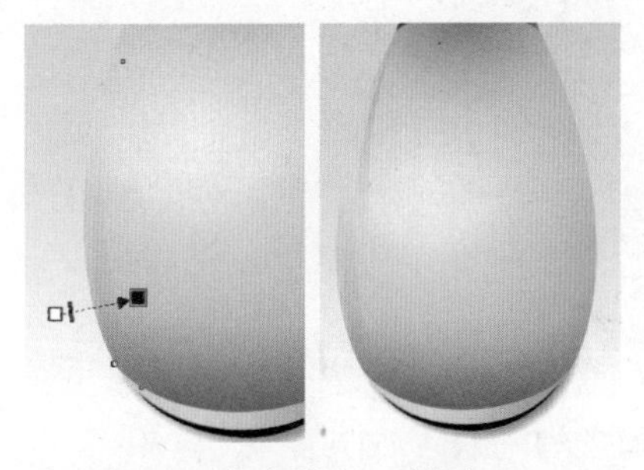

图 13-182　将光影融入到瓶身

18 继续使用“钢笔工具”，绘制一块能与瓶身重合的图形，填充渐变色，效果如图 13-183 所示。

19 使用“交互式透明工具”调整图形的不透明度，将色块自然地融入到瓶身，丰富瓶子的光影效果，如图 13-184 所示。

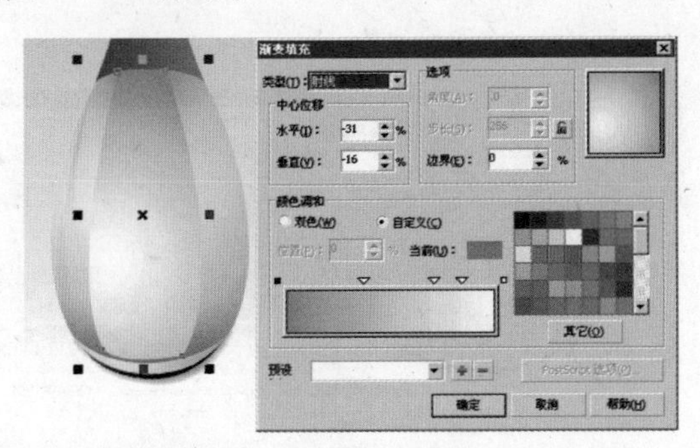

图 13-183　绘制与瓶身重合的图形

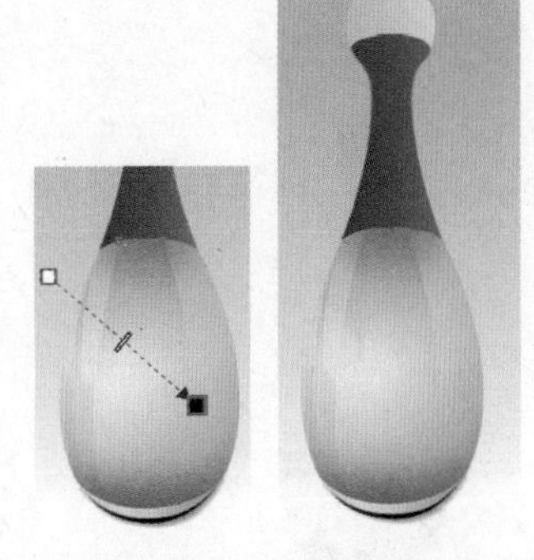

图 13-184　将色块融入到瓶身

20 绘制一个高光部分的光影形状，填充渐变色，使用“交互式透明工具”将其融入到瓶身，效果如图 13-185 所示。

21 使用“钢笔工具”绘制瓶子边缘的暗部光影形状，按【F11】键，在弹出的“渐变填充”对话框中填充渐变色，效果如图 13-186 所示。

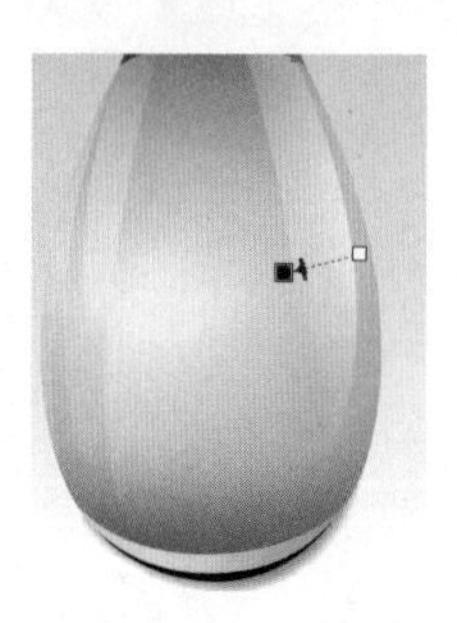

图 13-185　绘制高光部分的光影形状

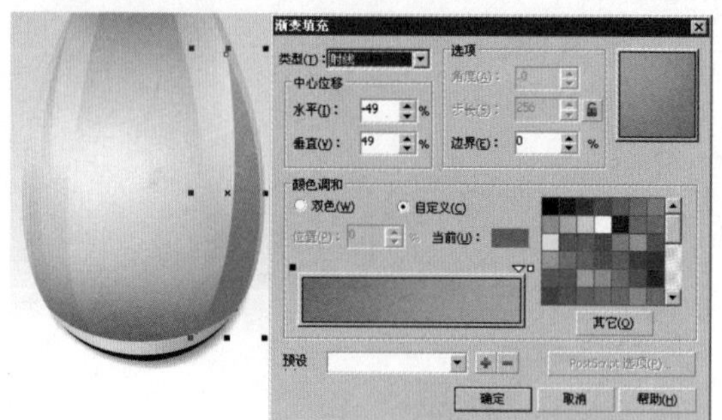

图 13-186　绘制瓶子边缘的暗部光影

22 为了使光影自然地融入到瓶身中，使用“交互式透明工具”调整光影形状的不透明度，将上部图形隐藏，效果如图 13-187 所示。

23 再次使用“钢笔工具”绘制瓶壁上的光影形状，按【F11】键，在弹出的“渐变填充”对话框中设置渐变色，填充图形，效果如图 13-188 所示。

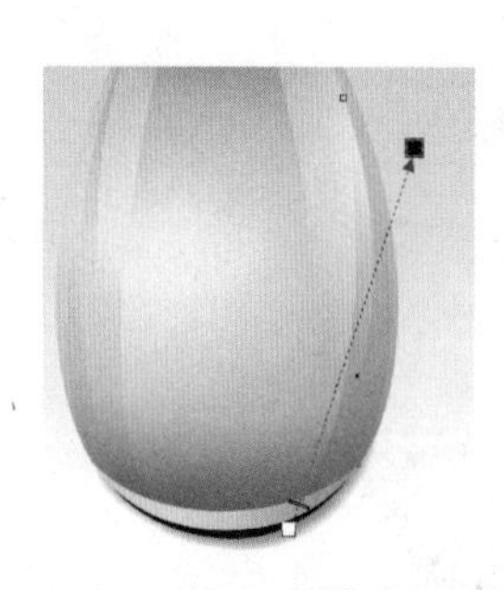

图 13-187　调整光影形状的不透明度

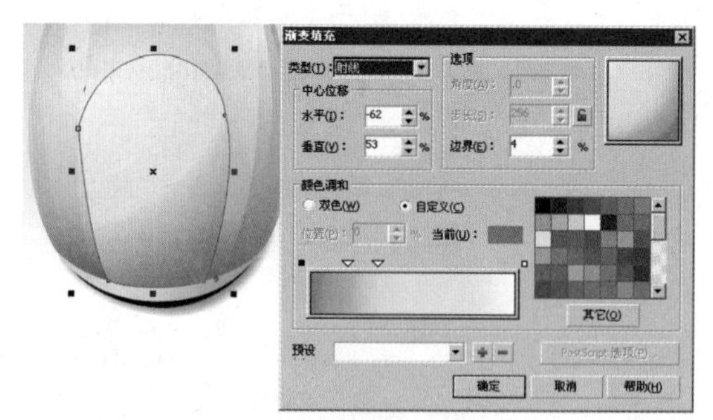

图 13-188　绘制瓶壁上的光影形状

24 使用“交互式透明工具”从图形下方到右上方进行渐变透明处理，将光影自然地融入到瓶身，效果如图 13-189 所示。

25 使用“钢笔工具”绘制亮面的光影形状，按【F11】键，弹出“渐变填充”对话框，设置渐变色，填充图形，如图 13-190 所示。

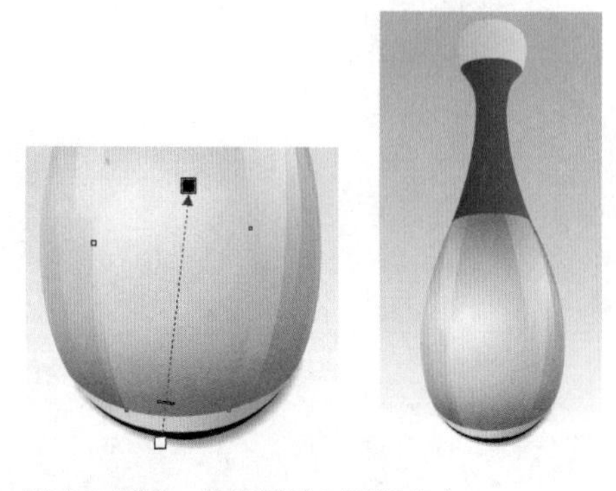

图 13-189　将光影融入到瓶身中

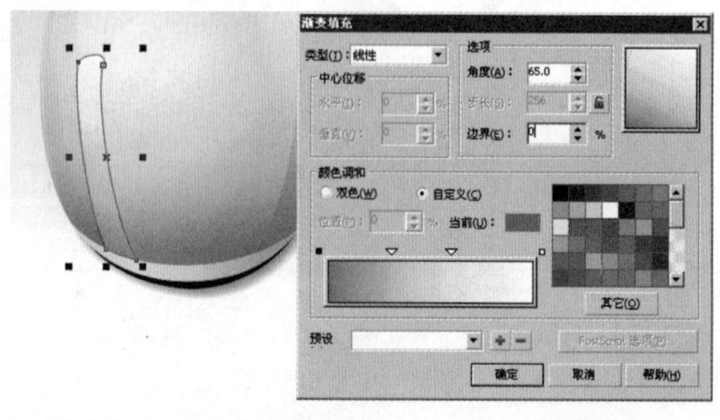

图 13-190　绘制亮面光影形状

26 为了使高光更好地融入到瓶身，使用“交互式透明工具”调整图形的不透明度，得到自然的瓶身高光，如图 13-191 所示。

27 绘制一个图形，按【F11】键，在弹出的“渐变填充”对话框中设置渐变色，填充图形，效果如图 13-192 所示。

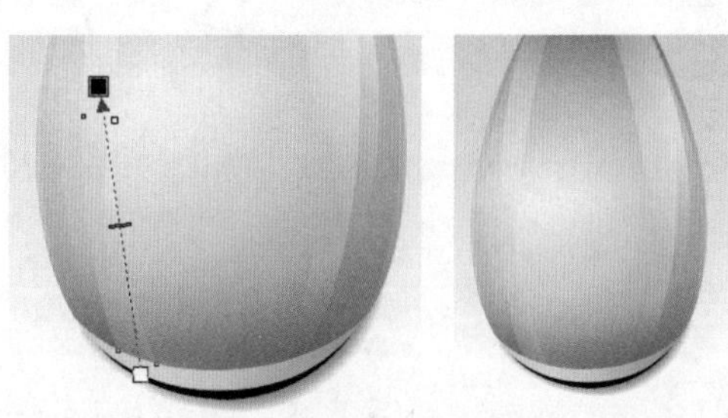
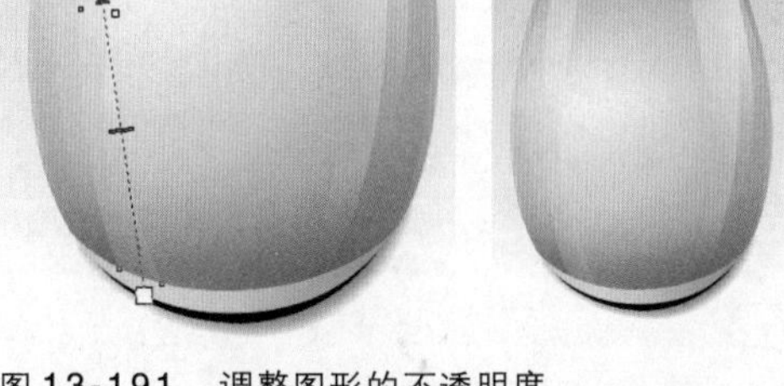

图 13-191 调整图形的不透明度

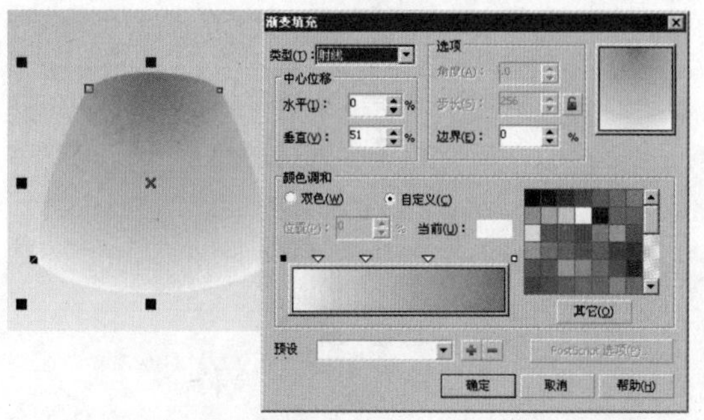

图 13-192 填充图形

28 使用“交互式透明工具”调整图形的不透明度，然后将其叠加到瓶肚的上部，加强暗部，效果如图 13-193 所示。

29 瓶肚部分绘制完成后，选择瓶颈图形，按【F11】键，在弹出的“渐变填充”对话框中设置瓶颈的渐变色，效果如图 13-194 所示。

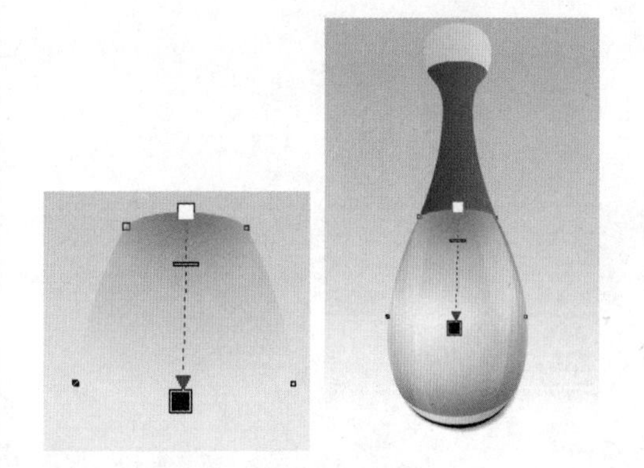

图 13-193 叠加到瓶肚的上部

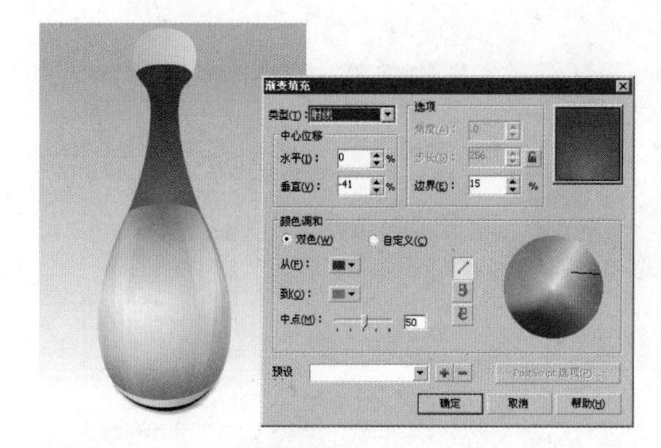

图 13-194 设置瓶颈的渐变色

30 使用“钢笔工具”沿着瓶颈的结构绘制高光部分，按【F11】键，在弹出的“渐变填充”对话框中设置高光颜色，效果如图 13-195 所示。

31 复制高光图形，将其水平翻转，然后使用“形状工具”进行调整，移动到瓶颈适当的位置，效果如图 13-196 所示。

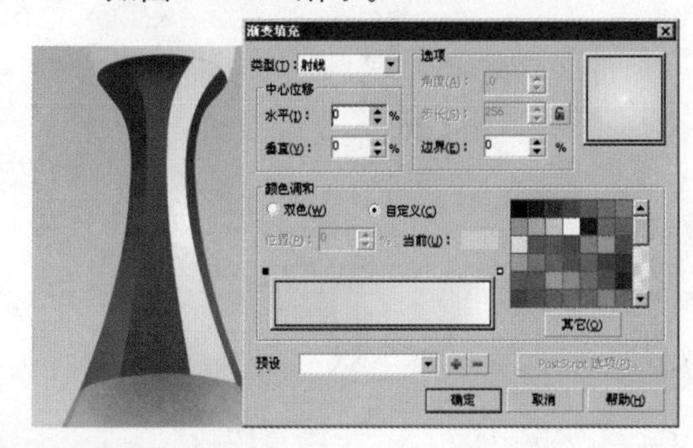

图 13-195 绘制高光

图 13-196 复制高光图形并进行旋转

32 为了使高光更为自然，使用“交互式透明工具”调整两个高光形状的不透明度，效果如图 13-197 所示。

33 调整完成后，瓶颈变得有立体感了，暗面、灰面和亮面比较清晰，如图 13-198 所示。

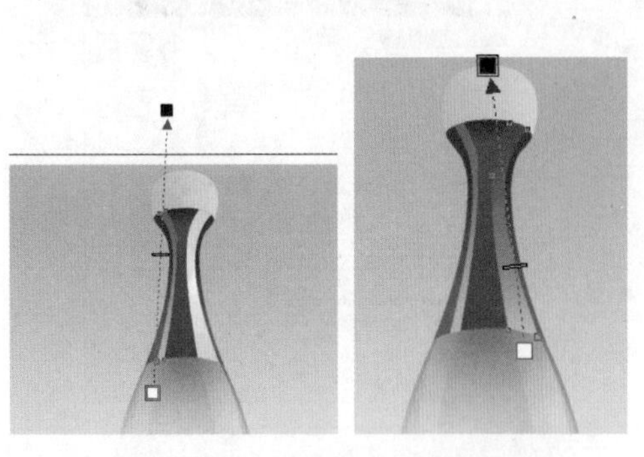

图 13-197　调整两个高光形状的不透明度

图 13-198　将瓶颈立体化

34 使用“钢笔工具”沿着瓶颈底端绘制一个加强暗部阴影的图形，按【F11】键，在弹出的“渐变填充”对话框中设置渐变色，填充图形，效果如图 13-199 所示。

35 使用“交互式透明工具”调整图形的不透明度，得到逐渐减弱的阴影效果，如图 13-200 所示。

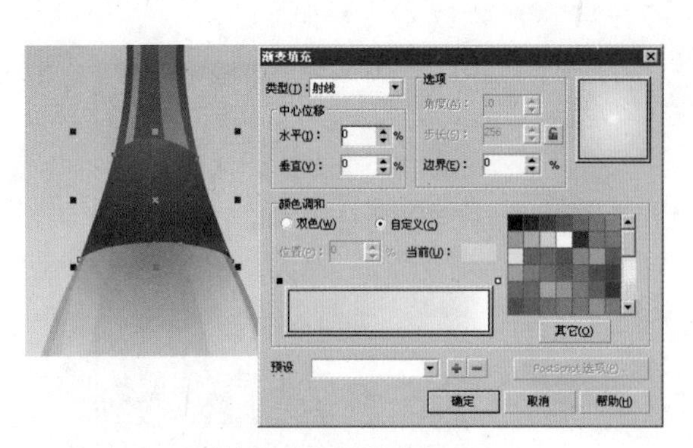

图 13-199　绘制加强暗部阴影图形

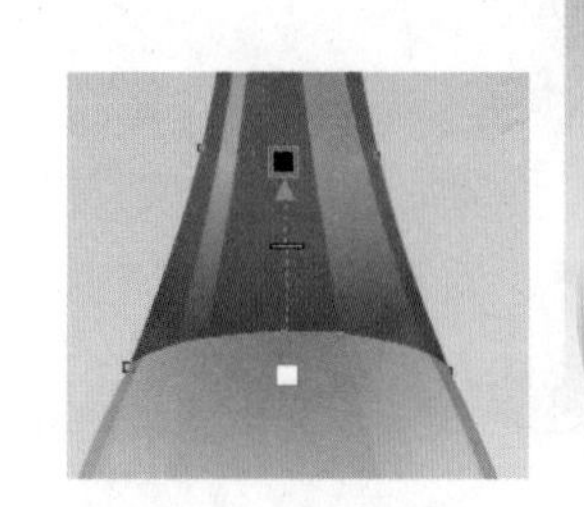

图 13-200　减弱的阴影

36 使用制作瓶颈下端阴影。在瓶颈的上端绘制一个颜色较深的图形，效果如图 13-201 所示。

37 使用“交互式透明工具”，制作过渡自然的阴影，使得瓶颈的光影效果更为真实，效果如图 13-202 所示。

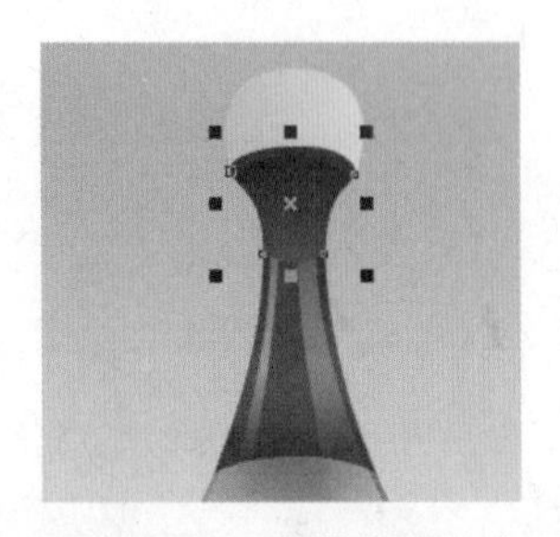

图 13-201　制作瓶颈下端阴影

图 13-202　制作过渡阴影

38 使用钢笔工具绘制瓶颈高光部分，将其填充为白色，效果如图13-203所示。

39 为了使高光更好地融入到瓶颈中，使用“交互式透明工具”将其上部的亮度减弱，效果如图13-204所示。

图13-203 绘制瓶颈高光

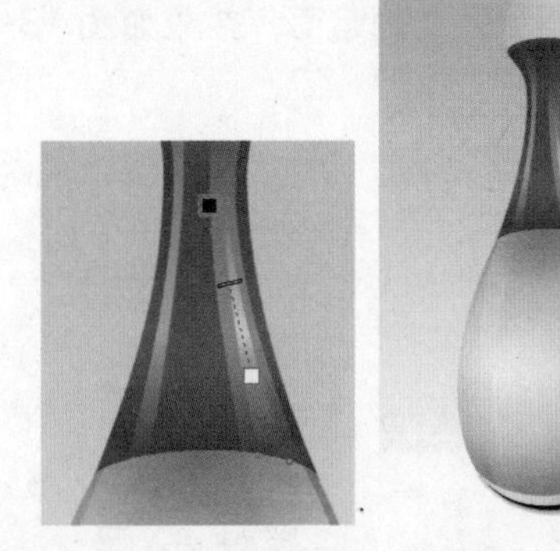

图13-204 使高光融入到瓶颈中

40 在瓶颈的中间部分，再绘制一个暗面，按【F11】键，在弹出的“渐变填充”对话框中设置颜色较深的渐变色，填充图形，效果如图13-205所示。

41 使用“交互式透明工具”将瓶颈上端的颜色减弱，使其更好地融入到瓶颈中，效果如图13-206所示。瓶颈绘制完成，下面开始绘制瓶盖。

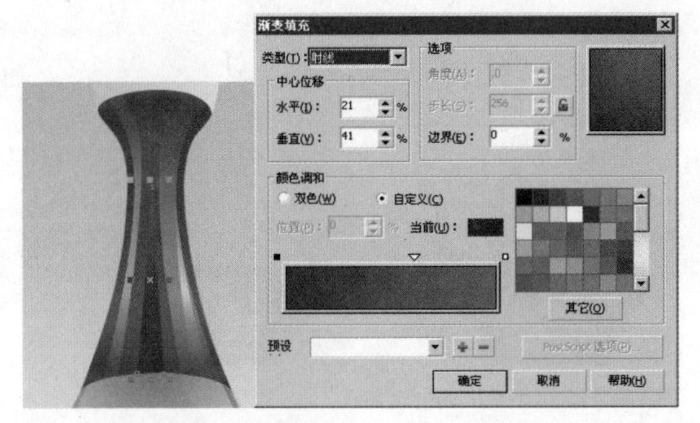

图13-205 绘制一个暗面

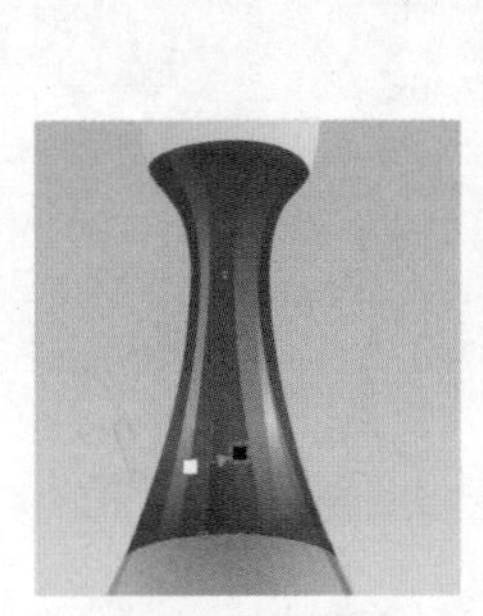

图13-206 减弱瓶颈上端的颜色

42 使用“钢笔工具”沿着瓶盖的边缘绘制光影形状，按【F11】键，在弹出的“渐变填充”对话框中设置渐变色，填充图形，得到瓶盖的一小块灰面，如图13-207所示。

43 使用“钢笔工具”绘制图形，按【F11】键，在弹出的“渐变填充”对话框中设置从灰面到亮面的渐变色，填充图形，效果如图13-208所示。

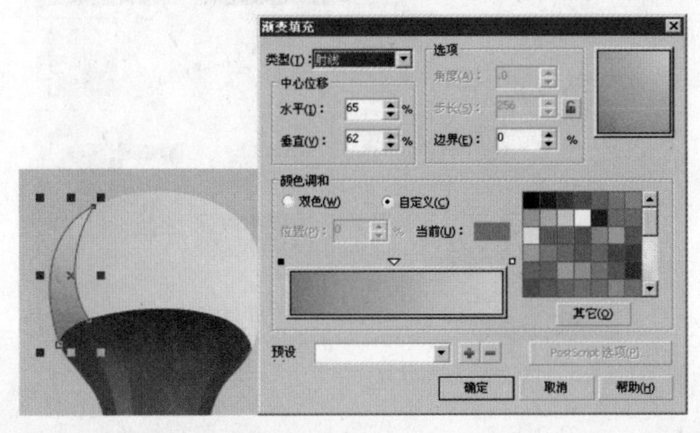

图13-207 绘制光影形状

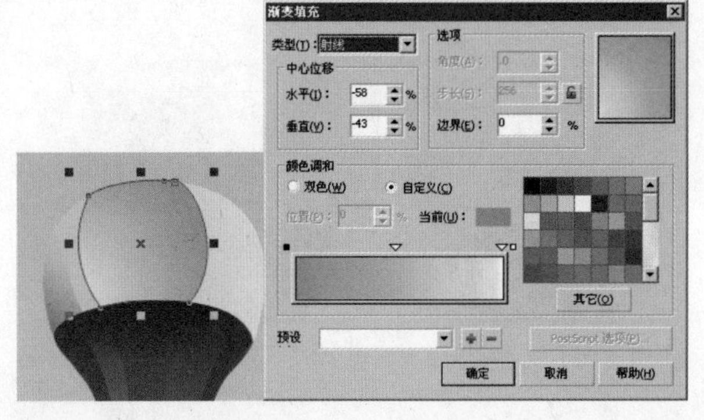

图13-208 填充图形

44 为了使此颜色块与开始绘制的颜色块能够更好地融合，使用“交互式透明工具”调整图形的不透明度，得到自然融合的效果，如图 13-209 所示。

45 使用“钢笔工具”绘制瓶盖的暗面形状，按【F11】键，在弹出的“渐变填充”对话框中设置渐变色，填充图形，得到瓶盖的暗面，效果如图 13-210 所示。

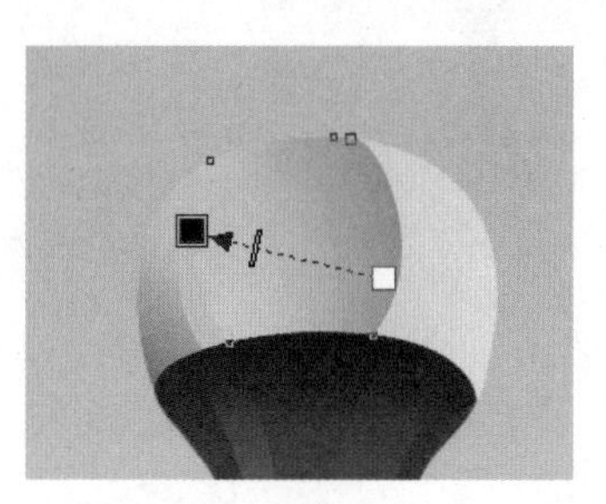

图 13-209　绘制颜色块并进行调整

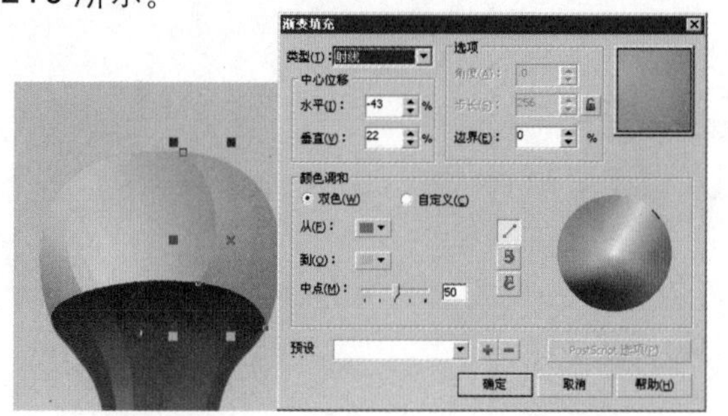

图 13-210　填充瓶盖的暗面

46 使用“钢笔工具”在瓶盖偏右的位置绘制高光形状，按【F11】键，在弹出的“渐变填充”对话框中设置渐变颜色，填充高光图形，效果如图 13-211 所示。

47 使用“交互式透明工具”从高光的右下角向左上角拖动出控制手柄，调整高光的透明度，使得高光更加自然，效果如图 13-212 所示。

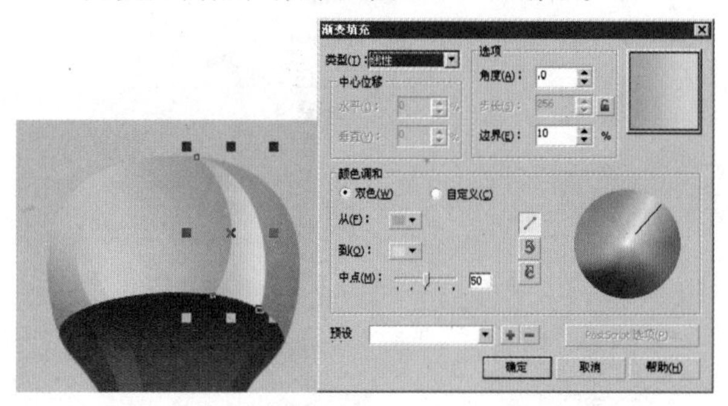

图 13-211　绘制瓶盖偏右的高光形状

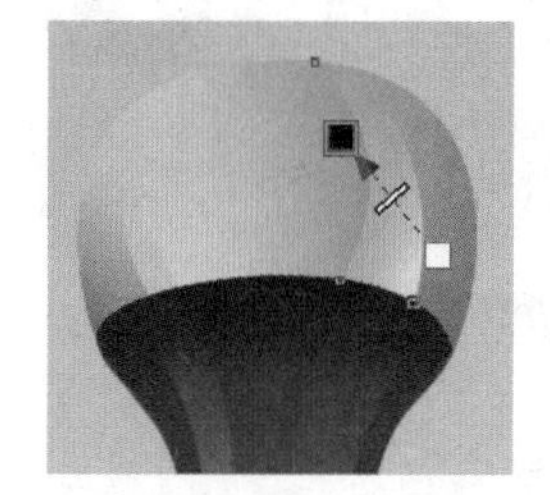

图 13-212　调整高光的透明度

48 复制高光部分，改变形状，将其移动到高光的右侧作为灰面，使用“交互式透明工具”调整其不透明度，得到效果真实的瓶盖，如图 13-213 所示。

49 瓶盖与瓶颈的连接处，由于受颜色的影响，应该有一个阴影暗面，使用“钢笔工具”绘制出阴影形状，按【F11】键，在弹出的“渐变填充”对话框中设置颜色较深的渐变色，填充图形，如图 13-214 所示。

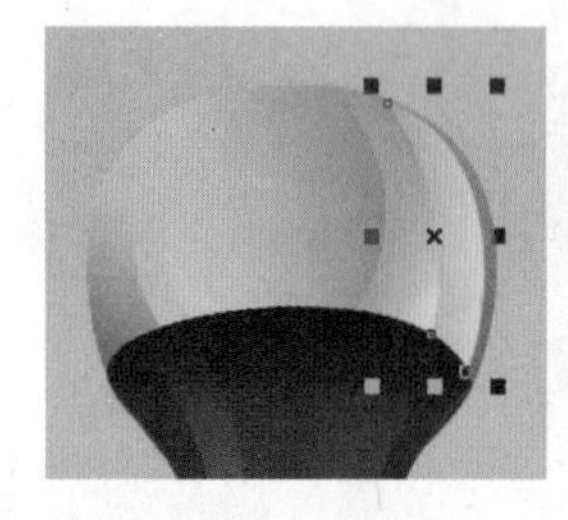

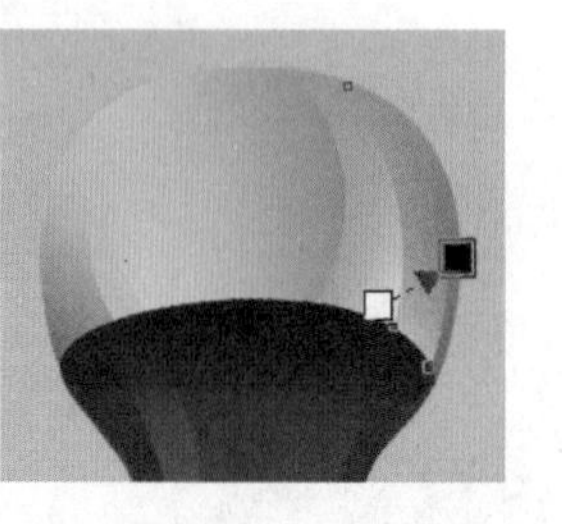

图 13-213　改变形状

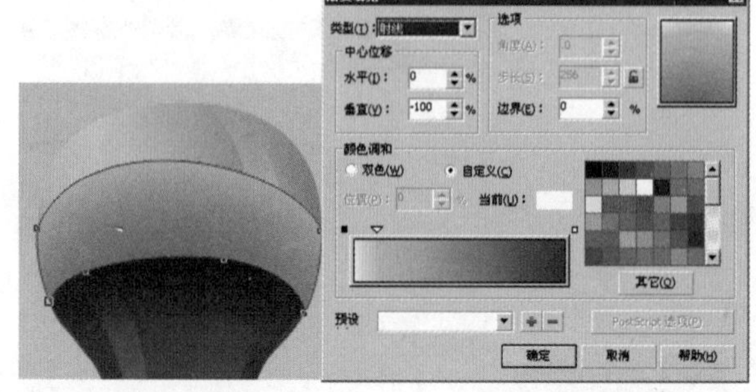

图 13-214　绘制阴影形状

50 为了使所绘制的暗面更好地融入到瓶盖，使用“交互式透明工具”调整其透明度，将阴影暗面融入到瓶盖，效果如图 13-215 所示。

51 使用钢笔工具在瓶盖的顶端绘制暗部阴影，按【F11】键，在弹出的“渐变填充”对话框中设置阴影颜色，填充图形，如图 13-216 所示。

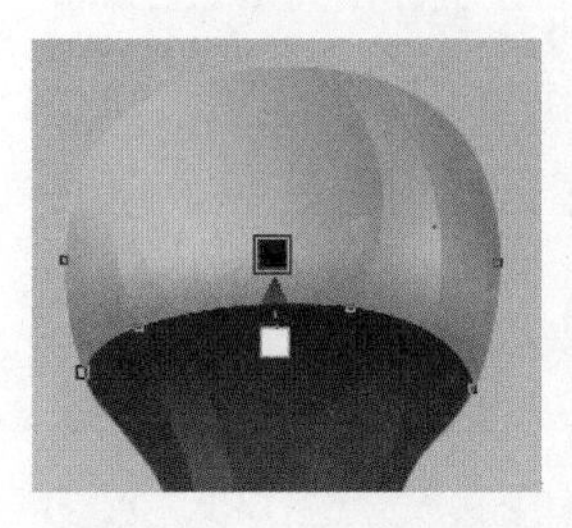

图 13-215　调整其透明度

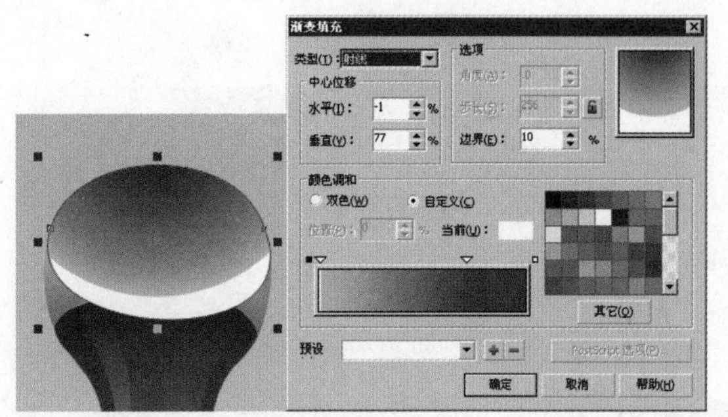

图 13-216　绘制暗部阴影

52 为了使暗面阴影能更好地融入到瓶盖，使用“交互式透明工具”对阴影图形进行调整，得到完整的具有玻璃质感的瓶盖，如图 13-217 所示。

53 3 个部分绘制完成后，就得到了一个漂亮的香水瓶。按【Ctrl+G】组合键群组图形，图形效果如图 13-218 所示。

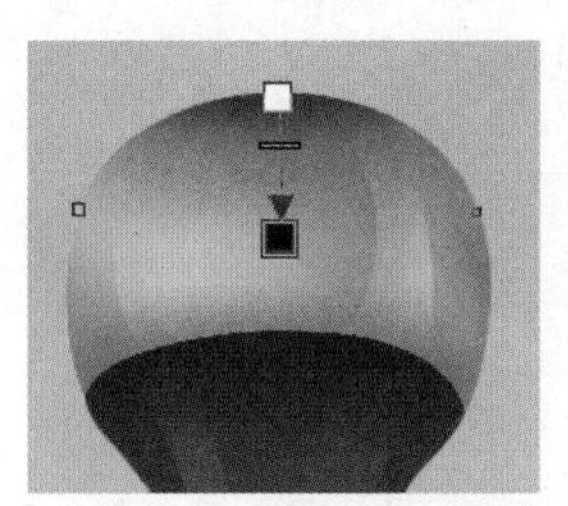
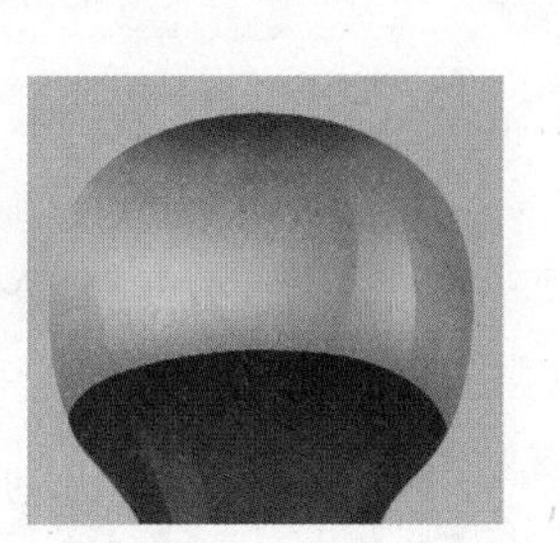
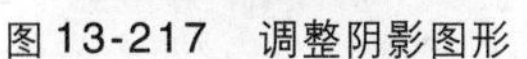

图 13-217　调整阴影图形

图 13-218　完成绘制

54 复制一个香水瓶，并将其缩小，执行菜单“文件”/“导入”命令，或按【Ctrl+I】组合键，导入随书光盘“13\底图.jpg”素材文件，按【Alt+D】组合键，在弹出的“对象管理器”泊坞窗中将位图移动到所有图形之下，调整好大小，得到的效果如图 13-219 所示。

55 选择工具箱中的“文本工具”，在页面中单击，然后输入英文字母，使用“交互式透明工具”对文本做淡化处理，效果如图 13-220 所示。

图 13-219　复制香水瓶

图 13-220　添加文字

56 画面的右侧区域相对较空，再次使用“文本工具”输入英文丰富画面，效果如图13-221所示。

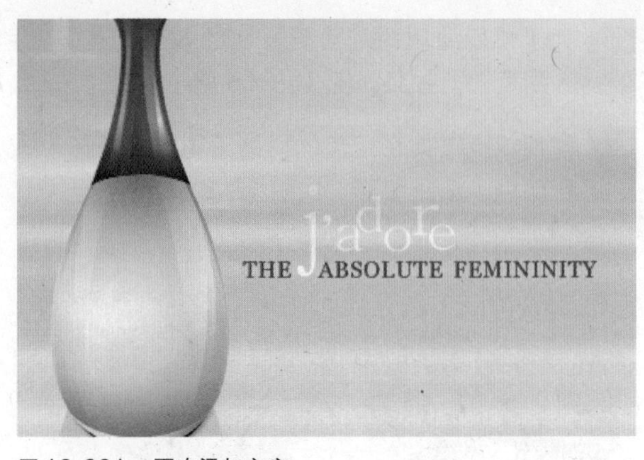

图13-221　再次添加文字

57 调整好文本和图形的位置，完成香水瓶的绘制，最终效果如图13-222所示。

图13-222　最终效果

58 根据个人喜好，还可以将香水瓶绘制成红色调，如图13-223所示。这种颜色的效果也很好。

图13-223　尝试效果